中 国 国 家 标 准 汇 编

522

GB 28030～28061

（2011 年制定）

中国标准出版社 编

中国标准出版社

北 京

图书在版编目(CIP)数据

中国国家标准汇编:2011 年制定.522:GB 28030~28061/中国标准出版社编.—北京:中国标准出版社,2012

ISBN 978-7-5066-6979-5

Ⅰ.①中… Ⅱ.①中… Ⅲ.①国家标准-汇编-中国-2011 Ⅳ.①T-652.1

中国版本图书馆 CIP 数据核字(2012)第 197070 号

中国标准出版社出版发行
北京市朝阳区和平里西街甲 2 号(100013)
北京市西城区三里河北街 16 号(100045)

网址 www.spc.net.cn
总编室:(010)64275323 发行中心:(010)51780235
读者服务部:(010)68523946

中国标准出版社秦皇岛印刷厂印刷
各地新华书店经销

*

开本 880×1230 1/16 印张 39.25 字数 1 188 千字
2012 年 9 月第一版 2012 年 9 月第一次印刷

*

定价 220.00 元

出 版 说 明

1.《中国国家标准汇编》是一部大型综合性国家标准全集。自1983年起，按国家标准顺序号以精装本、平装本两种装帧形式陆续分册汇编出版。它在一定程度上反映了我国建国以来标准化事业发展的基本情况和主要成就，是各级标准化管理机构，工矿企事业单位，农林牧副渔系统，科研、设计、教学等部门必不可少的工具书。

2.《中国国家标准汇编》收入我国每年正式发布的全部国家标准，分为"制定"卷和"修订"卷两种编辑版本。

"制定"卷收入上一年度我国发布的、新制定的国家标准，顺延前年度标准编号分成若干分册，封面和书脊上注明"20××年制定"字样及分册号，分册号一直连续。各分册中的标准是按照标准编号顺序连续排列的，如有标准顺序号缺号的，除特殊情况注明外，暂为空号。

"修订"卷收入上一年度我国发布的、被修订的国家标准，视篇幅分设若干分册，但与"制定"卷分册号无关联，仅在封面和书脊上注明"20××年修订-1,-2,-3,……"字样。"修订"卷各分册中的标准，仍按标准编号顺序排列(但不连续)；如有遗漏的，均在当年最后一分册中补齐。需提请读者注意的是，个别非顺延前年度标准编号的新制定的国家标准没有收入在"制定"卷中，而是收入在"修订"卷中。

读者配套购买《中国国家标准汇编》"制定"卷和"修订"卷则可收齐由我社出版的上一年度我国制定和修订的全部国家标准。

3. 由于读者需求的变化，自1996年起，《中国国家标准汇编》仅出版精装本。

4. 2011年我国制修订国家标准共1 989项。本分册为"2011年制定"卷第522分册，收入国家标准GB 28030～28061的最新版本。

中国标准出版社

2012年8月

目　　录

ICS 17.220.20
N 25

中华人民共和国国家标准

GB/T 28030—2011

接地导通电阻测试仪

Earth continuity tester

2011-10-31 发布　　　　2012-02-01 实施

中华人民共和国国家质量监督检验检疫总局
中国国家标准化管理委员会　发布

前　言

本标准按照 GB/T 1.1—2009 给出的规则起草。

请注意本标准的某些内容可能涉及专利。本标准的发布机构不承担识别这些专利的责任。

本标准由中国机械工业联合会提出。

本标准由全国电工仪器仪表标准化技术委员会(SAC/TC 104)归口。

本标准起草单位:重庆市计量质量检测研究院、青岛艾诺智能仪器有限公司、南京长盛仪器有限公司、哈尔滨电工仪表研究所、上海仪器仪表研究所。

本标准主要起草人:曹智、袁静、于灵、周俊敏。

本标准参加起草人:罗浩、侯珍、江力、王岩崧、赵永杰、王慧武、刘献成、董亚峰。

接地导通电阻测试仪

1 范围

本标准规定了接地导通电阻测试仪(以下简称测试仪)的术语和定义、要求、试验方法、检验规则、标志、包装、运输和储存。

本标准适用于模拟式和数字式交/直流接地导通电阻测试仪,也适用于兼有测量其他参量仪器的接地导通电阻测量部分。

本标准不适用于测量接地导体与大地之间电阻的接地电阻表及相似用途的接地电阻表。

2 规范性引用文件

下列文件对于本文件的应用是必不可少的。凡是注日期的引用文件,仅注日期的版本适用于本文件。凡是不注日期的引用文件,其最新版本(包括所有的修改单)适用于本文件。

GB/T 191—2008 包装储运图示标志(ISO 780:1997,MOD)

GB/T 2423.1—2008 电工电子产品环境试验 第2部分:试验方法 试验A:低温(IEC 60068-2-1:2007,IDT)

GB/T 2423.2—2008 电工电子产品环境试验 第2部分:试验方法 试验B:高温(IEC 60068-2-2:2007,IDT)

GB/T 2423.4—2008 电工电子产品环境试验 第2部分:试验方法 试验Db 交变湿热(12 h+12 h循环)(IEC 60068-2-30:2005,IDT)

GB/T 2423.5—1995 电工电子产品环境试验 第二部分:试验方法 试验Ea和导则:冲击(idt IEC 60068-2-27:1987)

GB/T 2423.10—2008 电工电子产品环境试验 第2部分:试验方法 试验Fc:振动(正弦)(IEC 60068-2-6:1995,IDT)

GB/T 2900.77—2008 电工术语 电工电子测量和仪器仪表 第1部分:测量的通用术语(IEC 60050(300-311):2001,IDT)

GB/T 4208—2008 外壳防护等级(IP代码)(IEC 60529:2001,IDT)

GB/T 4793.1—2007 测量、控制和实验室用电气设备的安全要求 第1部分:通用要求(IEC 61010-1:2001,IDT)

GB 6587.6—1986 电子测量仪器 运输试验

GB 6587.8—1986 电子测量仪器 电源频率与电压试验

GB/T 6593—1996 电子测量仪器质量检验规则

GB 9969—2008 工业产品使用说明书 总则

GB 11463—1989 电子测量仪器可靠性试验

GB/T 16511—1996 电气和电子测量设备随机文件(idt IEC 1187-1993)

GB/T 18268—2000 测量、控制和实验室用电设备 电磁兼容性要求(idt IEC 61326-1:1997)

3 术语和定义

下列术语和定义适用于本文件。

3.1

接地导通电阻测试仪 earth continuity tester

用于测量交流电网供电的电器设备的可触及的金属壳体与该设备引出的安全接地端(线)之间电阻的仪器。

3.2

调压器式测试仪 tester with voltage regulator

通过调节交流调压器的电压获得所需试验电流的测试仪。

3.3

测量线/弹簧夹 tester line/clamp

用于连接测试仪与被测体的导线与夹具。

3.4

分辨力 resolution

测试仪能够指示出的被测量的最小增量。

注：测试仪最灵敏量程的分辨力即为该测试仪的最高分辨力。

[GB/T 2900.77—2008 311-03-10]

3.5

影响量 influence quantity

不是测量的量,是一种易于引起测试仪测量结果发生不希望变化的量。

[GB/T 2900.77—2008 311-06-01]

3.6

影响量引起的改变量 variationg(due to an influence quantity)

当一个影响量依次取两个不同的规定值时,对同一个被测量所测得的两个值之差。

[GB/T 2900.77—2008 311-07-03]

3.7

参比条件 reference conditions

使测试仪满足有关基本误差要求的一些规定条件。

[GB/T 2900.77—2008 311-06-02]

3.8

参比值 reference value

一个影响量的规定单值,在其规定的允差内,测试仪满足有关基本误差的规定。

[GB/T 2900.77—2008 311-07-01]

3.9

标称使用范围 nominal range of use

引起的改变量不超过规定的极限值时的各个影响量的规定取值范围。

[GB/T 2900.77—2008 311-07-05]

3.10

影响量的极限值 limiting values of influence quantity

不使测试仪受到损坏或造成永久性变化以至于不再满足其准确度等级要求的某一影响量可取的最大值。

3.11

试验电流　test current

测试仪通过端钮或插座，输出施加于被测体的交流或直流电流。

3.12

试验电流的波动　fluctuate of test current

在规定时间内，通过等时距观测，测试仪输出试验电流的最大、最小值之差与参比值之间的百分数误差。

3.13

指示器　display equipment

显示接地导通电阻测量结果，或试验电流值，或定时时间的单元。

3.14

空载电压　zero-load voltage

在测量状态下，测试仪试验电流输出端开路，用电压测量装置测得的试验电流输出端的电压。

3.15

报警预置误差　alarm preset limit of error

在规定条件、规定的测量点下，测试仪的报警预置值与标准值之间的百分数误差。

3.16

开路报警　open circuit alarm

试验电流回路开路时，测试仪给出的相应信息。

3.17

定时　definite time

确定测试仪的工作时间。

3.18

复位　reset

使测试仪由报警、定时结束状态恢复到测量准备状态；或者清除上次测量结果，使其处于测量准备状态。

3.19

自校(补偿)　self-calibration (make up)

为消除测量线/弹簧夹等连接装置接触电阻的影响，测试仪具备的抵偿能力。

4　分类

4.1　测试仪按指示方式的不同分为数字式指示测试仪和模拟式(指针式)指示测试仪。

4.2　测试仪按试验电流种类不同分为交流型和直流型。

4.3　测试仪按试验电流调节是通过调压器调节(手动或自动)还是恒流自动调节获得，分为调压器式测试仪和恒流源式测试仪。

5　要求

5.1　技术要求

5.1.1　准确度等级

测试仪准确度等级应按表1所列的等级指数的数字分级，等级指数用以准确度等级数字的百分数表示。相同的参比条件下一个量程只能有一个准确度等级。

5.1.2 **分辨力**

数字式指示测试仪的分辨力不应低于准确度等级的1/5，在基本量程满度值的10%点指示值应符合最大允许误差的规定；模拟式指示测试仪的基本量程应使100 mΩ的刻度在该量程满刻度的2/3以上。

各等级测试仪的分辨力要求的指示器位数(最小刻度)见表1。

表1 等级指数、最大允许误差及指示器位数(最小刻度)

数字式			模拟式		
等级指数(%)	最大允许误差(%)	指示器位数(位)	等级指数(%)	最大允许误差(%)	指示器最小刻度(格)
0.2	±0.2	$4\frac{1}{2}$	1	±1	$\frac{1}{100}$
0.5	±0.5	$4\frac{1}{2}$	2	±2	$\frac{1}{100}$
1	±1	$3\frac{1}{2}$	5	±5	$\frac{1}{50}$
2	±2	3	10	±10	$\frac{1}{50}$
5	±5	3	20	±20	$\frac{1}{25}$
10	±10	3	—	—	—
注：对于不同的参比条件、不同的量程，一台测试仪可以被赋予不同的准确度等级。					

5.1.3 **接地导通电阻的最大允许误差**

5.1.3.1 接地导通电阻的最大允许误差应符合表1的规定。

5.1.3.2 模拟式指示测试仪接地导通电阻最大允许误差的表示，见附录A式(A.1)、式(A.2)。

5.1.3.3 数字式指示测试仪接地导通电阻最大允许误差的表示，见附录A式(A.3)～式(A.6)。

5.1.4 **试验电流的参比频率**

交流试验电流的参比频率为50 Hz或(和)60 Hz(需在产品随机文件中说明)，最大允许误差为±5%。

5.1.5 **试验电流的畸变**

交流试验电流的参比值为零(纯正弦)，畸变因数不大于5%。

5.1.6 **试验电流的参比值**

试验电流为交流或直流电流，其参比值应符合表2的规定。一台测试仪可具有多个不同的电流参比值。

表 2　试验电流的值

参比值/A	例外值/A
5-10-20-25-30	其他
注：参比值适用于固定试验电流输出的测试仪，例外值适用于在标称使用范围内试验电流连续可调的测试仪，以及其他有特殊用途的具有固定试验电流输出的测试仪。	

5.1.7　试验电流的最大允许误差

5.1.7.1　试验电流的最大允许误差应符合表 3 的规定。

表 3　试验电流的最大允许误差及波动

测试仪等级指数/级	试验电流最大允许误差/%	试验电流每分钟波动/%
0.2	±2	0.1
0.5	±3	0.2
1	±5	0.2
2	±5	0.4
5	±5	1
10	±10	2
注：对于在标称使用范围内试验电流连续可调的测试仪，如果产品随机文件未规定试验电流范围，视为其在全范围内均应符合表 3 相应测试仪等级指数的规定。		

5.1.7.2　试验电流示值误差的表示见式(2)。

5.1.8　试验电流的波动

测试仪试验电流 1 min 内的波动不应超过表 3 的规定。

5.1.9　试验电流的纹波含量

试验电流为直流时，在参比条件下其纹波含量不应大于试验电流参比值的 0.1%。

5.1.10　空载电压

测试仪(试验电流输出端)最大空载电压不应大于 12 V，特殊接地导通电阻测试仪的空载电压要求由产品规范规定。

注：对于采用恒流源输出的测试仪本条不作要求。

5.1.11　确定最大允许误差的条件

确定最大允许误差时，各等级测试仪与各个影响量有关的参比值见表 4。

表 4 影响量的参比条件和允差

影响量	参比条件(除非制造单位另有规定)	等级指数	允差
环境温度	23 ℃	0.5 级及以上	±2 ℃
相对湿度	60% RH	所有等级	±15% RH
电源电压	220 V	0.5 级及以上	±1%
		调压器式测试仪所有等级	
		1 级及以下	±2%
电源频率	50(或 60)Hz	所有等级	±1
电源的畸变	零(纯正弦)	所有等级	畸变因数不大于 5%
外界磁场	外界磁场强度为零	所有等级	大地磁场强度值

5.1.12 影响量的极限(额定工作条件)

当测试仪在参比条件下达到稳定工作状态,而某单个影响量按照 6.5.2 的要求变化时,除非制造单位对改变量另有规定,测试仪均应符合表 5 的规定。

表 5 影响量的极限和允许的改变量

影响量	等级指数	影响量的极限	允许改变量/%
环境温度	0.5 级及以上	0 ℃和+40 ℃	30
	1 级及以下		50
相对湿度	所有等级	20%和 90%	50
电源电压	0.5 级及以上	参比值的±10%或参比范围的下限−10%和参比范围的上限+10%	30
	调压器式测试仪所有等级		50
	1 级及以下		
电源频率	所有等级	参比值的±5%或参比范围的下限−5%和参比范围的上限+5%	50
电源的畸变	所有等级	畸变因数不大于 10%	50
参比频率的外磁场	所有等级	零和由制造单位规定的值	50
注:允许改变量以最大允许误差的百分数表示。			

5.2 功能要求

5.2.1 报警功能

5.2.1.1 开路报警

当试验电流开路时,测试仪应具有报警功能。报警方式由产品随机文件规定,但应有开路报警“开/关”选择按钮或开关。

注:对于采用恒流源输出的测试仪,有无开路报警“开/关”选择按钮或开关不作要求。

5.2.1.2 电阻预置及报警

测试仪应具有电阻预置及其报警功能。电阻预置调节设置应方便快速，其调节范围应符合测试仪随机文件规定的测量范围，在此范围内，测试仪都应具备报警功能。其报警误差不应超过测试仪该点电阻的最大允许误差。

方便快速指在电阻预置调节状态下，按住或旋转调节钮，测试仪电阻预置值应自动快速增减。

报警后，测试仪是否继续进行测量，由产品随机文件规定。

5.2.1.3 定时

测试仪应具有定时功能。有选择定时/不定时的开关或按钮，有时间调节装置和时间指示器。定时的方式、范围及其最大允许误差由产品随机文件规定。定时结束时试验电流输出应为零。

注：定时结束时，有测量结果保持功能的测试仪应在相应指示器稳定指示测量结果。

5.2.1.4 复位

测试仪应具有手动复位功能。

5.2.1.5 自校(补偿)

如测试仪提供自校(补偿)功能，应在产品随机文件中规定自校(补偿)的操作方法及条件。

5.2.1.6 通信接口

如测试仪提供通信接口，应在产品随机文件中规定接口的类型、功能及通信协议。

5.3 外观及结构

5.3.1 测试仪应有四端测试的功能，各端钮应加以标记。

5.3.2 测试仪的外表应光洁、无毛刺，不应有裂纹、划痕、剥落、锈蚀、油污、变色，塑料件不应有变形、缩痕、起泡。各开关和按钮应操作灵活。文字、标志和计量单位等应清晰、准确和规范。

5.3.3 测试仪的设计和结构应能保证在参比工作条件下和正常工作位置使用时不引起任何危险，尤其应保证：

a) 防过高温度的人身安全应符合 5.8.2 要求；

b) 防电击的人身安全应符合 5.8.3 要求；

c) 防火焰蔓延应符合 5.8.4 要求；

d) 防固体异物、灰尘和水的进入，应符合 GB 4208—2008 定义 3.4 中规定的 IP31 或 IP51；

e) 在正常工作状态下，易受腐蚀的所有部件予以有效保护，任一保护层不应由于一般的操作而损坏。

5.4 测量线/弹簧夹

测试仪应配备用于连接测试仪与被测体的测量线/弹簧夹，如果采用电流端/电位端一体化的测量线/弹簧夹，测试仪应具有自校或补偿功能：

a) 测量线/弹簧夹与测试仪连接应紧密，不因工作时的移动而松脱；

b) 测量线/弹簧夹同一芯线及其两端均应用同一颜色加以标记；

c) 连接线的长度不应小于 1.6 m，最大允许误差为±0.2 m；每一电流端测量线/弹簧夹最远端之间的直流电阻值不应大于 7 mΩ，最大允许误差为±0.5 mΩ。

5.5 接线端钮、插座

接线端钮、插座应采用绝缘材料制成，其固定方式应确保充分的和持久的接触，以免松动和发热，插座应有锁定装置。电气连接应设计成不通过绝缘材料来传递接触力。

5.6 噪声

采用强制通风时，在距离测试仪 1 m 范围内其噪声参比值为 60 dB，最大允许误差为+5 dB。

5.7 环境适应性

5.7.1 温度

测试仪应符合表 6 的温度范围的规定。试验见 6.6.4 及 6.6.5。

表 6 温度范围

工作范围	0 ℃～+40 ℃
工作极限范围	−10 ℃～+55 ℃
储存和运输极限范围	−40 ℃～+70 ℃
注：对特殊用途，可在订货合同中规定其他温度值。 储存和运输极限范围温度极值下最长时间为 24 h。	

5.7.2 相对湿度

测试仪应符合表 7 的相对湿度的规定。温度和湿度的组合试验见 6.6.6。

表 7 相对湿度

范　围	相对湿度	参比条件
工作范围	(45～75)% RH	40 ℃
工作极限范围	(20～90)% RH	50 ℃
储存和运输范围	≤90% RH	50 ℃；24 h

5.7.3 冲击

测试仪在非包装、非工作状态下对冲击的适应性应符合 GB/T 2423.5—1995 的有关规定，按表 8 要求试验后测试仪不应出现损坏或信息改变，并应按本标准要求准确地工作。表 8 选自 GB/T 2423.5—1995 表 1 中优先选用峰值加速度为*300 的一行所列数据，波形选用半正弦波。试验见 6.6.7。

表 8 冲击试验的影响量

峰值加速度 A		相应的标称脉冲持续时间 D	相应的速度变化量 Δv		
			半正弦	后峰锯齿	梯形
m/s^2	g_n	ms	m/s	m/s	m/s
*300	30	18	3.4	2.6	4.8

5.7.4 振动

测试仪在非包装、非工作状态下对振动的适应性应符合 GB/T 2423.10—2008 的有关规定，按表 9 要求试验后测试仪不应出现损坏或信息改变，并应按本标准要求准确地工作。试验见 6.6.8。

表 9 振动试验的影响量

频率范围 Hz	交越频率 Hz	频率＜60 Hz 恒定振幅 Mm	频率＞60 Hz 恒定加速度 m/s^2	控制	每一轴向扫频周期数
10～150	60	0.075	9.8(1 g)	单点	10
注：10 个扫频周期为 75 min。					

5.7.5 运输

测试仪及其附件在完整满包装状态下对运输的适应性应符合 GB 6587.6—1986 表中第 2 级别的规定，经此试验后测试仪不应出现损坏或信息改变，并应按本标准要求准确地工作。试验见 6.6.9。

5.8 电气要求

5.8.1 电源频率与电压

测试仪对电源频率与电压的适应性应符合表 10 的规定。试验见 6.7.1。

表 10 电源频率与电压

名称	参比值	最大允许误差
电源频率	50(60)Hz	±5%
电源电压	220 V	±10%

5.8.2 温升

测试仪可触及部件的温度不应超过 GB 4793.1—2007 第 10 章的有关规定。试验见 6.7.2。

5.8.3 介电强度

测试仪处于非工作状态，电源开关处于接通位置，电源带电极与机壳之间施加 50 Hz、有效值为 1.5 kV 的正弦波试验电压，历时 1 min，不应出现飞弧和击穿现象。试验见 6.7.3。

5.8.4 耐热和阻燃

接线端钮、旋(按)钮、插座、测量线/弹簧夹和机壳应具备合理的防火焰蔓延措施。不应由于与其接触的带电件的过热而引起燃烧。测试仪处于非工作状态，在下列条件下按照 6.7.4 进行试验后，应符合 GB 4793.1—2007 第 9 章、第 10 章的规定。

a) 接线端钮、插座、测量线/弹簧夹的绝缘材料：960 ℃±15 ℃；

b) 旋(按)钮、机壳：650 ℃±10 ℃。

5.8.5 保护接地

应符合 GB 4793.1—2007 中 6.5.1 的规定。

5.8.6 泄漏电流

应符合 GB 4793.1—2007 中 6.3 的规定。

5.8.7 电磁兼容性(EMC)

除非产品规范另有规定,测试仪应能保证在传导和辐射以及静电放电的电磁骚扰影响下不损坏和不受实质影响,抗扰度应符合 GB/T 18268—2000 中第 6 章及表 A.1 的规定;发射应符合 GB/T 18268—2000中 7.2 对 A 类设备的规定。试验见 6.8。

5.9 可靠性

测试仪的可靠性特征值,应符合 GB 11463—1989 中 4.2.2 的规定。

6 试验方法

6.1 试验条件

除非在有关条款中另有规定,试验应在下列条件下进行:

a) 正常工作位置,所有应接地的部件接地。
b) 大气压力:(86~106)kPa。
c) 试验前测试仪应通电并达到产品规范规定的热稳定时间。
d) 所使用的标准仪器与试验设备应符合有关规定,经定期计量检定或校准,且处于有效期内。在其实际测量范围内允许误差不应超过被测量允许误差的 1/5。
e) 标准电阻器的电流适应能力应满足测试仪全部输出试验电流的要求。
f) 耐压试验仪、泄漏电流测试仪准确度等级不低于 5.0 级。耐压试验仪测试电压范围交流为(0~1.5)kV、直流为(0~3)kV,且连续可调。泄漏电流测试仪电流测量范围为(0~20)mA。
g) 以上标准装置给出的扩展不确定度不应大于测试仪最大允许误差的 1/3(包含因子 k 取 2)。
h) 试验场地无强电磁干扰及明显的振动和冲击。
i) 表 4 各个影响量的参比条件和允差。

6.2 一般检查

6.2.1 外观结构及标志的检查

通过目测观察测试仪的外观结构,应无明显影响其正常工作的缺陷,各标志应清晰,并应符合本标准 8.1 的规定;手动调节机械零位调节装置,模拟式指示测试仪应无卡针现象;外壳防护等级应符合 GB 4028—2008的 IP31 或 IP51 代码的规定。

6.2.2 测量线/弹簧夹的检查

通过目测观察、手动检查、量具测量以及附录 C 推荐(或其他)的方法,逐一对测量线/弹簧夹进行检查。

6.2.3 接线端钮或插座的检查

按 5.5 和 5.8.2 的规定,通过目测观察和手动检查,检查接线端钮或插座接触情况、有无松动等。

6.2.4 分辨力的检查

6.2.4.1 可在准确度试验的同时按 5.1 的规定进行,检查其最高分辨力。

6.2.4.2 标准装置给出一电阻值加到测试仪(对于模拟式指示测试仪,选择有数字的刻度),读取此时测试仪的指示值 R_1,然后微调此给出的电阻量值,使测试仪末位变化一个字(或一个最小刻度单位),再次读取测试仪的指示值 R_2,取两次指示值之差 $\Delta R = R_2 - R_1$ 即为测试仪的最高分辨力。

6.2.4.3 检查过程中,指示值应平稳上升或下降,模拟式指示测试仪的指针应无停顿和卡死现象。

6.2.5 噪声的检查

通过试验设备测量,除尘器的噪声,应符合 5.6 的规定。

6.3 准确度试验

6.3.1 试验一般要求

6.3.1.1 参比频率

对于同时具备 50 Hz 和 60 Hz 参比频率试验电流的测试仪,在参比频率为 50 Hz 下准确度试验后,参比频率 60 Hz 下仅在输出参比试验电流时,按本标准规定的要求进行试验。

6.3.1.2 基本量程

对于多电阻量程的测试仪,在参比频率、输出参比试验电流下的最大电阻量程为基本量程,按本标准规定的要求进行试验。其他电阻量程按 6.3.2.1 中 a)、b)选取电阻试验点,仅在输出参比试验电流时,按本标准规定的要求进行试验。

6.3.2 接地导通电阻准确度试验

6.3.2.1 试验点选取

在测试仪输出试验电流为参比值和其他值时分别进行试验。根据电阻量程满度值 R_m 和参比输出试验电流下的电阻测量上限值 R_0,按下列原则选取试验点:

a) 参比输出试验电流时(没有特别说明时,选择 25 A 试验电流):在(10%~100%)R_0 范围内均匀选取至少 5 个试验点(对于模拟式测试仪,选择有数字的刻度点),均应包括 100 mΩ 点;
b) 其他输出试验电流时(没有特别说明时,选择 10 A 试验电流):选取 R_m 的 10%、50%、100%(对于模拟式测试仪,选择 3 个与此范围试验点最近的有数字的刻度点)及 100 mΩ 共 4 个试验点。

6.3.2.2 试验步骤

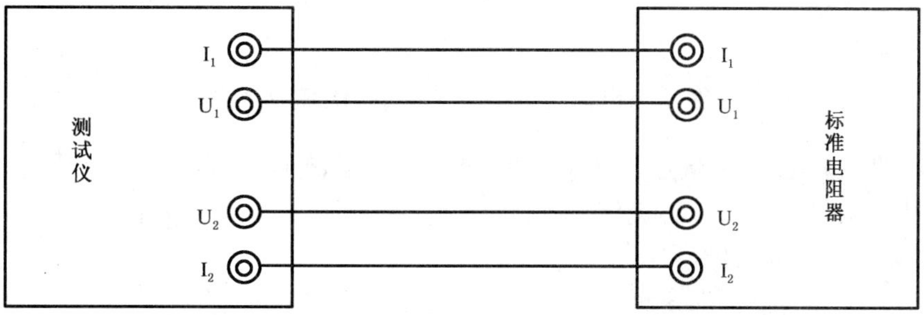

图 1 电阻测量结果误差试验接线图

a） 按图1连接测试仪和标准电阻器，设置测试仪的输出试验电流至规定值；

b） 标准电阻器的电阻置于选定的电阻试验点，启动测试仪，当测试仪输出的试验电流稳定后，从测试仪上读取电阻示值；

c） 计算测试仪的电阻示值与标准电阻器电阻值的误差。

6.3.3 试验电流的误差

6.3.3.1 标准电压、电流表的选取

对于试验电流为交流电流的测试仪，选用有效值响应的交流标准电压、电流表；对于试验电流为直流电流的测试仪，选用直流标准电压、电流表。

6.3.3.2 试验点选取

在试验电流量程的10%～100%范围内均匀选取至少5个试验点（对于模拟式测试仪，选择5个与此范围试验点最近的有读数的刻度点），均应包括25 A点（无25 A的选择参比值）。

6.3.3.3 试验步骤

6.3.3.3.1 电阻电压法

按图2连接测试仪、标准电阻器和标准电压表，标准电阻器置于测试仪电阻测量上限值。

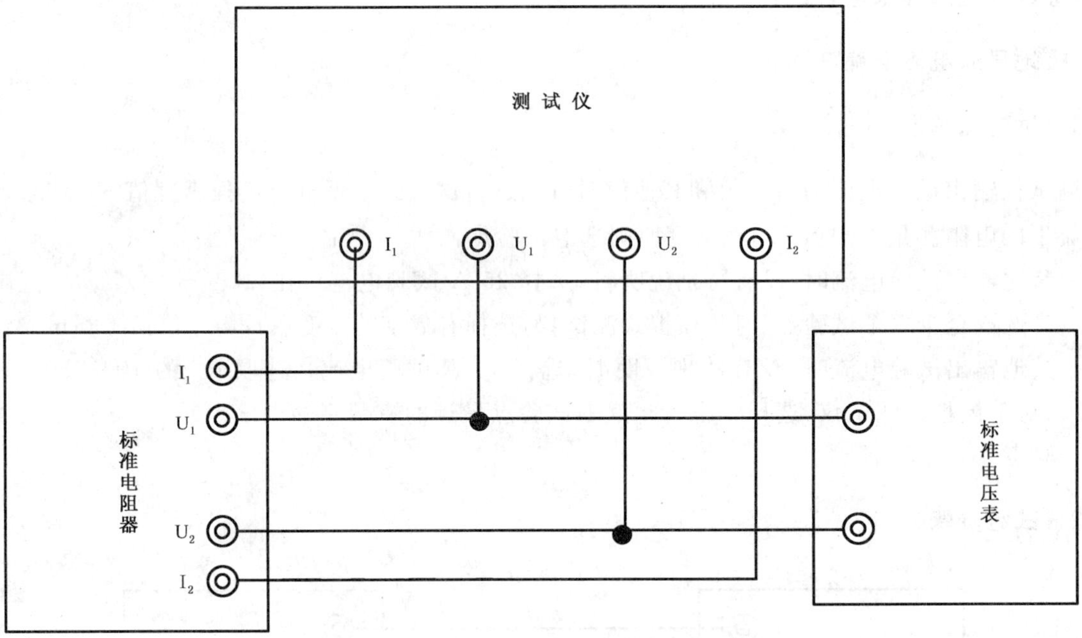

图2 电阻电压法测量试验电流接线图

启动测试仪，将试验电流置于选定的试验点，当测试仪输出的试验电流稳定后，从标准电压表上读取电压值，同时从测试仪上读取试验电流值。

试验电流实际值按式(1)计算：

$$I_0 = \frac{U_0}{R_0} \quad \cdots\cdots(1)$$

式中：

I_0——试验电流实际值；

U_0——标准电压表的读数；

R_0——标准电阻器的实际值。

试验电流示值与实际值间的误差按式(2)计算。

注：仲裁试验采用本法。

$$E=\frac{I-I_0}{I}\times 100\% \qquad \cdots\cdots(2)$$

式中：

E——试验电流的示值误差；

I_0——试验电流实际值；

I——试验电流的参比值。

6.3.3.3.2 **标准电流表法**

按图3连接测试仪、标准电阻器和标准电流表。

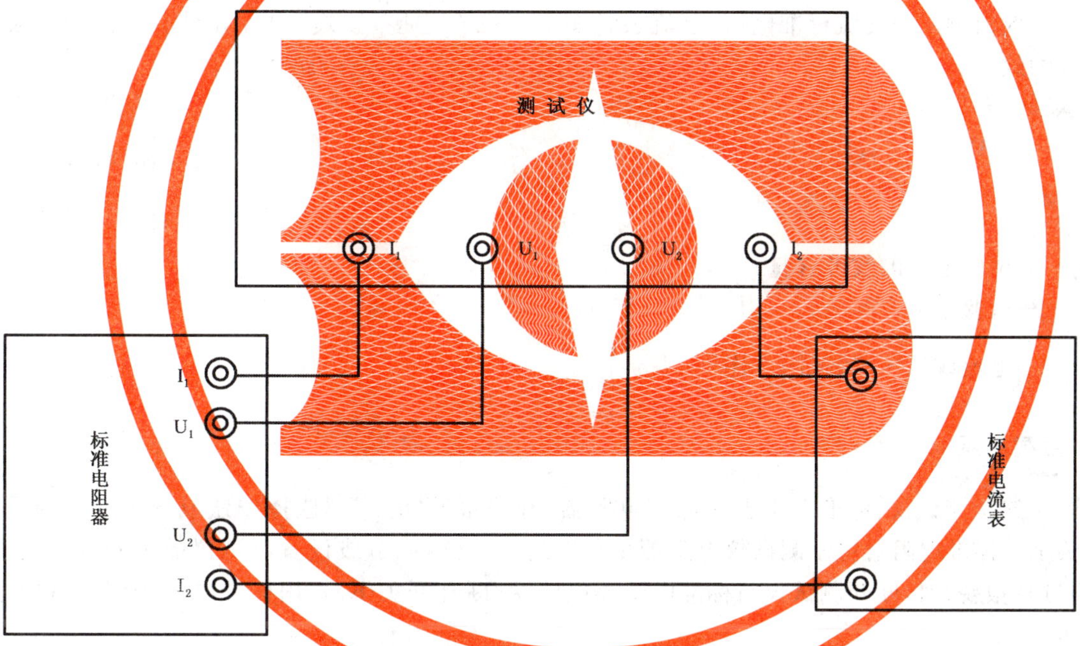

图3 标准电流表法测量试验电流接线图

启动测试仪，将试验电流置于选定的试验点，当测试仪输出的试验电流稳定后，从标准电流表上读取试验电流实际值，同时从测试仪上读取试验电流值；

按式(2)计算试验电流示值与实际值间的误差。

6.3.4 **试验电流的波动**

试验电流的波动按图2或者图3方法之一接线，标准电压、电流表的选取见6.3.3.1。仲裁试验时采用图2所示的电阻电压法。

6.3.4.1 **试验步骤**

a) 按图2或图3连接测试仪、标准电阻器和标准电压(或电流)表；

b） 标准电阻器的电阻值置于 100 mΩ，测试仪的试验电流置于参比值（没有特别说明时，选择 25 A 试验电流）；

c） 断开定时开关或设置为 1 min 以上的定时时间，启动测试仪，在 1 min 内等时间间隔（间隔 ≥10 s）从标准表上读取不少于 5 个试验电流示值。时间点不应包括起始点（0 s），但应包括终止点（60 s）；

d） 按式（3）计算试验电流的波动：

$$\gamma_3 = \frac{I_{max} - I_{min}}{I} \times 100\% \quad \cdots\cdots（3）$$

式中：

γ_3 ——试验电流的波动；

I_{max} ——试验电流的最大值；

I_{min} ——试验电流的最小值；

I ——试验电流的参比值。

6.3.5 试验电流的纹波含量

选用有效值响应的交流标准电压、电流表按图 2 或图 3 连接，按式（4）计算试验电流的纹波含量。试验电流的纹波含量。

$$\Delta I = \frac{I_i}{I_0} \times 100\% \quad \cdots\cdots（4）$$

式中：

ΔI ——试验电流的纹波含量；

I_0 ——试验电流实际值；

I_i ——电流纹波值（如按图 2 连接，$I_i = \frac{U_i}{R_0}$）。

6.3.6 空载电压

按图 4 连接测试仪、标准电压表和标准电阻器，开路报警“开/关”选择按钮或开关处于断开位置。接通开关 K_1，标准电阻器置于测试仪电阻测量范围的上限值，调节或设置测试仪的试验电流达到最大值（而不过载报警）时，断开测试仪与标准电阻器电流端（断开开关 K_1），用标准电压表测量试验电流的空载电压。

6.4 功能试验

6.4.1 开路报警功能

试验步骤如下：

a） 按图 4 连接测试仪和标准电阻器，不接电压表；

b） 根据测试仪电阻测量范围，在标准电阻器上任选一电阻值，试验电流输出设置为参比值（没有特别说明时，选择 25 A 试验电流）；

c） 开路报警“开/关”选择按钮或开关置于接通位置，合上开关 K_1 启动测试仪，当测试仪输出的试验电流稳定后，快速断开开关 K_1，测试仪应发出清晰的、由产品随机文件规定的报警信号。

注：此项试验可在 6.3.6 试验的同时进行。

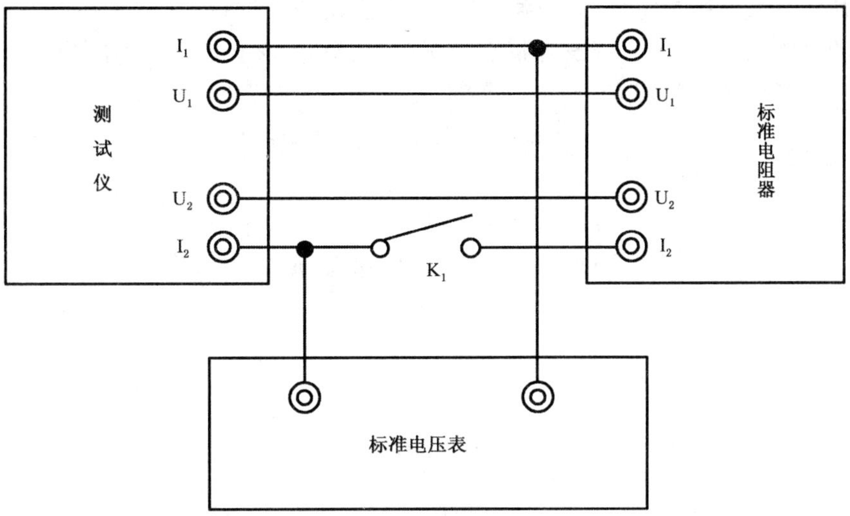

图 4 试验电流空载电压试验接线图

6.4.2 预置电阻及报警功能

该项试验报警预置电阻 R 一般选在 100 mΩ 点，如果用户有特殊要求可增加试验点。试验步骤如下：

a) 按图 1 连接测试仪和标准电阻器，在测试仪上设置报警预置电阻值 R，试验电流输出设置为参比值（没有特别说明时，选择 25 A 试验电流）；

b) 调节标准电阻器的电阻值至报警预置电阻值 R 附近，启动测试仪后，缓慢调节标准电阻器的电阻值（根据测试仪报警方式增大或减小），直至测试仪发出清晰的、由产品随机文件规定的报警信号，读取此时标准电阻器的电阻值 R_0；

c) 计算报警预置电阻的示值与标准电阻器电阻值的误差。

6.4.3 定时功能

该项试验标准电阻器一般选在 100 mΩ 点，定时时间选择 60 s 及其他任意两个时刻，如果用户有特殊要求可增加试验点。试验步骤如下：

a) 按图 2 或图 3 接线，接通定时开关，在测试仪上设置定时时间 T，试验电流输出设置为参比值（没有特别说明时，选择 25 A 试验电流）；

b) 启动测试仪，同时启动计时器开始计时，当测试仪停止测量时终止计时，读取此时计时器的时间值 T_0；

c) 定时结束时试验电流输出应为零，同时，有测量结果保持功能的应在相应指示器稳定指示测量结果；

d) 计算定时时间的设置值 T 与计时器的时间值 T_0 之间的误差；

e) 试验结果应符合产品随机文件的规定。

6.4.4 复位功能

此项试验可在 6.3.2、6.3.3、6.3.4 试验的同时进行，每次复位后均应使测试仪各指示窗口清零，并使其处于测量准备状态。

6.4.5 自校（补偿）功能

6.4.5.1 如测试仪提供自校（补偿）功能，应进行此项试验。

6.4.5.2 按产品随机文件中规定自校(补偿)的操作方法及条件进行。自校(补偿)结束后,在 100 mΩ 电阻点,测试仪的试验电流为参比值(没有特别说明时,选择 25 A 试验电流)条件下,按 6.3.2 的步骤进行试验,试验结果应符合表 1 的规定。

6.4.6 通信接口功能

6.4.6.1 如测试仪提供通信接口,应进行此项试验。

6.4.6.2 按产品随机文件的规定,对通信接口的类型、功能、通信协议及所传递的信息逐一进行检查。

6.5 影响量试验

6.5.1 试验条件

在 100 mΩ 点按照 6.3、6.4 的方法在表 5 的范围内进行试验。

6.5.2 改变量的确定条件

a) 应对各个影响量来确定改变量,在各次试验期间,所有其他影响量均应保持在其参比条件下及其允差范围内;

b) 当给测试仪指定一个参比值时,影响量应在该值和表 5 规定的极限范围内的任意值之间变化;

c) 当给测试仪指定一个参比范围和标称使用范围时,影响量应在参比范围的各个极限和与之相邻的标称使用范围部分内的任意值之间变化。

6.5.3 由外界磁场影响引起的该变量

恒定磁场可采用在测试仪不存在的条件下,能产生均匀磁场的装置获得。线圈内的电流应依次是各个方向的直流电流和电源频率 45 Hz～65 Hz 的交流电流。

6.6 环境适应性试验

6.6.1 为确定其具体的特性并认证其符合本标准的规定,应对一只或数只测试仪样品进行环境适应性试验,样品由制造厂提供。

6.6.2 附录 B 给出了推荐的试验顺序。

6.6.3 所有以下试验结束后,测试仪不应出现损坏或信息改变,24 h 后应符合 6.3、6.4、6.7.3 试验的规定。若在试验后,对测试仪所进行的调整影响到其部分性能时,则只对因调整而影响到的那些特性进行有限的试验。

6.6.4 低温试验

按 GB/T 2423.1—2008 规定,并在下列条件下进行试验:

——测试仪为非工作状态;

——温度:−40 ℃±3 ℃;

——试验时间:72 h。

6.6.5 高温试验

按 GB/T 2423.2—2008 规定,并在下列条件下进行试验:

——测试仪为非工作状态;

——温度:+70 ℃±2 ℃;

——试验时间:72 h。

6.6.6 交变湿热试验

按 GB/T 2423.4—2008 规定,并在下列条件下进行试验:

——测试仪处于通电状态；
——测试仪试验电流源无输出；
——上限温度：+40 ℃±2 ℃适于室内用测试仪，+55 ℃±2 ℃适于室外用测试仪；
——不采用特殊措施来排除表面的潮气；
——试验周期：6 d。

注：湿度试验也可作为腐蚀试验。目测试验结果，不应出现能影响测试仪性能的腐蚀痕迹。

6.6.7 冲击试验

测试仪在非包装、非工作状态下，在表8所列条件下按5.7.3规定进行冲击试验。

6.6.8 振动试验

测试仪在非包装、非工作状态下，在表9所列条件下按5.7.4规定进行振动试验。

6.6.9 运输试验

按GB 6587.6—1986的要求，在表1中2级所列条件下进行运输试验。

6.7 电气性能试验

6.7.1 电源频率与电压试验

在5.8.1规定的供电电压和频率范围内，按GB 6587.8—1986规定的方法进行试验。

6.7.2 温升试验

6.7.2.1 在参比工作条件下，测试仪处于工作状态，将测试仪的测量线/弹簧夹短路，关闭定时开关，测试仪的试验电流设置为上限值，启动测试仪，在环境温度为40 ℃±2 ℃时，短时间内（制造厂规定的间歇使用的限值）重复上述3个周期。

6.7.2.2 在试验期间，测试仪不应位于通风或阳光辐射处。

6.7.2.3 试验后测试仪及测量线/弹簧夹及其绝缘材料不应出现损坏或变形，并应符合6.7.3的介电强度试验。

6.7.3 介电强度试验

测试仪处于非工作状态，电源开关处于接通位置，将测试仪的测量线/弹簧夹与测试仪相应端钮连接。在电源带电极与机壳之间施加50 Hz、有效值为1.5 kV的正弦波试验电压，历时1 min。试验时试验电压应逐渐上升到规定值，以免出现明显的瞬变。对于在电源输入端使用了电源滤波器的测试仪，应用2.1 kV的直流电压进行试验。

6.7.4 耐热和阻燃试验

用灼热丝按5.8.4要求的在任一随机位置处接触进行试验。

6.7.5 保护接地试验

按GB 4793.1—2007中6.5.1的规定试验。

6.7.6 泄漏电流试验

测试仪处于非工作状态，电源开关处于接通位置，保护阻抗与带电部分分离，按GB 4793.1—2007中6.3的规定，在测试仪电源带电极与可触及金属部件之间施加参比频率的供电电源，电压为参比电压的1.06倍，5 s后用泄漏电流测试仪测量相线和零线对机壳或对地的泄漏电流，不应超过0.5 mA。

6.8 电磁兼容试验(EMC)

6.8.1 一般试验条件

按5.8.7及GB/T 18268—2000的规定,在下列条件下进行试验,试验后测试仪不应出现损坏,恢复到参比条件后,应能准确地工作:

a) 在所有这些试验中,仪表处于正常工作位置;

b) 所有需接地的部件应接地,不应有额外的接地;

c) 5.7.1及5.7.2规定的工作环境范围。

6.8.2 非工作状态下

a) 6.8.1的规定;

b) 测试仪不通电;

c) 测量线/弹簧夹一端连接至测试仪,另一端短接。

6.8.3 工作状态下

a) 6.8.1的规定;

b) 5.8.1规定的供电电压和频率范围,测试仪通电;

c) 测量线/弹簧夹一端连接至测试仪,另一端接至标准电阻器,按6.3.2.2进行试验。

6.9 可靠性试验

测试仪平均无故障工作时间的下限值 m_1 由产品规范规定,可靠性的基本要求及试验方法按GB 11463—1989的有关规定进行。

7 检验规则

接地导通电阻测试仪的检验分为出厂检验、型式检验和使用中检验。

7.1 出厂检验

由制造厂技术检验部门对生产的系统的每个产品,按表11规定的出厂检验项目进行检验。合格后加盖合格印,并给出出厂检验合格报告。

7.2 型式检验

按表11规定的全部项目进行检验,下列情况之一应进行型式检验:

a) 新产品设计定型鉴定及批试生产定型鉴定;

b) 当结构、工艺或主要材料有所改变,可能影响其符合本标准规定时;

c) 停产一年以上重新投产时;

d) 国家质量监督机关或主管部门要求进行型式检验时;

e) 批量生产的产品应周期性(3年)进行一次型式检验。

7.3 使用中检验

由检测机构对系统的每个产品按表11规定的使用中检验项目进行检验。

7.4 型式检验抽样方案

型式检验抽样数量为(1～3)台。

7.5 判定规则

7.5.1 型式检验的样品符合全部规定的，则判为型式检验合格。

7.5.2 对一个样本的某个试验项目发生一次或一次以上的不合格，均按一个不合格计。对于次要项目不合格的，可以复检一次，复检合格可以认为型式检验合格；复检仍然不合格，则判定型式检验不合格。

7.6 检验项目

检验项目见表11。

表11 检验项目

序号	检验项目	本标准章条		检验类别		
		技术要求	检验方法	出厂检验	型式检验	使用中检验
1	外观及结构	5.3	6.2.1	●	●	△●
2	介电强度	5.8.3	6.7.3	●	●	○
3	泄漏电流	5.8.6	6.7.6	●	●	○
4	保护接地	5.8.5	6.7.5	●	●	○
5	接地导通电阻	5.1.3	6.3.2	●	●	●
6	试验电流的误差	5.1.7	6.3.3	●	●	●
7	试验电流的波动	5.1.8	6.3.4	●	●	●
8	试验电流的纹波含量	5.1.9	6.3.5	※●	●	○
9	空载电压	5.1.10	6.3.6	※●	※●	○
10	影响量	5.1.12	6.5	○	●	○
11	开路报警	5.2.1.1	6.4.1	●	●	●
12	电阻预置及报警	5.2.1.2	6.4.2	●	●	●
13	定时	5.2.1.3	6.4.3	●	●	○
14	复位	5.2.1.4	6.4.4	●	●	●
15	自校(补偿)	5.2.1.5	6.4.5	※●	※●	※●
16	通信接口	5.2.1.6	6.4.6	※●	※●	○
17	环境适应性	5.7	6.6	○	●	○
18	电源频率与电压	5.8.1	6.7.1	○	●	○
19	温升	5.8.2	6.7.2	○	●	○
21	可靠性	5.9	6.9	○	●	○
22	标志	8.1	8.1	●	●	●
23	随机文件	8.2	8.2	○	●	○
24	包装、运输、储存	8.3	8.3	○	●	○
“●”表示需要进行的试验；“○”表示不需要进行的试验。 带“※”项试验适用于具有相应功能或要求的测试仪。 带“△”项不进行5.3.3要求的试验。						

8 标志、包装、运输和储存

8.1 标志

8.1.1 每一台测试仪的面板、机壳或铭牌上应有下列信息：

a) 产品的名称及型号；

注：名称及型号应经归口主管部门正式颁布。

b) 有效测量范围及准确度等级；

c) 制造厂名称、地址及注册商标；

d) 制造许可证编号及认证标志、采用标准的编号(按国标规定)；

e) 制造日期、出厂编号、使用环境条件、正常工作位置；

f) 电源的参比电压和频率。

8.1.2 控制和观测机构上的标志、文字、图形符号、数字和物理量代号等应清晰易读且不易擦掉，并符合相应的标准。指示、控制和观测机构的作用标志的位置应靠近相应的机构，且在使用过程中不会被遮盖。

8.2 随机文件

随同产品应提供有关安装、用途、安全性、应用、技术要求、工作原理、测量和维修方面的说明资料；选用件、附件和可换元件清单的文件，以及合格证、装箱单等随机文件，并应符合 GB/T 16511—1996 的规定。

注：如果影响量极限值引起的改变量，与表 1、表 3 给出的值不同时，或者影响量极限值的持续时间另有规定时，应该在产品随机文件中说明。

8.3 包装、运输、储存

8.3.1 包装、运输、储存应符合 GB/T 6593—1996 第 4 章～第 7 章规定，应能保证产品在正常装卸、运输、储存过程中，不发生损坏、锈蚀、受潮等情况，使产品能安全完整运输到目的地。

8.3.2 包装完整的产品在运输过程中应避免雨、雪的直接淋袭，并防止受到剧烈的撞击和震动。

8.3.3 产品存放时，应放在表 6、表 7 规定的温度、湿度范围且无腐蚀性物质或液体的室内。

8.3.4 包装箱上应有“小心轻放”、“向上”和“怕湿”等标志，应符合 GB/T 191—2008 的规定。

附　录　A
（规范性附录）
最大允许误差的表示

A.1　模拟式指示测试仪

A.1.1　以绝对误差形式表示

$$\Delta R_{\mathrm{lim}} = \pm(a\% R_{\mathrm{m}}) \qquad \cdots\cdots(\text{A.1})$$

式中：

ΔR_{lim}——最大允许误差（绝对值）；

a　——测试仪准确度等级指数；

R_{m}　——接地导通电阻量程的满度值。

A.1.2　以相对误差形式表示

$$E_{\mathrm{lim}} = \frac{R_{\mathrm{x}} - R_0}{R_{\mathrm{m}}} \times 100\% \qquad \cdots\cdots(\text{A.2})$$

E_{lim}应符合表1相应等级指数最大允许误差的要求。

式中：

E_{lim}——示值误差（相对值）；

R_{x}　——接地导通电阻示值；

R_0　——接地导通电阻示值的实际值；

R_{m}　——接地导通电阻量程的满度值。

A.2　数字式指示测试仪

数字式指示测试仪接地导通电阻的最大允许误差由以下方式之一表示

A.2.1　以绝对误差形式表示

$$\Delta R_{\mathrm{lim}} = \pm(a\% R_{\mathrm{x}} + b\% R_{\mathrm{m}}) \qquad \cdots\cdots(\text{A.3})$$

$$\Delta R_{\mathrm{lim}} = \pm(a\% R_{\mathrm{x}} + n\,\text{字}) \qquad \cdots\cdots(\text{A.4})$$

A.2.2　以相对误差形式表示

$$E_{\mathrm{lim}} = \pm\left(a\% + b\%\,\frac{R_{\mathrm{m}}}{R_{\mathrm{x}}}\right) \qquad \cdots\cdots(\text{A.5})$$

$$E_{\mathrm{lim}} = \pm\left(a\% + \frac{n}{R_{\mathrm{x}}}\,\text{字}\right) \qquad \cdots\cdots(\text{A.6})$$

式（A.3）～式（A.6）中：

ΔR_{lim}——最大允许误差（绝对值）；

E_{lim}　——最大允许误差（相对值）；

R_{x}　——接地导通电阻示值；

R_m ——接地导通电阻量程的满度值；

a ——与示值有关的系数；

b ——与量程满度值有关的系数；

n ——用末位字数表示的绝对误差。

测试仪以系数 a、b 或 a、n 确定其准确度等级，系数 b 和系数$\frac{n}{R_m}$不应大于 a，$(a+b)$不应大于相应等级指数的最大允许误差。

附 录 B
（资料性附录）
试验顺序

序　号	试　验	本标准章条
1	一般检查	6.2
2	标志	8.1
3	介电强度试验	6.7.3
4	泄漏电流试验	6.7.6
5	准确度试验	6.3
5.1	接地导通电阻准确度试验	6.3.2
5.2	试验电流的误差试验	6.3.3
5.3	试验电流的波动	6.3.4
5.4	试验电流的纹波含量	6.3.5
5.5	空载电压	6.3.6
5.6	影响量试验	6.5
6	功能试验	6.4
6.1	开路报警功能	6.4.1
6.2	预置电阻及报警功能	6.4.2
6.3	定时功能	6.4.3
6.4	复位功能	6.4.4
6.5	自校(补偿)功能	6.4.5
6.6	通信接口功能	6.4.6
7	电气性能试验	6.7
7.1	电源频率与电压试验	6.7.1
7.2	温升试验	6.7.2
7.3	保护接地试验	6.7.5
8	电磁兼容试验(EMC)	6.8
9	环境适应性试验	6.6
9.1	低温试验	6.6.4
9.2	高温试验	6.6.5
9.3	交变湿热试验	6.6.6
9.4	冲击试验	6.6.7
9.5	振动试验	6.6.8
9.6	运输试验	6.6.9
10	可靠性试验	6.9
11	包装、运输、储存	8.3

附　录　C
（资料性附录）
测量线/弹簧夹直流电阻试验方法

采用精度等级0.2级及以上(经法定计量技术结构检定合格、在有效期内)的直流双臂电桥进行试验。弹簧夹与电桥连接不应有电桥旋钮紧压等外部压力。试验接线如图C.1所示。

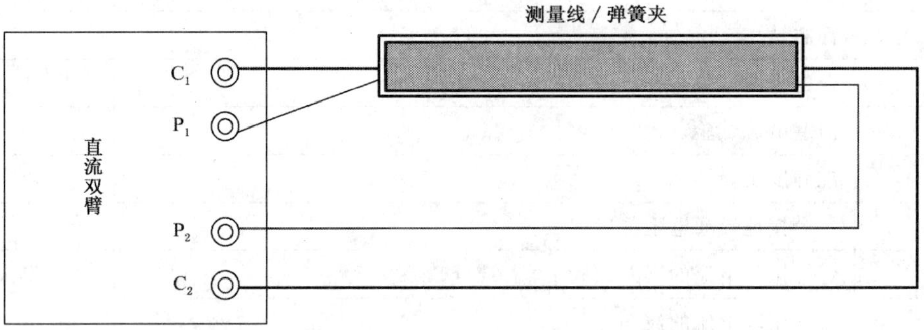

图 C.1　测量线/弹簧夹的直流电阻试验接线图

图中：

C_1、C_2 ——直流双臂电桥的电流端；

P_1、P_2 ——直流双臂电桥的电位端；

粗实线——连接到测量线/弹簧夹电流端的导线；

细实线——连接到测量线/弹簧夹电位端的导线。

试验步骤：

测量得到一次结果后，将直流双臂电桥的C_1 P_1、C_2 P_2与测量线/弹簧夹首尾端进行交换，再测得一次结果，取两次结果的平均值作为试验结果。

参 考 文 献

[1] GB 6587.1—1986 电子测量仪器 环境试验总纲
[2] GB 6587.2—1986 电子测量仪器 温度试验
[3] GB 6587.3—1986 电子测量仪器 湿度试验

ICS 35.260;37.040.01
Y 54

中华人民共和国国家标准

GB/T 28031—2011/ISO/IEC 14473:1999

信息技术　办公设备　图像扫描设备规格表中包含的最基本内容

Information technology—Office equipment—Minimum information to be specified for image scanners

(ISO/IEC 14473:1999,IDT)

2011-10-31 发布　　2012-02-01 实施

中华人民共和国国家质量监督检验检疫总局
中国国家标准化管理委员会　发布

前　言

本标准等同采用ISO/IEC 14473:1999《信息技术　办公设备　图像扫描设备规格表中应包含的最基本内容》(英文版)。

本标准与ISO/IEC 14473:1999相比,存在如下差异:

——在第2章增加了我国标准作为规范性引用文件;

——在5.2.1.1条款中增加了“48 bit/像素”。

本标准由中国机械工业联合会提出。

本标准由全国复印机械标准化技术委员会(SAC/TC 147)归口。

本标准的附录A为资料性附录。

本标准负责起草单位:紫光股份有限公司、天津复印技术研究所、中国电子技术标准化研究所、机械工业办公自动化设备检验所、方正科技集团股份有限公司、山东新北洋信息技术股份有限公司、深圳硒感科技有限公司、佳能(中国)有限公司、爱普生(中国)有限公司、夏普办公设备(常熟)有限公司。

本标准主要起草人:陈婷婷、王晓春、高健、宋倩、谭飞龙、马春光、高鹏、张薇、张海英、尹欣然、陈维益。

信息技术 办公设备 图像扫描设备 规格表中包含的最基本内容

1 范围

本标准的目的是便于用户选择他们各自要求的图像扫描仪。本标准规定了制造商应在扫描仪规格表中所包含的基本内容。

本标准适用于一般的终端用户。正是因为这个原因,本标准没有规定具有专门特点的如双面扫描或高速扫描仪的所有规格,为保证扫描仪产品信息(内容)规格的一致性,本标准使终端用户能对机器的功能和性能特征进行有意义的比较。本标准还规定和列举了最有意义的功能和性能参数,并提供了性能的测定。

本标准还适用于目前在使用的最为流行的各类扫描仪,包括扫描引擎(光机物理器件)和基本的图像处理(这些处理包括编码灰度的数字信号输出,或非编码的单一数位正半色调信号)。它对高级的应用程序处理如OCR、文字翻译、矢量变换的规格不作要求。虽然本标准主要规定了扫描仪硬件,但由于扫描仪采用软件和/或硬件共同实现一些扫描仪功能和控制,因而本标准还包括一些与软件相关的条款。制造厂商有权在规格表中添加一些可提供的附加功能的描述。本标准既不考虑图像质量,也不提供或使用有关的测试版。

2 规范性引用文件

下列文件中的条款通过本标准的引用而成为本标准的条款。凡是注日期的引用文件,其随后所有的修改单(不包括勘误的内容)或修订版均不适用于本标准,然而,鼓励根据本标准达成协议的各方研究是否可使用这些文件的最新版本。凡是不注日期的引用文件,其最新版本适用于本标准。

GB 4943 信息技术设备的安全(GB 4943—2001,eqv IEC 60950:1999)

GB 9254 信息技术设备的无线电骚扰度限值和测量方法(GB 9254—2008,IEC/CISPR 22:2006,IDT)

GB 17625.1 电磁兼容限值谐波电流发射限值(设备每相输入电流≤16 A)(GB 17625.1—2003,IEC 61000-3-2:2001,IDT)

GB/T 17618—1998 信息技术设备抗扰度限值和测量方法

GB/T 18313—2001 声学 信息技术设备和通信设备空气噪声的测量(idt ISO 7779:1999(E))

ISO 9295:1988 声学 计算机和商用设备发射的高频噪声的测量

ISO 9296:1988 声学 计算机和商用设备标称噪声发射值

3 一致性要求

规格表应按照本标准给定的顺序列出第5章中规定的与机器有关的所有项目。

4 测试和测量条件

如果没有另外说明,所有的测试和测量应在下列条件下进行:

温度:18 ℃～25 ℃;

相对湿度:30%～70%;

电压:额定输入电压;

频率:额定频率;

纸张尺寸:A4;

纸张定量:60 g/m^2～90 g/m^2。

只要在规格表中给定纸张容量,就应说明纸张的基标定量。

5 规格表中应包含的基本内容

表1中规定了每项参数的编号、参数名称、项目的简短说明以及测量方法。这些构成了规格表中应包含的内容。规格表的标题应表示出它是根据本标准编写的。应使用本章中该表的编号和标题,不适用的参数可省去,但不能更改其他各项参数的编号。

表 1

参　　数	项 目 说 明	备注和实例
1　一般内容		
1.1　名称和型号	制造商名称和标记型号	
1.2　扫描仪类型		平板式、馈纸式、手持式
1.3　色彩感知能力		单色、彩色
1.4　最大原稿尺寸	______ mm×______ mm 尺寸用“mm”或标准尺寸表示	
1.5　光学分辨率	______点/25.4 mm(______ dpi) ______点/mm 说明传感器采集光学信号获取的最大原始分辨率	
1.6　接口		可以使用通常称作并行接口的SCSⅠ、SCSⅠ-2、IEEE-488、IEEE-1394接口、USB接口和RS-232C接口
2　扫描性能		
2.1　扫描时间		
2.1.1　单页扫描时间	对于1 bit/像素(线性图)______ s 对于8 bit/像素(256灰度扫描)______ s 对于24 bit/像素(彩色扫描)______ s 对于48 bit/像素(彩色扫描)______ s	“扫描时间”的测试是指扫描开始到结束的时间段,指从按下扫描仪在应用软件或硬件的按键开始、到计算机主机指令结束扫描操作为止 应说明使用的测试配置:PC机型名称、存储容量、接口、扫描仪驱动器和应用的软件 *FB,SF:A4,照片,150/200或300 dpi *HH:A4或A6,照片,150/200或300 dpi 测试配置尽可能详细说明
2.1.2　线扫描时间	______ ms/线	应说明所使用的测试设备配置:分辨率、彩色/256灰度/线性图等
2.2　扫描速度	______ MB/s或______ S/P	应说明所使用的测试设置配置:分辨率、彩色/256灰度/线性图等
2.3　AD转换器	AD转换的比特数值	8 bit,10 bit,12 bit
2.4　图像传感器类型		CCD,CIS
2.5　光源		荧光灯,LED,卤素灯,色温和/或频(光)谱

表 1（续）

参　　数	项 目 说 明	备注和实例
2.6　分色方式	说明分色所采用的方式	R-G-B 彩色传感器 R-G-B 光源开关
2.7　颜色通道		3-通道、1-通道
2.8　颜色滤除		滤除红色，或滤除黄绿色
3　输出特性		
3.1　输出模式	说明输出色彩空间的模式	R-G-B 彩色，C-M-Y 彩色、灰度、线性图、抖色、色差 对于抖色和色差，应说明半色调的矩阵尺寸或数量
3.2　灰度等级	图像扫描输出的数据位数(bit)	8 bit、12 bit，应说明 R-G-B 各颜色通道的输出数据位数
3.3　色序列		点序列、线序列、页序列
3.4　输出分辨率	______ dpi 说明扫描仪能够提供分辨率的数值或范围	100/200/300 dpi 50 dpi～600 dpi
3.5　最大数据传输速率	______ MB/s 说明扫描仪能够达到的最大数据输出速率值	说明每种接口的速率值
3.6　平均数据传输速率	______ MB/s	说明每种接口的速率值。应标明所使用的测试配置：PC 机型名称、存储容量、接口、扫描仪驱动和应用软件
4　附加功能和通过硬件或软件实现的控制功能	说明通过由扫描仪包含的硬件或软件能够达到的功能	
4.1　缩放比率	______%～______% 说明基于光学分辨率条件下的缩放范围	50%～200%
4.2　对比度	说明对比度的控制范围	0～255 级 对比度是指图像最亮与最暗处的亮度比值
4.3　亮度	说明亮度的控制范围	0～255 级 亮度是指图像的明亮度
4.4　其他	说明其他功能	剪切、压缩、伽玛修正、分割、掩蔽、鲜锐度、颜色修正、自动尺寸读出
5　自动输稿器(ADF)	说明是标配或选配	
5.1　ADF 类型		原稿输送式、原稿固定式
5.2　原稿尺寸	从______ mm×______ mm 到______ mm×______ mm 尺寸用“mm”或标准大小表示	
5.3　原稿重量(厚度)	从______ g/m^2 到______ g/m^2	
5.4　容量	最大总厚度______ mm 最多页数______（根据______ g/m^2） 总厚度用“mm”或纸张数量表示	制造商应说明满足标称容量纸张的规格

表 1(续)

参　　数	项目说明	备注和实例
5.5　带有 ADF 的扫描仪的页面扫描速度	______页/分(PPM) 测定使用 ADF 时每分钟能够扫描的最多页数	需说明设置:页面尺寸、朝向、扫描分辨率和 bit/像素。如:200 dpi、1 bit/像素、A4、照片
5.6　ADF 外型尺寸	长×宽×高(mm) 如果 ADF 是选配的,应详细说明其外型尺寸	说明是否包括支架、按钮或其他
5.7　ADF 重量	______kg,如果 ADF 是选配的,给出的重量用“kg”表示	说明是否包括纸盘
6　透扫适配器	说明是标配或选配	
6.1　透射稿类型	说明透射稿类型	35 mm 负片,4 in×5 in 正片,反转片
6.2　扫描面积	______mm×______ mm 给定的尺寸或标准尺寸,用“mm”表示	210 mm×297 mm(A4),书信尺寸,日本工业标准 B5
6.3　透扫器尺寸	长×宽×高(mm),如果透扫器是选配的,给定的尺寸用“mm”表示	说明是否包括按钮或其他
6.4　透扫器重量	______kg,如果透扫器是选配的,其重量用“kg”表示	
7　物理特性和电源		
7.1　扫描设备外型尺寸	长×宽×高(mm) 给定的尺寸用“mm”表示	说明是否包括支架、按钮或其他
7.2　扫描设备重量	______kg	说明是否有附件
7.3　电压或电压范围	电压______V,电压范围______V~______V	说明是交流或直流。说明是否内装电池。说明容差
7.4　频率或频率范围	频率______Hz,频率范围______Hz~______Hz	仅用于交流电源。说明容差
7.5　功率	______W(最大值) 说明在额定输入电压的数值	
7.6　工作环境	温度______℃~______℃,相对湿度______%~______%	
8　电磁兼容性(EMC)和安全		
8.1　电磁兼容性要求	依据我国已经颁布的骚扰度和抗扰度限值的相关标准	按照 GB 9254、GB/T 17618—1998、GB 17625.1
8.2　安全要求	依据我国已经颁布的信息技术设备的安全标准	按照 GB 4943
8.3　噪声	声功率级和声压级	按照 GB/T 18313—2001 和 ISO 9295:1988 测定,按照 ISO 9296:1988 进行说明。详细说明基本的和最多的设备配置
9　选配/附件		

表 1（续）

参　　数	项 目 说 明	备注和实例
9.1　选配	改变机器功能的外部设备	自动输稿器(ADF) 透扫适配器(TMA) 传真适配器/板 大容量的输稿盘
9.2　附件		接口配套件、接口板、电缆 详细说明由于 EMC 要求而需要的高质量的电缆
9.3　捆绑软件	列出捆绑软件的名称	关于操作系统(如 Windows/UNIX)用的驱动软件的规格由第 4 项记载

注 * FB 为平板式扫描器，SF 为馈纸式扫描器，HH 为手持式扫描器。

附 录 A
（资料性附录）
关于规格表中的编排范例

1 一般内容	
1.1 名称和型号	
1.2 扫描仪类型	平板式扫描仪
1.3 色彩感知能力	单色和彩色
1.4 最大原稿尺寸	216 mm×297 mm
1.5 光学分辨率	300 dpi×300 dpi
1.6 接口	SCSI
2 扫描特性	
2.1 扫描时间	
2.1.1 单页扫描时间	______ s （A4、照片、300 dpi、1 bit/像素）
测量系统	测试条件：PC 名称(486/DX4/66 MHz、主存储容量、应用软件、扫描仪驱动、接口等。____________________
2.1.2 线扫描时间	______ ms/线(A4、照片、300 dpi、1 bit/像素)
2.2 扫描速度	______ mm/s
2.3 AD 转换器	8 bit
2.4 图像传感器类型	CCD
2.5 光源	荧光灯
2.6 分色方式	R-G-B 彩色传感器
2.7 颜色通道	1-通道
2.8 颜色滤除	不适用
3 输出特性	
3.1 输出模式	R-G-B 彩色 灰度 线性图 抖动 4×4,8×8 色差
3.2 灰度等级	8 bit、用于每种颜色
3.3 色序列	线序列
3.4 输出分辨率	50 dpi～600 dpi
3.5 最大数据传输速率	______ MB/s
3.6 平均数据传输速率	______ MB/s
4 附加功能和通过硬件或软件的控制功能	
4.1 缩放比率	100%～200%
4.2 对比度	0～255 级
4.3 亮度	0～255 级
4.4 其他	伽玛修正，压缩

5　自动输稿器(ADF)	
5.1　ADF 类型	原稿输送式
5.2　原稿尺寸	从______ mm×______ mm 到______ mm×______ mm
5.3　原稿重量(厚度)	从______ g/m^2 到______ g/m^2
5.4　容量	______张(max)(根据______ g/m^2)
5.5　带有 ADF 的扫描仪的页面扫描速度	______页/min
5.6　ADF 外型尺寸	______ mm[长]×______ mm[宽]×______ mm[高]
5.7　ADF 重量	______ kg
6　透射稿扫描	
6.1　透射稿类型	35 mm 负片
6.2　扫描面积	210 mm×297 mm
6.3　透扫器尺寸	______ mm[长]×______ mm[宽]×______ mm[高]
6.4　透扫器重量	______ kg
7　物理特性和电源	
7.1　扫描仪外型尺寸	______ mm[长]×______ mm[宽]×______ mm[高]
7.2　扫描仪重量	______ kg
7.3　电压或电压范围	______ V
7.4　频率或频率范围	______ Hz
7.5　功率	______ W(max)
7.6　工作环境	
温度	最低______℃～最高______℃
相对湿度	最小______%～最大______%
8　EMC 和安全	
8.1　EMC 要求采用的标准	______________
8.2　安全要求采用的标准	______________
8.3　噪声	
说明的声功率级	______ B(A)
声压级	______ dB(A)
9　选配/附件	
9.1　选配	______________
9.2　附件	______________
9.3　捆绑软件	______________

ICS 37.100.01;37.100.20
G 31

中华人民共和国国家标准

GB/T 28032—2011

静电成像墨粉用树脂

The copolymer used to toner for electrostatic copier

2011-10-31 发布　　2012-02-01 实施

中华人民共和国国家质量监督检验检疫总局
中国国家标准化管理委员会　发布

前　言

本标准由中国机械工业联合会提出。

本标准由全国复印机械标准化技术委员会(SAC/TC 147)归口。

本标准起草单位:天津市合成材料工业研究所、机械工业办公自动化设备检验所、无锡佳腾磁性粉有限公司、武汉格润化工有限公司、天津复印技术研究所。

本标准主要起草人:王雪辉、刘慧玲、周学良、王虎彪、苏来泉。

静电成像墨粉用树脂

1 范围

本标准规定了静电成像墨粉用树脂(以下简称树脂)的技术要求、试验方法、检验规则及标志、包装、运输和贮存。

本标准适用于由苯乙烯和丙烯酸酯类及其他单体经聚合制得的静电成像墨粉用树脂。

2 规范性引用文件

下列文件中的条款通过本标准的引用而成为本标准的条款。凡是注日期的引用文件,其随后所有的修改单(不包括勘误的内容)或修订版均不适用于本标准,然而,鼓励根据本标准达成协议的各方研究是否可使用这些文件的最新版本。凡是不注日期的引用文件,其最新版本适用于本标准。

GB/T 601—2002 化学试剂标准滴定溶液的制备

HG/T 3872—2006 体积排斥色谱法测定聚苯乙烯标准样品的平均分子量及分布

JB/T 8262.1—1999 静电复印干式色调剂结块温度试验方法

3 术语

下列术语和定义适用于本标准。

3.1

玻璃化温度 grasstransition temperature

无定形或半结晶聚合物从黏流态或高弹态(橡胶态)向玻璃态转变(或相反的转变)称为玻璃化转变,它所对应的转变温度即是玻璃化转变温度,简称玻璃化温度。

3.2

软化温度 softening temperture

树脂发生软化变形时的温度。

3.3

挥发分 volatile content

树脂内含有的易挥发性物质的量。

3.4

熔融指数 melt index

在一定的温度和负荷下,聚合物熔体每 10 min 通过规定的标准口模的质量。

3.5

特性黏度 character viscosity

又称极限黏度,无限稀释时黏度或对数黏度的极限值。

3.6

残留单体 residual monomer content

树脂中残留的未反应的单体。

3.7

酸值 acid value

中和每 1 g 树脂含有的有机酸所消耗的氢氧化钾毫克数。

3.8

不溶物含量 gel content

树脂中不溶于特定溶剂部分的含量。

4 要求

共聚树脂的技术指标应符合表1的规定。

表1 树脂技术指标

序号	项目		指标
1	外观		白色或浅黄色粉末
2	熔融指数/(g/10 min)		企业自定
3	玻璃化温度/℃		企业自定,偏差小于±2 ℃
4	软化温度	T_{fb}/℃	企业自定,偏差小于±2 ℃
		$T_{1/2}$/℃	企业自定,偏差小于±2 ℃
5	分子量分布	M_n	企业自定
		M_w	企业自定
		M_w/M_n	企业自定
6	特性黏度/(g/dl)		企业自定
7	挥发分/%		<0.3
8	残留单体		<100 ppm
9	结块性(50 ℃,24 h)		无结块
10	酸值(KOHmg/g)		企业自定
11	不溶物含量/%		企业自定

5 试验方法

5.1 试验条件

温度:18 ℃~28 ℃;

相对湿度:RH 40%~60%。

5.2 外观

采用目测法。

5.3 熔融指数

5.3.1 仪器

熔融指数测定仪:

出料口直径:Φ2.095 mm±0.005 mm;

出料口长度:8.000 mm±0.025 mm;

料筒内径:Φ9.550 mm±0.025 mm;

料筒长度:160 mm。

5.3.2 温度校正

仪器在固定温度使用时，至少每天测试前校正一次，每当变换温度时也须进行校正。先打开仪器电源开关，观察温度数字显示达到设定温度，同时把校正温度计插入料筒预热至相同温度。在至少 4 min 后，以测出的两个温度读数之差来校正。

5.3.3 测定步骤

a) 测试温度 125 ℃±0.1 ℃或 150 ℃±0.1 ℃，负荷 2 160 g、5 kg 或 10 kg。

b) 将熔融指数仪调至水平，升温至规定温度，恒定温度使波动小于 0.1 ℃。

c) 称取试样 3.0 g～8.0 g(准确至 0.1 g)加入到熔融指数仪的料筒中。用加料棒将试样压实，然后将活塞插入料筒中，并压上与总负荷相对应的砝码。

d) 1.5 min 后将砝码拿下，预热 4 min，再将此砝码压上。待活塞下降至下环形标记与料筒口相平时，用镊子夹除已流出的样条，并开始记时。当活塞下降到上环形标记和料筒口相平时，用镊子夹取已流出的样条，并停止记时，记录流出时间。

e) 样条冷却后，置于天平上称重(准确至 0.001 g)。

5.3.4 计算

$$MI=\frac{10\times W}{t}$$

式中：

MI——熔融指数，g/10 min；

W——样条流出的重量，g；

t——样条流出的时间，min。

5.4 玻璃化温度

5.4.1 仪器与试剂

差示扫描量热仪 DSC：

温度范围：室温至 700 ℃(可空气冷却)，温度准确度：±0.1 ℃，温度精度：±0.05 ℃；

测量范围：±350 mW(100 ℃)，±200 mW(700 ℃)；

量热灵敏度：1.0 μW，量热准确度：1%，量热精度：0.1%。

分析天平：分度值 0.1 mg。

5.4.2 测定步骤

将试样 10 mg(准确至 0.2 mg)、参比物 α-Al_2O_3 12 mg(准确至 0.2 mg)分别置于试样坩锅和参比坩锅。然后将两个坩锅分别平稳地置于差示扫描量热仪各自的托盘上，记录仪选择适宜的 x 轴(温度)和 y 轴(热流)灵敏度，以 10 ℃/min 的升温速度加热，记录加热谱图。当温度升至 100 ℃时停止加热。

5.4.3 玻璃化温度的取值

玻璃化温度 T_g 由温度-热流曲线作切线求得，见图 1。

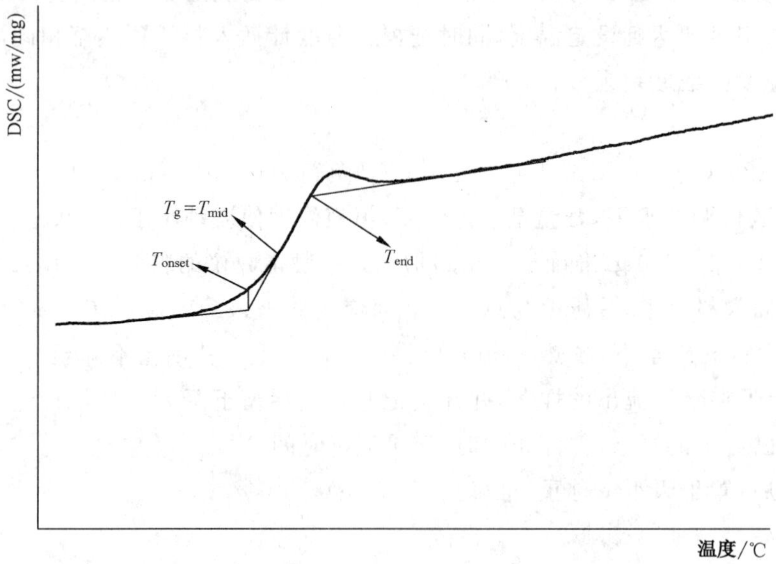

图1 玻璃化温度 T_g 示意图

5.5 软化温度

5.5.1 仪器

毛细管流变仪：

温度范围：室温至400 ℃（精度：±1 ℃），升温速度：(0.5～6)℃/min；

测量精度：±0.5 ℃，分辨率：0.1 ℃；

挤出压力：1～50 MPa（精度±1%）；

位移测量：0～200 mm，分辨率：0.01 mm；

料筒长度：20 mm；

塞头直径：$\Phi 11.28^{-0.05}$ mm；

塞头面积：1 cm^2；

出料口规格：$\Phi 1\times 10$ mm。

5.5.2 测定步骤

a) 开启流变仪，将仪器工作温度设定为30 ℃，使仪器温度恒定。

b) 设置测试条件：初始温度30 ℃，负荷200 N，升温速率6 ℃/min，试验速度20 mm/min，测试速度10 mm/min，恒温时间10 min，加压时间7 min。

c) 称取试样1.0 g（准确至0.001 g）加入到流变仪的料筒中。

d) 通过软件操作开始测试，仪器自动记录整个试验过程温度变化与活塞位移的关系，绘出温度-活塞位移曲线图。

e) 当料样全部流出后，测试结束，根据温度-活塞位移曲线图读取数据。

5.5.3 T_{fb}和$T_{1/2}$的取值(见图2)

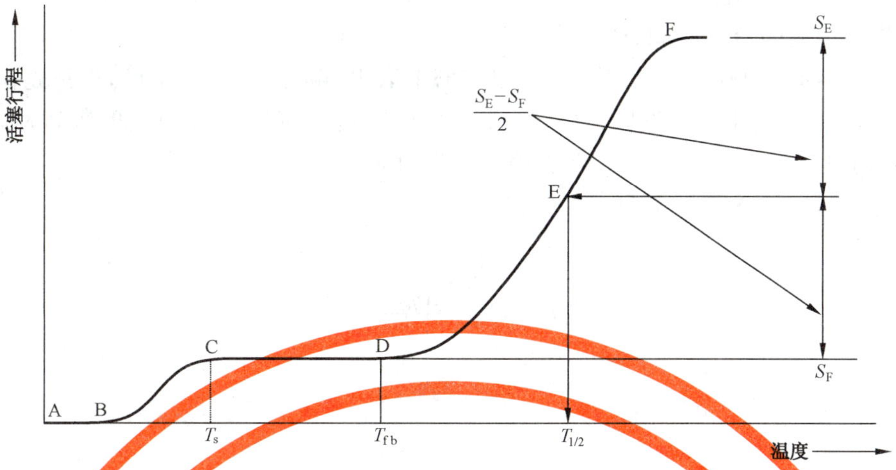

图中 AB——预热阶段；
BC——软化区域；
CD——停止区域；
DEF——流出区域；
T_{fb}——流出开始温度；
S_E-S_F——整个流动过程活塞移动的垂直距离；
$T_{1/2}$——S_E-S_F 的 1/2 处所对应的温度。

图2 T_{fb}和$T_{1/2}$的取值示意图

5.6 分子量分布

按 HG/T 3872—2006 的规定进行测定。

5.7 特性黏度

5.7.1 仪器和试剂

ubbelohde 式黏度计；
恒温水槽(温度应控制在±0.05 ℃以内)；
秒表(精确到 0.1 s)；
容量瓶(25 mL)；
注射器；
0～50 ℃温度计(精确到 0.1 ℃)；
耐酸过滤漏斗(G-2)；
N,N-二甲基甲酰胺(试剂)；
丙酮(试剂)。

5.7.2 测定步骤

a) 配制树脂溶液

用分析天平准确称取 0.15 g～0.2 g 样品(准确至 0.000 2 g)，放入 25 mL 容量瓶内，先注入 20 mL 左右 N,N-二甲基甲酰胺，摇动待样品全部溶解后，放在预先恒温至 25 ℃±0.1 ℃的恒温水槽中恒温，补加 N,N-二甲基甲酰胺至容量瓶刻度。

b) 测定溶剂(N,N-二甲基甲酰胺)的流出时间(t_0)

待恒温水槽达到 25 ℃±0.1 ℃后，垂直放入黏度计，使水面完全浸没 G 球，然后通过 G-2 耐酸玻璃过滤漏斗，自 A 管注入 20 mL 左右溶剂，恒温 15 min，紧闭 C 管上连接的橡皮管，同时在 B 管上连接的橡皮管接上注射器慢慢抽气，待黏度计溶液在 B 管内升高到 G 球的一半，即行停止抽气，并将两个橡皮管都放开，用秒表测定液面经过 a 线及 b 线所需的时间，重复这一操作至少三次，每次的流出时间不应相差在 0.2 s 以上，取平均值。

c） 测定树脂溶液的流出时间（t）

待溶剂的流出时间测好后，将黏度计自恒温水槽中取出，倒出溶剂，烘干后，将预先在恒温水槽中恒温的待测溶液通过 G-2 漏斗注入黏度计中，然后按步骤 b）测定树脂溶液的流出时间，测定后将溶液倒出，用 G-2 漏斗向黏度计中注入 20 mL 左右丙酮洗涤烘干。

d） 每个样品进行两次平行测定，取平均值。

5.7.3 计算

$$[\eta]=\frac{\sqrt{2(\ln\eta_{sp}-\eta_r)}}{m\times 4}$$

式中：$\eta_r=t/t_0$；

$\eta_{sp}=\eta_r-1$；

m——样品质量，g。

5.8 挥发分

5.8.1 仪器

电热鼓风干燥箱：灵敏度控制在±1 ℃；

干燥器：内盛适当的干燥剂（如硅胶）；

称量瓶：Φ60 mm。

5.8.2 测定步骤

a） 将干净的称量瓶打开盖子，置于 150 ℃的干燥箱中，烘干 2 h 后，盖上瓶盖，取出称量瓶，置于干燥器内，冷却至室温，称量。再烘 1 h，按上述操作，冷却相同时间，称量。直至恒重，即两次称量结果之差不大于 0.002 g，记录数据。

b） 称取 5.0 g（精确至 0.001 g）试样置于已恒重的称量瓶中，使之均匀分布在称量瓶底部，将其盖子打开，置于 150 ℃的干燥箱中，重复步骤 a）的操作，记录数据。

c） 每个样品进行两次平行测定，取平均值。

5.8.3 计算

$$挥发分=\frac{m_1-m_2}{m}\times 100\%$$

式中：

m_1——称量瓶加样品在干燥前质量，g；

m_2——称量瓶加样品在干燥后质量，g；

m——试样质量，g。

5.9 残留单体

5.9.1 待测溶液的制备

a） 仪器：脂肪萃取器，恒温水浴。

b） 溶剂：甲醇。

c） 操作步骤：

称取 5.0 g～7.0 g 样品（准确至 0.000 1 g），加到用定量滤纸做成的圆筒中，并置于脂肪萃取器中。量取 100 g 甲醇倒入脂肪萃取器下部的抽取瓶中，置于恒温水浴槽上，升温使甲醇回流，持续 8 h，冷却、留取抽取瓶中的萃取剂（甲醇）做为待测溶液。

d） 待测溶液的存放：待测溶液储于抽取瓶中，并用磨口塞盖上置于干燥处。

5.9.2 气相色谱法测定

a） 气相色谱仪。

b） 载气：氮气、氢气、空气。

c） 条件：

汽化室温度：300 ℃；

柱室温度：80 ℃～150 ℃；

固定液：聚乙二醇，分子量 2 万；

担体：上试 101 白色担体（80～100 目）；

色谱柱：3 m 长不锈钢柱，内径为 4 mm；

载气流速：N_2：60 mL/min，H_2：60 mL/min，air：500 mL/min。

d） 定量方法：内标法。

e） 内标物：正癸烷（色谱纯）。

f） 校正因子：苯乙烯：0.95，丙烯酸正丁脂：1.59。

g） 操作步骤：

称取待测溶液 0.5 g（准确至 0.000 1 g），放于 5 mL 磨口三角瓶中，并称取 0.1 g（准确至 0.000 1 g）内标物（正癸烷），使之混合均匀，准备测定。

对气相色谱仪，通氮气 20 min，接通电源，预热仪器，将汽化室温度升到 300 ℃后，通氢气点火，升柱室温度到 150 ℃通空气，使基线走稳且直，冷却柱温到 80 ℃，把待测样品，用 10 μL 注射器，从进样口进样 0.2 μL，并打开记录仪，待苯乙烯、丙烯酸正丁脂峰出现后，升温到 150 ℃，除去残留物，冷却到 80 ℃准备第二次进样。

5.9.3 结果与计算

a） 根据色谱各组分面积，计算各组分含量。

$$P_i\% = (A_i \times f_i \times W_s)/(W_i \times A_s) \times 100\%$$

式中：

P_i——为待测组分的百分含量；

A_i——为待测组分的峰面积；

A_s——为内标物的峰面积；

f_i——为待测组分的校正因子；

W_i——为待测组分的称样量（待测溶液）；

W_s——为内标物的称样量。

b） 树脂中残留单体的计算：

$$\text{残留单体的含量} = (P_{i1}\% + P_{i2}\%) \times G_1/G \times 100\%$$

式中：

P_{i1}，P_{i2}——为两种待测组分的色谱测定的百分含量；

G_1——为处理样的甲醇用量，g；

G——为萃取时的样品称重，g。

5.10 结块性

在 50 ℃下，按 JB/T 8262.1—1999 规定的方法进行检测。

5.11 酸值

5.11.1 仪器和试剂

a） 仪器：碱式滴定管、250 mL 锥形瓶、1 000 mL 容量瓶。

b） 试剂：

混合溶剂：甲苯和无水乙醇以体积比 1∶1 或 1∶2 混合。

0.1 mol/L KOH-乙醇标准溶液：称取分析纯 KOH 5.611 g，溶于 100 mL 已去除二氧化碳的蒸馏水中，移入 1 000 mL 容量瓶中用 95%乙醇稀释至刻度，按 GB/T 601—2002 进行标定。

1%乙醇酚酞指示剂：称取 1 g 酚酞，使之溶于 95%乙醇溶液 100 mL 中。

5.11.2 测定步骤

称取样品 1.0 g～1.5 g(准确至 0.000 1 g)放置于 250 mL 锥形瓶中，加入 100 mL 混合溶剂。待样品完全溶解后，加入 3～5 滴酚酞指示剂，用 0.1 mol/L KOH-乙醇标准溶液滴定，至粉红色 30 s 不褪色，即为终点。同时做空白试验。

每个样品进行两次平行测定，取平均值。

5.11.3 计算

根据消耗 0.1 mol/L KOH-乙醇标准溶液的体积计算树脂的酸值。

$$A=\frac{56.11\times N\times(V-V_0)}{W}$$

式中：

A——酸值，mg/g；

N——0.1 mol/L KOH-乙醇标准溶液的浓度；

V——消耗 0.1 mol/L KOH-乙醇标准溶液的体积，mL；

V_0——空白试验消耗 0.1 mol/L KOH-乙醇标准溶液的体积，mL；

W——样品称样量，g；

56.11——KOH 的克当量数。

5.12 不溶物含量

5.12.1 仪器和试剂

a) 仪器：恒温水浴、脂肪萃取器、Φ12.5 cm 的定量滤纸、电子天平(精度为 0.1 mg)、真空干燥箱、水银温度计(量程：0～100 ℃，温度波动±1 ℃)、150 mL 量筒。

b) 试剂：三氯甲烷(Tch)分析纯。

5.12.2 测定步骤

将滤纸圈成直径约为 1.5 cm～2 cm 且一端敞开的纸筒，称出纸筒重量 W_p(精确到 0.1 mg)，然后取约 1.0 g～1.5 g 的树脂，放于纸筒中，称出其重量为 W_{p+s}(精确到 0.1 mg)，然后将纸筒放入脂肪萃取器中，向烧瓶中加入 100 mL 的三氯甲烷，然后装好装置，加热水浴至 78 ℃左右，打开冷凝水，使之回流 15 h，将回流后的纸筒放入真空干燥箱中，待真空干燥(50 ℃左右)至恒重时，取出，称其重量为 W_a(精确到 0.1 mg)。回流过的三氯甲烷可以经过蒸馏回收再用。每个样品进行两次平行测定，取平均值。

5.12.3 计算

$$\text{Tch-in}\%=\frac{W_a-W_p}{W_{p+s}-W_p}\times100\%$$

6 检验规则

6.1 抽样

按 5%包装件取样。取样量总共不少于 500 g。

6.2 验收规则

6.2.1 型式检验

按本标准要求的全部项目进行检验。

6.2.2 交收检验

合同约定的检验项目。

6.3 判定规则

检验结果全部合格则判定该批产品合格。

7 标志、包装、运输和贮存

7.1 标志

产品标志应清晰、牢固，内容包括：产品名称、批号、生产日期、执行标准号、企业名称和地址、净含量等。

产品应附有合格证明。

7.2 包装

内包装为塑料袋，外包装为牛皮纸袋或编织袋。

7.3 运输

按一般化学品运输。

7.4 贮存

贮存在通风、干燥的环境里并且远离热源。

ICS 37.100.10
L 63

中华人民共和国国家标准

GB/T 28033—2011

单色激光打印机印品质量综合评价方法

Methods of comprehensive evaluation for prints quality of monochrome laser printer

2011-10-31 发布　　2012-02-01 实施

中华人民共和国国家质量监督检验检疫总局
中国国家标准化管理委员会　发布

前　言

本标准由中国机械工业联合会提出。

本标准由全国复印机械标准化技术委员会(SAC/TC 147)归口。

本标准的附录A、附录B为规范性附录。

本标准起草单位:机械工业办公自动化设备检验所、国家办公设备及耗材质量监督检验中心、天威飞马打印耗材有限公司、上海富士施乐有限公司、珠海纳思达企业管理有限公司、佳能(中国)有限公司、爱普生(中国)有限公司、利盟打印机(深圳)有限公司北京分公司、惠普(中国)有限公司、理光图像技术(上海)有限公司深圳分公司、柯尼卡美能达商用科技(无锡)有限公司、国家印刷及办公自动化消耗材料质量监督检验中心、北京莱盛高新技术有限公司、武汉宝特龙信息科技有限公司、常州图纳墨粉技术有限公司、联想(北京)有限公司。

本标准主要起草人:刘慧玲、马燕、张希平、仇相如、许爱萍、鲁俊和、高震、郭而文、颜丽尧、刘生应、陈挺、李晓枫、董英杰、祝积顺、陈一凡、范志国。

单色激光打印机印品质量综合评价方法

1 范围

本标准规定了黑白单色激光打印机印品质量的综合评价方法。

本标准适用于A3及A4幅面黑白单色激光打印机印品质量的评价。与消耗材料(如光导体、鼓粉盒、显影剂等)相关的印品质量评价可选取其中部分项目,其他打印机,如LED打印机可参考使用。

2 规范性引用文件

下列文件中的条款通过本标准的引用而成为本标准的条款。凡是注日期的引用文件,其随后所有的修改单(不包括勘误的内容)或修订版均不适用于本标准,然而,鼓励根据本标准达成协议的各方研究是否可使用这些文件的最新版本。凡是不注日期的引用文件,其最新版本适用于本标准。

GB/T 22372—2008 单色黑白激光打印机测试版

3 术语和定义

GB/T 22372—2008中确立的以及下列术语和定义适用于本标准。

3.1

黑点 extraneous marks

指背景区域中清晰可辨的墨粉颗粒或者聚集体。

3.2

白点 voids

指实心图中清晰可辨的空白或者间隙。

3.3

变形 deformation

指图像和文字形状方面的不期望的改变。

3.4

对齐度 registration

在黑白单色激光打印机测试版中,以“十字线”方式所描述的电子图形文件,在还原打印到印品中时,其中心点的X,Y坐标点的变化的程度。

3.5

邻界效应 fringe effect

指色调剂或墨粉在邻近图像的非图像区中的沉积。

4 测试环境条件

4.1 温度

18 ℃～28 ℃。

4.2 湿度

40%～60% RH。

4.3 试验台照度

600 lx～1 000 lx。

5 测试仪器与材料

5.1 反射密度计

重复性：±0.01 D，准确度：±0.02 D。

5.2 白度仪（测量蓝光白度）

测量范围：0～199.9，重复性：±0.1。

5.3 摩擦试验机

要求见附录 A。

5.4 游标卡尺和钢板尺

游标卡尺：精度不低于 0.02 mm。
钢板尺：分度值不大于 0.5 mm。

5.5 刻度放大镜

10～20 倍，分度值不大于 0.1 mm。

5.6 读数显微镜

分度值不大于 0.01 mm。

5.7 测试纸

标准定量 70～80 g/m^2 普通白色 A3、A4 复印纸。

5.8 测试用标准测试版

采用 GB/T 22372—2008 标准的配套软件生成的综合版、全黑版、漏印版、全白版、灰度版和鬼影版。

5.9 打印精度测试版

说明见附录 B。

6 评价项目

印品质量评价包括以下各项：

a） 打印精度；

1） 歪斜度；
2） 直线度；
3） 对角线误差；
4） 平行度；
5） 对齐度；
6） 放大率；
7） 扫描线性；
8） 有效打印面积。

b） 密度特征：
1） 图像密度；
2） 密度不均匀性。

c） 印品缺陷：
1） 底灰；
2） 黑点；
3） 白点；
4） 鬼影；
5） 漏印；
6） 有效区域内缺陷。

d） 细部特征：
1） 分辨力；
2） 文字打印；
3） 图像打印。

e） 灰度等级（层次）。

f） 定影牢固度。

7 测试方法

7.1 样本预处理

打印样张在测试环境中放置至少 2 h 后进行测试。

7.2 印品质量评价方法

7.2.1 相关说明

7.2.1.1 测试版使用说明，见表 1。

表 1 测试项目表

版的类别	测试项目
综合版	歪斜度、直线度、对角线误差、平行度、对齐度、放大率、扫描线性
	图像密度、密度不均匀性、定影牢固度、分辨力、有效区域内缺陷、灰度等级（层次）、文字打印、图像打印
全黑版	有效打印面积、白点
全白版	黑点、底灰

表 1（续）

版的类别	测试项目
漏印版	漏印(面积、个数)
灰度版	密度不均匀性
鬼影版	鬼影

7.2.1.2 凡用反射密度计测量时，应在样本下铺垫5张与样本同批次的复印纸，并且均测量绝对密度值。

7.2.2 **打印精度**

7.2.2.1 **歪斜度**

取综合版的测试样张为样本，用打印精度测试版(见图1)置于样本上。打印精度测试版上的 AB 线和样本的上边框线 G 重合，A 点和样本边框线的左上顶点重合。测量 C、D 两点分别到样本的纸顶边的距离，其距离之差即为歪斜度。

7.2.2.2 **直线度**

取综合版的测试样张为样本，用打印精度测试版置于样本上，A 点和样本边框线的左上顶点重合。测量水平直线度时要求打印精度测试版上的 CD 两点在样本的上边框线 G 上；测量垂直直线度时要求打印精度测试版上的 EF 两点在样本的左边框线 F 上。以打印精度测试版上的线条为基准线，用读数显微镜测量样本线条偏离基准线的最大距离。水平线直线度测量 CD 两点间的线偏离基准线的最大距离，垂直直线度测量 EF 两点间的线偏离基准线的最大距离，按式(1)计算直线度。

$$直线度 = | L_1/L_0 | \times 100\% \qquad \cdots\cdots(1)$$

式中：

L_1——样本上线条偏离基准线的最大距离，mm；

L_0——被测量线条的长度，mm。

7.2.2.3 **对角线误差**

取综合版的测试样张为样本，测量由样本边框构成的矩形的两条对角线长度，其长度之差为对角线误差。

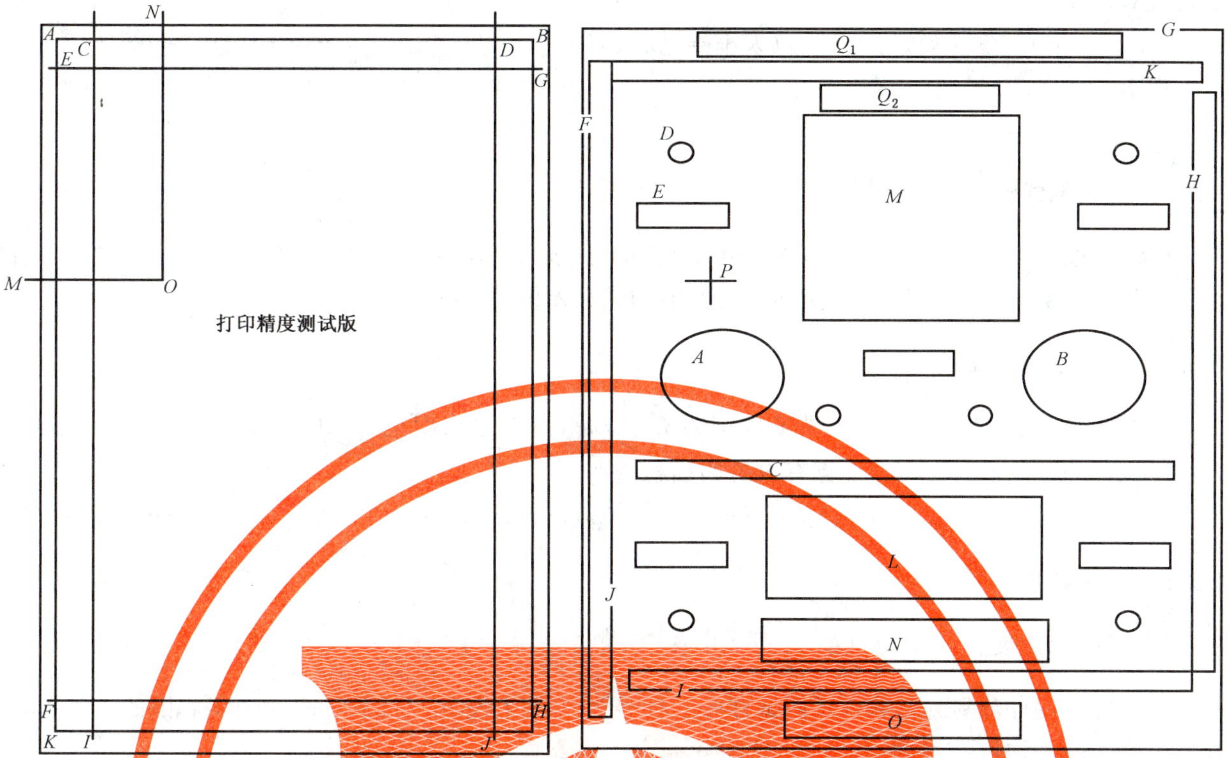

图 1　打印精度测试版图样及激光打印机综合测试版结构图

7.2.2.4　**平行度**

取综合版的测试样张为样本，用打印精度测试版置于样本上。打印精度测试版上的 AB 线和样本的上边框线 G 重合，A 点和样本边框线的左上顶点重合。测量 C、D 两点分别沿 CI 和 DJ 与样本下边框线的距离，其距离之差为纵向平行度。

打印精度测试版上的 AK 线和样本的左边框线 F 重合，A 点和样本边框线的左上顶点重合。测量 E、F 两点分别沿 EG 和 FH 与样本右边框线的距离，其距离之差为横向平行度。

7.2.2.5　**对齐度**

取综合版的测试样张为样本，用打印精度测试版置于样本上。打印精度测试版上 O 点和样本的对齐度测试坐标 P 的交点重合，OM 和 ON 与相应边对齐，测量 O 点到样本纸左边、纸顶边的距离。按照表 2 给出的标准值，计算测量值与标准值之差。

表 2　对齐度数值表

幅面	左边距/mm	顶边距/mm
A3	40	140
A4	45	105

7.2.2.6　**放大率**

取综合版的测试样张为样本，分别任取样本水平、垂直标尺上间隔 100 mm 的两点，测量其实际长

度数值 L。按式(2)计算放大率。

$$放大率 = |L/100| \times 100\% \quad \cdots\cdots(2)$$

式中：

L——样本上两点间的长度，mm。

7.2.2.7 **扫描线性**

取综合版的测试样张为样本，以 25 mm 为 1 单元，任取样本水平标尺上均匀分布的 5 个位置，用游标卡尺测量其实际长度值 L，计算实际长度数值的最大差值为扫描线性。

7.2.2.8 **有效打印面积**

全黑版样张上，图像黑区上下端宽度记为 La_1、La_2，左右边高度记为 Lb_1、Lb_2，用钢板尺分别测量 La_1、La_2、Lb_1、Lb_2 值，按式(3)计算有效打印面积。

$$有效打印面积 = (La_1 + La_2)/2 \times (Lb_1 + Lb_2)/2 \quad \cdots\cdots(3)$$

7.2.3 **密度特征**

7.2.3.1 **图像密度**

用反射密度计分别测量综合版测试样张上标号为 D 的上左、中左、下右的 3 个实心圆的密度值，测量结果取密度平均值。

7.2.3.2 **密度不均匀性**

用反射密度计分别测量综合版测试样张上 6 个实心圆的中心位置的密度值，选取测量值中最大值和最小值，按式(4)计算密度不均匀性。

用反射密度计分别测量灰度版测试样张上相同密度区域内的 5 个圆圈中的密度值，选取测量值中最大值和最小值，按式(4)计算密度不均匀性。

$$密度不均匀性 = [(D_{max} - D_{min})/D_{max}] \times 100\% \quad \cdots\cdots(4)$$

式中：

D_{max}——密度最大值；

D_{min}——密度最小值。

7.2.4 **缺陷**

7.2.4.1 **底灰**

制作全白版测试样张时应覆盖中心圆圈区域；

下列两种测试方法，可任选其一：

a) 用反射密度计测量未覆盖区域四周的 4 个圆圈内的绝对密度值，取其中最大的值，记作 D_1，测量被覆盖区域的中心圆圈内的绝对密度值，记作 D_2，计算 $D_1 - D_2$ 的差值。

b) 在测试样张下铺垫 5 张与样本同批次的复印纸，用白度仪测量未覆盖区域四周的 4 个圆圈内的白度值，取其中最小的值，记作 B_1，测量被覆盖区域的中心圆圈内的白度值，记作 B_2，计算 $B_2 - B_1$ 的差值。

7.2.4.2 **黑点**

用刻度放大镜测量全白版测试样张上直径大于 0.1 mm 的黑点的个数。

7.2.4.3 白点

用刻度放大镜测量全黑版测试样张上直径大于0.1 mm的白点的个数。

7.2.4.4 鬼影

观察鬼影版测试样张上第2栏内各不同灰度区域内Q字的影子。

7.2.4.5 漏印

观察漏印版测试样张上有无漏印现象，用刻度放大镜测量漏印的面积和个数。

7.2.4.6 有效区域内缺陷

观察综合版测试样张，检查是否有下列明显缺陷：

a) 邻界效应；

b) 文字或图像变形；

c) 线条断裂；

d) 黑边；

e) 背面脏污。

7.2.5 细部特征

7.2.5.1 分辨力

用刻度放大镜观测综合版测试样张中标号为E的五个区域的分辨力图，其中均能清晰分辨的最高线对数为判定值。

7.2.5.2 文字打印

观察并评价综合版测试样张上标号为L的文字字迹边缘清晰程度。

7.2.5.3 图像打印

观察并评价综合版测试样张上标号为M的图像区域的图像顶部暗区内的细节可分辨的程度。

7.2.6 灰度等级(层次)

观察综合版测试样张上标号为C的16级灰度层次图。

当目视判别有争议时要用仪器测量。

目视检查综合版测试样张上具有不同密度灰度级能够连续明显分辨的密度差异级数。

目视判别有争议时，用反射密度计测量样本灰度级各级中心位置的密度值，按式(5)判别，满足式(5)即为能连续分辨的密度级数。

$$D_{i+1} - D_i > 0.04 \qquad \cdots\cdots(5)$$

式中：

i ——灰度级的顺序号(i=1～15)；

D_i——样本上第i个灰度级的密度值。

7.2.7 定影牢固度

以综合版测试样张上标号为D的中间部位的任意一个实心圆的圆心为中心点，以通过中心点与样张的顶边或侧边平行的线为中心线裁成30 mm宽的纸条作为试样，用反射式光学密度计测量该实心圆的密度值$D_{前}$。

再将试样放在摩擦试验机上，将该测试点置于摩擦台面中心位置，然后往复摩擦两次，再测量反射密度值$D_{后}$。

按式(6)计算定影牢固度。

$$定影牢固度 = D_{后} / D_{前} \times 100\% \qquad (6)$$

8 测试结果报告

8.1 测试标识信息

测试报告应该包括打印机型号、批次、检测日期、试验环境、检测操作人员等。

8.2 仪器系统

测试报告应该包括所使用仪器的名称、型号等。

8.3 结果

测试报告中应详细标明每个评价项目的测试结果。

附 录 A
（规范性附录）
摩擦试验机基本要求

A.1 摩擦试验机应符合以下要求

A.1.1 电源

电压：220 V；

频率：50 Hz。

A.1.2 摩擦头荷重：400 g±20 g。

A.1.3 摩擦头圆柱面直径：40 mm。

A.1.4 摩擦台圆柱面半径：不小于 200 mm。

A.1.5 摩擦行程：20 mm～25 mm。

A.1.6 摩擦频率：30 次/min。

A.1.7 具备自动记数及预置摩擦次数功能。

注：推荐使用国家办公设备与耗材质量监督检验中心研制的 MC-2 型摩擦试验机。

A.2 试验

A.2.1 将试样固定在摩擦试验台上，试样要装紧，以防松动。

A.2.2 调整摩擦头荷重为 400 g。

A.2.3 准备摩擦用的 W7 金相砂纸，将砂纸裁成 10 mm～15 mm 宽的砂纸条。

A.2.4 将砂纸条夹紧在摩擦头上，砂纸不允许出现皱折。

A.2.5 每试验一个试样，转动一次摩擦头，以确保砂纸表面不重复使用，适时更换砂纸条。

附 录 B
（规范性附录）
打印精度测试版说明

B.1 打印精度测试版用于辅助测量激光打印机印品的打印精度。测试版的介质为透明胶片（见图B.1）。

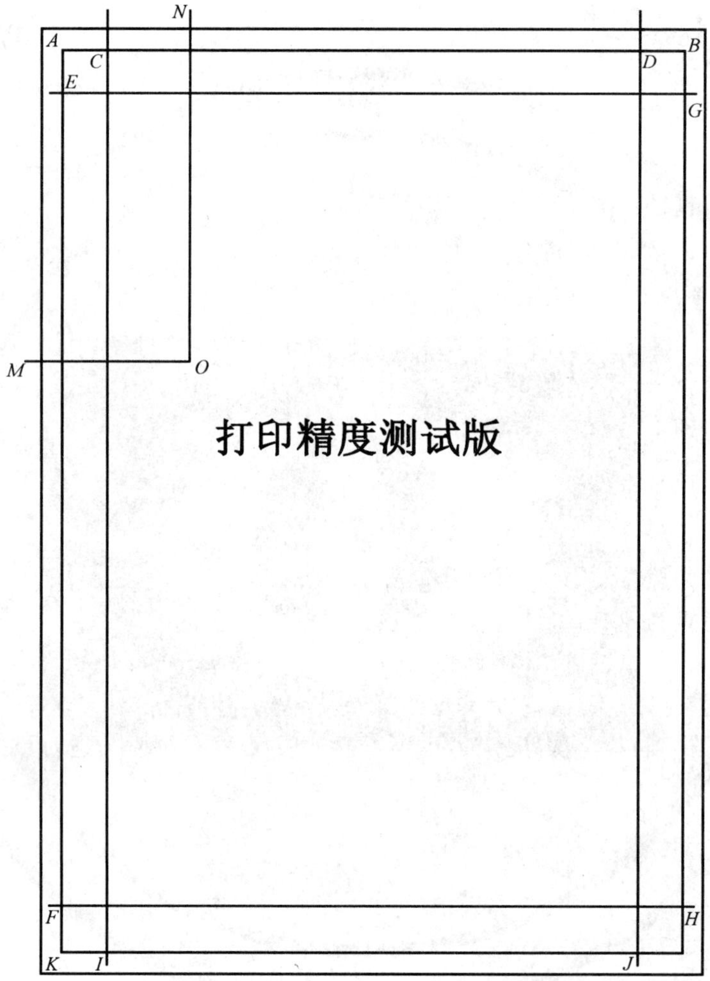

图 B.1 打印精度测试版图样

B.2 测试版的基本尺寸和极限偏差如下：

A4：边框 宽 210 mm±0.2 mm 长 297 mm±0.3 mm

AB 198 mm±0.2 mm *AK* 285 mm±0.3 mm

CD 170 mm±0.15 mm *EF* 260 mm±0.25 mm

OM 50 mm±0.05 mm *ON* 110 mm±0.1 mm

A3：边框 宽 297 mm±0.3 mm 长 420 mm±0.4 mm

AB 285 mm±0.3 mm *AK* 408 mm±0.4 mm

CD 260 mm±0.25 mm *EF* 390 mm±0.4 mm

OM 45 mm±0.05 mm *ON* 45 mm±0.15 mm

ICS 37.100.10
G 81

中华人民共和国国家标准

GB/T 28034—2011

数字式静电复印(打印、传真)设备用有机光导鼓技术条件

Specification of organic photoconductive drum for digital electrostatic copying (printing, faxing) equipment

2011-10-31 发布　　2012-02-01 实施

中华人民共和国国家质量监督检验检疫总局
中国国家标准化管理委员会　发布

前言

本标准由中国机械工业联合会提出。

本标准由全国复印机械标准化技术委员会(SAC/TC 147)归口。

本标准的附录A为资料性附录。

本标准负责起草单位:邯郸光导重工高技术有限公司。

本标准参加起草单位:国家办公设备及耗材质量监督检验中心、珠海天威飞马打印耗材有限公司、广州复印机硒鼓厂、上海富士施乐有限公司、佳能(中国)有限公司、苏州恒久光电科技有限公司、天津复印技术研究所、柯尼卡美能达办公系统(武汉)有限公司。

本标准主要起草人:汪学文、李安洲、刘慧玲、汤付根、张海菁、仇相如、鲁俊和、沈林荣、安博萍、袁旺进。

数字式静电复印(打印、传真)设备用有机光导鼓技术条件

1 范围

本标准规定了黑白数字式静电复印(打印、传真)设备用有机光导鼓(以下简称 OPC 鼓)的技术要求、试验方法、检验规则及标志、包装、运输、贮存要求。

本标准适用于 A3 及 A3 以下幅面的数字式静电复印(打印、传真)设备用 OPC 鼓。

2 规范性引用文件

下列文件中的条款通过本标准的引用而成为本标准的条款。凡是注日期的引用文件,其随后所有的修改单(不包括勘误的内容)或修订版均不适用于本标准,然而,鼓励根据本标准达成协议的各方研究是否可使用这些文件的最新版本。凡是不注日期的引用文件,其最新版本适用于本标准。

GB/T 2828.1—2003 计数抽样检验程序 第1部分:按接收质量限(AQL)检索的逐批检验抽样计划(ISO 2859-1:1999,IDT)

GB/T 2829—2002 周期检验计数抽样程序及表(适用于对过程稳定性的检验)

GB/T 4591—2005 静电图像测试版

GB/T 10073—2008 静电复印品图像质量评价方法

GB/T 13384—2008 机电产品包装通用技术条件

GB/T 13963—2008 复印机术语

GB/T 22372—2008 单色黑白激光打印机测试版

JB/T 6872—2008 静电复印机用显影剂消耗量测试版 A4

JB/T 8273—1999 静电复印全黑测试版

JB/T 9444.1~.11—1999 复印机械基本环境试验方法

3 术语和定义

本标准采用的术语和定义符合 GB/T 13963—2008 的规定。

4 要求

4.1 工作环境

温度:10 ℃~33 ℃;相对湿度:30%~80% 。

OPC 鼓在此环境下使用,印品质量应符合 4.6 的要求。

4.2 耐运输贮存性

包装中的 OPC 鼓在承受以下环境的作用后,其性能应符合本标准要求。

a) 低温作用:温度 -25 ℃±2 ℃,时间 8 h;

b) 恒定湿热试验:温度 40 ℃±2 ℃,相对湿度(93^{+2}_{-3})%,时间 48 h。

4.3 环境适应性

4.3.1 环境适应性条件

a) 低温低湿条件:10 ℃±2 ℃;相对湿度:30%±5%。

b） 高温高湿条件：33 ℃±2 ℃；相对湿度：80%±5%。

4.3.2 要求

在高温高湿和低温低湿条件下的图像密度、分辨力、底灰、黑点指标应符合 4.6 的相应要求。

4.4 外观

OPC 鼓表面应无影响印品质量的缺陷。

膜层上出现的凸点、凹点、气泡、点状缺陷及线状缺陷、缺陷尺寸大小、个数等具体指标由企标自定。

4.5 光电性能

由企标自定，但至少应包括如下基本参数：

a） 初始电位（V_o）；

b） 光敏性（感度）（$E_{1/2}$）；

c） 曝光电位（V_E）；

d） 暗衰特性（V_{DD}），以暗衰减率（DDR）表示；

e） 残余电位（V_R）。

4.6 印品质量

OPC 鼓的印品质量应符合表 1 的规定。

表 1 OPC 鼓印品质量

<table>
<tr><th>序 号</th><th colspan="2">项 目 名 称</th><th>单 位</th><th colspan="2">技 术 要 求</th></tr>
<tr><td>1</td><td colspan="2">图像密度</td><td></td><td>复印功能时：≥1.2</td><td>打印功能时：≥1.30</td></tr>
<tr><td>2</td><td colspan="2">底灰</td><td colspan="3">≤0.01</td></tr>
<tr><td>3</td><td colspan="2">分辨力</td><td>线/mm</td><td>复印功能时：≥3.6</td><td>打印功能时：≥4.0</td></tr>
<tr><td>4</td><td colspan="2">层次</td><td>级</td><td>复印功能时：≥6</td><td>打印功能时：≥10</td></tr>
<tr><td>5</td><td colspan="2">密度不均匀性</td><td colspan="3">≤10%</td></tr>
<tr><td>6</td><td colspan="2">密度变化（连续 19 页）</td><td colspan="3">≤0.1</td></tr>
<tr><td rowspan="2">7</td><td rowspan="2">OPC 鼓
直径<40 mm</td><td>黑点</td><td>个</td><td colspan="2">直径≥0.3 mm，无；
直径：0.2 mm～0.3 mm，不超过 3 个
在 40 mm×50 mm 范围内，不能多于 1 个</td></tr>
<tr><td>白点</td><td>个</td><td colspan="2">直径≥0.5 mm，无；
直径：0.3 mm～0.5 mm，不超过 3 个
在 40 mm×50 mm 范围内，不能多于 1 个</td></tr>
<tr><td rowspan="2">8</td><td rowspan="2">OPC 鼓
直径≥40 mm</td><td>黑点</td><td>个</td><td colspan="2">直径≥0.3 mm，无
直径 0.2 mm～0.3 mm，不超过 5 个
在 40 mm×50 mm 范围内，不能多于 1 个</td></tr>
<tr><td>白点</td><td>个</td><td colspan="2">直径≥0.5 mm，无
直径 0.3 mm～0.5 mm，不超过 5 个
在 40 mm×50 mm 范围内，不能多于 1 个</td></tr>
<tr><td>9</td><td colspan="2">鬼影</td><td>—</td><td colspan="2">无明显重影，具体指标由企标自定</td></tr>
<tr><td colspan="6">注：黑点及白点是指 OPC 鼓 1 个周期内印品面积上的缺陷。</td></tr>
</table>

4.7 运行试验

运行性能考核应在无机械和电气故障的情况下进行，运行时间及印量应符合表2的规定。

表2 运行性能考核项目和技术要求

序号	项目名称	技术要求
1	运行时间	2 h
2	印品输出量	≥额定值的65%
3	印品质量	符合4.6要求
注：额定值=设备额定输出速度×运行时间。		

4.8 使用寿命

由企标自定。

4.9 有害物质

光导体中不得添加铅、镉、汞及其化合物作为配方的成分。

4.10 贮存期

由企标自定，但在7.3.2的贮存条件下至少应为1年，且样品性能仍应符合本标准要求。

5 试验方法

5.1 试验条件

5.1.1 试验室环境条件

环境温度：15 ℃～25 ℃；

相对湿度：45%～65%。

试验样品与试验用机、消耗材料必须在同一环境条件下放置24 h，有特殊要求时按规定进行。

5.1.2 对试验用机的规定

应分别使用合格的适用机型中的最高速机器进行试验，试验用机应无机械电气故障，并符合相应的产品标准要求。

5.1.3 试验中出现故障的规定

当试验用机在试验过程中出现故障时，允许对试验用机进行维修，但维修时间累计不得超过2 h，超过2 h时试验结果无效；必要时，允许更换新的试验用机，但试验样品必须重新抽取，试验重新开始。

5.2 耐运输贮存试验

试验样品在包装状态下按4.2要求和JB/T 9444.1～.11—1999规定的方法进行试验。

在进行型式检验时，本项试验应首先进行。

5.3 外观

在有效检验范围内，在黄色荧光灯下，目视检查。

注：有效检验范围为有效幅面宽度两端各加5 mm。

5.4 光电性能

试验方法参照附录A。

5.5 印品质量

5.5.1 复印时，按GB/T 4591—2005规定的测试版和GB/T 10073—2008规定的方法进行取样和检验。打印时，按GB/T 22372—2008规定的测试版并参照GB/T 10073—2008规定的方法进行取样和检验。

5.5.2　试验中如果不取样时推荐使用JB/T 6872—2008静电复印消耗量测试版。

5.6　运行试验

5.6.1　将OPC鼓置于试验用机中，对试验用整机调整后进行本试验，试验中应记录试验的起始时间、结束时间。

5.6.2　运行性能考核时间和印品输出量必须达到4.7中表2的规定。印品输出量为本试验中全部印品输出张数之和；如有输出量计数器时，应分别记录试验开始和结束时的计数器显示值。

5.6.3　运行性能考核中按5.10和表5的规定抽取样品进行检测并判定。

5.7　环境适应性

5.7.1　低温低湿和高温高湿环境适应性试验在5.6的试验之后进行。

5.7.2　将OPC鼓试样装入试验用机中，然后放置在试验环境中并保持12 h以上；在此环境中运行试验1 h；抽样数量和判定方法按5.10表3中规定执行。

5.7.3　印品应满足4.6的要求。

5.8　使用寿命

按企标规定的试验方法进行试验。

5.9　贮存期

5.9.1　按6.2.3.2中规定将样品分组后，取2个样品用于贮存期试验。

5.9.2　贮存期试验条件应符合本标准7.3.1和7.3.2要求。

5.9.3　贮存期结束后，按本标准规定的要求和方法进行4.2～4.7的检验，检验结果仍应达到本标准规定要求。

5.9.4　本项试验可另行安排。

5.9.5　贮存期试验可单独出具检验报告。按本标准出具的型式检验报告不包括本项试验结果。

5.10　印品抽样判定方法

印品抽样采取定时抽样方法，每次进行印品取样时使用适用于检验项目的测试版，每次取样的印品数量和判定方法见表3。

5.10.1　运行试验中印品取样和判定

a)　印品取样

试验开始时，印品取样一次；

试验过程中，每隔0.5 h印品取样一次，共三次；

试验结束时，印品取样一次。

b)　判定

每张印品的判定：按检验项目及相应的测试方法和印品质量要求执行；

每次取样后的判定：按表3中规定执行；

五次取样检验结果的综合判定：按每项检验项目的不合格类别进行判定，B类不合格项目判定数组为[0　1]，C类不合格项目判定数组为[1　2]。

5.10.2　环境适应性试验中的印品取样和判定

a)　试验开始和结束时分别取样一次，每张印品的检验和每次印品的判定同5.10.1；

b)　二次检验结果的综合判定，按每个检验项目的不合格类别进行判定，判定数组为[0　1]。

5.11　有害物质

由制造商提供符合4.9要求的声明或相关文件。

表 3　印品抽样检查判定表

	取样时间	测试版	取样数量	判定方法	判定数组	检验项目
运行试验	试验开始时/试验过程中每隔 0.5h 时/试验结束时	[复印机]				
		GB/T 4591—2005	连续 3	GB/T 10073—2008	[0　1]	图像密度、底灰
					[1　2]	层次、分辨力
			连续 19		选取密度最大值和最小值	密度变化
		GB/T 4591—2005	连续 3		[1　2]	密度不均匀性
			连续 3		[0　1]	黑点
		JB/T 8273—1999	连续 3		[1　2]	白点
		[打印机]				
		GB/T 22372—2008 中的综合版	连续 3	GB/T 10073—2008	[0　1]	图像密度、底灰
					[1　2]	层次、密度不均匀性、分辨力
			连续 19		选取密度最大值和最小值	密度变化
			连续 3		[0　1]	黑点
		无重影				鬼影
		[传真机]				
		有复印功能的传真机:同复印机				
		有打印功能的传真机:同打印机				
环境适应性试验	试验开始 10 min 时/试验结束时	[复印机]				
		同运行试验				
		[打印机]				
		同运行试验				
		[传真机]				
		同运行试验				

6　检验规则

6.1　交收检验

6.1.1　每批 OPC 鼓须经检验合格后方可出厂,交收检验不合格的产品不允许出厂。

6.1.2　交收检验项目和不合格类别见表 4。

表 4　检验项目表

类　别	序号	检 验 项 目	不合格类别			检 验 分 类	
			A 类	B类	C 类	交收检验项目	型式检验项目
包装运输贮存	1	低温试验	—	—	△	—	√
	2	恒定湿热	—	—	△	—	√
	3	包装及标志	—	—	△	√	√
	4	包装齐套性	—	—	△	√	√
外观	5	表面质量	—	—	△	√	√

表 4（续）

类别	序号	检验项目		不合格类别			检验分类	
				A类	B类	C类	交收检验项目	型式检验项目
光电性能	6	初始电位(V_0)		—	△	—	—	√
	7	光敏性($E_{1/2}$)或曝光电位		—	△	—	—	√
	8	暗衰特性(V_{DD})		—	△	—	—	√
	9	残余电位(V_R)		—	△	—	—	√
印品品质	10	图像密度		△	—	—	√	√
	11	底灰		△	—	—	√	√
	12	分辨力(线/mm)		△	—	—	√	√
	13	层次(级)		—	—	△	√	√
	14	密度不均匀性		—	—	△	√	√
	15	密度变化		—	—	△	√	√
	16	黑点		—	△	—	√	√
	17	白点		—	—	△	√	√
	18	鬼影		—	—	△	√	√
运行试验	19	运行时间		△	—	—	—	√
		印品输出量		△	—	—	—	√
环境适应性	20	低温低湿运行	图像密度	—	—	△	—	√
			底灰					
			分辨力					
			黑点					
	21	高温高湿运行	图像密度	—	—	△	—	√
			底灰					
			分辨力					
			黑点					
环境保护	22	有害物质		△	—	—	—	√
其他	23	使用寿命(张/鼓)(A4)		—	—	△	—	√
	24	贮存期		—	—	△	—	√
注：△——表示所属不合格类别；√——表示试验项目。								

6.1.3 交收检验的抽样和判定规则

按 GB/T 2828.1—2003 规定，检查水平，产品组批，合格质量水平，抽样方案及判定数组由企标规定或交收双方协商规定。

6.2 型式检验

6.2.1 产品在下列情况之一时，应考虑进行型式检验：

a) 新产品投产前的定型鉴定；

b) 产品的工艺、材料有重大改变时；

c) 停产间隔一年以上时；

d) 国家质量监督机构提出型式检验要求时；

e) 合同规定时。

6.2.2 型式检验项目

型式检验项目和不合格类别划分见表5。

6.2.3 型式检验的抽样及判定规则

6.2.3.1 型式检验的样本从交收检验合格的产品中随机抽取。

6.2.3.2 按GB/T 2829—2002规定，采用一次抽样方案，使用判别水平Ⅰ，按表4划分的不合格类别，按表5规定的检验组抽样判定（按不合格数判定），但不合格数总计不允许超过4，不允许有B类不合格项。

表5 型式检验判别表

检验组	检验项目	不合格质量水平(RQL)	样本数 n	判定数组[Ac,Re]
运输、包装及标志	低温试验 恒定湿热 包装齐套性 标志及标记	50	6	[2,3]
光电性能	初始电位(V_0) 光敏性($E_{1/2}$) 曝光电位(V_E) 残余电位(V_R) 暗衰特性(V_{DD})	40	6	[1,2]
外观	外观质量	50	6	[2,3]
印品质量	图像密度 底灰(灰雾度) 分辨力 黑点	40	2	[0,1]
	白点 层次 密度不均匀性 密度变化 鬼影	80		[1,2]
运行试验		40	2	[0,1]
环境适应性	低温低湿试验 高温高湿试验	80	2	[1,2]
环境保护	有害物质	—	—	[0,1]
使用寿命	使用寿命	40	2	[0,1]

6.2.3.3 每次检验抽取的样本同时进行耐运输储存、包装、标志、表面质量、光电性能的试验后，取其中2个样本进行运行试验和环境适应性试验；2个样本进行寿命试验；2个样本进行贮存期试验。

6.2.3.4 若型式检验合格，则本期生产的产品经交收检验合格的为合格的产品，可以入库或出厂。

6.2.3.5 若型式检验不合格，产品应停止交收并将已交收而未出厂的产品停止出厂，对已出厂的产品，由生产厂、订货方协商解决。此时应分析原因，提出处理方法，并采取措施，直至新的型式检验合格。

7 标识、包装、运输、贮存

7.1 标识

OPC 鼓的包装上应有中文标识，至少包括下列内容：

a) 产品名称、型号；

b) 制造商名称或标志、地址；

c) 执行的标准号；

d) 适用的机型；

e) 批号、制造日期或有效日期；

f) 数量。

注：进口商品按国家有关规定执行。

7.2 包装

7.2.1 OPC 鼓应有妥善包装，并附有产品合格证明。

7.2.2 OPC 鼓包装后应满足 GB/T 13384—2008 所规定的防震、防潮要求。

7.3 运输、贮存

7.3.1 OPC 鼓不得与有机溶剂、酸、卤素、碱及其他有害物质一起贮存、运输。

7.3.2 OPC 鼓贮存在避光，环境温度 0 ℃～35 ℃，相对湿度低于 85%的环境中。

7.3.3 OPC 鼓在运输过程中，不得遭受日晒、雨淋和剧烈震动。

附　录　A
（资料性附录）
光电性能的测试方法

A.1　原理

通过 OPC 鼓的表面电位变化过程，求出初始电位、暗衰减率、敏感度、残余电位等各项光电性能参数。

A.2　测试系统示意图，见图 A.1。

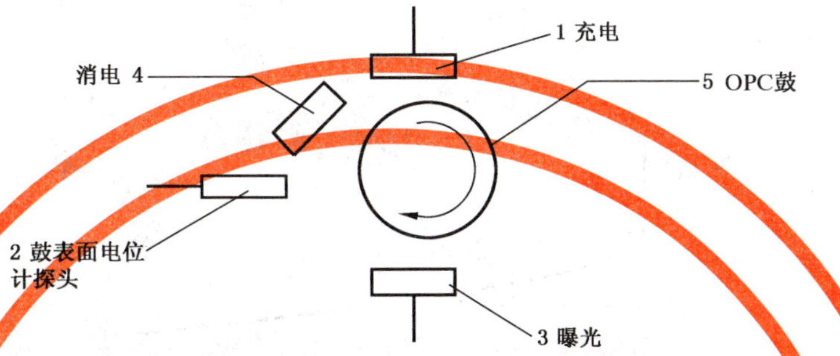

1——充电器；
2——鼓表面电位计探头（检测未曝光时的表面电位和曝光后的表面电位）；
3——曝光灯，采用单一波长光源；
4——消电装置；
5——OPC 鼓。

图 A.1　测试系统示意图

A.3　测试环境条件

室温 18 ℃～25 ℃，相对湿度：30%～70%。

检测前 OPC 鼓应在同一条件下暗处放置 12 h 以上。

A.4　OPC 鼓的充电电位和测试的扫描速度的设定

根据不同鼓的测试条件，将 OPC 鼓的充电电位和测试的扫描速度调到设定值。

A.5　间隙的调节

鼓与充电器、检测器及曝光光源探头的间距通过间隙规来调节。

A.6　光强度的设定

根据不同的 OPC 鼓要求设定不同的光强度范围。

A.7　测试方法及步骤

调整曝光强度，以不同的光强度照射到鼓表面，测量出鼓表面曝光电位与光能量的对应值，绘制出对应的曲线。按图 A.2 的示意图进行测试。

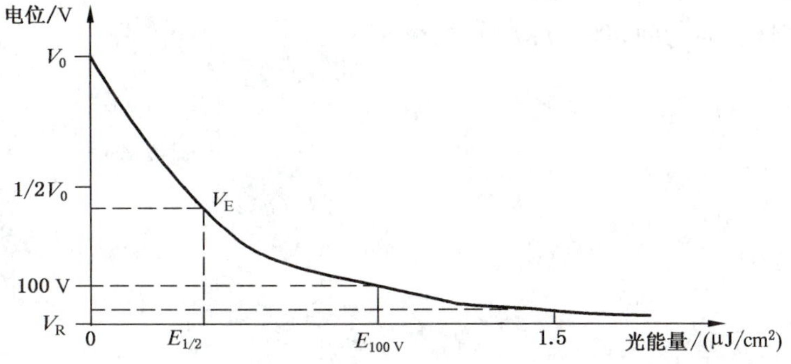

图 A.2　测试时序示意图

图中：

V_0——鼓表面的充电初始电位，单位为 V；

$E_{1/2}$——感度，单位为 $\mu J/cm^2$；

$E_{100\ V}$——鼓表面的电位降到 100 V 时需要的能量，单位为 $\mu J/cm^2$；

V_R——将曝光能量设定为 1.5 $\mu J/cm^2$ 后鼓表面的残余电位，单位为 V。

A.8　暗衰减率的测量方法

将鼓表面充电到初始电位 V_0 后，放在暗处 5 s 后，再测量鼓表面的电位为 V_1，单位时间内电位的变化量为暗衰减率。暗衰减率测试曲线如图 A.3 所示：

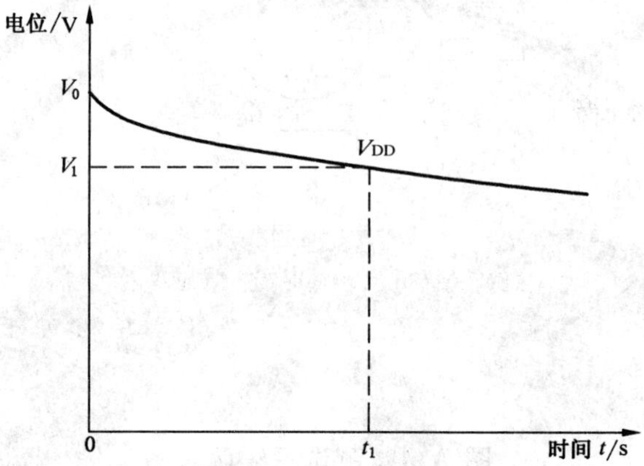

图 A.3　暗衰减率测试曲线

暗衰减率按式(1)计算：

$$DDR = \frac{V_0 - V_1}{t} \qquad \cdots\cdots(1)$$

式中：

DDR——暗衰减率(V/t)；

V_0——暗衰减前的鼓表面充电电位，伏(V)；

V_1——暗衰减后的鼓表面剩余电位，伏(V)；

t——鼓放在暗处的时间，秒(s)；

t_1——t_1=5 s。

然后取其绝对值。

A.9 测试报告

应包括以下内容：

a) 测试依据(本标准号)；

b) 产品名称及型号；

c) 生产厂家或委托测量单位；

d) 生产日期；

e) 样品编号；

f) 测试结果。

注1：按本标准进行检验所出具的报告为型式检验报告。

注2：本报告不包括贮存期试验，关于贮存期试验可另行出具检验报告。

ICS 35.080
L 77

中华人民共和国国家标准

GB/T 28035—2011

软件系统验收规范

Software system acceptance specification

2011-10-31 发布　　　　2012-02-01 实施

中华人民共和国国家质量监督检验检疫总局
中国国家标准化管理委员会　发布

前　言

本标准依据 GB/T 1.1—2009 的规则起草。

请注意本文件的某些内容可能涉及专利。本文件的发布机构不承担识别这些专利的责任。

本标准由全国信息技术标准化技术委员会(SAC/TC 28)提出并归口。

本标准主要起草单位:中国电子技术标准化研究所、北京系统工程研究所、克拉玛依红有软件有限责任公司、辽宁北方实验室有限公司、珠海市南方软件测评中心、昆明八六三软件孵化器有限公司、上海鲁齐信息科技有限公司、湖北省软件评测中心、北京天和正通信息技术有限公司。

本标准主要起草人:李海波、卢海英、李清辉、栗岚、张为民、吴东亚、杨瑛、韩红强、侯建华、何芳、杨丽春、张露莹、董晓阳、赵明丽。

软件系统验收规范

1 范围

本标准规定了软件系统验收的基本要求和流程。

本标准适用于软件系统的验收过程和验收环节。配置项或子系统的验收可参照执行。

2 规范性引用文件

下列文件对于本文件的应用是必不可少的。凡是注日期的引用文件，仅注日期的版本适用于本文件。凡是不注日期的引用文件，其最新版本（包括所有的修改单）适用于本文件。

GB/T 8566—2007 软件生存周期过程

GB/T 8567—2006 计算机软件文档编制规范

GB/T 11457—2006 信息技术 软件工程术语

GB/T 15532—2008 计算机软件测试规范

GB/T 18492—2001 信息技术 系统及软件完整性级别

3 术语和定义

GB/T 11457—2006、GB/T 18492—2001 中界定的以及下列术语和定义适用于本文件。

3.1

验收 acceptance

需方对开发方提交的软件系统，按照合同或双方的约定进行测试、审查与评审，决定接收或拒收的活动。

3.2

验收组织 acceptance group

由需方指定或委托成立的负责软件系统验收的组织，通常由若干专家组成。

3.3

验收测试 acceptance testing

确定一软件系统是否符合其验收准则，使需方能确定是否接收此系统的正式测试。

3.4

验收审查 acceptance inspecting

为确定被验收软件系统是否符合验收依据而进行的符合性检查。

3.5

验收评审 acceptance review

验收组织对验收测试和验收审查的结果进行复审和评议，并对被验收软件系统做出评审结论。

3.6

合格性测试 qualification testing

由开发方进行并由需方（适当时）见证的测试，以证明软件产品满足其规格说明，并可以在其目标环境中使用或与它的自含系统集成。

3.7

软件系统　software system

由定制软件集成或由定制软件和商业现货软件集成的软件，通常由系统软件、支持软件和应用软件组成。

4 总则

4.1 软件系统验收依据

软件系统验收的依据是合同或验收双方约定的验收依据文档或相关标准。

注：双方约定的验收依据文档，可以是软件需求规格说明、软件总体设计、软件设计方案等。

4.2 软件系统验收条件

软件系统验收应具备以下条件：

a） 被验收软件系统已按 GB/T 8566—2007 进行系统合格性测试并通过评审；

b） 合同或双方约定的验收依据文档规定的各类文档齐全并通过评审；

c） 被验收软件系统已置于配置管理之下并得到有效控制。

4.3 软件系统验收相关方及其职责

4.3.1 需方负责组织实施软件系统验收，包括：审批验收申请、指定或成立验收组织、审批验收计划，并根据验收结论建议决定是否接收软件系统。

4.3.2 验收组织负责制定验收计划，实施验收测试、验收审查和验收评审，并做出评审结论。

4.3.3 开发方提出验收申请，提供被验收的软件系统（包括程序、文档和数据）；开发方应积极支持、配合完成软件系统验收工作，负责做好验收所需的各项保障工作。

4.3.4 验收各方应遵守验收保密承诺。

4.4 软件系统验收流程

软件系统验收流程一般包括：

a） 开发方提出软件系统验收申请；

b） 需方批复验收申请并成立软件系统验收组织；

c） 验收组织制定软件系统验收计划；

d） 需方审批软件系统验收计划；

e） 验收组织进行软件系统验收测试和验收审查；

f） 验收组织进行软件系统验收评审；

g） 验收组织形成软件系统验收报告；

h） 验收未通过的处置。

具体流程见图 1。

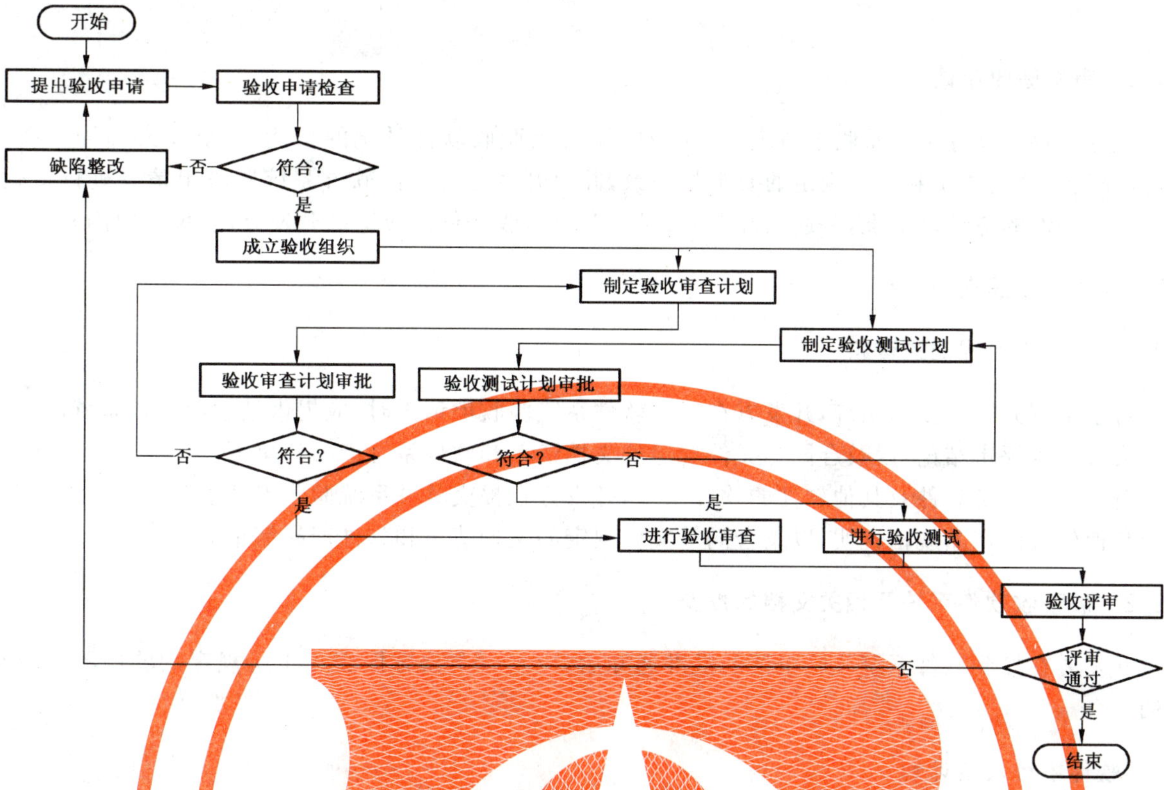

图 1 软件系统验收流程

5 软件系统验收详细要求

5.1 软件系统验收申请

5.1.1 提出验收申请

开发方向需方提交软件系统验收申请表，概要说明申请验收的软件系统满足 4.1 所要求条件的情况。软件系统验收申请表应由开发方的负责人签字。

软件系统的验收申请表(格式见附录 A 中 A.1)宜包括以下内容：

a) 软件系统名称；

b) 软件系统研制任务来源；

c) 软件系统用途及组成；

d) 主要功能与性能；

e) 软件系统研制情况；

f) 研制阶段评审情况；

g) 软件系统测试情况；

h) 配置管理情况；

i) 满足需方业务要求等情况。

对于含有的现货软件及其他软件的软件系统，申请表中还应增加：

a) 现货软件及其他软件名称；

b) 现货软件及其他软件用途及组成；

c) 主要功能与性能；

d) 文档清单。

5.1.2 审批验收申请

需方在收到软件系统验收申请表后，应及时了解被验收软件系统的功能、性能及文档等方面的内容，检查其是否与4.1和4.2规定的要求相一致，并对开发方提出的软件系统验收申请表进行审查，对符合验收条件的应予以批准，并通知开发方；对不符合验收条件的应退回开发方，并说明原因。

5.2 开发方应提交的资料

5.2.1 开发方应提交的资料

对于定制开发的软件系统，开发方在提交软件系统验收申请表时，应提供被验收软件系统的合格性测试报告及其评审结论，以及合同等文件规定的文档清单和软件系统产品清单等。

对于含有现货软件及其他软件的软件系统，开发方在提交软件系统验收申请表时，还应提供现货软件及其他软件的产品规格说明，以及合同等文件规定的文档清单和软件产品清单等。

5.2.2 被验收软件系统及相关文档的提交

开发方在接到软件系统验收申请的批准通知后，应及时向需方提交4.1所规定的软件系统及相关文档。

5.3 软件系统验收计划

5.3.1 验收计划要求

验收组织应制定验收计划。验收计划一般包括验收目的、验收内容、技术条件、验收方法、进度安排、人员组成、验收准则等内容。

验收计划应充分考虑被验收软件系统的完整性级别(见GB/T 18492—2001)。

验收计划在验收组织与开发方协商一致、并经需方审批后实施。

5.3.2 验收准则

依据4.1的要求，制定验收准则。验收准则由需方提出，征求开发方意见后，由需方确定。验收准则通常包含：

a) 软件系统符合合同规定的全部功能和非功能要求；
b) 文档齐全，符合合同要求或相关标准的规定(见GB/T 8567—2006)；
c) 文档之间一致，程序和文档相符；
d) 对被验收软件系统在验收测试中查出的错误总数及在验收审查时查出的交付文档中的错误总数均不得超过双方约定数目；
e) 对于高完整性级别(A,B级)的软件系统，还应通过功能和性能强度测试。

5.4 软件系统验收组织

5.4.1 需方在批复同意开发方提出的验收申请表后，成立验收组织。验收组织一般由需方代表、用户代表、相关领域专家及测试专家组成。根据需方的要求和项目的规模，验收组织的组织形式可以灵活多样，通常由验收测试组和验收评审组组成，有时还可设立验收审查组。测试组由独立于软件开发的人员组成。评审组应由具有与被验收软件系统相关的专业知识的专家组成，人数为5人及以上单数。

5.4.2 验收组织的任务是：

a) 制定验收测试计划、验收审查计划；

b） 进行验收测试和验收审查；

c） 进行软件系统验收评审。

5.5 软件系统验收测试和验收审查

5.5.1 基本要求

验收测试和验收审查是验收评审前应完成的两项主要检查工作，由验收组织负责实施。

验收测试由测试组负责执行，也可委托国家认可的第三方软件测评机构实施。对于完整性为A、B级软件应委托国家认可的第三方软件测评机构实施。

验收测试应按GB/T 15532—2008的要求进行。

验收组织应根据4.1和软件系统验收计划制订验收测试计划和验收审查计划。验收测试计划文档格式应符合GB/T 8567—2006的规定或满足双方约定的要求。验收审查计划应包括审查目的、审查范围、审查对象、审查内容、审查准则、审查方法、人员分工、进度安排等。

验收审查可由测试组进行也可单独成立验收审查组进行。

5.5.2 验收测试和验收审查步骤

验收测试和验收审查的具体步骤如下：

a） 制定验收测试计划和验收审查计划，作好验收测试和验收审查准备；

b） 进行验收测试和验收审查，建立完整的验收测试记录和验收审查记录；

c） 编写验收测试报告和验收审查报告。

5.5.3 验收测试内容

应根据4.1规定的要求和软件完整性级别确定验收测试内容：

a） 依据4.1检查功能和非功能要求；

b） 对于完整性为A、B级的软件系统还应进行有关功能和性能的强度测试；

c） 对于完整性为A级的软件系统还应进行双方商定的一些特殊测试，如强度测试和可靠性测试等。

5.5.4 验收审查内容

应依据4.1确定验收审查内容，验收审查主要检查文档的齐套性、完整性和一致性，以及与合同及相关标准符合性等情况。

5.6 软件系统验收评审

5.6.1 评审的时机

验收评审应在完成验收测试、验收审查后进行。

5.6.2 评审的形式

验收评审一般应采取会议评审形式。根据被验收软件系统的完整性级别等具体情况，验收评审还可采取现场评审或验收双方认可的其他形式。

5.6.3 评审通过准则

评审通过准则如下：

a） 被验收软件系统通过验收测试；

b） 被验收软件系统通过验收审查；

c） 被验收软件系统满足5.4.2规定的验收准则。

5.6.4 评审的程序

评审的具体程序如下：

a） 验收组织审查验收测试报告、验收审查报告；

b） 根据评审通过准则，验收组织就被验收软件系统是否通过验收评审进行表决；

c） 根据表决情况，做出评审结论。

5.6.5 评审结论

评审结论分为两种：

a） 评审通过：完整性为A、B级的软件系统需由参加验收评审的成员一致同意；其他软件系统需由三分之二以上的参加验收评审的成员同意；

b） 评审不通过：同意通过验收评审的成员数未达到a)的要求。

5.6.6 验收报告

验收组织在完成验收评审后，填写验收报告(验收报告的格式见附录A的表A.3)。验收报告的内容应包括验收依据、验收内容、验收过程、验收准则、验收测试结论、验收审查结论、表决情况等。根据表决情况，由评审负责人在验收报告上签署验收评审结论。参加验收评审的成员应在验收报告上签字。验收报告应提交给需方和供方。

5.7 软件系统的最终处置

需方依据验收报告作出是否接收该被验收软件系统的决定。必要时，对验收评审未通过的软件系统，按相关程序重新进行验收。

6 对本标准的剪裁

6.1 一般考虑

本标准为需方验收软件系统提供了基本要求，需方可以根据被验收软件系统的完整性级别对本标准进行适当的剪裁。不同的软件系统在应用本标准时允许有所侧重，可以根据软件系统的完整性级别和其他要求对测试内容等进行剪裁，制定适合实际情况的具体验收细则。

6.2 高完整性级别软件

高完整性级别(A、B级)的软件系统的验收应严格按照本标准的规定进行，并可增加一些特殊要求。

附　录　A
（资料性附录）
软件系统验收文档格式

A.1　软件系统验收申请报告格式

软件系统验收申请表格式见表 A.1。

表 A.1　软件系统验收申请报告格式

软件系统名称：	合同号或验收依据文档标识：
需方：	开发方：
软件系统研制任务来源 软件系统用途及组成 主要功能与性能 软件系统研制情况 研制阶段评审情况 软件系统测试情况 配置管理情况 满足主要技术指标情况	
开发方申请意见： 负责人签名 ________ 年　月　日 （单位公章） 联系人：　通信地址： 电　话：　邮政编码：	
需方意见： 负责人签名 ________ 年　月　日 （单位公章） 联系人：　通信地址： 电　话：　邮政编码：	

A.2 软件系统验收审查报告格式

软件系统验收审查报告格式见表 A.2。

表 A.2 软件系统验收审查报告格式

<table>
<tr><td colspan="2">软件系统名称：</td><td colspan="2">合同号或验收依据文档标识：</td></tr>
<tr><td colspan="2">需方：</td><td colspan="2">开发方：</td></tr>
<tr><td colspan="4">审查的目的和范围
审查对象
审查依据
审查准则
审查活动总结
审查结果列表
审查结论
验收组负责人签名 ________ 年 月 日</td></tr>
<tr><td colspan="4">验收组名单及签名</td></tr>
<tr><td>姓名</td><td>职务或职称</td><td>工作单位</td><td>签字</td></tr>
<tr><td></td><td></td><td></td><td></td></tr>
<tr><td></td><td></td><td></td><td></td></tr>
<tr><td></td><td></td><td></td><td></td></tr>
<tr><td></td><td></td><td></td><td></td></tr>
<tr><td></td><td></td><td></td><td></td></tr>
<tr><td></td><td></td><td></td><td></td></tr>
<tr><td></td><td></td><td></td><td></td></tr>
<tr><td></td><td></td><td></td><td></td></tr>
<tr><td></td><td></td><td></td><td></td></tr>
<tr><td></td><td></td><td></td><td></td></tr>
</table>

A.3 软件系统验收报告格式

软件系统验收报告格式见表 A.3。

表 A.3 软件系统验收报告格式

<table>
<tr><td colspan="2">软件系统名称：</td><td colspan="3">合同号或验收依据文档标识：</td></tr>
<tr><td colspan="2">需方：</td><td colspan="3">开发方：</td></tr>
<tr><td colspan="5">验收依据

验收内容

验收过程

验收准则

验收测试结论

验收审查结论

验收评审结论

验收组负责人签名 ＿＿＿＿＿＿ 年 月 日</td></tr>
<tr><td rowspan="2">表决情况</td><td>总人数</td><td>同意</td><td>不同意</td><td>弃权</td></tr>
<tr><td>人</td><td>人</td><td>人</td><td>人</td></tr>
<tr><td colspan="5">验收评审成员名单及签名</td></tr>
</table>

姓名	职务或职称	工作单位	签字

ICS 35.100.20
L 78

中华人民共和国国家标准

GB/T 28036—2011/ISO 1177:1985

信息处理 面向起止和同步字符传输的字符结构

Information processing—Character structure for start/stop and synchronous character oriented transmission

(ISO 1177:1985,IDT)

2011-10-31 发布　　　　2012-02-01 实施

中华人民共和国国家质量监督检验检疫总局
中国国家标准化管理委员会　发布

前　言

本标准依据 GB/T 1.1—2009 给出的规则起草。

本标准等同采用 ISO 1177:1985《信息处理　面向起止和同步字符传输的字符结构》。

请注意本文件的某些内容可能涉及专利。本文件的发布机构不承担识别这些专利的责任。

本标准由全国信息技术标准化技术委员会(SAC/TC 28)提出并归口。

本标准起草单位:中国电子技术标准化研究所。

本标准主要起草人:杨宏、卓兰、王聪、张晖。

信息处理　面向起止和同步字符传输的字符结构

1　范围

本标准规定了用于使用作为ISO 646主题的七位编码字符集、GB/T 11383主题的八位编码字符集和作为GB/T 2311主题的对以上编码字符集扩展的按位串行的起止和同步数据传输系统的字符结构。

本标准亦规定了与七位编码字符集一起使用的奇偶检验读出。

本标准适用于在相关CCITT V和X系列建议中定义的通过数据终端设备DTE和数据电路终接设备DCE之间由CCITT和ISO/IEC加以标准化的接口信息传输。

2　规范性引用文件

下列文件对于本文件的应用是必不可少的。凡是注日期的引用文件，仅注日期的版本适用于本文件。凡是不注日期的引用文件，其最新版本（包括所有的修改单）适用于本文件。

GB/T 2311　信息技术　字符代码结构与扩充技术（GB/T 2311—2000，ISO/IEC 2022:1994，IDT）

GB/T 11383　信息处理　信息交换用八位代码结构和编码规则（GB/T 11383—1989，ISO 4873:1986，IDT）

ISO/IEC 646:1991　信息技术　信息交换用ISO七位编码字符集（Information technology—ISO 7-bit coded character set for information interchange）

ISO 2047:1975　信息处理　七位编码字符集控制字符的图形表示（Information processing—Graphical representations for the control characters of the 7-bit coded character set）

3　位排序——起止和同步操作

在串行工作的数据传输系统中，信息位传输的时序应与下列任一情况对应：

a）按ISO 646的七位代码表中定义的位标识 b_1 到 b_7 以最低有效位首先发送；或

b）按GB/T 11383的八位代码表中定义的位标识 b_1 到 b_8 以最低有效位首先发送。

当以组合中的阶来表示2进制数中的位次序时，各位应采用低阶优先串行发送。

对应于每一信息位孤立地加以考虑时，其数值含义为：

0表示状态A的单元

（Travail＝Space），和

1表示状态Z的单元

（Repos＝Mark），

它们与两状态传输系统中的状态定义相符合。

4　奇偶检验位——起止和同步操作

七位工作时，奇偶检验位应被加在每个字符上，并应位于第八位置，因此在该字符的7个有效位之后发送。

5 奇偶检验读出——起止和同步操作

对采用七位模式的起止系统，选择奇偶检验位时，应使"1"位的数目在所形成的八位序列中为偶数。

对于采用七位模式的同步系统，选择奇偶检验位时，应使"1"位的数目在所形成的八位序列中为奇数。

6 DTE 对奇偶检验差错的反应

七位工作时，字符奇偶检验出错的检测可以如以下方式来表示：

a) 用一个"反向问号"的图形字符或用大写字母 SB(见 ISO/IEC 2047)来表示，条件是，这个字母在屏幕或打印机上占用单个字符位置，并且可能通过敲击单个键输入，但是要认识到，对于打印出字符或可视显示字符的一些点阵打印机或显示器而言，获得清晰的"SB"字符是困难的；和/或

b) 在提供磁带或其他存储媒体的场合，用在磁带或其他存储媒体上记录 1/10(SUB)字符来表示。

如果 SUB 字符出现在收到的传输中或通过存储媒介在 DTE 中呈现时，如纸带，则宜出现上述 a)和 b)中的反应。

7 字符成帧

7.1 起止操作

在使用七位或八位编码字符集的起止系统中，每个字符由 10 或 11 位构成。

在发送编码组合第一个信息位之前，有一个起始单元，它的状态与状态 A 一致，状态 A(space，空号)，对应二进制数据信号"0"。起始单元的持续时间传输接口上数据信息速率决定的一个二进制位间隔信息。

在七个信息位及一个奇偶检验位或 8 个信息位之后，是停止单元，它的状态为 Z 状态(Mark，传号)。

停止单元持续时间，根据使用的网络类型宜遵守以下规定：

a) 对于使用 7 位或 8 位字符集的系统，在通用交换电话和电报网络上使用机电型数据终端设备，该设备以数据信号率高达 200 bit/s(并包括 200 bit/s)进行操作，该发送器处的停止单元持续期应为该发送器的信号速率的二个单元间隔。

   其他情况下建议使用一个单元间隔持续时间的停止单元。然而，这受限于所涉及的双方之间的相互协定。

   使用一个单元间隔停止单元时的类似情况可应用于租用电路。

   起止接收器宜能够正确地接收包含单个单元停止单元的起止信号，该单个单元停止单元的持续期将减少一个时间间隔，该时间间隔等于对应于在接收器输入端所允许的总起止失真程度的偏差。然而，对于要求使用带有数据信号率不大于 200 bit/s 的两个单元停止单元(11 单元字母表)的机电设备，接收器宜能够正确接收带有停止单元减少到一个单元的信号。

b) 对于公用异步数据网，使用七位编码字符集的数据终端设备宜使用一个至少持续两个单位间隔的停止单元。然而，接收器只能正确地接收当停止单元减少不低于一个单位间隔时(即使存在失真)的信号。

一个字符停止单元的末尾，到下一个字符起始单元的开头之间的时间间隔可以任意长；在这段时间里，信号的极性要和停止单元的信号极性相同。

7.2 同步操作

在同步系统中，每个字符应使用八位。对于七位工作，这八位包括 7 个信息位，后面是奇偶检验位。

一个字符最后一位的结束和下一个字符第一位的开始之间的时间应为 0 或应为发送器数据信号速率处单元间隔的整倍数。当要求字符同步保持时，该时间间隔应为 0 或字符间隔的整倍数。

在使用第八位作为奇偶检验的系统中，应维持奇偶检验读出。

ICS 35.260
L 63

中华人民共和国国家标准

GB/T 28037—2011

信息技术　投影机通用规范

Information technology—General specification for projectors

(ISO/IEC 21118:2005,Information to be included in specification sheets—Data projectors,NEQ)

2011-10-31 发布　　2012-02-01 实施

中华人民共和国国家质量监督检验检疫总局
中国国家标准化管理委员会　发布

前　言

本标准按照GB/T 1.1—2009给出的规则起草。

本标准使用重新起草法参考ISO/IEC 21118:2005《规格参数表应包含的信息　数据投影机》编制，与ISO/IEC 21118:2005的一致性程度为非等效。

本标准由全国信息技术标准化技术委员会(SAC/TC 28)提出并归口。

请注意本文件的某些内容可能涉及专利。本文件的发布机构不承担识别这些专利的责任。

本标准主要起草单位:中国电子技术标准化研究所、江苏省微机产品质量检验站、新会江裕信息产业有限公司、联想(北京)有限公司、中国华录松下电子信息有限公司、明基电通有限公司、索尼(中国)有限公司、爱普生(中国)有限公司、南京夏普公司、金翔电器股份有限公司。

本标准主要起草人:陈燚、梅磊、高健、吕健章、张玮、冉旭、黄气宝、王宝红、尹欣然、卢刚、郑诚。

信息技术　投影机通用规范

1　范围

本标准规定了投影机的要求、试验方法、检验规则及标志、包装、运输、贮存。

本标准适用于至少含有一个计算机信号输入接口且投影屏幕不是其组成部分的固定分辨率投影机（以下简称产品）的设计、制造、检验和验收。其他投影机产品可参照执行。

2　规范性引用文件

下列文件对于本文件的应用是必不可少的。凡是注日期的引用文件，仅注日期的版本适用于本文件。凡是不注日期的引用文件，其最新版本（包括所有的修改单）适用于本文件。

GB/T 191—2008　包装储运图示标志（ISO 780:1997,MOD）

GB/T 2421.1—2008　电工电子产品环境试验　概述和指南（IEC 60068-1:1988,IDT）

GB/T 2422—1995　电工电子产品环境试验　术语（eqv IEC 60068-5-2:1990）

GB/T 2423.1—2008　电工电子产品环境试验　第2部分：试验方法　试验A：低温（IEC 60068-2-1:2007,IDT）

GB/T 2423.2—2008　电工电子产品环境试验　第2部分：试验方法　试验B：高温（IEC 60068-2-2:2007,IDT）

GB/T 2423.3—2006　电工电子产品环境试验　第2部分：试验方法　试验Cab：恒定湿热试验（IEC 60068-2-78:2001,IDT）

GB/T 2423.7—1995　电子电工产品环境试验　第2部分：试验方法　试验Ec和导则：倾跌与翻倒（主要用于设备型样品）（idt IEC 60068-2-31:1982）

GB/T 2423.10—2008　电子电工产品环境试验　第2部分：试验方法　试验Fc：振动（正弦）（IEC 60068-2-6:1995,IDT）

GB/T 2828.1—2003　计数抽样检验程序　第1部分：按接收质量限（AQL）检索的逐批检验抽样计划（ISO 2859-1:1999,IDT）

GB/T 4857.2—2005　包装　运输包装件基本试验　第2部分：温湿度调节处理（ISO 2233:2000,MOD）

GB/T 4857.5—1992　包装　运输包装件　跌落试验方法（eqv ISO 2248:1985）

GB 4943—2001　信息技术设备的安全（IEC 60950-1:1999,IDT）

GB/T 5271.14—2008　信息技术　词汇　第14部分：可靠性、可维护性与可用性（ISO/IEC 2382-14:1997,IDT）

GB/T 7921—2008　均匀色空间和色差公式

GB 9254—2008　信息技术设备的无线电骚扰限值和测量方法（IEC/CISPR 22:2006,IDT）

GB/T 17618—1998　信息技术设备抗扰度限值和测量方法（idt IEC/CISPR 24:1997）

GB 17625.1—2003　电磁兼容　限值　谐波电流发射限值（设备每相输入电流≤16 A）（IEC 61000-3-2:2001,IDT）

GB/T 18313—2001　声学　信息技术设备和通信设备空气噪声的测量（ISO 7779:1999,IDT）

3 术语和定义

下列术语和定义适用于本文件。

3.1

投影机 projector

将来自计算机等设备的含有图像信息的电信号转换成光信号并投射到投影屏幕上的显示设备。

3.2

光阀 light valve

通过光电技术将一个光源发出的光转换成光学图像的装置。

3.3

投影距离 projection distance

投影机光学镜头的外侧中心点与投影屏幕之间的距离。

3.4

投影尺寸 size of projection image

投影机所投矩形图像对角线的尺寸。

3.5

长焦端 telephoto end

具有变焦功能的投影机，在不改变投影距离的条件下，调节变焦镜头，使投影尺寸为最小时变焦镜头的状态。

3.6

广角端 wide-angle end

具有变焦功能的投影机，在不改变投影距离的条件下，调节变焦镜头，使投影尺寸为最大时变焦镜头的状态。

3.7

镜头移动 lens shift

通过水平和垂直移动镜头而不是移动投影机自身来改变投影屏幕上图像位置的特定功能。

3.8

图像位置 image position

具有镜头移动功能的投影机，以镜头中心在投影屏幕上的水平投影点为参考点，投影图像的中心点距参考点水平距离与图像宽度之比，及垂直距离与图像高度之比定义为图像位置，投影图像的中心点在参考点上方及右方为正，反之为负。

示例：图像位置 水平：+12%，垂直：−45%

3.9

镜头移动范围 lens shift range

以图像可水平和垂直移动的极限位置为边界的图像移动范围。

示例：镜头移动范围 水平：+15%～−15%，垂直：+30%～−70%

3.10

灯泡平均寿命 mean life of lamps

一批全新的投影机同时以每工作 2 h 关机 0.25 h 的方式断续工作，当仍有 50%以上投影机的光输出保持在其初始光输出 50%以上的状态终止时，投影机的累计工作时间。

4 要求

4.1 外观和结构

产品的表面不应有明显的凹凸痕、划伤、裂缝、毛刺、霉斑等缺陷，表面涂镀层不应起泡、龟裂、脱落。零部件应紧固无松动，金属零部件无锈蚀及其他机械损伤。

安装可插拔部件的接插件应可靠连接，开关、按钮和其他控制部件的控制应灵活可靠。

产品的标志、铭牌和说明功能的文字及符号应正确、清晰、牢固。

4.2 像素缺陷

产品允许出现的像素缺陷的种类、数量和位置，由产品标准规定。

4.3 规格参数表

规格参数表应随产品提供，内容应符合附录 A 的要求。

4.4 功能

4.4.1 菜单功能

菜单应支持规范汉字显示。菜单中的各项设置、调节和显示功能应正常。

4.4.2 接口功能

各输入接口输入符合规格参数表规定的信号时，产品工作应正常。各输出接口应正常输出符合规格参数表规定的信号。

4.4.3 遥控功能

对于具有遥控功能的产品，各项遥控功能应正常。

4.5 性能

4.5.1 光输出

光输出不应低于规格参数表中的下限值。

注：在有些场合，该参数被表示为亮度或光通量。

4.5.2 对比度

对比度不应低于规格参数表中的下限值。

4.5.3 光输出均匀性

光输出均匀性不应低于规格参数表中的下限值。

4.5.4 色度坐标误差

色度坐标采用 GB/T 7921—2008 第 4 章定义的色坐标（u'，v'）。白色的色度坐标和色度坐标误差由产品标准规定。

4.5.5 色度均匀性

白色和红、绿、蓝三基色的色度均匀性由产品标准规定。

4.5.6 色域覆盖率

色域覆盖率由产品标准规定。

4.5.7 光学畸变失真

水平和垂直光学畸变失真由产品标准规定。

4.5.8 会聚误差

红与绿、绿与蓝、蓝与红单像素线之间的会聚误差由产品标准规定。

4.5.9 分辨率

固有分辨率和最大分辨率应符合规格参数表的要求。输入固有分辨率信号时产品应清晰显示，输入最大分辨率信号时产品应正常显示。

4.5.10 镜头变焦比

具有变焦功能产品的镜头变焦比应符合规格参数表的要求。

4.5.11 最大投影距离和最大投影尺寸

最大投影距离和最大投影尺寸应符合规格参数表的要求。在此参数下产品应清晰显示。

4.5.12 最小投影距离和最小投影尺寸

最小投影距离和最小投影尺寸应符合规格参数表的要求。在此参数下产品应清晰显示。

4.6 安全

4.6.1 一般要求

一般安全要求应符合 GB 4943—2001 的规定。

4.6.2 接地电阻

接地电阻应符合 GB 4943—2001 中 2.6.3.3 的要求。

4.6.3 接触电流

接触电流应符合 GB 4943—2001 中 5.1 的要求。

4.6.4 抗电强度

抗电强度应符合 GB 4943—2001 中 5.2 的要求。

4.7 电源适应能力

4.7.1 交流电源适应能力

对于交流供电的产品，应在 220 V±22 V，50 Hz±1 Hz 条件下正常工作。对于额定电压范围超出 220 V±22 V 的产品，应在其额定电压范围内正常工作。

4.7.2 直流电源适应能力

对于直流供电的产品，应在偏离额定电压±10%的条件下正常工作。

4.8 噪声

产品工作时的噪声应不高于规格参数表的要求。

4.9 功耗

正常工作状态和待机状态下的功耗应不高于规格参数表的要求。

4.10 电磁兼容性

4.10.1 无线电骚扰限值

无线电骚扰限值应符合 GB 9254—2008 的要求。

4.10.2 抗扰度限值

抗扰度限值应符合 GB/T 17618—1998 的要求，其中工频磁场抗扰度和电压短时中断抗扰度不适用。

4.10.3 谐波电流发射限值

谐波电流发射限值应符合 GB 17625.1—2003 中 A 类设备的要求。

4.11 环境适应性

4.11.1 气候环境适应性

产品的气候环境应符合规格参数表的要求。

4.11.2 振动适应性

产品的振动要求见表 1。

表 1 振动

试验项目	试验内容	参 数
初始和最后振动响应检查	频率范围	5 Hz～35 Hz
	扫频速度	≤1 oct/min
	位移幅值	0.15 mm
定频耐久试验	位移幅值	0.15 mm
	持续时间	(10±0.5)min
扫频耐久试验	频率范围	5 Hz～35 Hz～5 Hz
	位移幅值	0.15 mm
	扫频速度	≤1 oct/min
	循环次数	2
表中位移幅值为峰值。		

4.11.3 倾跌适应性

倾跌高度取50 mm或30°,两者取较小者。

4.11.4 运输包装件跌落适应性

运输包装件跌落要求见表2。

表2 运输包装件跌落

包装件质量 M kg	跌落高度 mm
$M \leqslant 10$	800
$10 < M \leqslant 20$	600
$20 < M \leqslant 30$	500
$30 < M \leqslant 40$	400
$40 < M \leqslant 50$	300
$50 < M \leqslant 100$	200
$100 < M$	100

4.12 灯泡平均寿命

投影灯泡平均寿命应符合规格参数表的要求。

5 试验方法

5.1 试验条件

5.1.1 大气条件

除环境试验和噪声试验外,其他试验均在下述试验用标准大气条件下进行:
——环境温度:15 ℃～35 ℃;
——相对湿度:25%～75%;
——大气压力:86 kPa～106 kPa。

5.1.2 供电电压

除电源适应能力试验外:
——对交流供电的产品,供电电压为220 V±11 V,50 Hz±0.5 Hz;
——对直流供电的产品,供电电压为(1±5%)额定电压。

5.2 外观和结构检查

用人工操作和目测法进行检查。

5.3 像素缺陷检查

按产品标准中规定的方法进行检查。

5.4 规格参数表检查

用目测法进行检查。

5.5 功能检查

5.5.1 菜单功能

用人工操作和目测法进行检查。

5.5.2 接口功能

用与产品接口对应的设备和信号进行检查。

5.5.3 遥控功能

对于具有遥控功能的产品，用人工操作和目测法进行检查。

5.6 性能试验

5.6.1 试验要求和设置

除非另有说明，性能试验均按下述要求和设置进行：

a) 试验室的背景照度不宜高于 5 lx，进行照度测量时应将光照度计的读数值减去背景照度值后的结果作为实测值，以修正背景照度的影响。

b) 测量照度时应使用进行了光谱光视效率修正和余弦修正的一级(或级别更高的)光照度计。测量时光照度计探头受光面应放置在焦平面，同时与屏幕平行，探头应至少覆盖 3×3 个像素。

c) 测量色度用的色度计的色坐标(x,y)最大允许测量误差为±0.008。

d) 给产品提供测试图像的信号源应有 RGB 输出接口且满足下列要求：用 3 只 75 Ω±0.75 Ω 电阻器分别接在信号源的 R、G、B 输出端与信号地之间，当输出 100%全白测试图像信号时，R、G、B 输出端的信号电平均应为 700 mV±7 mV。

e) 试验时信号源的 RGB 接口应输出与产品固有分辨率一致的图像信号。

f) 若产品具有光学变焦功能，镜头应设置在广角端。调整产品使投影镜头的光轴与屏幕垂直，投影尺寸为 1.02 m～1.78 m。对于具有手动或自动梯形失真调整功能的产品，应关闭梯形失真调整功能，同时通过调整产品机械位置的方式来消除梯形失真。聚焦调节应借助由内部或外部信号发生器产生的适当的测试图，直到测试图能清晰地呈现在整个投影图像区域。若产品内装有 2 只或以上投影灯泡，应全部打开。

g) 进行光输出和对比度测量前应调整产品的亮度及对比度设置，同时调整对光输出和对比度测量结果可能产生影响的其他参数，如工作模式、色温、伽玛、投影灯泡运行模式等的设置。对于具有镜头移动功能的产品，还应调整图像位置，调整按下列原则进行，在图 1 所示的 8 个灰度块可以分辨的前提下，力求使光输出和对比度测量结果为最大。上述参数的调整结果应进行记录。

h) 进行与色度有关的测量前应将产品恢复到出厂默认设置。

i) 试验应使用全新的或投影灯泡累计工作时间不超过 10 h 的产品。产品开机后应等输出稳定后再进行试验。

5.6.2 光输出

测试图为 100%全白图像，测量并记录图 2 所示 1～9 点的照度，光输出按式(1)计算。

$$\Phi = S \times (E_1 + E_2 + E_3 + E_4 + E_5 + E_6 + E_7 + E_8 + E_9)/9 \quad \cdots\cdots(1)$$

式中：

Φ ——投影机的光输出，单位为流明(lm)；

S ——投影图像面积，单位为平方米(m^2)；

$E_1 \sim E_9$——1～9 个测试点的照度，单位为勒克斯(lx)。

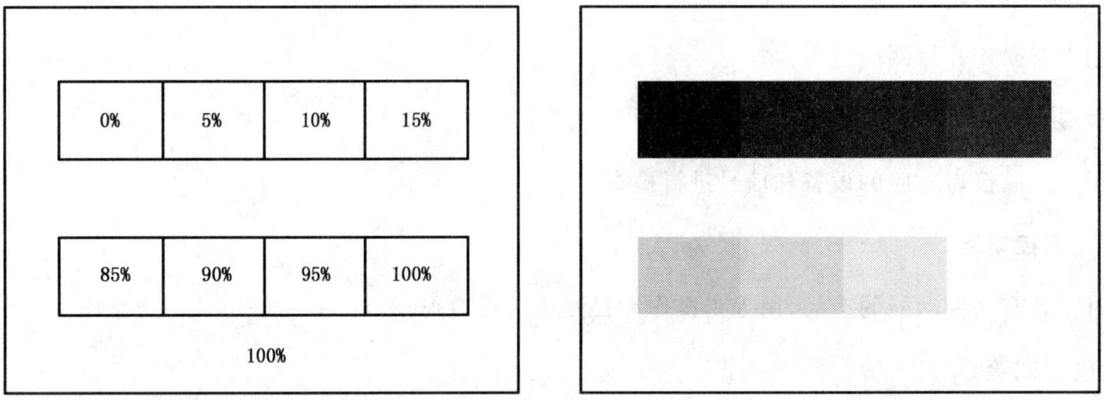

图中每个灰度块的高度为全图高度的 20%，宽度为全图宽度的 20%，两个灰度条的间距为全图高度的 20%。

图 1 灰度调整图

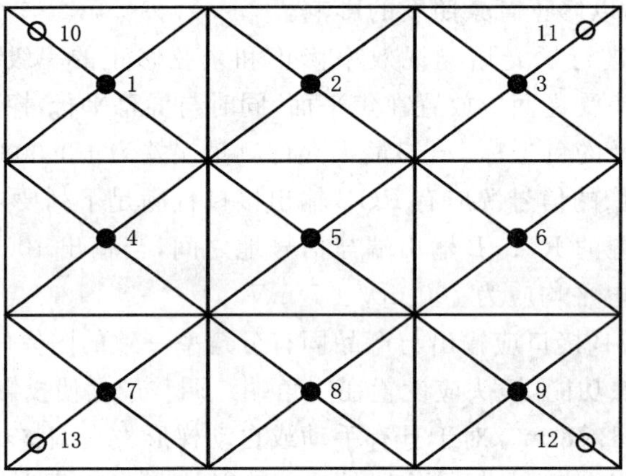

1～9 点为均分的 9 个区域的中心点，10～13 这 4 个角点距各自顶点的距离为图像中心点到顶点距离的 1/10。

图 2 测试点位置图

5.6.3 对比度

测试图为一幅 100%全白图像和一幅 0%全黑图像，对这两幅图像分别测量并记录图 2 所示 1～9 点的照度，对比度按式(2)计算。

$$C_R = (E_{wa}/E_{ba}) : 1 \quad \cdots\cdots(2)$$

式中：

C_R ——对比度；

E_{wa}——100%全白图像下 1～9 测试点的照度的平均值，单位为勒克斯(lx)；

E_{ba}——0%全黑图像下 1～9 测试点的照度的平均值，单位为勒克斯(lx)。

5.6.4 光输出均匀性

测试图为100%全白图像,测量并记录图2所示1、3、5、7、9这5个测试点的照度。光输出均匀性按式(3)计算。

$$K_u = [(E_1 + E_3 + E_7 + E_9)/E_5/4] \times 100\% \qquad \cdots\cdots(3)$$

式中:

K_u ——光输出均匀性;

E_1、E_3、E_5、E_7、E_9——1、3、5、7、9这5个测试点的照度,单位为勒克斯(lx)。

5.6.5 色度坐标误差

测试图为100%全白图像,测量并记录图像中心点色度坐标u'、v',u'、v'与产品标准规定值之差的绝对值,即为色度坐标误差。

5.6.6 色度均匀性

测试图为100%全白图像,测试点见图2。分别测量并记录1～13测试点的色度坐标,然后按式(4)计算各测试点的色度坐标与1～9测试点色度坐标的平均值的偏差,其中的最大值即为白色的色度均匀性。

$$\Delta u'v'_n = [(u'_n - u'_a)^2 + (v'_n - v'_a)^2]^{1/2} \qquad \cdots\cdots(4)$$

式中:

$\Delta u'v'_n$——第n个测试点的色度坐标与1～9测试点色度坐标的平均值的偏差;

n ——测试点编号,取值1～13;

u'_n,v'_n——第n个测试点的色度坐标;

u'_a,v'_a——1～9测试点色度坐标的平均值。

使用100%全红、100%全绿、100%全蓝测试图像,用同样方法测量与计算红、绿、蓝三基色的色度均匀性。

5.6.7 色域覆盖率

分别使用100%全红、100%全绿、100%全蓝测试图像,依次测量并记录图像中心点的红、绿、蓝三基色的色度坐标,色域覆盖率按式(5)计算。

$$G_P = \{[(u'_r - u'_b)(v'_g - v'_b) - (u'_g - u'_b)(v'_r - v'_b)]/0.390\,4\} \times 100\% \qquad \cdots\cdots(5)$$

式中:

G_P ——色域覆盖率;

u'_r、v'_r——图像中心点红色的色度坐标;

u'_g、v'_g——图像中心点绿色的色度坐标;

u'_b、v'_b——图像中心点蓝色的色度坐标。

5.6.8 光学畸变失真

测试图像应选择固有分辨率下能直接反映显示范围轮廓边沿的图像信号。如图3所示,用四条直线将轮廓四角连成四边形,分别测量并记录四边形的边长及轮廓线与四边形的四条直线最大偏离量,水平畸变失真和垂直畸变失真分别按式(6)和式(7)计算。

$$D_h = [\text{Max}(\Delta V_1, \Delta V_2)/\text{Min}(V_1, V_2)] \times 100\% \quad \cdots\cdots(6)$$

$$D_v = [\text{Max}(\Delta H_1, \Delta H_2)/\text{Min}(H_1, H_2)] \times 100\% \quad \cdots\cdots(7)$$

式中：

D_h ——水平畸变失真；

Max( ) ——取最大值函数；

$\Delta V_1, \Delta V_2$ ——轮廓线与四边形的两条竖边的最大偏离量，单位为毫米(mm)；

Min( ) ——取最小值函数；

V_1, V_2 ——四边形的两条竖边的边长，单位为毫米(mm)；

D_v ——垂直畸变失真，单位为毫米(mm)；

$\Delta H_1, \Delta H_2$ ——轮廓线与四边形的两条横边的最大偏离量，单位为毫米(mm)；

H_1, H_2 ——四边形的两条横边的边长，单位为毫米(mm)。

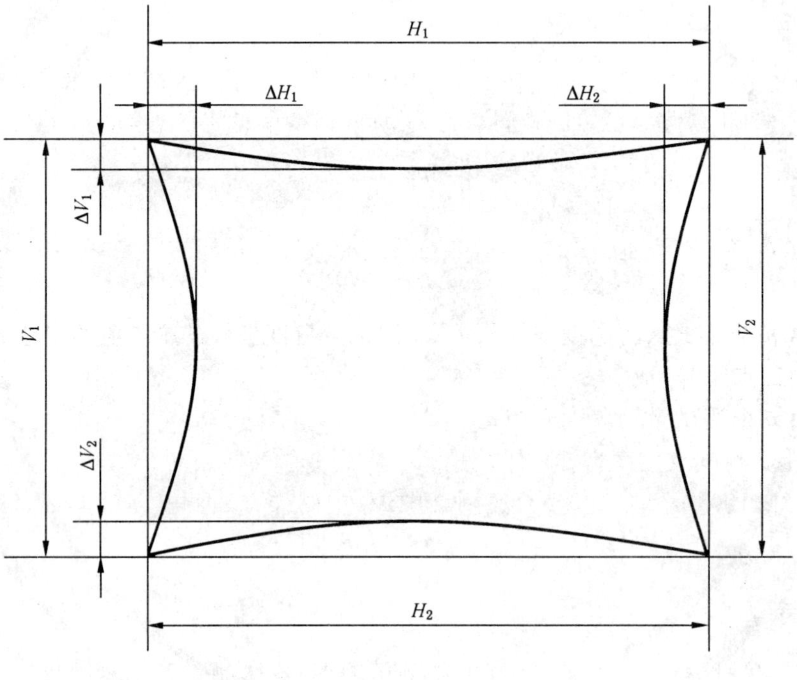

图 3 畸变失真示意图

5.6.9 会聚误差

测试图像应选择固有分辨率下水平和垂直单像素线宽的直线图像信号，直线应包含两两相间的红色、绿色和蓝色线段。如图 4 所示，分别测量并记录两两不同颜色线段间的最大错位尺寸，计算测量结果与像素宽度的比值，以像素宽度为单位，即为会聚误差。

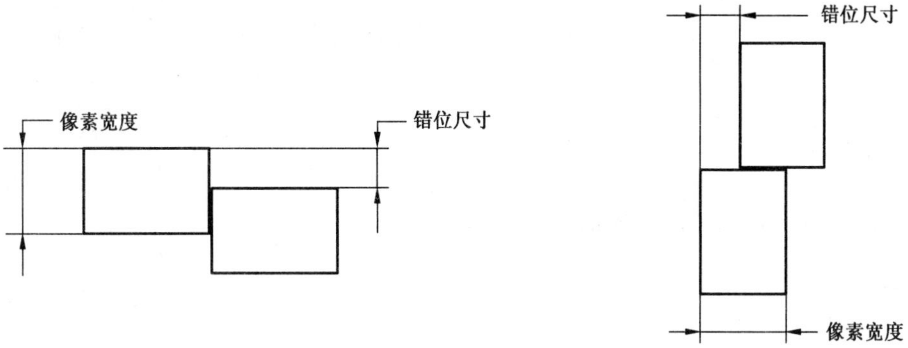

图 4 会聚误差示意图

5.6.10 分辨率

对于固有分辨率测试，信号源应设置成产品标称的固有分辨率，测试图像选择的黑白相间的水平和垂直单像素线宽的直线图像；对于最大分辨率测试，信号源应设置成产品标称的最大分辨率，测试图像选择常用的文字和图片，分别检查显示结果。

5.6.11 镜头变焦比

具有变焦功能的产品，在不改变投影距离的条件下，分别将变焦镜头调整到广角端和长焦端，同时调节聚焦使成像清晰，测量并记录与这两种状态对应的投影尺寸，变焦比按式(8)计算。

$$Z_r = (L_w / L_t) : 1 \qquad \cdots\cdots (8)$$

式中：

Z_r ——变焦比；

L_w ——与广角端对应的投影尺寸，单位为毫米(mm)；

L_t ——与长焦端对应的投影尺寸，单位为毫米(mm)。

5.6.12 最大投影距离和最大投影尺寸

将产品的投影距离调到规格参数表规定的最大投影距离，对于具有变焦功能的产品，应将变焦镜头调到广角端，然后将聚焦调到最佳状态，检查成像质量，在成像清晰的条件下测得的投影尺寸即为最大投影尺寸。

若最大投影尺寸不易直接测量，在不引起争议的情况下可按下面的替代方法进行测量。

使用图 2 作为测试图，测量并记录一段不小于测试图宽度 1/10 的水平线长度，并统计该段水平线包含的像素数，最大投影尺寸按式(9)计算。

$$L = (a^2 + b^2)^{1/2} \times l / c \qquad \cdots\cdots (9)$$

式中：

L ——最大投影尺寸，单位为米(m)；

a,b ——产品规格参数表中给出的固有分辨率的水平和垂直像素数；

l ——水平线长度，单位为米(m)；

c ——长度为 l 的水平线包含的像素数。

5.6.13 最小投影距离和最小投影尺寸

将产品的投影距离调到规格参数表规定的最小投影距离，对于具有变焦功能的产品，应将变焦镜头调到长焦端，然后将聚焦调到最佳状态，检查成像质量，在成像清晰的条件下测得的投影尺寸即为最小投影尺寸。

5.7 安全试验

5.7.1 一般要求

按 GB 4943—2001 规定的试验方法进行。

5.7.2 接地电阻

按 GB 4943—2001 中 2.6.3.3 规定的试验方法进行。

5.7.3 接触电流

按 GB 4943—2001 中 5.1 规定的试验方法进行。

5.7.4 抗电强度

按 GB 4943—2001 中 5.2 规定的试验方法进行。

5.8 电源适应能力试验

5.8.1 交流电源适应能力

按表 3 规定的电压频率组合进行试验，检查每种组合受试样品工作是否正常。

表 3 交流电源适应能力

组合	电压(有效值) V	频率 Hz
1	220	50
2	198	49
3	198	50
4	242	49
5	242	50
注：对于额定工作电压范围超出 220 V±22 V 的产品，应将表中的 198 V 和 242 V 分别替换成额定电压范围的下限值和上限值，然后进行试验。		

5.8.2 直流电源适应能力

分别调节直流电源电压，使其偏离额定值±10%，检查受试样品工作是否正常。

5.9 噪声试验

应在产品内置扬声器不工作的条件下进行，测量时产品的灯泡和风扇工作模式应设置成使产品噪声为最大，且在测量前产品应充分运行一段时间以保证其内部达到温度稳定，若达到温度稳定所需的时间是未知的，则预热时间至少为 30 min。在测量过程中，不应对产品进行任何操作。

测量的环境、大气条件、仪器、产品的安装、传声器的位置、背景噪声的测量和修正、噪声的测量及计算均按 GB/T 18313—2001 第 8 章的要求，其中传声器的位置为 GB/T 18313—2001 中 8.6.2 规定的在场人员位置，测量结果用 A 计权声压级表示。

如果规格参数表中给出了产品其他工作状态下的噪声，应设置成相应的工作状态，然后用同样的方法进行试验。

5.10 功耗试验

用功率表测量产品在工作状态及待机状态下的功耗，其中在测量工作状态功耗时，产品设置与测量光输出时相同。

5.11 电磁兼容性试验

5.11.1 无线电骚扰限值

按 GB 9254—2008 规定的试验方法进行。

5.11.2 抗扰度限值

按 GB/T 17618—1998 规定的试验方法进行。

5.11.3 谐波电流发射限值

按 GB 17625.1—2003 规定的试验方法进行。

5.12 环境适应性试验

5.12.1 一般要求

环境试验方法的总则、名词术语应符合 GB/T 2421.1—2008、GB/T 2422—1995 的有关规定。

以下各项试验中，规定的初始检测和最后检测，统一按 5.2 进行外观和结构检查，加电工作应正常。

5.12.2 温度下限试验

5.12.2.1 工作温度下限试验

按 GB/T 2423.1—2008“试验 Ad”进行。受试样品应进行初始检测，严酷程度按规格参数表规定的工作温度下限值，在温度达到规定值后，加电工作 2 h，检查受试样品工作是否正常。恢复 2 h 后进行最后检测。

5.12.2.2 贮存运输温度下限试验

按 GB/T 2423.1—2008“试验 Ab”进行。受试样品应进行初始检测，严酷程度按规格参数表规定的贮存运输温度下限值，在温度达到规定值后，受试样品在不工作条件下存放 16 h。恢复 2 h 后进行最后检测。

为防止试验中受试样品结霜和凝露，允许将受试样品用聚乙烯薄膜密封后进行试验，必要时还可以在密封套内装吸潮剂。

5.12.3 温度上限试验

5.12.3.1 工作温度上限试验

按 GB/T 2423.2—2008“试验 Bd”进行。受试样品应进行初始检测，严酷程度按规格参数表规定的工作温度上限值，在温度达到规定值后，加电工作 2h，检查受试样品工作是否正常，恢复 2 h 后进行最后检测。

5.12.3.2 贮存运输温度上限试验

按GB/T 2423.2—2008“试验Bb”进行。受试样品应进行初始检测，严酷程度按规格参数表规定的贮存运输温度上限值，在温度达到规定值后，受试样品在不工作条件下存放16 h，恢复2 h后进行最后检测。

5.12.4 恒定湿热试验

5.12.4.1 工作条件下的恒定湿热试验

按GB/T 2423.3—2006“试验Cab”进行。受试样品应进行初始检测，严酷程度按规格参数表规定的工作温度、湿度上限值，在温度、湿度达到规定值后，加电工作2 h，检查受试样品工作是否正常，恢复2 h后进行最后检测。

5.12.4.2 贮存运输条件下的恒定湿热试验

按GB/T 2423.3—2006“试验Cab”进行。受试样品应进行初始检测，严酷程度按规格参数表规定的贮存运输湿度(温度)上限值，在温度、湿度达到规定值后，受试样品在不工作条件下存放48 h，恢复2 h后进行最后检测。

5.12.5 振动试验

5.12.5.1 一般要求

按GB/T 2423.10—2008“试验Fc”进行。受试样品应进行初始检测。受试样品按工作位置固定在振动台上，受试样品在不工作条件下，按表1规定值，分别对3个互相垂直的轴线方向进行振动。

5.12.5.2 初始振动响应检查

试验规定频率范围内，在一个扫频循环上完成。试验过程中记录包括机械共振频率在内的危险频率。

5.12.5.3 定频耐久试验

用初始振动响应检查中记录的危险频率进行定频试验，如果两种危险频率同时存在，不应只选其中一种。

在试验规定频率范围内如无明显共振频率或无影响性能的频率，或危险频率超过4个则不做定频耐久试验，仅做扫频耐久试验。

5.12.5.4 扫频耐久试验

按表1规定频率范围由低到高，再由高到低，作为一次循环。按表1规定的循环次数进行，已做过定频耐久试验的样品不再做扫频耐久试验。

5.12.5.5 最后振动响应检查

对于已做过定频耐久试验的受试样品应做此项试验。对于做扫频耐久试验的样品，可将最后一次扫频试验作为最后振动响应检查。本试验应将记录的共振频率与初始振动响应检查记录的共振频率相比较，若有明显变化，应对受试样品进行修整，重新进行该项试验。

试验结束后，进行最后检测。

5.12.6 倾跌试验

此项试验在不工作条件下，按 GB/T 2423.7—1995“试验 Ec”的方法进行。试验采用面倾跌。样品的一个底边抬高到与试验台面的距离 50 mm 或使试验样品底面与试验台面成 30°，两者取较小者，然后使试验样品自由倾跌在台面上。应使试验样品四个底边的每一边都经受一次倾跌。试验后进行最后检测。

5.12.7 运输包装件跌落试验

对受试样品进行初始检测，将运输包装件处于准备运输状态，按 GB/T 4857.2—2005 表 1 条件 5 的要求进行预处理 4 h。

然后将运输包装件按 GB/T 4857.5—1992 的要求和表 2 规定值进行跌落，任选四面，每面跌落一次。试验后进行最后检测。

5.13 灯泡平均寿命试验

试验用的样品应从按 6.2 规定的交收检验项目检验合格的产品中随机抽取，数量为 $2n$ 台，n 应不小于 5。首先测量并记录这 $2n$ 台样品的初始光输出值，然后让这 $2n$ 台样品同时开始工作并记录工作时间，每工作 2 h，关机 0.25 h，关机时间不记入。每工作 40 h 测量一次样品的光输出。当某台样品的光输出低于其初始值的 50%，或灯泡不能点亮时，则退出试验。当第 $n+1$ 台样品退出试验时，其累计工作时间减去 20 h 即为该产品的灯泡平均寿命。

如果规格参数表中给出了灯泡不同工作状态下的平均寿命，应分别进行试验，试验前样品应设置成对应的工作状态。

6 检验规则

6.1 一般规定

产品在定型时(设计定型、生产定型)和生产过程中应按本标准和产品标准中的补充规定进行检验，并应符合这些规定的要求。

6.2 检验分类和检验项目

产品检验分为三类：

a) 定型检验；

b) 交收检验；

c) 例行检验。

各类检验项目和顺序分别按表 4 的规定。若产品标准中补充了检验项目，应规定补充检验项目的检验类别及检验顺序的插入位置。

表 4 检验项目

检验项目	要求	试验方法	定型检验	交收检验	例行检验
外观和结构	4.1	5.2	○	○	○
像素缺陷	4.2	5.3	○	○	○
规格参数表	4.3	5.4	○	—	○

表 4（续）

检验项目	要求	试验方法	定型检验	交收检验	例行检验
功能	4.4	5.5	○	○	○
性能	4.5	5.6	○	○[a]	○
安全	4.6	5.7	○	○[b]	○
电源适应能力	4.7	5.8	○	—	○
噪声	4.8	5.9	○	—	○
功耗	4.9	5.10	○	—	○
电磁兼容性	4.10	5.11	○	—	○
环境适应性	4.11	5.12	○	—	○
灯泡平均寿命	4.12	5.13	○	—	
“○”表示应进行检验的项目，“—”表示不进行检验的项目。					
[a] 只进行光输出、对比度、光输出均匀性和色度坐标误差检验。 [b] 只进行接地电阻、接触电流和抗电强度检验。					

6.3 定型检验

6.3.1 产品在定型时均应通过定型检验。定型检验由产品制造单位检验部门或委托有资质的质检机构负责进行。定型检验中的灯泡平均寿命试验的样品数量应符合 5.13 的要求，其余检验项目的样品数量为 2 台。

6.3.2 除灯泡平均寿命试验外，定型检验中各检验项目故障的判定和计入方法见附录 B。检验中出现故障或某项通不过时，应停止试验。查明故障原因，提出故障分析报告，重新进行该项试验。若在以后的试验中再次出现故障或某项通不过时，在查明故障原因，排除故障，提出故障分析报告后，应重新进行定型检验。

6.3.3 检验后应提交定型检验报告。

6.4 交收检验

6.4.1 批量生产或连续生产的产品，应进行逐批全数交收检验。检验中，出现任一项不合格时，应返修后重新提交检验。若再次出现任一项不合格时，该台产品被判为不合格产品。交收检验中的外观和结构检验、功能检验允许按 GB/T 2828.1—2003 进行抽样检验，由产品标准具体规定抽样方案和拒收后的处理方法。

6.4.2 交收检验由产品制造单位质量检验部门负责进行。

6.5 例行检验

6.5.1 连续生产的产品，每年至少进行一次例行检验。例行检验由产品制造单位检验部门或委托有资质的质检机构负责进行。例行检验的样品数量为 2 台，从交收检验合格的产品中随机抽取。

6.5.2 例行检验中各检验项目故障的判定和计入方法见附录 B。检验中出现故障或某项通不过时，应停止试验。查明故障原因，提出故障分析报告，重新进行该项试验。若在以后的试验中再次出现故障或某项通不过时，在查明故障原因，排除故障，提出故障分析报告后，应重新进行例行检验。在重新进行检验中又出现某一项通不过的情况时，则判该产品通不过例行检验。例行检验中经环境试验的样品，应印有标记,不应作为正品出厂。

6.5.3 检验后应提交例行检验报告。

7 标志、包装、运输和贮存

7.1 标志

包装箱外应标有产品名称、型号,制造商或生产厂名称、地址,产品执行标准编号,出厂日期或生产批号。包装箱外应印刷或贴有“易碎物品”、“怕雨”、“向上”等符合 GB/T 191—2008 规定的包装储运图形符号。

包装箱外印刷或粘贴的标志不应因运输条件和自然条件而褪色、脱落。

7.2 包装

包装箱应符合防潮、防尘、防震的要求,包装箱内应有包括装箱清单、检验合格证、规格参数表和使用手册在内的随机文档及附件。

7.3 运输

包装后的产品应能以任何交通工具运输。产品不允许经受雨、雪或液体物质的淋袭和机械损伤。

7.4 贮存

产品贮存时应放在原包装箱内,存放产品的仓库环境温度为 0 ℃～40 ℃,相对湿度为 30%～85%。仓库内不允许有各种有害气体、易燃、易爆物品及有腐蚀性的化学物品,并且应无强烈的机械振动、冲击和强磁场作用。包装箱应垫离地面至少 15 cm,距离墙壁、热源、冷源、窗口或空气入口至少 50 cm。

若无其他规定时,贮存期一般应为 6 个月。若在生产厂存放超过 6 个月时,则应重新进行交收检验。

附　录　A
（规范性附录）
规格参数表的要求

规格参数表的条目、条目说明和条目举例见表A.1。这些条目均是产品的基本特性，应包括在规格参数表中，如果产品没有某项功能则对应的条目可略去。

规格参数表的内容应与产品制造商网站上提供的产品规格参数表及产品广告上的规格参数表一致。

规格参数表应有这样的描述，即规格参数表是依据本标准制定的。

表A.1　规格参数表的条目、条目说明和条目举例

条目编号	条目	条目说明	条目举例
1	产品型号	给出产品型号	
2	显示器件		
2.1	类型	给出光阀类型	LCD、DLP或LCOS
2.2	有效显示区域尺寸	给出显示板的尺寸、数量和宽高比	16 mm(0.63″)×3，宽高比4∶3
2.3	像素数	给出每片的像素数、片数及总像素数	786 432像素(1 024×768)×3片 总像素数2 359 296
2.4	其他	给出显示器件的特征	6段色轮
3	投影镜头		
3.1	变焦[b]	给出变焦比和变焦方式	1.2∶1手动，或电动
3.2	聚焦	给出聚焦调节方式	手动，或电动聚焦
3.3	镜头移动	给出镜头移动范围和镜头移动方式	水平：+15%～−15% 垂直：+30%～−70% 手动，或电动
3.4	焦距 光圈	给出焦距和光圈	f=18.6 mm～22.3 mm F=1.60～1.88
4	投影灯泡		
4.1	型号，数量和功率	给出投影灯泡的型号或种类、数量和功率。若只用1只，灯泡数量可省略	200 W高压汞灯
4.2	平均寿命	给出投影灯泡的平均寿命，可按投影灯泡的不同工作模式分别给出	标准模式2 000 h 经济模式3 000 h
5	投影尺寸和投影距离[a,b]	给出最大和最小投影尺寸。同时给出与之对应的投影距离。对于具有变焦镜头的投影机，广角端对应最大投影尺寸，长焦端对应最小投影尺寸	最大投影尺寸7.62 m 最大投影距离8.80 m 最小投影尺寸0.76 m 最小投影距离1.06 m
6	色彩数	给出可重现的最大色彩数	16 700 000种色彩
7	光输出	同时给出批量产品的平均值和产品的下限值，其中下限值为平均值80%	下限值2 400 lm，平均值3 000 lm
8	对比度	同时给出批量产品的平均值和产品的下限值，其中下限值为平均值80%	下限值400∶1(全白/全黑)，平均值500∶1(全白/全黑)

表 A.1(续)

条目编号	条目	条目说明	条目举例
9	光输出均匀性	同时给出批量产品的平均值和产品的下限值，其中下限值为平均值 80%	下限值 64%，平均值 80%
10	内置扬声器	给出输出功率，同时说明是立体声或单声道	2 W 单声道
11	可显示的扫描频率		
11.1	水平	给出可显示的水平扫描频率范围	15 kHz～100 kHz
11.2	垂直	给出可显示的垂直扫描频率范围	50 Hz～120 Hz
12	显示分辨率	分别给出固有显示分辨率和计算机信号输入时的最大显示分辨率	固有显示分辨率 1 024×768 最大显示分辨率 1 600×1 200
13	视频信号输入	给出可显示视频输入信号的制式及数字电视信号的格式	NTSC/PAL/SECAM 1 080 i，720 p
14	计算机信号输入/输出接口	给出接口类型和数量。如接口有复合功能，应给出附加说明	RGB 输入口(mini-D-sub 15 针)2 路 RGB 输出口(mini-D-sub 15 针)1 路
15	音视频信号输入/输出接口	给出接口类型和数量。如接口有复合功能，应给出附加说明	复合视频输入口(RCA)1 路 S-视频输入口(mini-DIN 4 针)1 路 音频输入口(RCA 左/右)1 对
16	控制信号输入/输出接口	给出控制信号输入/输出接口及其他相关描述	RS-232C 和鼠标输入口
17	噪声[b]	给出最大噪声值，若给出其他噪声值则相应的工作模式也应给出	35 dB(A 计权) 经济模式 30 dB(A 计权)
18	温度和相对湿度	给出产品正常工作条件的环境温度和相对湿度及贮存运输条件下的环境温度和相对湿度	工作条件 环境温度：5 ℃～35 ℃ 相对湿度：35%～80%(35 ℃) 贮存运输条件 环境温度：−20 ℃～55 ℃ 相对湿度：20%～93%(40 ℃)
19	电源要求	交流供电的产品给出额定电压(或额定电压范围)和频率，直流供电的产品给出额定电压	AC220 V，50 Hz
20	功耗[b]	分别给出最大功耗及待机模式下的功耗	300 W 5 W(待机模式)
21	外形尺寸	给出产品的外形尺寸。如有任何例外，应在括号内说明	长 400 mm × 宽 300 mm × 高 150 mm(不包括突出部分)
22	重量	给出产品的重量。如有任何例外，应在括号内说明	5 kg(含遥控器)
23	附件	给出随产品提供的附件名称和数量	遥控器 1 个，镜头盖 1 个，RGB 电缆 1 根，电源线 1 根，使用手册 1 本

表 A.1（续）

条目编号	条目	条目说明	条目举例
24	其他功能	也可给出除上述23条外的其他功能和特征	

[a] 有的具有变焦功能的产品将投影尺寸与投影距离的关系以表格形式给出，每一个投影尺寸有两个投影距离，分别对应于长焦端和广角端。在此情况下，应将表格中最大投影尺寸与广角端对应的距离视为最大投影距离，将表格中最小投影尺寸与长焦端对应的距离视为最小投影尺寸。

[b] 因产品存在个体差异，在给出参数值的同时可给出合理的允许误差范围。

附　录　B
（规范性附录）
故障的分类和判据

B.1　故障定义和解释

按 GB/T 5271.14—2008 规定的故障定义，出现以下任一情况均解释为故障。

a）受试样品在规定条件下，出现了一个或几个性能参数不能保持在规定值的上下限值间。

b）受试样品在规定应力范围内工作时，出现了机械零件、结构件的损坏或卡死，或出现了元器件的失效或断裂，而使受试样品不能完成其规定的功能。

B.2　故障分类

故障类型分为关联性故障（简称关联故障）和非关联性故障（简称非关联故障）。

关联故障是受试样品预期会出现的故障，通常都是由产品本身条件引起的。它是在解释试验结果和计算可靠性特征值时必须要计入的故障。

非关联故障则是受试样品出现非预期的故障，这类故障不是受试样品本身条件引起的，而是试验要求之外而引起的，非关联故障在解释试验结果和计算可靠性特征值时不计入。但应在试验中做记录，以便于分析和判断。

B.3　关联故障判断

出现下列情况为关联性故障：

a）必须经更换元器件、零部件或设备才能排除的故障。

b）损耗件（如灯泡等）在其寿命期内发生的故障。

c）需要对接插件、电缆等进行修整，以消除短路和接触不良，方可排除的故障。

d）出现造成测试和维护使用人员不安全或危险或造成受试样品和设备严重损坏而必须立即中断试验的故障。一旦出现此类故障，应立即做出拒收判定。

e）不是由同一因素引起的，而同时发生两个以上（含两个）的故障，应记为两个或两个以上关联性故障。若由同一因素引起的，则不论出现几次故障，均计为一次关联性故障。

f）承担确认试验的检验单位，根据故障情况和分析结果，有资格认定某种故障为关联性故障。

B.4　非关联故障判据

出现下列情况为非关联性故障：

a）从属性故障：由于受试样品中某一元器件、零部件失效或出现设备故障而直接引起受试样品另一相关元器件或零部件的失效而造成的，或者由于试验条件已超出规定的范围（如突然断电，电网电压和频率的变化，温湿度变化，严重的机械环境和干扰等）而造成的故障。

b）误用性故障：由于操作人员的过失而造成的故障，如安装不当，施加了超过规定应力条件，或者按产品标准的规定允许调整的部件，没有得到正确的调节，而造成的故障。

c） 诱发性故障：在检修期间，因为维修人员的过失而造成的故障。

d） 承担确认试验的检验单位，根据故障情况和分析结果，有资格认定某种故障为非关联性故障。

ICS 35.180
L 73

中华人民共和国国家标准

GB/T 28038—2011

信息技术　通用多八位编码字符集 蒙古文　通用键盘字母数字区布局

Information technology—Universal multiple-octet coded character set—Universal keyboard layout of the alphanumeric zone for Mongolian

2011-10-31 发布　　　　2012-02-01 实施

中华人民共和国国家质量监督检验检疫总局
中国国家标准化管理委员会　发布

前　言

本标准按照GB/T 1.1—2009给出的规则起草。

本标准依据国家标准GB 13000《信息技术　通用多八位编码字符集》规定了其中的蒙古文字符、蒙古文专用控制字符、蒙古文特有的标点符号以及蒙古文使用的其他控制字符和标点符号在键盘上的布局。

请注意本文件的某些内容可能涉及专利。本文件的发布机构不承担识别这些专利的责任。

本标准由全国信息技术标准化技术委员会(SAC/TC 28)提出并归口。

本标准起草单位：中国电子技术标准化研究所、内蒙古大学、内蒙古自治区蒙古语文工作委员会、新疆维吾尔自治区民族语言文字工作委员会。

本标准主要起草人：确精扎布、陈壮、那顺乌日图、敖其尔、佟加庆夫、巴力嘉、贺喜格都仁、何正安、黄姗姗。

信息技术 通用多八位编码字符集 蒙古文 通用键盘字母数字区布局

1 范围

本标准规定了 GB 13000 中的蒙古文(包括传统蒙古文、托忒文、锡伯文、满文的名义形式,传统蒙古文、托忒文、满文的阿礼嘎礼字母)字符、蒙古文专用控制字符、蒙古文特有的标点符号以及蒙古文使用的其他控制字符和标点符号在键盘上的布局。

本标准适用于蒙古文信息系统和其他有关设备的键盘。

2 规范性引用文件

下列文件对于本文件的应用是必不可少的。凡是注日期的引用文件,仅注日期的版本适用于本文件。凡是不注日期的引用文件,其最新版本(包括所有的修改单)适用于本文件。

GB/T 17971.1 信息技术 文本和办公系统的键盘布局 第1部分:指导键盘布局通则(GB/T 17971.1—2010,ISO/IEC 9995-1:2006,IDT)

3 术语和定义

下列术语和定义适用于本文件。

3.1

字符 character

供组织、控制或表示数据用的元素集合中的一个元素。

3.2

控制功能 control function

影响数据的记录、处理、传输或解释的动作。

3.3

控制字符 control character

一种具有控制功能的字符。将它插在别的字符之间,是为了启动、修改或停止某种控制功能的执行。控制字符由机器解释,它不是图形符号。

3.4

名义形式 nominal form

名义字符。蒙古文字母的主要形式。它适用于蒙古语的书面形式以及附加符号的表示、传输、交换、处理、存储、输入及显现。

3.5

功能键 function key

输入控制功能的键。

4 键盘布局

4.1 键位编码

键位按照 GB/T 17971.1 的方法进行编号：

a) 每行用大写拉丁字母标识；

b) 每列用两位数字标识。

4.2 蒙古文控制字符的图形表示

蒙古文控制字符的图形表示如下：

FVS1——蒙古文自由变体选择符 1(MONGOLIAN FREE VARIATION SELECTOR ONE)

FVS2——蒙古文自由变体选择符 2(MONGOLIAN FREE VARIATION SELECTOR TWO)

FVS3——蒙古文自由变体选择符 3(MONGOLIAN FREE VARIATION SELECTOR THREE)

NNBSP——窄宽无间断空格(NARROW NO-BREAK SPACE)

ZWJ——零宽连接符(ZERO WIDTH JOINER)

ZWNJ——零宽禁连接符(ZERO WIDTH NON-JOINER)

MVS——蒙古文元音间隔符(MONGOLIAN VOWEL SEPARATOR)

4.3 传统蒙古文字符的分配

4.3.1 传统蒙古文字符的键位配置

传统蒙古文在信息处理中使用的名义形式、专用控制字符、特有标点符号以及其他控制字符和标点符号在键盘上的键位配置如表 1 所示。

表 1 传统蒙古文字符的键位配置

键位号	下档		上档		键位号	下档		上档	
	字型	编码	字型	编码		字型	编码	字型	编码
B01	ᠽ	183D	ᡁ	1841	B07	ᠮ	182E		
B02	ᠱ	1831			B08	᠂	1802	︽	FE3D
B03	ᠴ	1834	ᠼ	183C	B09	᠃	1803	︾	FE3E
B04	ᠤ	1824			B10	·	00B7	?	FE16
B05	ᠪ	182A			C01	ᠠ	1820		
B06	ᠨ	1828	ᠩ	1829	C02	ᠰ	1830		

表 1（续）

键位号	下档		上档		键位号	下档		上档	
	字型	编码	字型	编码		字型	编码	字型	编码
C03	ᠳ	1833			D10	ᠫ	182B		
C04	ᠹ	1839			D11	﹇	FE47	︿	FE3F
C05	ᠭ	182D			D12	﹈	FE48	﹀	FE40
C06	ᠬ	182C	ᠾ	183E	D13	᠁	1801	︱	FE31
C07	ᠵ	1835			E00	FVS3	180D	~	007E
C08	ᠺ	183A	ᠻ	183B	E01	1	0031	︕	FE15
C09	ᠯ	182F	ᡀ	1840	E02	2	0032	⁈	2048
C10	︔	FE14	᠄	1804	E03	3	0033	⁉	2049
C11	FVS1	180B	FVS2	180C	E04	4	0034		
D01	ᠣ	1823	ᡂ	1842	E05	5	0035	%	0025
D02	ᠸ	1838			E06	6	0036	ZWNJ	200C
D03	ᠡ	1821	ᠧ	1827	E07	7	0037	᠊	180A
D04	ᠷ	1837	ᠿ	183F	E08	8	0038	ZWJ	200D
D05	ᠲ	1832			E09	9	0039	︵	FE35
D06	ᠶ	1836			E10	0	0030	︶	FE36
D07	ᠦ	1826			E11	NNBSP	202F	MVS	180E
D08	ᠢ	1822			E12	=	003D	+	002B
D09	ᠥ	1825							

4.3.2 传统蒙古文字符在键盘的分配和排列

传统蒙古文字符在键盘的分配和排列,如图 1 所示。

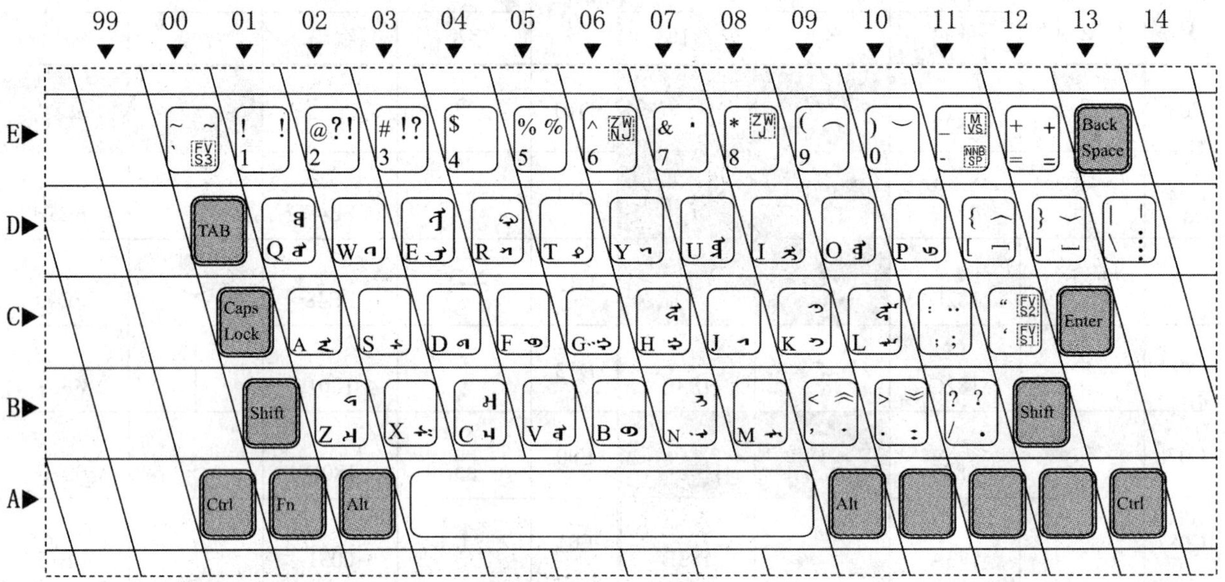

图 1 传统蒙古文字符在键盘的分配和排列

4.4 托忒文字符的分配

4.4.1 托忒文字符的键位配置

托忒文在信息处理中使用的名义形式、专用控制字符、特有标点符号以及其他控制字符和标点符号在键盘上的键位配置如表 2 所示。

表 2 托忒文字符的键位配置

键位号	下档		上档		键位号	下档		上档	
	字型	编码	字型	编码		字型	编码	字型	编码
B01	ᠴ	1834	ᡜ	185C	B07	ᡏ	184F		
B02	ᠱ	1831			B08	︐	FE10	﹃	FE43
B03	ᡔ	1854	ᡒ	1852	B09	︒	FE12	﹄	FE44
B04	ᡇ	1847			B10	︑	FE11	︖	FE16
B05	ᡋ	184B			C01	ᠠ	1820		
B06	ᠨ	1828	ᡊ	184A	C02	ᠰ	1830		

表 2（续）

键位号	下档		上档		键位号	下档		上档	
	字型	编码	字型	编码		字型	编码	字型	编码
C03	ᡑ	1851			D10	ᡌ	184C		
C04	ᠸ	1838			D11	﹇	FE47	﹁	FE41
C05	ᡎ	184E	ᡘ	1858	D12	﹈	FE48	﹂	FE42
C06	ᡍ	184D	ᡙ	1959	D13	᠁	1801	·	00B7
C07	ᡓ	1853	ᡚ	185A	E00	FVS3	180D	~	007E
C08	ᡗ	1857			E01	1	0031	︕	FE15
C09	ᠯ	182F	ᡀ	1940	E02	2	0032	?!	2048
C10	︔	FE14	᠄	1804	E03	3	0033	!?	2049
C11	FVS1	180B	FVS2	180C	E04	4	0034	ᡃ	1843
D01	ᡆ	1846	᠆	1806	E05	5	0035	%	0025
D02	ᡖ	1856			E06	6	0036	ZWNJ	200C
D03	ᡄ	1844			E07	7	0037	᠊	180A
D04	ᠷ	1837			E08	8	0038	ZWJ	200D
D05	ᡐ	1850			E9	9	0039	︵	FE35
D06	ᡕ	1855			E10	0	0030	︶	FE36
D07	ᡉ	1849			E11	NNBSP	202F	︱	FE31
D08	ᡅ	1845			E12	=	003D	+	002B
D09	ᡈ	1848							

4.4.2 托忒文字符在键盘的分配和排列

托忒文字符在键盘的分配和排列，如图 2 所示。

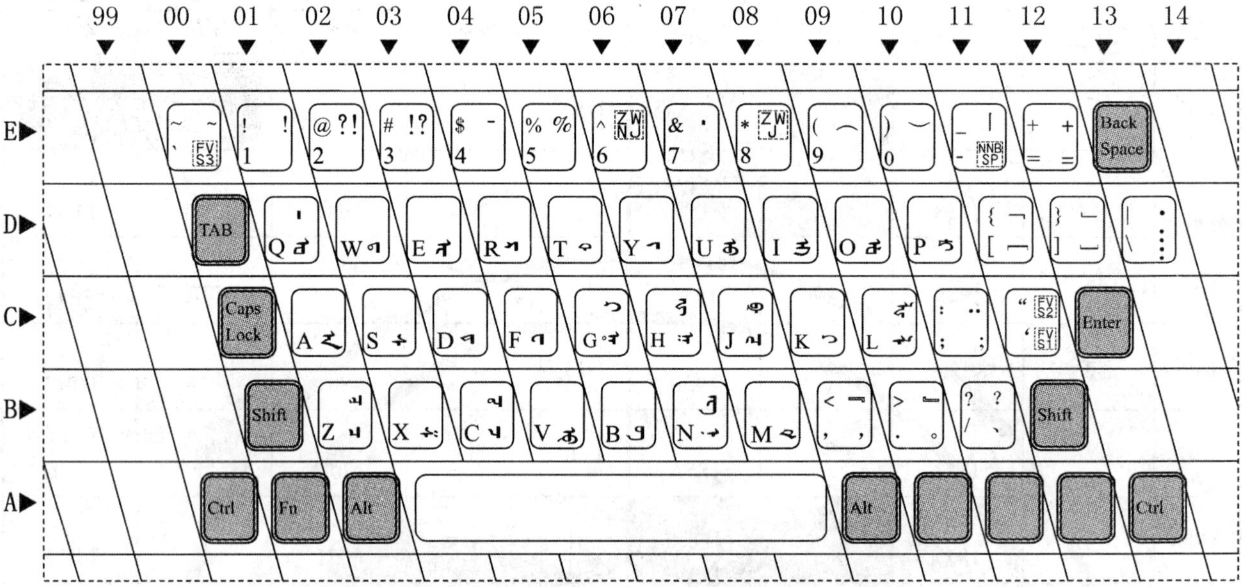

图 2 托忒文字符在键盘的分配和排列

4.5 锡伯文字符的分配

4.5.1 锡伯文字符的键位配置

锡伯文在信息处理中使用的名义形式、专用控制字符、特有标点符号以及其他控制字符和标点符号在键盘上的键位配置如表 3 所示。

表 3 锡伯文字符的键位配置

键位号	下档		上档		键位号	下档		上档	
	字型	编码	字型	编码		字型	编码	字型	编码
B01	ᡯ	186F	ᡲ	1872	B07	ᠮ	182E		
B02	ᡧ	1867			B08	︐	FE10	﹃	FE43
B03	ᡮ	186E	ᡱ	1871	B09	︒	FE12	﹄	FE44
B04	ᡡ	1861			B10	︑	FE11	︖	FE16
B05	ᠪ	182A			C01	ᠠ	1820		
B06	ᠨ	1828	ᡢ	1862	C02	ᠰ	1830		

表 3（续）

键位号	下档		上档	
	字型	编码	字型	编码
C03	ᡩ	1869		
C04	ᡫ	186B		
C05	ᡤ	1864	ᡬ	186C
C06	ᡥ	1865	ᡭ	196D
C07	ᡪ	186A		
C08	ᡣ	1863	ᠺ	183A
C09	ᠯ	182F		
C10	︔	FE14	᠄	1804
C11	FVS1	180B	FVS2	180C
D01	ᠴ	1834		
D02	ᠸ	1838		
D03	ᡝ	185D		
D04	ᠷ	1837	ᡰ	1870
D05	ᡨ	1868		
D06	ᠶ	1836		
D07	ᡠ	1860		
D08	ᡞ	185E	ᡟ	185F
D09	ᠣ	1823		

键位号	下档		上档	
	字型	编码	字型	编码
D10	ᡦ	1866		
D11	﹇	FE47	“	201C
D12	﹈	FE48	”	201D
D13	᠁	1801	︱	FE31
E00	FVS3	180D	~	007E
E01	1	0031	︕	FE15
E02	2	0032	‘	2018
E03	3	0033	’	2019
E04	4	0034	᠇	1807
E05	5	0035	%	0025
E06	6	0036	ZWNJ	200C
E07	7	0037	᠊	180A
E08	8	0038	ZWJ	200D
E09	9	0039	︵	FE35
E10	0	0030	︶	FE36
E11	NNBSP	202F		
E12	=	003D	+	002B

4.5.2 锡伯文字符在键盘的分配和排列

锡伯文字符在键盘的分配和排列，如图 3 所示。

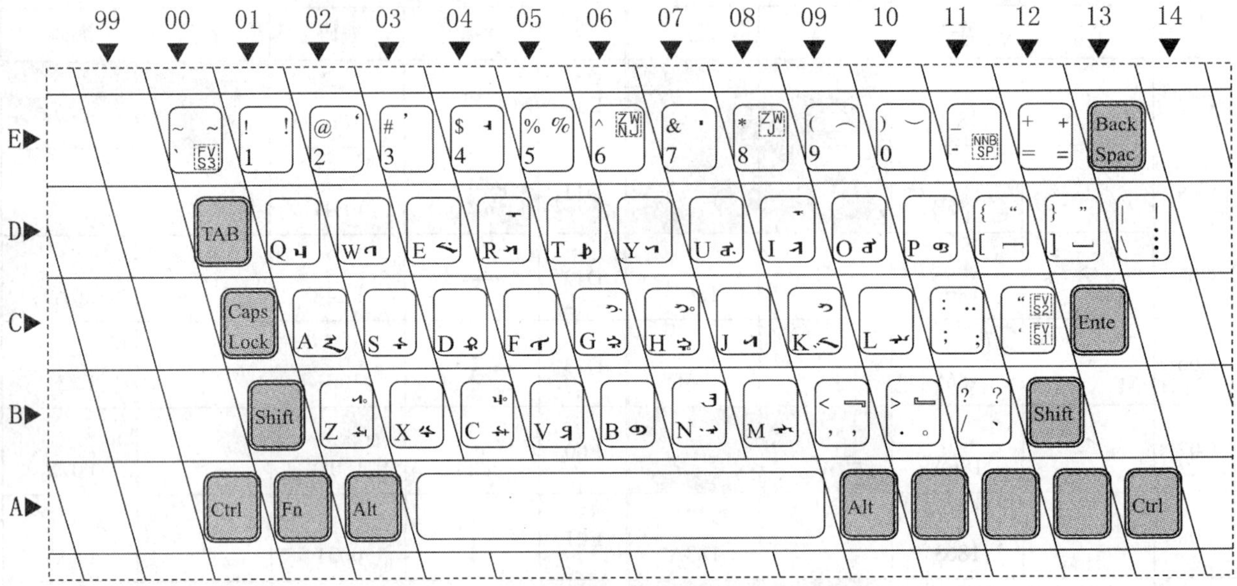

图 3 锡伯文字符在键盘的分配和排列

4.6 满文字符的分配

4.6.1 满文字符的键位配置

满文在信息处理中使用的名义形式、专用控制字符、特有标点符号以及其他控制字符和标点符号在键盘上的键位配置如表 4 所示。

表 4 满文字符的键位配置

键位号	下档		上档		键位号	下档		上档	
	字型	编码	字型	编码		字型	编码	字型	编码
B01	ᡯ	186F	ᡲ	1872	B07	ᠮ	182E		
B02	ᡧ	1867			B08	᠈	1808		
B03	ᡮ	186E	ᡱ	1871	B09	᠉	180		
B04	ᡡ	1861			B10			？	FE16
B05	ᠪ	182A			C01	ᠠ	1820		
B06	ᠨ	1828	ᡢ	1862	C02	ᠰ	1830		

表 4（续）

键位号	下档		上档		键位号	下档		上档	
	字型	编码	字型	编码		字型	编码	字型	编码
C03	ᡩ	1869			D10	ᡦ	1866		
C04	ᡶ	1876			D11	﹇	FE47		
C05	ᡤ	1864	ᡬ	186C	D12	﹈	FE48		
C06	ᡥ	1865	ᡭ	196D	D13	᠁	1801	︱	FE31
C07	ᠵ	1835			E00	FVS3	180D	~	007E
C08	ᡴ	1874	ᠺ	183A	E01	1	0031	︕	FE15
C09	ᠯ	182F			E02	2	0032		
C10	︔	FE14	᠄	1804	E03	3	0033		
C11	FVS1	180B	FVS2	180C	E04	4	0034		
D01	ᠴ	1834			E05	5	0035	%	0025
D02	ᠸ	1838			E06	6	0036	ZWNJ	200C
D03	ᡝ	185D			E07	7	0037	᠊	180A
D04	ᡵ	1875	ᡰ	1870	E08	8	0038	ZWJ	200D
D05	ᡨ	1868			E09	9	0039	︵	FE35
D06	ᠶ	1836			E10	0	0030	︶	FE36
D07	ᡠ	1860			E11	NNBSP	202F		
D08	ᡳ	1873	ᡟ	185F	E12	=	003D	+	002B
D09	ᠣ	1823							

4.6.2 满文字符在键盘的分配和排列

满文字符在键盘的分配和排列，如图 4 所示。

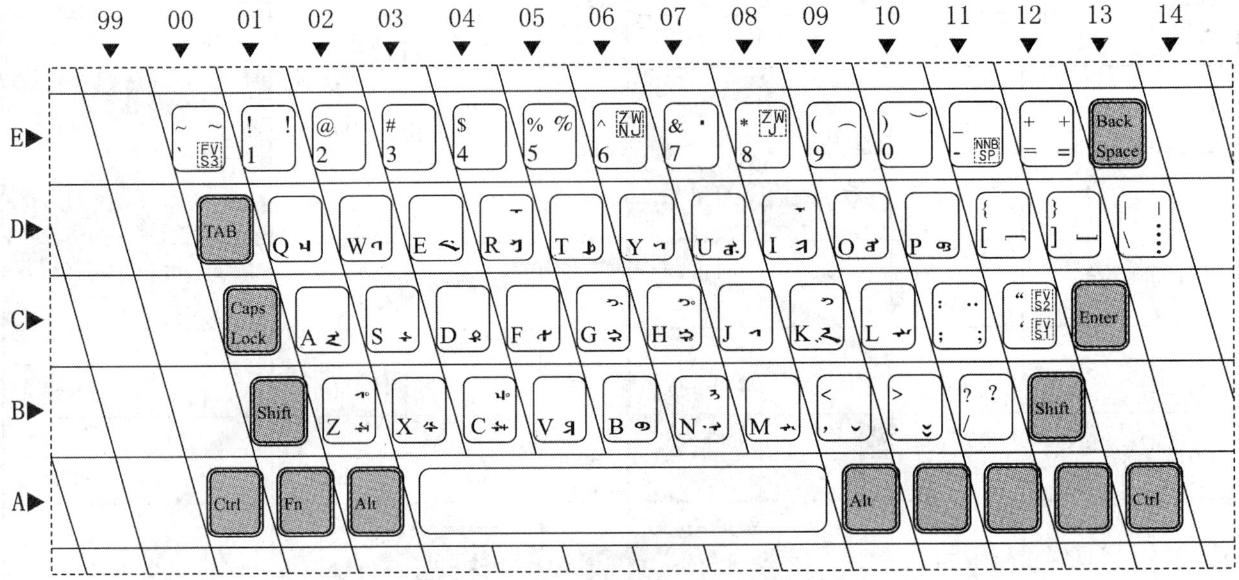

图 4 满文字符在键盘的分配和排列

4.7 传统蒙古文阿礼嘎礼字母的分配

4.7.1 传统蒙古文阿礼嘎礼字母的键位配置

传统蒙古文阿礼嘎礼字母在信息处理中使用的名义形式、专用控制字符、特有标点符号以及其他控制字符和标点符号在键盘上的键位配置如表 5 所示。

表 5 传统蒙古文阿礼嘎礼字母的键位配置

键位号	下档		上档		键位号	下档		上档	
	字型	编码	字型	编码		字型	编码	字型	编码
B01	ᢖ	1896	ᡜ	185C	B07	᠀	1800	ᡛ	185B
B02	ᢗ	1897			B08	᠂	1802		
B03	ᢦ	18A6			B09	᠃	1803		
B04	ᢧ	18A7	ᠤ	1824	B10				
B05	◌ᢩ	18A9			C01	ᢋ	188B	ᠠ	1820
B06	᠅	1805			C02	ᢌ	188C		

表 5（续）

键位号	下档		上档	
	字型	编码	字型	编码
C03	ᢍ	188D		
C04	ᢎ	188E		
C05	ᢏ	188F		
C06	ᢐ	1890		
C07	ᢑ	1891	ᡓ	1853
C08	ᢒ	1892	ᡘ	1858
C09	ᢓ	1893		
C10	ᢔ	1894		
C11	FVS1	180B	FVS2	180C
D01	ᢀ	1880	ᠧ	1827
D02	ᢁ	1881	ᠣ	1823
D03	ᢂ	1882	ᠡ	1821
D04	ᢃ	1983		
D05	ᢄ	1884		
D06	ᢅ	1885		
D07	ᢆ	1886	ᠦ	1826
D08	ᢇ	1887	ᠢ	1822
D09	ᢈ	1888		

键位号	下档		上档	
	字型	编码	字型	编码
D10	ᢉ	1889		
D11	ᢊ	188A		
D12	ᢕ	1895		
D13				
E00	FVS3	180D		
E01	᠑	1811		
E02	᠒	1812		
E03	᠓	1813		
E04	᠔	1814		
E05	᠕	1815		
E06	᠖	1816	ZWNJ	200C
E07	᠗	1817		
E08	᠘	1818	ZWJ	200D
E09	᠙	1819		
E10	᠐	1810		
E11	NNBSP	202F	MVS	180E
E12				

4.7.2 传统蒙古文阿礼嘎礼字母在键盘的分配和排列

传统蒙古文阿礼嘎礼字母在键盘的分配和排列，如图 5 所示。

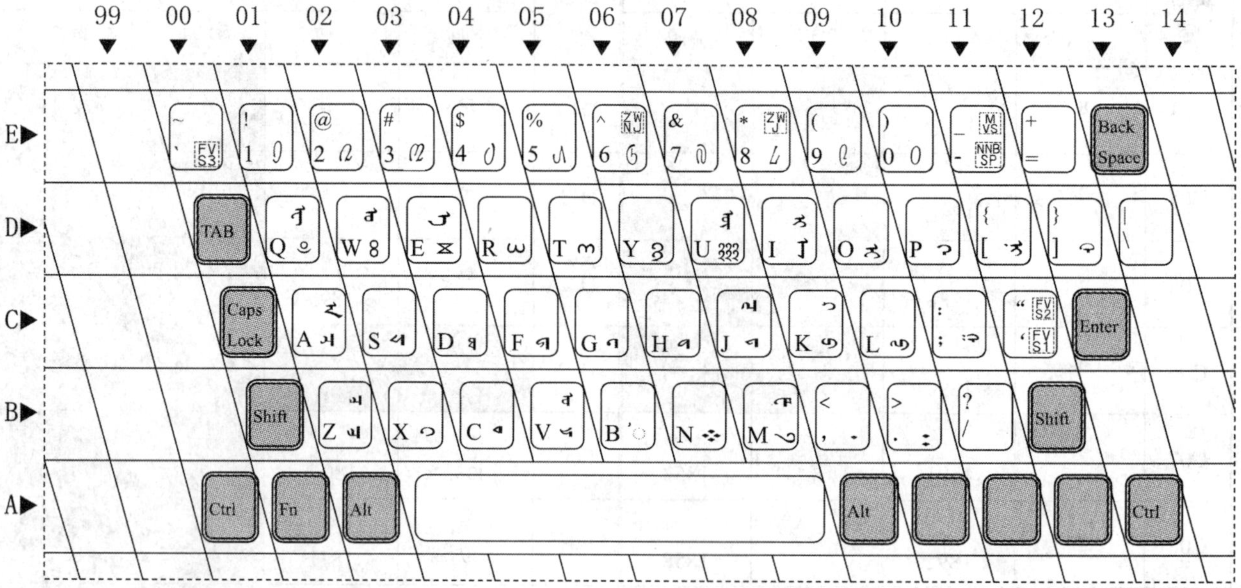

图 5 传统蒙古文阿礼嘎礼字母在键盘的分配和排列

4.8 托忒文阿礼嘎礼字母的分配

4.8.1 托忒文阿礼嘎礼字母的键位配置

托忒文阿礼嘎礼字母在信息处理中使用的名义形式、专用控制字符、特有标点符号以及其他控制字符和标点符号在键盘上的键位配置如表 6 所示。

表 6 托忒文阿礼嘎礼字母的键位配置

键位号	下档		上档		键位号	下档		上档	
	字型	编码	字型	编码		字型	编码	字型	编码
B01	ᢙ	1899			B07	᠀	1800	ᡛ	185B
B02	ᢧ	18A7	ᢦ	18A6	B08	᠂	1802		
B03	ᢓ	1893			B09	᠃	1803		
B04	ᡇ	1847			B10				
B05	◌ᢩ	18A9			C01	ᢋ	188B	ᠠ	1820
B06	᠅	1805			C02	ᢌ	188C		

表 6（续）

键位号	下档		上档	
	字型	编码	字型	编码
C03	ᢍ	188D		
C04	ᢎ	188E		
C05	ᢏ	188F		
C06	ᢔ	1894		
C07	ᢖ	1896		
C08	ᢗ	1897		
C09	ᢘ	1898		
C10	ᢒ	1892		
C11	FVS1	180B	FVS2	180C
D01	ᢀ	1880		
D02	ᢁ	1881	ᡆ	1846
D03	ᢂ	1882	ᡄ	1844
D04	ᢃ	1983		
D05	ᢄ	1884		
D06	ᢅ	1885		
D07	ᢆ	1886	ᡉ	1849
D08	ᢉ	1889	ᡅ	1845
D09	ᢊ	188A		
D10	ᢇ	1887		
D11				
D12				
D13				
E00	FVS3	180D		
E01	᠑	1811		
E02	᠒	1812		
E03	᠓	1813		
E04	᠔	1814	ᡃ	1843
E05	᠕	1815		
E06	᠖	1816	ZWNJ	200C
E07	᠗	1817		
E08	᠘	1818	ZWJ	200D
E09	᠙	1819		
E10	᠐	1810		
E11	NNBSP	202F		
E12				

4.8.2 托忒文阿礼嘎礼字母在键盘的分配和排列

托忒文阿礼嘎礼字母在键盘的分配和排列,如图 6 所示。

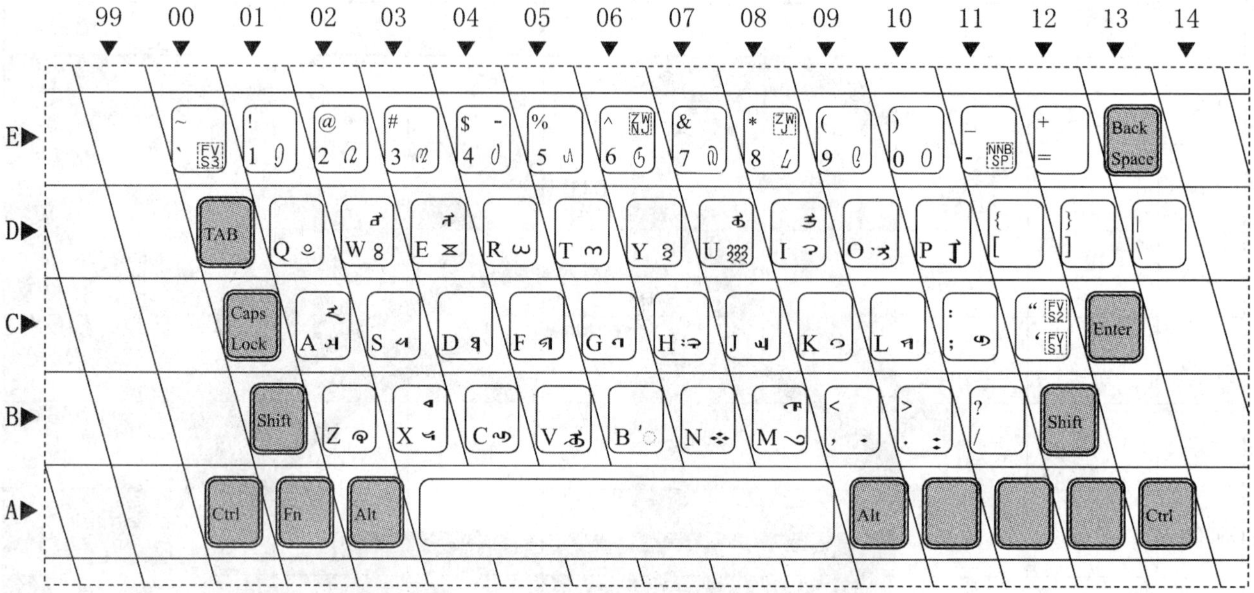

图 6 托忒文阿礼嘎礼字母在键盘的分配和排列

4.9 满文阿礼嘎礼字母的分配

4.9.1 满文阿礼嘎礼字母的键位配置

满文阿礼嘎礼字母在信息处理中使用的名义形式、专用控制字符、特有标点符号以及其他控制字符和标点符号在键盘上的键位配置如表 7 所示。

表 7 满文阿礼嘎礼字母的键位配置

键位号	下档		上档		键位号	下档		上档	
	字型	编码	字型	编码		字型	编码	字型	编码
B01	ᢢ	18A2			B07				
B02	ᢣ	18A3			B08	᠈	1808		
B03	ᢤ	18A4			B09	᠉	1809		
B04	ᢥ	18A5	ᡡ	1861	B10				
B05	ᢨ	18A8			C01	ᢒ	1892	ᠠ	1820
B06	ᢪ	18AA			C02	ᢚ	189A		

表 7（续）

键位号	下档		上档	
	字型	编码	字型	编码
C03	ᢛ	189B		
C04	ᢜ	189C		
C05	ᢝ	189D		
C06	ᢞ	189E		
C07	ᢟ	189F		
C08	ᢠ	18A0		
C09	ᢡ	18A1		
C10				
C11	FVS1	180B	FVS2	180C
D01	ᢀ	1880		
D02	ᢁ	1881		
D03	ᢂ	1882	ᡝ	185D
D04	ᢃ	1883		
D05	ᢄ	1884		
D06	ᢅ	1885		
D07	ᢆ	1886	ᡠ	1860
D08	ᢇ	1887	ᡳ	1873
D09	ᢈ	1888	ᠣ	1823

键位号	下档		上档	
	字型	编码	字型	编码
D10	ᢏ	188F		
D11				
D12				
D13				
E00	FVS3	180D		
E01				
E02				
E03				
E04				
E05				
E06			ZWNJ	200C
E07				
E08			ZWJ	200D
E09				
E10				
E11	NNBSP	202F		
E12				

4.9.2 满文阿礼嘎礼字母在键盘的分配和排列

满文阿礼嘎礼字母在键盘的分配和排列，如图 7 所示。

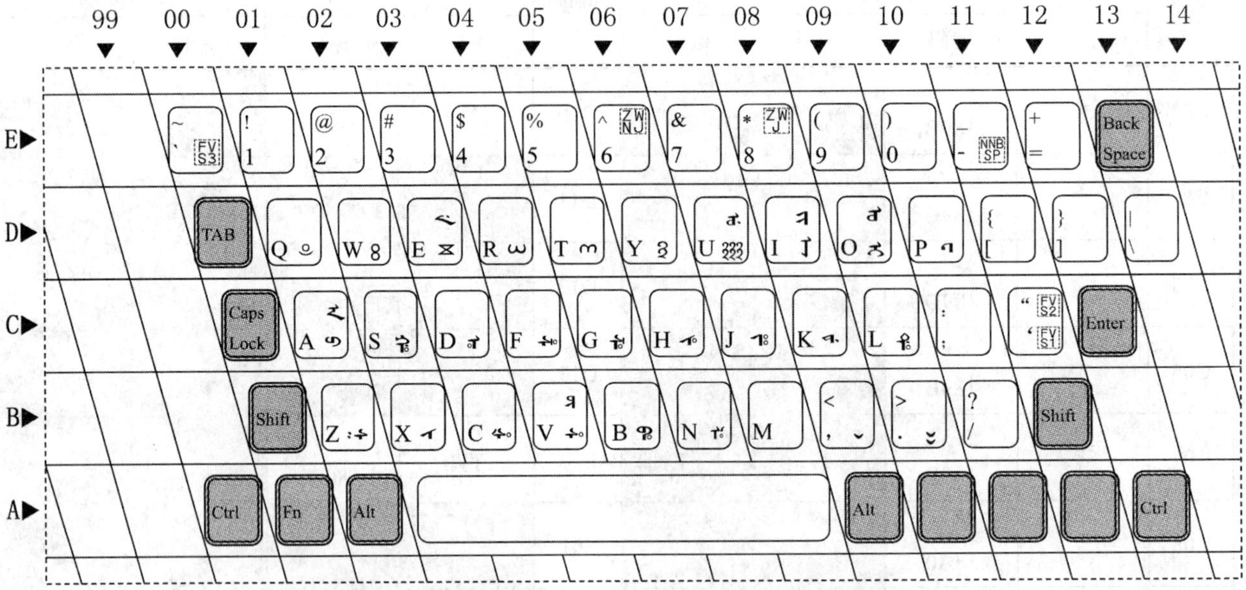

图 7 满文阿礼嘎礼字母在键盘的分配和排列

参 考 文 献

[1] GB 13000 信息技术 通用多八位编码字符集(UCS)(GB 13000—2010,ISO/IEC 10646:2003,IDT)

[2] GB/T 17971.2 信息技术 文本和办公系统的键盘布局 第2部分:字母数字区(GB/T 17971.2—2010,ISO/IEC 9995-2:2002,IDT)

[3] GB/T 17971.3 信息技术 文本和办公系统的键盘布局 第3部分:字母数字区的字母数字分区的补充布局(GB/T 17971.3—2010,ISO/IEC 9995.3:2002,IDT)

ICS 01.140.10
A 14

中华人民共和国国家标准

GB/T 28039—2011

中国人名汉语拼音字母拼写规则

The Chinese phonetic alphabet spelling rules for Chinese names

2011-10-31 发布　　2012-02-01 实施

中华人民共和国国家质量监督检验检疫总局
中国国家标准化管理委员会　发布

前　言

本标准按照 GB/T 1.1—2009 给出的规则起草。

本标准由教育部语言文字信息管理司提出并归口。

本标准主要起草单位:教育部语言文字应用研究所。

本标准主要起草人:厉兵、史定国、苏培成、李乐毅、万锦堃。

中国人名汉语拼音字母拼写规则

1 范围

本标准规定了使用汉语拼音字母拼写中国人名的规则，包括汉语人名的拼写规则和少数民族语人名的拼写规则。为了满足应用需要，同时给出了一些特殊场合的变通处理办法。

本标准适用于文化教育、编辑出版、中文信息处理及其他方面的中国人名汉语拼音字母拼写。

2 规范性引用文件

下列文件对于文件的应用是必不可少的。凡是注日期的引用文件，仅注日期的版本适用于本文件。凡是不注日期的引用文件，其最新版本（包括所有的修改单）适用于本文件。

《少数民族语地名汉语拼音字母音译转写法》（1976 年 6 月国家测绘总局、中国文字改革委员会修订）

3 术语和定义

下列术语和定义适用于本文件。

3.1

单姓 mono-character surname

汉语中只有一个字的姓，如张、王、刘、李。

3.2

复姓 multi-character surname

汉语中不止一个字（一般由两个汉字构成）的姓，如欧阳、司马。

3.3

双姓 hyphenated name

汉语中由两个姓（单姓或复姓）并列而成的姓氏组合，如郑李、欧阳陈、周东方等。

4 总则

4.1 中国人名包括汉语姓名和少数民族语姓名。汉语姓名按照普通话拼写，少数民族语姓名按照民族语读音拼写。

4.2 本标准中的人名主要指正式姓名，即符合一般习惯用法的姓名。

4.3 根据需要，仿姓名的笔名、别名、法名、艺名等，按照正式姓名写法处理。

4.4 个别变通处理办法只适用于限定的特殊场合。

5 拼写规则

5.1 汉语人名拼写规则

5.1.1 正式的汉语人名由姓和名两个部分组成。姓和名分写，姓在前，名在后，姓名之间用空格分开。

复姓连写。姓和名的开头字母大写。例如：

Wáng Fāng	王芳	Yáng Wèimín	杨为民
Mǎ Běnzhāi	马本斋	Luó Chángpéi	罗常培
Ōuyáng Wén	欧阳文	Sīmǎ Xiàngnán	司马相南
Lǚ Lüè	吕略	Zhào Píng'ān	赵平安

5.1.2　由双姓组合（并列姓氏）作为姓氏部分，双姓中间加连接号，每个姓氏开头字母大写。例如：

Liú-Yáng Fān	刘杨帆	Zhèng-Lǐ Shūfāng	郑李淑芳
Dōngfāng-Yuè Fēng	东方岳峰	Xiàng-Sītú Wénliáng	项司徒文良

5.1.3　笔名、字（或号）、艺名、法名、代称、技名、帝王名号等，按正式人名写法拼写。例如：

Lǔ Xùn	鲁迅（笔名）	Cáo Xuěqín	曹雪芹（"雪芹"为号）
Gài Jiàotiān	盖叫天（艺名）	Lǔ Zhìshēn	鲁智深（"智深"为法名）
Dù Gōngbù	杜工部（代称）	Wáng Tiěrén	王铁人（代称）
Lài Tāngyuán	赖汤圆（技名）	Qín Shǐhuáng	秦始皇（帝王名号）

5.1.4　国际体育比赛等场合，人名可以缩写。汉语人名的缩写，姓全写，首字母大写或每个字母大写，名取每个汉字拼音的首字母，大写，后面加小圆点，声调符号可以省略。例如：

Lǐ Xiǎolóng	缩写为：Li X. L.	或 LI X. L.	李小龙
Róng Guótuán	缩写为：Rong G. T.	或 RONG G. T.	容国团
Zhūgě Zhìchéng	缩写为：Zhuge Z. C.	或 ZHUGE Z. C.	诸葛志成
Chén-Yán Ruòshuǐ	缩写为：Chen-Yan R. S.	或 CHEN-YAN R. S.	陈言若水

5.1.5　中文信息处理中的人名索引，可以把姓的字母都大写，声调符号可以省略。例如：

Zhāng Yǐng	拼写为：ZHANG　Ying	张颖
Wáng Jiànguó	拼写为：WANG　Jianguo	王建国
Shàngguān Xiǎoyuè	拼写为：SHANGGUAN　Xiaoyue	上官晓月
Chén-Fāng Yùméi	拼写为：CHEN-FANG　Yumei	陈方玉梅

5.1.6　公民护照上的人名，可以把姓和名的所有字母全部大写，双姓之间可以不加连接号，声调符号、隔音符号可以省略。例如：

Liú Chàng	拼写为：LIU　CHANG	刘畅
Zhōu Jiànjūn	拼写为：ZHOU　JIANJUN	周建军
Zhào-Lǐ Shūgāng	拼写为：ZHAOLI　SHUGANG	赵李书刚
Wú Xīng'ēn	拼写为：WU　XINGEN	吴兴恩

5.1.7　三音节以内不能分出姓和名的汉语人名，包括历史上已经专名化的称呼，以及笔名、艺名、法名、神名、帝王年号等，连写，开头字母大写。例如：

Kǒngzǐ	孔子（专称）	Bāogōng	包公（专称）
Xīshī	西施（专称）	Mèngchángjūn	孟尝君（专称）
Bīngxīn	冰心（笔名）	Liúshāhé	流沙河（笔名）
Hóngxiànnǚ	红线女（艺名）	Jiànzhēn	鉴真（法名）
Nézha	哪吒（神仙名）	Qiánlóng	乾隆（帝王年号）

5.1.8　四音节以上不能分出姓和名的人名，如代称、雅号、神仙名等，按语义结构或语音节律分写，各分开部分开头字母大写。例如：

Dōngguō Xiānsheng	东郭先生（代称）
Liǔquán Jūshì	柳泉居士（雅号 蒲松龄）
Jiànhú Nǚxiá	鉴湖女侠（雅号 秋瑾）
Tàibái Jīnxīng	太白金星（神仙名）

5.2 少数民族语人名拼写规则

5.2.1 少数民族语姓名，按照民族语用汉语拼音字母音译转写，分连次序依民族习惯。音译转写法可以参照《少数民族语地名汉语拼音字母音译转写法》执行。

5.2.2 在一定的场合，可以在少数民族语人名音译转写原文后备注音译汉字及汉字的拼音；也可以先用或仅用音译汉字及汉字的拼音。例如：

Ulanhu（乌兰夫，Wūlánfū）

Ngapoi Ngawang Jigme（阿沛·阿旺晋美，Āpèi Āwàngjìnměi）

Seypidin（赛福鼎，Sàifúdǐng）

6 特殊问题的变通处理办法

6.1 出版物中常见的著名历史人物，港、澳、台人士，海外华侨及外籍华人、华裔的姓名，以及科技领域各科（动植物、微生物、古生物等）学名命名中的中国人名，原来有惯用的拉丁字母拼写法，必要时可以附注在括弧中或注释中。

6.2 根据技术处理的特殊需要，必要的场合（如公民护照、对外文件和书刊等），大写字母 Ü 可以用 YU 代替。例如：

Lǚ Hépíng　　拼写为：LYU HEPING　　吕和平

ICS 35.240.50
L 67

中华人民共和国国家标准

GB/T 28040—2011

产品数据字典的维护规范

Maintenance specification for product data dictionary

2011-10-31 发布　　　　2012-02-01 实施

中华人民共和国国家质量监督检验检疫总局
中国国家标准化管理委员会　发布

前　言

本标准的附录A、附录B和附录C为资料性附录。

本标准由中国标准化研究院提出并归口。

本标准主要起草单位：中国标准化研究院。

本标准主要起草人：李文武、詹俊峰、刘守华、王志强、洪岩。

产品数据字典的维护规范

1 范围

本标准规定了产品数据字典维护机构的组成与职责、数据字典的添加与删除及数据字典内容的更新。

本标准适用于产品数据字典的维护。

2 规范性引用文件

下列文件中的条款通过本标准的引用而成为本标准的条款。凡是注日期的引用文件，其随后所有的修改单(不包括勘误的内容)或修订版均不适用于本标准，然而，鼓励根据本标准达成协议的各方研究是否可使用这些文件的最新版本。凡是不注日期的引用文件，其最新版本适用于本标准。

GB/T 17645(所有部分) 工业自动化系统与集成 零件库(ISO 13584(所有部分)，IDT)

3 术语和定义

下列术语和定义适用于本标准。

3.1

数据字典 data dictionary

包含一系列数据条目的表。

3.2

维护机构 maintenance agency

负责对某个(或某类)产品数据字典标准实施连续性维护的组织。

注：如果产品数据字典标准是国家标准，该机构通常需获国家标准化行政主管部门的授权。

3.3

数据维护请求 data maintenance request;DMR

由用户提出的、对产品数据字典标准中的特定内容进行增补、修改或删除的申请。

3.4

技术评审 technical assessment

对数据维护请求进行评估，以确定其是否符合产品数据字典标准及其对应的审核表的要求。

3.5

审核表 check list

技术评审过程中所遵循的审核项的列表。

4 维护机构

4.1 职责

维护机构的职责包括但不限于：

a) 建立秘书处和技术评审组；

b) 维护和完善技术评审规则；

c) 受理用户提出的针对产品数据字典的各种数据维护请求；

注：用户应按照附录 B、附录 C 的要求填写相关信息。

d) 依据技术评审规则对 DMR 进行技术评审，并将评审结果通知用户或相关组织；对于通过审查的 DMR，还应及时将相关内容输入产品数据字典管理系统中；

e) 向主管部门定期提交工作报告及有关的数据备份和记录；

f) 解释和说明所维护的数据字典的内容。

4.2 构成

维护机构下设秘书处和技术评审组。

4.2.1 秘书处

设秘书长 1 人，秘书若干人。其中，秘书长应为技术评审组成员。

秘书处的主要职责包括：

a) 负责受理用户或相关组织提交的数据维护请求，按附录 B 和附录 C 的要求对数据维护请求进行形式审查；

b) 负责召集成立技术评审组；

c) 根据所受理的数据维护请求的形式审查情况，不定期地向技术评审组提交数据维护请求列表；

d) 根据技术评审组的审查结果对数据字典进行更新和公布。

4.2.2 技术评审组

技术评审组是维护机构下设的技术支撑组织，由全国性工业自动化系统与集成标准化领域的专家及生产商、供应商和主要应用部门的专家和代表组成。技术评审组包括组长 1 人，副组长 1 人，成员若干名。

技术评审组的主要职责包括：

a) 遵照 GB/T 17645 系列国家标准的要求，制定技术评审规则；

b) 按照技术评审规则对数据维护请求进行技术评审；

c) 形成书面的评审结论并提交秘书处。

5 数据字典及内容的维护

5.1 数据字典的生命周期

数据字典的生命周期包括以下阶段：

——草案阶段；

——试用阶段；

——实施阶段；

——废止阶段。

注：各个阶段的详细内容参见附录 A。

5.2 数据字典的添加

当数据字典进入实施阶段后，数据字典维护机构便应正式添加此数据字典，其步骤如下：

a) 进行数据字典的正式维护，包括赋予数据字典的内部标识符、填写数据字典状态及生效日期等；

b） 将数据字典呈报上级管理部门备案；

c） 并对外发布添加通知。

5.3 数据字典的删除

当数据字典进入废止阶段后，数据字典维护机构应在一定时限内完成数据字典的删除工作，包括：

a） 对所要删除的数据字典进行备份；

b） 将数据字典呈报上级管理部门备案；

c） 并对外发布删除通知。

5.4 数据字典内容的更新

只有处在实施阶段的数据字典内容才能进行更新。数据字典内容进行更新时应遵循以下步骤：

a） 保留当前版本的数据字典，对后续版本的数据字典进行数据字典的正式维护，除版本标识符和欲更新的属性外，后续版本数据字典的其他属性应继承当前版本数据字典的属性；

b） 将当前版本及后续版本的数据字典呈报上级管理部门备案；

c） 并对外发布更新通知。

附 录 A
（资料性附录）
产品数据字典的生命周期

产品数据字典的生命周期包括以下阶段：

——草案阶段；

——试用阶段；

——实施阶段；

——废止阶段。

A.1 草案阶段

当用户提交的数据字典通过秘书处的初步审查后（即评审过程中的第一步），数据字典进入其生命周期的第一阶段——草案阶段。此时，数据字典只能在维护机构内部使用，不能被正式推荐或发布使用。所有处在草案阶段的数据字典在维护机构内部应统一编号、备案和管理。

A.2 试用阶段

当用户提交的数据字典通过技术评审组的评审后（即评审过程中的第二步），数据字典进入其生命周期的第二阶段——试用阶段。在试用阶段，秘书处可对外以通知、通告的形式发布试用数据字典，但不能以标准的形式发布。处在试用阶段的数据字典，任何组织或机构都可向秘书处对其提出异议或建议，采纳与否由技术评审组进行评审后决定。所有处在试用阶段的数据字典在维护机构内部应统一编号、备案和管理。

A.3 实施阶段

当用户提交的数据字典通过一定时间的试用阶段，通过技术评审后，则可允许数据字典进入其生命周期的第三阶段——实施阶段。在实施阶段，该数据字典以标准的形式发布和使用，所有使用此数据字典的组织或机构都应遵守标准的规定。

A.4 废止阶段

当处在实施阶段的数据字典因为某种原因而不能再继续被使用时，维护机构可将数据字典标记为“废止”，并以通知、通告的形式向外发布信息。数据字典的废止应是一个过程，自数据字典维护机构发布废止通知、通告或更新之日开始，数据字典便处于废止阶段。

附　录　B
（资料性附录）
产品数据字典的新类或修订类申请表

用户认为需要在现行产品数据字典中增加新类或修订其中已有类时，请填写本表格并呈送维护授权机构秘书处。

机构：……………………………………………………………………

地址：……………………………………………………………………

电话：……………………传真：……………………E-mail：……………………

以下是 GB/T 17645.42 要求填写的信息。

1. 类的名称

名称：
同义名：
短名：

2. 定义（可另附一页）

定义：
注释：
备注：

3. 原文档（可另附一页）

文档名：

4. 超类

超类名：	
代码：	版本号：

5. 申请人

姓名：		
机构：		
电话：	传真：	E-mail：
签名：	日期：	

6. 接受和维护(由维护机构填写)

请求编号	
接收人：	日期：
临时数据库录入参见：	
提交维护机构的方式：	
签名：	日期：

7. 意见/批准(由维护机构填写)

Class_BSU：	版本号：	
定义类名：		
定义类 BSU：		
技术评审组：		
电话：	传真：	E-mail：
签名：	日期：	

注：这里填写的 BSU 是正式的 class_BSU/property_BSU

8. 字典更新(由维护机构填写)

字典更新方式	
签名：	日期：

附 录 C
（资料性附录）
产品数据字典的新特性或修订特性申请表

用户认为需要在现行产品数据字典中增加新特性或修订其中已有特性时，请填写本表格并呈送维护授权机构秘书处。

机构：……………………………………

地址：……………………………………

电话：……………… 传真：……………… E-mail：………………

以下是 GB/T 17645.42 要求填写的信息。

1. 特性名称

名称：
同义名：
短名：

2. 定义（可另附一页）

定义：
注释：
备注：

3. 单位和值

单位：	
值格式：	级别：
值代码：	
定义：	

4. 原文档

文档名：

5. 申请人

姓名：		
机构：		
电话：	传真：	E-mail：
签名：	日期：	

6. 接受和维护(由维护机构填写)

请求编号	
接收人：	日期：
临时数据库录入参见：	
提交维护机构的方式：	
签名：	日期：

7. 意见/批准(由维护机构填写)

Property_BSU：	版本号：
定义类名：	
定义类 BSU：	
技术评审组：	

参 考 文 献

[1] GB/T 17645.42 工业自动化系统与集成 零件库 第42部分:描述方法学:构造零件族的方法学

ICS 03.080.99
A 02

中华人民共和国国家标准

GB/T 28041—2011

基于电子商务活动的交易主体个人信用评价指标体系及表示规范

Transaction subject based upon electronic commerce activities—The specification for personal credit assessment index system and ranking symbols

2011-10-31 发布　　2012-02-01 实施

中华人民共和国国家质量监督检验检疫总局
中国国家标准化管理委员会　发布

前　言

本标准按照GB/T 1.1—2009给出的规则起草。

本标准由中国标准化研究院提出。

本标准由全国信用标准化技术工作组归口。

本标准起草单位：中国标准化研究院、北京神洲商桥技术服务有限公司、浙江淘宝网络有限公司、北京当当网信息技术有限公司、中商联动(北京)科技有限公司、北京诚信时代企业管理服务中心、中国电子商务协会。

本标准主要起草人：陈玉忠、李安渝、尹彦、宋黎、王晗、许琳、武兆宏、徐立红、吕艳美、刘波、艾静、钱玉民。

引 言

为了规范电子商务交易信用评价活动，针对电子商务活动中个人的信用评价内容各异、评价标准不统一、结果表达方式不一致等问题，制定本标准。

个人信用评价有定量（评分）、定性及综合评价等多种方法，各行业在组织实施评价时应根据本标准确定的信息项，制定相应的评分细则。

评价机构在确定信息项的评价权重时，不同地区或不同行业权重比例可以不同。

本标准评价原则的时效性，应通过各行业根据行业特点所确定的较短更新周期来体现。

本标准提示信息中的“不良记录”，是指在政府管理部门、司法机关或国家指定的行业管理机构记载的信用主体不良行为记录。

基于电子商务活动的交易主体
个人信用评价指标体系及表示规范

1 范围

本标准规定了电子商务活动中个人的信用评价指标项及评价结果的等级表示方法。

本标准适用于电子商务活动中个人信用评价活动。相关活动的个人信用评价也可参照使用。

2 规范性引用文件

下列文件对于本文件的应用是必不可少的。凡是注日期的引用文件,仅注日期的版本适用于本文件。凡是不注日期的引用文件,其最新版本(包括所有的修改单)适用于本文件。

GB/T 18811—2002 电子商务基本术语

GB/T 22117 信用基本术语

3 术语和定义

GB/T 18811—2002、GB/T 22117 界定的及下列术语和定义适用于本文件。

3.1

电子商务活动 electronic commerce activities

基于网络的经济活动。

3.2

电子商务交易 electronic commerce transaction

基于网络进行商品或服务买卖的活动。

3.3

交易主体 transaction subject

市场交易活动的买卖双方。

3.4

电子商务交易活动主体 electronic commerce transaction activity subject

电子商务交易活动中买卖双方及提供交易环境的服务商。服务商包括电子商务平台运营商、支付服务商、物流服务商、担保服务商、信用服务商等。

注:信用服务商指经政府主管机构批准成立,从事提供信用产品和服务的独立法人机构。

3.5

信用评价 credit assessment

根据规范的指标体系和评估方法,以客观公正的立场,对被评估对象履行经济责任的能力及其可信程度进行评价,并以一定的符号表示其信用等级的一种有组织的活动。

3.6

个人信用评价 personal credit assessment

根据规范的指标体系和评估方法,以客观公正的立场,对个人履约能力及其可信程度进行评价,并以一定的符号表示其信用等级的一种有组织的活动。

3.7

个人信用评价指标　personal credit assessment index

反映个人信用状况及特征的信息数据项集合。

3.8

个人信用等级　personal credit grade

反映个人信用状况的表示方法。有文字、数字和图形符号三种表示方式(也可用信用评分表示)。

3.9

信用标识　credit identification

反映信用主体信用等级的文字、数字及图形符号。

4　评价原则

4.1　公平性

任何人作为受评主体其法律地位是平等的，评价组织者在进行信用评价时对所有的受评主体都应一视同仁。

4.2　公正性

信用评价应根据预先制定的评价方法，客观、公正地评价每个受评主体。

4.3　公开性

信用评价制度、方法、结果及表示应向社会公示。

4.4　时效性

信用评价应考虑电子商务交易活动的特点，及时(或定期)跟踪被评主体的信用变化情况，依程序变更(或更新)评价结果。

5　评价要素

5.1　基本信息

对个人身份识别及网站地址识别等信息的真实性、准确性、及时性情况进行评价。基本信息是电子商务活动中个人信用评价的基础评价要素。

5.2　交易信息

对个人交易情况、付费履约等情况进行评价。交易信息是电子商务活动中个人信用评价的关键评价要素。

5.3　评价信息

反映交易方评价的信息、投诉信息及第三方信用评价的信息。评价信息是电子商务活动中个人信用评价的重要参考评价要素。

5.4　提示信息

反映个人在政府部门、司法机关或其他社会公共机构掌握的个人信用记录方面的信息。包括纳税信息、荣誉信息、不良信息及其他相关信息等。特别信息是电子商务活动中个人信用评价的重点评价要素。

6 评价指标

6.1 买方个人信用评价指标

买方个人信用评价指标包括基本信息、交易信息、评价信息和提示信息四类。如表1所示。

表1 买方个人信用评价指标

类别	评价指标项	评价说明
基本信息	用户实名	根据买方个人身份在电子商务服务平台或相关机构注册登记时是否应用实名、网名(笔名)或其他名称情况给予评价
	信用主体标识码	根据买方个人向电子商务服务平台或相关机构所提供各类信息材料的准确性、真实性、及时性情况给予评价
	联系信息	
	信息申报	
	注册时间	根据买方个人在电子商务平台或相关机构取得合法地位的时间长短给予评价
	其他信息	根据实际需要补充的其他信息给予评价
交易信息	经营性信息	对买方个人参与电子商务经营内容的相关信息进行评价
	年度累积交易金额	对买方个人在某年度电子商务交易中累积交易金额进行评价
	消费积分	根据买方个人在电子商务交易中的消费积累总额进行的量化评价
	月平均交易次数	对买方个人在上年度平均每月开展电子商务交易次数进行评价
	交易达成次数	对买方个人在电子商务交易中达成交易的次数情况进行评价
	交易实现率	对买方个人在电子商务交易中成功完成交易的情况进行评价
	最高欠款额	根据欠款额范围量化评分
	累计欠款额	根据买方个人欠款额累计量化评分
	付费逾期天数	根据买方个人付费逾期天数给予评分
	付费逾期次数	根据买方个人付费逾期次数给予评分
	付费违约次数	根据买方个人进行交易下单后在规定时限内不履约付费的次数进行评价
评价信息	交易方评价	根据卖方对买方个人在电子商务活动中合同履行等情况进行评价
	交易方投诉	根据卖方对买方个人的违约投诉情况进行评价
	平台服务提供商评价	第三方(平台服务提供商)评价
	社会第三方信用评价	银行、信用机构、行业及政府有关管理部门给予的信用相关评价情况
提示信息	荣誉信息	对买方个人在政府部门、司法机关或其他社会公共机构等各方面的信用记录给予评价
	不良记录	
	其他	根据实际需要补充的其他专项信息的评价

6.2 卖方个人信用评价指标

卖方个人信用评价指标包括基本信息、交易信息、评价信息和提示信息四类。如表2所示。

表2 卖方个人信用评价指标

类别	评价指标项	评价说明
基本信息	用户实名	根据卖方个人身份在电子商务服务平台或相关机构注册登记时是否应用实名、网名(笔名)或其他名称情况给予评价
	信用主体标识码	根据卖方个人向电子商务服务平台或相关机构所提供各类信息材料的准确性、真实性、及时性情况给予评价
	联系信息	
	信息申报	
	注册时间	根据卖方个人在电子商务平台或相关机构取得合法地位的时间长短给予评价
	信息备案	对卖方个人(个体工商户)在政府相关部门的备案情况进行评价
	其他信息	根据需要补充的其他信息的评价
交易信息	年度累积交易金额	对卖方个人在某年度电子商务交易中累积交易金额进行评价
	月平均交易次数	对卖方个人在上年度平均每月开展电子商务交易次数进行评价
	交易成交数量	对卖方个人在电子商务交易中达成交易的数量进行评价
	在线信息	抽查卖方个人在进行电子商务活动的在线时间给予评价。如对每天全时在线、每天定时在线、不定时在线不同情况进行评价
	广告宣传	对卖方个人的商品或服务是否过度宣传进行评价
	信息更新	对卖方个人的商品或服务的宣传时效性进行评价
	商品(服务)保障	对卖方个人提供的商品或服务其及时性或时效性的评价
	发票信息	对是否出具自身发票给予评价
	其他信息	对卖方个人参与电子商务经营其他内容的相关信息进行评价
评价信息	交易方评价	买方对卖方个人在电子商务活动中合同履行等情况的评价
	交易方投诉	根据买方对卖方个人的违约投诉情况(不含质量投诉问题)进行评价
	质量投诉	根据买方对卖方个人的商品及服务质量投诉情况进行评价
	平台服务提供商评价	第三方(平台服务提供商)对卖方个人的评价
	社会第三方信用评价	银行、信用机构、行业及政府有关管理部门给予的信用相关评价
提示信息	纳税信息	根据卖方个人依法纳税情况进行评价
	资质信息	根据卖方个人取得相关主管机构在经营许可、资格资质等方面授予证书的情况进行评价
	荣誉信息	对卖方个人在政府部门、司法机关或其他社会公共机构等各方面的信用记录给予评价
	不良记录	
	其他信息	根据实际需要补充的其他专项信息的评价

7 网络信用标识

网络信用标识用符号“星(★)”表示，等级差别通过符号“★”的数量多少来体现。个人信用评价结果分为五个等级，从高到低分别用“五星级”、“四星级”、“三星级”、“二星级”、“一星级”表示。个人信用等级表示及含义如表3所示。

表3 信用的等级划分及含义

等级	等级符号	含　义
五星级	★★★★★	信用等级最高
四星级	★★★★	信用等级高
三星级	★★★	信用等级较高
二星级	★★	信用等级良好
一星级	★	该个人已建立信用档案或信用等级一般

参 考 文 献

[1] GB/T 28042 基于电子商务活动的交易主体 个人信用档案规范
[2] GB/T 26841 基于电子商务活动的交易主体 企业信用档案规范
[3] GB/T 26842 基于电子商务活动的交易主体 企业信用评价指标与表示等级规范
[4] GB/T 26819 信用主体标识规范

ICS 03.080.99
A 02

中华人民共和国国家标准

GB/T 28042—2011

基于电子商务活动的交易主体 个人信用档案规范

Transaction subject based upon electronic commerce activities—
The specification for personal credit archive

2011-10-31 发布　　2012-02-01 实施

中华人民共和国国家质量监督检验检疫总局
中国国家标准化管理委员会　发布

前　言

本标准按照 GB/T 1.1—2009 给出的规则起草。

本标准由中国标准化研究院提出。

本标准由全国信用标准化技术工作组归口。

本标准起草单位：中国标准化研究院、中国电子商务协会、北京京东世纪贸易有限公司、凡客诚品(北京)科技有限公司、北京伟库电子商务科技有限公司、北京神洲商桥技术服务有限公司、北京诚信时代企业管理服务中心。

本标准主要起草人：钱玉民、陈震、张梅、赵思颖、居美、尹彦、李向华、樊坤、郭富贵、顾夏云、程絮森。

基于电子商务活动的交易主体
个人信用档案规范

1 范围

本标准规定了电子商务活动中建立个人信用档案的信息项。

本标准适用于电子商务活动中个人信用档案的建立。其他交易活动中信用档案的建立也可参照使用。

2 规范性引用文件

下列文件对于本文件的应用是必不可少的。凡是注日期的引用文件,仅注日期的版本适用于本文件。凡是不注日期的引用文件,其最新版本(包括所有的修改单)适用于本文件。

GB/T 2261.1—2003 个人基本信息分类与代码 第1部分:人的性别代码

GB/T 22117 信用 基本术语

GB/T 26819 信用主体标识规范

YD/T 603—1992 邮政编码标志

3 术语和定义

GB/T 22117 界定的以及下列术语和定义适用于本文件。

3.1

电子商务活动 electronic commerce activities

基于网络的经济活动。

3.2

电子商务交易 electronic commerce transaction

基于网络进行商品或服务买卖的活动。

3.3

交易主体 transaction subject

市场交易活动的买卖双方。

3.4

电子商务交易活动主体 electronic commerce transaction activity subject

电子商务交易活动中买卖双方及提供交易环境的服务商。服务商包括电子商务平台运营商、支付服务商、物流服务商、担保服务商、信用服务商等。

注:信用服务商指经政府主管机构批准成立,从事提供信用产品和服务的独立法人机构。

3.5

信用档案 credit files

信用主体的信用记录集合。

3.6

个人信用档案 consumer credit files

自然人信用档案

自然人的信用记录集合。包括自然人的身份识别信息、基础信息和信用行为信息等。

4 电子商务个人信用档案的基本内容

4.1 身份识别信息

自然人身份识别信息如表1所示。

表1 电子商务个人身份识别信息数据项

类　别	数据项名称	说　明
自然人身份识别信息	姓名	
	登录名	
	性别	参见 GB/T 2261.1—2003
	出生日期	YYYY-MM-DD
	信用主体标识码	参见 GB/T 26819

4.2 基础信息

基础信息包括自然人联系信息、用户信息、网络环境信息。如表2所示。

表2 电子商务个人信用档案基础信息数据项

类　别	数据项名称	说　明
自然人联系信息	收货地址	
	家庭地址	
	通信地址	
	邮政编码	参见 YD/T 603—1992
	固定电话	
	传真电话	
	移动电话	
	电子邮箱	
用户信息	注册时间	YYYY-MM-DD
	信用等级	
	交易内容	
	交易次数	
	认证内容	
网络环境信息	ICP 证号	
	建立年份	YYYY
	客服电话	
	客服电子邮箱	

4.3 信用行为信息

信用行为信息包括网上交易信息、评价信息、提示信息。

4.3.1 网上交易信息

网上交易信息包括商品(服务)信息、交付信息、物流信息。如表3所示。

表3 电子商务个人信用档案网上交易信息数据项

类别	数据项名称	说明
商品(服务)信息	商品类别	
	商品名称	
	商品品牌	
	商品型号	
	商品规格	
	商品材质	
	商品单价	
	库存数量	
	商品所在地	
	新旧程度	
	生产日期	YYYY-MM-DD
	其他	
交付信息	营业状态	
	买卖方式	
	交货时间	YYYY-MM-DD
	每单商品数量	
	交易金额	
	付款方式	
	支付信息	
	发票信息	
	到款时间	YYYY-MM-DD
	成交金额	
	成交数量	
	保障服务	
	其他	
物流信息	发货方式	
	配送方式	
	配送服务商	
	运费承担	
	其他	

4.3.2 **评价信息**

评价信息包括交易评价信息、非交易评价信息、第三方评价和认证信息。如表4所示。

表4 电子商务个人信用档案评价信息数据项

类 别	数据项名称	说 明
交易评价信息	交易用户ID	
	交易时间	YYYY-MM-DD
	交易数量	
	交易总金额	
	评价内容	
	评价人	
	评价等级	
	总评价次数	
非交易评价信息	评价人	
	评价类型	
	评价时间	YYYY-MM-DD
	评价内容	
	评价等级	
	总评价次数	
第三方评价	认可机构	指推动开展某项评价活动的组织机构，并对该项评价活动结果负责
	评价机构	
	评价结果	
	评价类型	
	有效期限	
	评价时间	YYYY-MM-DD
	其他说明	
认证信息	认证名称	
	认证内容	
	认定时间	YYYY-MM-DD
	有效期限	YYYY-MM-DD
	证书编号	
	认证机构	指经国家认证认可管理部门批准成立的组织机构

4.3.3 **提示信息**

提示信息包括荣誉信息、不良行为信息、综合信息、司法信息。如表5所示。

表 5　电子商务个人信用档案提示信息数据项

<table>
<tr><th colspan="2">类　别</th><th>数据项名称</th><th>说　明</th></tr>
<tr><td colspan="2" rowspan="5">荣誉信息</td><td>荣誉名称</td><td></td></tr>
<tr><td>荣誉事项</td><td></td></tr>
<tr><td>颁发时间</td><td>YYYY-MM-DD</td></tr>
<tr><td>证书编号</td><td></td></tr>
<tr><td>发证机构</td><td></td></tr>
<tr><td colspan="2" rowspan="6">不良行为信息</td><td>行为记录</td><td></td></tr>
<tr><td>处罚时间</td><td>YYYY-MM-DD</td></tr>
<tr><td>处罚原因</td><td></td></tr>
<tr><td>处罚结果</td><td></td></tr>
<tr><td>文档编号</td><td></td></tr>
<tr><td>处罚机构</td><td></td></tr>
<tr><td colspan="2" rowspan="4">综合信息</td><td>信息类型</td><td></td></tr>
<tr><td>发布单位</td><td></td></tr>
<tr><td>发布时间</td><td>YYYY-MM-DD</td></tr>
<tr><td>内容摘要</td><td></td></tr>
<tr><td rowspan="13">司法信息</td><td rowspan="9">法院</td><td>判决书编号</td><td></td></tr>
<tr><td>案件类型</td><td></td></tr>
<tr><td>诉讼地位</td><td></td></tr>
<tr><td>立案日期</td><td>YYYY-MM-DD</td></tr>
<tr><td>结案日期</td><td>YYYY-MM-DD</td></tr>
<tr><td>判决结果</td><td></td></tr>
<tr><td>执行期限</td><td>YYYY-MM-DD</td></tr>
<tr><td>执行结果</td><td></td></tr>
<tr><td>判决机关</td><td></td></tr>
<tr><td rowspan="4">检察院</td><td>立案时间</td><td>YYYY-MM-DD</td></tr>
<tr><td>立案机关</td><td></td></tr>
<tr><td>立案事由</td><td></td></tr>
<tr><td>结案状况</td><td></td></tr>
</table>

5　信用修复

当个人信用档案中的信息记录需要更正时，应按信用调查有关程序核实。变更后，要在“说明”栏中标注“[更正]更正日期、原始信息及更正原因”。

当个人信用档案中的信息记录存在有争议时，可在“说明”栏中增加“[注释]”或“[当事人声明]”。

参 考 文 献

[1] GB/T 12406 表示货币和资金的代码
[2] GB/T 26841 基于电子商务活动的交易主体 企业信用档案规范
[3] GA 214.1—2004 常住人口管理信息规范 第1部分:基本数据项
[4] GA 214.2—2004 常住人口管理信息规范 第2部分:户籍管理信息数据项

ICS 03.120.30
A 41

中华人民共和国国家标准

GB/T 28043—2011/ISO 13528:2005

利用实验室间比对进行能力验证的统计方法

Statistical methods for use in proficiency testing by interlaboratory comparisons

(ISO 13528:2005,IDT)

2011-10-31 发布　　2012-02-01 实施

中华人民共和国国家质量监督检验检疫总局
中国国家标准化管理委员会　发布

前 言

本标准按照 GB/T 1.1—2009 给出的规则起草(技术内容除外)。

本标准等同采用国际标准 ISO 13528:2005《利用实验室间比对进行能力验证的统计方法》。对 ISO 13528:2005 的错误作了如下修改和更正:

——将 4.3 第三段中“重复性标准差”和“能力评定标准差”分别更正为“重复性方差”和“能力评定方差”;

——将 5.6.1 第二段中“式(53)”更正为“式(C.1)”;

——将 7.1.3 中“图 1 和 2”更正为“图 2 和图 3”;

——将 7.2.3 中“图 1 和 3”更正为“图 2 和图 4”;

——将 7.4.3 中“图 1 和 4”更正为“图 2 和图 5”;

——将 7.7.2 中“$X \pm U_x$”更正为“$x \pm U_x$”;

——将 7.8 第二段中的“7.4 或 7.6”更正为“5.4 或 5.6”,将“7.5”更正为“5.5”;

——将 7.9.2 中“$u_X = 1.23 \times s^* / \sqrt{181} = 13 \times 10^{-10}$”更正为“$u_X = 1.25 \times s^* / \sqrt{181} = 13 \times 10^{-10}$”;

——将 7.9.4 中“$p > 16$”更正为“$p > 17$”;

——将附录 A 中“s_x”更正为“$s_{\bar{x}}$”;

——将附录 B.2 中第四行和第五行的“标准差”更正为“方差”;

——将附录 B.3 中式(B.4)和式(B.7)中“$x_{i..}$”均更正为“$\bar{x}_{i..}$”。

本标准的附录 A、附录 B 和附录 C 均为规范性附录。

本标准由全国统计方法应用标准化技术委员会(SAC/TC 21)提出并归口。

本标准起草单位:中国标准化研究院、中国合格评定国家认可中心、中国科学院数学与系统科学研究院、北京工业大学、山东检验检疫局技术中心、辽宁出入境检验检疫局。

本标准主要起草人:张帆、丁文兴、田玲、谢田法、于振凡、翟培军、冯士雍、郭武、郑江、陈志民。

引　言

0.1　能力验证的目的

利用实验室间比对的能力验证用于确定实验室对特定测试或测量的实施能力,并监测实验室的持续执行能力。能力验证目的的详细阐述可见 GB/T 15483.1 的引言。从统计的角度来说,实验室能力往往用三个特性来刻画:实验室偏倚、稳定性和重复性。实验室偏倚和重复性在 GB/T 3358.1、GB/T 3358.2和 GB/T 6379.1 中已定义。实验室测试结果的稳定性可由 GB/T 6379.3 定义的中间精密度来度量。

如果有标准物质,可用 GB/T 6379.4 中的程序对标准物质测试来评估实验室偏倚。另外,利用实验室间比对的能力验证提供了获得实验室偏倚信息的一般方法,用能力验证的数据来估计实验室偏倚也是对这类数据进行分析的一个重要方面。因为稳定性和重复性也会影响能力验证获得的数据,所以,实验室可利用一轮能力验证计划的实验数据,来辨别偏倚实际上是由较差的稳定性还是较差的重复性造成的。因此对实验室能力的这几个方面进行定期评估是非常重要的。

稳定性评估通过对保留样本的再测试获得,或通过对标准物质或内部标准物质(实验室自身储备的物质,作为专用标准物质)的定期测量获得,该方法已在 GB/T 6379.3 中给出。在能力验证中,也可通过绘制控制图来评估实验室的稳定性,这是分析能力验证数据的另一个重要方面。但这种方法在单轮能力验证计划中是不可行的。

适用于重复性评估的数据可由实验室日常工作中获得,或由专门用于评估重复性而进行的实验得到。因此,重复性评估不是能力验证的一个重要方面。尽管检测实验室重复性还是非常重要的。可利用 GB/T 6379.6 中给出的极差控制图方法来评估重复性。

图 1 给出了本标准中统计技术应用的流程图。

0.2　GB/T 15483

GB/T 15483.1 描述了不同类型的能力验证计划,并给出了组织和设计能力验证计划的指南。GB/T 15483.2给出了实验室认可机构选择和使用能力验证计划的指南。这两项标准应作为能力验证领域的参考文件(内容并未与本标准重复)。GB/T 15483.1 附录中简要描述了能力验证计划中统计方法。

本标准是 GB/T 15483.1 的补充,给出了能力验证中统计方法使用的详细指南。本标准在很大程度上是基于分析实验室能力验证的协调草案[1]而设计,但对于所有的测量方法都适用。

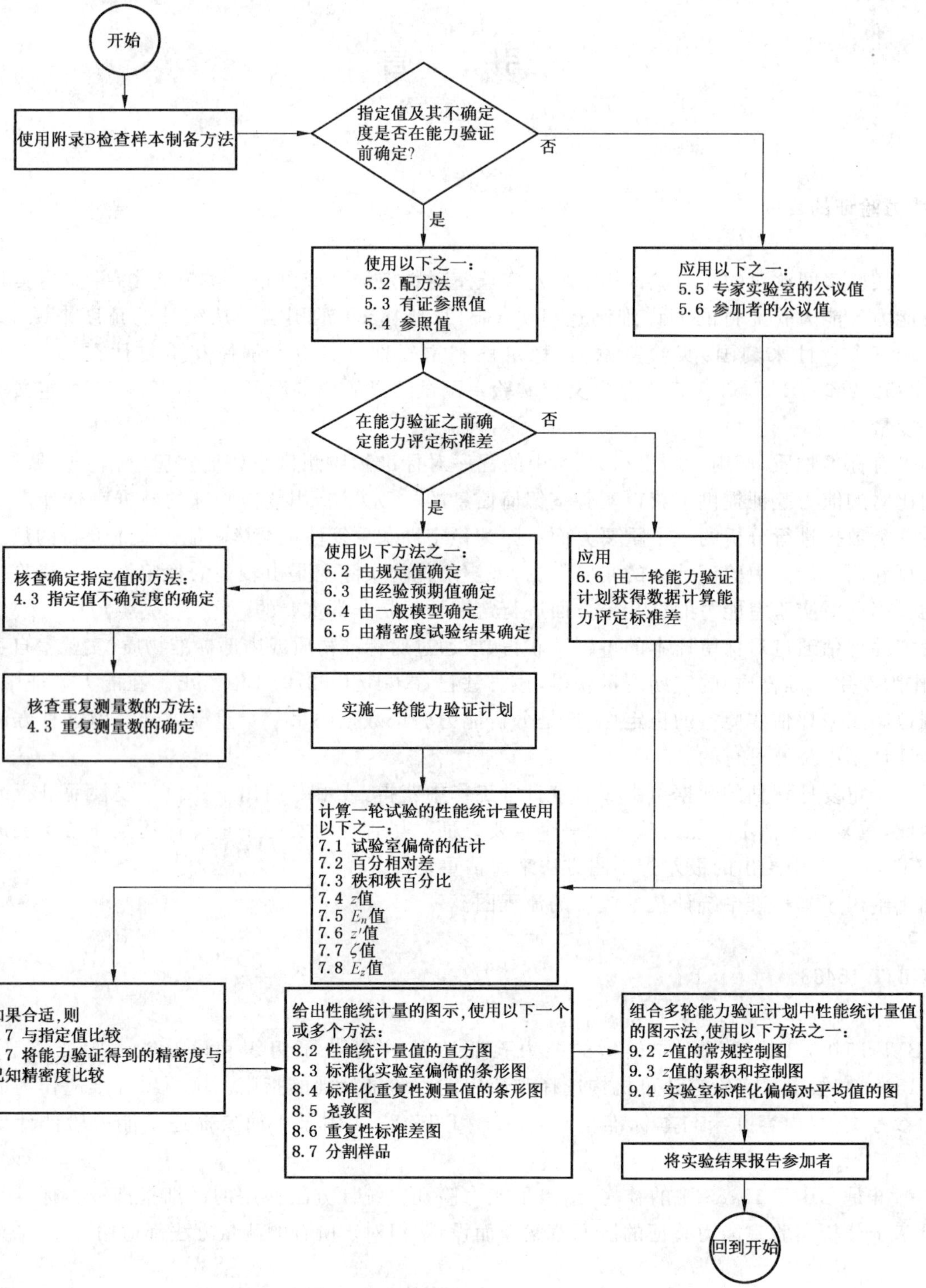

图 1 实施能力验证计划时应用统计技术的流程图

利用实验室间比对进行能力验证的统计方法

1 范围

本标准规定了在能力验证计划中数据分析的统计方法，并且对能力验证计划参加者和认可机构在实际工作中使用上述方法提出了建议。

本标准适用于通过实验室的测量结果验证其不存在明显的不可接受的偏倚。

本标准适用于定量数据而不适用于定性数据。

2 规范性引用文件

下列文件对于本文件的应用是必不可少的。凡是注日期的引用文件，仅注日期的版本适用于本文件。凡是不注日期的引用文件，其最新版本(包括所有的修改单)适用于本文件。

GB/T 3358.1—2010 统计学词汇及符号 第1部分：一般统计术语与用于概率的术语(ISO 3534-1:2006,IDT)

GB/T 3358.2—2010 统计学词汇及符号 第2部分：应用统计(ISO 3534-2:2006,IDT)

GB/T 6379.1—2004 测量方法与结果的准确度(正确度与精密度) 第1部分：总则与定义(ISO 5725-1:1994,IDT)

GB/T 15483.1—1999 利用实验室间比对的能力验证 第1部分：能力验证计划的建立和运作(ISO/IEC Guide 43-1:1997,IDT)

3 术语和定义

GB/T 3358.1、GB/T 3358.2、GB/T 6379.1界定的以及下列术语和定义适用于本文件。

3.1

实验室间比对 interlaboratory comparison

在预定条件下，对两个或两个以上实验室就同一或相似的检测对象进行检测或测量的组织、实施和评价。

3.2

能力验证 proficiency testing

利用实验室间比对确定实验室检测能力。

3.3

指定值 assigned value

对于给定目的的具有适当不确定度的赋予特定量的值，有时该值是约定采用的。

3.4

能力评定标准差 standard deviation for proficiency assessment

基于可用信息，用于能力评估的离散性度量。

3.5

z值 z-score

由能力验证的指定值和标准差计算的实验室偏倚的标准化度量。

注：有时也称为z比分数。

3.6

协调者 coordinator

能力验证计划中负责所有协调工作的组织机构或个人。

4 设计和解释实验室能力验证的统计指南(见 GB/T 15483.1—1999,5.4.2)

4.1 行动信号和警戒信号

4.1.1 本标准给出了一些简单的数值或图形准则,它将应用于能力验证所得数据,以判断这些数据能否引发行动信号或警戒信号。即使在一个运作良好、有经验丰富工作人员的实验室,偶尔也会得到异常数据;同样地,即使一个已由精密度试验验证为有效的标准测量方法也有可能存在缺陷,而这个缺陷可能只在多轮能力验证后才显现;并且能力验证计划本身也可能存在某些缺陷。由于以上原因,此处给出的准则不应作为处罚实验室的依据。若能力验证被用于处罚实验室,则有必要以此为目的设计出适合的准则。

4.1.2 该准则设计的目的在于,当能力评定标准差是基于观测结果(使用 6.4 至 6.6 中的方法之一)时,该准则可在观测结果极其异常,需要进一步调查并采取纠正措施的情形下发出行动信号。

4.1.3 协调者应了解能力验证数据中可预见变异的主要来源。任何分析的第一步应对测量结果的分布进行检查,以发现未预见的变异来源。例如,若出现双峰分布则表明测量结果可能来自于混合总体,其原因可能是测量方法不同、样本被污染或测量方法操作指南不清晰造成的。这种情况下,应先解决有关问题再进行分析和评估。实验室认可机构应事先制定应对能力验证中出现不可接受结果的政策,后续措施由此政策或实验室质量管理办法来确定。然而,当能力验证中实验室产生了不可接受结果时仍有一般性推荐步骤,4.1.4 中给出了具体的行动指南。

4.1.4 在能力验证中,当能力评定标准差由测量结果得出时,若有结果给出行动信号,实验室应采取适当的调查和纠正措施,如有必要,可与协调者或实验室认可机构协商。除非有正当理由,实验室应检查其自身程序,并向实验员确认纠正措施以避免此类结果再次出现。实验室可向协调者询问该问题产生的可能原因,或请协调者咨询其他专家。实验室应参加之后轮次的能力验证计划,以评估其纠正措施的有效性。适当的纠正措施可能是以下几项之一:

a) 核查相关人员是否理解并遵循测量程序;

b) 核查测量程序的所有细节是否正确;

c) 核查设备校准和试剂的成分;

d) 更换可疑的设备或试剂;

e) 与另一个实验室进行人员、设备和/或试剂的比对测试。

GB/T 15483.2—1999 中描述了实验室认可机构对能力验证结果的使用。

4.2 对指定值不确定度的限定

指定值 X 的标准不确定度 u_X,依赖于 X 的定值方法,并且,当该值由若干实验室的测试结果得出时,则 u_X 依赖于实验室数或可能的其他因素。第 5 章给出了指定值标准不确定度的计算方法。

能力评定标准差 $\hat{\sigma}$ 用来评估能力验证中实验室偏倚的大小。计算能力评定标准差的方法在第 6 章给出,它与实验室偏倚的估计值进行比较的准则在第 7 章给出。

当指定值的标准不确定度 u_X 远大于能力验证中使用的能力评定标准差 $\hat{\sigma}$ 时,会存在一种风险,即某些实验室将会因为指定值不准确而收到行动或警戒信号,而不是因为实验室内部的任何原因。基于以上理由,应确定指定值的标准不确定度,并报告给参加能力验证计划的实验室(见 GB/T 15483.1—1999,A.1.4 和 A.1.6)。

当

$$u_X \leqslant 0.3\hat{\sigma} \quad \cdots\cdots(1)$$

时，指定值的不确定度可忽略，并可不包含在能力验证结果中。

当以上准则不满足时，协调者应考虑以下几点：

a） 寻找一种确定指定值的方法，使指定值的不确定度满足以上准则。

b） 在能力验证的结果解释中使用指定值的不确定度（见7.5关于 E_n 值或7.6关于 z' 值有关描述）。

c） 通知能力验证的参加者，指定值的不确定度不可忽略。

示例：假定指定值 X 由11个实验室测试结果的平均值 $\bar{x}$ 确定，能力评定标准差为这11个结果的标准差 s，则 $\hat{\sigma}=s$。作为估计，指定值的标准不确定度可由 $u_X=s/\sqrt{11}\approx 0.3\,s$ 确定，显然符合以上准则。然而，当实验室数少于11个时则不满足该准则。进一步地，当样本是非均匀或不稳定的，或者存在导致实验室结果的共同偏倚的因素（例如，当他们使用同样的参照标准）时，指定值的不确定度将大于 $s/\sqrt{11}$。

4.3 重复测量次数的确定

重复性变异是造成能力验证中实验室偏倚间差异的原因之一。当重复性变异比能力验证的标准差大得多时，重复性变异有可能导致出现无规律的能力验证结果。这种情况下，实验室可能在某一轮试验中存在较大偏倚，但下一轮中不会存在较大偏倚，且很难确定原因。

因此，当决定有必要限制重复性变异的影响时，能力验证中每个实验室的重复测试次数 n 应满足：

$$\sigma_r/\sqrt{n} \leqslant 0.3\hat{\sigma} \quad \cdots\cdots(2)$$

其中 σ_r 是在此之前由实验室间实验确定的重复性标准差。

使用系数0.3是因为，当以上条件满足时，重复性标准差对能力评定标准差的贡献（按方差计）不多于10%。

所有实验室应进行相同次数的重复测量。（本标准给出的分析方法中假定这个条件已满足。）若不等式（2）的条件不满足，则应增加重复测量次数，或者对能力验证结果给出提醒。

该方法假定实验室具有大体相似的重复性。当此条件不满足时将产生其他情况。这些情况下，当应用本标准所述方法时，可能会用到以下技巧。协调者可利用重复性标准差的典型值来确定重复测量次数 n。进而，各实验室应检查它本身的重复性标准差是否满足不等式（2）。若不满足，则应调整其测量程序（通过增加测试次数，测试结果的平均为一个测量结果），使结果满足不等式（2）。

4.4 样本的均匀性与稳定性（见GB/T 15483.1—1999，5.6.2和5.6.3）

附录B给出了用于检验能力验证的样本是否具备充分的均匀性和稳定性的方法。

当使用的某种样本制备方法不能满足附录B中的均匀性检验准则时，参加者应测试重复样本，或者确定能力评定标准差应考虑样本不均匀性，如附录B所述。

4.5 定义测量方法

对于定义测量方法，测量结果与测量方法密切相关。例如，颗粒物的粒度分布可能由方孔或圆孔筛决定。可能无法确定哪种筛分法更优，除非指定某种筛分法，实验室应用不同的筛分法可能会得到不同的结论。如果参加者使用了一种不同于确定指定值的方法时，即使测量过程无任何过错时他们的结果也可能发生偏倚。

如果参加者可自由选择测量方法，则他们不会产生任何有效的一致结果。有两种办法可以克服这个问题：

a） 当参加者按常规使用标准方法时，应用此方法建立指定值，并且指导其他参加者在能力验证中也使用这个方法。

b) 对所使用的每一种方法各建立一个单独的指定值。

当指定了被测量但未指定测量程序时，将产生类似的情况，也必须做出相同的选择。

4.6 数据报告（见 GB/T 15483.1—1999,6.2.3）

由于能力验证中数据计算的需要，建议单个测量结果的舍入误差不大于 $\sigma_r/2$。

应要求参加者报告其测量结果的实际值。测量结果不应表示为区间值(例如，不应将结果报告为"<0.1"或"小于检出限")。同样的，当观测值为负时，则须报告实际的负数值(例如，即使逻辑上测量结果不能为负数时也不应将结果报告为 0)。应告知参加者，若其报告了某样本的区间值，或将负数结果报告为 0 时，则在分析时应剔除此样本的所有数据。如有必要，报告结果所用表格可包含一栏允许参加者指明结果是否低于检出限。

4.7 能力验证结果的有效期

实验室在单独一轮能力验证计划中所得结果的有效期限定在实验室本轮操作的时间内。因此，如果实验室在单独一轮计划中获得了一个满意的结果，并不表明其他情况下该实验室也可获得可靠的数据。

那些按质量体系运作，并且曾经在多轮次能力验证计划中获得了满意结果的实验室，应认定该实验室能够获得持续可靠的数据。

5 确定指定值及其标准不确定度

5.1 确定指定值的方法选择

在 5.2 至 5.6 中描述了五种确定指定值 X 的方法。按照 GB/T 15483.1 的要求，协调者应负责方法的选择，并遵循技术专家的咨询结果。当参加计划的实验室数很少时，5.5 和 5.6 中所述方法可能不适用。本章给出的计算指定值标准不确定度 u_X 的方法通常足以满足在本标准中的应用。当然，其他方法也可使用，只要其有可靠的统计学基础并且能力验证计划文件中对此方法有详细描述。

协调者应负责指定值的确定。指定值不应透露给参加者，直到他们已将自己的实验结果报告给了协调者。协调者应出具一份报告包含以下细节：如何获得指定值，参与确定指定值的实验室，对指定值的溯源性和测量不确定度的说明。

JJF 1059—1999《测量不确定度评定与表示》对测量不确定度的评定给出了指导。

当稳健统计方法是最合适方法时，本标准推荐使用该方法(如 5.5 和 5.6 中所示)。或者，也可使用包含了检验和剔除离群值的方法，只要它有可靠的统计学基础且方法已文件化。GB/T 6379.2 给出了检验离群值的指南。

5.2 配方法(见 GB/T 15483.1—1999,A.1.1,a)

5.2.1 总则

被测物可能由特定比例的混合成分组成，或是添加一定比例的成分到基质中得到。这种情况下，指定值 X 由各组分的量值计算所得。

按照配方法直接制备试样是非常有用的。此时只要保证材料成分的比例或是添加成分的比例，不需准备集样，同时也保证了检测材料的均匀性。然而，当由配方法得到的样本中添加物比典型材料要更松散，或者呈现不同的形态，则应使用其他更好的方式获得样本。

5.2.2 指定值的标准不确定度 u_X

当指定值由测试物质的配方来计算时，根据 JJF 1059—1999《测量不确定度评定与表示》，用不确定度分量来合成标准不确定度。例如，在化学分析中，不确定度通常与重量和体积有关。

本方法(在化学分析中)的局限性在于需要保证以下几点：

a) 基质不受添加成分的影响,或者添加成分在基质中的比例是精确已知的；

b) 所有成分混合均匀(当有此要求时)；

c) 所有误差来源是已被识别(例如,人们往往意识不到玻璃可以吸收汞化合物,实际上汞化合物水溶液的浓度会因容器材质而改变)；

d) 添加成分和基质之间没有反应。

5.2.3 示例:已硬化混凝土中水泥成分的确定

本例中,对混凝土成分的测试,可先对各成分(水泥,沙石和水)称重,再混合并形成混凝土样本。由于已知所制备样本的准确成分,该方法比用分析法确定水泥成分要好得多。

5.3 有证参照值(见 GB/T 15483.1—1999,A.1.1,b)

5.3.1 总则

若能力验证中所用物质为有证标准物质(CRM),则该物质的有证参照值就可作为指定值 X。

注 1:有证参照值有时也称为有证参考值。

注 2:有证标准物质有时也有证标准样品。

5.3.2 指定值的标准不确定度 u_X

当有证标准物质用作被测材料时,指定值的标准不确定度由证书中给出。

该方法的局限性在于,为能力验证中的每个参加者都提供一份有证标准物质会比较昂贵。

5.3.3 示例:骨料的 LA 值

"LA (Los Angeles)值"是对筑路工程中骨料的机械强度的一种度量,结果以"LA"为计量单位。在某种标准物质的定值过程中,准备了大量特定骨料样本,其中一些样本用于确定指定值及其不确定度,28 个实验室参加,得到指定值为 $X_{CRM}=21.62$ LA,标准不确定度 $u_{X_1,CRM}=0.26$ LA。剩余的骨料样本可用于能力验证。

5.4 参照值(见 GB/T 15483.1—1999,A.1.1,c)

5.4.1 总则

首先准备将要制成标准物质(RM)的测试物料。随机选择一部分样本,在同一实验室中使用合适的测量方法在重复性条件下(如 GB/T 3358.2 中定义)与 CRM 分别测试。对照 CRM 的有证参照值来校准得到测试材料的指定值 X_{RM}。

5.4.2 指定值的标准不确定度 u_X

当测试物料的指定值是由对测试物料和 CRM 的一系列测试得到时,指定值的标准不确定度由测试结果和 CRM 的有证参照值的不确定度得出。如果测试物料和 CRM 不相似(在基质(基体),成分构造和结果的水平等方面),确定指定值的标准不确定度时还应考虑这部分不确定度。

应用该方法得到的指定值,可溯源到 CRM 的有证参照值,其标准不确定度是可计算的,并且可以避免将 CRM 分发给所有参加者的成本支出,因此好于其他方法。但是,该方法需假定测试条件与测试物料没有交互作用。

5.4.3 中的示例说明了当用测试物料与单一 CRM 的直接比对而得到其指定值时,如何计算不确定度的方法。

5.4.3 示例:骨料的 LA 值

5.3 中的示例提到的 CRM 可用于确定另一个相似骨料 RM 的指定值(见式(3))。这个确定过程需要在同一个实验室中使用相同的测量方法以及在重复性条件下对两种骨料样本进行一系列测试。

$$X_{RM} = X_{CRM} + \overline{D} \quad \cdots\cdots(3)$$

式中:

X_{CRM}——CRM 的指定值;

X_{RM}——RM 的指定值;

D_i——第 i 个 RM 样品测量结果(平均值)和第 i 个 CRM 样品的测量结果(平均值)之差($x_{i,RM} - x_{i,CRM}$);

$\overline{D}$——D_i 的平均值。

RM 指定值的标准不确定度为:

$$u_{X;RM} = \sqrt{u_{X;CRM}^{\ 2} + u_D^2} \quad \cdots\cdots(4)$$

表 1 给出了经过一系列测试可能获得的数据,并给出 u_D 的计算方法。

由表中结果可得,

$$X_{RM} = 21.62 + 1.73 = 23.35(LA) \quad \cdots\cdots(5)$$

和

$$u_{X;RM} = \sqrt{0.26^2 + 0.24^2} = 0.35(LA) \quad \cdots\cdots(6)$$

其中 0.26 是 CRM 的指定值的标准不确定度(5.3 中的示例给出),0.24 是 $\overline{D}$ 的标准不确定度。

表 1 CRM 和 RM 的平均值之差及其标准不确定度的计算

样品	RM		CRM		平均值之差 RM-CRM LA
	测试 1 LA	测试 2 LA	测试 1 LA	测试 2 LA	
1	20.5	20.5	19.0	18.0	2.00
2	21.1	20.7	19.8	19.9	1.05
3	21.5	21.5	21.0	21.0	0.50
4	22.3	21.7	21.0	20.8	1.10
5	22.7	22.3	20.5	21.0	1.75
6	23.6	22.4	20.3	20.3	2.70
7	20.9	21.2	21.5	21.8	−0.60
8	21.4	21.5	21.9	21.7	−0.35
9	23.5	23.5	21.0	21.0	2.50
10	22.3	22.9	22.0	21.3	0.95
11	23.5	24.1	20.8	20.6	3.10
12	22.5	23.5	21.0	22.0	1.50
13	22.5	23.5	21.0	21.0	2.00
14	23.4	22.7	22.0	22.0	1.05
15	24.0	24.2	22.1	21.5	2.30
16	24.5	24.4	22.3	22.5	2.05
17	24.8	24.7	22.0	21.9	2.80
18	24.7	25.1	21.9	21.9	3.00
19	24.9	24.4	22.4	22.6	2.15
20	27.2	27.0	24.5	23.7	3.00
差的平均值,$\overline{D}$					1.73
标准差					1.07
$\overline{D}$ 的标准不确定度(标准差/$\sqrt{20}$)					0.24
注:以上是在 LA 检测中,测量骨料的机械强度而获得的数据。					

5.5 专家实验室的公议值(见 GB/T 15483.1—1999,A.1.1,d)

5.5.1 总则

如参照值方法(5.4),首先需准备分发给参加者的测试物料。随机选取一部分样本,由一组专家实验室进行分析,这组专家实验室可以是一轮能力验证计划的参加者,在这一轮计划完成后确定指定值及其不确定度。指定值 X 由这组专家实验室报告结果的稳健平均值得到,具体计算使用附录 C 中的算法 A。

也可使用其他计算方法代替算法 A,只要该方法有可靠的统计学理论基础并在能力验证报告中描述所使用方法即可。

5.5.2 指定值的标准不确定度 u_X

当 p 个专家实验室均报告了测试物料的测量值 x_i 及其测量标准不确定度的估计值 u_i,且指定值 X 是由算法 A 计算得到的稳健平均值,则指定值 X 的标准不确定度由下式估计:

$$u_X = \frac{1.25}{p} \times \sqrt{\sum_{i=1}^{p} u_i^2} \qquad (7)$$

当专家实验室没有报告标准不确定度,或不确定度未被独立确认(例如,由实验室认可机构确认)时,指定值的标准不确定度应由 5.6 中方法来估计。

注:对于来自正态分布的一个大样本($p>10$),系数 1.25 是中位数的标准差和算术平均值的标准差之比。对于服从正态分布的数据,由附录 C 中算法 A 得到的稳健平均值的标准差是未知的,但是它会落在算术平均值的标准差和中位数的标准差之间。因而该公式给出了标准不确定度 u_X 的一个保守估计。对于 $p<10$,适合的系数将小于 1.25,因而该公式得到的估计将更为保守。

这种方法的局限性在于这组专家实验室的结果中可能存在未知的偏倚,并且所报出的不确定度可能是不可靠的。

5.5.3 示例:混凝土的岩相分析

该方法可用于将骨料分发给参加者以确定样本的岩相组成时,对骨料的分类需要一定的技巧和经验,而且没有可供参考的材料,因而这种情况下一组专家实验室的一致意见可能是确定指定值的最好方法。

5.6 参加者的公议值(见 GB/T 15483.1—1999,A.1.1,e)

5.6.1 总则

该方法是将一轮能力验证计划中所有参加者报告结果的稳健平均值作为该轮计划中所使用测试材料的指定值 X,计算使用附录 C 中的算法 A。

其他计算方法也可代替算法 A,只要该方法有牢固的统计学基础并在能力验证报告中描述所使用的方法即可。例如,附录 C.1 中按式(C.1)计算稳健平均值,按式(C.2)计算稳健标准差停止,不再进行迭代。

该方法若结合已标准化的测量方法使用,则是非常有用的。

5.6.2 指定值的标准不确定度 u_X

当指定值为由算法 A 得出的稳健平均值时，指定值 X 的标准不确定度由下式估计：

$$u_X = 1.25 \times s^* / \sqrt{p} \qquad \cdots\cdots (8)$$

其中 s^* 是使用附录 C 中算法 A 计算得到的稳健标准差。（此处每个参加者得到的“结果”是测试材料的所有观测值的平均值。）

该方法的局限性在于：

a) 参加者中可能不存在真正的公议值；

b) 公议值可能会包含测量方法本身的偏倚，但此偏倚不会在如上计算的指定值的标准不确定度中体现出来。

以上情况在痕量成分的测定中是常见的。

5.6.3 示例：抗体浓度的测定

表 2 给出了一轮能力验证计划中对三种特定过敏原免疫球蛋白 E 抗体进行测定的数据。图 2 为这些数据的茎叶图。

应用算法 A，先将数据按升序排列，计算均值和标准差的初始稳健估计值，再用迭代法计算。表 3 给出了表 2 中特定过敏原免疫球蛋白 E 抗体 d1 测量结果的计算过程。

算法 A 的计算过程如下。

a) 步骤 1：将数据按升序排在一列中，如表 3 中第 0 步迭代。计算其均值和标准差（表 3 中 10.91 和 3.13）。用 C.1 中的公式计算稳健平均值和稳健标准差的初始值（表 3 中的 10.85 和 3.53）。

b) 步骤 2：将数据复制到第二列中，如表 3 第 1 步迭代所示。用 C.1 中的公式由稳健平均值和稳健标准差的初始值计算截止值，（表 3 中的 5.56 和 16.15）。将超出截止值范围的数值用截止值代替（2.18 替换为 5.56，16.30 替换为 16.15）。计算新的均值和标准差（表 3 中 11.03 和 2.81）。根据附录 C 给出的公式，稳健平均值与此时的均值（11.03）相同，将标准差乘以 1.134 得到稳健标准差（3.19）。

c) 步骤 3：继续使用数据表，不必将数据写入新列中。第三列顶部的截止值需改变，即用此列底部的稳健平均值和稳健标准差计算得新的截止值。由第二步迭代可得截止值（6.24 和 15.82），如表 3 所示。继续将超出截止值范围的数值替换为截止值，直到迭代终止。当数据进行替换时，数据表将更新均值、标准差和截止值，但这些数值的变化将逐渐变小直到不再显著变化为止。

其他两种特定过敏原免疫球蛋白 E 抗体的稳健平均值和稳健标准差可用相似的方法进行计算。

值得注意的是，实验室 P 对 d1 的测试结果没有按照格拉布斯（Grubbs）检验归为离群值或岐离值，示例中若根据 GB/T 6379.2 对于离群值的判定，则应由表 3 中第 0 次迭代的数据计算出均值和标准差。应用稳健方法，实验室 P 得到的较小结果，以及实验室 D、U 和 Z 得到的较大结果对稳健估计值没有影响。从条形图（见 8.3 图 9）中可以得出某些实验室结果可能需要进一步调查。例如，图 9 中，实验室 Z 在所有 3 个水平上具有最大的正的 z 值，说明该实验室可能存在较大的正偏倚。

表 2　三种特定过敏原免疫球蛋白 E 抗体(d1,f1 和 e3)的浓度——来自 $p=27$ 个实验室报告的数据

实验室	浓度		
	d1 kU/L	f1 kU/L	e3 kU/L
A	11.30	1.69	5.02
B	8.29	0.74	2.52
C	11.90	2.23	5.15
D	15.60	1.76	5.15
E	13.40	1.91	4.84
F	12.50	1.71	4.54
G	10.40	1.88	5.94
H	9.38	1.14	3.50
I	14.20	1.74	4.48
J	12.10	2.39	4.75
K	8.10	3.10	3.70
L	10.80	1.39	4.70
M	13.80	1.52	5.59
N	7.00	1.50	3.40
O	10.85	1.80	2.80
P	2.18	2.52	1.88
Q	8.39	1.83	3.80
R	6.95	1.92	3.52
S	11.80	1.58	4.86
T	10.90	0.80	2.80
U	16.30	2.39	5.60
V	9.71	1.21	3.33
W	10.50	1.93	5.35
X	13.60	2.23	5.53
Y	10.10	1.63	3.18
Z	16.07	2.69	8.22
a	8.47	2.16	4.64
p	27	27	27
稳健均值 x^*	11.03	1.83	4.35
稳健标准差 s^*	3.04	0.50	1.25
注:表中数据为每升(L)样品中千单位(kU)抗体数,其中单位(U)由国际标准物质的浓度定义。			

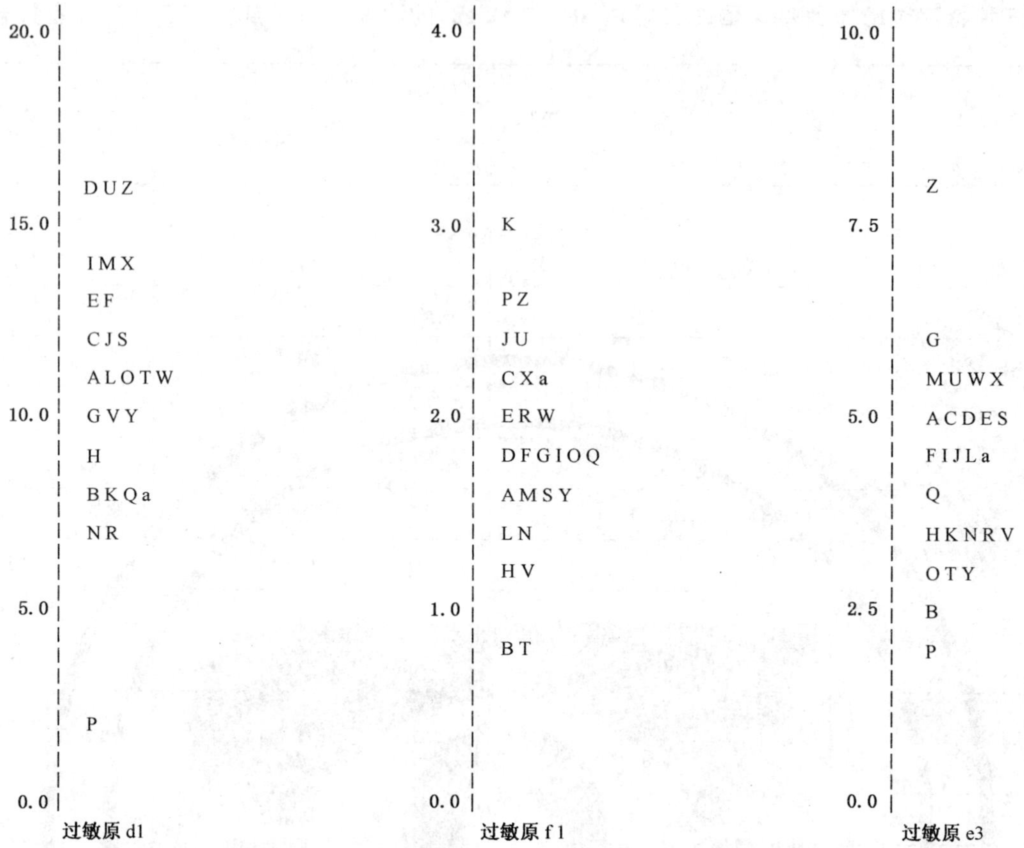

注 1：图中数据为每升(L)样品中千单位(kU)抗体数，其中一单位(U)由国际标准物质的浓度定义。

注 2：表 2 中的数值为手工计算到小数点后两位。

图 2　三种特定过敏原免疫球蛋白 E 抗体的浓度——数据的茎叶图(由表 2 中数据)

表 3　三种特定过敏原免疫球蛋白 E 抗体的浓度——抗体 d1 的稳健平均值和稳健标准差的计算

迭代步骤	0	1	2	3	4	5
$\delta=1.5s^*$	—	5.30	4.79	4.62	4.58	4.56
$x^*-\delta$	—	5.56	6.24	6.41	6.45	6.47
$x^*+\delta$	—	16.15	15.82	15.65	15.61	15.59
P	2.18	5.56	6.24	6.41	6.45	6.47
R	6.95	6.95	6.95	6.95	6.95	6.95
N	7.00	7.00	7.00	7.00	7.00	7.00
K	8.10	8.10	8.10	8.10	8.10	8.10
B	8.29	8.29	8.29	8.29	8.29	8.29
Q	8.39	8.39	8.39	8.39	8.39	8.39
a	8.47	8.47	8.47	8.47	8.47	8.47
H	9.38	9.38	9.38	9.38	9.38	9.38
V	9.71	9.71	9.71	9.71	9.71	9.71
Y	10.10	10.10	10.10	10.10	10.10	10.10

表 3（续）

迭代步骤	0	1	2	3	4	5
G	10.40	10.40	10.40	10.40	10.40	10.40
W	10.50	10.50	10.50	10.50	10.50	10.50
L	10.80	10.80	10.80	10.80	10.80	10.80
O	10.85	10.85	10.85	10.85	10.85	10.85
T	10.90	10.90	10.90	10.90	10.90	10.90
A	11.30	11.30	11.30	11.30	11.30	11.30
S	11.80	11.80	11.80	11.80	11.80	11.80
C	11.90	11.90	11.90	11.90	11.90	11.90
J	12.10	12.10	12.10	12.10	12.10	12.10
F	12.50	12.50	12.50	12.50	12.50	12.50
E	13.40	13.40	13.40	13.40	13.40	13.40
X	13.60	13.60	13.60	13.60	13.60	13.60
M	13.80	13.80	13.80	13.80	13.80	13.80
I	14.20	14.20	14.20	14.20	14.20	14.20
D	15.60	15.60	15.60	15.60	15.60	15.59
Z	16.07	16.07	15.82	15.65	15.61	15.59
U	16.30	16.15	15.82	15.65	16.61	15.59
平均值	10.91	11.03	11.03	11.03	11.03	11.03
标准差	3.13	2.81	2.72	2.69	2.68	2.68
新的 x^*	10.85	11.03	11.03	11.03	11.03	11.03
新的 s^*	3.53	3.19	3.08	3.05	3.04	3.04
注：表中数据为每升(L)样品中千单位(kU)抗体数，其中单位(U)由国际标准物质的浓度定义。						

5.7 指定值的比对

当使用5.2至5.4中方法计算指定值 X 时，在每轮能力验证计划后，应将每轮计划的结果得到的稳健平均值 x^* 与指定值比较。当使用5.5和5.6中方法计算指定值时，若有可能，该指定值应与一个具备专业能力的实验室得到的参照值作比较。差值 x^*-X 的标准不确定度由下式估计：

$$\sqrt{\frac{(1.25s^*)^2}{p}+u_X^2} \qquad (9)$$

其中，s^* 为稳健标准差；p 为实验室数。

若 $|x^*-X|$ 比其不确定度的二倍还要大，则需查找原因。可能的原因如下：

——测量方法偏倚；

——实验室偏倚；

——没有意识到使用5.2中方法的局限性；

——当使用“专家实验室”的公议值作为指定值时，专家实验室存在偏倚；

——当使用参加者的公议值作为指定值时，使用的测量方法存在偏倚，或某些实验室存在偏倚。

5.8 缺失值

当能力验证中重复测试次数 n 不少于 2 时，则分析结果时应首先计算各实验室结果的均值和标准差。这个均值可用于以下情形：例如，在第 7 章中性能统计量的计算，8.2 和 8.3 中绘制直方图和条形图。标准差可用于绘制如 8.4 和 8.6 中考察测量重复性的图。

尽管所有参加者预期进行相同次数 n 的重复测试，但他们报告的测试结果可能有缺失，例如，某些测试被毁坏或不能重复。当以上情况发生时，推荐按以下步骤进行。

若实验室报告了至少 $0.59n$ 次重复测试结果，仍可用这些数据计算均值和标准差，并看作实验室已报告了 n 个测试值。但报告中须说明实验室所做重复测试的次数。

若实验室报告的重复测试次数小于 $0.59n$，则不应将该测量结果用于影响其他实验室的统计量计算中。例如，其结果不应包含在如 5.6 中指定值的计算中，或如 6.6 中能力评定标准差的计算中。这些测量结果可用于如第 7 章其自身性能统计量的计算中，或者用于第 8 章的图示中，但是报告中应声明实验室所作的重复测试次数，并说明测试次数少于计划中预期的测试次数。

注： 系数定为 0.59 是因为：n 次重复测试均值的标准差是 $\sigma_r/\sqrt{n}$。由于重复测试次数减少则标准差增大，因而当实际重复测试次数从 n 减少到 $0.59n$ 时，标准差增大到原来的 1.3 倍。此时可认为达到标准差波动的一个可接受的极限值。由于 $0.59n$ 的限制，这将阻止标准差大于其 1.3 倍。该规则一定程度上是人为规定的，因此如有必要，协调者可与计划参加者商议修改规则。

6 确定能力评定标准差（见 GB/T 15483.1—1999，A.2.1.3）

6.1 方法选择

6.2 至 6.6 中描述了五种确定能力评定标准差 $\hat{\sigma}$ 的方法。协调者应负责对方法的选择，方法选择过程中应与计划的参加者和相关认可机构进行协商，并考虑相关规定。当参加能力验证计划的实验室很少时，6.6 中方法是不适用的。协调者还应负责确定标准差 $\hat{\sigma}$，并报告获得标准差的具体步骤。

注： GB/T 15483.1 使用符号 s 表示能力评定标准差。这与 s 的通常用法是一致的，s 一般用于表示样本标准差。本标准中，能力评定标准差有时也可由其他方法得出，为不引起混淆，此处选择 $\hat{\sigma}$ 表示能力评定标准差。

6.2 由规定值确定

6.2.1 总则

能力评定标准差可根据某个特定的数据解释工作的需要设定为一规定值，或由法规要求确定。

这种方法的优点在于能力评定标准差与测量方法的“适用性”声明有直接关联。

6.2.2 示例：坚果，坚果制品，干无花果和干无花果制品中黄曲霉素含量的测定

法规规定，当黄曲霉素的法定上限值为 10 μg/kg 时，测定黄曲霉素方法的再现性变异系数应不大于 50%。因此，当用于能力验证的实验材料中黄曲霉素含量为 10 μg/kg 时，由法规可知测量结果的再现性标准差应不大于 5 μg/kg。这种情况下，设定能力评定标准差为 5 μg/kg 是适合的。

6.3 由经验预期值确定

6.3.1 总则

能力评定标准差可设定为某一符合实验室能力水平的值，它是协调者和能力验证计划成员希望实验室可以达到的预期值。

因而，由此设定实验能力评定标准差就等价于关于测量方法的“适用性”声明。

当能力评定标准差 $\hat{\sigma}$ 是规定值或由经验预期值得到时，则所取数值与测量方法的再现性可能是没有实际联系的。只要该方法的重复性和再现性是已知的，以下方法可用于检查所选取的 $\hat{\sigma}$ 是否合理。已知

σ_R 为再现性标准差，

σ_r 为重复性标准差，

计算实验室间标准差：

$$\sigma_L = \sqrt{\sigma_R^2 - \sigma_r^2}$$

将 σ_L、σ_r 和选定的 $\hat{\sigma}$ 的值代入式(10)中，可得系数 ϕ，

$$\hat{\sigma} = \sqrt{(\phi \times \sigma_L)^2 + (\sigma_r^2/n)} \qquad \cdots\cdots(10)$$

其中 n 是能力验证中各实验室将实施的重复测试次数。

当所得 ϕ 很小(如 $\phi<0.5$)时，表明实际上实验室无法达到与选定 $\hat{\sigma}$ 对应的再现性水平。

6.3.2 示例 1：人血清中血糖含量的测定

假定医学实验室能够测定的血糖水平值在指定值的±10%以内是可接受的，而对于极低的血糖浓度(低于 60 mg/dL)的允许差为±6.0 mg/dL。由此可计算能力评定标准差：

a) 对于指定值 X 低于 60 mg/dL：

$\hat{\sigma}=6.0/3.0=2.0$ mg/dL；

b) 对于指定值 X 高于 60 mg/dL：

$\hat{\sigma}=0.1X/3.0=0.033X$ mg/dL。

此处的系数 3.0 对应于用来解释 z 值(见 7.4)的临界值 3.0。

6.3.3 示例 2：测定硬化混凝土中水泥含量

混凝土中水泥含量通常由每立方米混凝土中水泥的质量来度量(如，kg/m^3)。实际上，混凝土的生产按其质量不同而分为不同等级，以 25 kg/m^3 为间隔定级，实验室需能正确测定混凝土等级。由于以上原因，$\hat{\sigma}$ 的取值不应大于 25 kg/m^3 的一半。对于一种水泥平均含量为 260 kg/m^3 的混凝土，通过精密度试验结果可知：$\sigma_R=23.2$ kg/m^3，$\sigma_r=14.3$ kg/m^3。

因此

$$\sigma_L = \sqrt{23.2^2 - 14.3^2} = 18.3(\text{kg/m}^3) \qquad \cdots\cdots(11)$$

若 $n=2$，将 $\sigma_L=18.3$ kg/m^3、$\sigma_r=14.3$ kg/m^3 和 $\hat{\sigma}=12.5$ kg/m^3 代入式(10)可得：

$$12.5 = \sqrt{(18.3\phi)^2 + (14.3^2/2)} \qquad \cdots\cdots(12)$$

由上式可得 $\phi=0.40$。因此，若取 $\hat{\sigma}=12.5$ kg/m^3，则能力验证中要求的实验室间标准差是精密度试验中所得实验室间标准差的 0.4 倍，显然这是不可实现的。

6.4 由一般模型确定

6.4.1 总则

能力评定标准差可由测量方法再现性的一般模型得出。

该方法的缺点在于，特定测量方法真实的再现性可能与一般模型给出的数值有显著差别，这是因为一般模型假定再现性只依赖于被测量的水平，而不依赖于被测量本身、测量过程或者样本量。

6.4.2 示例：Horwitz 曲线

Horwitz[3] 给出了化学分析方法再现性的一个一般模型，这个方法可得到以下再现性标准差的表达式：

$$\sigma_R = 0.02c^{0.8495} \qquad (13)$$

其中 c 是以百分数表示的待测化学成分的浓度(质量分数)。

6.5 由精密度试验结果确定

6.5.1 总则

当能力验证计划中使用已标准化的测量方法，且该方法的重复性和再现性可获得时，能力评定标准差 $\hat{\sigma}$ 可由这些信息进行如下计算。已知

σ_R 为再现性标准差，

σ_r 为重复性标准差，

实验室间标准差计算公式如下：

$$\sigma_L = \sqrt{\sigma_R^2 - \sigma_r^2} \qquad (14)$$

则计算能力评定标准差的公式如下：

$$\hat{\sigma} = \sqrt{\sigma_L^2 + (\sigma_r^2/n)} \qquad (15)$$

其中 n 是一轮能力验证计划中各实验室的重复测试次数。

当重复性标准差和再现性标准差依赖于测试结果的平均值时，它们之间的函数关系可以用 GB/T 6379.2中的方法确定，然后利用这些关系对能力验证的指定值计算重复性标准差和再现性标准差。

6.5.2 示例：测定硬化混凝土中水泥含量

沿用 6.3 示例中的数据，式(15)给出了能力评定标准差如下：

$$\hat{\sigma} = \sqrt{18.3^2 + (14.3^2/2)} = 20.9(\mathrm{kg/m^3}) \qquad (16)$$

其中假定能力验证计划中重复测试次数 $n=2$。

6.6 由一轮能力验证计划所得数据确定

6.6.1 总则

该方法中，用于评估一轮能力验证计划中参加者能力的标准差 $\hat{\sigma}$ 由该轮计划参加者报告的结果得出。标准差应是所有参加者报告结果的稳健标准差，用附录 C 中算法 A 计算。参加者报告的结果应是此轮计划中实验室 n 次重复测试的平均值。

也可用有合理统计学理论基础的其他计算方法代替算法 A，此时应在报告中描述该方法。

该方法的缺点在于，由于 $\hat{\sigma}$ 的值可能在每轮计划都会有显著的变化，因而利用实验室 z 值来寻找几轮计划中可能的趋势时会有一定困难。但这个缺点可通过制定能力验证计划时，规定 $\hat{\sigma}$ 为若干轮计划中所得标准差的稳健联合值(由附录 C 中算法 S 计算)来克服。

6.6.2 示例：测定抗体浓度

表 2 和表 3 给出了该方法的一个示例。

6.7 能力验证得到的精密度与测量方法已知精密度的比较

为了检验参加者能力，并衡量能力验证计划对参加者的益处，推荐协调者采用以下步骤。使用 GB/T 6379.5 中的稳健方法，通过各轮能力验证计划的结果来估计测量方法的重复性标准差和再现性标准差。画出这些估计值的时间序列图，如有可能，图中也应标出精密度试验所得的重复性标准差和再

现性标准差。

之后协调者应仔细检查这些图。若能力验证中所得精密度与精密度试验中所得数值相差两倍或更多，协调者需调查其原因。如果能力验证计划得到的测量方法精密度没有随时间推移而改善，则建议考虑以下几点：

——参加实验室未调查发出行动信号或警戒信号的原因，或者没有正确执行纠正措施；

——参加实验室不能查出发出行动信号或警戒信号的原因；

——所采用方法在测量过程中处于统计受控状态，可基于测得的数据得出可靠的结论。

7 性能统计量的计算

7.1 实验室偏倚的估计（见 GB/T 15483.1—1999，A.2.1.4，a）

7.1.1 总则

设 x 表示一轮能力验证计划中参加者对测试材料的某种特性报告的结果。则该特性的实验室偏倚估计值 D 由下式计算：

$$D = x - X \qquad \cdots\cdots (17)$$

其中 X 为指定值。

性能统计量中不推荐使用 $|D|$ 或 D^2，这样会掩盖偏倚的符号。

7.1.2 实验室偏倚的解释

当参加者所报结果显示出实验室偏倚大于 $3.0\hat{\sigma}$ 或小于 $-3.0\hat{\sigma}$ 时，则发出“行动信号”。同样的，当实验室偏倚大于 $2.0\hat{\sigma}$ 或小于 $-2.0\hat{\sigma}$ 则发出“警戒信号”。一轮计划中的一个“行动信号”，或连续两轮计划中出现“警戒信号”，应认为出现异常数据，需进行调查。该准则等同于 7.4 中根据 z 值给出行动信号和警戒信号的准则。

这里系数为 2.0 和 3.0(此后也出现在相似的准则中)的原因如下：若 x 来自于服从正态分布的总体，且 X 和 $\hat{\sigma}$ 是总体均值和标准差的优良估计值，那么 D 值也近似服从正态分布，其均值为零，标准差为 $\hat{\sigma}$。在这些条件下，实验室偏倚的估计值落在 $-3.0\hat{\sigma}<D<3.0\hat{\sigma}$ 的区间之外的概率只有 0.3%，而落在 $-2.0\hat{\sigma}<D<2.0\hat{\sigma}$ 的区间之外的概率则有 5.0%。正因为行动信号的发生概率很低，当没有真正的问题存在时行动信号是很难出现的，所以若出现了行动信号则认为有异常情况出现是合理的。

当能力评定标准差由 6.2、6.3 或 6.4 中方法确定时，它可能与再现性标准差有显著不同，此时概率 0.3%和 5.0%就不再适用。

当能力评定标准差由 6.2 或 6.3 中方法确定时，可根据实际情况选择适当的性能统计量，使之可以直接与规定值或经验预期值作比较。例如，6.3 的示例中，样本中血糖含量指定值的误差限为±10%，能力评定标准差为 3.33%，再按 7.4 中方法计算 z 值。同样地，也可计算实验室偏倚的百分相对差(见 7.2)，然后直接与目标值 10%比较。

7.1.3 示例：抗体浓度的测定

表 4 给出用以上方法处理表 2 数据后所得结果，图 3 给出了实验室偏倚估计值的茎叶图。比较图 2和图 3 可知，实验室偏倚与原始数据具有相同的分布(不考虑修约的影响)，但是实验室偏倚以零点为中心。

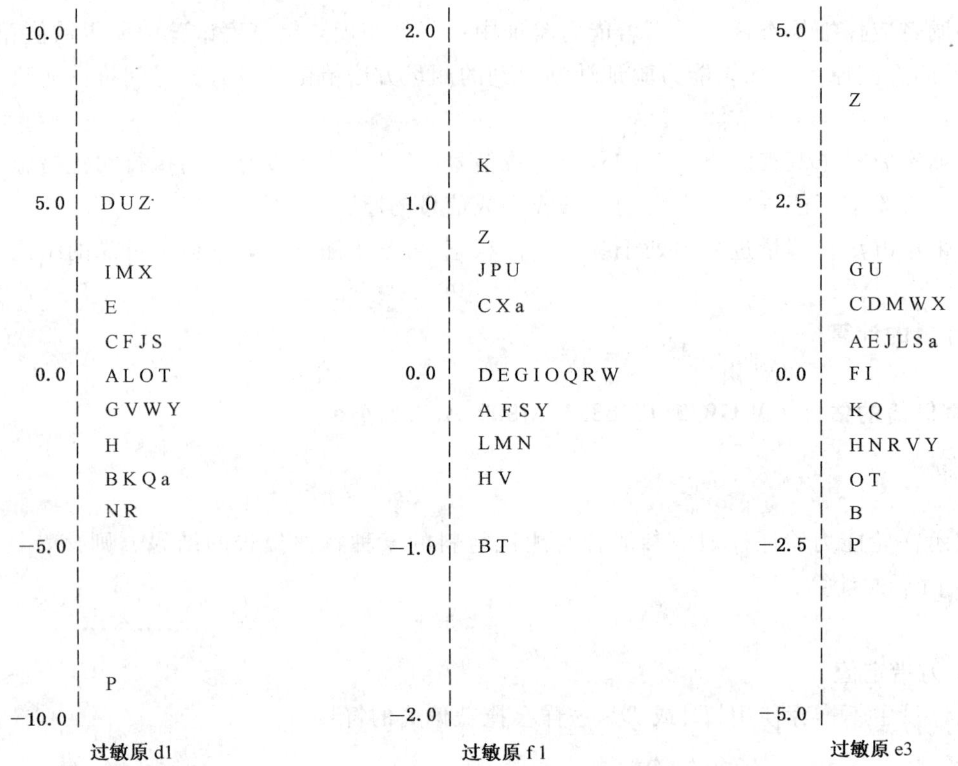

注：图中数据为每升(L)样品中千单位(kU)抗体数，其中单位(U)由国际标准物质的浓度定义。

图 3　三种特定过敏原免疫球蛋白 E 抗体的浓度——实验室偏倚估计值的茎叶图(由表 4 数据)

表 4　三种特定过敏原免疫球蛋白 E 抗体的浓度(d1,f1 和 e3)——实验室偏倚的估计值

实验室	浓度		
	d1 kU/L	f1 kU/L	e3 kU/L
A	0.27	−0.14	0.67
B	−2.74	−1.09W	−1.83
C	0.87	0.40	0.80
D	4.57	−0.07	0.80
E	2.37	0.08	0.49
F	1.47	−0.12	0.19
G	−0.63	0.05	1.59
H	−1.65	−0.69	−0.85
I	3.17	−0.09	0.13
J	1.07	0.56	0.40
K	−2.93	1.27W	−0.65
L	−0.23	−0.44	0.35
M	2.77	−0.31	1.24
N	−4.03	−0.33	−0.95

表 4（续）

实验室	浓度		
	d1 kU/L	f1 kU/L	e3 kU/L
O	−0.18	−0.03	−1.55
P	−8.85W	0.69	−2.47
Q	−2.64	0.00	−0.55
R	−4.08	0.09	−0.83
S	0.77	−0.25	0.51
T	−0.13	−1.03W	−1.55
U	5.27	0.56	1.25
V	−1.32	−0.62	−1.02
W	−0.53	0.10	1.00
X	2.57	0.40	1.18
Y	−0.93	−0.20	−1.17
Z	5.04	0.86	3.87A
a	−2.56	0.33	0.29
$3.0\hat{\sigma}$	9.12	1.50	3.75
$2.0\hat{\sigma}$	6.08	1.00	2.50
$-2.0\hat{\sigma}$	−6.08	−1.00	−2.50
$-3.0\hat{\sigma}$	−9.12	−1.50	−3.75

注 1：浓度数据中，A＝行动信号，W＝警戒信号。

注 2：表中的实验室偏倚数据是根据表 2 中的数据计算，将表 2 的稳健平均值作为三个水平的指定值。上表底部给出了行动限和警戒限，其中将表 2 的稳健标准差作为能力评定标准差。

注 3：数据为每升(L)样品中千单位(kU)抗体数，其中单位(U)由国际标准物质的浓度定义。

7.2 百分相对差(见 GB/T 15483.1—1999，A.2.1.4，b)

7.2.1 总则

沿用 7.1 中符号，百分相对差由下式定义：

$$D\% = 100(x - X)/X \qquad \cdots\cdots(18)$$

7.2.2 百分相对差的解释

百分相对差应与 7.1 中实验室偏倚有等价的解释，即当实验室报告结果的百分相对差大于$300\hat{\sigma}/X$或小于$-300\hat{\sigma}/X$时，应认为产生了一个“行动信号”。同样的，百分相对差大于$200\hat{\sigma}/X$或小于$-200\hat{\sigma}/X$可认为产生一个“警戒信号”。一个“行动信号”或连续两轮计划中的“警戒信号”应认为出现了异常。

7.2.3 示例：抗体浓度的测定

表 5 给出了由该方法处理表 2 数据所得的结果，图 4 显示了百分相对差的茎叶图。比较图 2 和图 4 可知，它与原始数据(不考虑修约的影响)具有相同的分布，但是百分相对差是以零点为中心，这与实验

室偏倚的情况相似。

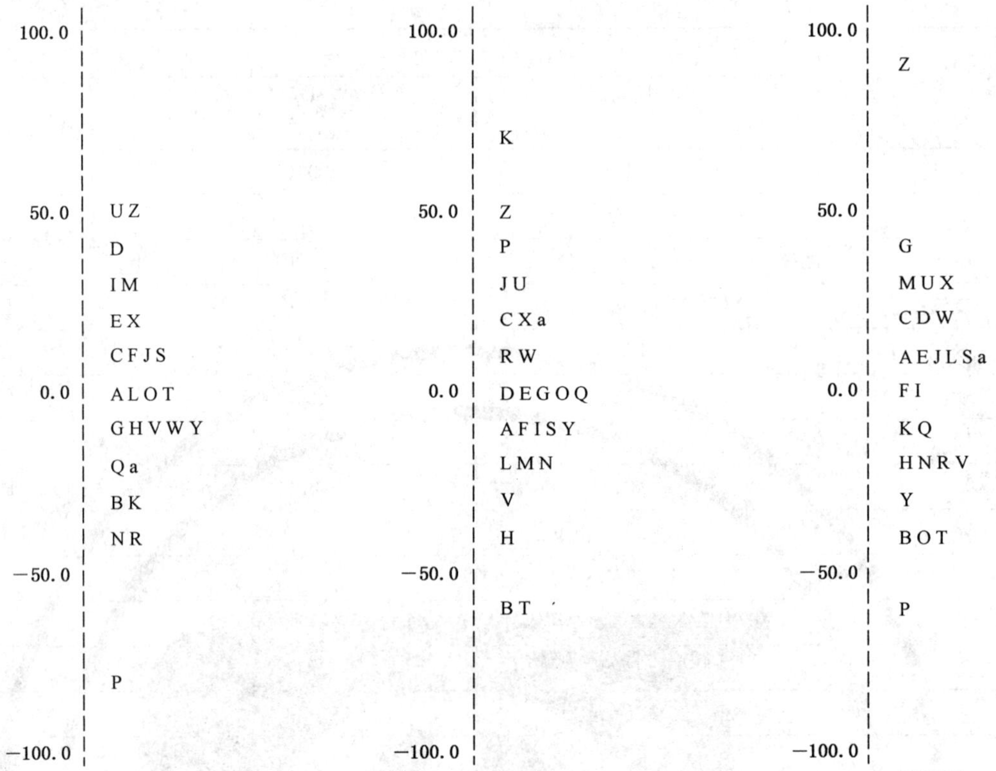

注：图中数据为每升(L)样品中千单位(kU)抗体数，其中单位(U)由国际标准物质的浓度定义。

图 4　三种特定过敏原免疫球蛋白 E 抗体的浓度——百分相对差的茎叶图(由表 5 数据)

表 5　三种特定过敏原免疫球蛋白 E 抗体的浓度(d1，f1 和 e3)——百分相对差

实验室	浓度		
	d1 %	f1 %	e3 %
A	2	−8	15
B	−25	−60W	−42
C	8	22	18
D	41	−4	18
E	21	4	11
F	13	−7	4
G	−6	3	37
H	−15	−38	−20
I	29	−5	3
J	10	31	9
K	−27	69W	−15
L	−2	−24	8

表 5（续）

实验室	浓度		
	d1 %	f1 %	e3 %
M	25	−17	29
N	−37	−18	−22
O	−2	−2	−36
P	−80W	38	−57
Q	−24	0	−13
R	−37	5	−19
S	7	−14	12
T	−1	−56	−36
U	48	31	29
V	−12	−34	−23
W	−5	5	23
X	23	22	27
Y	−8	−11	−27
Z	46	47	89A
a	−23	18	7
$300\hat{\sigma}/X$	82.7	82.0	86.2
$200\hat{\sigma}/X$	55.1	54.6	57.5
$-200\hat{\sigma}/X$	−55.1	−54.6	−57.5
$-300\hat{\sigma}/X$	−82.7	−82.0	−86.2

注 1：浓度数据中，A＝行动信号，W＝警戒信号。

注 2：表中的百分相对差是由表 2 中的数据计算得到，其中将表 2 数据的稳健均值作为三个水平的指定值。表的底部给出了行动限和警戒限，其中将表 2 的稳健标准差作为能力评定标准差进行计算。

7.3 秩与秩百分数(见 GB/T 15483.1—1999，A.2.1.4，c)

7.3.1 总则

根据 p 个实验室在一轮能力验证计划的结果，指定报告结果最小的实验室秩为 1，结果第二小的实验室秩为 2，以此类推，直到报告最大结果的实验室秩为 p，由此来确定实验室的秩。若有两个或更多的结果相同，则将这几个实验室指定为相同的平均秩。例如，表 2 中实验室 C 和 X 报告 f1 的浓度均为 2.23，他们的秩为 21 和 22，所以表 6 中将他们的秩指定为 21.5。若实验中包括了几个被测量，则对每个被测量分别指定秩。

若秩表示为 $i=1,2,\cdots,p$，则秩百分数为 $100(i-0.5)/p\%$。表 6 为计算秩百分数的示例。

7.3.2 秩和秩百分数的解释

秩或秩百分数的解释不需假设数据服从某种特定的概率分布，且其方差不需用到指定值或能力评定标准差。因此,秩和秩百分数提供了一种确定报告结果最极端的实验室的简单方法。在最初几轮能力验证计划中,这个方法能判定最有可能改进实验能力的实验室,这是非常有用的。然而,应注意到GB/T 15483.1—1999 中 6.6.5 的警告:"在能力验证中,不推荐对实验室按秩的方式出具报告。因此,为避免引起误导和造成误解,对秩应当极其慎重"。

表 6 三种特定过敏原免疫球蛋白 E 抗体的浓度(d1,f1 和 e3)——秩和秩百分数

实验室	秩			秩百分数		
	d1	f1	e3	d1 %	f1 %	e3 %
A	16	10	19	57	35	69
B	5	1	2	17	2	6
C	18	21.5	20.5	65	78	74
D	25	13	20.5	91	46	74
E	21	17	17	76	61	61
F	20	11	13	72	39	46
G	11	16	26	39	57	94
H	8	3	8	28	9	28
I	24	12	12	87	43	43
J	19	23.5	16	60	85	57
K	4	27	10	13	98	35
L	13	5	15	46	17	54
M	23	7	24	83	24	87
N	3	6	7	9	20	24
O	14	14	3.5	50	50	11
P	1	25	1	2	91	2
Q	6	15	11	20	54	39
R	2	18	9	6	65	31
S	17	8	18	61	28	65
T	15	2	3.5	54	6	11
U	27	23.5	25	98	85	91
V	9	4	6	31	13	20
W	12	19	22	43	69	80
X	22	21.5	23	80	78	83
Y	10	9	5	35	31	17
Z	26	26	27	94	94	98
a	7	20	14	24	72	50

7.4 z 值(见 GB/T 15483.1—1999,A.2.1.4,d)

7.4.1 总则

沿用 7.2 中符号,z 值定义为:

$$z=(x-X)/\hat{\sigma} \qquad \cdots\cdots (19)$$

其中 $\hat{\sigma}$ 为能力评定标准差。

注:GB/T 15483.1 中用 s 表示 z 值定义中的标准差。当这个值是一些结果的标准差时,这个符号是适合的,而在其他情况下不适用(例如,当它是由精密度试验结果计算的标准差,或是如 6.4 所述的一般模型得出时)。

7.4.2 z 值的解释

当参加者报告结果的 z 值大于 3.0 或小于 −3.0 时,则发出“行动信号”。同样的,当 z 值大于 2.0 或小于 −2.0 时发出“警戒信号”。单个“行动信号”,或连续两轮计划中的“警戒信号”,应认为已出现异常,需进行调查。

若参加能力验证计划的实验室数量很多时(如超过 100 个实验室),如 7.9 中图 6 的正态概率图可补充解释 z 值。另一极端情况下,当实验室数很少时(如少于 10 个实验室),可能没有信号给出。这种情况下,应使用结合了多轮计划结果所得 z 值的图示法,将会提供比单轮计划结果更多的有关实验室性能的信息。

7.4.3 示例:抗体浓度的测定

表 7 中给出了由表 2 中稳健平均值和稳健标准差计算的 z 值,图 5 是其茎叶图。比较图 2 和图 5 可知 z 值和原始数据有相同的分布(不考虑修约的微小影响),但 z 值的中心为零点,与实验室偏倚的情况相同。

	过敏原 d1	过敏原 f1	过敏原 e3
4.0			
3.0			Z
		K	
2.0			
	DUZ	PZ	G
1.0	EIMX	CJUX	MUWX
	CFJS	a	ACDEJLS
0.0	AGLOTW	DEFGIOQRW	FIa
	HVY	AMNSY	HKQR
−1.0	BKQa	LV	NOTVY
	NR	H	B
−2.0		BT	P
−3.0	P		
−4.0			

图 5 三种特定过敏原免疫球蛋白 E 抗体的浓度——z 值的茎叶图(由表 7 数据)

表 7 三种特定过敏原免疫球蛋白 E 抗体的浓度——z 值

实验室	z 值		
	d1	f1	e3
A	0.09	−0.28	0.54
B	−0.90	−2.18W	−1.46
C	0.29	0.80	0.64
D	1.50	−0.14	0.64
E	0.78	0.16	0.39
F	0.48	−0.24	0.15
G	−0.21	0.10	1.27
H	−0.54	−1.38	−0.68
I	1.04	−0.18	0.10
J	0.35	1.12	0.32
K	−0.96	2.54W	−0.52
L	−0.08	−0.88	0.28
M	0.91	−0.62	0.99
N	−1.33	−0.66	−0.76
O	−0.06	−0.06	−1.24
P	−2.91W	1.38	−1.98
Q	−0.87	0.00	−0.44
R	−1.34	0.18	−0.66
S	0.25	−0.50	0.41
T	−0.04	−2.06W	−1.24
U	1.73	1.12	1.00
V	−0.43	−1.24	−0.82
W	−0.17	0.20	0.80
X	0.85	0.80	0.94
Y	−0.31	−0.40	−0.94
Z	1.66	1.72	3.10A
a	−0.84	0.66	0.23

注 1：表中 A＝行动信号，W＝警戒信号。

注 2：表中 z 值由表 2 中数据计算得到，其中将表 2 数据的稳健均值作为三个水平的指定值，并将表 2 的稳健标准差作为能力评定标准差。因而，本例中计算 z 值的公式为 $z=(x-X)/\hat{\sigma}=(x-x^*)/s^*$。

7.5 E_n值(见 GB/T 15483.1—1999,A.2.1.4,e)

性能统计量 E_n值定义为:

$$E_n = \frac{x - X}{\sqrt{U_{\text{lab}}^2 + U_{\text{ref}}^2}} \quad \cdots\cdots(20)$$

其中:

X ——参照实验室确定的指定值;

U_{ref} ——X 的扩展不确定度;

U_{lab} ——参加者结果 x 的扩展不确定度。

相对于 z 值判定准则的临界值 2.0 和 3.0,通常用于 E_n 值的临界值为 1.0。这是因为 E_n 值的计算是由扩展不确定度代替分母中的标准差得到。

注 1:当参加者可能对其不确定度理解不足,且不能以统一的形式做出报告时,应谨慎使用 E_n 值。尽管如此,将不确定度的信息与能力验证结果的解释相结合,这对加强对这个问题的理解有很大帮助。

当用扩展因子 2.0 计算扩展不确定度时,E_n 值的临界值 1.0 等价于 z 值的临界值 2.0。

注 2:当按照 JJF 1059《测量不确定度评定与表示》评定不确定度时,E_n 值表明了每个结果的扩展不确定度估计值的有效性。若 $|E_n|<1$,则客观上表明不确定度估计值与 JJF 1059 中扩展不确定度的定义是一致的。

7.6 z'值

7.6.1 总则

沿用 7.4 的符号,z'值定义如下:

$$z' = (x - X) / \sqrt{\hat{\sigma}^2 + u_X^2} \quad \cdots\cdots(21)$$

其中 u_X 为指定值 X 的标准不确定度。

当指定值的计算未用到参加者的结果时,可用式(21)来计算。因此,当指定值由 5.2、5.3 和 5.4 中方法获得时,或当应用了 5.5 中方法且专家实验室没有参加能力验证时,可用式(21)。当使用 5.6 中方法时,指定值与参加者的报告结果相关,因而此时由式(21)定义的 z'值是无效的。

7.6.2 z'值的解释

z'值与 z 值有相同的解释(见 7.4),并有相同的临界值 2.0 和 3.0。

注:7.1 和 7.2 中解释实验室偏倚和百分相对差的准则可作类似的修改,即将 $\hat{\sigma}$ 替换为 $\sqrt{\hat{\sigma}^2 + u_X^2}$。

7.6.3 z'值的使用

比较 7.4 和 7.6 中 z 值和 z'值的公式可知,在一轮能力验证计划中 z'值将小于相应的 z 值,且相差一个常数因子

$$\hat{\sigma} / \sqrt{\hat{\sigma}^2 + u_X^2}$$

当 4.2 中指定值的不确定度的限制条件满足时,这个因子将落在以下范围内:

$$0.96 \leqslant \hat{\sigma} / \sqrt{\hat{\sigma}^2 + u_X^2} \leqslant 1.00 \quad \cdots\cdots(22)$$

因此,这种情况下,z'值几乎与 z 值相同,并且可以推断出指定值的不确定度是可以忽略的。

当 4.2 中条件不满足时,z'值与 z 值数量上的差异可能会导致:一些 z 值超过了 2.0 或 3.0 的临界值因而发出“警戒信号”或“行动信号”,然而相对应的 z'值并没有超过这些临界值,因而没有发出信号。

当选择使用 z 值或 z'值时,协调者应考虑以下几方面的问题。

a) 指定值的不确定度是否满足 4.2 的准则?若满足,则使用 z'值可能不会有任何帮助。

b) 当该准则不满足时,则建议使用 z'值,即使会增加复杂性并增加向使用者解释的难度。

c) 当实验室结果显示出警戒信号或行动信号时,将会给实验室带来怎样严重的后果?这些结果是否会导致该实验室失去为某些客户提供此类测试服务的资格?

7.7 ζ值

7.7.1 总则

沿用 7.4 中符号，ζ 值定义为：

$$\zeta=(x-X)/\sqrt{u_x^2+u_X^2} \quad \cdots\cdots(23)$$

其中 u_x 是实验室自身对其结果 x 的标准不确定度的估计值，u_X 是指定值 X 的标准不确定度。

当指定值的计算未用到参加者报告的结果时，式(23)可用。因此，当指定值由 5.2、5.3 和 5.4 中方法获得时，并且当应用 5.5 中的方法且专家实验室没有参加能力验证时，可用式(23)。当使用了 5.6 中方法时，指定值与参加者的报告结果相关，因此不能使用由式(23)定义的 ζ 值。

注 1：ζ 值与 E_n 值的差别在于用标准不确定度代替了扩展不确定度。

注 2：通常情况下，能力验证计划中计算性能统计量时，一般不会把参加实验室测量不确定度的信息包含在内。尽管如此，参加实验室提供的信息仍然可能会在很多报告中给出。7.7 给出了协调者合并这些信息的指南。现在，GB/T 27025 要求说明测量不确定度的信息，因而能力验证计划中的实验室应遵循该标准，协调者需对怎样处理此类信息给出指导。

7.7.2 ζ 值的解释

当存在可以确认实验室对于自身结果的标准不确定度估计值的有效方法时，ζ 值可代替 z 值使用，且应与 z 值用相同的方式进行解释(见 7.4)，使用相同的临界值 2.0 和 3.0。

当不存在这样的方法时，ζ 值只能与 z 值联合使用，作为提升实验室性能的一种辅助。若实验室所得 z 值多次超出临界值 3.0，则有必要逐步检查能力验证的程序，并得到这个程序的不确定度来源一览表。不确定度来源一览表将识别能力验证程序中最大的不确定度来源，因而实验室能找到改善结果的途径。若 ζ 值仍然多次地超出临界值 3.0，则表明不确定度来源一览表中未包含所有重要的不确定度来源(例如，遗漏了某些重要因素)。

如果实验室存在一个较大偏倚，并且它的不确定度区间 $x\pm U_x$ 不包含指定值，则它也将有较大的 ζ 值或 E_n 值。

7.8 E_z 值

E_z 值定义为：$E_{z-}=\dfrac{x-(X-U_X)}{U_x}$ 和 $E_{z+}=\dfrac{x-(X+U_X)}{U_x}$。

其中 X 为与 5.4 或 5.6 的方法得到的指定值，或者与 5.5 方法得到的参照值，U_X 为 X 的扩展不确定度。x 是实验室结果，U_x 是 x 的扩展不确定度。U_x 可以是 7.4 和 7.6 中的 $2\hat{\sigma}$ 或 $3\hat{\sigma}$，及 7.5 中的 U_{lab}。

通常将 E_z 值与临界值 1.0 作比较：

a) 当 E_{z-} 和 E_{z+} 均落在 -1.0 到 1.0 的范围内时，实验室性能是令人满意的。

b) 当 E_{z-} 和 E_{z+} 的其中一个值落在 -1.0 到 1.0 的范围之外时，实验室性能是有问题的。

c) 当 E_{z-} 和 E_{z+} 均小于 -1.0 或大于 1.0 时，实验室性能是不可接受的。

7.9 已报告不确定度时进行数据分析的示例

7.9.1 总则

图 6 和图 7 给出了实验室结果及其不确定度的有用信息。出现最大偏倚的实验室有最大的 z 值(它将出现在图的两端)。

表 8 给出了 181 个实验室报告的水中铅含量的测试结果及其不确定度。报告数据以 mol/L 为单位，数据均乘以 10^{10} 以方便处理。从表中可以看出这些结果既没有相同的不确定度也没有相同的偏倚。每个结果自身的偏倚记为 D_i，由方法偏倚和实验室偏倚之和得到；此外，每种方法有其自身的再现性标准差 σ_R。实验室可使用多种方法来确定测试结果，并计算其不确定度。此处不确定度可认为是扩展不确定度。表 8 中测试结果以升序排列，实验室也以此顺序编号。$U=0$ 说明无法报告不确定度。表中一些数据的有效性是可疑的，需要进一步调查，且不能在图中显示最极端的结果。特别地，负数值是不包

含在图中的，尽管它们在计算中也会用到。这些数据给出了如 4.6 要求的报告负数结果的一个示例，尽管负的铅含量是不可能存在的。

7.9.2 指定值及其不确定度

使用如 5.6 中方法计算结果的稳健平均值作为指定值，应用附录 C 中算法 A。指定值为：

$$X = x^* = 605 \times 10^{-10}\,(\mathrm{mol/L}) \quad \cdots\cdots(24)$$

稳健标准差为：

$$s^* = 142 \times 10^{-10}\,(\mathrm{mol/L}) \quad \cdots\cdots(25)$$

依据 5.6，指定值的标准不确定度为：

$$u_X = 1.25 \times s^* / \sqrt{181} = 13 \times 10^{-10}\,(\mathrm{mol/L}) \quad \cdots\cdots(26)$$

7.9.3 能力评定标准差

能力评定标准差，如 6.6 所述，等于稳健标准差。

$$\hat{\sigma} = s^* = 142 \times 10^{-10}\,(\mathrm{mol/L}) \quad \cdots\cdots(27)$$

7.9.4 解释指定值不确定度的指南

根据 4.2 中准则，若

$$u_X \leq 0.3\hat{\sigma} \quad \cdots\cdots(28)$$

指定值的不确定度将被忽略。当如示例中，$u_X = 1.25 \times s^* / \sqrt{p}$，$\hat{\sigma} = s^*$ 时，由计算可知，$p > 17$ 时式(28)成立。当参与实验室数 $p = 181$ 时，显然该准则易满足。因此这里无需考虑如 7.6 中的 z' 值。

7.9.5 利用正态概率图对大量实验室进行数据分析

图 6 显示了 181 个实验室结果关于实验室秩百分数(计算如 7.3 所述)的正态分布图。图中不包含小于 0 mol/L 或大于 1 600×10^{-10} mol/L 的结果。

z 值可由 $z = (x - 605)/142$ 计算。当实验室获得的 z 值大于 3.0 或小于 −3.0 时，其 z 值已在图中对应的点附近标出。

均值为 605×10^{-10} mol/L 方差为 142×10^{-10} mol/L 的正态分布的累积分布函数在图中以虚直线标出。

最后，稳健算法中的截止值为：

$$x^* - 1.5s^* = 605 - 1.5 \times 142 = 392 \times 10^{-10}\,\mathrm{mol/L} \quad \cdots\cdots(29)$$

和

$$x^* + 1.5s^* = 605 + 1.5 \times 142 = 818 \times 10^{-10}\,\mathrm{mol/L} \quad \cdots\cdots(30)$$

在图 6 中可以看到偏离了虚线的数值都在这个范围之外。这表明所有的结果不是来源于同一个正态总体。偏离虚线的点来自方差更大的总体。

图中也可看到 z 值大于 3.0 或小于 −3.0 的实验室结果都偏离了虚线。也就支持了这些 z 值可导出“行动”信号这一结论。(大量结果的 z 值大于 3.0 或小于 −3.0 的情况也是可能发生的，但是，如图 6 所示所有的点都是靠近虚线的，这种情况下，由图形就不能得出 z 值产生行动信号的结论。)

图 7 显示了 z 值在 ±3.0 范围内的实验室结果，垂直线的长度显示实验室报告结果的不确定度。(24 号和 112 号实验室报告的结果的不确定度非常大，没有包含在图中。)图中水平实线代表指定值，两侧的虚线代表指定值的扩展不确定度。

若实验室对其结果的扩展不确定度进行了有效计算，则图 7 中几乎所有的垂直线将穿过指定值的扩展不确定度所围成的区域。但是，由图示可知很多实验室的结果均不能从两侧达到这个区域。这表明有很多实验室没有进行有效的不确定度计算；或者更有可能的是，它们的计算中没有包含所有重要的不确定度来源。

表 8　181 个实验室报告的水中铅含量(mol/L×10^{-10})测试结果及其扩展不确定度(U)

实验室	实验结果	*U*	实验室	实验结果	*U*	实验室	实验结果	*U*	实验室	实验结果	*U*
1	−960 000	0	51	545	43	101	618	224	151	740	20
2	−12 100	0	52	545	123	102	618	170	152	748	3
3	−4 800	0	53	550	8	103	620	25	153	767	113
4	−3 860	0	54	550	55	104	620	40	154	772	213
5	−1 500	0	55	550	5	105	621	6	155	800	60
6	−1 010	0	56	555	79	106	622	9	156	800	150
7	−1 000	0	57	556	30	107	622	6	157	821	203
8	−1 000	0	58	557	28	108	623	18	158	830	10
9	−965	0	59	557	28	109	625	15	159	857	27
10	−438	0	60	559	26	110	626	5	160	874	200
11	160	20	61	560	7	111	627	0	161	898	59
12	180	20	62	560	60	112	627	1 010	162	900	100
13	203	0	63	569	116	113	627	15	163	920	140
14	256	13	64	570	86	114	628	3	164	950	110
15	319	0	65	571	16	115	629	26	165	965	0
16	335	18	66	572	40	116	630	40	166	968	0
17	340	180	67	574	35	117	630	580	167	990	0
18	400	20	68	578	0	118	632	50	168	990	80
19	404	36	69	579	52	119	637	96	169	1 010	0
20	407	0	70	579	35	120	630	83	170	1 250	140
21	410	97	71	579	8	121	640	130	171	1 320	410
22	444	58	72	579	10	122	640	77	172	1 450	460
23	450	20	73	579	17	123	642	20	173	1 640	241
24	450	3 400 000	74	579	87	124	647	63	174	1 900	46
25	463	19	75	580	150	125	647	0	175	2 413	20
26	470	10	76	582	122	126	650	160	176	2 460	0
27	470	30	77	589	57	127	650	30	177	2 900	900
28	474	0	78	589	10	128	650	80	178	10 000	0
29	480	100	79	590	0	129	650	48	179	386 000	31 000
30	482	122	80	590	0	130	650	30	180	670 000	60 000
31	483	241	81	590	45	131	653	5	181	630×10^6	60×10^6
32	490	60	82	590	60	132	658	27			
33	492	25	83	590	0	133	660	20			
34	492	1	84	591	112	134	660	120			
35	493	24	85	591	9	135	660	34			
36	493	5	86	594	4	136	663	32			
37	495	0	87	594	119	137	675	280			
38	500	70	88	597	9	138	675	0			
39	500	10	89	600	20	139	680	8			
40	500	10	90	600	300	140	680	50			
41	501	75	91	603	60	141	680	70			
42	504	0	92	603	24	142	685	0			
43	510	130	93	603	13	143	700	0			
44	510	110	94	604	18	144	700	100			
45	512	6	95	608	30	145	700	110			
46	526	26	96	608	8	146	700	300			
47	530	9	97	609	9	147	708	44			
48	530	40	98	610	61	148	709	48			
49	530	60	99	613	22	149	710	100			
50	545	30	100	618	7	150	729	41			

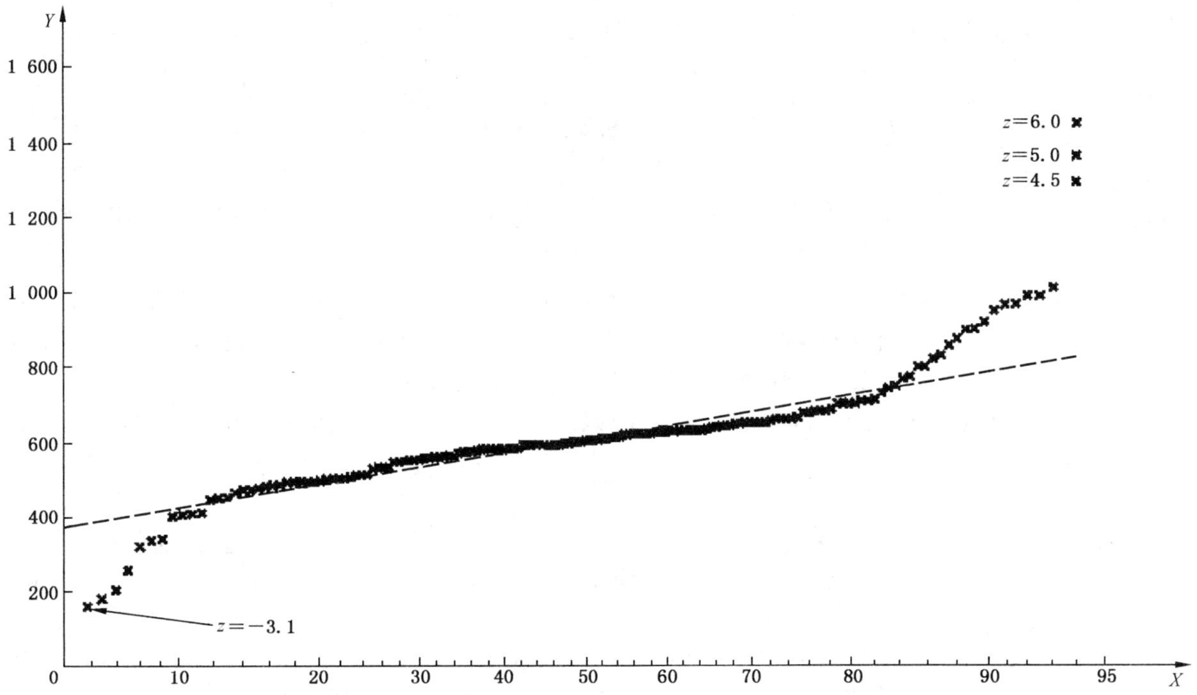

图例：X ——实验室秩百分数，%；

Y ——铅浓度，mol/L×10^{-10}。

注：19个实验室的结果未包含其中。

图6　162个实验室水中铅含量测定结果的正态概率图

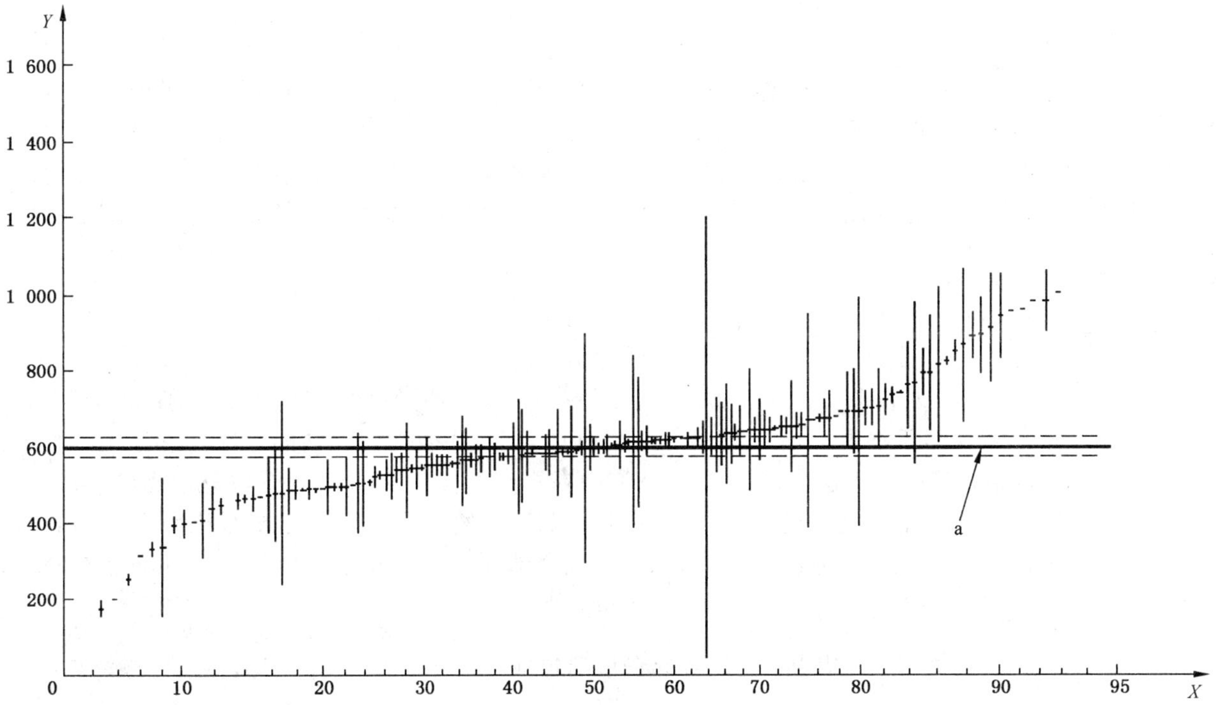

图例：X ——实验室秩百分数，%；

Y ——铅浓度，mol/L×10^{-10}。

[a] 指定值±扩展不确定度。

图7　156个实验室水中铅含量测定结果扩展不确定度的正态概率图

7.10 组合性能统计量值

在单轮次能力验证计划中，通常会测得多个测试单元或被测量的结果。这种情况下，每个测试单元或被测量的结果应如7.2至7.9的方法分别进行解释，也就是说，应对每个测试单元或被测量的结果分别进行分析。当能力验证计划中需对两种或多种材料的特定水平进行测量，以确定其他方面性能（如，重复性或线性）时，协调者应为参加者提供统计设计和所用程序的完整说明。若计划中将两种相似材料组合作为尧敦对（Youden Pair），应使用8.5中的特殊方法。

当对多个测试单元或同一测试单元的多个被测量进行测试并得到多个结果时，推荐使用第8章的某些图示法。这种方法将结合性能统计量值而不隐藏单个性能统计量值中的较高值，并会显示出在统计量值表中并不明显的一些实验室性能的额外信息，比如，不同被测量间的相关性。

当出现一定数量的行动信号和警戒信号时，应识别产生这些信号的实验室，并向这些实验室提供一份详细报告，该报告应包含使用7.2至7.9中方法所得结果的细节。对于没有任何信号的实验室，仅提供一份简要报告。

注：当对多个测试单元有相同的被测量时，不应使用 z 值之和或其平均值、差的绝对值或差的平方的和或平均值等组合性能统计量值；或者存在多个被测量的结果时，也不应使用 z 值绝对值的平均值、或评价限的平均绝对差值等组合性能统计量值。当一个测试单元存在高的性能统计量值，但其他性能统计量值很低，或另一个性能统计量值也很高但有相反的符号时，此时 z 值的平均值（或和）会降低。当一个测试单元存在一个高性能统计量值，而其他性能统计量值很低时，此时差的绝对值和差的平方的平均值（或和）也会降低。z 值绝对值的平均值和关于评价限的相对差的绝对值的平均值也会有相同的问题。

8 一轮能力验证计划中多个被测量的组合性能统计量值的图示法

8.1 应用

协调者应按照8.2和8.3所述，使用每轮能力验证计划所获的性能统计量值来画图。这些图中使用 z 值，其优点在于这些点可在标准坐标轴中描出，因而简化了它们的表示和解释。图的绘制应方便参加者，使每个参加者能在图中看到自己的结果与其他参加者所得结果的关系。可用字母编号或数字编号代表参加者，以便每个参加者能辨别自己的结果但不能获得其他参加者的结果。图示还应方便协调者，使他们能判断整个能力验证计划的有效性，并确定是否需要重新审查能力评估的标准。

8.2 性能统计量值的直方图

8.2.1 总则

要绘制 z 值的直方图，需收集一轮能力验证计划中一种特性测量值的 z 值，如图8所示。直方图组距设为0.3～0.5，以便图示清晰。在±2.0和±3.0处的直线，代表能力评估的标准。直方图的范围定为±6.0。若所得结果没有超出这个范围，或紧密集中在中间部位，分析员可考虑其他合适的范围。

当需要绘制实验室偏倚或百分相对差的直方图时，与 z 值直方图等价的直方图组距、警戒限和行动限如表9所示。在这些情况中，直接由规定值或经验预期值来确定行动限比由能力验证的标准差来计算行动限可能要简单一些。

表9 性能统计量值的警戒限和行动限

性能统计量	直方图组距	警戒限	行动限	直方图范围
实验室偏倚	$0.3\hat{\sigma}$～$0.5\hat{\sigma}$	$\pm 2.0\hat{\sigma}$	$\pm 3.0\hat{\sigma}$	$\pm 6.0\hat{\sigma}$
百分相对差	$30\hat{\sigma}/X$～$50\hat{\sigma}/X$	$\pm 200\hat{\sigma}/X$	$\pm 300\hat{\sigma}/X$	$\pm 600\hat{\sigma}/X$
z 值	0.3～0.5	±2.0	±3.0	±6.0

当被测特性的数量很少，或需测量一些不类似的特性时，直方图是一种合适的图示法。每个参加者能确定自己所得分值的位置，评估其实验能力并且判断是否需要检查其测量方法。获得高 z 值的参加者能够通过直方图与其他参加者进行比较，来确定其异常程度。

协调者能够利用直方图确定有多少参加者不能满足能力评估标准。若直方图的尾部超出了 $-3.0\sim+3.0$ 的比例较多，则表明原因可能在于使用的测量方法，而不在于参加者，因此需要改进测量方法，或放宽能力评估标准（即，增大 $\hat{\sigma}$）。若直方图均在 $-2.0\sim+2.0$ 的范围以内，或者仅有一个或两个 z 值在这个范围之外，则建议加严能力评估标准（即，减小 $\hat{\sigma}$）。

8.2.2 示例：抗体浓度的测定

图 8 是 d1 的 z 值的直方图。

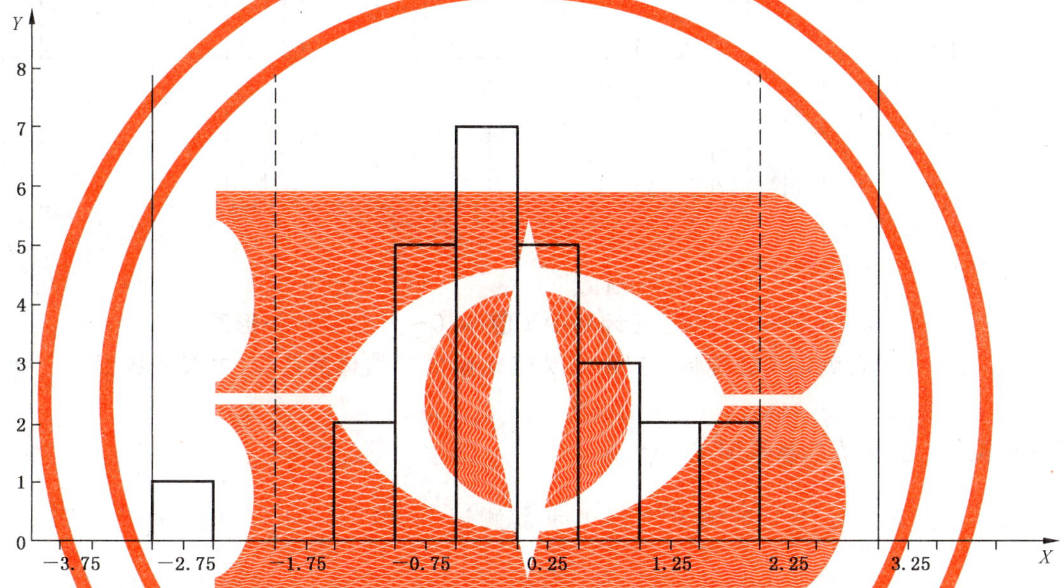

图例：X——过敏原 d1 的 z 值；

Y——实验室数。

图 8 一轮能力验证计划中 z 值的直方图（由表 7 中过敏原 d1 的数据）

8.3 标准化实验室偏倚的条形图

8.3.1 总则

要绘制条形图，需收集 z 值绘入图中，如图 9 所示，每位参加者的 3 个 z 值列为一组。（z 值与 GB/T 6379.2 中提到的 h 统计量是相同的，此处的条形图与 GB/T 6379.2 中 h 统计量图相同。）

条形图适合于将一些相似特性的 z 值表示在同一图中，它可以显示出某个参加者的所有 z 值是否存在一些共同特征。例如，若某个参加者得到一些较高的 z 值则表明其性能较差。

8.3.2 示例：抗体浓度的测定

表 7 数据的 z 值条形图如图 9 所示。由图可知，实验室 B 和 Z 应检查在 3 个水平上产生大致相同的实验室偏倚的原因，而由实验室 K 和 P 的结果可知其 z 值的符号依赖于测试抗体的种类。

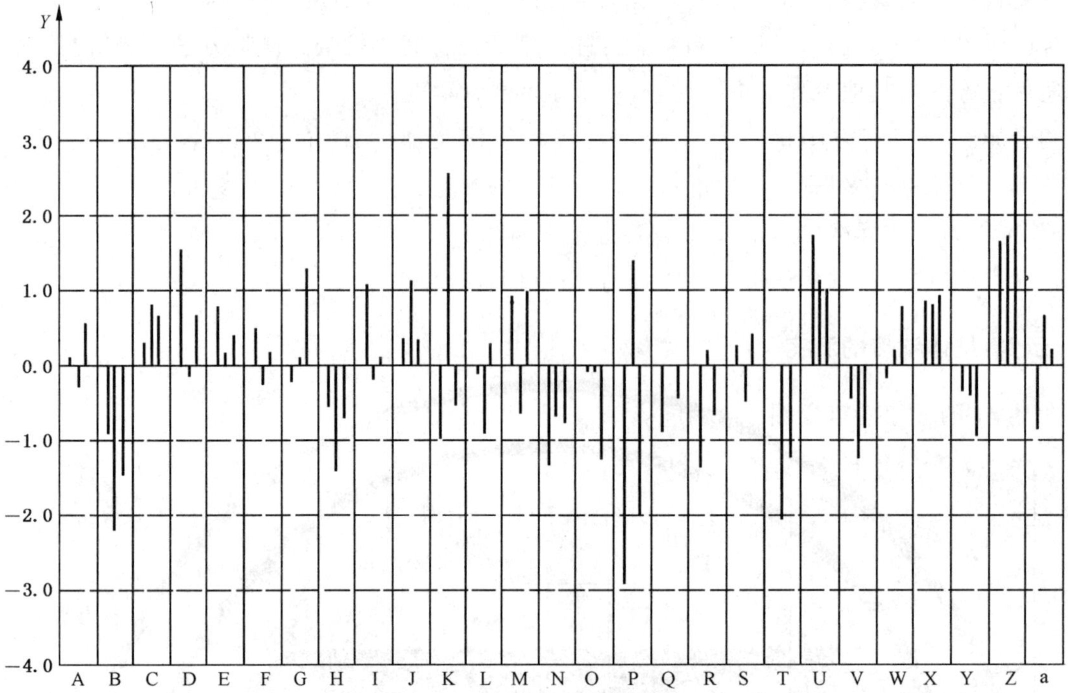

图例：Y——z 值。

图 9　一轮能力验证计划中 z 值(4.0～−4.0)的条形图，其中参加者测定了三种特定过敏原免疫球蛋白 E 抗体的浓度(由表 7 数据)

8.4　标准化重复性测量值的条形图

当一轮能力验证计划中对被测量进行了重复测试，其结果可用于计算 k 统计量并绘图，如 GB/T 6379.2所述。

8.5　尧敦图

8.5.1　总则

当两种相似物质的样品已在一轮能力验证计划中进行了测试，尧敦图提供了研究这些结果的非常有效的图示法。图中 X 轴为一种物质的 z 值，Y 轴为另一种物质的 z 值。根据 8.5.2 计算置信椭圆，用于辅助解释该图。对于原始数据，实验室偏倚或偏倚百分比的尧敦图可根据本节中注 1，由 z 值得出。

尧敦图的解释如下。

a)　检查图中远离其他数据的点。若实验室没有正确遵循测试方法，其结果将存在较大偏倚，会出现远离椭圆主轴的点。当实验室在其结果水平上经常存在较大变异时，也会出现远离主轴的点。远离主轴的点代表重复性较差的参加者。

b)　观察图中是否有证据表明两种物质的测试结果存在某种关系。若存在，则表明对许多实验室来说，普遍存在引起实验室间变异的原因，并且表明测量方法规范的不够详细。检查测试方法一般可以改善方法的再现性。8.5.3 中给出的秩相关检验可用于检验两种物质间的相关性是否统计显著。这里推荐使用秩相关系数，因为传统的相关系数对数据的非正态性更敏感。

8.5.2 置信椭圆(基于杰克逊(Jackson)方法[2])

8.5.2.1 总则

用A和B表示两种物质,A的测试结果为:

$x_{A,1}, x_{A,2}, \cdots, x_{A,p}$,

B的测试结果为:

$x_{B,1}, x_{B,2}, \cdots, x_{B,p}$,

其中 p 为实验室数。

计算这两组数据的均值、标准差和相关系数:

$\bar{x}_{A,.}, \bar{x}_{B,.}, s_A, s_B, \hat{\rho}$。

计算两种物质的 z 值:

$$z_{A,i} = (x_{A,i} - \bar{x}_{A,.})/s_A, \quad i = 1,2,\cdots,p \qquad (31)$$

$$z_{B,i} = (x_{B,i} - \bar{x}_{B,.})/s_B, \quad i = 1,2,\cdots,p \qquad (32)$$

计算两种物质的组合性能统计量值:

$$z_{A.B,i} = \sqrt{z_{A,i}^2 - 2\hat{\rho} z_{A,i} z_{B,i} + z_{B,i}^2} \qquad (33)$$

定义标准化变量:

$$z_A = (x_A - \bar{x}_{A,.})/s_A \qquad (34)$$

$$z_B = (x_B - \bar{x}_{B,.})/s_B \qquad (35)$$

置信椭圆方程可用标准化变量和霍特林(Hotelling)T^2 来表示:

$$z_A^2 - 2\hat{\rho} z_A z_B + z_B^2 = (1 - \hat{\rho}^2) T^2 \qquad (36)$$

其中

$$T^2 = 2\{(p-1)/(p-2)\} F_{(1-\alpha)}(2, p-1) \qquad (37)$$

此处,$F_{(1-\alpha)}(2,p-1)$ 表示自由度为2和($p-1$)的F-分布的($1-\alpha$)分位数。置信度为($1-\alpha$)的置信椭圆绘制在横坐标为 z_A 纵坐标为 z_B 的坐标系中,可按下式画出:

$$z_B = \hat{\rho} z_A \pm \sqrt{(1-\hat{\rho}^2)(T^2 - z_A^2)}, \quad -T \leqslant z_A \leqslant T \qquad (38)$$

注1:若要在以原始测量单位为坐标轴的图中绘制置信椭圆,可用下式将上述的点转换为原始单位:

$x_A = \bar{x}_{A,.} + s_A \times z_A$

$x_B = \bar{x}_{B,.} + s_B \times z_B$

若要在以实验室偏倚 D_A 和 D_B 为坐标轴的图中绘制置信椭圆,可用下式将点转换为实验室偏倚:

$D_A = s_A \times z_A$

$D_B = s_B \times z_B$

若要在以百分相对差 $D_{A\%}$ 和 $D_{B\%}$ 为坐标轴的图中绘制置信椭圆,可用下式将点转化为百分相对差:

$D_{A\%} = 100 s_A \times z_A / x_A$

$D_{B\%} = 100 s_B \times z_B / x_B$

组合 z 值可以辅助解释尧敦图。在置信椭圆的计算中,最高的组合 z 值对应于最高的显著性水平 α。因此组合 z 值可以确定尧敦图最极端的点。有时,有必要剔除一个或多个离群点并重新计算椭圆:此时可用组合 z 值确定可剔除的点。

注2:这里有必要利用稳健方法计算椭圆,但目前还没有该方法的具体步骤。注意到 $(z_{A.B,i})^2/(1-\hat{\rho}^2)$ 近似服从自由度为2的卡方分布,可由此计算截止值,但修正因子可能需由统计模拟得到。

8.5.2.2 示例:抗体浓度的测定

表10给出了检测两种相似样本中抗体浓度的数据,以及导出置信椭圆的相关量。实验室数 $p=29$,显

著性水平 $\alpha=5\%$，$F_{(1-\alpha)}(2,p-1)=3.34$，因此 $T=2.632$。利用标准化变量，置信水平为95%的置信椭圆方程为：

$$z_A^2-1.412z_Az_B+z_B^2=3.48 \quad \cdots\cdots(39)$$

图10给出了置信水平为95%、99%和99.9%的置信椭圆，图中的点代表 z 值。组合性能统计量值在表10中给出。

图10显示两个实验室(编号为5和23)的 z 值在图中右上象限，其 z 值组合性能统计量值为1.641和2.099。26号实验室对B物质有一个高 z 值，其组合 z 值为2.059。8号实验室出现了除5、23和26号实验室之外的数据中最高的组合 z 值(值为1.501)。

23和26号实验室的点落在置信水平为95%和99%的椭圆之间，因而这两个结果可作为警戒信号处理，并在下轮计划中检查这两个实验室的结果落在何处。

表10 两种相似过敏原抗体浓度的数据和计算

实验室 i	数据		z值		组合 z 值 $z_{A,B,i}$
	过敏原 A $x_{A,i}$	过敏原 B $x_{B,i}$	过敏原 A $z_{A,i}$	过敏原 B $z_{B,i}$	
1	12.95	9.15	0.427	0.515	0.370
2	6.47	6.42	−1.540	−0.428	1.275
3	11.40	6.60	−0.043	−0.366	0.336
4	8.32	4.93	−0.978	−0.942	0.737
5	18.88	13.52	2.228	2.023	1.641
6	15.14	8.22	1.092	0.194	0.965
7	10.12	7.26	−0.432	−0.138	0.349
8	17.94	9.89	1.942	0.770	1.501
9	11.68	4.17	0.042	−1.204	1.234
10	12.44	7.39	0.272	−0.093	0.344
11	6.93	7.78	−1.400	0.042	1.430
12	9.57	5.80	−0.599	−0.642	0.477
13	11.73	5.77	0.057	−0.652	0.693
14	12.29	6.97	0.227	−0.238	0.429
15	10.95	6.23	−0.180	−0.493	0.388
16	10.95	5.90	−0.180	−0.607	0.497
17	11.17	7.74	−0.113	0.028	0.134
18	11.20	8.63	−0.104	0.335	0.415
19	7.64	3.74	−1.185	−1.353	0.986
20	12.17	7.33	0.190	−0.114	0.282
21	10.71	5.70	−0.253	−0.676	0.529
22	7.84	6.07	−1.124	−0.549	0.833
23	20.47	15.66	2.710	2.762	2.099
24	12.60	11.76	0.321	1.415	1.210

表 10（续）

实验室 i	数据		z 值		组合 z 值 $z_{A,B,i}$
	过敏原 A $x_{A,i}$	过敏原 B $x_{B,i}$	过敏原 A $z_{A,i}$	过敏原 B $z_{B,i}$	
25	11.37	4.91	−0.052	−0.949	0.913
26	11.36	13.51	−0.055	2.019	2.059
27	10.75	5.48	−0.241	−0.752	0.607
28	12.21	9.77	0.203	0.729	0.603
29	7.49	5.82	−1.230	−0.635	0.902
均值	11.54	7.66	0.00	0.00	
标准差	3.29	2.90	1.00	1.00	
相关系数	0.706		0.706		

注 1：表中数据为每升(L)样品中千单位(kU)抗体数，其中单位(U)由国际标准物质的浓度定义。

注 2：表中 z 值的计算使用了未圆整的平均值和标准差数据，而不是上表底部给出了数据。

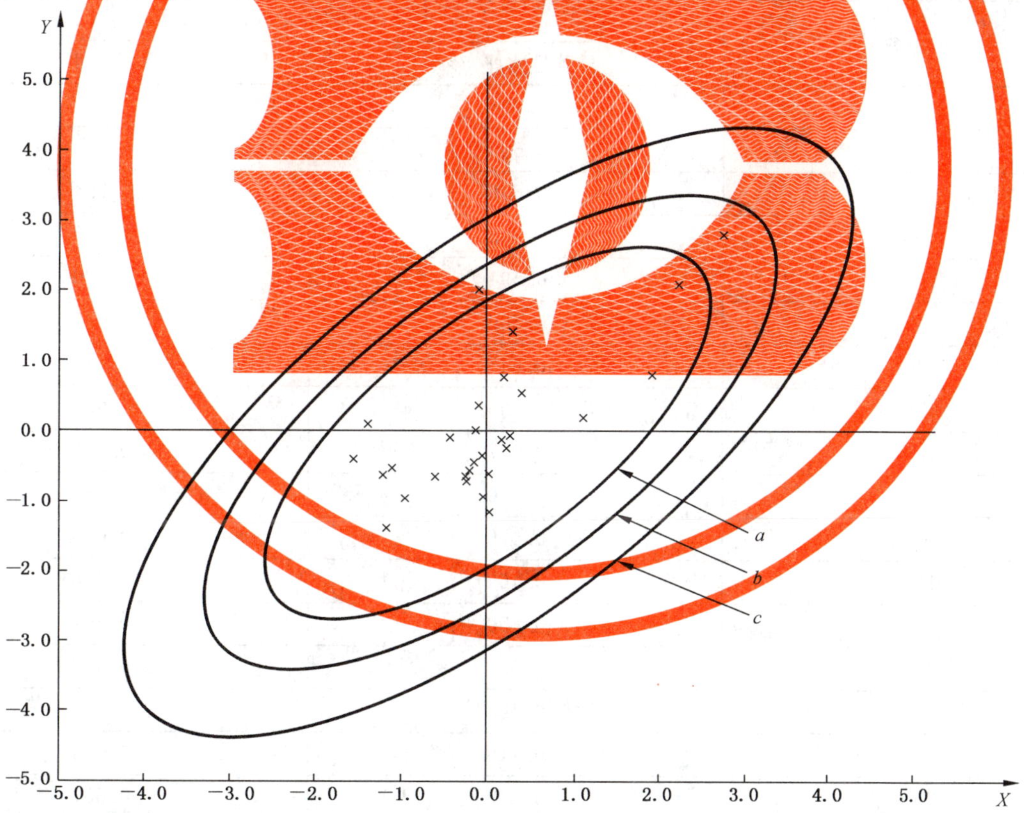

图例：X ——抗体 A 的 z 值；

Y ——抗体 B 的 z 值；

a ——置信水平 95%；

b ——置信水平 99%；

c ——置信水平 99.9%。

图 10　表 10 中数据的 z 值尧敦图

8.5.3 秩相关检验

8.5.3.1 总则

利用斯皮尔曼(Spearman)相关系数进行秩相关检验。将A物质的测试结果替换为其相应的秩(例如替换最小值为1,第二小的为2,以此类推,直到将最大值替换为 p)。同样地处理B物质测试结果。如果数据中有结(两个或两个以上相同的观测结果),则这些相同结果的秩为它们的平均值。计算两组秩序列的相关系数,并与表11中相应的临界值比较。若计算所得相关系数大于临界值,则两个变量是显著相关的。秩相关系数可简单计算如下。记物质A的实验室测试结果的秩为:

$k_{A,1}, k_{A,2}, \cdots, k_{A,p}$

物质B的实验室测试结果的秩为:

$k_{B,1}, k_{B,2}, \cdots, k_{B,p}$

则秩相关系数可由下式计算:

$$\rho_k = 1 - 6\sum(k_{A,i} - k_{B,i})^2 / \{p(p^2 - 1)\} \qquad (40)$$

其中求和号是对 p 个实验室结果求和。

表 11 秩相关系数的临界值

数据组数	临界值	
	显著性水平 5%	显著性水平 1%
8	0.738	0.881
9	0.683	0.833
10	0.648	0.794
11	0.623	0.818
12	0.591	0.780
13	0.566	0.745
14	0.545	0.716
15	0.525	0.689
16	0.507	0.666
17	0.490	0.645
18	0.476	0.625
19	0.462	0.608
20	0.450	0.591
21	0.438	0.576
22	0.428	0.562
23	0.418	0.549
24	0.409	0.537
25	0.400	0.526
26	0.392	0.515
27	0.385	0.505
28	0.377	0.496
29	0.370	0.487
30	0.364	0.478

8.5.3.2 示例:抗体浓度的测定

表 12 给出了一个计算秩相关系数的示例。所得秩相关系数为 0.605,大于表 11 中数据组数为 29 显著性水平为 1%对应的临界值 0.487,表明图 10 显示的相关性是统计显著的。

表 12 表 10 数据的秩相关系数的计算

实验室 i	数据		秩		差值 $\lvert k_{A,i}-k_{B,i}\rvert$
	过敏原 A $z_{A,i}$	过敏原 B $z_{B,i}$	过敏原 A $k_{A,i}$	过敏原 B $k_{B,i}$	
1	12.95	9.15	25	23	2
2	6.47	6.42	1	13	12
3	11.40	6.60	17	14	3
4	8.32	4.93	6	4	2
5	18.88	13.52	28	28	0
6	15.14	8.22	26	21	5
7	10.12	7.26	8	16	8
8	17.94	9.89	27	25	2
9	11.68	4.17	18	2	16
10	12.44	7.39	23	18	5
11	6.93	7.78	2	20	18
12	9.57	5.80	7	8	1
13	11.73	5.77	19	7	12
14	12.29	6.97	22	15	7
15	10.95	6.23	11.5	12	0.5
16	10.95	5.90	11.5	10	1.5
17	11.17	7.74	13	19	6
18	11.20	8.63	14	22	8
19	7.64	3.74	4	1	3
20	12.17	7.33	20	17	3
21	10.71	5.70	9	6	3
22	7.84	6.07	5	11	6
23	20.47	15.66	29	29	0
24	12.60	11.76	24	26	2
25	11.37	4.91	16	3	13
26	11.36	13.51	15	27	12
27	10.75	5.48	10	5	5
28	12.21	9.77	21	24	3
29	7.49	5.82	3	9	6
差值平方和					1 605.50
$p(p^2-1)$					24 360
秩相关系数					0.605
1%显著性水平下的临界值					0.487

注:表中数据为每升(L)样品中千单位(kU)抗体数,其中单位(U)由国际标准物质的浓度定义。

8.6 重复性标准差图

8.6.1 总则

在一轮能力验证计划中参加者获得了 n 个重复测试结果时，利用这些结果的图示可以识别均值和标准差异常的实验室。该图是对每个实验室的实验室内标准差 s_i 和实验室均值 x_i 分别描点得到。令

$\overline{X}=x^*$，其中 x^* 为用算法 A 计算的 $x_1,x_2,\cdots,x_p$ 的稳健平均值，

$\overline{S}=s^*$，其中 s^* 为用算法 S 计算的 $s_1,s_2,\cdots,s_p$ 的稳健联合值，

并假定数据服从正态分布。在原假设"各实验室的均值与实验室内标准差没有差异"成立时，统计量

$$\left(\sqrt{n}\,\frac{x_i-\overline{X}}{\overline{S}}\right)^2+\left[\sqrt{2(n-1)}\ln\left(\frac{s_i}{\overline{S}}\right)\right]^2$$

近似服从自由度为 2 的 χ^2 分布。因此，在以标准差 s 为纵轴、平均值 x 为横轴的坐标系中显著性水平为 1% 时的临界区域由下式确定：

$$s=\overline{S}\exp\left\{\pm\frac{1}{\sqrt{2(n-1)}}\sqrt{\chi^2_{2;0.99}-\left(\sqrt{n}\,\frac{x-\overline{X}}{\overline{S}}\right)^2}\right\},\overline{X}-\overline{S}\sqrt{\frac{\chi^2_{2;0.99}}{n}}\leqslant x\leqslant\overline{X}+\overline{S}\sqrt{\frac{\chi^2_{2;0.99}}{n}} \quad\cdots\cdots(41)$$

注：圆方法(circle technique)由 Van Nuland [6] 提出。该方法利用了标准差分布的简单正态近似，但该方法可能得出包含负标准差的临界区域。此处给出的方法是利用标准差的近似分布，从而避免了这种问题的发生，但此时临界区域不再是圆形了。另外，中心点使用稳健值代替了原方法中的简单平均值。

8.6.2 示例：抗体浓度的测定

表 13 为血浆样本中特定抗体浓度的测试结果。每个实验室在重复性条件下做四次重复测试。利用以上给出的公式可得图 11。该图表明一部分实验室收到了行动或警戒信号。

表 13　血浆样本中特定抗体的浓度

（每个实验室对一份样本进行 4 次重复测定）

室验室	平均值 kU/L	标准差 kU/L
1	2.15	0.13
2	1.85	0.21
3	1.80	0.08
4	1.80	0.24
5	1.90	0.36
6	1.90	0.32
7	1.90	0.14
8	2.05	0.26
9	2.35	0.39
10	2.03	0.53
11	2.08	0.25
12	1.25	0.24
13	1.13	0.72
14	1.00	0.26
15	1.08	0.17
16	1.20	0.32
17	1.35	0.40

表 13（续）

室验室	平均值 kU/L	标准差 kU/L
18	1.23	0.36
19	1.23	0.33
20	0.90	0.43
21	1.48	0.40
22	1.20	0.55
23	1.73	0.39
24	1.43	0.30
25	1.28	0.22
稳健均值	1.57	
稳健标准差		0.34
注：表中数据为每升(L)样品中千单位(kU)抗体数，其中单位(U)由国际标准物质的浓度定义。		

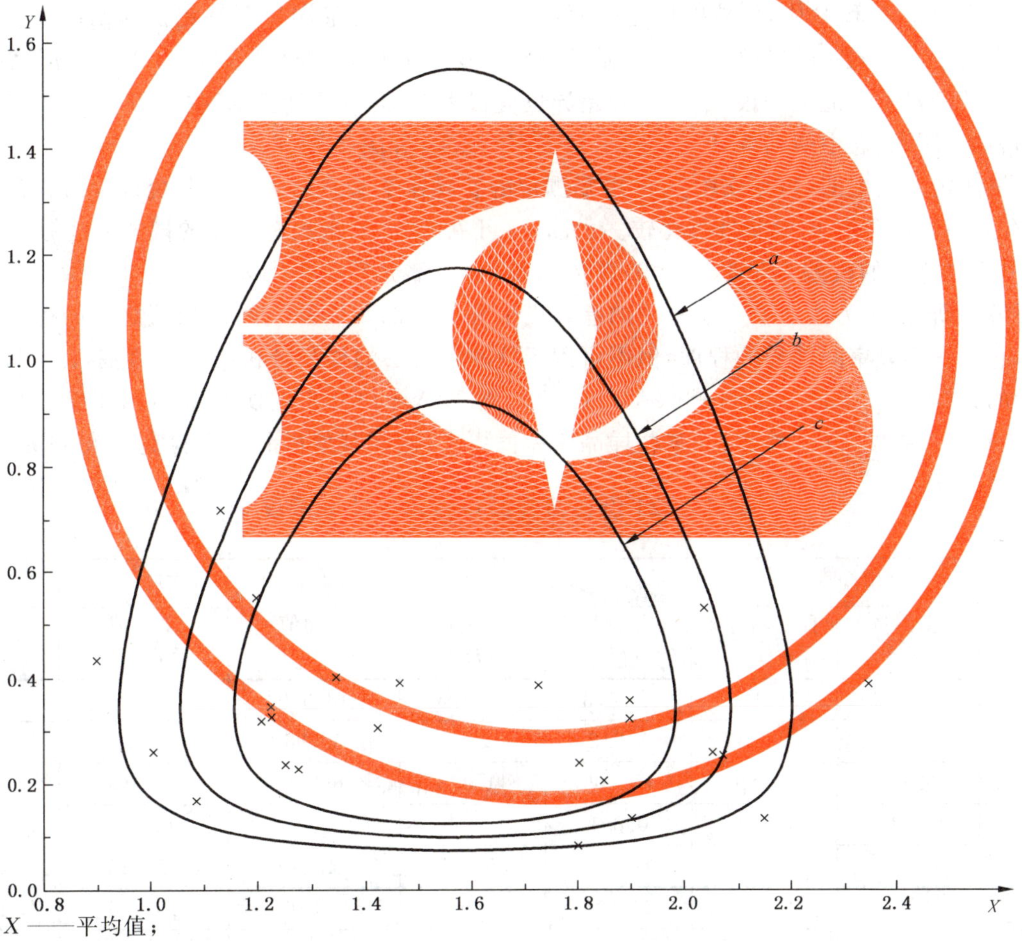

图例：X ——平均值；

Y ——标准差；

注：图中数据为每升(L)样品中千单位(kU)抗体数，其中单位(U)由国际标准物质的浓度定义。

a ——置信水平 99.9%；

b ——置信水平 99%；

c ——置信水平 95%。

图 11　25 个实验室标准差和平均值图(由表 13 数据)

8.7 分割样品(见 GB/T 15483.1—1999,A.3.1.2)

8.7.1 总则

当有必要对两个实验室进行详细比对时,可使用分割样品。例如,当一个实验室由供应方管理,而另一个实验室由使用方管理,且这两个机构希望实验室结果保证一致。实验室将得到多种水平待测特性的样品,将每个样品分割为两份,并且每个实验室对每份分割样品进行若干次(至少两次)重复测定。

有时,进行比对的实验室会多于两个,这种情况下,可将一个实验室看作参照实验室,其他实验室应利用此处的技术与其进行比对。

由分割样品实验所得数据,可得到反映两个实验室重复测量的变异和每份样品平均结果差值的图示。依据对图示的推断做进一步分析。

8.7.2 示例:抗体浓度的测定

在两个实验室 A 和 B 中,用放射性免疫测定法测定 21 份血浆样品中特定抗体的浓度。每个实验室中的所有测量是对同一轮实验中的分割样品分别重复测量两次。所得浓度(以 U/L 为单位)如表 14 所示。由于被测量的取值范围很大,结果的差异也会很大,因此进行计算前对数据取自然对数。转化后的数据如表 15 所示,表中所给统计量的图示如图 12、图 13 和图 14。

由重复测定的极差图,可见实验室 A 重复测定的变异比实验室 B 大。这些统计量的联合值如表 15 所示,如有兴趣也可利用 F-检验进行比较。由图 14 可见,图中的点没有明显的模式或趋势。尽管图 12 和图 13 中重复测定的极差几乎都小于 0.2,但图 14 中大部分实验室间差值要比 0.2 大得多。这方面问题需要继续研究,因为这表明实验室间的差异更依赖于样品。实验室间平均值之差的计算结果列在表 15 中,它表明实验室间差异的程度,但不可用于预测在之后的样品分析中的实验室间差异。因此,利用转化后的数据,平均来说,ln(B)−ln(A)=0.443,则 B/A=1.6,表明实验室 B 所得结果平均起来比实验室 A 多一个系数 1.6。然而,在某些样品中差值更大,而在其他样品中实验室 A 得到更大的结果。

表 14 21 份血浆样品中特定抗体的浓度

样本 i	实验室 A		实验室 B		实验室 A	实验室 B	实验室 A 和 B
	重复测量 1 U/L	重复测量 2 U/L	重复测量 1 U/L	重复测量 2 U/L	平均值 U/L	平均值 U/L	平均值 U/L
1	19.106	18.174	11.473	11.705	18.640	11.589	15.115
2	6.424	7.171	5.812	5.812	6.798	5.812	6.305
3	6.619	5.989	11.705	11.473	6.304	11.589	8.947
4	0.543	0.664	0.861	0.905	0.604	0.883	0.743
5	43.816	46.063	49.899	55.147	44.940	55.523	48.731
6	2.096	2.535	24.047	26.843	2.316	25.445	13.880
7	10.591	9.875	9.116	8.671	10.233	8.894	9.563
8	13.874	13.599	12.554	12.807	13.737	12.681	13.209
9	1.974	2.363	1.094	1.020	2.169	1.057	1.613
10	9.393	10.591	13.736	14.585	9.992	14.161	12.076
11	1.840	1.616	2.484	2.460	1.728	2.472	2.100
12	31.817	34.124	48.424	55.147	32.971	51.786	42.378
13	1.150	1.051	2.014	2.270	1.101	2.142	1.621
14	0.625	0.684	1.051	1.174	0.655	1.113	0.884

表 14（续）

样本 *i*	实验室 A 重复测量 1 U/L	实验室 A 重复测量 2 U/L	实验室 B 重复测量 1 U/L	实验室 B 重复测量 2 U/L	实验室 A 平均值 U/L	实验室 B 平均值 U/L	实验室 A 和 B 平均值 U/L
15	73.700	79.838	119.104	127.740	76.769	123.422	100.096
16	2.181	2.340	2.560	3.065	2.261	2.813	2.537
17	8.415	8.166	5.755	5.585	8.291	5.670	6.980
18	1.419	1.632	8.846	8.846	1.526	8.846	5.186
19	0.861	0.887	2.612	3.065	0.874	2.839	1.856
20	10.697	10.486	15.029	14.880	10.592	14.955	12.773
21	0.230	0.177	0.795	0.795	0.204	0.795	0.499

注：表中数据为每升(L)样品中千单位(kU)抗体数，其中单位(U)由国际标准物质的浓度定义。

表 15　表 14 中数据的 ln(浓度)和统计量

样本 *i*	实验室 A 重复测量 1 ln U/L	实验室 A 重复测量 2 ln U/L	实验室 B 重复测量 1 ln U/L	实验室 B 重复测量 2 ln U/L	实验室 A 极差 ln U/L	实验室 B 极差 ln U/L	差值 B−A ln U/L
1	2.95	2.90	2.44	2.46	0.05	0.02	−0.475
2	1.86	1.97	1.76	1.76	0.11	0.00	−0.155
3	1.89	1.79	2.46	2.44	0.10	0.02	0.610
4	−0.61	−0.41	−0.15	−0.10	0.20	0.05	0.385
5	3.78	3.83	3.91	4.01	0.05	0.10	0.155
6	0.74	0.93	3.18	3.29	0.19	0.11	2.400
7	2.36	2.29	2.21	2.16	0.07	0.05	−0.140
8	2.63	2.61	2.53	2.55	0.02	0.02	−0.080
9	0.68	0.86	0.09	0.02	0.18	0.07	−0.715
10	2.24	2.36	2.62	2.68	0.12	0.06	0.350
11	0.61	0.48	0.91	0.90	0.13	0.01	0.360
12	3.46	3.53	3.88	4.01	0.07	0.13	0.450
13	0.14	0.05	0.70	0.82	0.09	0.12	0.665
14	−0.47	−0.38	0.05	0.16	0.09	0.11	0.530
15	4.30	4.38	4.78	4.85	0.08	0.07	0.475
16	0.78	0.85	0.94	1.12	0.07	0.18	0.215
17	2.13	2.10	1.75	1.72	0.03	0.03	−0.380
18	0.35	0.49	2.18	2.18	0.14	0.00	1.760
19	−0.15	−0.12	0.96	1.12	0.03	0.16	1.175
20	2.37	2.35	2.71	2.70	0.02	0.01	0.345
21	−1.47	−1.73	−0.23	−0.23	0.26	0.00	1.371
联合值					0.119	0.083	
实验室差值平均值							0.443

注：表中数据为每升(L)样品中千单位(kU)抗体数，其中单位(U)由国际标准物质的浓度定义。

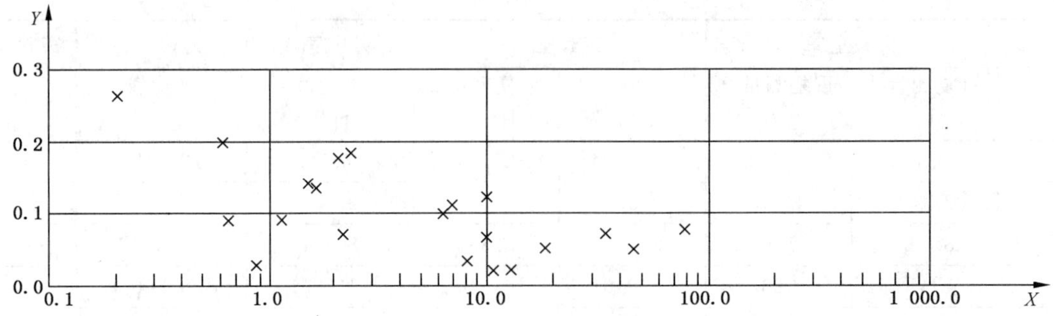

图例：X——实验室 A 的浓度平均值，%；

Y——实验室 A 的 ln(浓度)极差。

图 12　实验室 A 的重复测定极差(极差由 ln 浓度计算)

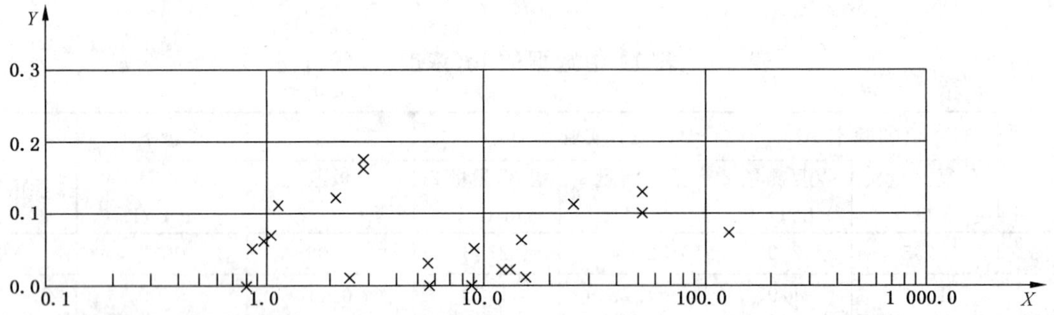

图例：X——实验室 B 的浓度平均值，%；

Y——实验室 B 的 ln(浓度)极差。

图 13　实验室 B 的重复测定极差(极差由 ln 浓度计算)

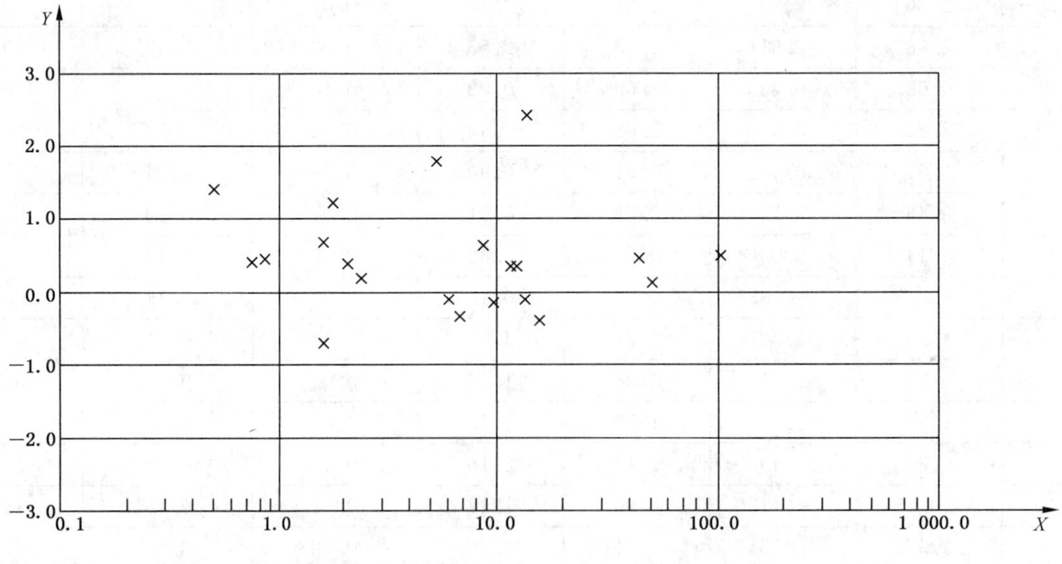

图例：X——实验室 A 和 B 的浓度平均值，%；

Y——实验室 B 浓度的对数－实验室 A 浓度的对数。

图 14　实验室均值差 B－A(浓度对数的差)

9 组合多轮能力验证计划中性能统计量值的图示法(见 GB/T 15483.1—1999,A.3.2)

9.1 应用

当要组合多轮计划的标准化性能统计量值时,协调者应考虑如 9.2 和 9.3 所述的图示法。这些图示组合了多轮计划的性能统计量值,可识别实验结果的趋势和其他特征,而这些特征在每轮计划得分的单独分析中是不明显的。

注:不推荐使用“运行分值”,即只计算实验室多轮计划获得的组合性能统计量值,而不在图中表示。由于实验室可能在某一轮计划中对某种物质的测试中出现“行动信号”或“警戒信号”,而在其他轮计划中没有,运行分值可能会掩盖这一情况。运行分值以发出行动和警戒信号次数表示(见 7.9)。

9.2 z 值的常规控制图

9.2.1 总则

要绘制 z 值的常规控制图,需将每个实验室所得 z 值单独绘出,且行动限和警戒限分别设在±3.0 和±2.0,具体形式如表 16 和图 15 所示。当一轮计划中需测量多个特性时,不同特性的 z 值可在同一图中绘出,但不同特征的点应使用不同的记号和/或颜色来表示。绘制常规控制图参见 GB/T 4091[4]。

常规控制图是一种能识别 z 值出现较大变异的有效方法。

常规控制图中,在下列情况下给出失控信号:

a) 有一个点落在行动限(±3.0)外;

b) 连续 3 个点中有两个落在相同的警戒限(±2.0)外。

当常规控制图给出一个失控信号时,应按 4.1 中的有关条款采取行动。注意到能力评定标准差 $\hat{\sigma}$ 不必是实验室偏倚的标准差,此时通常与常规控制图的行动限和警戒限相关的概率水平不适用。

9.2.2 示例:过敏原浓度的测定

表 16 中数据在图 15 中绘出。

表 16 包含三种过敏原(d1、f1 和 e3)浓度的 20 轮能力验证计划所得数据

实验日期	过敏原的 z 值			z 值的累积和		
	d1	f1	e3	d1	f1	e3
1991 年 9 月	−1.4	−0.2	−0.5	−1.4	−0.2	−0.5
1991 年 12 月	−0.9	−1.3	−1.0	−2.3	−1.5	−1.5
1992 年 3 月	0.2	1.6	1.0	−2.1	0.1	−0.5
1992 年 6 月	1.0	−0.5		−1.1	−0.4	
1992 年 9 月	−0.4	−1.2	−1.5	−1.5	−1.6	−2.0
1992 年 12 月	0.0	0.3	−0.8	−1.5	−1.3	−2.8
1993 年 3 月	0.9	−0.1	−1.1	−0.6	−1.4	−3.9
1993 年 6 月	2.0	0.3	1.0	1.4	−1.1	−2.9
1993 年 9 月	1.7	2.6		3.1	1.5	
1993 年 12 月	−0.8	−1.3	−0.6	2.3	0.2	−3.5
1994 年 3 月	−1.0	1.6	0.4	1.3	1.8	−3.1
1994 年 6 月	−2.0	0.8	0.4	−0.7	2.6	−2.7
1994 年 9 月	−1.6	4.0	−0.8	−2.3	6.6	−3.5
1994 年 12 月	1.5	1.1		−0.8	7.7	
1995 年 3 月	0.1	0.3	−1.5	−0.7	8.0	−5.0
1995 年 6 月	−1.9	0.1	−0.5	−2.6	8.1	−5.5
1995 年 9 月	−0.7	1.2	0.4	−3.3	9.3	−5.1
1995 年 12 月	0.3	−1.9	−0.8	−3.0	7.4	−5.9
1996 年 3 月	−1.3	−1.1		−4.3	6.3	
1996 年 6 月	−0.4	1.9	0.0	−4.7	8.2	−5.9

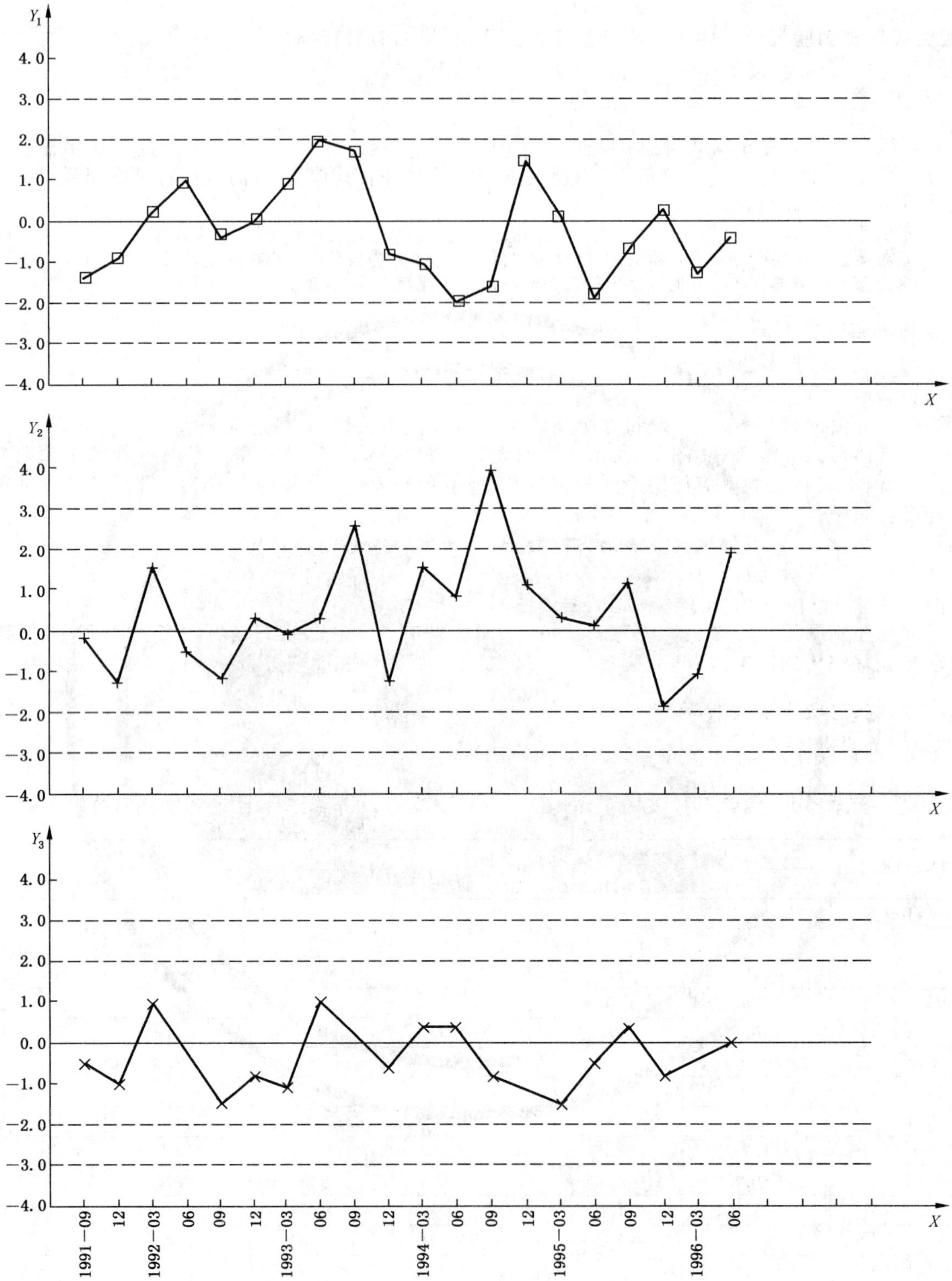

图例：X——实验日期；

Y_1——过敏原 d1 的 z 值；

Y_2——过敏原 f1 的 z 值；

Y_3——过敏原 e3 的 z 值。

图 15　一个实验室进行 20 轮能力验证计划所得数据的常规控制图（由表 16 数据）

9.3 z 值的累积和控制图

9.3.1 总则

要绘制 z 值的累积和控制图，需计算一个实验室在多轮能力验证计划中所得 z 值的累积和，并在图中描点，如图 16 所示。由于累积和图可用于检验 z 值是否偏离零点，故累积和的“目标值”为零，累积和可简单地由 z 值的累积和计算得到。绘制累积和图的方法见 GB/Z 4887－2006[5]。

当每轮计划中测量了多个特性时，应分别计算每个特性的累积和。

累积和控制图是一种在确定特性值时识别引起偏倚原因的有效方法，而这种偏倚持续存在于多轮计划中。当这样的累积和控制图给出了失控信号时，应按 4.1 中的有关条款采取行动。

9.3.2 示例：过敏原浓度的测定

表 16 包含了测定三种过敏原所得的 z 值及其累积和。累积和图如图 16 所示。由图形可知实验室结果从 1994 年 3 月开始发生变化。

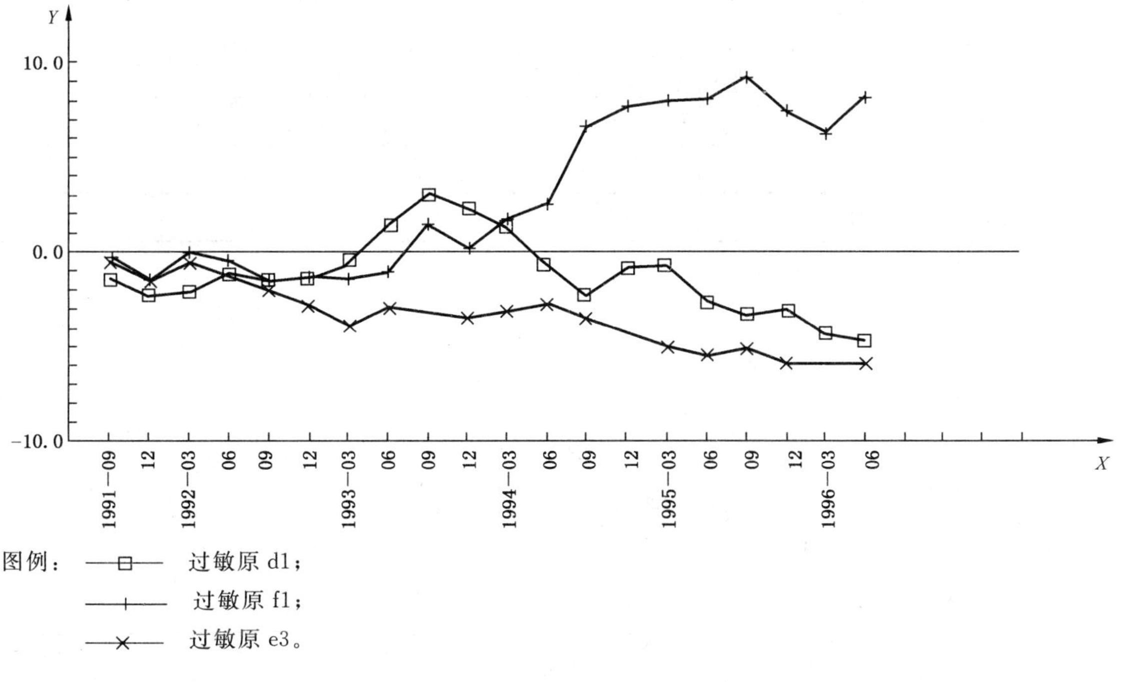

图 16 一个实验室在 20 轮能力验证计划中所得数据的累积和控制图(由表 16 数据)

9.4 实验室标准化偏倚对平均值的图

9.4.1 总则

当每轮能力验证计划的特性水平变化范围较大时，z 值或其他标准化性能统计量值关于特性水平的图将显示实验室偏倚是否随特性水平而变化。

9.4.2 示例：过敏原浓度的测定

表 17 为一个实验室在 13 轮能力验证计划中报告的过敏原浓度数据，图 17 为其 z 值对浓度水平图。图中显示实验室在较高浓度水平有获得正的 z 值的趋势。对这些数据用回归分析可验证该趋势是统计显著的。

表 17 实验室测定的过敏原 d1 的浓度

日期	浓度平均值 kU/L	z 值
1992 年 6 月	12.00	0.7
1992 年 9 月	4.82	−1.3
1992 年 12 月	17.20	2.3
1993 年 3 月	8.53	1.3
1993 年 6 月	8.47	1.4
1993 年 9 月	2.57	0.3
1993 年 12 月	1.94	0.2
1994 年 3 月	3.78	−0.1
1994 年 6 月	2.07	−0.5
1994 年 9 月	19.50	2.1
1994 年 12 月	3.13	1.3
1995 年 3 月	16.70	1.7
1995 年 6 月	5.12	0.5
注：表中数据为每升(L)样品中千单位(kU)抗体数，其中单位(U)由国际标准物质的浓度定义。		

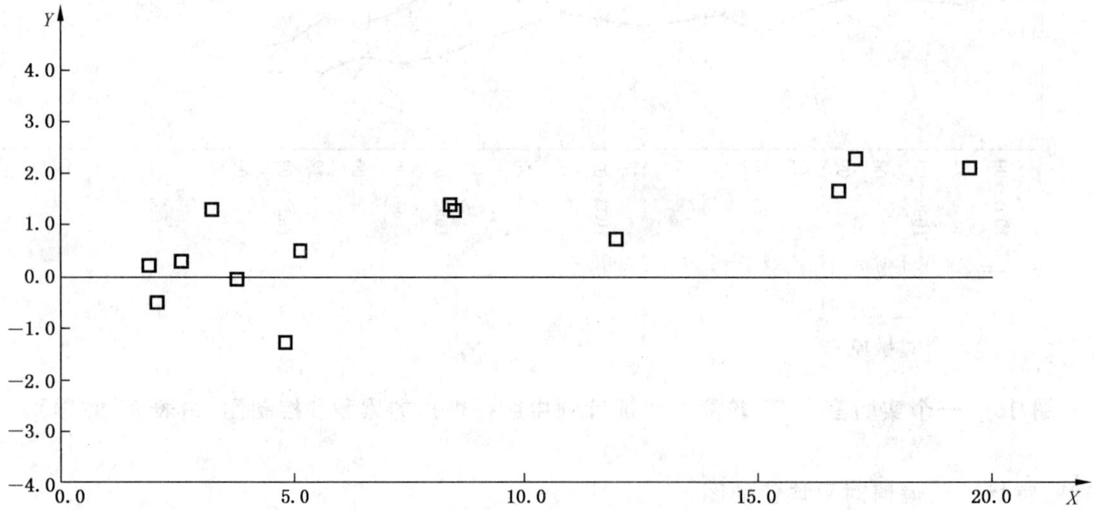

图例：X ——浓度，kU/L；

Y ——过敏原 d1 的 z 值。

图 17 实验室测定过敏原 d1 的浓度水平与 z 值的关系

9.5 点图

当一轮能力验证计划中对同一个被测量有多个测试单元时，此时常规控制图等图方法仍然有用。点图与常规控制图相似。不同的是点图在每个时刻有多个点，并将每个时刻测量结果的平均值连线。

以下给出了每三个月对五份不同测试单元测定血糖浓度的示例。当指定值为 60 mg/dL 或更高时,可接受的误差范围是指定值的±10%内,而当指定值低于60 mg/dL时,可接受的误差范围是±6.0 mg/dL。这种情况以及指定值取值范围较大时,适合用z值进行评价,使用固定的能力评定标准差,根据指定值的大小,分别为3.33%和2.0 mg/dL。

图18显示在第一轮和第三轮计划中有个别结果落在±3.0的边界之外,且序列中有一些可疑值。在这个数据集中,在第一轮计划中实验室重复性较差且偏倚较高。第二轮中精密度问题得到解决但偏倚未得到调整。第三轮显示已校正偏倚,但精密度问题再次出现。第四轮显示与前一轮有相似的偏倚,但精密度更好。

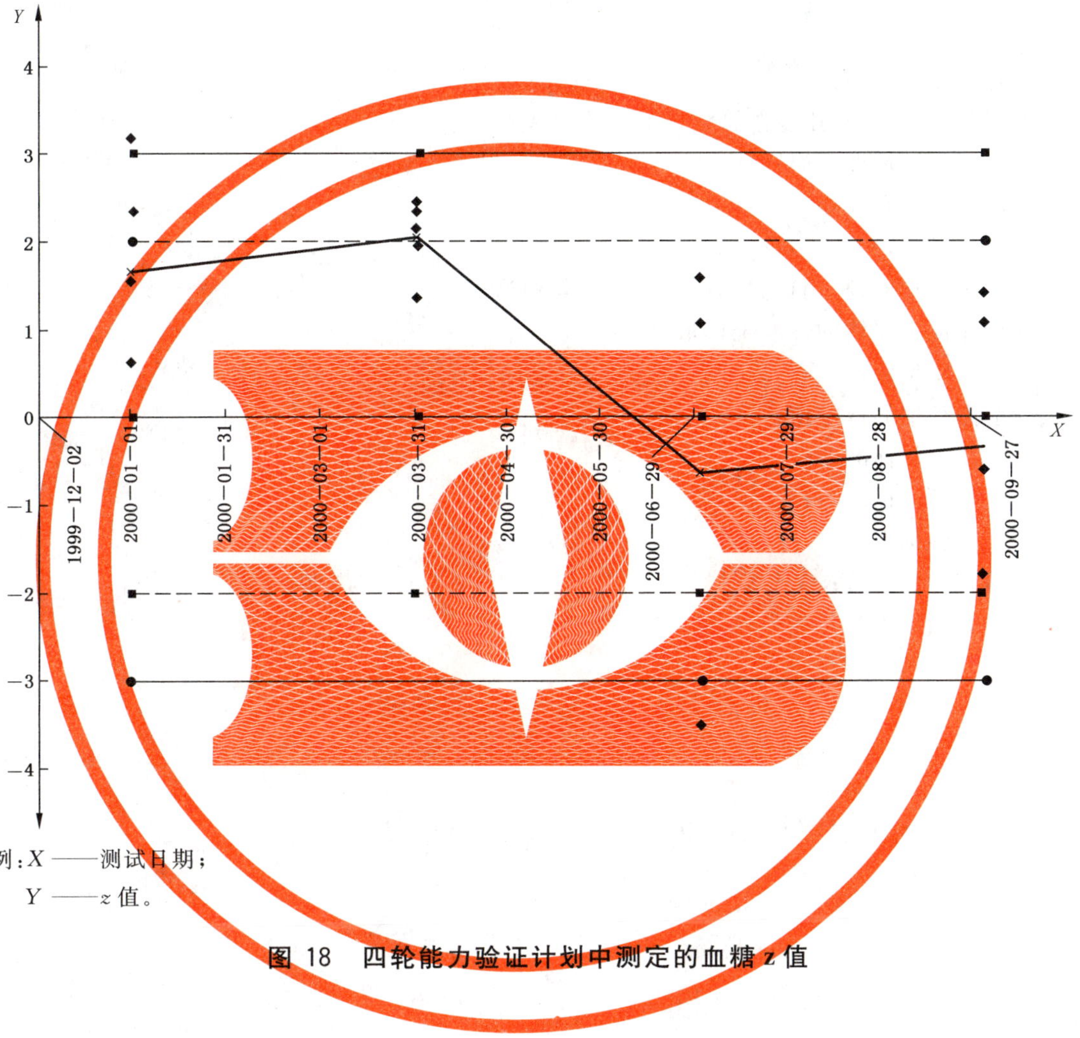

图例:X ——测试日期;
Y ——z值。

图18 四轮能力验证计划中测定的血糖z值

附　录　A
（规范性附录）
符　　　号

g ——均匀性检验中测试的样本量；
n ——每份样本的重复测量次数；
p ——一轮能力验证计划中参与的实验室数；
s_s ——样本间标准差；
$s_{\bar{x}}$ ——样本平均值的标准差；
s^* ——稳健标准差（利用稳健算法计算的标准差）；
u_X ——指定值的标准不确定度；
w_t ——测试份样间极差；
x ——测量结果；
x^* ——稳健平均值（利用稳健算法计算的平均值）；
z ——用于能力评估的性能统计量值；
D ——实验室偏倚；
X ——能力评估的指定值；
σ_L ——实验室间标准差；
$\hat{\sigma}$ ——能力评定标准差；
σ_r ——重复性标准差；
σ_R ——再现性标准差；
ϕ ——验证由经验值得到 $\hat{\sigma}$ 时所用的系数。

附　录　B
（规范性附录）
样品的均匀性检验和稳定性检验

B.1　均匀性检验程序

样品的均匀性检验程序如下：

a）　选择一个实验室进行均匀性检验。当不需要对每个特性都进行均匀性检验时，可选择一种测量方法，以及一种对样品异质性比较敏感的特性进行均匀性检验。因此，对粒状物质，选择完全筛出特性（比如粒状物通过特定孔径筛网的百分比）。当测量结果为比值时，较小比值的特性的匀质化将更加困难，且在均匀性检验中会更容易检出不均匀性。（完全筛出特性是指单个粒子可显示特性的极端值。非完全筛出特性是单个粒子存在的可以变化的特性。）

b）　制备并包装一轮能力验证计划的样品，应保证有充足的样品供给参加者以及均匀性检验。

c）　在最终包装的样品中随机选择 g 份，$g \geqslant 10$。若可从前期对相似样品利用相同程序进行的均匀性检验中得到适合的数据，可减少均匀性检验的样本量。

d）　从一个样品中制备两个测试份量，选择适合的方法将测试份量间差异降到最小。

e）　将 2 g 份测试份量随机排序，得到每份的测量结果，整个测量在重复性条件下完成。

f）　计算总平均值 $\bar{x}_{..}$，样品内标准差 s_w 和样品间标准差 s_s，如 B.3 所示。

B.2　均匀性检验的评估标准

比较样品间标准差 s_s 和能力评定标准差 $\hat{\sigma}$。当

$$s_s \leqslant 0.3\hat{\sigma} \qquad \cdots\cdots (B.1)$$

可认为样品是充分均匀的。式(B.1)中系数取为 0.3 是因为，当以上条件满足时，样品间方差对能力评定方差的贡献不多于 10%。若以上条件不满足，协调者应考虑以下可能情况：

a）　检查样品制备程序是否可以改进。

b）　将一定数量的样品分发给能力验证计划的参加者，并要求得到每份样品的测试结果。样品的异质性将使样品内标准差增加到：

$$\sigma_{r1} = \sqrt{\sigma_r^2 + s_s^2} \qquad \cdots\cdots (B.2)$$

此时，利用式(2)确定重复测试次数时，用 σ_{r1} 代替 σ_r。

c）　在能力评定标准差中包含了样品间标准差，利用计算 $\hat{\sigma}$ 的公式

$$\hat{\sigma} = \sqrt{\hat{\sigma}_1^2 + s_s^2} \qquad \cdots\cdots (B.3)$$

其中 $\hat{\sigma}_1$ 是样本中不含异质成分时的能力评定标准差。

B.3　均匀性检验的公式

均匀性检验的数据表示为：

$x_{t,k}$

其中

t 表示样品($t=1,2,\cdots,g$)

k 表示测试份量($k=1,2$)。

定义样品均值为:

$$\bar{x}_{t,.}=(x_{t,1}+x_{t,2})/2 \quad \cdots\cdots(\text{B}.4)$$

测试份量间极差为:

$$w_t=|x_{t,1}-x_{t,2}| \quad \cdots\cdots(\text{B}.5)$$

计算总平均值为:

$$\bar{x}_{.,..}=\sum\bar{x}_{t,.}/g \quad \cdots\cdots(\text{B}.6)$$

样品均值的标准差为:

$$s_{\bar{x}}=\sqrt{\sum(\bar{x}_{t,.}-\bar{x}_{.,..})^2/(g-1)} \quad \cdots\cdots(\text{B}.7)$$

样品内标准差为:

$$s_w=\sqrt{\sum w_t^2/(2g)} \quad \cdots\cdots(\text{B}.8)$$

其中对所有样品求和($t=1,2,\cdots,g$)。

最后,计算样品间标准差为:

$$s_s=\sqrt{s_{\bar{x}}^2-(s_w^2/2)} \quad \cdots\cdots(\text{B}.9)$$

注:可用测试份量间标准差代替极差,如 $s_t=w_t/\sqrt{2}$。

B.4 稳定性检验的程序

a) 使用与均匀性检验相同的实验室进行稳定性检验。使用相同的测量方法,并测量相同的材料特性。

b) 允许均匀性检验和稳定性检验间有时间延迟,这与能力验证中参加者检测样本的时间延迟是相似的。

c) 随机选取 g 个样品,其中 $g\geqslant3$。

d) 使用与均匀性检验相同的方法,从每一份样品中制备两个测试份量。

e) 将 2 g 个测试份量按随机顺序测量,所有测量在重复性条件下完成,每个测试份量得到一个测量结果 $y_{t,k}$。

f) 计算稳定性检验中测量结果的总平均值 $y_{.,..}$。

B.5 稳定性检验的评估准则

比较均匀性检验中测量结果的总平均值与稳定性检验中测量结果的总平均值,如果

$$|\bar{x}_{.,..}-\bar{y}_{.,..}|\leqslant 0.3\hat{\sigma} \quad \cdots\cdots(\text{B}.10)$$

可认为样品是充分稳定的,如果以上条件不满足,则检查样品制备和储存程序是否可以改进。

B.6 示例:大豆粉中的铜含量(μg/g)

在能力验证计划中检测大豆粉中的铜含量,根据精密度试验结果,将能力评定标准差设定为$\hat{\sigma}=1.1$ μg/g。根据准则(B.1),样品间标准差不应大于

$0.3\times1.1=0.330$ μg/g

对于均匀性检验,随机选取 12 份能力验证计划中准备的大豆粉样品,且每份样品分成两个测试份量,确定其中的铜含量。表 B.1 给出了这些数据,以及样品平均值和份量间极差。

根据 B.3 中公式可计算以下值:

总平均值　　　　　　　$\bar{x}_{..}=10.02\ \mu g/g$

样品均值标准差　　　　$s_{\bar{x}}=0.340\ \mu g/g$

样品内标准差　　　　　$s_w=0.246\ \mu g/g$

因此，

样品间标准差　　　　　$s_s=0.292\ \mu g/g$

由于这个值小于 0.330 μg/g，可推断能力验证计划中所用样品是充分均匀的。

对于稳定性检验，其中三份样本已在一个月后在同一个实验室中检测，其结果的总平均值为 $\bar{y}_{..}=10.78\ \mu g/g$。差值 $\bar{y}_{..}-\bar{x}_{..}=0.76\ \mu g/g$ 超过了 $0.3\hat{\sigma}=0.33\ \mu g/g$，因此可以推断出样本不是充分稳定的。

表 B.1　均匀性检验的测试结果，大豆粉中的铜含量(mg/g)

样本编号 t	测试份量 1	测试份量 2	样本平均值 x_{t_r}	测试单元间极差 w_t
1	10.5	10.4	10.45	0.1
2	9.6	9.5	9.55	0.1
3	10.4	9.9	10.15	0.5
4	9.5	9.9	9.70	0.4
5	10.0	9.7	9.85	0.3
6	9.6	10.1	9.85	0.5
7	9.8	10.4	10.10	0.6
8	9.8	10.2	10.00	0.4
9	10.8	10.7	10.75	0.1
10	10.2	10.0	10.10	0.2
11	9.8	9.5	9.65	0.3
12	10.2	10.0	10.10	0.2

附 录 C
（规范性附录）
稳 健 分 析

C.1 算法 A

应用本算法可以得到数据平均值和标准差的稳健值。

注 1：本附录重复了 GB/T 6379.5 中给出的算法 A 和算法 S。

注 2：稳健性是估计算法的特点，而不是其产生的估计值的特点，因此严格来说，称由此算法计算的平均值和标准差是稳健的是不确切的。然而，为避免使用繁琐的术语，本标准中的“稳健平均值”和“稳健标准差”应理解为利用稳健算法计算的总体平均值和总体标准差的均值估计。

按递增顺序排列 p 个数据，表示为：

$x_1, x_2, \cdots, x_i, \cdots, x_p$。

这些数据的稳健平均值和稳健标准差记为 x^* 和 s^*。

计算 x^* 和 s^* 的初始值如下(med 表示中位数)：

$$x^* = \text{med}x_i \qquad (i=1,2,\ldots,p) \qquad \cdots\cdots(\text{C.1})$$

$$s^* = 1.483 \times \text{med}\left| x_i - x^* \right| \quad (i=1,2,\ldots,p) \qquad \cdots\cdots(\text{C.2})$$

根据以下步骤更新 x^* 和 s^* 的值。计算：

$$\delta = 1.5s^* \qquad \cdots\cdots(\text{C.3})$$

对每个 $x_i (i=1,2,\cdots,p)$，计算

$$x_i^* = \begin{cases} x^* - \delta, & \text{若 } x_i < x^* - \delta \\ x^* + \delta, & \text{若 } x_i > x^* - \delta \\ x_i, & \text{其他} \end{cases} \qquad \cdots\cdots(\text{C.4})$$

再由下式计算 x^* 和 s^* 的新的取值：

$$x^* = \sum x_i^* / p \qquad \cdots\cdots(\text{C.5})$$

$$s^* = 1.134\sqrt{\sum (x_i^* - x^*)^2 / (p-1)} \qquad \cdots\cdots(\text{C.6})$$

其中求和符号对 i 求和。

稳健估计值 x^* 和 s^* 可由迭代计算得出，例如用已修改数据更新 x^* 和 s^*，直至过程收敛。当稳健标准差的第三位有效数字和稳健平均值相对应的数字在连续两次迭代中不再变化时，即可认为过程是收敛的。这是一种可用计算机编程实现的简单方法。

C.2 算法 S

此算法用于标准差(或极差)，可推出标准差或极差的稳健联合值。

将 p 个数据以递增顺序排列，表示为：

$w_1, w_2, \cdots, w_i, \cdots, w_p$。

(这些数据可以是极差或标准差。)

稳健联合值记为 w^*，每个 w_i 相关的自由度为 v。(当 w_i 为极差时，$v=1$。当 w_i 为 n 次测试结果的标准差时，$v=n-1$。)根据表 C.1，查得算法所需的 ξ 和 η 值。

计算 w^* 的初始值如下(med 表示中位数),

$$w^* = \text{med} w_i \quad (i=1,2,\cdots,p) \qquad \cdots\cdots(C.7)$$

按以下步骤更新 w^* 的值,计算

$$\psi = \eta \times w^* \qquad \cdots\cdots(C.8)$$

对于每个 $w_i (i=1,2,\cdots,p)$,计算

$$w_i^* = \begin{cases} \psi, & 若\ w_i > \psi \\ w_i, & 其他 \end{cases} \qquad \cdots\cdots(C.9)$$

计算新的 w^*:

$$w^* = \xi \sqrt{\sum (w_i^*)^2 / p} \qquad \cdots\cdots(C.10)$$

稳健估计值 w^* 可由迭代算法得到,即不断更新 w^*,直到过程收敛。当稳健估计值的第三位有效数字连续两次迭代后数值不再变化时,即可认为过程是收敛的。这是一种可利用计算机编程实现的简单方法。

表 C.1 稳健分析必需的因子:算法 S

自由度 v	限系数 η	修正系数 ξ
1	1.645	1.097
2	1.517	1.054
3	1.444	1.039
4	1.395	1.032
5	1.359	1.027
6	1.332	1.024
7	1.310	1.021
8	1.292	1.019
9	1.277	1.018
10	1.264	1.017

注:η 和 ξ 的值由 GB/T 6379.5—2006 的附录 B 导出。

参 考 文 献

[1] Thompson, M and Wood, R. The international harmonized protocol for the proficiency testing of (chemical) analytical laboratories, AOAC, September 1993

[2] Jackson, J. E. Quality control methods for two related variables, Industrial Quality Control, January, 1956

[3] Horwitz, W. Evaluation of analytical methods used for regulations of food and drugs. Anal. Chem., 54, 1982, pp. 67A-76A

[4] GB/T 4091—2001 常规控制图

[5] GB/Z 4887—2006 累积和图——运用累积和技术进行质量控制和数据分析指南

[6] Van Nuland, Y. ISO 9002 and the circle technique, Qual. Eng., 5, 1992, pp. 269-291

[7] GB/T 6379.1—2004 测量方法与结果的准确度(正确度与精密度) 第1部分:总则与定义

[8] GB/T 6379.2—2004 测量方法与结果的准确度(正确度与精密度) 第2部分:确定标准测量方法重复性与再现性的基本方法

[9] ISO 5725-3 测量方法与结果的准确度(正确度与精确度) 第3部分:标准测量方法精密度的中间度量

[10] GB/T 6379.4—2006 测量方法与结果的准确度(正确度与精确度) 第4部分:确定标准测量方法正确度的基本方法

[11] GB/T 6379.5—2006 测量方法与结果的准确度(正确度与精确度) 第5部分:确定标准测量方法正确度的可替代方法

[12] GB/T 6379.6—2009 测量方法与结果的准确度(正确度与精确度) 第6部分:准确度值的实际应用

[13] GB/T 27025—2008 检测和校准实验室能力的通用要求

ICS 71.040.99
C 40

中华人民共和国国家标准

GB/T 28044—2011

纳米材料生物效应的透射电子显微镜检测方法通则

General guide of detection method for nanomaterial biological effect by transmission electron microscope (TEM)

2011-10-31 发布　　2012-02-01 实施

中华人民共和国国家质量监督检验检疫总局
中国国家标准化管理委员会　发布

前 言

本标准按照 GB/T 1.1—2009 给出的规则起草。

本标准由全国纳米技术标准化技术委员会(SAC/TC 297)提出并归口。

本标准负责起草单位:中国人民解放军第二军医大学、复旦大学上海医学院。

本标准主要起草人:杨勇骥、俞彰、张天宝。

纳米材料生物效应的透射电子显微镜检测方法通则

1 范围

本标准规定了透射电子显微镜检测纳米材料生物性样品的技术和规范。

本标准适用于纳米材料生物效应透射电镜检测的超微结构分析。

2 规范性引用文件

下列文件对于本文件的应用是必不可少的。凡是注日期的引用文件，仅注日期的版本适用于本文件。凡是不注日期的引用文件，其最新版本(包括所有的修改单)适用于本文件。

GB/T 18873—2008 生物薄试样的透射电子显微镜—X射线能谱定量分析通则

GB/T 19619—2004 纳米材料术语

ISO/IEC 17025:2005 检测和校准实验室认可准则(General requirements for the competence of testing and calibration laboratories)

3 术语和定义

下列术语和定义适用于本文件。

3.1

纳米材料 nanomaterial

物质结构在三维空间中至少有一维处于纳米尺度，或由纳米结构单元构成的且具有非凡性质的材料。

3.2

生物效应 biological effect

纳米材料与生命过程的相互作用产生的生理功能、生化功能及形态结构的变化。

3.3

生物效应检测 biological effect test

采用生物学、化学、毒理学与医学等领域的实验技术进行检验测量。

3.4

支持膜 support film

采用火棉胶或聚乙烯醇缩甲醛(Formvar)制成的厚度约为12 nm的薄膜。

3.5

纳米材料薄试样 thin nanomaterial sample

纳米材料薄试样是指在支持膜上滴注含有纳米材料的溶液并经烘箱60 ℃烘干后的薄试样。

3.6

生物薄试样 thin biological sample

生物薄试样是指采用超薄切片机切成的厚度为40 nm～100 nm的含有生物组织或细胞的薄试样。

3.7

薄试样 thin sample

纳米材料薄试样和含有纳米材料的生物薄试样的统一简称。

4 基本原理

用聚焦的高能电子束照射生物薄试样的微小区域，入射的电子束大部分透过薄试样，形成透射电子，透射电子中含有大量携带有生物薄试样内部信息的非弹性散射电子，非弹性散射电子在荧光屏、照相底片或CCD上成像，形成薄试样的超微结构图像。

5 仪器设备

5.1 透射电子显微镜。

5.2 超薄切片机。

5.3 超声清洗仪。

6 薄试样

6.1 薄试样的厚度应小于100 nm。

6.2 薄试样所用的载网应是直径3 mm的电子显微镜用标准载网，推荐使用铜网。

7 纳米材料薄试样制备

7.1 如纳米材料处于团聚状态，应采用相应的化学或物理方法将其分散成能够在电镜下观察到的单颗粒状、单根线状且具有100 nm以下可测尺度的物质。

7.2 将已分散的纳米材料制成薄试样。

8 透射电子显微镜系统的准备工作

8.1 开机，抽真空至电镜正常工作所需的高真空后再稳定30 min以上。

8.2 选择测试薄试样所需的加速电压，建议检测生物薄试样所需的加速电压在60 kV～120 kV之间。

8.3 调节电子枪的灯丝电流，使束流处于稳定饱和状态。

8.4 对电子光学系统进行对中调整，尽可能消除电子束的像散，使电子显微镜处于最佳工作状态。

8.5 如果纳米材料是化学状态不稳定的易挥发物质，可在冷阱中加入液氮以减少样品污染。

9 检测分析步骤

9.1 纳米材料薄试样的分析

9.1.1 采用透射电镜对制成的纳米材料薄试样的分散情况进行检查。

9.1.2 在低倍(3 000倍～4 000)倍下寻找合适的纳米材料薄试样部位，要求被检测纳米材料薄试样无破损、无污染。

9.1.3 将确定的纳米材料薄试样分析部位置于电子显微镜的观察中心。

9.1.4 逐步增加放大倍数，寻找纳米材料已分散且分布均匀的部位观察分析。

9.1.5 测量并给出纳米材料的尺度。

9.2 生物薄试样的分析

9.2.1 在低倍(小于 4 000 倍)下寻找合适的生物薄试样部位,要求被分析试样无破损、无污染及无震颤条纹,并置于电子显微镜的观察中心。

9.2.2 在低倍(5 000 倍左右)时观察,寻找纳米材料在细胞或生物组织中的部位。

9.2.3 逐步增加放大倍数(一般放大倍数在 10 000~30 000 即可,少数需放大 30 000 倍以上),寻找细胞内外、细胞器内外有无纳米材料。

9.2.4 仔细分析纳米材料分布的位置,注意区分样品制备过程中引入的污染物和纳米颗粒材料。如果无法判别,建议采用 X 射线能谱分析对颗粒物进行定性分析,分析方法参见 GB/T 18873—2008。

9.2.5 精确聚焦并存储实验结果。

10 检测结果的发布

10.1 检测结果报告应包括以下信息,亦可参照 GB/T 17025:

a) 检测报告的唯一编号;
b) 送样人姓名、单位和地址;
c) 样品的接收日期;
d) 分析仪器及其工作条件;
e) 检测结果和必要的说明;
f) 检测报告负责人的签字;
g) 检测报告的页码;
h) 实验室名称和地址;
i) 检测报告的日期。

10.2 检测报告发布见附录 A。

附　录　A
（资料性附录）
纳米材料生物效应的透射电子显微镜检测报告

报告编号：
送样单位：
送样日期：
样品内容：
检测内容与要求：
送样人姓名：　　　　送样人联系电话：　　　　送样人 E-mail 地址：
测量条件：
仪器型号：
仪器条件：
加速电压：
倍率标尺：
检测结果：
必要的说明：

检测单位(公章)　　　　检测人：

批准人：　　　　检测日期：　　年　　月　　日

报告书共　　页

检测单位地址：　　　　检测单位联系电话：

ICS 43.040.10
T 36

中华人民共和国国家标准

GB/T 28045—2011

道路车辆　42 V供电电压的电气和电子设备　电气负荷

Road vehicles—Electrical and electronic equipment for a supply voltage of 42 V—Electrical loads

(ISO 21848:2005,MOD)

2011-10-31 发布　　2012-02-01 实施

中华人民共和国国家质量监督检验检疫总局
中国国家标准化管理委员会　发布

前　言

本标准按照 GB/T 1.1—2009 给出的规则起草。

本标准使用重新起草法修改采用 ISO 21848:2005《道路车辆　42V 供电电压的电气和电子设备电气负荷》进行制定。

本标准根据 ISO 21848:2005 重新起草。

本标准与 ISO 21848:2005 的技术性差异及原因如下：

——删除了 4.3 中不好理解且对应的 ISO 16750-2 中也没有写的"检查 DUT 不期望的共振模式及导致的热应力"；

——参照 ISO 16750-2，将第 4 章的题目改为试验和要求，4.1 题目改为供电电压；

——按国家标准编写规定，将原文第 3 章的术语定义改为术语定义和参数代号；

——按国家标准编写规定，在范围中增加了：本标准适用于汽车 42 V 电气电子系统/组件。

本标准相对 ISO 21848:2005 编辑性修改如下：

——删除国际标准引言；

——删除原国际标准中的参考文件；

——对图 2 中的各装置补上注释。

本标准由国家发展和改革委员会提出。

本标准由全国汽车标准化技术委员会(SAC/TC 114)归口。

本标准起草单位：中国汽车技术研究中心、苏州泰思特电子科技有限公司、长沙汽车电器研究所、东风商用车技术中心、上海市质量监督检验技术研究院、深圳市航盛电子股份有限公司、上海科世达华阳汽车电器有限公司、郑州跃博汽车电器有限公司。

本标准起草人：许秀香、孙成明、胡梦蛟、何玉军、卢兆明、汪锡斌、高志彪、张勇英。

道路车辆　42 V 供电电压的电气和电子设备　电气负荷

1　范围

本标准描述了 42 V 供电电压的电气和电子系统及组件的电气负荷，规定了单个或多个电压系统的试验和要求。本标准还提供了 42 V 与其他电压系统相互影响的设计指导。

本标准适用于汽车 42 V 电气电子系统/组件。

注：电气负荷与安装位置无关。

2　规范性引用文件

下列文件对于本文件的应用是必不可少的。凡是注日期的引用文件，仅注日期的版本适用于本文件。凡是不注日期的引用文件，其最新版本(包括所有的修改单)适用于本文件。

GB/T 21437.2　道路车辆　由传导和耦合引起的电骚扰　第 2 部分：沿电源线的电瞬态传导(GB/T 21437.2—2008，ISO 7637-2：2004，IDT)

GB/T 28046.1　道路车辆　电气及电子设备的环境条件和试验　第 1 部分：一般规定(GB/T 28046.1—2011，ISO 16750-1：2006，MOD)

GB/T 28046.2　道路车辆　电气及电子设备的环境条件和试验　第 2 部分：电气负荷(GB/T 28046.2—2011，ISO 16750-2：2006，MOD)

GB/T 28046.4　道路车辆　电气及电子设备的环境条件和试验　第 4 部分：气候负荷(GB/T 28046.4—2011，ISO 16750-4：2006，MOD)

UL94 装置和器具中零件的塑性材料可燃性试验

3　术语定义和参数代号

GB/T 28046.1 中给出的术语和定义适用于本文件。

U_{high} 正常直流供电范围的上限电压。

U_{low} 正常直流供电范围的下限电压。

$U_{max,dyn}$ 发电机抛负载产生的最大动态过电压。

U_T 规定条件下试验时采用的电压，可以是静态或瞬态电压。

U_s 起动脉冲下允许的最低动态欠电压。

U_A 发动机启动时允许的最低稳态电压(包括可能存在的纹波电压)。

4　试验和要求

4.1　供电电压

4.1.1　目的

在最小和最大供电电压范围内检查受试装置(DUT)的功能。

4.1.2 试验

按表1对DUT的有关输入端施加供电电压，测量DUT所有相关端子的电压。表1的供电电压与GB/T 28046.4表1的工作温度范围有关，不受时间限制。

表1 U_N=42 V 系统供电电压

代码	供电电压/V	
	U_{low}	U_{high}
L	30	48

4.1.3 要求

所有DUT的功能应符合GB/T 28046.1定义的A级。

4.2 过电压

4.2.1 最大连续电压

在所有条件下，DUT的最大连续供电电压不应超过表1的U_{high}。

4.2.2 最大动态电压

4.2.2.1 抗扰性

除以下4.2.2.1.1～4.2.2.1.3规定外，对瞬态电压的抗扰性应符合GB/T 21437.2。

4.2.2.1.1 目的

检验DUT在耐受最大动态电压$U_{max,dyn}$时的功能，模拟42 V电气系统由抛负载引起的高能脉冲的最大动态电压，以抛负载保护电压为上限。

4.2.2.1.2 试验

按图1向DUT施加1个试验脉冲。

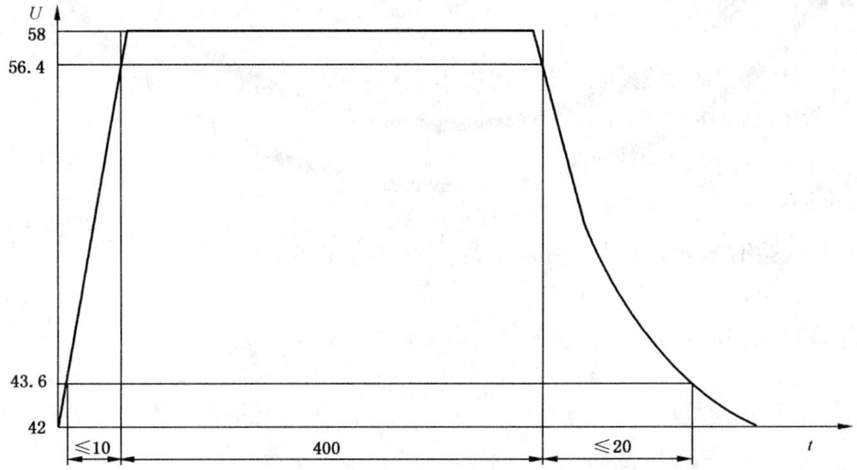

其中：

t——时间，ms；

U——电压，V。

图1 $U_{max,dyn}$试验脉冲

抛负载试验脉冲发生器的内阻应为 100 mΩ～500 mΩ。

4.2.2.1.3 要求

功能状态至少应达到 GB/T 28046.1 定义的 D 级。特殊要求可以由车辆生产商和供应商协商确定。

4.2.2.2 发射

发电机抛负载及 GB/T 28046.2 规定的脉冲除外，电气和电子设备在电路网上不得产生超过 50 V 的电压。

除 4.2.2.1.1～4.2.2.1.3 规定外，应采取措施确保不超过 50 V（如加装电源防护装置和/或发电机电压调节器）。

4.3 叠加交流电压

4.3.1 目的

模拟直流供电下的纹波电压。

4.3.2 试验

按图 2 所示连接 DUT，按表 2 和图 2 在 DUT 所有相关的输入端子上进行试验。

注：不得用蓄电池作为本试验的供电电源。

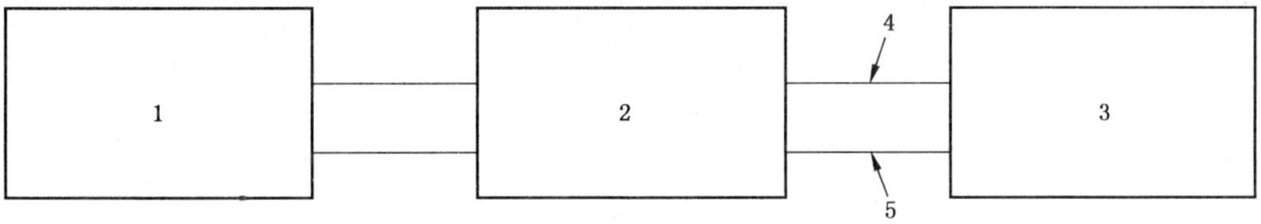

其中：

1——扫频发生器；

2——可调制的供电单元；

3——DUT；

4——正极；

5——接地或负极。

图 2 试验装置

表 2 试验参数

施加电压（见图 3）	$U_{dc}+0.5U_{pp}\sin(\omega t)$
a.c. 电压（正弦）	a) $U_{dc}=48$ V；$U_{pp}=4$ V 50 Hz～1 kHz b) $U_{dc}=48$ V；$U_{pp}=1$ V 1 kHz～20 kHz c) $U_{dc}=32$ V；$U_{pp}=4$ V 50 Hz～1 kHz d) $U_{dc}=32$ V；$U_{pp}=1$ V 1 kHz～20 kHz
电源内阻	50 mΩ～100 mΩ
频率范围	见图 4
扫频类型	见图 4
扫频持续时间（一次扫频）（见图 4）	120 s
扫频次数	5

4.3.3 要求

功能状态应达到 GB/T 28046.1 定义的 A 级。

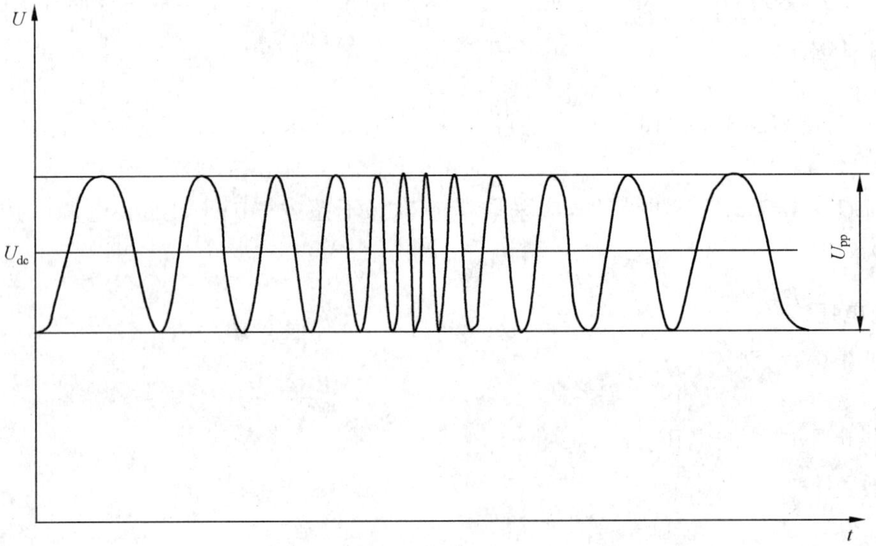

其中：

U ——电压，V；

t ——时间，s。

图 3 施加电压

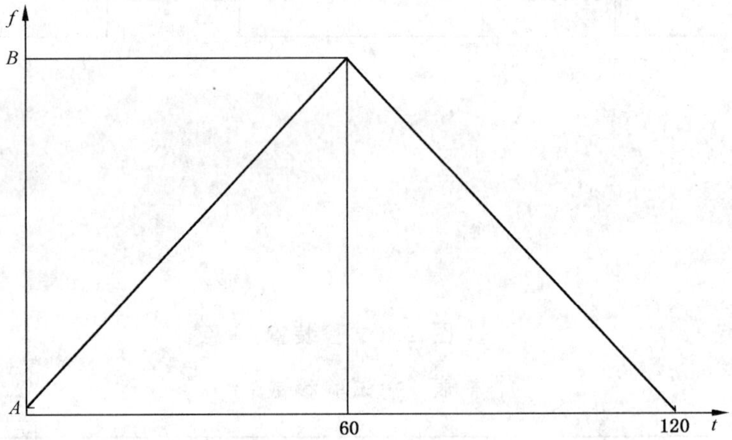

其中：

f ——频率，Hz(对数刻度)；

t ——时间，s；

A ——50 Hz(表 2a)和 c))或 1 kHz(表 2b)和 d))；

B ——1 kHz(表 2a)和 c))或 20 kHz(表 2b)和 d))。

图 4 扫频

4.4 供电电压缓降和缓升

4.4.1 目的

检验在蓄电池逐渐放电和充电时 DUT 按规定工作的功能状态。

4.4.2 试验

同时对 DUT 的相关输入端子进行下列试验。如无其他规定，以(3±0.1) V/min 速率将供电电压由 U_{high}降到 0 V，然后从 0 V 升到 U_{high}。

4.4.3 要求

在 U_{high}和 U_{low}间，功能状态应达到 GB/T 28046.1 定义的 A 级。在 U_{low}和 0 V 间，功能状态至少应达到 GB/T 28046.1 定义的 D 级。

4.5 供电电压瞬态变化

4.5.1 供电电压瞬时下降

4.5.1.1 目的

模拟另一电路内当熔断器元件熔化短路时造成的影响。检验 DUT 在电压瞬间下降时的功能状态。

4.5.1.2 试验

在 DUT 的所有输入端施加图 5 给出的试验脉冲。

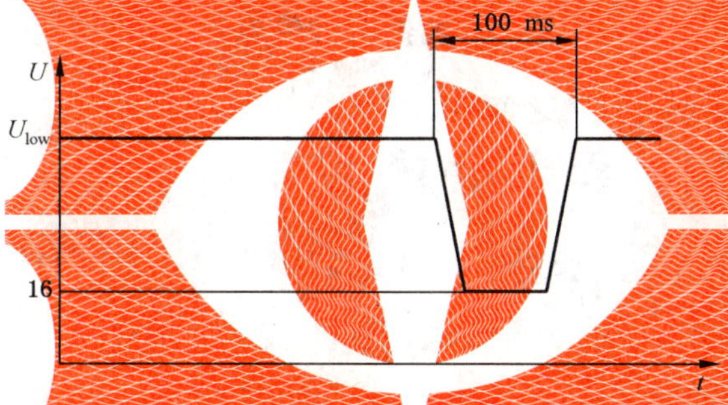

其中：
t ——时间，s；
U——电压，V。

图 5 瞬时电压下降

在 U_{low}和 16 V 电平间上升和下降时间应不超过 10 ms。

4.5.1.3 要求

功能状态应达到 GB/T 28046.1 定义的 B 级，经协商允许达 C 级。

4.5.2 对电压骤降的复位性能

4.5.2.1 目的

检验 DUT 在不同的电压下降时的复位性能。适用于具有复位功能的设备(例如，装有一个或多个微控制器的设备)。

4.5.2.2 试验

按图 6 施加试验脉冲，检查 DUT 的复位性能。

供电电压以 5%梯度从 U_{low}降到 0.95 U_{low}，保持 5 s，再上升到 U_{low}，至少保持 10 s 并进行功能试验。然后将电压降至 0.9 U_{low} 等等，按图 6 所示以 U_{low} 的 5%梯度继续进行直至降到 0 V，然后再将电压

升到 U_{low}。

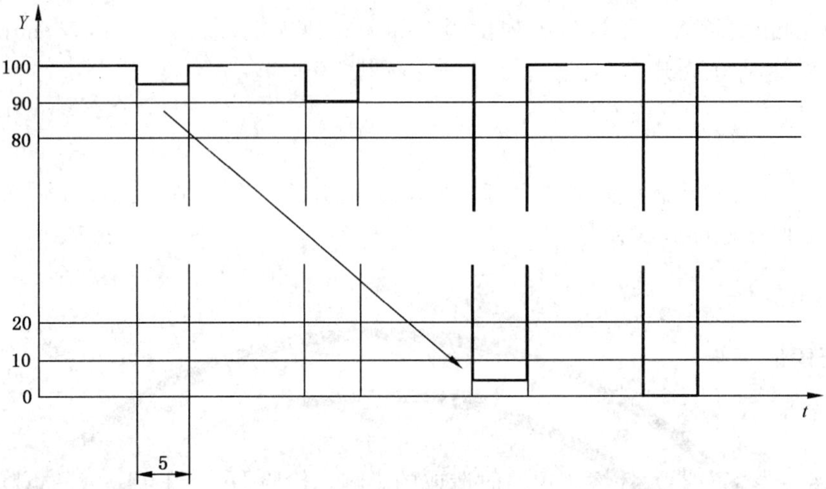

其中：

Y ——U_{low},%；

t ——时间,s。

图 6　复位试验供电电压

上升和下降时间应在 10 ms 和 1 s 之间。

4.5.2.3　要求

功能状态应达到 GB/T 28046.1 定义的 C 级。

4.5.3　启动特性

4.5.3.1　目的

检验 DUT 在车辆启动时和启动后的特性。

4.5.3.2　试验

按图 7 及表 3 给出的启动特性参数同时加到 DUT 的相关输入端。

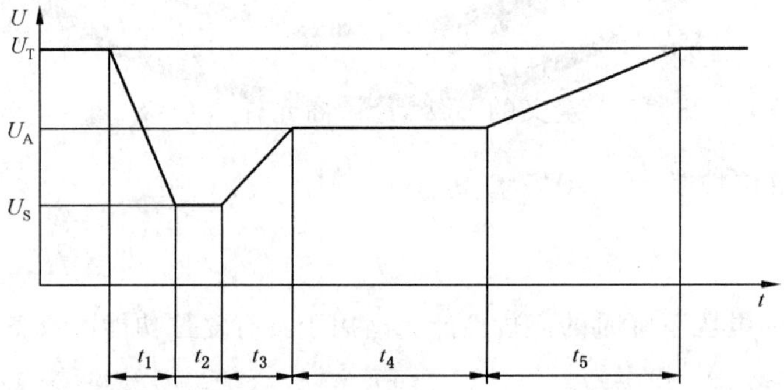

其中：

t ——时间,s；

U——电压,V。

图 7　启动脉冲

表 3 启动电压脉冲

U_T V	U_S V	U_A V	t_1 ms	t_2 ms	t_3 ms	t_4 ms	t_5 ms
42	18	21	5	15	50	10 000	100

4.5.3.3 要求

在车辆启动期间有关装置功能状态应达到 GB/T 28046.1 定义的 A 级，对特殊要求，可以由车辆生产商和供应商协商确定为 B 级。在启动期间不要求的功能至少应达到 C 级，对电压和 t_1，t_2 和/或 t_3 间的持续时间的特殊要求可以由车辆生产商和供应商协商确定。

4.6 反向电压

4.6.1 目的

检验 DUT 对蓄电池反向连接的抵御能力。

本试验仅用于具有串联熔断器和反向极性旁路二极管组成反向电压保护的 42 V 供电系统的 DUT。本试验不适用于发电机或带有钳位二极管而没有外部反向极性保护装置的继电器。

4.6.2 试验

用反极性电压同时施加到 DUT 所有相关的电源端子上。条件如下：

a) $U_T=-2$ V；

b) $t=100$ ms(加电压的持续时间)；

c) $R_i=1$ mΩ(蓄电池内阻)。

注：持续时间 t 和电压 U_T 的选择基于半导体的电流通过能力和熔断器的技术性能。

4.6.3 要求

功能状态应达到 GB/T 28046.1 定义的 C 级。

注：设计时应有防护措施确保－42 V 不会用到任何组件(例如，接地丢失)。

4.7 开路试验

4.7.1.1 单线断开

4.7.1.2 目的

模拟单根线快速断开。

注：本试验不是对连接器的试验。因卸荷时潜在的电弧会损害触点，建议制造一个单线断开并以电子方式恢复。

4.7.1.3 试验

连接并运行 DUT。断开 DUT 接口的一路连接，然后恢复。观测装置断路期间及其后的性能。试验条件如下：

——试验电压：$U_T=42$ V；

——断开时间：$t=(10\pm1)$ s；

——开路阻抗：$R\geqslant10$ MΩ。

在 DUT 接口的每条电路分别重复进行。

4.7.1.4 要求

功能状态应达到 GB/T 28046.1 定义的 C 级。

4.7.2 多线断开

4.7.2.1 目的

用于评估 DUT 经受快速多线断路时的影响。

注：本试验不是对连接器的试验。因卸荷时潜在的电弧会损害触点，建议制造多线断开并以电子方式恢复。

4.7.2.2 试验

连接并运行 DUT。断开 DUT 接口的一组连接，然后恢复。观测装置断路期间及其后的性能。

——试验电压：$U_T = 42$ V；

——断开时间：$t = (10 \pm 1)$ s；

——开路阻抗：$R \geqslant 10$ MΩ。

在 DUT 接口的每组电路分别重复进行。

4.7.2.3 要求

功能状态应达到 GB/T 28046.1 定义的 C 级。

4.8 短路保护

4.8.1 信号电路

4.8.1.1 目的

模拟装置信号输入端短路。

注：本试验仅适用于带电子电路的 DUT。

4.8.1.2 试验

使 $U_T = U_{high}$。按顺序连接 DUT 所有相关信号输入端到 U_T、地，各持续 60 s。

注：信号返回电路是地的，免做 4.8.1.2 试验。信号返回到未装熔断器的 U_{high} 的连接方式，会损害 DUT。

试验按如下顺序进行：

a） 电源电压和地连接；

b） 断开电源电压；

c） 断开接地连接。

4.8.1.3 要求

功能状态应达到 GB/T 28046.1 定义的 C 级。

4.8.2 负载电路

4.8.2.1 目的

检验所有输出负载驱动器耐受相应防护允许的短路电流的能力。参数应在 DUT 的技术条件中给出。

4.8.2.2 试验

连接 DUT 到 $U_T = U_{high}$，且 $R_i = (20 \sim 100)\ m\Omega$ 的电源，输出端处于工作状态。

对高端输出，输出电路接地 60 s。对低端输出，连接 U_T 到输出电路 60 s。

4.8.2.3 要求

所有电子防护输出端应确保能承受通过相应保护的短路电流且在切断短路电流后能恢复到正常工作(最低级到 GB/T 28046.1 定义的 C 级)。

所有常规熔断器防护输出端应确保能承受通过相应保护的短路电流且在熔断器替换后能恢复到正常工作(最低级到 GB/T 28046.1 定义的 D 级)。

即使 DUT 材料符合 UL94 的可燃性要求，所有无保护输出端可以被试验电流烧坏(功能状态为 GB/T 28046.1 定义的 E 级)。

4.8.3 多电压系统(42 V 系统加低电压系统)

在多电压系统中，42 V 系统和低电压系统间存在短路的可能。在车辆 12 V/42 V 双电压系统下，建议对 12 V 系统进行过电压保护。过电压保护性能应按 12 V 系统最大辅助起动电压规定(“室温下的过电压试验”由 GB/T 28046.2 中 4.3.1.2 定义)。

4.9 耐电压

4.9.1 目的

检验电介质的绝缘耐压能力。本试验仅对含有电感元件(例如，继电器，电机，线圈)或连接到电感负载电路的系统/组件有要求。

过电压通过电场引起 DUT 部件间的漏电流，可能对绝缘性能带来负面影响。本试验着重于绝缘系统，检验绝缘材料承受因断开感性负载产生高电压的能力。

4.9.2 试验

按 GB/T 28046.4 中 5.6.2 进行湿热循环(试验 1)试验后，将系统/组件在室温下放置 0.5 h，按如下要求对 DUT 施加正弦电压 1 000 V(有效值)，(50～60) Hz，持续 60 s。

——在带有电绝缘的端子间；

——在带有电绝缘的端子和带有电传导面的壳体间；

——在塑料外壳情况下，在端子和包裹外壳的电极(例如金属箔)间。

4.9.3 要求

不得出现击穿和电弧，试验后功能状态应达到 GB/T 28046.1 定义的 C 级。

4.10 绝缘电阻

4.10.1 目的

确保避免 DUT 的绝缘电路和传导部件间的电流所必须的最小电阻，用于检验系统和材料的绝缘特性。

4.10.2 试验

按 GB/T 28046.4 中 5.6.2 进行湿热循环(试验 1)试验后，将系统/组件在室温中放置 0.5 h，按如下要求对 DUT 施加 500 V 直流电压，持续 60 s。

——在带有电绝缘的端子间；

——在带有电绝缘的端子和带有电传导面的壳体间；

——在塑料外壳情况下，在端子和包裹外壳的电极（例如金属箔）间。

在特殊情况下，如果车辆生产商和供应商达成协议，试验电压可以用 100 V。

4.10.3 要求

绝缘电阻应大于 10 MΩ，试验后，功能状态应达到 GB/T 28046.1 定义的 A 级。

ICS 43.040.10
T 36

中华人民共和国国家标准

GB/T 28046.1—2011

道路车辆 电气及电子设备的环境条件和试验 第1部分：一般规定

Road vehicles—Environmental conditions and testing for electrical and electronic equipment—Part 1: General

(ISO 16750-1:2006, MOD)

2011-10-31 发布

2012-02-01 实施

中华人民共和国国家质量监督检验检疫总局
中国国家标准化管理委员会 发布

前　言

GB/T 28046《道路车辆　电气及电子设备的环境条件和试验》包括五个部分：

——第1部分：一般规定；

——第2部分：电气负荷；

——第3部分：机械负荷；

——第4部分：气候负荷；

——第5部分：化学负荷。

本部分为GB/T 28046的第1部分。

本部分按照GB/T 1.1—2009给出的规则起草。

本部分使用重新起草法修改采用ISO 16750-1:2006《道路车辆　电气及电子设备的环境条件和试验　第1部分：一般规定》进行制定。

本部分与ISO 16750-1:2006的技术性差异及原因如下：

——将术语前后顺序进行了调整，将试验电压提到工作模式3试验电压 U_A 之前，这样更符合逻辑，便于标准的理解；

——图1采用老版格式，相对原文进行了适度简化。

本部分相对ISO 16750-1:2006编辑性修改如下：

——删除国际标准的前言。

本部分由国家发展和改革委员会提出。

本部分由全国汽车标准化技术委员会(SAC/TC 114)归口。

本部分起草单位：中国汽车技术研究中心、长沙汽车电器研究所、上海市质量监督检验技术研究院、苏州泰思特电子科技有限公司、深圳市航盛电子股份有限公司、东风商用车技术中心、上海科世达华阳汽车电器有限公司、郑州跃博汽车电器有限公司。

本部分起草人：许秀香、胡梦蛟、卢兆明、孙成明、汪锡斌、何玉军、胡尧、马利明。

引　言

本系列标准用于在设备寿命周期内预期将要承受的真实环境系统地向用户提供一组环境条件、试验和要求。

本系列标准内容考虑了下列环境因素：

——世界地理和气候

车辆几乎在世界所有陆地区域使用和运行。由于外界气候，包括可以预测的每天和季节的变化，使车辆环境条件有重大变化。按世界范围考虑温度、湿度、降水和大气条件，还包括灰尘、污染和海拔高度。

——车辆类型

车辆的设计特征决定了车辆内（和车辆上）的环境条件，如发动机类型、发动机尺寸、悬挂特性、车辆自重、车辆尺寸、供电电压等。考虑到了车辆的典型类型，包括商用车、乘用车以及柴油和汽油发动机。

——车辆使用条件和工作模式

由道路质量、路面类型、道路地形、车辆使用（如通讯、牵引、货物运输等等）和驾驶习惯引起的车辆内（和上）环境条件的变化值得重视。工作模式如储存、起动、行驶、停车等都予以考虑。

——设备寿命周期

在制造、运输、装卸、储存、车辆装配、车辆保养和维修过程中，电气、电子设备耐受的环境条件。

——车辆供电电压

车辆使用、工作模式、电气分布系统设计、甚至气候条件会导致供电电压变化，引起车辆电气系统的故障，如可能发生的交流发电机过电压和连接系统的断路。

——在车辆内的安装位置

在目前或未来的车辆中，系统/组件可能安装在车辆的任何位置，每一特定应用的环境要求通常取决于安装位置。车辆的每个位置都有特定的环境负荷。例如，发动机舱的温度范围不同于乘客舱，振动负荷也是如此。此时不仅振动的量级不同，振动的类型也不同。安装在底盘上的组件承受的是典型的随机振动，而安装在发动机上的系统/组件，还应考虑来自于发动机的正弦振动。又如，安装在门上的装置因受门的撞击要经受大量的机械冲击。

车辆制造商期望将不同的环境负荷类型和级别按标准要求进行合理的组合，这样就有可能将某一车辆上的系统/组件扩展到其他车辆。但是精确的量级要求常常在设计未来车型的组件时是未知的，预期的环境负荷往往来自于其他车型的类似条件。通常根据安装位置进行组合，由于有限的几个等级难以满足多样化的实际需求，因此定义不同安装位置及各自负荷特性的合理数值是困难的。环境负荷并不是由安装位置一个因素确定的，还有其他影响系统/组件应力量级的因素，例如，车身的流线，动力系统或紧凑程度对安装在不同车内几乎相同位置的装置能形成完全不同的量级要求。

本系列标准对几种负荷类型定义了要求等级，分别有电气、机械、热、气候和化学负荷。对每一种负荷类型定义若干要求等级，每一要求等级用一特定字母代码表示，全部环境要求由被定义的代码字母组合表示。代码字母由本系列标准的其他有关部分定义，每部分附录的表内包括常规的安装位置和它们各自代码字母的定义示例。对一般应用，这些代码是适用的。如有特殊应用且这些代码组合无法表达时，可创建新的代码组合。当新的要求量级没有适用的代码时，可以用代码“Z”创建。在此情况下，特殊要求需单独定义但不应改变试验方法。

本系列标准的用户应注意受试装置（DUT）试验时安装位置所处的热、机械、气候和化学负荷情况。

a） 对制造商责任的适用性

在设计阶段由于技术限制或变化，车辆制造商要求将组件放置在不能承受本系列标准环境条件的位置，制造商有责任提供必要的环境防护。

b） 对线束、电缆和电气连接器的适用性

尽管本系列标准的一些环境条件和试验与车辆的线束、电缆和电气连接器有关，但将其作为完整标准来使用其范围是不够的，因此不推荐本系列标准直接适于这些装置和设备，应考虑采用其他适用的标准。

c） 对设备部件或总成的适用性

本系列标准描述了直接安装在车辆内/上的电气和电子设备的环境条件和试验，不直接用于构成设备的部件或总成。例如本系列标准不直接用于嵌入设备的集成电路（ICs）或分立元件、电气连接器、印刷电路板（PCBs）、量表、显示器、控制器等等。这些部件或总成的电气、机械、气候和化学负荷与本系列标准的描述可能是完全不同的。此外，对打算用于车辆设备的部件和总成可借鉴本系列标准得到预期的环境条件和试验要求。例如，设备温度范围为－40 ℃～＋70 ℃，内装件总成定义的温度范围为－40 ℃～＋90 ℃，有 20 ℃温升。

d） 对系统集成和验证的适用性

本系列标准的使用者应注意标准的范围在条件和试验上有局限，不能反映车辆系统所有认证和验证所需的条件和试验，设备部件和车辆系统可能需要进行其他环境和可靠性试验。

例如，本系列标准不直接对焊接、非焊连接、集成电路等规定环境和可靠性要求，但是这些项目应由零部件、材料或集成阶段的验证来保证。在车辆上使用的装置需在整车和系统级进行验证。

道路车辆　电气及电子设备的环境条件和试验　第1部分：一般规定

1　范围

本部分描述了安装在车辆上/内特定位置的系统/组件可能的环境负荷，且规定了试验及要求。

本部分适用于汽车电气电子系统/组件。

本部分包括定义、安装位置、工作模式等一般规定，不包括电磁兼容性(EMC)。

2　规范性引用文件

下列文件对于本文件的应用是必不可少的。凡是注日期的引用文件，仅注日期的版本适用于本文件。凡是不注日期的引用文件，其最新版本(包括所有的修改单)适用于本文件。

GB/T 28046.2　道路车辆　电气及电子设备的环境条件和试验　第2部分：电气负荷(GB/T 28046.2—2011，ISO 16750-2:2006，MOD)

GB/T 28046.3　道路车辆　电气及电子设备的环境条件和试验　第3部分：机械负荷(GB/T 28046.3—2011，ISO 16750-3:2007，MOD)

GB/T 28046.4　道路车辆　电气及电子设备的环境条件和试验　第4部分：气候负荷(GB/T 28046.4—2011，ISO 16750-4:2006，MOD)

ISO 16750-5　道路车辆　电气及电子设备的环境条件和试验　第5部分：化学负荷

ISO 20653　道路车辆　防护等级(IP代码)　电气电子设备对外来物、水和触及的防护

3　术语和定义

下列术语和定义适用于本文件。

3.1

标称电压　nominal voltage

U_N

用于描述车辆电气系统的电压值。

3.2

供电电压　supply voltage

U_S

随系统负荷和发电机的运行条件而变化的车辆电气系统电压。

3.3

最低供电电压　supply voltage minimum

U_{Smin}

在规定的供电电压范围内DUT达到A级的最小供电电压。

3.4

最高供电电压　supply voltage maximum

U_{Smax}

在规定的供电电压范围内DUT达到A级的最大供电电压。

3.5

试验电压　test voltage

在试验期间施加到 DUT 上的电压。例如：U_A 和 U_B。

3.6

工作模式 3 试验电压　supply voltage operating mode 3

U_A

发电机供电时的试验电压。

3.7

工作模式 2 试验电压　supply voltage operating mode 2

U_B

蓄电池供电时的试验电压。

3.8

最低工作温度　minimum operating temperature

T_{min}

系统/组件能够工作的周围环境温度的最低值。

3.9

最高工作温度　maximum operating temperature

T_{max}

系统/组件能连续工作的周围环境温度的最高值。

3.10

热浸透温度　hot-soak temperature

T_{maxHS}

在车辆停止且发动机关闭后，发动机舱内可能短时出现的环境温度最高值。

3.11

油漆修补温度　paint repair temperature

T_{maxPR}

在车辆油漆修补过程中可能出现的最高温度。

3.12

峰-峰电压　peak to peak voltage

U_{PP}

叠加的交流电压。

4　安装位置分类

4.1　发动机舱

装置安装在：

——车身；

——车架；

——非刚性连接的柔性进气管上；

——非刚性连接的柔性进气管内；

——发动机上；

——发动机内；

——变速器/减速器上；
——变速器/减速器内。

4.2 乘客舱

装置安装在：
——太阳直射处；
——热辐射处(不同于太阳光辐射)；
——无特别要求。

4.3 行李舱/货舱

装置安装在：舱内。

4.4 外部/腔体内

装置安装在：
——车身。
——车架。
——底盘/轮毂：
  1) 簧上；
  2) 簧下(车轮、车轮支架、车轴)。
——乘客舱车门内/上。
——发动机舱罩。
——行李舱盖/门。
——箱体盖/门。
——客车乘客门。
——腔体内：
  1) 朝外；
  2) 朝内。
——专用舱内(如蓄电池盒)。

4.5 其他安装位置

一些有特殊环境条件的位置(如排气系统)没有给出规定，应在 DUT 的说明书中规定。

5 工作模式

5.1 工作模式 1

不向 DUT 供电。
工作模式 1.1：DUT 未连接到线束。
工作模式 1.2：DUT 模拟在车辆上的安装位置，连接到线束。

5.2 工作模式 2

当车辆发动机关闭，且所有电气连接完好，DUT 以电压 U_B 带电运行。
工作模式 2.1：系统/组件功能不被激活(如休眠模式)。

工作模式 2.2：系统/组件带电运行并控制在典型运行模式。

5.3 工作模式 3

所有电气连接完好，DUT 以电压 U_A 带电运行。

工作模式 3.1：系统/组件功能不被激活。

工作模式 3.2：系统/组件带电运行并控制在典型运行模式。

6 功能状态分级

6.1 一般规定

描述 DUT 在试验期间及试验后所处的功能状态。

对每个试验应给出最低功能状态，附加试验要求由生产商和供应商商定。

在以下级别确认期间，不应对 DUT 进行额外操作。

6.2 A 级

试验中和试验后，装置/系统所有功能满足设计要求。

6.3 B 级

试验中装置/系统所有功能满足设计要求，但允许有一个或多个超出规定允差。试验后所有功能应自动恢复到规定限值。存储器功能应符合 A 级。

6.4 C 级

试验中装置/系统一个或多个功能不满足设计要求，但试验后所有功能能自动恢复到正常运行。

6.5 D 级

试验中装置/系统一个或多个功能不满足设计要求且试验后不能自动恢复到正常运行，需要对装置/系统通过简单操作重新激活。

6.6 E 级

试验中装置/系统一个或多个功能不满足设计要求且试验后不能自动恢复到规定运行，需要对装置/系统进行修理或更换。

7 试验和要求

7.1 一般规定

在 GB/T 28046.2～GB/T 28046.4 和 ISO 16750-5 中的规定值覆盖了基本要求。有几个安装位置的 DUT，应采用最严酷的要求进行试验。

7.2 通用试验条件

除非另有规定，所有试验应在＋23 ℃±5 ℃和相对湿度 25％ ～ 75％的室温(RT)条件下进行。

除非在其他部分另有规定，试验电压应按表 1 的规定。如用户同意采用其他试验电压，应记录在试验报告中。

表 1　试验电压

试验电压	U_N=12 V 电系 V	U_N=24 V 电系 V
U_A	14±0.2	28±0.2
U_B	12±0.2	24±0.2

7.3　试验顺序

试验前，应制定合适的试验顺序方案，确定类型、数量、组合及单独试验的顺序。产品的寿命试验应明确规定并纳入试验顺序方案中。

示例见附录 A。

8　代码标示

8.1　代码

提交试验的样品应按图 1 的描述或其他文件确定代码。

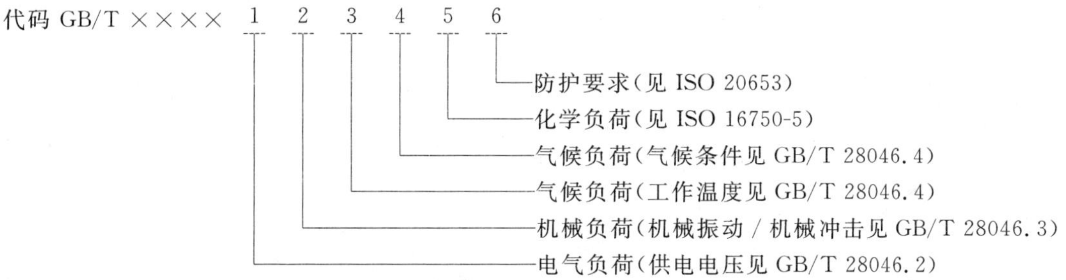

图 1　代码分配

示例：GB/T 28046-A-A-H-A-A-IP6K9K

该例给出了对系统/组件环境要求的代码标示：

——代码字母 A 表示 GB/T 28046.2 中的电气负荷要求；

——代码字母 A 表示 GB/T 28046.3 中的机械负荷要求；

——代码字母 H 表示 GB/T 28046.4 中的工作温度要求；

——代码字母 A 表示 GB/T 28046.4 中的气候负荷要求；

——代码字母 A 表示 ISO 16750-5 中的化学负荷要求；

——IP6K9K 表示 ISO 20653 中的防护要求。

8.2　自定义代码 Z 的使用

本系列标准各部分可使用规定的代码和“自定义”代码 Z，代码 Z 的使用受定义的条件或试验的限制，由设备供应商和/或车辆生产商确定：

——不能达到期望的产品质量/可靠性目标，和/或

——当定义的条件或试验不可行。

自定义代码 Z 推荐用于如下情况：

——不采用给定的条件或试验的理由应充分；
——自定义条件或试验的全部描述应可信；
——自定义条件或试验的适宜性应有数据和原理支持；
——“自定义”代码Z的所有特殊信息含在GB/T 28046.2～28046.4和ISO 16750-5中；
——“自定义”应得到设备供应商和车辆生产商的确认。

附　录　A
（资料性附录）
试验顺序方案示例

图 A.1 给出了试验顺序方案示例。

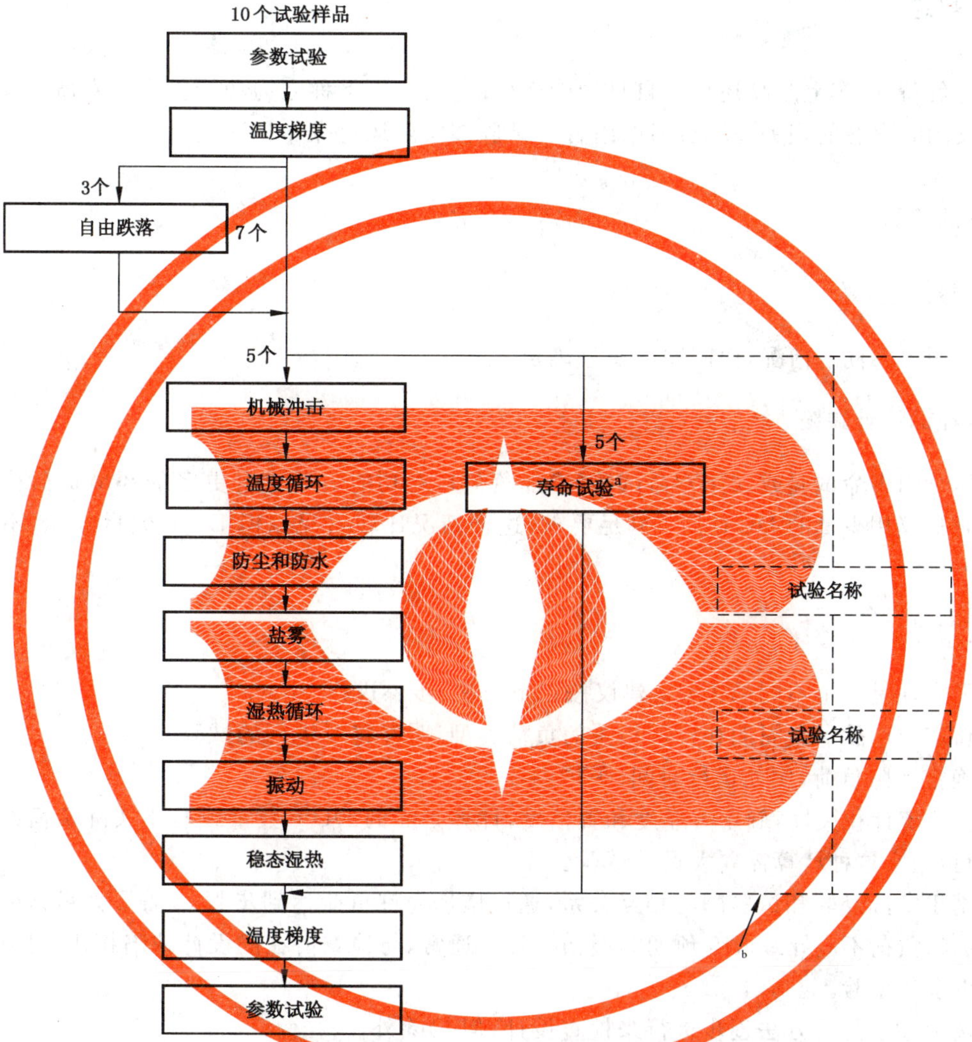

[a] 见附录 B。

[b] 选择的附加试验顺序按试验规程进行，可删减。

图 A.1　试验顺序方案（示例）

附 录 B
（资料性附录）
寿命试验/可靠性综述示例

B.1 一般规定

除环境负荷外，车上产品还承受自身功能产生的负荷，以下称之为功能负荷。寿命试验通常模拟功能负荷以及同时存在的相关环境负荷的组合。试验按实际运行操作程序进行。

B.2 寿命试验目的

B.2.1 一般规定

有两种明显不同的情况，由问题的类型确定。

B.2.2 潜在的设计缺陷

用实际时间寿命试验或加速寿命试验（增加负荷），对功能负荷结合更多的环境负荷检验能发现设计缺陷。通常仅用少量的DUT就可满足要求，这种情况比较常见。但DUT数量太少，不适合统计上正确描述可靠性。

B.2.3 可靠性

判定可靠性是完全不同的工作，建议按以下方法、步骤进行。

a） 确定与产品寿命周期和特性相关的负荷类型，明确将要进行的试验。

b） 确定实际负荷，例如运行时间、平均温度等。

c） 基于统计相关性，确定可靠度和置信度，计算必需的DUT数量或基于实际负荷的试验持续时间，通常这种计算需要大量的试验。

d） 基于实际经验和试验间的相互关系，通过增加允许负荷达到步骤c）需要大量试验的目的。增加的负荷不应导致改变预期的损伤过程。通常，与检查潜在的设计缺陷相比，可靠性验证需要更多的试验。

建议按上述步骤的方法逐步进行来检查设计，但c）除外。

B.3 基于试验数据的可靠性计算

B.3.1 一般统计相关性

如对可靠性量值有要求，例如在时间段 t 内可靠度 $R(t)$，规定了必需的置信度 P_A，利用寿命试验数据按B.1给出的统计计算公式可进行评价。

该算法基于二项分布相关的Weibull分布，服从式B.1：

$$R(t) \geqslant (1-P_A)^{\frac{1}{n}\cdot\left(\frac{T}{t}\right)^{\beta}} \qquad \text{(B.1)}$$

式中：

$R(t)$——可靠度；

P_A ——置信度（假定）；

β ——Weibull 因子；

n ——DUT 数量；

t ——试验持续时间；

T ——规定的寿命周期。

当应用此公式时，应满足以下两个条件。

——试验中应不产生失效。如果产生失效，只有到第一次失效的试验持续时间用于计算。

——实际预期失效应符合 Weibull 分布。

在母本数量已知的情况下，采用式 B.1 需给出所需的 DUT 数量。否则，样本数量应通过做试验或基于经验确定。

B.3.2 中用示例进行方法说明。

B.3.2 对假设的可靠性确定需要的试验持续时间示例

B.3.2.1 DUT

选择用于乘用车发动机舱内，绕在非运动部件外的塑料为例。

规定如下：

——寿命周期：10 年；

——可靠度：$R=0.99$(失效率 1%)；

——置信度：$P_A=0.9$(标称值)。

B.3.2.2 产品负荷特性和相关寿命周期的确定

根据这类产品和类似产品的经验，由温度循环引起的不同组件的不同热膨胀过程产生的主要机械应力负荷可以确定。这就导致温度循环试验被采用。

B.3.2.3 实际负荷的确定

在实际应用中的最高温升是由冷态工作条件加热发动机舱引起的温度升高。因车辆的高热负荷，温度升高每天最多仅能发生两次。10 年温度循环不超过 7 300 个，温升(由测量确定)$\Delta T=70$ K。

相对该温升值的许多较小的温升将忽略，在 B.3.2.5 中陈述了理由。

B.3.2.4 试验持续时间的计算

试验持续时间由试验中所需要温度循环数确定。用 $L_v=\frac{N_{1\ test}}{N_{prac}}$ 及式 B.1 导出：

$$N_{1\ test}=N_{prac}\left[\frac{\ln\left(1-P_A\right).\frac{1}{n}\Big)}{\ln R}\right]^{\frac{1}{\beta}} \qquad \text{(B.2)}$$

式中：

$N_{1\ test}$——实际温升试验中所要求的温度循环数；

N_{prac} ——实际温度循环数：7 300(10 年)；

R ——可靠度：0.99(规定)；

P_A ——置信度(假定)：0.9；

β ——Weibull 因子：3(试验确定，用于线状破裂)；

n ——DUT 数量：45(小且为简单的 DUT)。

将以上数值带入公式，结果是 $N_{1\ test}=12\ 558$，也就是对 $\Delta T=70$ K 的实际负荷，需要 12 558 次试验循环可确保 $R=0.99$(附加条件：无失效)的可靠性。

如此的持续时间是不可接受的，采用在允许范围内增加负荷的方法（见 B.3.2.5）可减少持续时间。

B.3.2.5　增加负荷

适于增加负荷的计算方法用 Coffin Mansen 公式。如式（B.3）：

$$N_{2\ \text{test}} = N_{1\ \text{test}} \times \left(\frac{\Delta T_{\text{prac}}}{\Delta T_{\text{test}}}\right)^{k} \qquad \cdots\cdots\text{(B.3)}$$

式中：

$N_{2\ \text{test}}$——温升试验的试验循环数；

$N_{1\ \text{test}}$——实际温升试验的试验循环数；

ΔT_{prac}——实际温升：70 K；

ΔT_{test}——试验温升：160 K（－40 ℃～＋120 ℃，最大允许温度）；

k　——按失效程序确定的指数：5（试验确定，S/N（相对循环数应力）斜率）。

将以上参数带入公式，结果是 $N_{2\ \text{test}}=200$ 循环。因 $k=5$ 是高指数，小的温升可以忽视。

B.3.3　结论

用寿命试验确定可靠性受以下因素影响（通常给出最低可靠性要求的寿命周期）：

——失效行为（Weibull 因子）对结果有主要影响：失效斜率高，试验持续时间短。

——对低失效斜率，DUT 数量有很大的影响。

——对置信度的过分要求将导致较长的试验持续时间和较大数量的 DUT。

假如磨损或疲劳有明显的失效且试验允许增加高负荷，描述的方法可以顺利使用。一般用于机械和机-电产品。

这种方法并不适用于单纯电子组件，因为大量意外失效（Weibull 因子接近 1）导致大量试验无法接受（DUT 数量和试验持续时间），而增加负荷（例如升温）是仅有的缓解方法。

ICS 43.040.10
T 36

中华人民共和国国家标准

GB/T 28046.2—2011

道路车辆　电气及电子设备的环境条件和试验　第2部分：电气负荷

Road vehicles—Environmental conditions and testing for electrical and electronic equipment—Part 2: Electrical loads

(ISO 16750-2:2006,MOD)

2011-10-31 发布　　2012-02-01 实施

中华人民共和国国家质量监督检验检疫总局
中国国家标准化管理委员会　发布

前　言

GB/T 28046《道路车辆　电气及电子设备的环境条件和试验》包括五个部分：

——第1部分：一般规定；

——第2部分：电气负荷；

——第3部分：机械负荷；

——第4部分：气候负荷；

——第5部分：化学负荷。

本部分为GB/T 28046的第2部分。

本部分按照GB/T 1.1—2009给出的规则起草。

本部分使用重新起草法修改采用ISO 16750-2:2006《道路车辆　电气及电子设备的环境条件和试验　第2部分：电气负荷》进行制定。

本部分与ISO 16750-2:2006的技术性差异及原因如下：

——引用文件增加了正文中用到的UL 94；

——增加了附录A(资料性附录)，提供了引用的UL 94的有关信息，便于标准的理解和实施；

——因本部分不包括电磁兼容，去掉了原文中4.13和第5章对电磁兼容和文件的说明；

——因本部分不包括电磁兼容，去掉了原文中附录A列出的电磁兼容标准目录；

——参照42 V标准，图6最低供电电压后加"%"，更符合图意。

本部分相对ISO 16750-2:2006编辑性修改如下：

——删除国际标准的前言。

本部分由国家发展和改革委员会提出。

本部分由全国汽车标准化技术委员会(SAC/TC 114)归口。

本部分起草单位：中国汽车技术研究中心、深圳市航盛电子股份有限公司、苏州泰思特电子科技有限公司、长沙汽车电器研究所、上海市质量监督检验技术研究院、东风商用车技术中心、上海科世达华阳汽车电器有限公司、郑州跃博汽车电器有限公司。

本部分起草人：许秀香、汪锡斌、孙成明、胡梦蛟、卢兆明、何玉军、李鹤、马利明、忻龙。

道路车辆　电气及电子设备的环境条件和试验　第2部分：电气负荷

1　范围

本部分描述了安装在车辆上/内特定位置的系统/组件可能的电气环境负荷，且规定了试验及要求。

本部分适用于汽车电气电子系统/组件。

注：电气负荷与安装位置无关，但可能因车内线束和连接系统的阻抗而有所改变。

2　规范性引用文件

下列文件对于本文件的应用是必不可少的。凡是注日期的引用文件，仅注日期的版本适用于本文件。凡是不注日期的引用文件，其最新版本(包括所有的修改单)适用于本文件。

GB/T 28046.1　道路车辆　电气及电子设备的环境条件和试验　第1部分：一般规定(GB/T 28046.1—2011，ISO 16750-1：2006，MOD)

GB/T 28046.4　道路车辆　电气及电子设备的环境条件和试验　第4部分：气候负荷(GB/T 28046.4—2011，ISO 16750-4：2006，MOD)

ISO 8820　道路车辆　熔断器　连接

UL 94　装置和器具中零件的塑性材料可燃性试验

3　术语和定义

GB/T 28046.1给出的术语和定义适用于本文件。

4　试验和要求

4.1　一般规定

如无其他规定，应符合下列允差要求：

——频率和时间：±5%；

——电压：±0.2 V；

——电阻：±10%。

4.2　直流供电电压

4.2.1　目的

检验设备在最低和最高供电电压范围内的功能。

4.2.2　试验

按表1或表2对受试装置(DUT)的有效输入端供电，并测量电压值。表1或表2列出的电压与GB/T 28046.4规定的工作温度范围有关，不受时间限制。

表 1 U_N = 12 V 系统供电电压

代　　码	供电电压/V	
	$U_{S\ min}$	$U_{S\ max}$
A	6	16
B	8	16
C	9	16
D	10.5	16

表 2 U_N = 24 V 系统供电电压

代　　码	供电电压/V	
	$U_{S\ min}$	$U_{S\ max}$
E	10	32
F	16	32
G	22	32

4.2.3 要求

按表 1 或表 2 给出的供电电压范围试验时，所有 DUT 的功能应符合 GB/T 28046.1 定义的 A 级。

4.3 过电压

4.3.1 U_N = 12 V 系统

4.3.1.1 在 $T=(T_{max}-20\ ℃)$ 下试验

4.3.1.1.1 目的

模拟发电机调节器失效引起的发电机输出电压上升到高于正常电压。

4.3.1.1.2 试验

在加热箱中将 DUT 加热到 $T=(T_{max}-20\ ℃)$。向 DUT 有效输入端施加 18 V 的电压，持续 60 min。

4.3.1.1.3 要求

功能状态至少应达到 GB/T 28046.1 定义的 C 级，必要时可要求达到更严酷的 A 级。

4.3.1.2 室温下试验

4.3.1.2.1 目的

模拟辅助起动。

4.3.1.2.2 试验

确保 DUT 在室温下处于稳定状态，向 DUT 有效输入端施加 24 V 的电压，持续 60 s±6 s。

4.3.1.2.3 要求

功能状态至少应达到 GB/T 28046.1 定义的 D 级，必要时可要求达到更严酷的 C 级。

4.3.2 U_N=24 V 系统

4.3.2.1 目的

模拟发电机调节器失效引起的发电机输出电压上升到高于正常电压。

4.3.2.2 在 $T=(T_{max}-20\ ℃)$下试验

在加热箱中将 DUT 加热到 $T=(T_{max}-20\ ℃)$。向 DUT 有效输入端施加 36 V 的电压，持续 60 min。

4.3.2.3 要求

功能状态应达到 GB/T 28046.1 定义的 C 级，必要时可要求达到更严酷的 A 级。

4.4 叠加交流电压

4.4.1 目的

模拟直流供电下的纹波电压。

4.4.2 试验

按图 1 所示连接 DUT，对 DUT 的有效输入端按下列规定进行试验。可根据实际需要选择严酷度等级 1、2 或 3。试验条件如下：

——供电电压 $U_{S\ max}$(见图 2)：16 V(对 U_N=12 V 系统)；
32 V(对 U_N=24 V 系统)；
——a.c. 电压(正弦)：严酷度 1：U_{pp}=1 V(对 U_N=12 V 和 24 V 系统)；
严酷度 2：U_{pp}=4 V(对 U_N=12 V 和 24 V 系统)；
严酷度 3：U_{pp}=10 V(仅对 U_N=24 V 系统)；
——电源内阻：50 mΩ～100 mΩ；
——频率范围(见图 3)：50 Hz～20 kHz；
——扫频类型(见图 3)：三角形，对数；
——扫频持续时间(见图 3)：120 s；
——扫频次数：5(连续)。

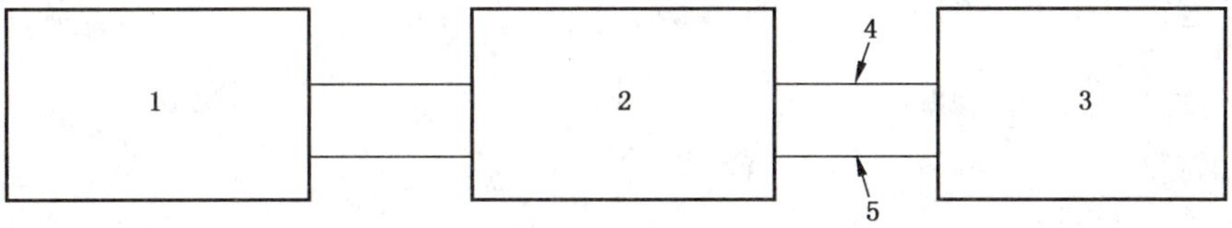

其中：

1——扫频发生器；2——可调制的供电单元；3——DUT；4——正极；5——接地或负极。

图 1 试验装置

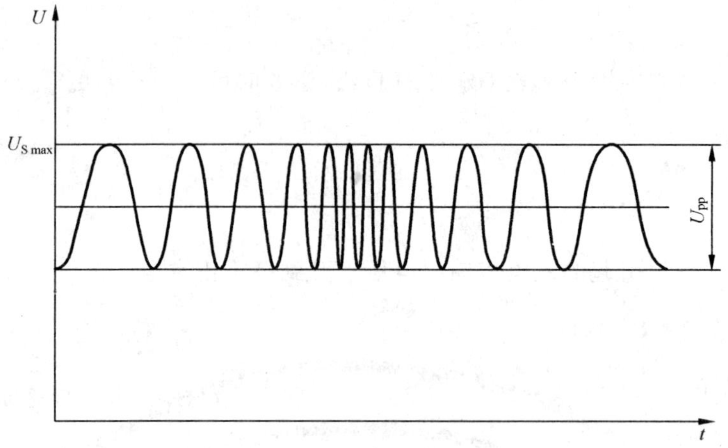

图 2 施加电压

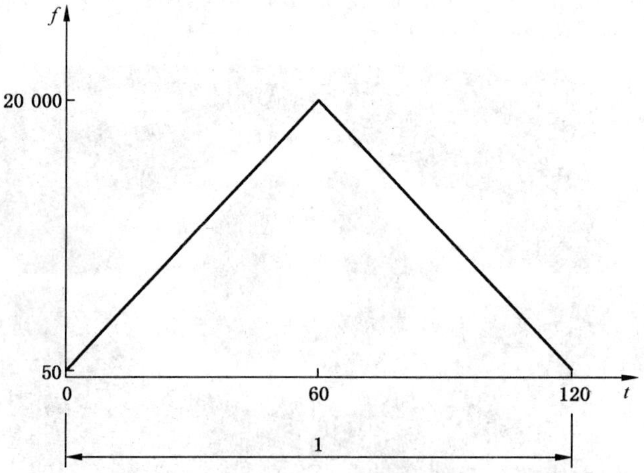

其中：

1——1个循环；

f——频率，Hz(对数刻度)；

t——时间，s。

图 3 扫频

4.4.3 要求

功能状态应达到GB/T 28046.1定义的A级。

4.5 供电电压缓降和缓升

4.5.1 目的

模拟蓄电池逐渐放电和充电。

4.5.2 试验

同时对DUT有效输入端进行下列试验。以(0.5±0.1) V/min速率将供电电压由$U_{S\,max}$降到0 V，然后从0 V升到$U_{S\,max}$。

4.5.3 要求

在表1或表2的供电电压范围内，功能状态应达到A级；在供电电压范围外，功能状态至少应达到GB/T 28046.1定义的D级，必要时可要求达到更严酷的C级。

4.6 供电电压瞬态变化

4.6.1 供电电压瞬时下降

4.6.1.1 目的

模拟另一电路内的常规熔断器元件熔化时造成的影响。

4.6.1.2 试验

将试验脉冲(见图4或图5)同时加到DUT的有效输入端。上升和下降时间应不超过10 ms。

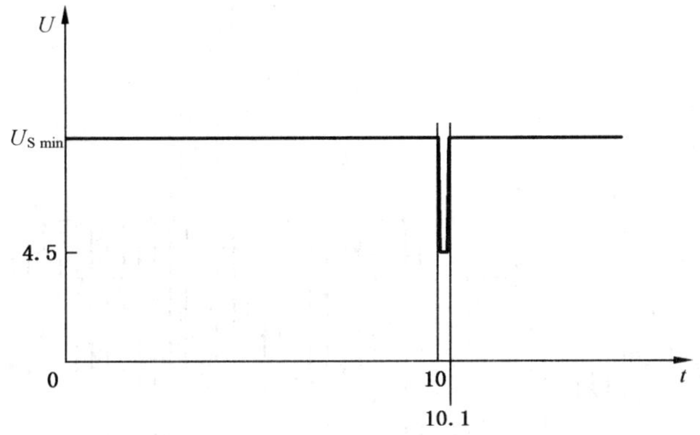

其中：
U——电压，V；
t——时间，s。

图4 瞬时电压下降(U_N=12 V系统)

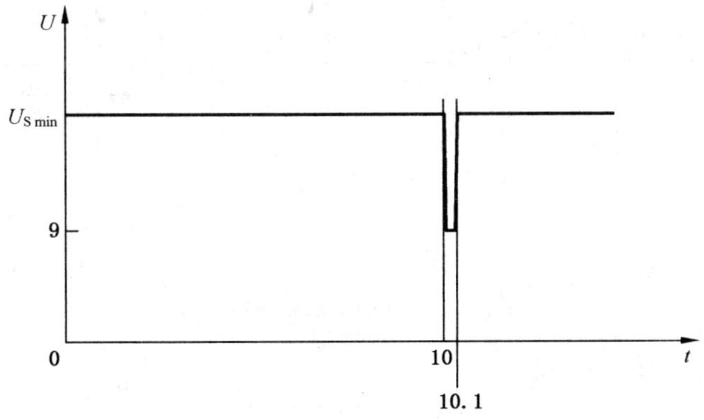

其中：
U——电压，V；
t——时间，s。

图5 瞬时电压下降(U_N=24 V系统)

4.6.1.3 要求

功能状态应达到 GB/T 28046.1 定义的 B 级，经协商可选择其他等级。

4.6.2 对电压骤降的复位性能

4.6.2.1 目的

检验在不同的电压骤降下 DUT 的复位性能，适用于具有复位功能的设备(例如，装有一个或多个微控制器的设备)。

4.6.2.2 试验

按图 6 对 DUT 的有效输入端同时施加试验脉冲，检查 DUT 的复位性能。

供电电压以 5% 梯度从 $U_{S\ min}$ 降到 $0.95\ U_{S\ min}$，保持 5 s，再上升到 $U_{S\ min}$，至少保持 10 s 并进行功能试验。然后将电压降至 $0.9\ U_{S\ min}$ 等，按图 6 所示以 $U_{S\ min}$ 的 5% 梯度继续进行直到降到 0 V，然后再将电压升到 $U_{S\ min}$。

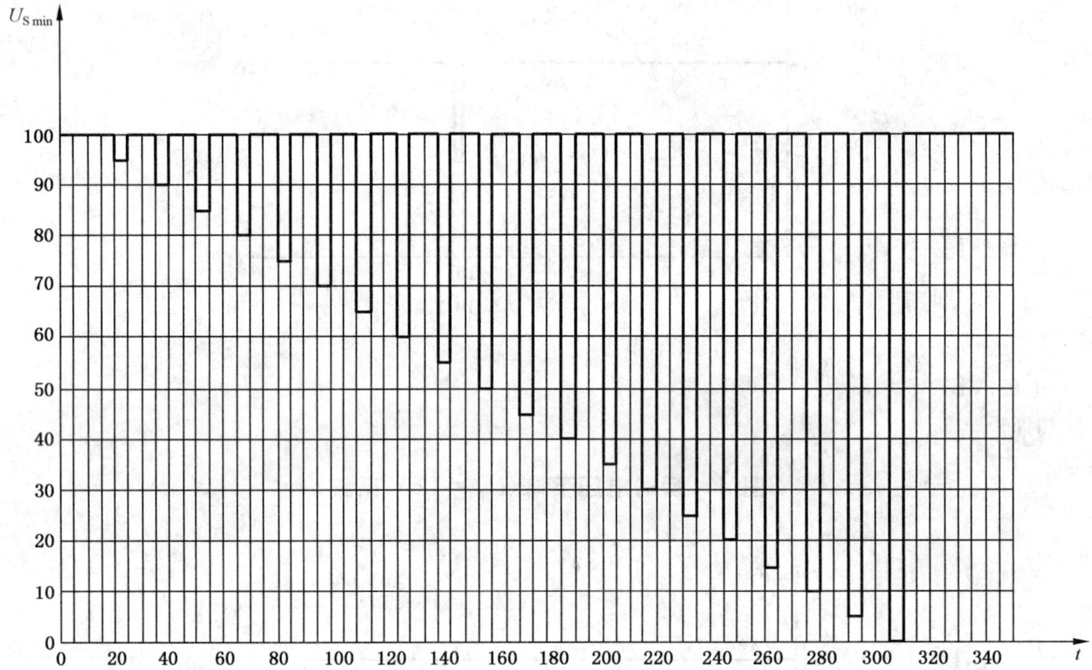

其中：

$U_{S\ min}$——最低供电电压，%；

t——时间，s。

图 6 复位试验供电电压

4.6.2.3 要求

功能状态应达到 GB/T 28046.1 定义的 C 级。

4.6.3 启动特性

4.6.3.1 目的

检验 DUT 在车辆启动时和启动后的特性。

4.6.3.2 试验

按图 7 及表 3 或表 4 给出的启动特性参数同时加到 DUT 的有效输入端，共进行 10 次。建议启动循环之间间隔 1 s～2 s。根据使用要求选取表 3 或表 4 给出的不同等级参数。

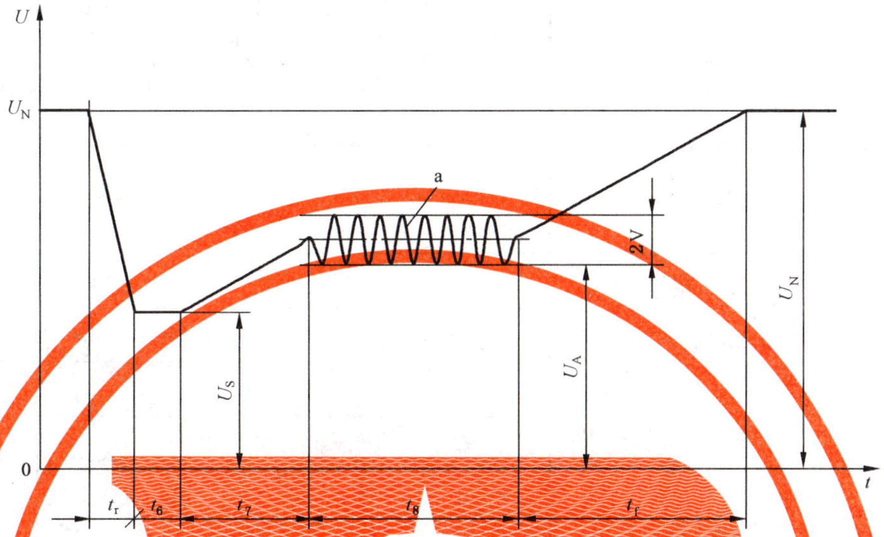

注：

[a] $f=2$ Hz

图 7 启动电压曲线

表 3 $U_N=12$ V 系统参数

代码	供电电压 V		级别/电压/持续时间				允差
			Ⅰ	Ⅱ	Ⅲ	Ⅳ	允差
			$U_S=8$ V	$U_S=4.5$ V	$U_S=3$ V	$U_S=6$ V	+0.2 V
			$U_A=9.5$ V	$U_A=6.5$ V	$U_A=5$ V	$U_A=6.5$ V	
			$t_r=5$ ms				±10%
			$t_6=15$ ms				
			$t_7=50$ ms				
			$t_8=1$ s	$t_8=10$ s	$t_8=1$ s	$t_8=10$ s	
			$t_f=40$ ms	$t_f=100$ ms	$t_f=100$ ms	$t_f=100$ ms	
	$U_{S\,min}$	$U_{S\,max}$	功能状态				—
A	6	16	A	B	B	A	
B	8	16	A	B	C	B	
C	9	16	B	C	C	C	
D	10.5	16	B	C	C	C	

表 4 U_N=24 V 系统参数

<table>
<tr><td colspan="3" rowspan="7"></td><td colspan="4">级别/电压/持续时间</td></tr>
<tr><td>Ⅰ</td><td>Ⅱ</td><td>Ⅲ</td><td>允差</td></tr>
<tr><td>U_S=10 V</td><td>U_S=8 V</td><td>U_S=6 V</td><td rowspan="2">+0.2 V</td></tr>
<tr><td>U_A=20 V</td><td>U_A=15 V</td><td>U_A=10 V</td></tr>
<tr><td colspan="3">t_r=10 ms</td><td rowspan="5">±10%</td></tr>
<tr><td colspan="3">t_6=50 ms</td></tr>
<tr><td colspan="3">t_7=50 ms</td></tr>
<tr><td rowspan="3">代码</td><td colspan="2" rowspan="2">供电电压
V</td><td>t_8=1 s</td><td>t_8=10 s</td><td>t_8=1 s</td></tr>
<tr><td>t_f=40 ms</td><td>t_f=100 ms</td><td>t_f=40 ms</td></tr>
<tr><td>$U_{S\ min}$</td><td>$U_{S\ max}$</td><td colspan="3">功能状态</td><td rowspan="4">—</td></tr>
<tr><td>E</td><td>10</td><td>32</td><td>A</td><td>B</td><td>B</td></tr>
<tr><td>F</td><td>16</td><td>32</td><td>B</td><td>C</td><td>C</td></tr>
<tr><td>G</td><td>22</td><td>32</td><td>B</td><td>C</td><td>C</td></tr>
</table>

4.6.3.3 要求

在车辆启动期间工作的有关 DUT 功能应达到 GB/T 28046.1 定义的 A 级,其他按表 3 和表 4 确定。

4.7 反向电压

4.7.1 目的

当使用辅助启动装置时检验 DUT 对蓄电池反向连接的抵御能力。

本试验不适于交流发电机或带有钳位二极管而没有外部反极性保护的装置。

4.7.2 试验

4.7.2.1 一般规定

按实车连接并给 DUT 接上熔断器,不带交流发电机和蓄电池。从下列情况中选择适合的反向电压同时施加到所有相关的电源端子上。

4.7.2.2 第 1 种情况

如果 DUT 用于未接熔断器的交流电路,且整流二极管能耐受反向电压 60 s,则对 U_N=12 V 系统用 4 V 的反向试验电压同时施加到 DUT 有效输入端子上持续 60 s±6 s。本试验不适用 24 V 系统。

4.7.2.3 第 2 种情况

除上述情况外,用试验电压 U_A(见 GB/T 28046.1 和表 5)反向同时施加到 DUT 有效输入端子上持续 60 s±6 s。

表 5 反向电压

标称电压 U_N V	U_A V
12	14
24	28

4.7.3 要求

恢复正常的熔断器连接后，功能状态应达到 GB/T 28046.1 定义的 C 级。

4.8 参考接地和供电偏移

4.8.1 目的

本试验由供需双方协商确定。

如存在两条或多条供电线路时，本试验用于检验组件的可靠运转情况。比如一个组件的电源接地与信号接地的参考点可能不一致。

4.8.2 试验

所有输入和输出应模拟实车连接到典型负荷或网络，对 DUT 供给电压 U_A 使其正常工作。

接地/供电偏移试验适用于接地/供电线路，供电偏移分别按次序应用于每条接地/供电线路以及各个接地/供电线路之间。所有 DUT 的偏移电压为 1.0 V。

a) 对 DUT 提供电压 U_A。

b) 对 DUT 的接地/供电线路进行接地/供电线路电压偏移。

c) 在该条件下进行功能试验。

d) 按不同接地/供电组合重复测试 c)的内容。

反向偏移电压重复上述试验。

4.8.3 要求

所有功能状态应达到 GB/T 28046.1 定义的 A 级：即 DUT 没有故障或闩锁效应。

4.9 开路试验

4.9.1 单线断开

4.9.1.1 目的

模拟一根线连接断开的电路条件。

注：不是对连接器的试验。

4.9.1.2 试验

连接并运行 DUT。断开 DUT/系统接口的一条电路，然后恢复连接。观察装置断路期间和其后的情况。在 DUT/系统接口的每条电路分别重复进行。试验条件如下：

——断开时间：10 s±1 s；

——开路阻抗：≥10 MΩ。

4.9.1.3 要求

功能状态应达到 GB/T 28046.1 定义的 C 级。

4.9.2 多线断开

4.9.2.1 目的

确保 DUT 在遭受多条线路突然断路情况下功能状态能达到规定要求。

注：不是对连接器的试验。

4.9.2.2 试验

连接并运行 DUT。断开 DUT 的连接，然后恢复连接。观察装置断路期间和其后的情况。

试验条件如下：

——断开时间：10 s±1 s；

——开路阻抗：≥10 MΩ。

对多线连接器装置，应测试每一条可能的连接。

4.9.2.3 要求

功能状态应达到 GB/T 28046.1 定义的 C 级。

4.10 短路保护

4.10.1 目的

模拟装置的输入或输出端电路短路。

4.10.2 信号电路

4.10.2.1 试验

DUT 所有有效输入和输出端，依次连接到 $U_{S\,max}$（见表 1 和表 2）、地，各持续 60 s±6 s；其他输入和输出端保持开路或协商处理。

试验按如下顺序进行：

——连接电源端子和接地端子；

1） 激活输出；

2） 停止输出。

——切断电源。

——切断接地。

除供需双方有协定，所有不使用的输入端保持开路。

4.10.2.2 要求

功能状态应达到 GB/T 28046.1 定义的 C 级。

4.10.3 负载电路

4.10.3.1 试验

连接 DUT 到电源，负载电路处于工作状态。试验持续时间按 ISO 8820（额定熔断时间）的有关部分,可高出上限10%。如使用熔断器外的其他保护(例如,电子保护),试验持续时间应由生产商和用户商定。

4.10.3.2 要求

所有电子保护输出端应确保能承受短路电流且在切断短路电流后能恢复到正常工作(最低级到GB/T 28046.1定义的C级)。

所有常规熔断器保护输出端应能承受短路电流且在熔断器替换后能恢复到正常工作(最低级到GB/T 28046.1定义的D级)。

即使DUT材料符合UL94-V0(参见附录A)的可燃性要求,所有无保护输出端可以被试验电流烧坏(功能状态为GB/T 28046.1定义的E级)。

4.11 耐电压

4.11.1 目的

确保电介质的绝缘耐压能力。本试验仅对含有电感元件(例如,继电器、电机、线圈)或连接到电感负载电路的系统/组件有要求。

过电压通过电场引起DUT部件间的漏电流,可能对绝缘性能带来负面影响。本试验着重于绝缘系统并检验绝缘材料承受因断开感性负载产生高电压的能力。

4.11.2 试验

按GB/T 28046.4中5.6.2进行湿热循环(试验1)试验。将系统/组件在室温中放置0.5 h,按如下要求对DUT施加正弦电压500 V(有效值)(50 Hz~60 Hz),持续60 s。

——在带有电绝缘的端子间;

——在带有电绝缘的端子和带有电传导面的壳体间;

——在塑料外壳情况下,在端子和包裹外壳的电极(例如金属箔)间。

4.11.3 要求

功能状态应达到GB/T 28046.1定义的C级。试验时不得出现击穿和闪络。

4.12 绝缘电阻

4.12.1 目的

确保避免DUT的绝缘电路和传导部件间的电流所必须的最小电阻,用于检验系统和材料的绝缘特性。

4.12.2 试验

按GB/T 28046.4中5.6.2进行湿热循环(试验1)试验。将系统/组件在室温中放置0.5 h,按如下要求对DUT施加500 V直流电压,持续60 s。

——在带有电绝缘的端子间;

——在带有电绝缘的端子和带有电传导面的壳体间;

——在塑料外壳情况下,在端子和包裹外壳的电极(例如金属箔)间。

对特殊应用,经供需双方协商试验电压可减为100 V。

4.12.3 要求

绝缘电阻应大于10 MΩ。

附 录 A
（资料性附录）
UL 94[1]装置和器具中零件的塑性材料可燃性试验

A.1 定义（UL94 3）

注：括弧中是 UL 94 原文的章节，以下同。

A.1.1 余焰

火源移去后，受试材料上留存的火焰。

A.1.2 余焰时间

火源移去后，在规定的条件下，受试材料上留存火焰的时间。

A.1.3 余灼

在火源移去后，火焰熄灭后或没有火焰，在受试材料上炽热发亮的状态。

A.1.4 余灼时间

火源移去和/或火焰停止后，在规定的试验条件下，受试材料上余灼持续的时间。

A.2 试验的意义（UL 94 4）

A.2.1 受试材料进行规定的试验以提供下列信息：比较不同受试材料的燃烧特性，或在使用前评估其燃烧特性的所有变化。本试验方法不提供相关工况条件下的受试材料特性。

A.2.2 评估燃烧导致的风险应考虑到燃料引起的结果、燃烧的强度（热释放的速度）、燃烧的产物和燃烧源的强度对环境的后果、材料暴露的方向和空气流通的条件。

A.2.3 用试验过程来测定燃烧特性，影响的因素有：密度、颜色、因成形条件造成的材料非均质性和样品的厚度。

A.2.4 当材料取自平板的薄材料样品不是因为着火而收缩时，试验的结果应是无效的，应追加试验样品。如果所有取自平板的样品都不是因为着火而收缩时，就不适合用试验过程进行评估，应进行一种替代的试验过程。

A.3 试验装置（UL 94 5；5.1、5.2、5.5～5.8、5.10、5.12～5.15 和 5.20～5.21）

A.3.1 通风试验箱：试验箱至少应有 0.5 m^3 内部空间。试验箱应设计观察窗，在燃烧时空气可以流通。为了安全且便于使用，排气罩应有通风装置（应能完全关闭），例如排风扇，以便把燃烧物排出。通风装置应在试验中关闭并在试验结束后立即再次启动。

注：在燃烧试验中应保持充足的氧气。当燃烧时间延长，试验箱的尺寸小于 1 m^3 就无法提供正确的试验结果。

A.3.2 试验燃烧器：试验室型燃烧器（本生灯）的灯管长（100±10）mm；内口直径（9.5±0.3）mm。灯

1） 本附录给出了 UL94 中适用于汽车的部分。

管是可调整的，而不是预先固定在装置上的。燃烧器应符合 ASTM D5025 的要求。

A.3.3 回转支架：将样品和/或丝网水平或垂直地夹持或固定在设备上。回转支架可以调整角度和高度，或在装置上用铝或钢结构支撑。

A.3.4 计时装置：精确到 0.5 s。

A.3.5 测量刻度：mm。

A.3.6 供气：至少 98%纯度的甲烷气体，且带流量均衡调整和显示装置。

注：采用热值为(37±1) MJ/m^3 燃气可以有相似的结果。仲裁试验必须采用 98%纯度的甲烷气体。

A.3.7 预处理试验箱：试验箱应保持为 23 ℃±2 ℃和相对湿度为 50%±5%。

A.3.8 千分尺：可读刻度为 0.01 mm。

A.3.9 棉花：100%脱脂棉。

A.3.10 干燥器：干燥器内应放置无水氯化钙或其他干燥剂，在 23 ℃±2 ℃维持 20%相对湿度。

A.3.11 烘箱：烘箱每小时至少换气 5 次，烘箱维持在 70 ℃±1 ℃。

A.3.12 压力调整阀：可测量 200 mm 水头高，刻度值 5 mm。

A.3.13 流量计：精度为±2%。

A.4 条件(UL94 6)

A.4.1 样品应在 23 ℃±2 ℃和 50%±5%相对湿度条件下预处理 48 h。

A.4.2 受试样品应在烘箱中 70 ℃±1 ℃预处理 168 h，而后立即放入干燥器内冷却至少 4 h。

A.4.3 从干燥器取出时，样品应在 30 min 内进行试验。

A.4.4 所有样品在 15 ℃～35 ℃和 45%～75%相对湿度的实验室大气条件下接受试验。

A.4.5 棉花应在干燥器中放置 24 h。

A.4.6 从干燥器取出棉花后，应在 30 min 内用于试验。

A.5 20 mm 垂直燃烧试验(UL94 8)

A.5.1 试验要求(UL94 8.1、8.1.1、8.1.3～8.1.4)

A.5.1.1 受试材料分为 V-0、V-1、或 V-2 级，用小棒型样品按 A.5.2～A.5.4.6 描述的试验得出的结果确定等级。

A.5.1.2 表 A.1 给出了受试材料的分级。

表 A.1 受试材料分级

分级条件	V-0	V-1	V-2
每单个样品余焰时间 t_1 或 t_2	10 s	30 s	30 s
各条件组的余焰时间总和(5 个样品的 t_1+t_2)	50 s	250 s	250 s
每单个样品第二次加焰燃烧的余焰加上余灼时间(t_2+t_3)	30s	60 s	60 s
任一样品余焰或余灼到固定夹	不允许	不允许	不允许
脱脂棉被带火的塑料或滴落物引燃	不允许	不允许	允许

A.5.1.3 如果 5 个一组的样品中仅有 1 个样品满足要求，就须将另一组 5 个样品投入试验。在这种情况下，5 个样品总余焰时间(t_1+t_2)V-0 的范围为 51 s～55 s；V-1、V-2 的范围为 251 s～255 s。一组中所有样品时间总和符合相应的要求，这一厚度的受试材料就确定为 V-0，V-1，或 V-2 级。

A.5.2 试验样品(UL94 8.3)

A.5.2.1 所有样品应裁成条形材料,或铸造或压注,挤压,转换或压叠浇铸成要求的形状。剪裁后,注意清除表面所有尘埃和颗粒,边缘和端面都应圆滑处理。

A.5.2.2 在最小和最大厚度范围内标准的样品条为125 mm±5 mm长,13.0 mm±0.5 mm宽。最大厚度不超过13 mm。当提供最小和最大厚度样品的试验结果不一致时,应对中间厚度的样品进行试验。中间厚度样品的增量不应超过3.2 mm。同样,边角都应圆滑处理,其半径不应超过1.3 mm。

A.5.2.3 受试材料范围,如果材料需要考虑颜色、密度、融化流动性或增强,应提供这些样品。

A.5.2.4 如果试验结果本质上相同,通常提供的样品大部分可以是深色光亮、深暗色彩和有代表性的颜色。此外,应提供一组深色彩组合的样品,除非已包括了大部分深色光亮和深暗色彩。当某些已知色彩(如红、黄或类似色)影响燃烧特性,必须提供样品。

A.5.2.5 如果试验结果在本质上一致,提供的样品应具有代表性,包括极端(最低和最高端)密度、融化流动和加强部分样品。如果提供的样品范围在燃烧特性本质上不同,只能对密度、融化流动和加强部分作有限的评估,或增加中间密度、融化流动和加强部分的样品进行试验。

A.5.3 条件(UL94 8.4)

A.5.3.1 每组5个,共2组样品按A.4.1要求进行预处理。

A.5.3.2 每组5个,共2组样品按A.4.2要求进行预处理。作为一种替代,对工业层压产品选择125 ℃±1 ℃下24 h预处理。

A.5.4 程序(UL94 8.5)

A.5.4.1 垂直夹住样品纵向长轴上部6 mm处,样品的下端300 mm±10 mm处水平放置100%脱脂棉0.08 g,铺开50 mm×50 mm厚度6 mm(见图A.2)。

A.5.4.2 甲烷气源按图A.1配置,在小于10 mm水头压力时流量调整到105 mL/min。

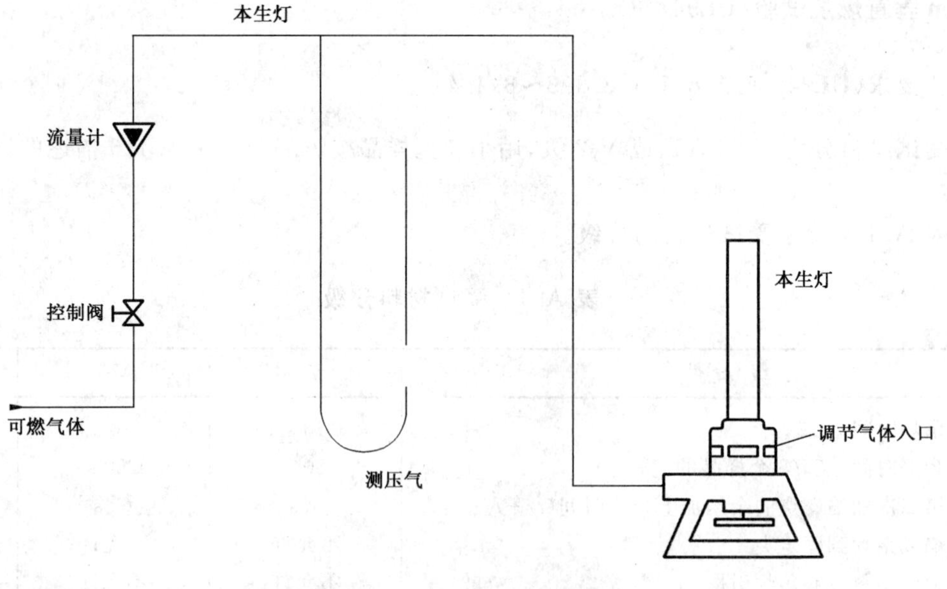

图 A.1 甲烷气源供气系统

A.5.4.3 调整本生灯产生20 mm±1 mm高的蓝色火焰。调整供气和空气直到20 mm±1 mm黄色火焰顶端有蓝色火焰产生。而后进一步调整空气的供给量消除火焰的黄色顶端。测量火焰的高度并做必要的调整。

A.5.4.4 当更换燃气、更换试验装置或数据出现问题时，应按上述规定至少每月校准试验火焰一次。

A.5.4.5 向样品底部的中间点施加火焰，本生灯上沿处于样品下端的 10 mm±1 mm 位置，维持这个位置 10 s±0.5 s，根据燃烧样品反应的长度或位置的变化移动本生灯。如果样品有熔化滴落物或受试材料自身燃烧，可将本生灯管倾斜到 45°避免滴落物进入灯管，维持本生灯上沿处于样品下端 10 mm±1 mm 位置，忽视成串滴落的受试材料熔铸物。在施加火焰 10 s±0.5 s 后，本生灯立即以 300 mm/s 的速度返回到与样品的距离不小于 150 mm 位置，同时开始测定余焰时间 t_1 并记录 t_1。

A.5.4.6 当样品余焰结束时，不管本生灯是否回到了远离样品 150 mm 的位置，立即将本生灯置于样品下端 10 mm±1 mm 位置再次燃烧 10 s±0.5 s，必要时须去除灯上的受试材料滴落物。本次施加燃烧后，本生灯立即以 300 mm/s 的速度返回到与样品的距离不小于 150 mm 位置，同时开始测定余焰时间 t_2 和 t_3，记录 t_2 和 t_3。

注 1：如果视觉分辨余焰和余灼有困难时，用镊子夹持如 A.3.9 描述的 50 mm×50 mm 小片棉花接触这个区域，点燃棉花表示存在火焰。

注 2：如果由于疏忽，试验火焰对样品加焰期间熄灭，应将另一样品投入试验。只有一种例外，火焰被样品释放的气体吹灭。在这种情况下，本生灯应被直接再次点燃继续试验，总时间还是 10 s±0.5 s。

A.5.5 结果(UL94 8.6)

应观察和记录：

a) 第一次加焰后的余焰时间，t_1；

b) 第二次加焰后的余焰时间，t_2；

c) 第二次加焰后的余灼时间，t_3；

d) 是否有样品燃烧到固定夹；

e) 是否有样品滴落物引燃棉花。

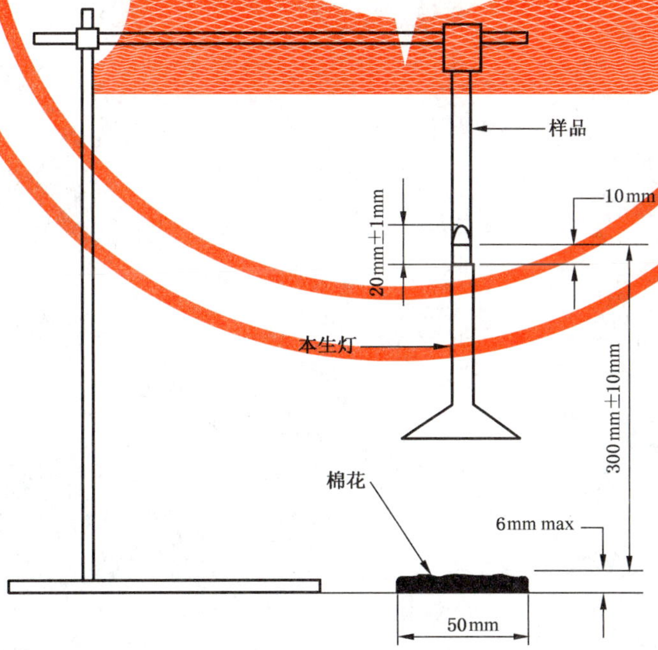

图 A.2 V-0，V-1，V-2 级垂直燃烧试验

ICS 43.040.10
T 36

中华人民共和国国家标准

GB/T 28046.3—2011

道路车辆　电气及电子设备的环境条件和试验　第3部分：机械负荷

Road vehicles—Environmental conditions and testing for electrical and electronic equipment—Part 3: Mechanical loads

(ISO 16750-3:2007, MOD)

2011-10-31 发布　　　　2012-02-01 实施

中华人民共和国国家质量监督检验检疫总局
中国国家标准化管理委员会　发布

前　言

GB/T 28046《道路车辆　电气及电子设备的环境条件和试验》包括五个部分：

——第1部分：一般规定；

——第2部分：电气负荷；

——第3部分：机械负荷；

——第4部分：气候负荷；

——第5部分：化学负荷。

本部分为GB/T 28046的第3部分。

本部分按照GB/T 1.1—2009给出的规则起草。

本部分使用重新起草法修改采用ISO 16750-3:2007《道路车辆　电气及电子设备的环境条件和试验　第3部分：机械负荷》进行制定。

本部分与ISO 16750-3:2007的技术性差异及原因如下：

——因原标准中第6章的说明没有指导意义，本部分予以删除；

——为保持上下文和理解的统一，4.5补充一句：试验和要求由供需双方协商；

——原文图1的−40和表1的−40属于原文的明显错误，为保持系列标准的相互对应和协调关系，将图1的−40删除，将表1的−40替换为T_{min}。同时给表1的T_{min}补加了角注：T_{min}见GB/T 28046.4；

——原文4.1.2.9.2试验，未给出采用的试验标准。参照其他试验方法，补加了采用GB/T 2423.10进行试验。

本部分相对ISO 16750-3:2007编辑性修改如下：

——删除国际标准的前言。

本部分由国家发展和改革委员会提出。

本部分由全国汽车标准化技术委员会(SAC/TC 114)归口。

本部分起草单位：上海市质量监督检验技术研究院、中国汽车技术研究中心、北京中元公司、长沙汽车电器研究所、深圳市航盛电子股份有限公司、东风商用车技术中心、苏州泰思特电子科技有限公司、上海科世达华阳汽车电器有限公司、郑州跃博汽车电器有限公司。

本部分起草人：卢兆明、许秀香、张越、胡梦蛟、汪锡斌、何玉军、孙成明、高志彪、张勇英。

道路车辆　电气及电子设备的环境条件和试验　第3部分：机械负荷

1　范围

本部分描述了安装在车辆上/内特定位置的系统/组件可能的机械环境负荷，且规定了试验及要求。

本部分适用于汽车电气电子系统/组件。

2　规范性引用文件

下列文件对于本文件的应用是必不可少的。凡是注日期的引用文件，仅注日期的版本适用于本文件。凡是不注日期的引用文件，其最新版本(包括所有的修改单)适用于本文件。

GB/T 2423.6　电工电子产品环境试验　第二部分：试验方法　试验Eb和导则：碰撞(GB/T 2423.6—1995,IEC 60068-2-29:1987,IDT)

GB/T 2423.8　电工电子产品环境试验　第二部分：试验方法　试验Ed：自由跌落(GB/T 2423.8—1995,IEC 60068-2-32:1995,IDT)

GB/T 2423.10　电工电子产品环境试验　第2部分：试验方法　试验Fc：振动(正弦)(GB/T 2423.10—2008,IEC 60068-2-6:1995,IDT)

GB/T 2423.22　电工电子产品环境试验　第2部分：试验方法　试验N：温度变化(GB/T 2423.22—2002,IEC 60068-2-14:1984,IDT)

GB/T 2423.56　电工电子产品环境试验　第2部分　试验方法　试验Fh：宽带随机振动(数字控制)和导则(GB/T 2423.56—2006,IEC 60068-2-64:1993,IDT)

GB/T 2423.58　电工电子产品环境试验　第2-80部分：试验方法　试验Fi：振动　混合模式(GB/T 2423.58—2008,IEC 60068-2-80:2005,IDT)

GB/T 28046.1　道路车辆　电气及电子设备的环境条件和试验　第1部分：一般规定(GB/T 28046.1—2011,ISO 16750-1:2006,MOD)

GB/T 28046.4　道路车辆　电气及电子设备的环境条件和试验　第4部分：气候负荷(GB/T 28046.4—2011,ISO 16750-4:2006,MOD)

3　术语和定义

GB/T 28046.1给出的术语和定义适用于本文件。

4　试验和要求

4.1　振动

4.1.1　一般规定

按电气和电子设备在车上应用情况规定了不同振动严酷度的试验方法。车辆生产商和供应商可根据特定的安装位置选择试验方法、环境温度和振动参数。

规定的量级用于直接安装在所定义的位置。使用支架安装会提高或降低负荷，如果受试装置(DUT)在车上使用支架，在振动和机械冲击试验时应带支架进行。

对DUT进行振动试验时应将样品安装在振动台面上，将安装方法记录在报告中。正弦振动和正弦加随机的正弦部分扫频速率为0.5 oct/min。推荐的振动试验用于避免在使用过程中因疲劳引起的失效和损坏，本部分不包括特殊的磨损试验要求。

在规定频率范围外的负荷应单独考虑。

注：对大而重的DUT，因刚性安装和动态响应，按本部分进行的振动试验负荷的偏差可能导致在振动台上的激励不同于实车，用平均控制方法可以将偏差最小化(见附录A)。

经协商可按GB/T 2423.56采用加权平均值控制方法。

DUT在振动试验期间的温度循环按GB/T 2423.22，并按图1通电运行。经协商可在恒温条件下进行试验。

如图1所示在整个装置达到T_{min}后使DUT通电运行，用尽可能短的时间检查装置的功能(使DUT的自产热量最小)，DUT的附加通电运行在循环的第210 min和第410 min间进行。

对试验箱不允许进行辅助烘干。

车辆振动应力可能在最低温度或最高温度下出现，在试验中应模拟机械应力和温度变化应力同时作用，失效机理为：例如系统/组件的塑料件经高温变软且不能承受加速度。

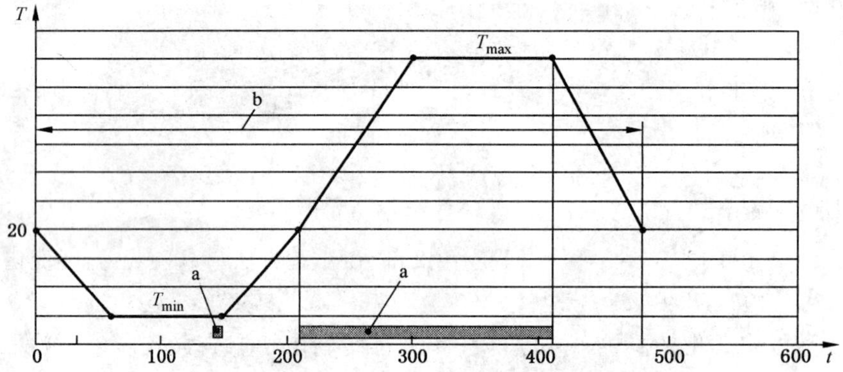

其中：

t——时间，min；

T——温度，℃；

a——工作模式3.2；

b——一个周期。

图1 振动试验温度曲线

表1 振动试验温度与时间的对应关系

时间 min	温度 ℃
0	20
60	T_{min}^{a}
150	T_{min}^{a}
210	20
300	T_{max}^{a}
410	T_{max}^{a}
480	20

[a] T_{min}、T_{max}见GB/T 28046.4。

4.1.2 试验

4.1.2.1 试验Ⅰ——乘用车发动机

4.1.2.1.1 目的

检验DUT因受振动导致的失效和损坏。

活塞发动机的振动可以分为两种类型：

——由气缸不平衡质量作用于连杆上产生的正弦振动；

——由发动机其他振动源产生的随机噪声，如阀门的关闭。

本试验引起的主要失效是由疲劳造成的损坏，路面粗糙产生的影响在10 Hz～100 Hz的最低频段。

注：发动机悬架系统可有效隔离冲击影响。对安装在发动机上的部件，路面产生的冲击通常可以忽略。

下述条款(4.1.2.1.2～4.1.2.1.3)中规定的试验描述适用于四冲程往复发动机。

建议采用GB/T 2423.58规定的混合振动试验替代上述试验。

4.1.2.1.2 试验

4.1.2.1.2.1 正弦振动

按GB/T 2423.10进行试验，不同于GB/T 2423.10的是扫频速率不大于0.5 oct/min。DUT每个轴向的试验持续时间为22 h，加速度幅值和频率按图2和表2规定。

注：试验持续时间基于附录A中A.4，当试验结束时(2.75温度循环)，试验箱的温度高于室温。

使用图2和表2中曲线1的DUT装在五缸或少于五缸的发动机上。

使用图2和表2中曲线2的DUT装在六缸或多于六缸的发动机上。

两条曲线组合可以覆盖所有类型的发动机。

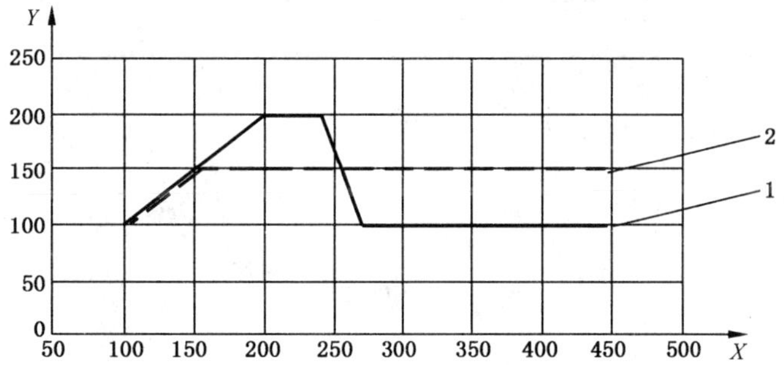

其中：

X——频率，Hz；

Y——最大加速度，m/s^2；

1——曲线1(≤5缸的发动机)；

2——曲线2(>5缸的发动机)。

图2 振动严酷度曲线

表 2 最大加速度与频率

曲线 1(见图 2)	
频率 Hz	最大加速度 m/s^2
100	100
200	200
240	200
270	100
440	100

曲线 2(见图 2)	
频率 Hz	最大加速度 m/s^2
100	100
150	150
440	150

二者组合	
频率 Hz	最大加速度 m/s^2
100	100
150	150
200	200
240	200
255	150
440	150

4.1.2.1.2.2 随机振动

按 GB/T 2423.56 进行试验，DUT 每个轴向的试验持续时间为 22 h。

注：试验持续时间基于附录 A 中 A.4，当试验结束时(2.75 温度循环)，试验箱的温度高于室温。

加速度均方根(r. m. s.)值应为 181 m/s^2。加速度功率谱密度(PSD)与频率见图 3 和表 3 所示。

注：在正弦振动频率范围内 PSD 值(随机振动)被降低。

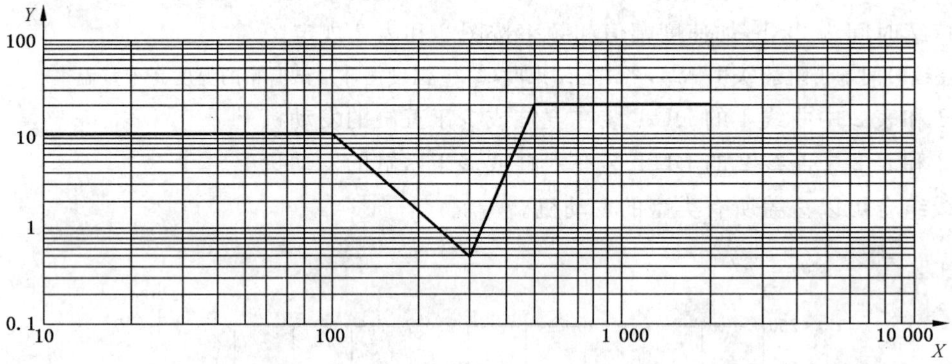

其中：

X——频率，Hz；

Y——PSD，$(m/s^2)^2/Hz$。

图 3 PSD 与频率

表 3 PSD 与频率

频率 Hz	PSD $(m/s^2)^2/Hz$
10	10
100	10
300	0.51
500	20
2 000	20

4.1.2.1.3 要求

不允许出现损坏。在 GB/T 28046.1 定义的工作模式 3.2 下达到功能状态 A，其他工作模式下达到功能状态 C。

4.1.2.2 试验Ⅱ——乘用车变速器

4.1.2.2.1 目的

检验 DUT 因受振动导致的故障和损坏。

变速器的振动可以分为两种类型：由不平衡质量产生的频率范围在 100 Hz～440 Hz 的正弦振动和由齿轮摩擦产生的振动及其他随机振源。本试验引起的主要失效是由疲劳造成的损坏，路面粗糙产生的影响在 10 Hz～100 Hz 的最低频段。

下述条款中规定的试验描述用于变速器振动产生的负荷，换挡引起的机械冲击应单独考虑。

建议采用 GB/T 2423.58 规定的混合振动试验替代上述试验。

4.1.2.2.2 试验

4.1.2.2.2.1 正弦振动

按 GB/T 2423.10 进行试验，不同于 GB/T 2423.10 的是扫频速率不大于 0.5 oct/min。DUT 每个轴向的试验持续时间为 22 h。

注：试验持续时间基于附录 A 中 A.4，当试验结束时(2.75 温度循环)，试验箱的温度高于室温。

加速度幅值和频率按图 4 和表 4 规定。

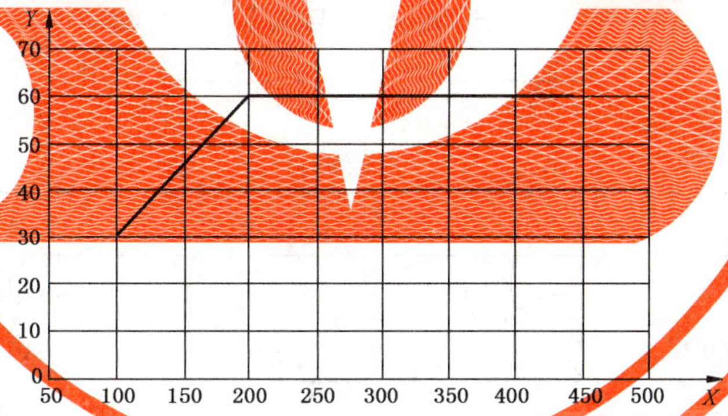

其中：

X——频率，Hz；

Y——最大加速度，m/s²。

图 4 最大加速度与频率

表 4 最大加速度与频率

频率 Hz	最大加速度 m/s²
100	30
200	60
440	60

4.1.2.2.2.2 随机振动

按 GB/T 2423.56 进行试验，DUT 每个轴向的试验持续时间为 22 h，加速度均方根(r. m. s.)值应为 96.6 m/s^2。

注：在正弦振动试验的频率范围内，PSD 值(随机振动)被降低。

PSD 与频率按图 5 和表 5 规定。

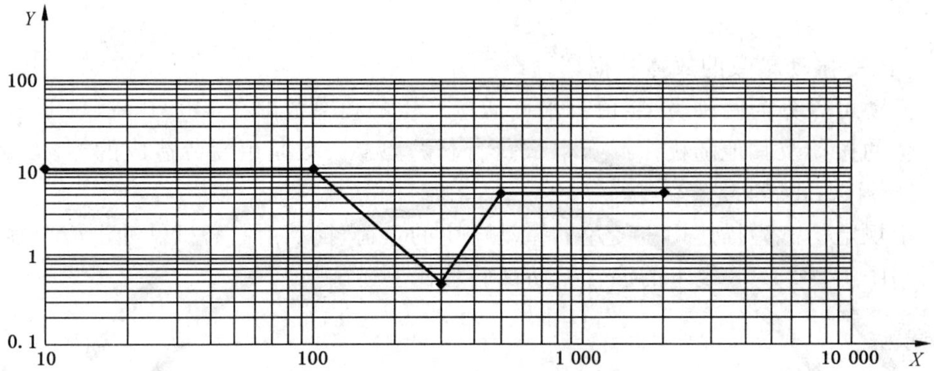

其中：

X——频率，Hz；

Y——PSD，$(m/s^2)^2/Hz$。

图 5 PSD 与频率

表 5 PSD 与频率

频率 Hz	PSD $(m/s^2)^2/Hz$
10	10
100	10
300	0.51
500	5
2 000	5

4.1.2.2.3 要求

不允许出现损坏。在 GB/T 28046.1 定义的工作模式 3.2 下达到功能状态 A，其他工作模式下达到功能状态 C。

4.1.2.3 试验Ⅲ——乘用车柔性气室

4.1.2.3.1 目的

检验 DUT 因受振动导致的失效和损坏。

本试验适用于非刚性地安装在柔性气室上的设备。此位置的振动主要是由入口气体的颤动引起的正弦振动。本试验引起的主要失效是由疲劳造成的损坏。

4.1.2.3.2 试验

按 GB/T 2423.10 进行试验，不同于 GB/T 2423.10 的是扫频速率不大于 0.5 oct/min。DUT 每个轴向的试验持续 22 h。

注：试验持续时间基于附录 A 中 A.4，当试验结束时(2.75 温度循环)，试验箱的温度高于室温。

加速度幅值和频率按图 6 和表 6 规定。

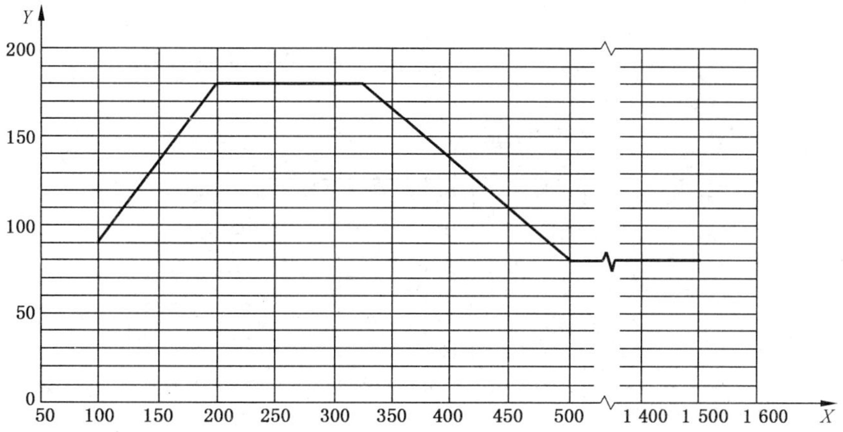

其中：

X——频率，Hz；

Y——最大加速度，m/s²。

图 6 最大加速度与频率

表 6 最大加速度与频率

频率 Hz	最大加速度 m/s²
100	90
200	180
325	180
500	80
1 500	80

4.1.2.3.3 要求

不允许出现损坏。在 GB/T 28046.1 定义的工作模式 3.2 下达到功能状态 A，其他工作模式下达到功能状态 C。

4.1.2.4 试验Ⅳ——乘用车弹性体(车身)

4.1.2.4.1 目的

检验 DUT 因受振动导致的失效和损坏。

车身的振动是由在粗糙路面行驶引起的随机振动。本试验引起的主要失效是由疲劳造成的损坏。

4.1.2.4.2 试验

按 GB/T 2423.56 进行随机振动试验，DUT 每个轴向的试验持续 8 h，加速度均方根(r. m. s.)值应为 27.8 m/s^2。PSD 与频率按图 7 和表 7 规定。

注：试验持续时间基于附录 A 中 A.5。

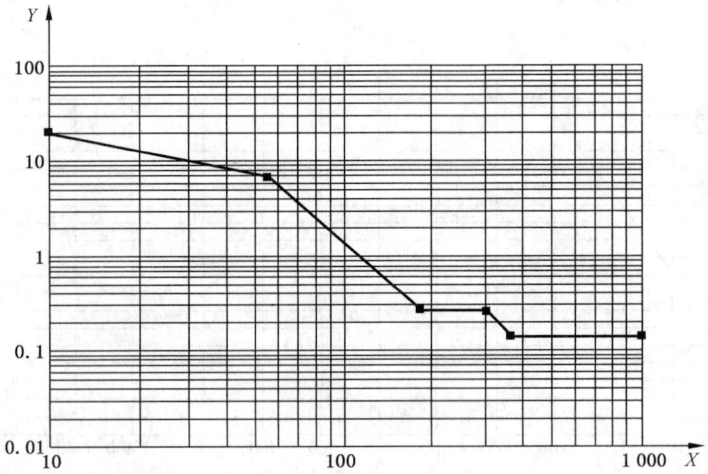

其中：

X——频率，Hz；

Y——PSD，$(m/s^2)^2/Hz$。

图 7 PSD 与频率

表 7 PSD 与频率

频率 Hz	PSD $(m/s^2)^2/Hz$
10	20
55	6.5
180	0.25
300	0.25
360	0.14
1 000	0.14

4.1.2.4.3 要求

不允许出现损坏。在 GB/T 28046.1 定义的工作模式 3.2 下达到功能状态 A，其他工作模式下达到功能状态 C。

4.1.2.5 试验Ⅴ——乘用车非弹性体(车轮，车轮悬挂)

4.1.2.5.1 目的

检验 DUT 因受振动导致的失效和损坏。

非弹性体的振动是在粗糙路面行驶引起的随机振动。本试验引起的主要失效是由疲劳造成的损坏。

本试验没有包括频率低于 20 Hz 的负荷。实际上大振幅可能发生在低于 20 Hz 频率段，在此频率范围对 DUT 作用的负荷应单独考虑。

4.1.2.5.2 试验

按 GB/T 2423.56 进行随机振动试验，DUT 每个轴向的试验持续 8 h，加速度均方根(r.m.s.)值应为 107.3 m/s^2。PSD 与频率见图 8 和表 8 所示。

注：试验持续时间基于附录 A 中 A.5。

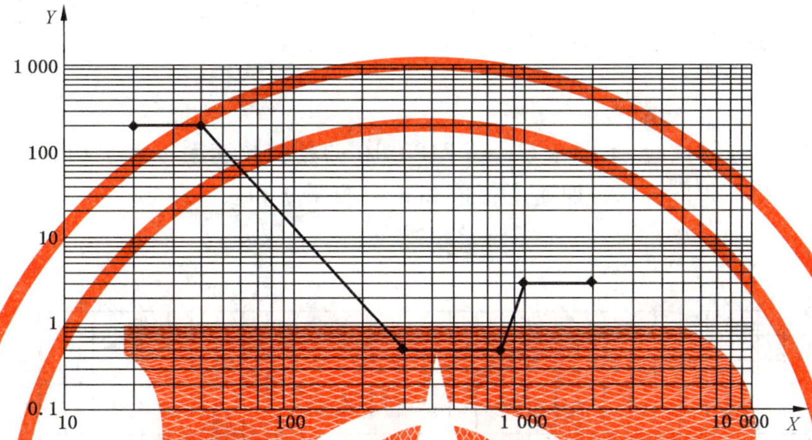

其中：

X——频率，Hz；

Y——PSD，(m/s^2)^2/Hz。

图 8 PSD 与频率

表 8 PSD 与频率

频率 Hz	PSD (m/s^2)^2/Hz
20	200
40	200
300	0.5
800	0.5
1 000	3
2 000	3

4.1.2.5.3 要求

不允许出现损坏。在 GB/T 28046.1 定义的工作模式 3.2 下达到功能状态 A，其他工作模式下达到功能状态 C。

4.1.2.6 试验Ⅵ——商用车发动机、变速器

4.1.2.6.1 目的

检验 DUT 因受振动导致的失效和损坏。

活塞发动机的振动可以分为两种类型：

——由气缸不平衡质量作用于连杆上产生的正弦振动；

——由发动机其他振动源产生的随机噪声，如阀门的关闭。

因变速器刚性地附于发动机上，安装在变速器上的系统/组件的试验可按本试验进行。本试验引起的主要失效是由疲劳造成的损坏。

如下试验描述适于由四冲程往复发动机产生的负荷。建议采用GB/T 2423.58规定的混合振动试验替代上述试验。

如果DUT的固有频率低于30 Hz，应对DUT所有关键轴向附加32 h的试验。

4.1.2.6.2 试验

4.1.2.6.2.1 正弦振动

按GB/T 2423.10进行试验，不同于GB/T 2423.10的是扫频速率不大于0.5 oct/min。DUT每个轴向的试验持续94 h(约20 h/oct)。加速度幅值和频率按图9和表9规定。

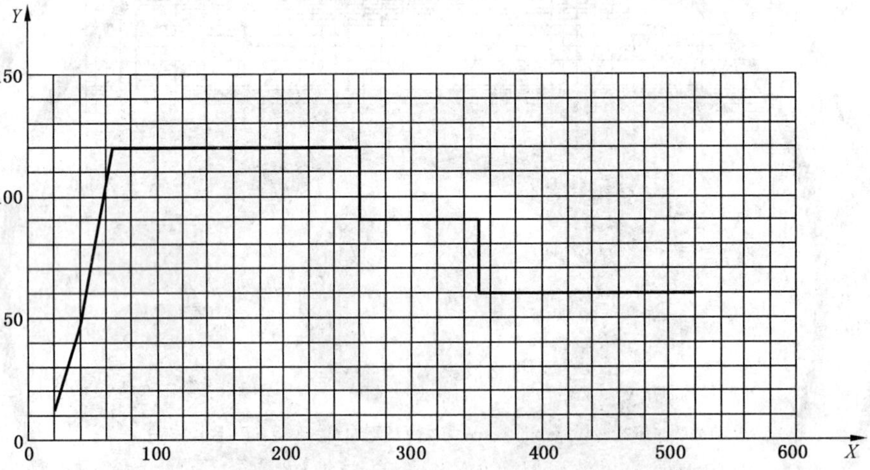

其中：

X——频率，Hz；

Y——最大加速度，m/s^2。

图9 最大加速度与频率

表9 最大加速度与频率

频率 Hz	位移幅值 mm	最大加速度 m/s^2
20	0.72	(11.4)
65	0.72	120
260		120
260		90
350		90
350		60
520		60

4.1.2.6.2.2 随机振动

按 GB/T 2423.56 进行随机振动试验。

试验持续时间为：

——一般情况：DUT 每个轴向的试验持续时间为 94 h(见图 10 和表 10)；

——固有频率(f_n)低于 30 Hz 时：DUT 的每个关键轴向附加 32 h(见表 11)。

注：在正弦振动试验的频率范围内，PSD 值(随机振动)被降低。

PSD 和频率见图 10 和表 10、表 11。

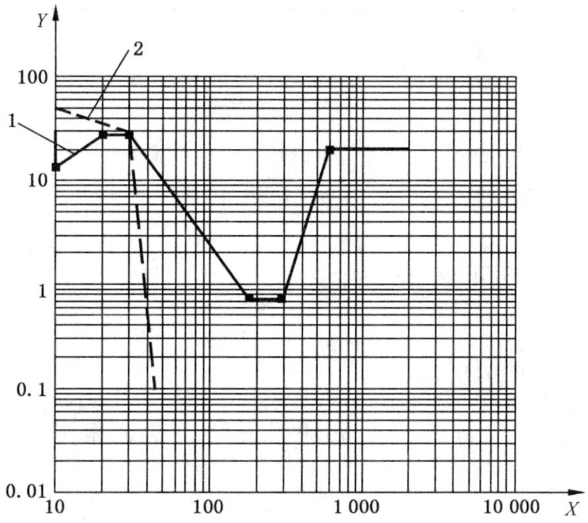

其中：

X——频率，Hz；

Y——PSD，$(m/s^2)^2/Hz$；

1——一般情况下的随机试验曲线；

2——f_n<30 Hz 的附加曲线。

图 10 PSD 与频率

表 10 PSD 与频率

频率 Hz	PSD $(m/s^2)^2/Hz$
10	14
20	28
30	28
180	0.75
300	0.75
600	20
2 000	20
注：加速度均方根(r.m.s.)值为 177 m/s^2。	

表 11 PSD 与频率(f_n<30 Hz 的附加试验)

频率 Hz	PSD $(m/s^2)^2/Hz$
10	50
30	30
45	0.1
注:加速度均方根(r. m. s.)值为 28.6 m/s^2。	

4.1.2.6.3 要求

不应出现损坏。在 GB/T 28046.1 定义的工作模式 3.2 下达到功能状态 A,其他工作模式下达到功能状态 C。

4.1.2.7 试验Ⅶ——商用车弹性体

4.1.2.7.1 目的

检验 DUT 因受振动导致的失效和损坏。

弹性体的振动是由在粗糙路面行驶引起的随机振动。本试验引起的主要失效是由疲劳造成的损坏。

4.1.2.7.2 试验

按 GB/T 2423.56 进行随机振动试验,DUT 每个轴向的试验持续时间为 32 h。PSD 与频率按图 11 和表 12、表 13 规定。

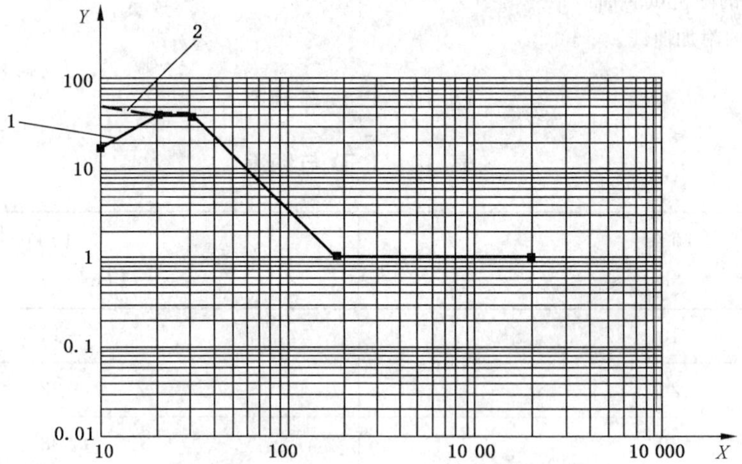

其中:

X——频率,Hz;

Y——PSD,$(m/s^2)^2/Hz$;

1——一般情况下的随机试验曲线;

2——f_n<30 Hz 的附加试验曲线。

图 11 PSD 与频率

表 12　PSD 与频率

频率 Hz	PSD $(m/s^2)^2/Hz$
10	18
20	36
30	36
180	1
2 000	1
注：加速度均方根(r. m. s.)值为 57.9 m/s^2。	

表 13　PSD 与频率(f_n<30 Hz 的附加试验)

频率 Hz	PSD $(m/s^2)^2/Hz$
10	50
20	36
30	36
45	16
注：加速度均方根(r. m. s.)值为 33.7 m/s^2。	

4.1.2.7.3　要求

不允许出现损坏。在 GB/T 28046.1 定义的工作模式 3.2 下达到功能状态 A，其他工作模式下达到功能状态 C。

4.1.2.8　试验Ⅷ——商用车分体式驾驶室

4.1.2.8.1　目的

检验 DUT 因受振动导致的失效和损坏。

商用车分离驾驶室的振动是由在粗糙路面行驶引起的随机振动。本试验引起的主要失效是由疲劳造成的损坏。

4.1.2.8.2　试验

按 GB/T 2423.56 进行随机振动试验，DUT 每个轴向的试验持续 32 h。PSD 与频率按图 12 和表 14 规定。

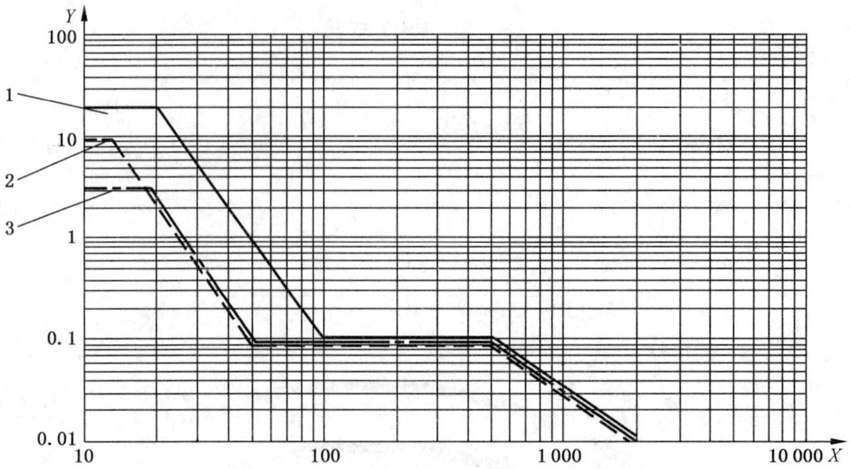

其中：

X——频率，Hz；

Y——PSD，$(m/s^2)^2/Hz$；

1——垂直；

2——横向；

3——纵向。

图 12 PSD 与频率

表 14 PSD 与频率

频率 Hz	PSD $(m/s^2)^2/Hz$		
	垂直	纵向	横向
10	20	3	10
13	—	—	10
19	—	3	—
20	20	—	—
50	—	0.1	0.1
100	0.1	—	—
500	0.1	0.1	0.1
2 000	0.01	0.01	0.01
加速度均方根(r. m. s.)值	21.3 m/s^2	11.8 m/s^2	13.1 m/s^2

4.1.2.8.3 要求

不允许出现损坏。在 GB/T 28046.1 定义的工作模式 3.2 下达到功能状态 A，其他工作模式下达到功能状态 C。

4.1.2.9 试验Ⅸ——商用车非弹性体

4.1.2.9.1 目的

检验 DUT 因受振动导致的失效和损坏。

非弹性体上的振动是由在粗糙路面行驶引起的振动。本试验引起的主要失效是由疲劳造成的损坏。

4.1.2.9.2 试验

按 4.1.2.7 试验Ⅶ进行随机振动试验，按如下规定进行正弦振动试验。正弦振动试验按 GB/T 2423.10 在室温下进行。

装在车轮和车轮悬挂上的 DUT 按表 15 (f_n<40 Hz)规定的最大加速度幅值及相应频率进行试验。如果 f_n 大于或等于 40 Hz，试验按表 16 进行。

表 15　最大加速度和频率(f_n<40 Hz)

车辆平面方向	频率 Hz	最大加速度 m/s^2	持续时间 min	循环数(近似值)
纵向，横向	8～16	150	4	2 800
	8～16	120	10	7 000
	8～32	100	20	21 000
垂直	8～16	300	4	2 800
	8～16	250	10	7 000
	8～32	200	20	21 000

表 16　最大加速度和频率(f_n≥40 Hz)

车辆平面方向	频率 Hz	最大加速度 m/s^2	循环数(近似值)
纵向，横向	35	150	2 800
	35	120	7 000
	35	100	21 000
垂直	35	300	2 800
	35	250	7 000
	35	200	21 000

4.1.2.9.3 要求

不允许出现损坏。在 GB/T 28046.1 定义的工作模式 3.2 下达到功能状态 A，其他工作模式下达到功能状态 C。

4.2 机械冲击

4.2.1 装在门和盖板内/上

4.2.1.1 目的

检验 DUT 受类似门的冲击导致的失效和损坏。

当门被关闭撞击时出现机械冲击。失效模式为机械损坏(例如门撞击产生的高加速度使电子控制模块壳内的电容器分离)。

4.2.1.2 试验

按表 17 选择一种严酷度且按 GB/T 2423.6 进行试验。采用下列试验参数:

——DUT 工作模式 :1.2(见 GB/T 28046.1);

——冲击脉冲型式:半正弦波。

DUT 应固定在冲击试验台上,加速度作用方向与 DUT 装车使用发生冲击加速度的方向相同。

表 17 冲击次数

安装位置	冲击严酷度 1 500 m/s^2,11 ms	冲击严酷度 2 300 m/s^2,6 ms
驾驶员门,货舱门	13 000	100 000
乘客门	6 000	50 000
箱盖,挡板	2 400	30 000
发动机罩	720	3 000

4.2.1.3 要求

功能状态应达到 GB/T 28046.1 定义的 C 级。

4.2.2 装在车身和车架刚性点上

4.2.2.1 目的

检验 DUT 因受车身或车架冲击导致的失效和损坏。

负荷发生在高速驾驶越过路边石头的情况下。失效模式为机械损坏(例如由于高加速度冲击使电子控制模块壳内的电容器分离)。

4.2.2.2 试验

按 GB/T 2423.6 ,采用下列参数进行试验:

——DUT 工作模式:3.2(见 GB/T 28046.1);

——冲击脉冲型式:半正弦波;

——加速度:500 m/s^2;

——持续时间:6 ms;

——冲击次数:每个试验方向 10 次。

冲击试验的加速度方向应与车辆发生冲击实际产生的加速度方向相同。如果实际方向未知,DUT 应在 6 个方向上进行试验。

4.2.2.3 要求

功能状态应达到 GB/T 28046.1 定义的 A 级。

4.2.3 在变速器内/上

4.2.3.1 目的

检验 DUT 因受换挡冲击导致的失效和损坏，适用于专门装在变速器内/上的 DUT 。

负荷发生在气动助力换挡操作中。失效模式为机械损坏(例如，由气动助力换挡操作产生的高加速度冲击使电子控制模块壳内的电容器分离)。

4.2.3.2 试验

按 GB/T 2423.6 ，采用下列参数进行试验：

——DUT 工作模式：3.2(见 GB/T 28046.1)；

——冲击脉冲型式：半正弦波；

——典型最大加速度：商用车为 3 000 m/s^2～50 000 m/s^2，乘用车由供需双方协商；

——持续时间：<1 ms；

——冲击次数：由供需双方协商；

——温度：由供需双方协商。

对商用车，上述参数主要用于气动助力换挡操作(如果安装了选挡系统，150 000 次换挡操作是有代表性的)。

实际冲击应力由变速器的安装位置和设计特点决定，有个别情况是由相应的测量手段决定(推荐取样频率至少为 25 kHz)。试验须由生产商和用户合作进行。

试验时冲击加速度应与在车上实际工作时所受的冲击加速度方向一致。如果实际方向未知，DUT 应在所有 6 个方向上进行试验。

4.2.3.3 要求

功能状态应达到 GB/T 28046.1 定义的 A 级。

4.3 自由跌落

4.3.1 目的

检验 DUT 因自由跌落导致的失效和损坏。

系统/组件在加工处理过程中可能跌落到地面(如在汽车生产线上)。如果跌落后系统/组件有明显的损坏要被更换，如损坏不明显，就会被装上车，然后按正常的产品要求工作。失效模式为机械损坏(例如，DUT 落到地面产生的高加速度使电子控制模块壳内的电容器分离)。

4.3.2 试验

能耐受跌落冲击而无明显损坏的部件应按 GB/T 2423.8 进行试验，跌落后会明显损坏的部件(如前照灯)不予试验。

采用如下参数进行试验：

——DUT 数量：3；

——每个 DUT 跌落次数：2；

——落差：1 m 自由跌落或按协议高度；

——撞击面:混凝土地面或钢板;

——DUT 方向:每个 DUT 的第 1 次跌落应在不同的空间轴向,第 2 次跌落与第 1 次的空间轴向相同,但方向相反;

——DUT 工作模式:1.1(见 GB/T 28046.1);

——温度:由供需双方协商。

跌落试验后目视检查 DUT 。

4.3.3 要求

不允许有隐性损坏,在不影响 DUT 性能的情况下允许外壳有微小损坏,正常性能将在试验后证实。

功能状态应达到 GB/T 28046.1 定义的 C 级。

4.4 外表强度/划痕和耐磨性能

试验和要求由供需双方协商(例如控制部件和钥匙上的标记和商标应保持清晰可见)。

4.5 砂石轰击

检验 DUT 耐砂石轰击能力(安装在暴露的位置上,如车身的前部和后部)。试验和要求由供需双方协商。

5 机械负荷代码字母

见表 18。

表 18 试验和要求代码

代码字母	对应要求条款														
	4.1.2.1.2.1	4.1.2.1.2.2	4.1.2.2.2	4.1.2.3.2	4.1.2.4.2	4.1.2.5.2	4.1.2.6.2.1	4.1.2.6.2.2	4.1.2.7.2	4.1.2.8.2	4.1.2.9.2	4.2.1.2	4.2.2.2	4.2.3.2	4.3.2
	试验Ⅰ 正弦	试验Ⅰ 随机	试验Ⅱ	试验Ⅲ	试验Ⅳ	试验Ⅴ	试验Ⅵ 正弦	试验Ⅵ 随机	试验Ⅶ	试验Ⅷ	试验Ⅸ	机械冲击严酷度 1	机械冲击严酷度 2	机械冲击	自由跌落
A	曲线 1	√													√
B	曲线 2	√													√
C				√											√
D					√										√
E					√									√	√
F					√							√			√
G					√								√		√
H						√									√
I						√								√	√
J							√	√							√
K									√						√
L									√					√	√
M									√			√			√
N									√				√		√
O											√				√
P										√					√
Q										√				√	√
R										√		√			√
S										√			√		√
T											√			√	√
U			√												√
V								√							√
Z	按协议														

附 录 A
（资料性附录）
振动试验曲线建立指南

A.1 目的

有助于本部分的使用者根据振动测量结果按照可再现的方法建立试验曲线，从而消除误差。

A.2 概述

建立试验曲线的过程应采用所推荐的文件加以描述。

建立试验曲线的过程在表A.1中描述。

A.3 平均控制方法

通常安装在车辆上与安装在振动台面上的DUT的频率响应有所不同。这是由于两种情况下的安装刚度和动态反馈不同。

为能在实验室中再现振动试验，振动夹具应具有尽可能大的刚度，通常比装车条件大得多。应考虑到DUT在振动夹具上的各个安装点的运动是同向的，而其在汽车里安装点的运动在特定的频率上可能不是同向的。这是因振动试验夹具比在车辆上的安装部位有更高的刚度。

此外，在振动试验期间DUT的动态反馈（激励衰减）通过振动控制单元被最小化。

至少对于大/重的DUT在共振状态下，在振动台试验时类似的激励会比在汽车里产生更大的响应峰值。

为避免过试验，可以采用GB/T 2423.56中相关的平均控制方法。

额外推荐：平均控制信号＝（3×激励）＋（1×DUT响应）。

表A.1 振动试验曲线建立

术语	文件 车辆描述	推荐的文件/参数 技术数据（即：功率、最大转速、标称速度、体积、发动机种类、汽缸数）	注 解
发动机安装	边界条件	测力计和/或道路	满负荷
车身安装		试验场地/试验轨迹描述	
		路面（即：比利时石块、搓板、减速坎）	
		驾驶速度	
车辆数据采集	采样速率	≥f_{max}的2.5倍	$Df=1/(f_{sample}\times b)$
	数据块长度，b	≥$2k$	
	分辨率	LSB＜最大值的0.1%	LSB＝最小的有效位
	滤波技术和方法	在f_{max}抗混淆滤波衰减率＞48 dB/oct 高通滤波（$f_{filter}<f_{min}$）消除支流偏置	

表 A.1（续）

术语	文件 车辆描述	推荐的文件/参数 技术数据（即：功率、最大转速、标称速度、体积、发动机种类、汽缸数）	注　解
数据分析	峰值保持 FFT	峰值保持	参照建立正弦试验或正弦加随机试验的正弦部分
	加窗	对稳态信号(不含瞬态信号)加 Hanning 窗	
		对瞬态信号不加窗(峰值因子＞6)	
	关于速度/时间的 r. m. s.		
	信号特征(信号的正弦/随机部分)	具有最大 r. m. s. 值的窗函数计算平均 PSD	参照建立随机试验或正弦加随机试验的随机部分
		瀑布图	
		稳态信号的自相关	
试验曲线建立	用于建立试验曲线的方法与过程	如:描述包括数据压缩(平均或取包络)在内的所有关键点	
	用于确定试验持续时间的方法和过程	说明将试验应力和试验时间用于相关场合的应力和工作寿命的假设和模型。正如在 MIL810 标准中采用的基于最严酷材料的 *M* 值。	*M* 值＝S/N 曲线的梯度(应力对应的数字)
	发动机上安装的部件	考虑 r/min 的分布	
	车身上安装的部件	考虑劣质路面条件的里程数	
	过程和工程评价方法的基本原理		
	试验参数	例如:在 4.1.2 中的试验	

A.4　发动机转速分布

发动机转速(r/min)与振动量级的一般关系,振动量级随着发动机转速的提高而增加(见图 A.1 和表 A.2)。

疲劳试验中,最大加速度量级需要充分考虑发动机转速的范围。通常的范围在 0.9$n_{nominal}$ 与 n_{max} 之间。$n_{nominal}$ 为发动机最大功率时的转速,n_{max} 为发动机最大安全转速。

评估试验持续时间,应考虑不同的转速分布和车辆寿命。所有可利用的转速分布表明,转速范围从 0.9$n_{nominal}$ 到 n_{max} 之间一般是不常使用的。

本部分选择三种分布:

a)　SAE 出版物(可参考 SAE 2005-01-1071)的转速分布。其中调查了 55 辆车(70 000 km,10 000 次往返)。

b)　在温度测量期间记录下来的达到很高温度的“最不利情况”的转速分布,这时车辆工作的转速非常高。

c)　一种有利的分布,组成如下:

1） SAE 出版物＝80％；

2） “最不利情况”＝20％。

这就导出转速范围从 $0.9n_{nominal}$ 到 n_{max} 之间的 0.5％相对分布。每个轴向试验 22 h，相当于车辆 4 400 h 的寿命，若平均时速为 40 km/h，则表示 176 000 km 里程。考虑到其他寿命，里程和转速分布情况，允许试验工程师适当地改变试验持续时间。

根据实际情况建议每个轴向最长的试验时间为 100 h。这段时间对于多数振动环境容易达到等效疲劳损伤。

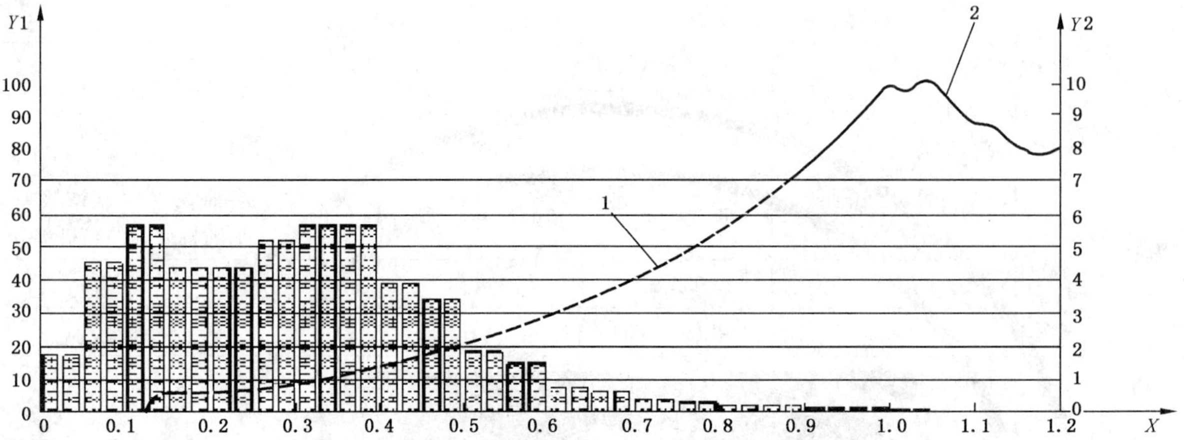

其中：

X——r/min—$n_{nominal}$；

$Y1$——r. m. s. —％；

$Y2$——r/min—概率(有利分布)，％；

1——对应转速 $n \leqslant 0.9n_{nominal}$ 的 r. m. s. 量级；

2——对应转速 $n > 0.9n_{nominal}$ 的 r. m. s. 量级。

图 A.1 加速度量级 r. m. s. 和 r/min 分布与发动机转速的对应

表 A.2 加速度量级 r. m. s. 和 r/min 分布与发动机转速的对应

$n/n_{nominal}$	r. m. s. 量级对应 r/min ％	r/min 概率[a] (p_x) ％	r/min 概率[b] (p'_x) ％	有利的 r/min 分布[c] $(20p_x+80p'_x)/100$
0.050	—	0.56	2.14	1.82
0.075	—	0.56	2.14	1.82
0.100	—	0.02	5.69	4.56
0.125	—	0.02	5.69	4.56
0.150	7.0	8.00	5.09	5.67
0.175	6.3	8.00	5.09	5.67
0.200	6.1	5.75	4.04	4.38
0.225	7.2	5.75	4.04	4.38
0.250	7.4	3.06	4.73	4.40
0.275	8.4	3.06	4.73	4.40

表 A.2（续）

$n/n_{nominal}$	r. m. s. 量级对应 r/min %	r/min 概率[a] (p_x) %	r/min 概率[b] (p'_x) %	有利的 r/min 分布[c] $(20p_x+80p'_x)/100$
0.300	10	4.70	5.31	5.19
0.325	11	4.70	5.31	5.19
0.350	12	5.69	5.61	5.62
0.375	13	5.69	5.61	5.62
0.400	14	5.06	5.72	5.59
0.425	15	5.06	5.72	5.59
0.450	17	3.95	3.85	3.87
0.475	18	3.95	3.85	3.87
0.500	20	3.23	3.48	3.43
0.525	22	3.23	3.48	3.43
0.550	24	2.26	1.71	1.82
0.575	26	2.26	1.71	1.82
0.600	29	1.56	1.39	1.42
0.625	31	1.56	1.39	1.42
0.650	34	1.34	0.55	0.71
0.675	36	1.34	0.55	0.71
0.700	39	1.20	0.39	0.55
0.725	42	1.20	0.39	0.55
0.750	46	1.00	0.19	0.35
0.775	50	1.00	0.19	0.35
0.800	54	0.79	0.09	0.23
0.825	59	0.79	0.09	0.23
0.850	63	0.57	0.03	0.14
0.875	67	0.57	0.03	0.14
0.900	72	0.40	0.01	0.08
0.925	77	0.40	0.01	0.08
0.950	84	0.31	0.00	0.06
0.975	90	0.31	0.00	0.06
1.000	98	0.22	0.00	0.04
1.025	96	0.22	0.00	0.04
1.050	100	0.19	0.00	0.04
1.075	92	0.19	0.00	0.04

表 A.2(续)

$n/n_{nominal}$	r.m.s.量级对应 r/min %	r/min 概率[a] (p_x) %	r/min 概率[b] (p'_x) %	有利的 r/min 分布[c] $(20p_x+80p'_x)/100$
1.100	86	0.06	0.00	0.01
1.125	85	0.06	0.00	0.01
1.150	79	0.04	0.00	0.01
1.175	77	0.04	0.00	0.01
1.200	79	0.02	0.00	0.00
1.225	79	0.02	0.00	0.00

[a] “最不利情况”分布；

[b] SAE 出版物；

[c] 累加有利的 r/min 分布($n>0.9n_{nominal}$)是 0.5%；22 h 的试验持续时间相当于在车辆上 4 400 h。

A.5 疲劳计算

A.5.1 乘用车、车身安装(弹性体)示例

验证 8 h 的随机振动试验是否足以覆盖该车寿命期间的应力。

注：测量和计算在一个 ECU 上进行。目的是给出一个例子，所提供的方法对 ECU 和车身安装部件均无限制。

A.5.2 步骤

A.5.2.1 在进行道路行驶试验(道路颠簸)的车辆上做振动测量。对 ECU 进行随机振动试验时，至少设置 2 个测量点。一个点在 ECU 的安装位置(输入或者激励)，一个点测量印刷电路板(PCB)的响应。

A.5.2.2 在测量期间通过周期计算方法确定在 PCB 上的负荷分布(见 A.5.5、A.5.6 和图 A.2)。

A.5.2.3 选择汽车寿命周期和“劣质道路百分数”(二者均为选择的参数)。

A.5.2.4 将下列因子与计数结果相乘计算预期的 PCB 负荷的分布：

——试验时持续时间/测量次数；

——车辆寿命×劣质道路百分数/车辆上测量时间。

A.5.2.5 这种新的负荷分布用于计算疲劳极限，该计算是基于出现 1 个损坏：

——Woehler 假定和 Haibach 修正。和

——线性损害累积的 Palmgren—Miner 假设”(详见 A.5.7 和图 A.3)。

——表 A.5 所示的疲劳计算简略结果作为应力不同模式对应的负荷循环数(S/N 模式)。

A.5.3 结论

A.5.3.1 概述

选择示例的结果显示：8 h 试验持续时间试验结果的应力(疲劳极限)比车辆 5 400 h 道路行驶试验应力高大约 1.7(1.37～2.06)倍。这样的测量和计算已经在许多方面应用了 20 年以上，结果始终是相近的，8 h 的试验持续时间确认是足够的。

A.5.3.2 附加证明

根据野外场地经验，在 20 多年时间内还没有经历因为振动而引起的失效。选择试验场和劣质的公共道路测量之间进行比较，证明试验场比劣质的公共道路严酷得多。

选择的参数（6 000 h 的车辆寿命，90%的劣质道路部分）绝对是最坏的情况。通常采用小于劣质道路 50%的部分进行计算。

A.5.4 试验参数

试验参数如下：

——试验设备：　　电动振动台；
——安装：　　ECU 牢固地固定在振动台面上；
——控制点：　　在振动台面上；
——方向：　　C，垂直于 PCB 方向；
——加速度 r. m. s. 值：　　33 m/s^2；
——试验谱：　　见表 A.3。

表 A.3 随机振动试验（示例）参数

频率 Hz	PSD[a] $(m/s^2)^2/Hz$
10	20
30	20
200	0.5
1 000	0.1

[a] 选择的谱密度与 4.1.2.4.2 中有些细微的不同，在 ECU 的共振点上（大约 600 Hz）差异是可以忽略的。

A.5.5 结果

表 A.4 显示的试验结果基于下列参数：

——负荷分布通过 19.91 s 的测量，对 8 h 试验的计算。
——负荷分布通过用 3.69 s 在粗糙路面（道路颠簸，50 km/h）的测量，对 5 400 h 试验的计算（车辆寿命 6 000 h，粗糙道路占 90%）。

表 A.4 试验结果

8 h 随机振动试验		5 400 h 劣质道路行驶	
加速度量级 a_i m/s^2	每个量级周期数 n_i	加速度量级 a_i m/s^2	每个量级周期数 n_i
403.4	6 509	129.4	2 636 719
377.4	9 402	112.7	2 636 719
351.3	18 082	104.4	7 910 156
325.3	43 396	96.04	5 273 438
299.3	104 150	87.69	7 910 156
273.3	203 237	79.34	7 910 156
247.2	434 680	70.99	7 910 156

表 A.4（续）

8 h 随机振动试验		5 400 h 劣质道路行驶	
加速度量级 a_i m/s²	每个量级周期数 n_i	加速度量级 a_i m/s²	每个量级周期数 n_i
221.2	721 815	62.64	18 457 031
195.2	1 160 835	54.28	10 546 875
169.2	1 595 516	45.93	47 460 938
143.1	2 104 692	37.58	84 375 000
117.1	2 438 116	29.23	152 929 688
91.09	2 606 636	20.88	271 582 031
65.06	2 345 538	12.53	690 820 313

表 A.5 不同 *S/N* 模式疲劳计算的简单结果

S/N 模式疲劳周期	*S/N* 模式曲线的斜率 *k*	假设	随机振动试验计算的疲劳水平(24"*S/N* 模式") m/s²	5 400 h 劣质道路行驶必需的疲劳水平(24"*S/N* 模式") m/s²	比较
2 000 000	3.5	Haibach	250	165	OK
		Miner	229	133	OK
	5	Haibach	246	144	OK
		Miner	236	131	OK
	7	Haibach	252	136	OK
		Miner	249	130	OK
	10	Haibach	267	132	OK
		Miner	266	130	OK
10 000 000	3.5	Haibach	173	126	OK
		Miner	169	112	OK
	5	Haibach	187	118	OK
		Miner	184	112	OK
	7	Haibach	205	116	OK
		Miner	203	113	OK
	10	Haibach	229	117	OK
		Miner	229	115	OK
50 000 000	3.5	Haibach	112	91	OK
		Miner	112	87	OK
	5	Haibach	137	93	OK
		Miner	137	91	OK
	7	Haibach	164	97	OK
		Miner	164	96	OK
	10	Haibach	196	102	OK
		Miner	196	101	OK

A.5.6 通过时间历史记录的测量确定负荷分布

在 2 个过零点之间有一个最大值。在每个加速度量级对测量时间内最大值的个数进行计数。这种计算方法的结果给出各个级别半个周期数，或者说，根据时间历史记录确定负荷分布。

通过每个量级的(试验时间/测量时间)因子获得试验期间的负荷分布，即(8h×3 600 s/h)/19.9 s=1 477。

通过每个量级的(汽车寿命×劣质路面的百分数/测量时间)因子获得试验期间的负荷分布，即(6 000 h×0.9×3 600 s/h)/3.69 s=5 268 293。

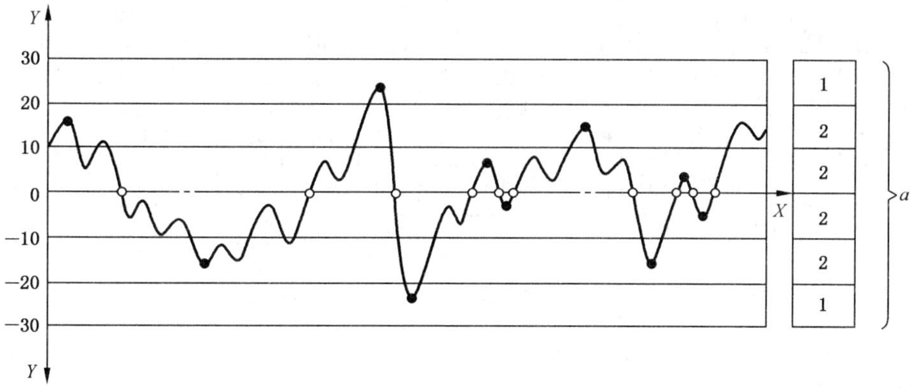

其中：

X——时间；

Y——量级，m/s^2；

a——各振级半周期数。

图 A.2 负荷分布的计算方法

A.5.7 疲劳极限的计算

为确定疲劳极限 a_D，选择 S/N 模式。S/N 模式通过斜率 k 和疲劳数 N_D 描述。然后选择任意值为 a_D 的初始值。

选择 S/N 模式，可以计算出对应每个振级 a_i 的失效循环数 N_i 及相应的循环数 n_i。

符合 Palmgren—Miner 假设，在每一振级 a_i，局部损坏 s_i，由下述公式确定：

$$s_i = \frac{n_i}{N_i}$$

整体损坏 S，由下述公式确定：

$$S = \sum s_i$$

$S \geqslant 1$ 定义为损坏发生。

任意选择 a_D 的初始值，损坏(S)将小于 1 或大于 1。反复选择 a_D，直到有 1 个 损坏发生，a_D 值就被确定。

没有非常广泛地调查和试验，不可能知道选择的 S/N 模式是否实际。因此，覆盖宽范围的 S/N 参数是有意义的。常用的有 24 种模式("2 种不同的假设"、"4 种斜率 k"、"3 种疲劳极限周期 N_D")。

即使其中的一些模式是不实际的，还会有其他的模式。24 模式中希望至少有一种模式是贴近实际的。无论如何，只要对两种情况(车辆和试验)采用同样的模式或者假设，尽管不尽合理，比较的实质不会产生太大影响，因为在比较中，有些错误的假设会被补偿。

如果所有 24 个试验获得的 a_D 值均高于车辆需要值，则该应力是被允许的。所选择示例的负荷分布和对应 S/N 图(1 个模式)如表 A.6 和图 A.3 所示。

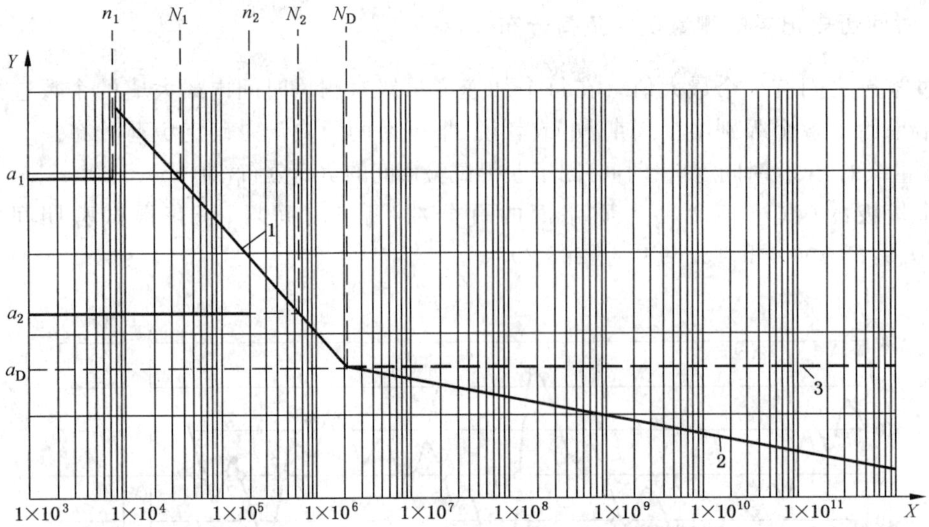

其中：

X——周期数；

Y——加速度量级；

1——斜率，k；

2——Haibach 修正斜率 $2k-1$；

3——Palmgren—Miner。

$$S=\sum\left(\frac{n_i}{N_i}\right)\leqslant 1$$

图 A.3　Palmgren—Miner 假设—线性损坏累积 S

表 A.6　随机振动试验和试验场测量负荷分布的比较

随机振动试验 (8 h)		对应 S/N 模式曲线图 (2×10^6，$k=5$，$a_D=229\ m/s^2$)		车辆测量，颠簸道路 (5 400 h)	
加速度 m/s^2	周期数 n	加速度 m/s^2	S/N 周期数 n	加速度 m/s^2	S/N 周期数 n
403.40	6 509	403.4	276 718	129.40	2 636 719
377.40	9 402	377.4	349 387	112.70	2 636 719
351.30	18 082	351.3	448 993	1 004.4	7 910 156
325.30	43 396	325.30	587 650	96.04	5 273 438
299.30	104 150	299.3	786 574	87.69	7 910 156
273.30	203 237	273.3	1 081 121	79.34	7 910 156
247.20	434 680	247.2	1 536 185	70.99	7 910 156
221.20	721 815	229.0	2 000 000	62.64	18 457 031
195.20	1 160 835	229.0	1 000 000 000	54.28	10 546 875
169.20	1 595 516	—	—	45.93	47 460 938
143.10	2 104 692	—	—	37.58	84 375 000
117.10	2 438 116	—	—	29.23	152 929 688
91.09	2 606 636	—	—	20.88	271 582 031
65.06	2 345 538	—	—	12.53	690 820 313
39.04	1 823 343	—	—	4.176	3 158 789 063

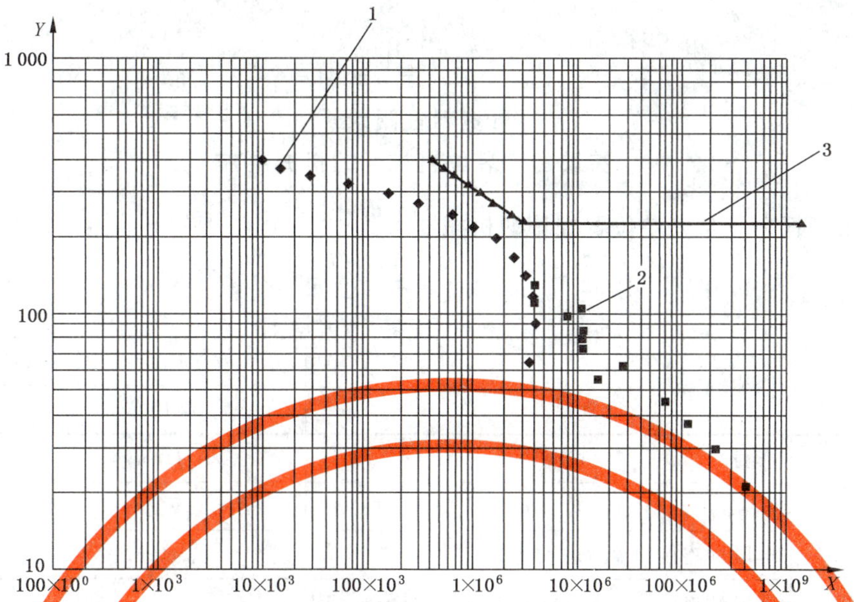

其中：

X——周期数；

Y——加速度，m/s^2；

1——随机振动试验(8 h)；

2——车辆测量；

3——随机振动试验对应的沃勒(Woehler)曲线图(2×10^6、$k=5$、$a_D=229m/s^2$)。

图 A.4 负荷分布和 S/N 曲线(一种模式)

附 录 B
（资料性附录）
按设备安装位置推荐的机械要求

表B.1给出了根据设备安装位置推荐的机械要求。

表B.1 安装位置

安装位置			推荐的试验和要求代码 乘用车	推荐的试验和要求代码 商用车
发动机舱	车身		D,K	
	车架		K,L	
	非刚性连接的柔性进气管上		C	
	非刚性连接的柔性进气管内		C	
	在发动机上		A,B,J	
	在发动机内		A,B,J	
	变速器/减速器上		U,V	
	变速器/减速器内		U,V	
乘客舱	无特殊要求		D,E,K,L	
	太阳直射处		D,E,K,L	
	热辐射处		D,E,K,L	
行李舱/货舱	舱内		D,E,K,L	
装在外部	车身		D,E,K,L	
	车架		K	
	底盘/轮毂	簧上	D,E,K,L	
		簧下	H,I,O,T	
	乘客舱车门内/上		F,G,R,S	
	发动机舱盖		F,G,R,S	
	行李舱盖/门		F,G,R,S	
	箱体盖/门		F,G,R,S	
	腔体内	朝外	D,E,K,L	
		朝内	D,E,K,L	
	专用舱内		D,E,K,L	

ICS 43.040.10
T 36

中华人民共和国国家标准

GB/T 28046.4—2011

道路车辆 电气及电子设备的环境条件和试验 第4部分:气候负荷

Road vehicles—Environmental conditions and testing for electrical and electronic equipment—Part 4:Climatic loads

(ISO 16750-4:2006,MOD)

2011-10-31 发布 2012-02-01 实施

中华人民共和国国家质量监督检验检疫总局
中国国家标准化管理委员会 发布

前　言

GB/T 28046《道路车辆　电气及电子设备的环境条件和试验》包括五个部分：

——第1部分：一般规定；

——第2部分：电气负荷；

——第3部分：机械负荷；

——第4部分：气候负荷；

——第5部分：化学负荷。

本部分为GB/T 28046的第4部分。

本部分按照GB/T 1.1—2009给出的规则起草。

本部分使用重新起草法修改采用ISO 16750-4:2006《道路车辆　电气及电子设备的环境条件和试验　第4部分：气候负荷》进行制定。

本部分与ISO 16750-4:2006的技术性差异及原因如下：

——为保持系列标准的相互对应和协调关系，将原文5.1.1.2.2中的−40 ℃（属于明显错误，ISO 16750-4的修订版已改为T_{min}）替换为T_{min}；

——因原标准中第8章的说明没有指导意义，本部分予以删除。

——原文表4的5.6一栏规定无法理解，本部分参照ISO 16750-4修订版的对应内容进行修改。

本部分由国家发展和改革委员会提出。

本部分由全国汽车标准化技术委员会(SAC/TC 114)归口。

本部分起草单位：中国汽车技术研究中心、长沙汽车电器研究所、上海市质量监督检验技术研究院、东风商用车技术中心、深圳市航盛电子股份有限公司、上海科世达华阳汽车电器有限公司、郑州跃博汽车电器有限公司、苏州泰思特电子科技有限公司、北京中元公司。

本部分起草人：许秀香、胡梦蛟、卢兆明、何玉军、汪锡斌、高志彪、张勇英、孙成明、张越。

道路车辆　电气及电子设备的环境条件和试验　第4部分:气候负荷

1　范围

本部分描述了安装在车辆上/内特定位置的系统/组件可能的气候环境负荷,且规定了试验及要求。

本部分适用于汽车电气电子系统/组件。

2　规范性引用文件

下列文件对于本文件的应用是必不可少的。凡是注日期的引用文件,仅注日期的版本适用于本文件。凡是不注日期的引用文件,其最新版本(包括所有的修改单)适用于本文件。

GB/T 2423.1　电工电子产品环境试验　第2部分:试验方法　试验A:低温(GB/T 2423.1—2008,IEC 60068-2-1:2007,IDT)

GB/T 2423.2　电工电子产品环境试验　第2部分:试验方法　试验B:高温(GB/T 2423.2—2008,IEC 60068-2-2:2007,IDT)

GB/T 2423.3　电工电子产品环境试验　第2部分:试验方法　试验Cab:恒定湿热试验(GB/T 2423.3—2006,IEC 60068-2-78:2001,IDT)

GB/T 2423.4　电工电子产品环境试验　第2部分:试验方法　试验Db　交变湿热(12 h+12 h循环)(GB/T 2423.4—2008,IEC 60068-2-30:2005,IDT)

GB/T 2423.17　电工电子产品环境试验　第2部分:试验方法　试验Ka:盐雾(GB/T 2423.17—2008,IEC 60068-2-11:1981,IDT)

GB/T 2423.18　电工电子产品环境试验　第2部分:试验方法　试验Kb:盐雾,交变(氯化钠溶液)(GB/T 2423.18—2000,IEC 60068-2-52:1996,IDT)

GB/T 2423.22　电工电子产品环境试验　第2部分:试验方法　试验N:温度变化(GB/T 2423.22—2002,IEC 60068-2-14:1984,IDT)

GB/T 2423.34　电工电子产品环境试验　第2部分:试验方法　试验Z/AD:温度/湿度组合循环试验(GB/T 2423.34—2005,IEC 60068-2-38:1974,IDT)

GB/T 2423.51　电工电子产品环境试验　第2部分:试验方法　试验Ke:流动混合气体腐蚀试验(GB/T 2423.51—2000,IEC 60068-2-60:1995,IDT)

GB/T 28046.1　道路车辆　电气及电子设备的环境条件和试验　第1部分:一般规定(GB/T 28046.1—2011,ISO 16750-1:2006,MOD)

GB/T 28046.2　道路车辆　电气及电子设备的环境条件和试验　第2部分:电气负荷(GB/T 28046.2—2011,ISO 16750-2:2006,MOD)

ISO 20653　道路车辆　防护等级(IP代码)电气电子设备对外来物、水和触及的防护

3　术语和定义

GB/T 28046.1给出的术语和定义适用于本文件。

4 工作温度范围

表1定义了工作温度范围。受试装置(DUT)按表1选择适用的温度范围且在技术条件中注明。

表 1 工作温度范围

代码	T_{min} ℃	T_{max} ℃
A	−20	65
B	−30	65
C	−40	65
D		70
E		75
F		80
G		85
H		90
I		95
J		100
K		105
L		110
M		115
N		120
O		125
P		130
Q		140
R		150
S		155
T		160
Z	按协议	

在热浸透要求 T_{maxHS} 情况下,T_{max} 增加 15 °C,详见 5.3.1。

油漆修补温度(T_{maxPR})可以高于工作温度且应在 DUT 技术条件中注明。采用的试验应由供应商和车辆制造商协商确定。

5 试验和要求

5.1 恒温试验

5.1.1 低温试验

5.1.1.1 贮存

5.1.1.1.1 目的

模拟 DUT 暴露在低温不带电工作状态,如系统/组件装运期间。失效模式为不能承受霜冻,例如液晶显示器凝结。

5.1.1.1.2 试验

除 DUT 技术条件另有规定，在低温－40 ℃按 GB/T 2423.1 进行试验，持续 24 h。DUT 工作模式为 1.1。

5.1.1.1.3 要求

功能状态应达到 GB/T 28046.1 定义的 C 级。

5.1.1.2 运行

5.1.1.2.1 目的

模拟 DUT 暴露在低温带电工作状态，如系统/组件使用于很低的环境温度。失效模式为因低温造成的电气故障(例如带电解液的电容器冻结)。

5.1.1.2.2 试验

在低温 T_{min} 按 GB/T 2423.1 进行试验，持续 24 h。DUT 工作模式为 GB/T 28046.1 定义的 3.2。

5.1.1.2.3 要求

功能状态应达到 GB/T 28046.1 定义的 A 级。

5.1.2 高温试验

5.1.2.1 贮存

5.1.2.1.1 目的

模拟 DUT 暴露在高温不带电工作状态，如系统/组件装运期间。失效模式为不能承受高温。

5.1.2.1.2 试验

除 DUT 技术条件另有规定，在 85 ℃高温干热下按 GB/T 2423.2 进行试验，持续 48 h。DUT 工作模式为 1.1。

5.1.2.1.3 要求

功能状态应达到 GB/T 28046.1 定义的 C 级。

5.1.2.2 运行

5.1.2.2.1 目的

模拟 DUT 暴露在高温带电工作状态，如系统/组件使用于很高的环境温度。失效模式为因高温造成的电气故障(如组件的热退化)。

5.1.2.2.2 试验

在 T_{max} 高温干热下按 GB/T 2423.2 进行试验，持续 96 h。DUT 工作模式为 GB/T 28046.1 定义的 3.2。

5.1.2.2.3 要求

功能状态应达到 GB/T 28046.1 定义的 A 级。

5.2 温度梯度

5.2.1 目的

用于检查机械和电气装置在工作温度范围内出现故障的小的温度区间，见图 1。

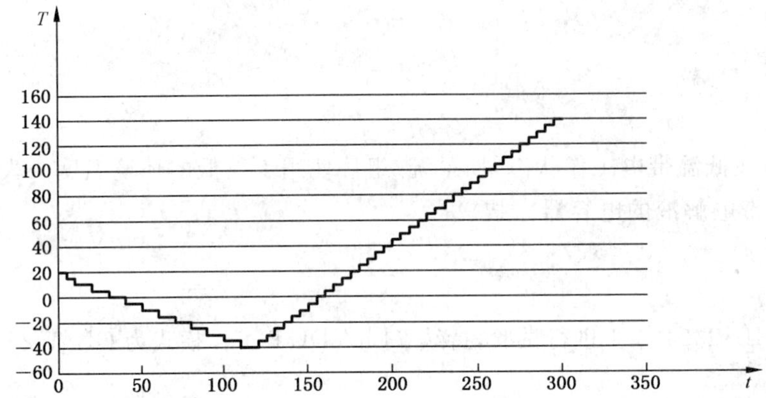

其中：

t——时间，min；

T——温度，℃。

图 1 温度梯度试验示例(以表 1 中代码 Q 为例)

5.2.2 试验

将 DUT 安放在温箱中，以 5 ℃温度梯度从 20 ℃降到 T_{min}，然后以 5 ℃温度梯度从 T_{min}升到 T_{max}(见表 1)，每步都要等到 DUT 达到新的温度。每到新的温度，按 GB/T 28046.2 规定的代码字母分别在 $U_{S\,min}$和 $U_{S\,max}$以 3.2 工作模式进行功能试验。在调温过程中将 DUT 关闭。

5.2.3 要求

在 T_{min}和 T_{max}间的每个温度点，DUT 应保持正常功能，即功能状态应符合 GB/T 28046.1 定义的 A 级。

5.3 温度循环

5.3.1 规定变化率的温度循环

5.3.1.1 目的

模拟 DUT 带电工作时周围温度的变化，如在系统/组件工作时快速改变周围温度。如果系统/组件处在热浸透温度(例如安装在发动机上的系统/组件)，高温阶段附加的短暂温度峰值要确保 DUT 在这期间的基本功能。为避免系统/组件内的电热扩散抑制系统/组件达到 T_{min}，在降温阶段将 DUT 关闭。失效模式为温度变化引起的电气故障。

注：本试验不是寿命试验。

5.3.1.2 试验

温度循环试验按 GB/T 2423.22 进行。

在整个装置达到 T_{min} 后 DUT 通电工作，用尽可能短的时间检查装置的功能。此外，在循环（见图 2）的第 210 min～第 410 min 期间通电工作。通电运行阶段采用 3.2 工作模式。温度变化范围应符合表 2，试验包括热浸透温度（T_{maxHS}），见图 3 和表 3。考虑到 DUT 上可能的凝露，周期长的电气运行启动温度在 20 ℃。在 T_{min} 启动的长时间运行应防止电功率耗散产生的凝露。不允许对试验箱空气进行辅助烘干，按规定进行 30 个试验循环。

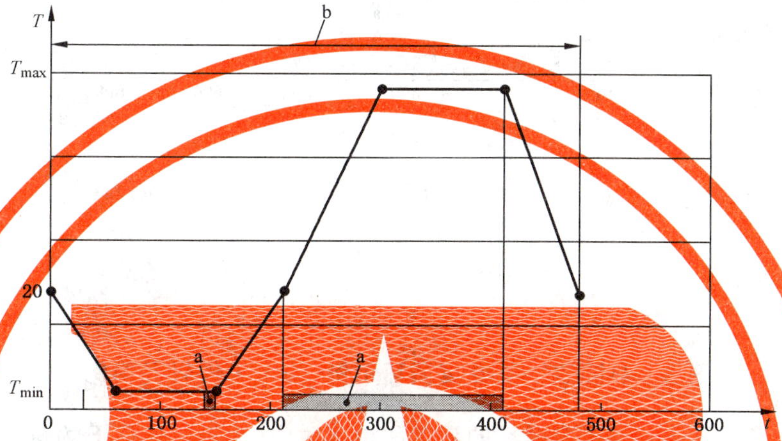

其中：

T——温度，℃。

t——时间，min。

a——工作模式为 3.2。

b——一个循环。

图 2 规定变化率的温度循环（T_{min} 和 T_{max} 见表 1）

表 2 温度循环期间的温度和持续时间（见图 2）

	按表 1 的代码 A～T
时间 min	温度 ℃
0	20
60	T_{min}
150	T_{min}
210	20
300	T_{max}
410	T_{max}
480	20
注：在车辆环境中，一些设备可能经受不同的温度、温度梯度和时间，这种情况下使用代码 Z。	

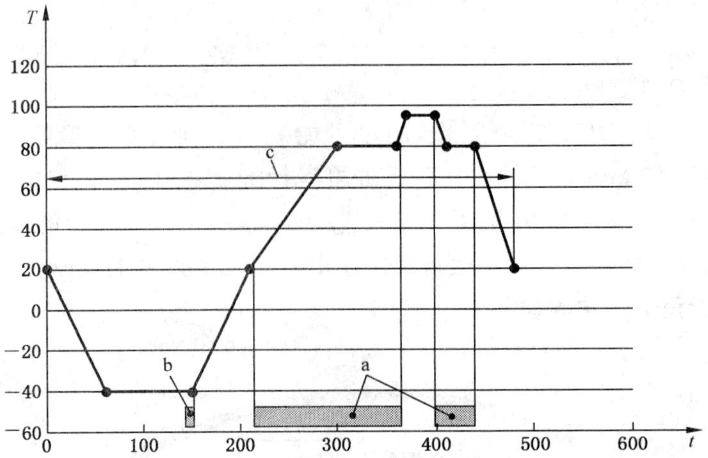

其中：
T——温度，℃。
t——时间，min。
a——工作模式为 3.2。
b——工作模式为 3.2。
c——一个循环。

图 3　热浸透阶段温度循环示例(按表 1 代码 F 为例)

表 3　热浸透温度循环的温度和持续时间(按表 1 代码 F 为例)

时间 min	温度 ℃
0	20
60	−40
150	−40
210	20
300	80
360	80
370	95 (T_{maxHS})
400	95 (T_{maxHS})
410	80
440	80
480	20

5.3.1.3　要求

功能状态应符合 GB/T 28046.1 定义的 A 级。

5.3.2　规定转换时间的温度快速变化

5.3.2.1　目的

这是一个加速试验，模拟车辆中大量的慢温度循环。对应实际车辆温度循环，用较快的温度变化率及更宽的温度变化范围，加速是可行的。失效模式为因老化和不同的温度膨胀系数导致的材料裂化或密封失效。本试验将导致机械缺陷(裂缝)，不要求带电工作。

5.3.2.2 试验

按 GB/T 2423.22 Na 进行温度循环试验。

从 T_{min} 升到 T_{max} 温度转换时间不超过 30 s，根据尺寸和性能特点，DUT 在每个温度点保持 20 min、40 min、60 min 或 90 min。工作模式为 1.1，循环次数见表 4。根据协议，本试验可在 DUT 开发期间带外壳或不带外壳进行。

5.3.2.3 要求

功能状态应达到 GB/T 28046.1 定义的 C 级。

5.4 冰水冲击试验

5.4.1 目的

模拟应用在车辆受溅区域的产品由冰水引起的热冲击。如冬季在有水路面驾驶时冰水溅落到热的系统/组件上。失效模式为不同的温度膨胀系数导致的材料机械破裂或密封失效。在 5.3.2.1 中未涉及到因密封性降低导致水浸入系统/组件的失效模式。

试验有如下两种可选方法。

注：该试验不属于腐蚀试验。

5.4.2 水飞溅试验

5.4.2.1 试验

在烘箱中加热 DUT 到 T_{max}，保持规定的时间(t_h)，然后用冰水喷向 DUT 持续 3 s。如果 DUT 在车上仅受一个方向的溅水，就只按安装位置的这个方向喷水。如果设备在车上受多个方向的溅水，对这些方向应进行说明，每个方向用一个新的 DUT 进行试验。溅水的宽度控制在始终远大于 DUT 的宽度，如果接受溅水的 DUT 的尺寸远大于单个喷水头，应安排多个喷头成排地溅水到 DUT 上。见图 4、图 5 和图 6。

试验参数包括：

——循环数：100；

——在 T_{max} 保持时间 t_h：1 h 或直到 DUT 温度稳定；

——转换持续时间：<20 s (在 DUT 高温贮存和溅水之间手动转换)；

——试验用液体：去离子水；

——水温：0 ℃～＋4 ℃

——水流量：(3 L～4 L)/3 s(喷射时)；

——喷口到 DUT 的距离：(325±25)mm (提供的水应超过 DUT 的宽度)；

——工作模式：见图 5；

——DUT 的方向：与装车方向相同。

5.4.2.2 要求

功能状态应达到 GB/T 28046.1 定义的 A 级。

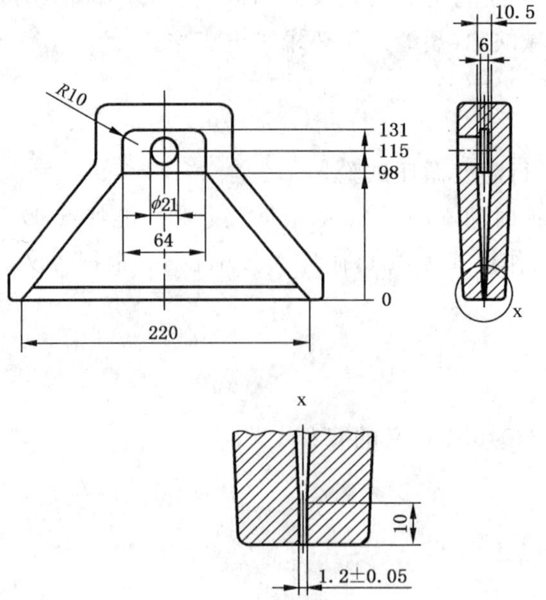

图 4 喷射

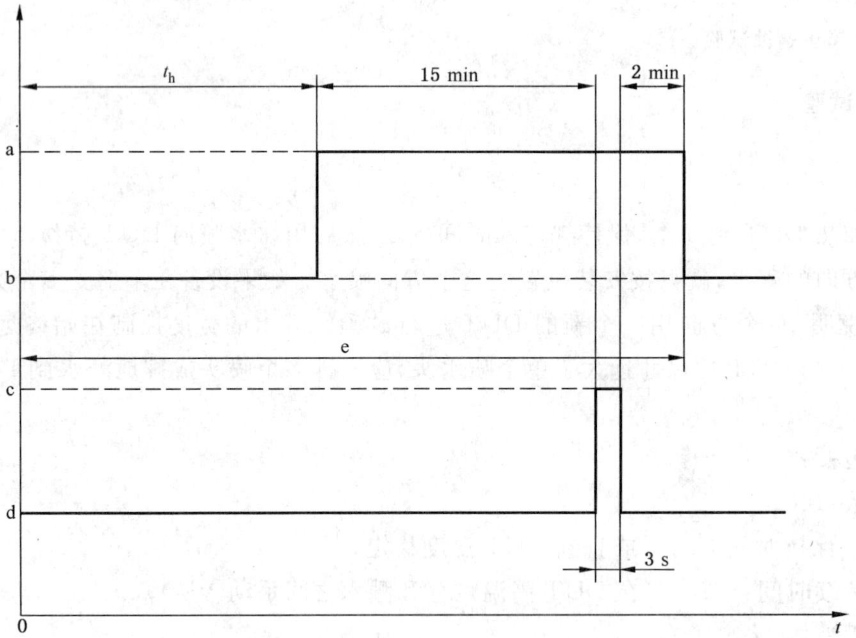

其中：

a——工作模式为 3.2；

b——工作模式为 1.2；

c——打开；

d——关闭；

e——一个循环。

图 5 水飞溅试验循环

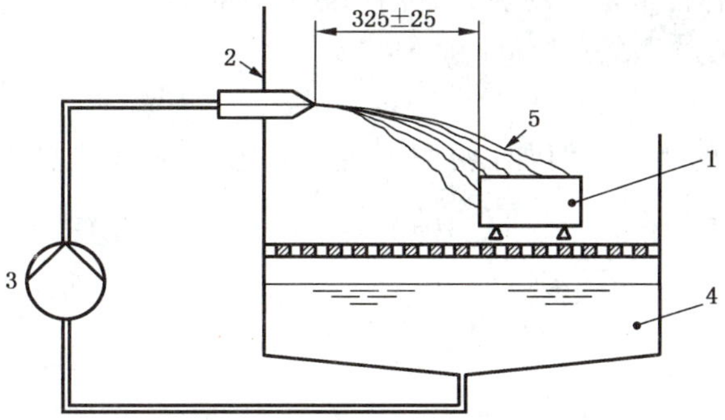

其中：
1——DUT；
2——喷头；
3——泵；
4——飞溅水；
5——飞溅。

图 6 水飞溅试验装置

5.4.3 浸没试验

5.4.3.1 试验

将 DUT 与试验设备连接。DUT 在 T_{max} 的烘箱中运行规定的时间(t_h)，将在运行状态下的装置浸没在冰水容器中 5 min，浸没深度不小于 10 mm。

试验参数包括：
——循环数：10；
——T_{max} 下保持时间 t_h：1 h 或直到 DUT 温度稳定；
——转换持续时间：<20 s；
——试验用液体：去离子水；
——水温：0 ℃～+4 ℃；
——浸没时间：5 min；
——工作模式：3.2；
——DUT 的方向：与装车方向相同。

5.4.3.2 要求

功能状态应达到 GB/T 28046.1 定义的 A 级。

5.5 耐盐雾

5.5.1 腐蚀

5.5.1.1 目的

检查系统/组件的材料和表面涂层在冬季道路上抵御盐雾和盐水侵蚀的能力。试验模拟实际的腐蚀，失效模式为侵蚀。对照有关规定目视检查下列项目：标志、外观、工艺及涂层。

5.5.1.2 试验

按 GB/T 2423.18 进行试验。从表 4 和附录 A 选择严酷度等级，采用 1.2 工作模式。在最佳的距离和适当的照度条件下，具有正常视力的观察者用肉眼目视检查。

5.5.1.3 要求

应没有降低正常功能的变化（例如，密封功能，标志和标签应清晰可见）。功能状态应达到GB/T 28046.1定义的C级。

5.5.2 渗漏和功能

5.5.2.1 目的

检查系统/组件对冬季道路上盐雾和盐水的抵御能力，失效模式为盐水渗漏导致的漏电而引起的电气故障。

5.5.2.2 试验

按GB/T 2423.17试验Kaj及图7所示循环进行。一个循环持续24 h。对DUT喷雾8 h，然后休息16 h，在一个循环的第4小时和第5小时之间以3.2工作模式运行DUT，共进行6个循环即最少6天。

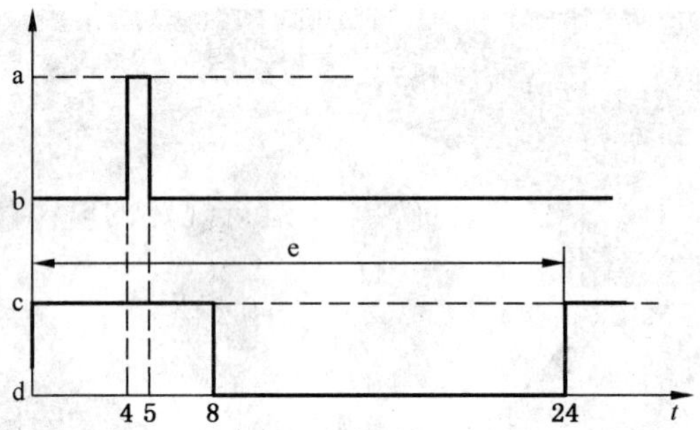

其中：

t——时间，h；

a——工作模式为3.2；

b——工作模式为1.2；

c——打开（喷盐雾）；

d——关闭（停喷盐雾）；

e——一个循环。

图7 盐雾试验循环

5.5.2.3 要求

不得有盐水进入壳体。在3.2工作模式下功能状态应达到A级。

5.6 湿热循环

5.6.1 目的

模拟系统/组件用于高湿条件，失效模式为因潮湿引起的电气故障，例如，印制电路板因潮湿产生的漏电流。附加失效模式为壳内潮气流动的“呼吸”效应，当系统/组件壳内空气温度下降时，外部高湿气体就会被吸入。

5.6.2 试验

5.6.2.1 一般要求

按表4和附录A进行如下试验。

5.6.2.2 试验1:湿热循环

按GB/T 2423.4 Db变量1进行试验:
——上限温度:+55 ℃;
——循环数:6。
当达到最大循环温度以3.2工作模式进行功能试验。

5.6.2.3 试验2:温度/湿度组合循环试验

按GB/T 2423.34中Z/AD的规定进行试验 。
推荐循环数:10。
当达到最大循环温度以3.2工作模式进行功能试验。

5.6.2.4 要求

功能状态应达到GB/T 28046.1定义的A级。

5.7 稳态湿热

5.7.1 目的

模拟系统/组件用于高湿条件。失效模式为潮湿引起的电气故障(例如,印制电路板因潮湿产生漏电流)。

5.7.2 试验

按GB/T 2423.3进行试验。
试验持续时间为21天。
工作模式:采用2.1工作模式,但在最后一小时采用3.2工作模式。

5.7.3 要求

发动机关闭时工作的系统,功能状态应达到GB/T 28046.1定义的A级。其他系统直到最后一小时前应达到C级,最后一小时达到A级。

5.8 流动混合气体腐蚀试验

5.8.1 目的

模拟系统/组件用于有腐蚀气体的环境中,例如,在高度污染的空气中。失效模式为电气触点表面由绝缘腐蚀物导致的电气故障。本试验与连接触点和开关有关。另一失效模式为因保护涂层(如油漆)被渗透导致其下层结构遭到腐蚀。

本试验的应用应在DUT技术条件中规定。

5.8.2 试验

按GB/T 2423.51,试验Ke、方法4进行试验,DUT工作模式为1.1。对安装在乘客舱或行李/货物舱的组件试验持续 10 天,其他安装位置为 21 天。

5.8.3 要求

功能状态应达到 GB/T 28046.1 定义的 C 级。

5.9 太阳光辐射

如有要求,应选择合适的材料抵御太阳光辐射。

6 气候负荷代码

见表 4。

表 4 代码、试验和要求

代码	试验和要求条款										
	5.1.1 低温	5.1.2 高温	5.2 温度梯度	5.3.1 温度循环	5.3.2 温度快速变化(循环数)	5.4 冰水冲击	5.5.1 盐雾喷射,腐蚀(严酷度)	5.5.2 盐雾喷射,泄漏和功能	5.6 湿热循环(试验方法代号)	5.7 稳态湿热	5.9 太阳光辐射
A	是	是	是	是	300	—	4	是	试验 2	是	—
B	是	是	是	是	300	—	—	—	试验 2	是	—
C	是	是	是	是	100	—	—	—	试验 1	是	—
D	是	是	是	是	100	是	4	是	试验 2	是	—
E	是	是	是	是	100	是	5	是	试验 2	是	—
F	是	是	是	是	100	是	—	是	试验 1	是	—
G	是	是	是	是	100	是	—	是	试验 1	是	是
H	是	是	是	是	100	是	4	是	试验 2	是	是
I	是	是	是	是	100	是	5	是	试验 2	是	是
Z	按协议										
注:5.8 试验不属于基本代码规定部分。											

7 防尘、防水

按 ISO 20653 检查 DUT,推荐的 IP 代码见附录 A。

附　录　A
（资料性附录）
根据安装位置设备的常规试验和要求

表 A.1　常规试验和要求

安装位置	推荐的工作温度范围（见表 1）	推荐气候要求（见表 4）	推荐防尘和防水（见 ISO 20653）
发动机舱			
车身	L,O	A,D	IP6K9K
车架	H	A,D	IP6K9K
非刚性连接的柔性进气管上	L,O	A	IP6K9K
非刚性连接的柔性进气管内	L,O	B	不规定
在发动机上	O,Q	A,D	IP6K9K
在发动机内	O,Q	B	不规定
变速器/减速器上	Q	A,D	IP6K9K
变速器/减速器内	Q	B	不规定
乘客舱			
无特殊要求	D	C	IP5K0
太阳直射处	H	G	IP5K0
热辐射处	J	C	IP5K0
行李舱/货舱			
舱内	E	C	IP5K0
外部/腔体内			
车身	E	D,H	IP5K4K,IP6K9K
车架	E	D	IP5K4K,IP6K9K
底盘/轮毂			
簧上	H	E	IP5K4K,IP6K9K
簧下	H	E	IP6K9K
乘客舱车门内/上	E	D,H	IP5K3
发动机舱盖	N	D,H	IP5K4K
行李舱盖/门	D,E	D,H	IP5K
箱体盖/门	D,E	D,H	IP5K3
腔体内			
朝内	D	C	IP5K0
朝外	D	E,I	IP5K4K
专用舱内	Z	Z	不规定

ICS 33.160.99
M 72

中华人民共和国国家标准

GB/T 28047—2011

厅堂、体育场馆扩声系统听音评价方法

Method of listening evaluation of sound reinforcement of auditorium gymnasium and stadium

2011-10-31 发布 2012-02-01 实施

中华人民共和国国家质量监督检验检疫总局
中国国家标准化管理委员会 发布

前　言

本标准按照 GB/T 1.1—2009 给出的规则起草。

本标准由中华人民共和国工业和信息化部提出。

本标准由全国音频、视频及多媒体系统与设备标准化技术委员会(TC/SAC 242)归口。

本标准主要起草单位:中国电子科技集团公司第三研究所、中国演艺设备技术协会、南京大学。

本标准参加起草单位:同济大学、中国电子音响工业协会、中央人民广播电台、中广电广播电影电视设计研究院、中国科学院声学研究所、电子工业标准化研究所、中国传媒大学传播声学研究所、中国建筑科学研究院物理所、北京联合大学信息学院、北京市建筑设计研究院、中国交响乐团、国家体育总局体育设施建设和标准办公室、北京中广广播电视工程安装公司、北京天创奥维科技有限公司、北京中大华堂电子技术有限公司、北京华体联合科技有限公司。

本标准主要起草人:徐文学、刘芳、崔广中、隋春立、沈勇、王季卿、张飞碧、马军、刘书兰、李晓东、陈金京、林杰、孟子厚、陆宏瑶、李国琪、陈怀民、骆学聪、王世全、齐琪、朱峰、郑典勇、雷宁秋、任红雷、王连生、沈启清、邹玉环、刘海鹏、陈曦、张炎。

厅堂、体育场馆扩声系统听音评价方法

1 范围

本标准规定了对扩声系统音质进行听音评价的方法。

本标准适用于各类厅堂、体育场馆相对固定安装扩声系统的听音评价。

2 规范性引用文件

下列文件对于本文件的应用是必不可少的。凡是注日期的引用文件，仅注日期的版本适用于本文件。凡是不注日期的引用文件，其最新版本(包括所有的修改单)适用于本文件。

GB/T 3785(所有部分) 电声学 声级计

GB/T 6278 模拟节目信号(GB/T 6278—1986,eqv IEC 60268-1C:1982)

3 术语和定义

下列术语和定义适用于本文件。

3.1

扩声系统 sound reinforcement system

扩声系统包括系统中的设备和声场环境。主要过程为：将声源信号转换为电信号，经放大、处理、传输，再还原于所服务的声场环境；主要组成部分包括：传声器、声源设备、调音台、信号处理器、声频功率放大器和扬声器系统等。

3.2

厅堂 auditorium

以观演和会议为主要使用功能的建筑，包括剧场、歌剧院、音乐厅、多用途厅堂、会议厅等。

3.3

体育场馆 stadium and gymnasiums

主要供体育竞赛及其他活动使用的室内外场所。

3.4

听音评价 listening evaluation

听音试验 listening test

通过听觉判断扩声系统的音质状况。

3.5

受评系统 system under

接受听音评价的扩声系统。

3.6

空场 unoccupied

现场设置与正常使用时相同，但没有观众和演员。

3.7

满场 occupied

观众出席率在80%以上时，视为满场。

3.8

节目段 section program

听音评价中，不间断（约 20 s～45 s）演示的一段音乐或语声。

3.9

丰满度 fullness

声音丰满的程度，中、低音充分，高音适度，响度合适，听感温暖、舒适、有弹性。

3.10

明亮度 brilliance

声音明亮的程度。高、中音充分，但不过分，听感明朗，声音透明、活跃，谐音丰富而有振铃感。

3.11

清晰度 articulation

声音清晰的程度。语言可懂度好，乐队层次分明，声音清楚，有清澈见底之感。

3.12

柔和 mellow

声音松弛而不紧，中、低音能量充足，高音适量而不刺耳，听感亮而圆润，悦耳，亲切，舒服；有声音纯正，力度恰如其分，音色优美之感。

3.13

力度 dynamics

声音铿锵有力，出得来，有集体感，能反映声源的动态范围。

3.14

平衡度 balance

节目各声部的比例协调，均匀的程度。

3.15

真实感 real

保持原有声音的本色与特点。

4 规定

4.1 听音评价工作宜在满场条件下进行，也允许在空场条件下进行。

4.2 扩声系统应安装调试完毕，处在正常工作状态。

4.3 现场建筑声学环境应达到正常使用状态。

5 听音点的选取

5.1 在听众区所有听音点应离墙 2 m 以上。

5.2 听音点的总数应根据观众区面积的大小而定，对于面积≥1 000 m^2 的场所，听音点的总数不应少于5点；对面积<1 000 m^2 的场所可适当减少，但不应少于 3 点，并且听音点的分布宜分散。

5.3 听音点的分布和要求见表1。

表 1 听音点的分布和要求

场所名称	听音区听音点分布点数				
	观 众 区			主席台	其他区域（比赛场地，跑道等）
	池座区	楼座区	看台区		
厅堂	3～5	2～3	无	1～2	无
体育场馆	无	无	4～6	1～2	2～3
注：各听音区的听音点应均匀分布。					

6 节目源

6.1 节目源内容

6.1.1 评价用节目段

6.1.1.1 用于听音评价的节目段包括：语声、声乐、器乐和效果声四大类节目素材，共有 13 个～15 个节目段组成，其中语言节目段有 2 个。

6.1.1.2 每个节目段的持续时间约为 20 s～45 s，每一节目段结束后，留有 5 s～15 s 无声段，用作听音评价员评分和写评语。

6.1.2 调整与检查信号

6.1.2.1 通道检查信号：语声或打击乐。

6.1.2.2 极性检查信号：有低音和高音打击乐器的节目信号和测试信号。

6.1.2.3 左右声道平衡信号：模拟节目信号按照 GB/T 6278 规定。

6.1.2.4 声级调整与测量信号：模拟节目信号按照 GB/T 6278 规定。

6.1.2.5 参考节目信号：可选编一些具有较完整的节目段，供系统调整时参考。

6.1.2.6 调整与检查信号不作为正式听音评价节目使用。

6.2 节目源的编辑与制作要求

6.2.1 所有节目段应在短混响和近距离的条件下拾取和录制。

6.2.2 声乐和器乐节目段应选用由少量乐器组合演奏的片断。

6.2.3 节目源信号应为立体声信号，并具有良好的单声道兼用性。

6.2.4 节目源的载体宜为 CD 光盘。

7 听音评价员

7.1 听音评价员条件

7.1.1 听音评价员应具备正常的听力条件，并且两耳听力应基本一致。

7.1.2 在听音小组的人数应很少的情况下，听音评价员应符合以下条件：能够区别 3 dB 的声压级变化和 1 000 Hz 处 1%的音调变化，以及能够准确判定声像位置。

7.1.3 听音评价员宜有临场听音经验，并对音乐基础知识有一定了解。

7.2 听音小组的组成

7.2.1 听音小组宜由有听音经验的人组成，可从音响师、录音师、音乐工作者、声学工作者等中选取。

7.2.2 当条件许可时，对听音小组成员的性别和年龄的分布宜以适当的比例构成(参见表 A.1)。

7.3 听音小组人数

听音小组的人员总数宜为 5 人～15 人，当少于 5 人时，听音评价员应符合 7.1.2 的条件。

7.4 听音评价员的工作时间

在听音评价时，听音评价员连续工作时间不得超过 25 min，每次休息时间至少等于工作的时间。包括工作和休息时间在内的一次听音活动不能持续 3 h 以上。

8 评价项目

8.1 概述

扩声系统的听音评价包括放声评价和扩声评价两个部分。

8.2 放声评价

8.2.1 评价方法

播放节目源节目段信号，节目源信号输出通过扩声系统进行扩大并放声，由听音评价员在各听音点上对扩声系统重放声的音质进行听音评价，此时听音评价员所听到的声音除扩声系统的重放声以外，还包括由建声环境所形成的声音。放声评价的示意图如图 1 所示。

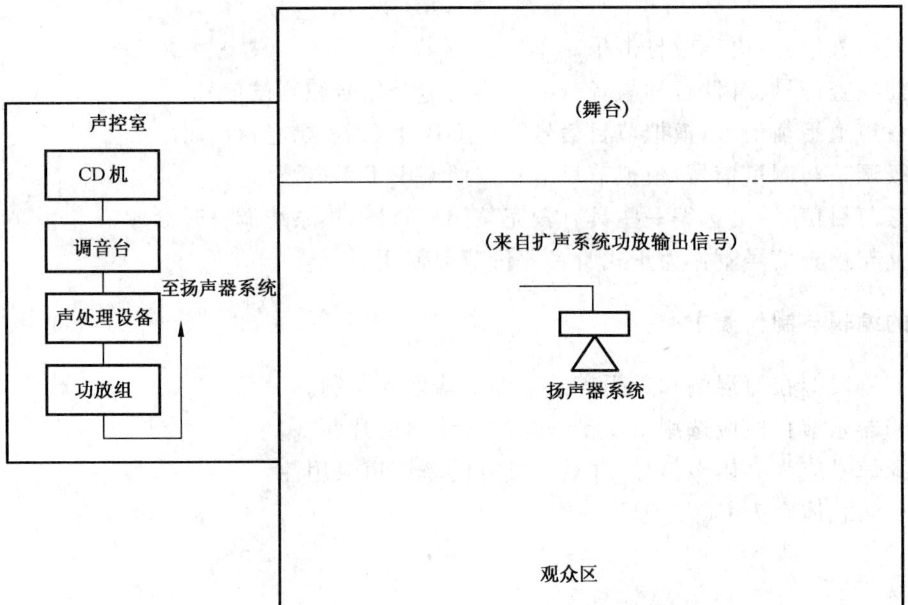

图 1 放声评价示意图(以厅堂为例)

8.2.2 评价内容

放声评价的评价内容包括节目源全部节目段,见表2。

表2 放声音质评价表

场所名称:		评价日期		年 月 日
序号	评价内容	得分		评语
1	男声语言			
2	女声语言			
3	钢琴独奏			
· · ·	· · ·			
15	钟声			
平均得分(由工作人员统计)				
听音评价员签名:	听音点位置:	听音点声压级:		年 月 日

8.2.3 评价要求

正式评价时,要求每个听音评价员按照表2的要求,对每一项评价内容,根据自己听评的实际情况,遵照本标准规定的评分尺度在得分栏内计分,同时,采用本标准规定的评价术语在评语栏内对音质的印象进行描述和填写。

8.2.4 评价术语

当评价节目段内容时(见表1),建议选用包括下列术语在内的评价术语:

丰满度,明亮度,清晰度,柔和,力度,平衡度,真实度等。

8.2.5 评价条件

8.2.5.1 声音处理设备的调整

在进行放声评价时,系统中的反馈抑制器应处在"直通"状态,均衡器以及调音台上的音调旋钮的位置,按设计者的要求进行调整,若无要求时一般处在"平直"状态。

8.2.5.2 重放声级

在观众区选择具有代表性的听音点,该点的重放声级宜为86 dB(A),声级的测量应采用粉红噪声信号,以GB/T 3785规定的声级计,用A计权曲线,慢时间常数测量。

8.3 扩声评价

8.3.1 评价方法

8.3.1.1 自然声源法

在舞台上或在主席台处产生自然声,用扩声系统的传声器拾音,然后经扩声系统进行信号扩大并放声，由听音评价员在各听音点处对扩声系统的扩声质量进行听音评价。评价示意图如图2所示。

a) 自然声的内容主要是男女语言声和独唱，不排除采用简单乐器的合奏和合唱形式产生的自然声；

b) 产生自然声的具体方法是：在舞台上或主席台处，由朗读人使用扩声系统的传声器，用汉语普通话以正常的语速和音量朗读语言段落，朗读人应具备较标准的普通话水平。

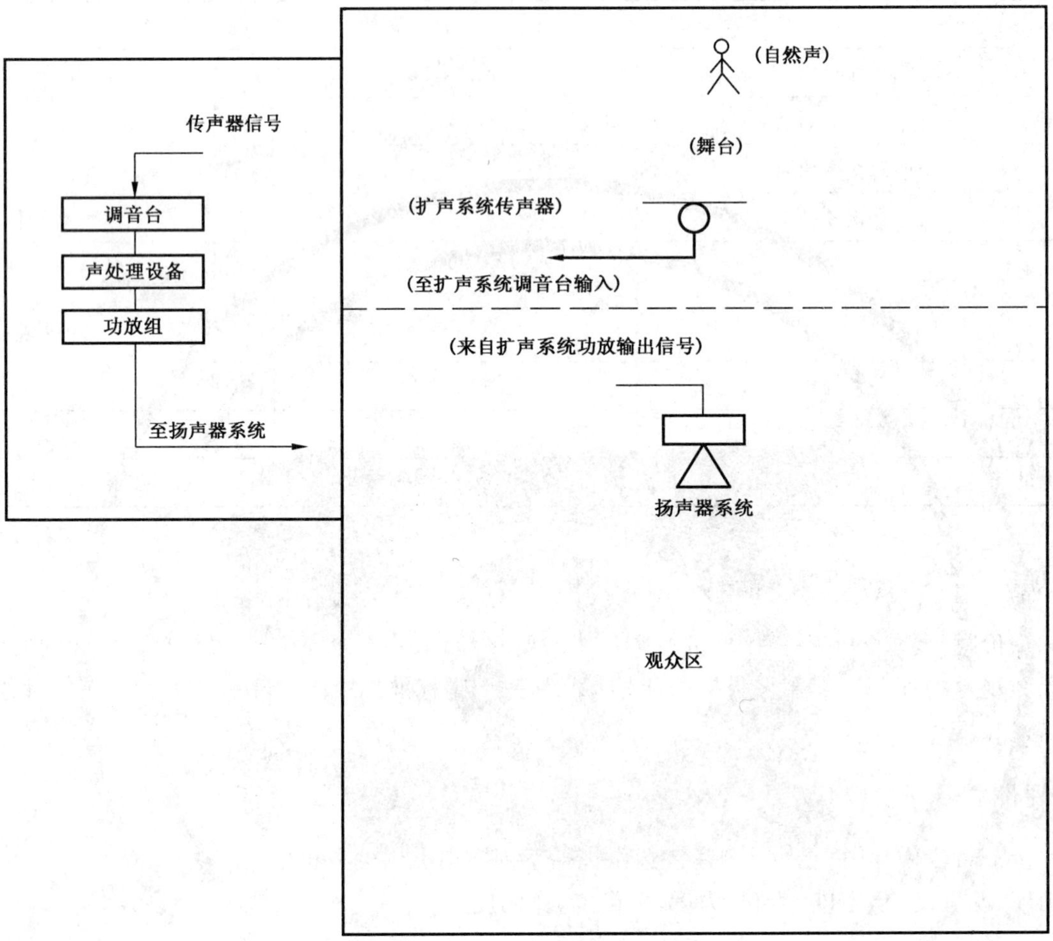

图2 扩声评价自然声法示意图(以厅堂为例)

8.3.1.2 模拟声源法

见附录B。

8.3.2 评价内容

扩声评价的评价内容主要包括响度、语言清晰度、声音方向感、声反馈临界、系统噪声、声干扰以及混响时间等内容(见表3)，其中声干扰是指由建声环境引起的各种回声、机械震动声以及染色声等声缺陷。另外，混响时间作为参考项，不进行评分。

8.3.3 评价要求

正式评价时，要求每个听音评价员按照表3的要求，对每一项评价内容根据自己听评的实际情况，遵照本标准规定的评分尺度在得分栏内计分(混响时间除外)，同时，采用本标准规定的基本用语在评语栏内对音质的印象进行描述和填写。

表 3　扩声音质评价表

<table>
<tr><td colspan="3">场所名称：</td><td>评价日期</td><td colspan="2">年　　月　　日</td></tr>
<tr><td>序号</td><td colspan="2">评价内容</td><td colspan="2">得分</td><td>评语</td></tr>
<tr><td>1</td><td colspan="2">响度</td><td colspan="2"></td><td></td></tr>
<tr><td>2</td><td colspan="2">语言清晰度</td><td colspan="2"></td><td></td></tr>
<tr><td>3</td><td colspan="2">声音方向感</td><td colspan="2"></td><td></td></tr>
<tr><td>4</td><td colspan="2">声反馈临界</td><td colspan="2"></td><td></td></tr>
<tr><td>5</td><td colspan="2">系统噪声</td><td colspan="2"></td><td></td></tr>
<tr><td>6</td><td colspan="2">声干扰</td><td colspan="2"></td><td></td></tr>
<tr><td>7</td><td colspan="2">混响时间</td><td colspan="2"></td><td></td></tr>
<tr><td colspan="3">平均得分(由工作人员统计)</td><td colspan="2"></td><td></td></tr>
<tr><td colspan="2">听音评价员签名：</td><td colspan="2">听音点位置：</td><td>采用评价方法</td><td></td></tr>
</table>

8.3.4　评价用基本用语

在扩声评价正式听音评价中，建议采用表 4 所列的基本用语。

表 4　扩声评价基本用语

评 价 内 容	基 本 用 语	说　　明
响度	合适—不合适；满意—不满意	可以使用中间等级的基本用语
语言清晰度	清晰—模糊	
声音方向感	准确—不准确；合理—不合理	
声反馈临界	觉察不出—觉察得出	
声干扰	觉察不出—觉察得出	
系统噪声	觉察不出—觉察得出	可以使用中间等级的基本用语
混响时间	合适—不合适；太长—太短	可以使用中间等级的基本用语

8.3.5　评价条件

8.3.5.1　声音处理设备的调整

在扩声评价中，扩声系统中允许使用反馈抑制器，并以设计者的调整为准，对于系统中的均衡器及调音台音调旋钮的调整同 8.2.5.1 的要求。

8.3.5.2　传声器的要求

a）　自然声源法和模拟声源法都应使用扩声系统中的传声器；

b）　在自然声源法时，宜使用两只传声器。模拟声源法时见附录 B；

c）　在厅堂内，传声器的位置宜在离大幕线 1 m～2 m，舞台中心线附近的区域内。传声器离人嘴的距离符合正常使用状态，要求朗读人以正常音量朗读。模拟声源法时见附录 B。

9 评分尺度与评分方法

9.1 评分尺度

在放声评价和扩声评价中，要求听音评价员都按 0～10 的尺度报告评定结果，0 表示最坏的质量，10 表示最理想的质量，评分最小间隔为 0.5，评分时也可以采用百分制，评分最小间隔为 5 分。

另外沿着评定尺度附以言词说明“优、良、中、差、劣”（或转换成其他语言）将帮助听音评价员对受评系统评分，评分尺度表示如下：

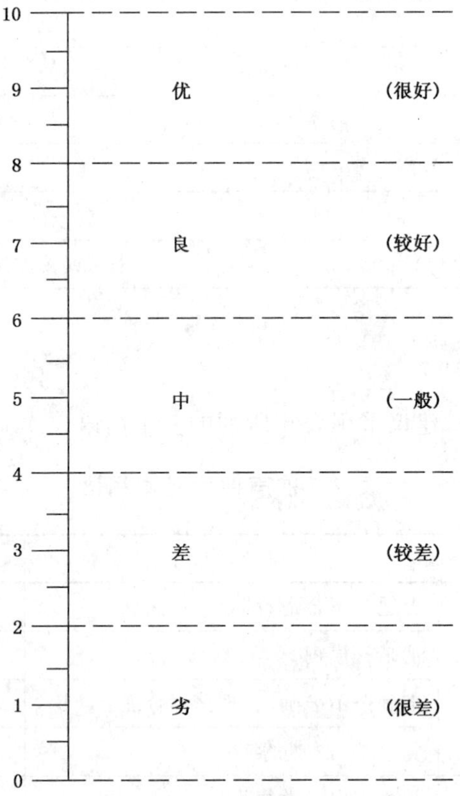

9.2 评分方法

9.2.1 单项得分的计算

根据听音评价员在表 2 和表 3 得分栏内的分数，用算术平均的方法计算出每一张音质评价表的平均得分值（单项得分），具体计算见附录 C。

9.2.2 总得分的计算

根据单项得分，采用算术平均的方法，分别计算出放声评价和扩声评价最后的总得分及对应的标准偏差，具体计算见附录 C。

10 评价程序

10.1 系统的预备工作

10.1.1 开启扩声系统使之处在正常工作状态。

10.1.2 用节目源的调整与检查信号对扩声系统进行调整与检查，如果发现问题，可现场进行调整，直至满意为止。

10.2 听音评价员须知与预备性训练

10.2.1 正式评价之前，听音评价员应明确评价目的，掌握评价方法和要求，特别是要理解评分尺度的定义及怎样用它表示，事先准备的须知内容应同时以口述和书写的形式给出。

10.2.2 正式评价之前，听音评价员应进行一些预备性训练，用扩声系统放声节目源节目片段内容，使听音评价员对节目源的内容有进一步的了解，以便适应评价情况，训练时间宜 5 min～15 min。

10.3 评价顺序

10.3.1 放声评价的程序

10.3.1.1 按 8.2.5.2 中的规定，测量重放声级。

10.3.1.2 播放节目源节目片段内容，按 8.2 的规定进行正式听音评价。

10.3.2 扩声评价的程序

10.3.2.1 朗诵人应事先做好必要的准备工作，并进行一些试播训练(5 min 左右)。

10.3.2.2 按 8.2 的规定进行正式听音评价。

10.4 评价重复次数

10.4.1 根据听音小组的要求，对表 2 和表 3 中的评价内容的评价可以重复，重复次数不宜超过 2 次。

10.4.2 当听音小组的人数少于听音点总数时，为保证每个听音点上都有听音评价结果，有的听音评价员需要在几个点上进行听音评价，有的听音评价员仍在一个听音点上进行重复评价。

10.4.3 当听音小组的人数多于听音点总数时，在一个听音点前后左右的相邻座位处可以就座多个听音评价员，或者在主要听音区增加新的听音点。

11 评价结果的表示方法

11.1 听音评价结果汇总表

见表 5。

11.1.1 将放声评价和扩声评价的评价结果按表 5 的要求进行填写。

表 5 听音评价结果汇总表

场所名称：		场所地点：	
建筑规模	座位数：　　楼座层数：　　面积：　　容积：		
	听音小组人数：	听音点数：	节目源名称：
听　音　评　价　结　果			
评价项目	评价结果	总评语	建议
放声评价			
扩声评价			
数据统计人员签名			年　月　日
听音小组签名			年　月　日

11.1.2 表5中的听音评价结果，宜用“优、良、中、差、劣”中的某一级表示和填写。根据放声评价 p_f 值和扩声评价的 p_k 值，对照9.1的评分尺度，当 p_f 值或 p_k 值大于或等于8分时为“优”；在小于8分大于6分区间为“良”；在小于6分(含6分)大于4分区间为“中”；在小于4分(含4分)大于2分区间为“差”；2分(含2分)以下为“劣”。

11.1.3 表5中音质总印象评语和分析与建议的内容，由听音小组参照表2和表3进行编写。

11.2 听音评价结果报告

听音评价结果应做出专门报告，报告中应包括以下内容：

a) 本标准有关章条规定的内容；

b) 听音评价结果汇总表；

c) 每个听音评价员的音质评价表(原始记录)；

d) 标准偏差值的大小及评价重复次数；

e) 听音小组人员名单、职业、工作单位等。

附　录　A
（资料性附录）
听音点的分布及听音小组成员性别和年龄分布的建议

A.1　听音小组成员性别和年龄分布

听音小组成员性别和年龄分布见表A.1。

表A.1　听音小组成员性别和年龄分布的建议

性别和年龄		听音小组人数		
		最少人数（5人）	推荐人数（7人）	最多人数（15人）
性别	男	3	4或3	8或7
	女	2	3或4	7或8
年龄	18～40岁	2	3	5
	40～60岁	2	2	5
	60岁以上	1	2	5
注：在听音评价时，最好有半数的听音评价员是经过专门的听音培训，尤其应对节目源要有充分的了解。				

附 录 B
（规范性附录）
扩声评价的模拟声源法

B.1 当没有条件实现自然声时，可采用模拟声源法进行扩声评价。具体方法是：在舞台上或主席台处，用模拟声源播放节目源节目段内容，模拟声源的重放声由扩声系统的传声器拾取，然后经扩声系统进行信号扩大并放声，由听音评价员在各听音点处对扩声系统的扩声质量进行听音评价。评价示意图如图 B.1 所示。

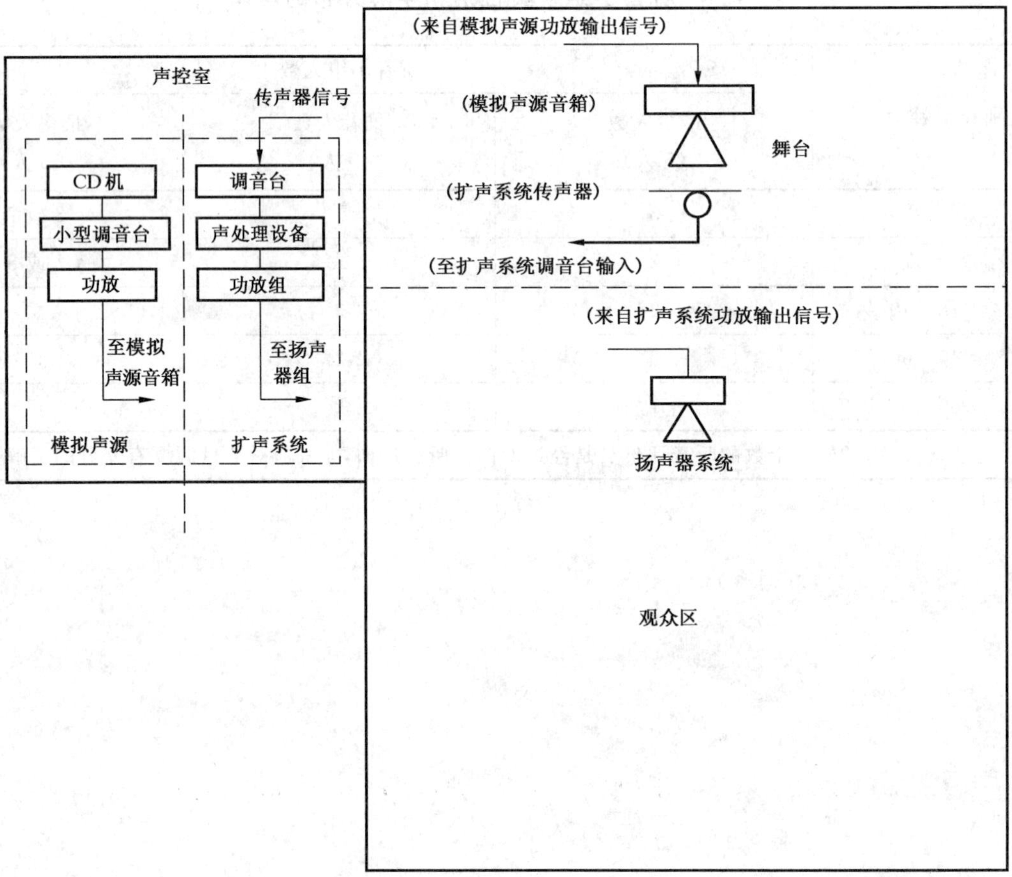

图 B.1 扩声评价模拟声源法示意图（以厅堂为例）

B.2 模拟声源由 CD 唱机、调音台、功率放大器和扬声器系统组成（各一台/只），可以采用测量“传声增益”指标时所使用的放声系统作为模拟声源，模拟声源设备的电性能和技术指标不应低于被评的扩声系统，模拟声源扬声器系统建议采用专业用监听扬声器系统。

B.3 模拟声源放声的节目内容主要是语声节目段和歌唱节目段。

B.4 模拟声源法时，一般使用一只传声器，但应使用扩声系统中的传声器，传声器的高度一般为 1 m～1.5 m。

B.5 模拟声源法时，模拟声源扬声器系统的位置离传声器的距离为 0.5 m，要求传声器与扬声器系统的声中心垂直对准。

B.6 模拟声源放声的声压级一般为 85 dB(A)～90 dB(A)，声级的测量同 8.2.5.2 的要求。

附　录　C
（规范性附录）
扩声系统听音评价数据统计方法

C.1　单项得分计算

根据全体听音评价员的评价结果，由工作人员按式(C.1)、式(C.2)和式(C.3)分别计算出放声评价单项得分，扩声评价单项得分以及放声评价单项得分值对应的标准偏差。

$$A_f=\frac{\sum_{i=1}^{n}A_{fi}}{n} \qquad \cdots\cdots\cdots\cdots(C.1)$$

$$S_{Af}=\frac{\sqrt{\sum_{i=1}^{n}(A_f-A_{fi})^2}}{n-1} \qquad \cdots\cdots\cdots\cdots(C.2)$$

$$A_k=\frac{\sum_{i=1}^{n}A_{ki}}{n} \qquad \cdots\cdots\cdots\cdots(C.3)$$

式(C.1)～式(C.3)中：

A_f ——一张放音评价音质评价表(表2)的平均得分值(小数点后保留一位有效数字)；

A_k ——一张扩声评价音质评价表(表3)的平均得分值(小数点后保留一位有效数字)；

i ——表2或表3中评价内容的项目数($i=1,2,\cdots\cdots n$)；

A_{fi}——表2中第i项评价内容对应得分栏内的分数；

A_{ki}——表3中第i项评价内容对应得分栏内的分数；

S_{Af}——A_f值对应的标准偏差。

当S_{Af}值较大时，表明听音评价员个人在表2上的计分情况离散性较大，在计算总得分时该数据可能会被剔除。

C.2　总得分的计算

$$P_f=\frac{\sum_{i=1}^{m}A_{fi}}{m} \qquad \cdots\cdots\cdots\cdots(C.4)$$

$$S_f=\frac{\sqrt{\sum_{i=1}^{m}(P_f-A_{fi})^2}}{m-1} \qquad \cdots\cdots\cdots\cdots(C.5)$$

$$P_k=\frac{\sum_{i=1}^{m}A_{kj}}{m} \qquad \cdots\cdots\cdots\cdots(C.6)$$

$$S_k=\frac{\sqrt{\sum_{i=1}^{m}(P_k-A_{kj})^2}}{m-1} \qquad \cdots\cdots\cdots\cdots(C.7)$$

式(C.4)～式(C.7)中：

P_f ——放声评价的最后总得分(小数点后保留一位有效数字)；

P_k ——扩声评价的最后总得分(小数点后保留一位有效数字)；

j ——音质评价表(表 B.1 或表 B.2)的计算张数($j=1,2,\cdots\cdots m$)；

A_{fj}——第 j 张放声评价音质评价表(表 B.1)的单项得分值(由公式(C.1)计算出)；

A_{kj}——第 j 张扩声评价音质评价表(表 B.2)的单项得分值(有公式(C.2)计算出)；

S_f ——p_f值对应的标准偏差；

S_k ——p_k值对应的标准偏差。

若 S_f或 S_k值较大，表明听音评价员之间的评价结果离散性较大，必要时考虑重新评价。

ICS 33.160.99
M 72

中华人民共和国国家标准

GB/T 28048—2011

厅堂、体育场馆扩声系统验收规范

Code for acceptance of quality of sound reinforcement system of auditorium gymnasium and stadium

2011-10-31 发布 2012-02-01 实施

中华人民共和国国家质量监督检验检疫总局
中国国家标准化管理委员会 发布

前　言

本标准按照 GB/T 1.1—2009 给出的规则起草。

本标准由中华人民共和国工业和信息化部提出。

本标准由全国音频、视频及多媒体系统与设备标准化技术委员会(TC/SAC 242)归口。

本标准主要起草单位:中国电子科技集团公司第三研究所、中国演艺设备技术协会、北京市建筑设计研究院。

本标准参加起草单位:中广电广播电影电视设计研究院、同济大学、南京大学、中国科学院声学所、中国建筑科学研究院、中国传媒大学传播声学研究所、中国交响乐团、中国电子音响工业协会、中央人民广播电台、北京联合大学信息学院、电子工业标准化研究所、国家体育总局体育设施建设和标准办公室、北京华体联合科技有限公司、北京中广广播电视工程安装公司、北京天创奥维科技有限公司、北京中大华堂电子技术有限公司。

本标准主要起草人:郑典勇、徐文学、崔广中、刘芳、隋春立、周建辉、王峥、陈建华、陈怀民、骆学聪、王季卿、沈勇、林杰、张飞碧、马军、王世全、孟子厚、陆宏瑶、李国琪、朱峰、齐琪、徐文海、虎良勇、邹玉环、雷宁秋、任红雷、王连生、沈启清、张焱。

厅堂、体育场馆扩声系统验收规范

1 范围

本标准规定了扩声系统工程质量验收的基本要求和方法。

本标准适用于厅堂、体育场馆相对固定安装的扩声系统工程质量验收，其他装有固定安装扩声系统的场所可参照执行。

2 规范性引用文件

下列文件对于本文件的应用是必不可少的。凡是注日期的引用文件，仅注日期的版本适用于本文件。凡是不注日期的引用文件，其最新版本(包括所有的修改单)适用于本文件。

GB/T 4959—2011 厅堂扩声特性测量方法

GB/T 28047—2011 厅堂、体育场馆扩声系统听音评价方法

GB 50198—1994 民用闭路电视系统工程技术规范

JGJ/T 131—2000 体育馆声学设计及测量规程

3 术语和定义

下列术语和定义适用于本文件。

3.1

厅堂 auditorium

以观演和会议为主要使用功能的建筑，包括剧场、音乐厅、歌剧院、多用途厅堂、会议厅等。

3.2

体育场馆 gymnasium and stadium

主要供体育竞赛和其他活动使用的室内外场所。

3.3

扩声系统 sound reinforcement system

扩声系统包括系统中的设备和声场环境。主要过程为：将声源信号转换为电信号，经放大、处理、传输，再还原于所服务的声场环境；主要组成部分包括：传声器、声源设备、调音台、信号处理器、声频功率放大器和扬声器系统等。

3.4

最大声压级 maximum sound pressure level

扩声系统完成调试后，在听众区内各测量点产生的稳态最大声压级的平均值。最大声压级可以用规定峰值因数测试信号的有效值声压级、峰值声压级或准峰值声压级表示。

3.5

最高可用增益状态 maximum available gain

扩声系统在声反馈自激临界状态时的增益减去 6 dB 时的增益。

3.6

传输频率特性 transmission frequency response

扩声系统在稳定工作状态下，听众区内各测量点稳态声压的平均值相对于扩声系统传声器处声压或扩声设备输入端电压的幅频响应。

3.7

传声增益　transmission gain

扩声系统在最高可用增益状态时,听众区内各测量点稳态声压级平均值与扩声系统传声器处稳态声压级的差值。

注:单位为分贝(dB)。

3.8

声场不均匀度 sound distribution

听众区内各测量点的稳态声压级的最大差值。

注:单位为分贝(dB)。

3.9

系统总噪声级　system total noise level

扩声系统达最高可用增益,听众区内各测量点由扩声系统所产生的各频带的噪声声压级(扣除环境噪声影响)平均值,以 NR 曲线评价。

3.10

总噪声级　total noise level

扩声系统达最高可用增益,无有用声信号输入时,听众区内各测量点噪声声压级的平均值。以 NR 曲线评价。

3.11

语言传输指数　speech transmission index (STI)

一个物理量,且表示与可懂度有关的语言传输质量。

由调制转移函数(MTF)导出的评价语言可懂度的客观参量。从 MTF 到 STI 的最主要概念是,将调制指数的作用以表观信噪比来解释,采用加权平均求出平均表观信噪比,经归一化后导出语言传输指数。

3.12

房间声学语言传输指数　room acoustics speech transmission index (RASTI)

语言传输指数法(STI 法)在某些条件下的一种简化形式,用来测定不使用扩声系统条件下人与人之间直接通话时与可懂度有关的语言传输质量。RASTI 计入了噪声干扰和时域失真(回声、混响)的影响。

3.13

扩声系统语言传输指数　speech transmission index for public address systems (STIPA)

语言传输指数法(STI 法)在某些条件下的一种简化形式,适用于评价包括扩声系统的房间声学的语言传输质量。它受包括扩声系统的房间声学失真的影响。

3.14

听音评价　listening evaluation

听音试验　listening test

通过听觉判断扩声系统的音质状况。

4　扩声系统验收条件

4.1　竣工要求

4.1.1　扩声系统按设计任务书(或工程合同书)的规定内容全部建成,经试运行达到设计使用要求,并为建设单位认可，视为竣工。少数非主要项目未按规定全部建成，由建设单位、设计单位、施工单位协商，对遗留问题有明确处理方案，经试运行基本达到设计使用要求，并为建设单位认可后，也可以视为竣工。

4.1.2 由施工单位统一出具工程竣工报告。其内容包括：工程概况，对照设计文件安装的主要设备以及完成的工程质量自我评估。

4.2 试运行

4.2.1 扩声系统宜试运行一个月，并按表1的要求做好试运行记录。

表1 扩声系统试运行记录

工程名称			系统名称		
建设单位					
设计单位					
施工单位					
监理单位					
日期	起止时间	试运行内容	试运行情况	备注	操作人
操作人签字			建设单位代表签字		
注：系统试运行情况栏中，正常打"√"；不正常的在备注栏内及时扼要说明情况(包括恢复日期)。					

4.2.2 试运行的范围应包括工程合同规定的内容。

4.2.3 试运行报告的内容包括：试运行起止日期，试运行过程是否正常；故障产生的日期、次数，原因和排除状况；系统功能是否符合设计要求以及综合评述等。

4.3 扩声系统技术资料

扩声系统技术资料包括：

a) 工程合同书中相关内容；

b) 系统试运行报告；

c) 工程竣工报告(含竣工图和相关文件)；

d) 系统检测报告。

5 扩声系统验收组织与职责

5.1 验收组织

5.1.1 扩声系统的竣工验收，应由建设单位组织安排。

5.1.2 应协调成立工程验收小组，重点工程或大型工程验收时，应组成工程验收委员会，工程验收委员会下设技术验收组、施工验收组、资料审查组。

5.1.3 工程验收委员会(验收小组)成员中技术专家不应低于验收人员总数的50%。

5.2 验收职责

扩声系统验收通过或基本通过的工程，对设计、施工单位依据验收的结论写出的并经建设单位认可的整顿措施，验收机构有责任配合工程建设单位督促、协调落实；验收不通过的工程，验收机构应在验收结论中明确指出问题与整改要求。

6 扩声系统声学特性指标的检测

6.1 检测机构

声学特性指标的检测应由法定机构或专业机构实施。

6.2 检测时机

检测工作宜在正式验收时进行，若在正式验收前进行检测工作时，应满足第4章规定的验收条件。

6.3 检测范围

只对观众厅(区)扩声系统的声学特性指标进行检测，其余子系统可以不做。

6.4 测量方法

测量方法按GB/T 4959—2011和JGJ/T 131—2000中规定进行。

6.5 测量项目

测量项目应包括最大声压级、传输频率特性、传声增益、声场不均匀度、系统总噪声级、总噪声级等。

6.6 不合格项目的复测

检测中有不合格项时，允许改正后进行复测，复测时测量次数应加倍。

6.7 检测报告

由检测机构出具检测报告，检测报告应包括以下内容：检测依据、使用仪器、检测条件、测量人、检测结果和结论等。

7 扩声系统施工验收

7.1 验收组织

由工程验收委员会(验收小组)的施工验收组负责实施。

7.2 验收范围

施工验收的范围应包括工程合同中规定的内容。

7.3 验收内容

7.3.1 施工验收应依据正式设计文件、图纸(含设计变更、修改通知、洽商、验收依据等)进行。更改项目的实施应符合施工规范中相关规定,并由施工单位提供更改审核单,见表2。

表2 扩声系统施工更改审核单

编号：

工程名称		系统名称	
更改内容	更改原因	原为	更改为
申请单位(人)：		日期：	
批准会签	建设单位：	日期：	
	设计单位：	日期：	
	施工单位：	日期：	
	监理单位：	日期：	

7.3.2 对于隐蔽工程，施工单位应提供隐蔽工程施工验收单，见表3。

表3 扩声系统隐蔽工程随工验收单

<table>
<tr><td>工程名称</td><td colspan="2"></td><td>系统名称</td><td colspan="2"></td></tr>
<tr><td>建设单位</td><td colspan="5"></td></tr>
<tr><td>设计单位</td><td colspan="5"></td></tr>
<tr><td>施工单位</td><td colspan="5"></td></tr>
<tr><td>监理单位</td><td colspan="5"></td></tr>
<tr><td rowspan="5">隐蔽工程内容与检查结果</td><td colspan="2" rowspan="2">检查内容</td><td colspan="3">检查结果</td></tr>
<tr><td>安装质量</td><td>部位</td><td>图号</td></tr>
<tr><td colspan="2"></td><td></td><td></td><td></td></tr>
<tr><td colspan="2"></td><td></td><td></td><td></td></tr>
<tr><td colspan="2"></td><td></td><td></td><td></td></tr>
<tr><td colspan="2">验收意见</td><td colspan="4"></td></tr>
<tr><td colspan="2">建设单位/总包单位(盖章)</td><td colspan="2">施工单位(盖章)</td><td colspan="2">监理单位(盖章)</td></tr>
<tr><td colspan="2">验收人：

日期：</td><td colspan="2">验收人：

日期：</td><td colspan="2">验收人：

日期：</td></tr>
<tr><td colspan="6">注1：检查结果的安装质量栏，按检查内容序号，合格的打“√”，不合格的打“×”，并注明部位和相应图号。
注2：综合安装质量的检查结果，在验收栏内填写验收意见并扼要说明情况。</td></tr>
</table>

7.3.3 按表 4 列出的相关项目与要求，现场抽查系统设备的安装质量并做好记录。

表 4 扩声系统施工验收抽查表

工程名称		系统名称	
建设单位			
设计单位			
施工单位			
监理单位			

项目			检查要求	检查方法	检查结果			抽查率
					合格	基本合格	不合格	
设备安装质量	前端插座箱(盒)及设备	1.安装位置(方位)	合理、有效	现场抽查观察				抽查
		2.安装质量(工艺)	牢固、整洁、规范、美观	现场抽查观察				
		3.线缆连接	电缆一线到位，接插件可靠，电源线与信号线、控制线分开，走向平直，无扭绞。	抽查或对照图纸				抽查
	机房设备	4.机柜、操作台	安装平稳、合理、便于操作维护	现场观察				抽查
		5.控制设备安装	安装位置和排列顺序合理、操作方便、安全	现场观察				
		6.开关、按钮	灵活、方便、安全	现场观察询问				
		7.机柜、设备接地	接地规范、安全	现场观察询问				
		8.接地电阻	符合设计要求	检查有工程随工验收单并验收合格				
		9.机柜电缆线扎及标识	整齐、有明显编号、标识并牢靠	现场检查				抽查
		10.电源引入线缆标识	引入线标识清晰、牢靠	现场检查				抽查
		11.通电	工作正常	通电检查				100%
	扬声器系统	12.安装位置	符合设计要求	现场观察、询问				抽查
		13.安装质量	安全可靠	现场观察				抽查
管线敷设质量		14.明敷管线	牢固、合理、安全、抗干扰	现场观察、询问				抽查 1～2 处
		15.光纤	符合设计要求	现场观察、询问				抽查 1～2 处
		16.隐蔽工程随工验收单	有隐蔽工程随工验收单并验收合格	复核表 3				
			如无隐蔽工程随工验收单，在本栏内简要说明					
检查结果 k_s(合格率)：				施工质量验收结论：				
施工验收组(人员)签字：				验收日期：				

7.4 施工验收判据

7.4.1 按照表4的要求，在检查结果栏选符合实际情况的空格内打"√"，并作为统计数。
7.4.2 检查结果统计 k_s(合格率)＝(合格数＋基本合格数×0.6)/项目检查数；项目检查数如无要求或实际缺项未检查的不计在内。
7.4.3 验收结论：k_s(合格率)≥0.8 判为通过；0.8＞k_s≥0.6 判为基本通过；k_s＜0.6 判为不通过；必要时作简要说明。

8 扩声系统技术验收

8.1 验收组织

由工程验收委员会(验收小组)的技术验收组负责实施。

8.2 系统功能检查与验收

对照工程竣工报告和试运行报告，检查扩声系统(包括全部子系统)的主要功能，应符合设计要求。

8.3 系统配置检查与验收

对照工程竣工报告，检查扩声系统(包括全部子系统)的配置，包括设备数量、型号及安装部位，应符合设计要求。

8.4 系统集成功能检查与验收

对于具有集成功能的扩声系统，检查各子系统与网络管理系统的联网接口及网络管理系统对各子系统的集中管理与控制能力(对照试运行报告)，应符合设计要求。

8.5 观众厅(区)扩声系统的抽查与验收

8.5.1 对照检测报告，核对扩声系统的声学特性各项指标是否符合设计要求。
8.5.2 在现场宜对扩声系统进行听音评价。其音质水平不应低于GB/T 28047—2011中规定的"中"档水平。

8.6 舞台扩声系统抽查与验收

播放语言和音乐节目信号，在现场进行听音，检查声音的响度和清晰度以及音色，在听感上应满足基本要求。

8.7 内部通讯(舞台监督)系统抽查与验收

检查内部通讯系统，在声控室、灯控室、舞台机械控制室、主要化妆间、检录处、裁判席等区域，抽查1～3处，系统应满足基本听闻要求。

8.8 现场监视/视频系统抽查与验收

现场监视/视频系统抽查与验收在主席台、上下场口、后斜台、观众入口处等区域，抽查1～2处，系统的图像质量不应低于GB 50198—1994中表4.3.1-1规定的4级。

8.9 背景音乐、广播系统抽查与验收

在厅堂内，开通系统进行播放试听，抽查1～2处广播分区，背景音乐声音清晰，广播声音应具备足够的声音响度和较好的语言清晰度。

8.10 公共广播系统抽查与验收

在体育场馆内，开通系统进行播放试听，抽查 1～2 处广播分区，声音的响度，和语言清晰度应满足基本要求。

8.11 技术验收判据

8.11.1 将上述 8.2～8.10 中各条的验收结果，按表 5 的要求进行填写。按表 5 的格式，在检查结果栏选符合实际情况的空格内打“√”，并作为统计数。

8.11.2 检查结果 k_j（合格率）=（合格数+基本合格数×0.6）/项目检查数。项目检查数如无要求或实际缺项未检查的，不计在内。

8.11.3 验收结论：（合格率）$k_j \geq 0.8$ 判为通过；$0.8 > k_j \geq 0.6$ 判为基本通过；$k_j < 0.6$ 判为不通过。

8.11.4 表 5 中 4、5、6、7、8、9、10、11 项为重要项目，其中若有一项差一个档次则判为基本通过；若有一项差两个档次，或有两项以上（含两项）差一个档次则判为不通过。

表 5 扩声系统技术验收表

工程名称				系统名称			
建设单位							
设计单位							
施工单位							
监理单位							
检查范围			检查项目	检查要求与方法	检查结果		
					合格	基本合格	不合格
基本要求		1	主要功能	8.2			
		2	设备配置	8.3			
		3	系统集成功能	8.4			
主扩声系统	声学特性指标	4	最大声压级	8.5.1			
		5	传输频率特性	8.5.1			
		6	传声增益	8.5.1			
		7	声场不均匀度	8.5.1			
		8	系统总噪声级	8.5.1			
		9	总噪声级	8.5.1			
		10	语言传输指数(STIPA)	8.5.1			
	听音评价	11	声音质量	8.5.2			
舞台扩声系统		12	声音质量	8.6			
内部通讯(舞台监督)系统		13	声音质量	8.7			
现场监视/视频系统		14	图像质量	8.8			
背景音乐、广播系统		15	声音质量	8.9			
公共广播系统		16	声音质量	8.10			
检查结果 k_j(合格率)：				技术验收结论：			
技术验收组(人员)签字：				验收日期：			

9 资料审查

9.1 验收组织

由工程验收委员会(验收小组)的资料审查组负责实施。

9.2 审查范围

设计、施工单位应按4.3规定的要求提供全套扩声系统验收图纸资料,并做到内容完整,标记确切,文字清楚,数据准确。

9.3 审查方法

按照表6所列项目要求,审查扩声系统图纸资料的准确性、规范性、完整性,并做好记录。

9.4 资料审查的判据

9.4.1 审查情况栏内分别根据完整、准确和规范要求,选择符合实际情况的空格内打"√",并作为统计数。

9.4.2 对于一般性的扩声系统工程,序号第2项、第5项的内容可简化或省略,序号第3项的内容可简化。

9.4.3 审查结果 k_z(合格率)=(合格数+基本合格数×0.6)/项目检查数;项目检查数如不要求的,不计在内。

9.4.4 审查结论:k_z(合格率)$\geqslant$0.8判为通过;0.8$>k_z\geqslant$0.6判为基本通过;$k_z<$0.6判为不通过。

表6 扩声系统资料审查表

工程名称				系统名称			
序号	审查内容	审查情况					
		完整性			正确性		
		合格	基本合格	不合格	合格	基本合格	不合格
1	设计文件和相关图纸						
2	施工组织设计、施工方案审批						
3	工程竣工报告(含试运行报告)						
4	系统使用说明书(含操作说明及日常简单维护说明)						
5	技术指标检测报告						
6	听音评价报告						
7	图纸绘制规范要求	合格		基本合格		不合格	
审查结果 k_z(合格率):				资料审查结论:			
资料审查组(人员)签字:				审查日期:			

10 扩声系统验收结论与整改

10.1 验收判据

10.1.1 施工验收判据:按表4的要求及7.4.2提供的合格率计算公式打分。

10.1.2 技术验收判据:按表5的要求及8.11.2提供的合格率计算公式打分。

10.1.3 资料审查判据:按表6的要求及9.4.3提供的合格率计算公式打分。

10.2 验收结论

10.2.1 验收通过:根据验收判据所列内容与要求,验收结论为“优良”,即按表4要求,工程施工质量检查结果 $k_s \geqslant 0.8$;按表5要求,技术验收结果 $k_j \geqslant 0.8$;按表6要求,资料审查结果 $k_z \geqslant 0.8$ 的;判定为验收通过。

10.2.2 验收基本通过:根据验收判据所列内容与要求,验收结论为“合格”,即 k_s、k_j、k_z 均 $\geqslant 0.6$,但达不到10.2.1的要求,判定为验收基本通过。

10.2.3 验收不通过:按验收判据所列的内容与要求,k_s、k_j、k_z 中出现一项小于0.6的,或者重要项目(见8.11.4)有一项差两个档次,或两项以上(含两项)差一个档次的,均判为验收不通过,验收结论为:“不合格”。

10.2.4 工程验收委员会(验收小组)应将验收通过,验收基本通过或验收不通过的验收结论填写于验收结论汇总表(表7);并对验收中存在的主要问题,提出建议与要求。表4,表5,表6作为表7的附表。

10.3 整改

10.3.1 验收不通过的工程不得正式交付使用。施工单位应根据验收结论提出的问题,抓紧落实整改后才可再提交验收。工程复验时,对原不通过部分的抽样率加倍。

10.3.2 验收通过或基本通过的工程,施工单位应根据验收结论提出的建议与要求提出书面整改措施,并经建设单位认可。

表7 验收结论汇总表

工程名称		系统名称	
建设单位			
设计单位			
施工单位			
监理单位			
施工验收结论:		验收人签字: 年 月 日	
技术验收结论:		验收人签字: 年 月 日	
资料审查结论:		审查人签字: 年 月 日	
系统验收结论:		验收委员会(小组)主任、副主任(组长、副组长)签字:	
建议与要求: 年 月 日			

ICS 33.160.99
M 72

中华人民共和国国家标准

GB/T 28049—2011

厅堂、体育场馆扩声系统设计规范

Code for sound reinforcement system design of auditorium, gymnasiums and stadium

2011-10-31 发布　　2012-02-01 实施

中华人民共和国国家质量监督检验检疫总局
中国国家标准化管理委员会　发布

前　言

本标准按照 GB/T 1.1—2009 给出的规则起草。

本标准由中华人民共和国工业和信息化部提出。

本标准由全国音频、视频及多媒体系统与设备标准化技术委员会(TC/SAC 242)归口。

本标准主要起草单位:中国电子科技集团公司第三研究所、中广电广播电影电视设计研究院、中国演艺设备技术协会。

本标准参加起草单位:北京市建筑设计研究院、同济大学、南京大学、中国建筑科学研究院、中国科学研究院声学所、中国电子音响工业协会、电子工业标准化研究所、中国传媒大学传播声学研究所、中国交响乐团、北京联合大学信息学院、北京中广广播电视工程安装公司、中央人民广播电台、北京邮电大学、国家体育总局体育设施建设和标准化办公室、北京中大华堂电子技术有限公司、北京华体联合科技有限公司、北京天创奥维科技有限公司。

本标准主要起草人:雷宁秋、任红雷、徐文学、刘芳、郑典勇、陈建华、陈怀民、隋春立、沈勇、张飞碧、王峥、林杰、王季卿、骆学聪、马军、李晓东、王世全、孟子厚、陆宏瑶、管善群、朱峰、齐琪、陈曦、王连生、王燕、沈启清、邹玉环。

厅堂、体育场馆扩声系统设计规范

1 范围

本标准规定了各类厅堂、体育场馆扩声系统的设计方法。

本标准适用于各类厅堂、体育场馆中相对固定安装的扩声系统设计。其他装有固定安装扩声系统的场所可参照执行。

2 规范性引用文件

下列文件对于本文件的应用是必不可少的。凡是注日期的引用文件，仅注日期的版本适用于本文件。凡是不注日期的引用文件，其最新版本（包括所有的修改单）适用于本文件。

GB/T 4959 厅堂扩声特性测量方法

GB/T 14197—1993 声系统设备互连的优选配接值（eqv IEC 60268-15:1982）

GB/T 14198—1993 传声器通用技术条件

GB/T 15381—1994 会议系统电及音频的性能要求（eqv IEC 60914:1988）

GB/T 50356—2005 剧场、电影院和多用途礼堂建筑声学设计规范

JGJ/T 131—2000 体育馆声学设计及测量规程

3 术语和定义

下列术语和定义适用于本文件。

3.1

厅堂 auditorium

以观演和会议为主要使用功能的建筑，包括剧场、音乐厅、歌剧院、多用途厅堂、会议厅等。

3.2

体育场馆 gymnasiums and stadium

主要供体育竞赛及其他活动使用的室内外场所。

3.3

扩声系统 sound reinforcement system

扩声系统包括系统中的设备和声场环境。主要过程为：将声源信号转换为电信号，经放大、处理、传输，再还原于所服务的声场环境；主要组成部分包括：传声器、声源设备、调音台、信号处理器、声频功率放大器和扬声器系统等。

3.4

最大声压级 maximum sound pressure level

扩声系统完成调试后，听众区各测量点产生的稳态最大声压级的平均值。最大声压级可以用规定峰值因数测试信号的有效值声压级、峰值声压级或准峰值声压级表示。

3.5

最高可用增益状态 maximum available gain state

扩声系统在声反馈自激临界状态时的增益减去 6 dB 时的增益。

3.6

传输频率特性 transmission frequency response

扩声系统在稳定工作状态下，听众区内各测量点稳态声压级的平均值相对于扩声设备输入端的电平的幅频响应。

3.7

传声增益 transmission gain

扩声系统在最高可用增益状态时，听众区内各测量点稳态声压级平均值与扩声系统传声器处稳态声压级的差值。

注：单位为分贝(dB)。

3.8

声场不均匀度 sound distribution

听众区内各测量点的稳态声压级的最大差值。

注：单位为分贝(dB)。

3.9

声反馈 acoustical feedback

扩声系统中的扬声器系统放出的部分声能反馈到传声器的效应。

3.10

系统总噪声级 system total noise level

扩声系统达最高可用增益，听众区各测量点由扩声系统所产生的各频带的噪声声压级(扣除环境背景噪声影响)平均值，以NR-曲线评价。

3.11

总噪声级 total noise level

扩声系统达最高可用增益，无有用声信号输入时，听众区各测量点噪声声压级的平均值，以NR-曲线评价。

3.12

早后期声能比 early-to-late arriving sound energy ratio

E_C

扬声器系统发出猝发声衰变过程中，厅堂内各测量点在规定时间(如80 ms)以内声能与规定时间(如80 ms)以后的声能之比；取其比值的以10为底的对数再乘以10。

注：单位为分贝(dB)。

$$E_C = 10\lg\left[\int_0^{\tau} p^2(t)\,dt \Big/ \int_{\tau}^{\infty} p^2(t)\,dt\right]\ \text{dB}$$

式中：

$p(t)$——瞬时声压，单位为帕(Pa)；

τ ——规定时间。

3.13

语言传输指数 speech transmission index；STI

一个物理量，且表示与可懂度有关的语言传输质量。

STI是由调制转移函数(MTF)导出的评价语言可懂度的客观参量。从MTF到STI的最主要概念是，将调制指数的作用以表观信噪比来解释，采用加全平均求出平均表观信噪比，经归一化后导出语言传输指数。

3.14

房间声学语言传输指数 room acoustics speech transmission index;RASTI

语言传输指数法(STI 法)在某些条件下的一种简化形式,用来测定不使用扩声系统条件下人与人之间直接通话时与可懂度有关的语言传输质量。RASTI 计入了噪声干扰和时域失真(回声、混响)的影响。

3.15

扩声系统语言传输指数 speech transmission index for public address systems;STIPA

语言传输指数法(STI 法)在某些条件下的一种简化形式,适用于评价包括扩声系统的房间声学的语言传输质量。它受包括扩声系统的房间声学失真的影响。

3.16

临界距离 critical distance

在指定的方向上,直达声均方根声压等于混响生均方根声压处离开声源的声中心的距离。

3.17

数字信号处理 digital signal processing;DSP

用数字技术对信号进行采集、存储、传输、变换等的方法和技术。

3.18

调音控制工作位置 mixing control position

工位 control position

操作人员的工作位置,泛指扩声控制室、现场调音位和监听调音位等。

4 设计条件与要求

4.1 设计条件

4.1.1 建筑设计图纸和相关文件资料齐全。

4.1.2 设计单位应具备专业设计能力及国家有关部门颁发的设计资质。

4.2 设计要求

4.2.1 扩声系统设计应与土建及其他相关专业工种设计协调同步进行。

4.2.2 扩声系统设计应与建筑声学设计密切配合,建声设计时,应将扩声系统的扬声器系统位置作为主要声源点之一。具体设计方法按 GB/T 50356—2005 等规定执行。

4.2.3 扩声系统的设计可以采用先进的技术作为辅助设计,但应给出分析结果的适用范围。

4.2.4 扩声系统的声学特性指标应满足本标准的要求。

4.2.5 扩声系统的设计应遵循先进、可靠、实用以及兼容等原则。

4.2.6 扩声系统设计应提供完整的图纸及说明文件。包括:系统原理方框图、设备布置图、管线图、设备选型和配置单、接线图以及声场计算书。

4.2.7 扩声系统不应对服务区以外的区域造成噪声污染。

5 扩声系统的组成

扩声系统由多项子系统组成,见附录 A。

6 扩声系统设计要求

6.1 厅堂扩声系统设计要求

6.1.1 观众厅扩声系统设计要求

6.1.1.1 传声器设计要求

a) 应根据需求配置传声器；
b) 传声器类型的配置应满足厅堂不同类型声源信号的拾音要求；
c) 传声器宜选用有利于抑制声反馈的传声器；
d) 传声器的电声性能应符合 GB/T 14198—1993 的要求；
e) 在舞台台口、侧台、乐池和观众席等处按功能要求设置足够的传声器插座；
f) 若现场多个工位同时需要传声器信号，宜设置传声器信号分配系统。

6.1.1.2 扬声器系统设计要求

a) 观众厅扩声系统的主扬声器系统的特性及配置数量应满足 7.2.1 要求，同时根据厅堂使用功能的不同确定扬声器系统的选型；
b) 根据厅堂的具体条件，主扬声器系统宜在舞台上方（或声桥内）和舞台两侧附近布置；
c) 根据厅堂使用功能的不同，声道的模式可选择单声道、双声道和三声道（左/中/右）三种中的一种；
d) 为满足演出功能的需要宜设置次低频扬声器系统；
e) 当主扬声器系统对部分观众席（如：观众厅后区和楼座下等区域）无法提供足够的直达声时，应设置辅助扬声器系统，并配置相应的用于时间和频率特性调整的信号处理设备；
f) 扬声器系统的安装应有可靠的安全保障措施，且不能产生任何的机械噪声；
g) 扬声器系统的安装采用暗装时，开口应足够大，所用装饰面材料应避免对扬声器系统声辐射产生影响；
h) 扬声器系统的安装空间应足够大，并做相应的声学处理。

6.1.1.3 调音及信号处理设备设计要求

a) 观众厅扩声系统宜配置独立的调音台，输入通道总数应不少于最大使用输入通道数，输出通道数量不少于扩声通道数量。
b) 根据使用要求和实际情况，调音台的类型选用模拟、数字和模拟数字结合三种方式中的一种。
c) 观众厅扩声系统应设信号处理设备。其功能一般包括增益、分配、混合、均衡、压缩、延时、滤波及分频等。一台信号处理设备一般具有其中一项或多项功能，在设计中根据实际使用要求进行合理配置。
d) 信号处理设备的类型可以选用模拟设备，也可以选用数字设备或数字模拟结合的设备，视实际情况而定。
e) 为满足演出的需要，宜配置各种类型和足够数量的效果器、压缩器和噪声门等信号处理设备。

6.1.1.4 声频功率放大器设计要求

a) 声频功率放大器的功率满足声场声压级要求，安全可靠；
b) 对具备单独功放机房条件的扩声系统，宜选用具有遥控、监测功能的声频功率放大器。

6.1.1.5 系统的连接设计要求

a) 声系统的信号传输方式可采用模拟、数字传输方式或模拟数字结合传输方式；
b) 对模拟传输方式，其电声互连的优选配接值应符合 GB/T 14197—1993 及 GB/T 15381—1994 的要求；
c) 传声器信号连接应采用屏蔽良好的平衡电缆；
d) 声频功率放大器与扬声器系统之间连线的阻抗应小于扬声器系统阻抗的 10%；
e) 当声控室与声频功率放大器机房距离较远时，可采用光纤或其他方式的传输。

6.1.2 舞台扩声(返听)系统设计要求

6.1.2.1 扬声器系统设计要求

a) 应专门配置供舞台演员返听或主席台人员返听的扬声器系统；
b) 选用满足舞台返听要求的扬声器系统；
c) 舞台返听扬声器系统，宜在舞台口和台侧位置安装(安放)；根据实际情况可以固定安装，也可以活动放置。

6.1.2.2 信号处理设备设计要求

宜配置独立的信号处理设备(如：压缩器、均衡器等)。

6.1.2.3 声频功率放大器设计要求

按 6.1.1.4 规定。

6.1.2.4 系统连接设计要求

按 6.1.1.5 规定。

6.1.3 效果声系统设计要求

a) 以演出为主的厅堂宜设计效果声系统。可根据实际情况在观众厅内的侧墙、后墙、顶棚和舞台后区设置效果声扬声器系统。
b) 效果声系统应配置独立的声频功率放大器。

6.1.4 舞台监督内部通讯系统设计要求

6.1.4.1 概述

舞台监督内部通讯系统包括：信号源(催场传声器、演出音频信号源、开场钟声等)，系统主机、通讯台分站和终端扬声器。

6.1.4.2 扬声器系统设计要求

a) 选用小型广播扬声器系统，如：吸顶扬声器、小型壁挂音箱；
b) 安装区域为：公共广播控制机房、声控室、声频功率放大器机房、灯光控制机房、舞台机械控制机房、化妆间和演职员休息室等需要调度或现场扩声信号的房间区域；
c) 在声控室、灯光控制机房、舞台机械控制机房及主要化妆间等用房设置通讯台分站；在舞台、乐池、追光灯位、面光桥、现场调音位及声频功率放大器机房等处设置内部通讯插座面板；
d) 系统主机设置在舞台监督位，必要时也可设在导控室；

e) 内部通讯系统一般以有线系统为主，用无线系统作为补充。

6.1.5 背景音乐广播系统设计要求

6.1.5.1 音源设备组成

音源设备包括：传声器、硬盘录音机、CD 机、卡座等。

6.1.5.2 扬声器系统设计要求

a) 在观众出入口处、公共区域（包括走廊、卫生间等）、办公区等处应设置广播扬声器系统；
b) 扬声器系统宜选用吸顶扬声器、小型壁挂音箱、音柱等。

6.1.5.3 声频功率放大器设计要求

宜采用定压式输出的功率放大器。

6.1.5.4 广播分区及音量控制设计要求

背景音乐广播系统应根据需要进行分区并能分别控制音量。

6.1.5.5 与消防联动设计要求

背景音乐广播系统应预留与防灾（火警）广播系统的接口。

6.1.5.6 背景音乐广播机房设计要求

a) 背景音乐广播机房宜设置在建筑物的一层；
b) 背景音乐广播机房可与消防机房共用。

6.1.6 声控室设计要求

6.1.6.1 声控室应面向舞台及观众席开设观察窗，窗的位置及尺寸应确保调音人员正常工作时对舞台的大部分区域和部分观众席有良好的视野。观察窗可开启，操作人员在正常工作时能够获得现场的声音。

6.1.6.2 声控室面积应满足设备布置和方便操作及正常检修的需要。地面宜铺设活动架空地板、网络地板或设置有盖电缆地沟。

6.1.6.3 声控室内若有正常工作时发出干扰噪声的设备（如带冷却风扇的设备、电源变压器等），宜设置设备室。设备室不应对声控室造成噪声干扰。

6.1.6.4 声控室宜设置独立的空调系统。

6.1.6.5 声控室内应做吸声处理，中频混响时间宜为 0.3 s～0.5 s。

6.1.6.6 声控室与舞台之间应预留足够类型和数量的管线。

6.1.6.7 声控室内宜设置监听扬声器系统，能监听与厅堂内观众厅扩声声道相同的信号。

6.1.7 调音工位设计要求

6.1.7.1 调音台应设置于声控室中方便工作人员操作的位置。

6.1.7.2 厅堂根据使用要求宜设有现场调音位置；现场调音位置应预留足够类型和数量的信号通道接口。

6.1.7.3 现场调音位置宜设置在观众席中具有良好听音效果的位置。

6.1.7.4 主要供演出的厅堂应设有监（返）听调音位置；监（返）听调音位置宜设在上场口或下场口附

近，有适当的空间供安置监(返)听调音台及相应的处理器等设备。

6.1.7.5 监(返)听调音位置应预留满足监(返)听系统使用的信号通道接口。

6.1.8 声频功率放大器机房设计要求

6.1.8.1 声频功率放大器机房宜设置在主扬声器系统安装位置的附近区域。

6.1.8.2 宜对声频功率放大器设备配备监控系统。

6.1.8.3 宜设置独立的空调系统。

6.1.9 供电设计设计要求

6.1.9.1 采用独立电源供电，并配置电源稳压器。

6.1.9.2 如果扩声系统设备与可控硅调光设备共用同一电源变压器，应配备隔离变压器。

6.1.9.3 电源的总容量宜为所用功率放大器总额定功率的两倍以上。

6.1.10 接地设计设计要求

扩声系统设备工作接地，应设独立接地母线，单点接地，接地电阻不大于1 Ω。

6.2 体育馆扩声系统设计要求

6.2.1 观众区扩声系统设计要求

6.2.1.1 传声器设计要求

a) 系统应根据需求配置传声器；

b) 传声器类型的配置应满足体育馆不同类型声源信号的拾音要求；

c) 传声器的类型宜选应有利于抑制声反馈、低阻抗平衡输出的传声器；

d) 根据使用要求，在主席台、比赛场地四周、裁判席、评论员席、检录处、安全消防值班处、广播室、通知插播处等应设传声器插座。

6.2.1.2 扬声器系统设计要求

a) 观众区扩声系统的主扬声器系统的布置方式选用集中式、分散式或集中分散式相结合的扬声器系统中较佳方案。

b) 观众区扩声系统的主扬声器系统与可能设置传声器处之间的距离宜大于扬声器系统的临界距离。

c) 扬声器系统的特性及配置应满足7.2.2要求。

d) 扬声器的布置宜有利于减轻观众区的声波干涉。

e) 主扬声器系统宜明装。当暗装时，应保证扬声器系统的声辐射不受阻挡。安装应有可靠的安全保障措施，且不能产生任何的机械噪声。

6.2.1.3 调音及信号处理设备设计要求

按6.1.1.3规定。

6.2.1.4 声频功率放大器设计要求

a) 声频功率放大器的功率满足声场声压级要求，安全可靠；

b) 对具备单独声频功率放大器机房条件的扩声系统，按6.1.1.4 b)项规定。

6.2.1.5 系统的连接

按6.1.1.5规定。

6.2.2 比赛场地扩声系统设计要求

6.2.2.1 比赛场地的扩声系统应采用独立的扬声器系统。

6.2.2.2 扬声器系统的布置可采用集中式或分散式。

6.2.3 体操比赛音乐重放系统设计要求

6.2.3.1 体操比赛音乐重放系统一般采用流动放声系统。

6.2.3.2 在比赛场地的四周布置扬声器系统。

6.2.3.3 应保证运动员在比赛时听音效果良好。

6.2.3.4 在相应位置预留电源插座。

6.2.4 游泳馆水下放声系统设计要求

6.2.4.1 游泳馆应设置单独的水下扬声器。

6.2.4.2 水下扬声器应安装在游泳池与泳道相平行的两侧池壁上,安装高度宜为扬声器中心距水面6 m。

6.2.4.3 采用延时器调节时间差,保证水上运动员在水中和浮出水面能听到同步的声音。

6.2.5 检录处扩声系统设计要求

6.2.5.1 检录处扩声系统由小型流动扩声系统构成。

6.2.5.2 在检录处配置相应的电源插座,供检录扩声系统使用。

6.2.6 内部通讯系统设计要求

6.2.6.1 满足裁判、运动员和体育比赛管理和组织人员之间的通信联络。

6.2.6.2 在公共广播机房、检录处、裁判员席、灯光控制室、显示屏控制机房等主要技术用房设置内部通讯台分站。

6.2.6.3 扬声器系统选用小型广播扬声器系统,按6.1.4.2a)项规定。

6.2.6.4 扬声器系统安装区域为:公共广播控制机房、声控室、声频功率放大器机房、转播控制室、显示屏控制机房等主要技术用房。

6.2.6.5 在声频功率放大器机房、记者席、评论员席及场内等主要工作点宜设置内部通讯插座面板。

6.2.6.6 内部通讯系统一般以有线系统为主,用无线系统作为补充。

6.2.7 公共广播系统设计要求

6.2.7.1 音源设备设计要求

同6.1.5.1的要求。

6.2.7.2 扬声器系统设计要求

a) 体育馆的入口处、观众休息处、运动员、教练员、裁判员、医务人员用房以及办公区等处设置公共广播扬声器系统;

b) 扬声器系统的选型,按6.1.5.2b)项要求。

6.2.7.3 声频功率放大器设计要求

同 6.1.5.3 要求。

6.2.7.4 广播分区及音量控制设计要求

公共广播系统应根据需要进行分区并能分别控制音量。

6.2.7.5 背景音乐广播系统设计要求

背景音乐广播系统应预留与防灾(火警)广播系统的接口。

6.2.7.6 公共广播机房设计要求

按 6.1.5.6 规定。

6.2.8 声控室设计要求

6.2.8.1 声控室应设置在面向主席台的位置,不宜设置在过高的位置。

6.2.8.2 在体育馆中,公共广播控制机房、声频功率放大器机房、检录区域、裁判席、评论员席,记者席、转播控制室等技术功能用房应与声控室之间设置双向音频信号传输系统。

6.2.8.3 声控室其他方面的要求同 6.1.6 规定。

6.2.9 供电设计要求

按 6.1.9 规定。

6.2.10 接地设计要求

按 6.1.10 规定。

6.3 体育场扩声系统设计要求

6.3.1 观众区扩声系统设计要求

6.3.1.1 传声器设计要求

按 6.2.1.1 规定。

6.3.1.2 扬声器系统设计要求

a) 观众区扩声系统的扬声器系统的布置有集中式、分散式和集中分散式相结合三种方式;在大多数场所中,扬声器系统宜采用分散式安装;
b) 主扬声器系统的特性及配置应满足 7.2.3 要求;
c) 扬声器系统的选型(指向性)和布置,应充分考虑有利于提高扩声系统语言传输指数指标;
d) 扬声器系统宜体积小、重量轻;
e) 扬声器系统根据现场条件一般安装在挑棚处,无挑棚的场地可安装在场地周围的立杆上;
f) 扬声器系统宜满足全天候(“防水、防风、防热”等)要求;
g) 扬声器系统的安装应稳固、安全,且不产生机械噪声。

6.3.1.3 调音及信号处理设备设计要求

a) 扩声系统输入通道总数不少于最大使用输入通道数,设置的输入通道数大于调音台的输入通道总数时应设置跳线装置；

b) 系统中的信号处理设备应具有增益、分配、混合、均衡、压缩、延时、分频、滤波等功能中的一项或多项的功能。

6.3.1.4 声频功率放大器设计要求

按6.2.1.4规定。

6.3.1.5 系统连接

a) 声控室与声频功率放大器机房之间宜采用数字化的传输方式；

b) 若采用分散式的扬声器布置宜设置多个功率放大器机房，以保证扬声器与功率放大器之间的连线损耗尽可能小，按6.1.1.5 d)项规定；

c) 对于大型体育场，若传声器信号连线较长时，在传声器附近宜采用前置放大器进行信号放大后再传输的方式或采用数字传输方式。

6.3.2 比赛场地扩声系统设计要求

a) 赛场地扩声系统应满足比赛场地运动员、裁判员等的听音要求；

b) 扬声器系统安装宜采用分散式，根据现场条件安装在挑棚前沿处或场地周围的立杆上；

c) 对于比赛场地用扬声器的选型、安装质量等方面的要求，按6.3.1.2d)项、6.3.1.2f)项、6.3.1.2g)项规定。

6.3.3 检录呼叫系统设计要求

按6.2.5规定。

6.3.4 内部通讯系统设计要求

按6.2.6规定。

6.3.5 适应环境噪声的广播声级控制系统设计要求

在观众区现场内设置背景噪声拾取传声器。比赛高潮时自动识别观众区噪声，手动或自动提高观众区扩声系统的输出总功率或提高对语言清晰度有贡献的频段的信噪比。

6.3.6 声控室设计要求

按6.2.8规定。

6.3.7 供电设计要求

按6.1.9规定。

6.3.8 接地设计要求

按6.1.10规定。

7 扩声系统特性指标

7.1 电气特性指标

厅堂观众厅扩声系统、体育馆和体育场观众区扩声系统的电气特性指标应符合以下规定：

a） 扩声系统额定带宽及电平工作条件下，从传声器输出端口至声频功率放大器输出端口通路间的电信号频率响应不劣于 0 dB～－1 dB；

b） 在扩声系统额定带宽及电平工作条件下，从传声器输出端口至声频功率放大器输出端口通路间的电信号的总谐波失真不大于 0.1%；

c） 在扩声系统额定带宽及电平工作条件下，从传声器输出端口至声频功率放大器输出端口通路间的电信号的信噪比应不劣于通路中较差的单机设备信噪比 3 dB。

7.2 声学特性指标

7.2.1 厅堂扩声系统声学特性指标

7.2.1.1 根据厅堂使用功能的不同，本标准按三类（文艺演出类、多用途类和会议类）分别对厅堂观众厅扩声系统的声学特性指标做出规定（见表 1、表 2、表 3），各类厅堂观众厅扩声系统的声学特性指标，应符合表 1、表 2、表 3 中的规定。

7.2.1.2 表 1、表 2 和表 3 中最大声压级的“额定通带”是指优于表中传输频率特性所规定的通带。

7.2.1.3 表 1、表 2 和表 3 中最大声压级是指峰值声压级。

7.2.1.4 表 1、表 2 和表 3 中的传输频率特性指标，除了标有文字叙述外，还附有图示表明，见图 1、图 2、图 3 和图 4。

表 1 文艺演出类扩声系统声学特性指标

等级	最大声级级（峰值）	传输频率特性	传声增益	稳态声场不均匀度	语言传输指数（STIPA）	系统总噪声级	总噪声级	早后期声能比（可选项）
一级	额定通带内：大于或等于 106 dB	以 80 Hz～8 000 Hz 的平均声压级为 0 dB，在此频带内允许范围：－4 dB～＋4 dB；40 Hz～80 Hz 和 8 000 Hz～16 000 Hz 的允许范围见图 1 中斜线部分	100 Hz～8 000 Hz 的平均值大于或等于－8 dB	100 Hz 时小于或等于 10 dB；1 000 Hz 时小于或等于 6 dB；8 000 Hz 时小于或等于 8 dB	≥0.5	NR-20	NR-30	500 Hz～2 000 Hz 内 1/1 倍频带分析的平均值大于或等于 3 dB
二级	额定通带内：大于或等于 103 dB	以 100 Hz～6 300 Hz 的平均声压级为 0 dB，在此频带内允许范围：－4 dB～＋4 dB；50 Hz～100 Hz 和 6 300 Hz～12 500 Hz 的允许范围见图 2 中斜线部分	125 Hz～6 300 Hz 的平均值大于或等于－8 dB	1 000 Hz、4 000 Hz 小于或等于 8 dB	≥0.5	NR-20	NR-30	500 Hz～2 000 Hz 内 1/1 倍频带分析的平均值大于或等于 3 dB

表 2　多用途类扩声系统声学特性指标

等级	最大声压级（峰值）	传输频率特性	传声增益	稳态声场不均匀度	语言传输指数（STIPA）	系统总噪声级	总噪声级	早后期声能比（可选项）
一级	额定通带内：大于或等于 103 dB	以 100 Hz～6 300 Hz 的平均声压级为 0 dB，在此频带内允许范围：－4 dB～＋4 dB；50 Hz～100 Hz 和 6 300 Hz～12 500 Hz 的允许范围见图 2 中斜线部分	125 Hz～6 300 Hz 的平均值大于或等于－8 dB	1 000 Hz 时小于或等于 6 dB；4 000 Hz 时小于或等于 8 dB	＞0.5	NR-20	NR-30	500 Hz～2 000 Hz 内 1/1 倍频带分析的平均值大于或等于 3 dB
二级	额定通带内：大于或等于 98 dB	以 125 Hz～4 000 Hz 的平均声压级为 0 dB，在此频带内允许范围：－6 dB～＋4 dB；63 Hz～125 Hz 和 4 000 Hz～8 000 Hz 的允许范围见图 3 中斜线部分	125 Hz～4 000 Hz 的平均值大于或等于－10 dB	1 000 Hz、4 000 Hz 时小于或等于 8 dB	≥0.5	NR-20	NR-30	500 Hz～2 000 Hz 内 1/1 倍频带分析的平均值大于或等于 3 dB

表 3　会议类扩声系统声学特性指标

等级	最大声压级（峰值）	传输频率特性	传声增益	稳态声场不均匀度	语言传输指数 STIPA	系统总噪声级	总噪声级
一级	额定通带内：大于或等于 98 dB	以 125 Hz～4 000 Hz 的平均声压级为 0 dB，在此频带内允许范围：－6 dB～＋4 dB；63 Hz～125 Hz 和 4 000 Hz～8 000 Hz 的允许范围见图 3 中斜线部分	125 Hz～4 000 Hz 的平均值大于或等于－10 dB	1 000 Hz、4 000 Hz 时小于或等于 8 dB	＞0.5	NR-20	NR-30
二级	额定通带内：大于或等于 95 dB	以 125 Hz～4 000 Hz 的平均声压级为 0 dB，在此频带内允许范围：－6 dB～＋4 dB；63 Hz～125 Hz 和 4 000～8 000 Hz 的允许范围见图 4 中斜线部分	125 Hz～4 000 Hz 的平均值大于或等于－12 dB	1 000 Hz、4 000 Hz 时小于或等于 10 dB	≥0.5	NR-25	NR-35

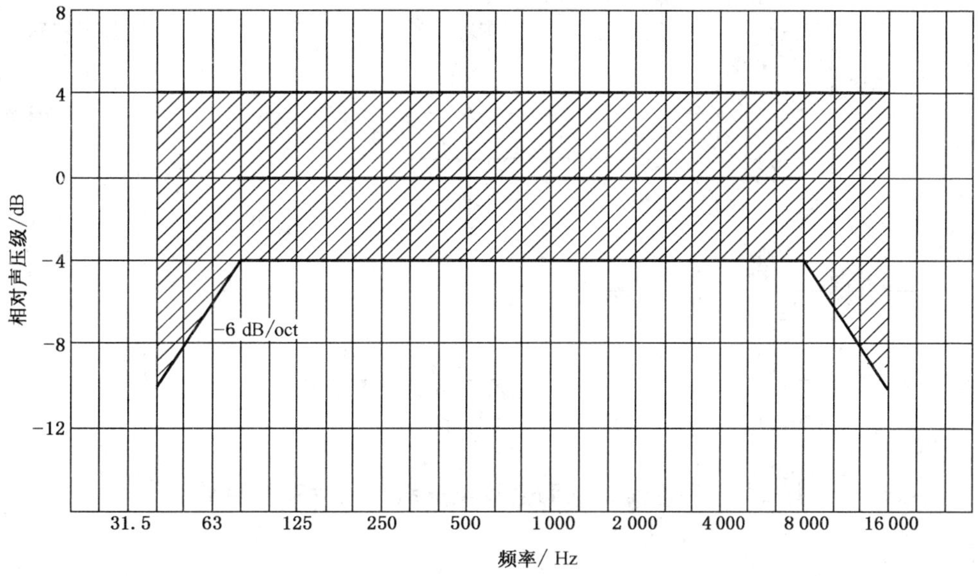

图 1 文艺演出类一级传输频率特性范围

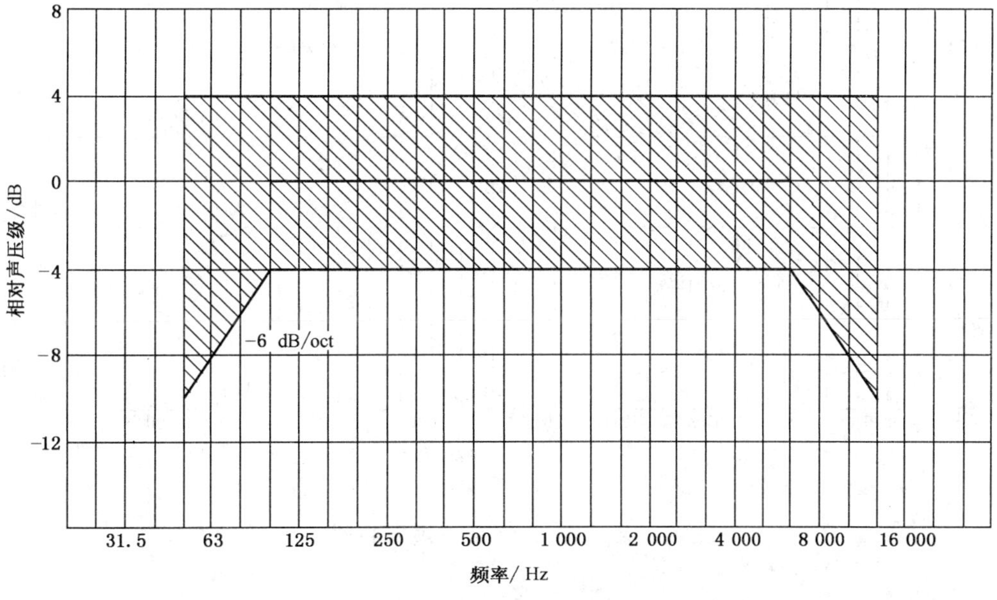

图 2 文艺演出类二级和多用途类一级传输频率特性范围

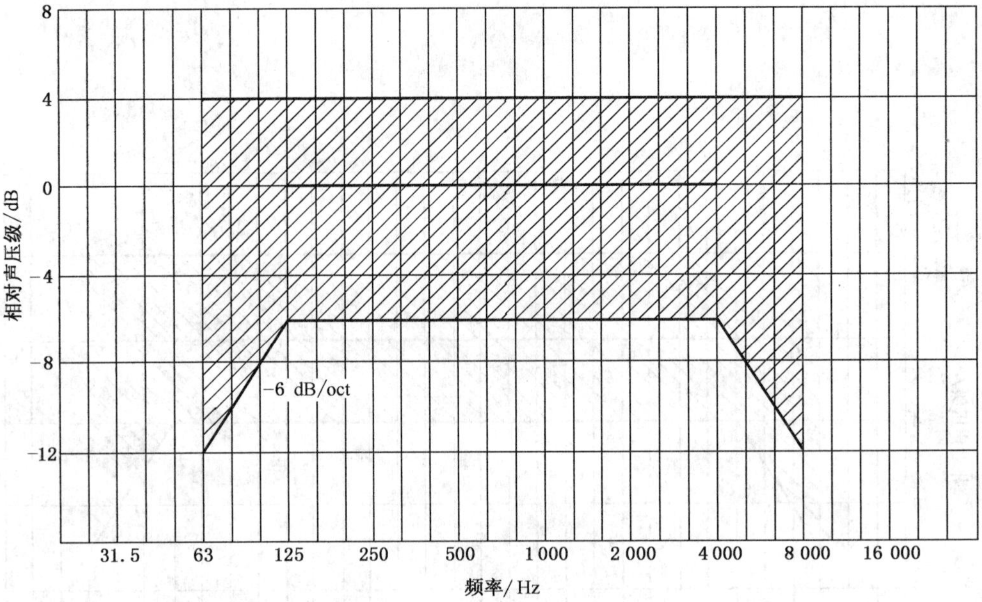

图 3 多用途类二级和会议类一级传输频率特性范围

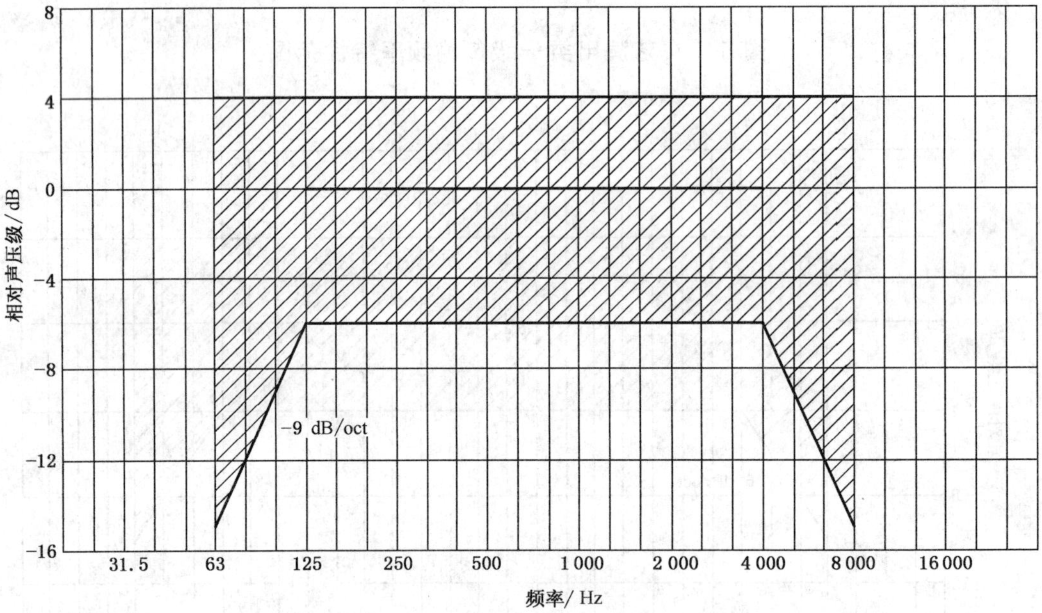

图 4 会议类二级传输频率特性范围

7.2.2 体育馆扩声系统声学特性指标

7.2.2.1 体育馆观众区扩声系统的声学特性指标应符合表 4 中的规定。

7.2.2.2 表 4 中最大声压级的额定通带的规定同 7.2.1.2 规定。

7.2.2.3 表 4 中最大声压级是指峰值声压级。

7.2.2.4 表 4 中传输频率特性指标的图示见图 5、图 6 和图 7。

7.2.2.5 游泳馆的语言传输指数(STI-PA)指标可以降一级。但不能低于三级指标。

表 4 体育馆扩声系统声学特性指标

等级	最大声压级（峰值）	传输频率特性	传声增益	稳态声场不均匀度	语言传输指数（STIPA）	系统总噪声级	总噪声级
一级	额定通带内：大于或等于 105 dB	以 125 Hz～4 000 Hz 的平均声压级为 0 dB，在此频带内允许范围：−4 dB～+4 dB；63 Hz～12 5Hz 和 4 000 Hz～8 000 Hz 的允许范围见图 5 中斜线部分	125 Hz～4 000 Hz 的平均值大于或等于−10 dB	1 000 Hz、4 000 Hz 大部分区域小于或等于 8 dB	>0.5	NR-25	NR-30
二级	额定通带内：大于或等于 100 dB	以 125 Hz～4 000 Hz 的平均声压级为 0 dB，在此频带内允许范围：−6 dB～+4 dB；100 Hz～125 Hz 和 4 000 Hz～8 000 Hz 的允许范围见图 6 中斜线部分	125 Hz～4 000 Hz 的平均值大于或等于−12 dB	1 000 Hz、4 000 Hz 大部分区域小于或等于 10 dB	≥0.5	NR-25	NR-35
三级	额定通带内：大于或等于 95 dB	以 250 Hz～4 000 Hz 的平均声压级为 0 dB，在此频带内允许范围：−10 dB～+4 dB；125 Hz～250 Hz 和 4 000 Hz～8 000 Hz 的允许范围见图 7 中斜线部分	250 Hz～4 000 Hz 的平均值大于或等于−12 dB	1 000 Hz、4 000 Hz 大部分区域小于或等于 10 dB	≥0.45	NR-30	NR-35

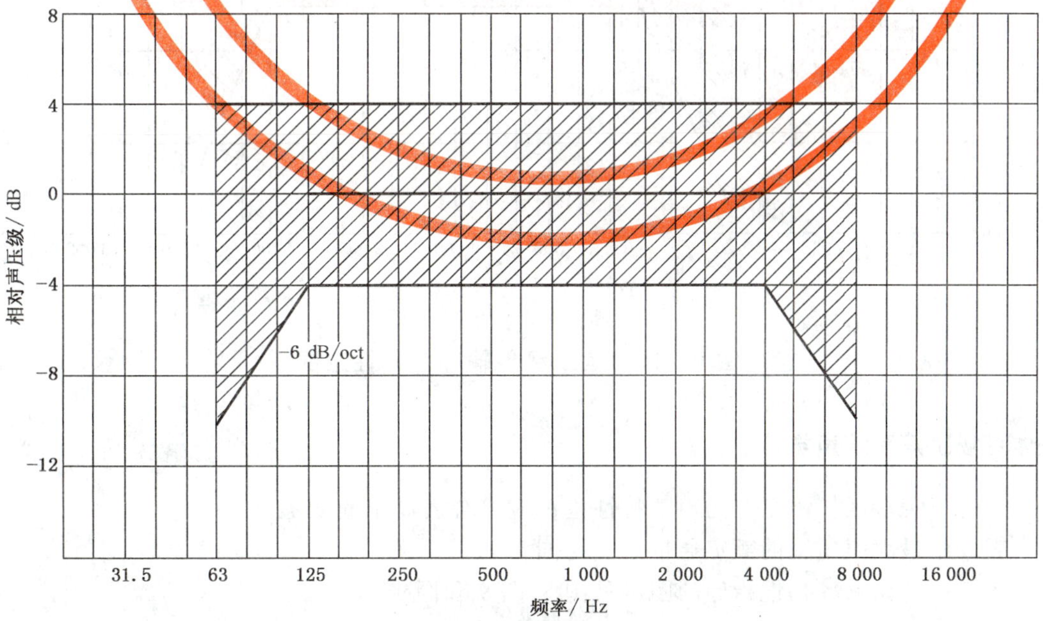

图 5 体育馆一级传输频率特性范围

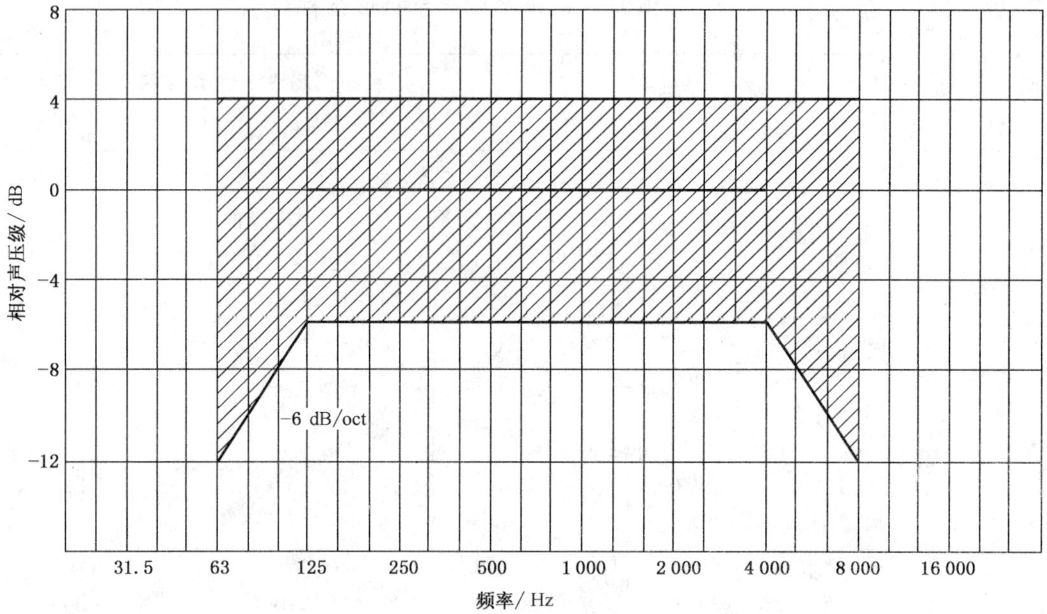

图6 体育馆二级传输频率特性范围

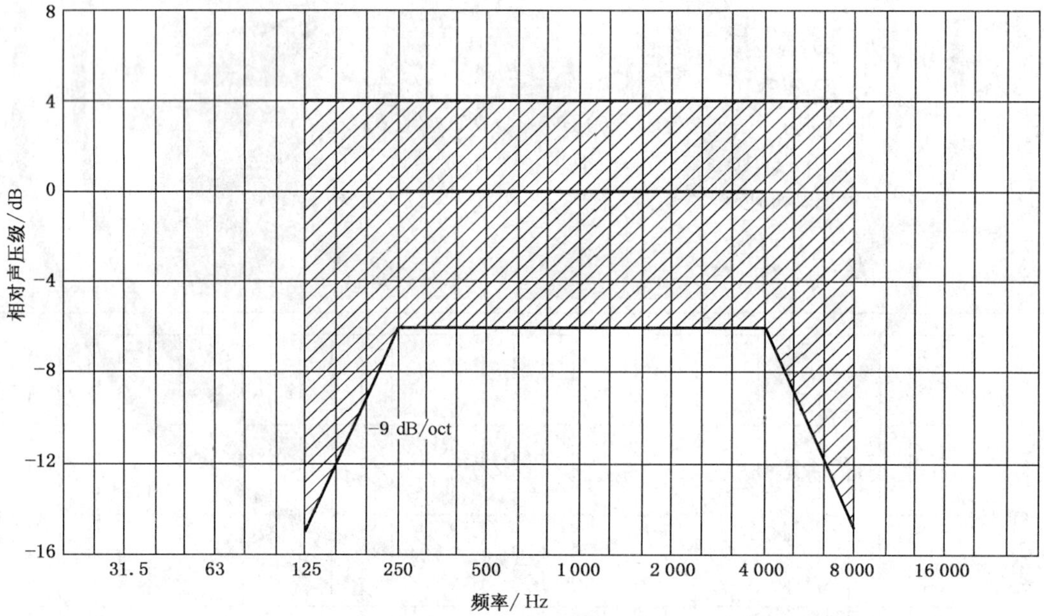

图7 体育馆三级传输频率特性范围

7.2.3 体育场扩声系统声学特性指标

7.2.3.1 体育场观众区扩声系统的声学特性指标应符合表5中的规定。

7.2.3.2 表5中最大声压级的额定通带的规定同7.2.1.2。

7.2.3.3 表5中传输频率特性指标的图示见图8、图9和图10。

表 5　体育场扩声系统声学特性指标

等级	最大声压级（峰值）	传输频率特性	传声增益	稳态声场不均匀度	语言传输指数 STIPA	系统总噪声级	总噪声级
一级	额定通带内：大于或等于 105 dB	以 125 Hz～4 000 Hz 的平均声压级为 0 dB，在此频带内允许范围：－4 dB～＋4 dB；63 Hz～125 Hz 和 4 000 Hz～8 000 Hz 的允许范围见图 8 斜线部分	125 Hz～4 000 Hz 的平均值大于或等于－10 dB	1 000 Hz、4 000 Hz 大部分区域小于或等于 8 dB	＞0.5	NR-25	NR-35
二级	额定通带内：大于或等于 100 dB	以 125 Hz～4 000 Hz 的平均声压级为 0 dB，在此频带内允许范围：－6 dB～＋4 dB；63 Hz～125 Hz 和 4 000 Hz～8 000 Hz 的允许范围见图 9 斜线部分	125 Hz～4 000 Hz 的平均值大于或等于－12 dB	1 000 Hz、4 000 Hz 大部分区域小于或等于 10 dB	≥0.5	NR-25	NR-35
三级	额定通带内：大于或等于 95 dB	以 250 Hz～4 000 Hz 的平均声压级为 0 dB，在此频带内允许范围：－6 dB～＋4 dB；125 Hz～250 Hz 和 4 000 Hz～8 000 Hz 的允许范围见图 10 斜线部分	250 Hz～4 000 Hz 的平均值大于或等于－12 dB	1 000 Hz、4 000 Hz 时，大部分区域不均匀度小于或等于 14 dB	≥0.45	NR-30	NR-40

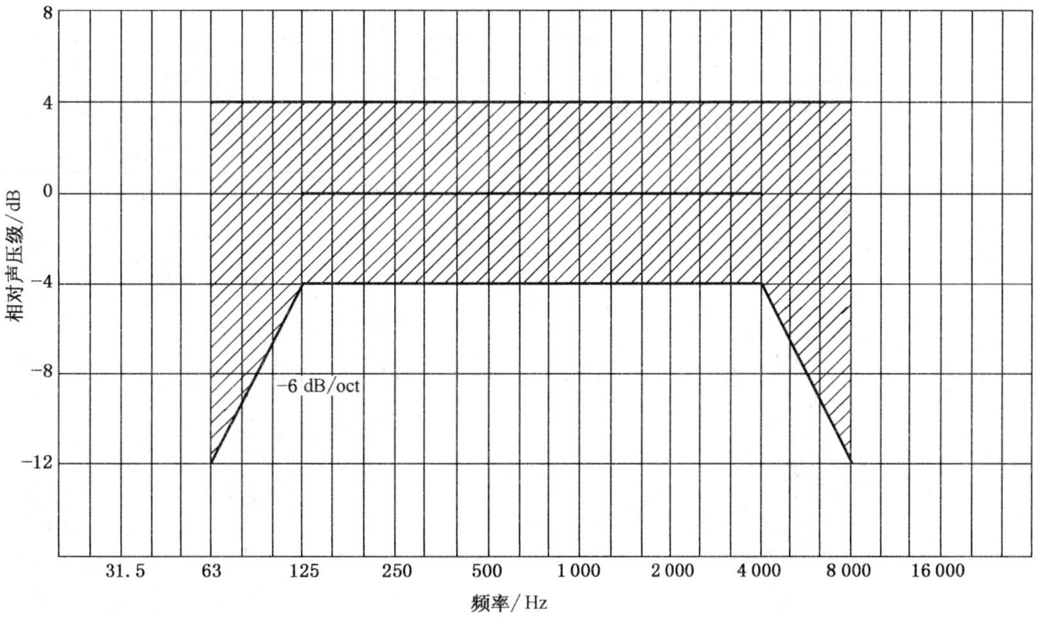

图 8　体育场一级传输频率特性范围

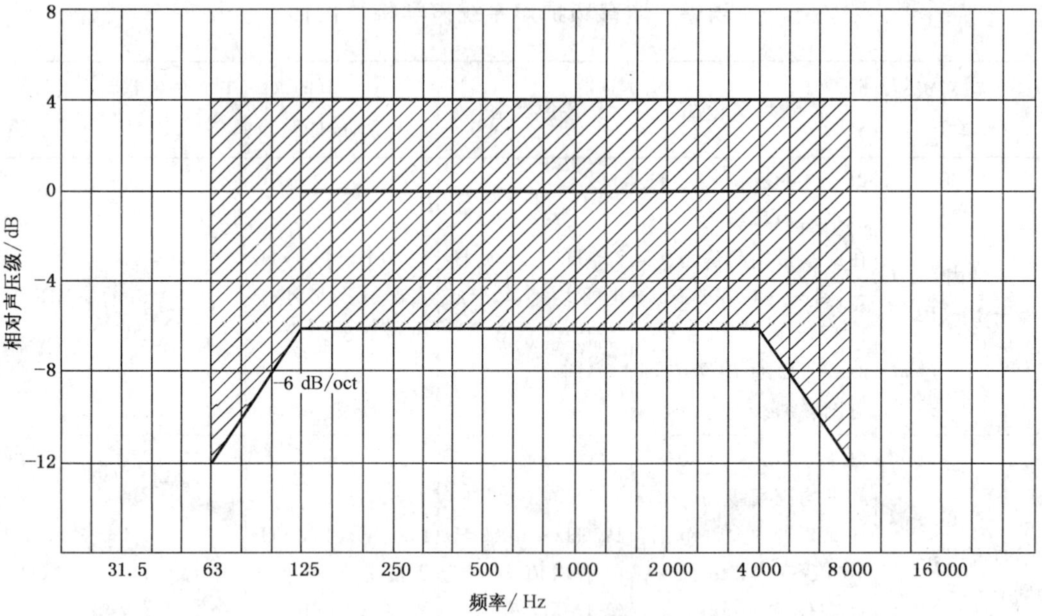

图 9 体育场二级传输频率特性范围

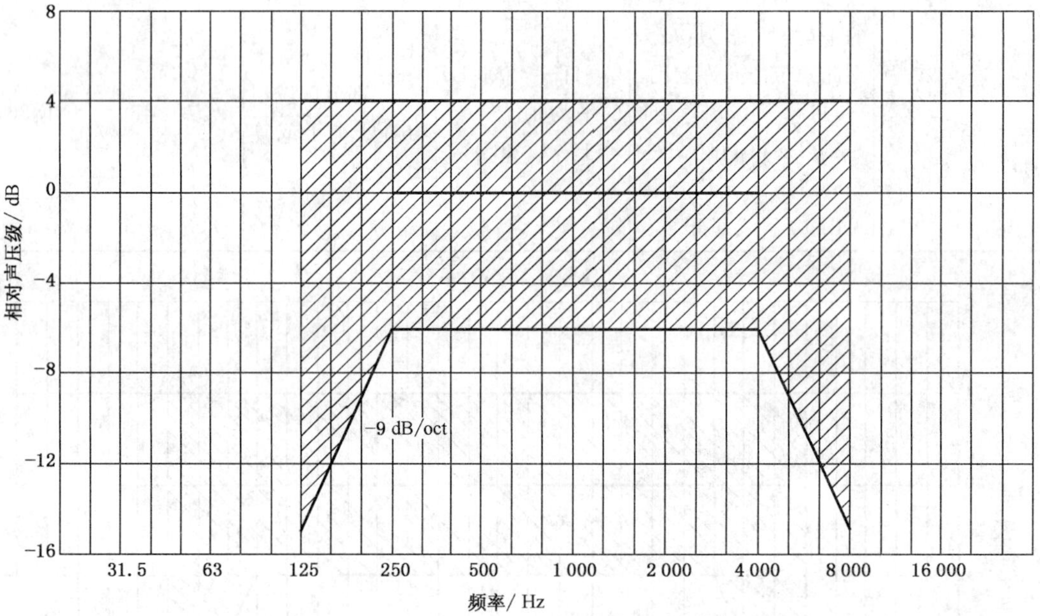

图 10 体育场三级传输频率特性范围

附　录　A
（规范性附录）
厅堂、体育场馆扩声系统子系统的组成

厅堂、体育场馆扩声系统子系统的组成见表 A.1。

表 A.1　厅堂、体育场馆扩声系统子系统的组成

场所名称	子系统名称	服务区域及服务对象
厅堂	观众厅扩声系统（包括主扩声系统和辅助扩声系统）	服务于观众厅区域；为观众供声
	舞台扩声（返听）系统	服务于舞台；为演员返听；会议时供主席台返听
	效果声系统	服务于观众厅以及舞台区；演出时提供效果声
	舞台监督内部通讯系统	服务于声控室、灯光和舞台机械控制机房、化妆间等主要演职员用房区域；主要供舞台调度和内部联络使用，并且与舞台监督视频监视系统同步使用
	背景音乐广播系统	服务于前厅、观众休息厅、观众入口处以及需要现场扩声信号的房间等区域；主要供播放背景音乐或语言广播使用
体育馆	观众区扩声系统	服务于体育馆内观众区；为观众供声
	比赛场地扩声系统	服务于体育馆内比赛场地；供体育比赛时的运动员听音
	音乐重放系统	主要服务于馆内比赛场地区域；供体操比赛播放音乐
	游泳馆水下放声系统	服务于游泳馆游泳池水下区域；供体育比赛时的运动员听音
	检录处扩声系统	服务于运动员检录处以及运动员、教练员、裁判员、医务等人员休息、练习、工作等区域或场所；供检录和呼叫使用
	内部通讯系统	服务于各功能用房及场外入口
	公共广播系统	服务于体育馆外入口附近，运动员、教练员、裁判员、医务人员等人员的用房，观众休息间、办公区以及需要扩声信号的房间等区域；主要用于播放背景音乐和语言广播
体育场	观众区扩声系统	服务于观众区；为观众供声
	比赛场地扩声系统	服务于体育场内比赛场地，包括：田径比赛的跑道区域；为体育比赛时运动员供声
	适应环境噪声的广播声级控制系统	服务于观众区及比赛场地；比赛高潮时自动识别观众区噪声，并手动或自动调整扩声系统的输出功率
	检录处扩声系统	服务于运动员检录处以及运动员、教练员、裁判员、医务等人员休息、练习、工作等区域或场所；供检录和呼叫使用
	内部通讯系统	服务于各功能用房及场外入口
	公共广播系统	服务于场外入口附近；运动员、教练员、裁判员、医务等人员的用房；观众休息房间、办公区以及需要扩声信号的房间等区域。主要用于播放背景音乐和语言广播

参 考 文 献

[1] GB/T 3785.1—2010 电声学 声级计 第1部分:规范
[2] GB/T 3785.2—2010 电声学 声级计 第2部分:型式评价试验
[3] GB/T 3947—1996 声学名词术语
[4] GB 50371—2006 厅堂扩声系统设计规范
[5] GB/T 9003—1988 调音台基本特性测量方法
[6] GB/T l2060.2—2011 声系统设备 第2部分:一般术语解释和计算方法
[7] GB/T 14947—1994 声系统设备互连用连接器的应用
[8] GY/T 187—2002 多通路音频数字串行接口

中华人民共和国国家标准

GB 28050—2011

食品安全国家标准
预包装食品营养标签通则

2011-10-12 发布　　　　2013-01-01 实施

中华人民共和国卫生部　发布

食品安全国家标准
预包装食品营养标签通则

1 范围

本标准适用于预包装食品营养标签上营养信息的描述和说明。

本标准不适用于保健食品及预包装特殊膳食用食品的营养标签标示。

2 术语和定义

2.1 营养标签

预包装食品标签上向消费者提供食品营养信息和特性的说明，包括营养成分表、营养声称和营养成分功能声称。营养标签是预包装食品标签的一部分。

2.2 营养素

食物中具有特定生理作用，能维持机体生长、发育、活动、繁殖以及正常代谢所需的物质，包括蛋白质、脂肪、碳水化合物、矿物质及维生素等。

2.3 营养成分

食品中的营养素和除营养素以外的具有营养和(或)生理功能的其他食物成分。各营养成分的定义可参照 GB/Z 21922《食品营养成分基本术语》。

2.4 核心营养素

营养标签中的核心营养素包括蛋白质、脂肪、碳水化合物和钠。

2.5 营养成分表

标有食品营养成分名称、含量和占营养素参考值(NRV)百分比的规范性表格。

2.6 营养素参考值(NRV)

专用于食品营养标签，用于比较食品营养成分含量的参考值。

2.7 营养声称

对食品营养特性的描述和声明，如能量水平、蛋白质含量水平。营养声称包括含量声称和比较声称。

2.7.1 含量声称

描述食品中能量或营养成分含量水平的声称。声称用语包括“含有”、“高”、“低”或“无”等。

2.7.2 比较声称

与消费者熟知的同类食品的营养成分含量或能量值进行比较以后的声称。声称用语包括“增加”或

"减少"等。

2.8 营养成分功能声称

某营养成分可以维持人体正常生长、发育和正常生理功能等作用的声称。

2.9 修约间隔

修约值的最小数值单位。

2.10 食部

预包装食品净含量去除其中不可食用的部分后的剩余部分。

3 基本要求

3.1 预包装食品营养标签标示的任何营养信息，应真实、客观，不得标示虚假信息，不得夸大产品的营养作用或其他作用。

3.2 预包装食品营养标签应使用中文。如同时使用外文标示的，其内容应当与中文相对应，外文字号不得大于中文字号。

3.3 营养成分表应以一个"方框表"的形式表示(特殊情况除外)，方框可为任意尺寸，并与包装的基线垂直，表题为"营养成分表"。

3.4 食品营养成分含量应以具体数值标示，数值可通过原料计算或产品检测获得。各营养成分的营养素参考值(NRV)见附录A。

3.5 营养标签的格式见附录B，食品企业可根据食品的营养特性、包装面积的大小和形状等因素选择使用其中的一种格式。

3.6 营养标签应标在向消费者提供的最小销售单元的包装上。

4 强制标示内容

4.1 所有预包装食品营养标签强制标示的内容包括能量、核心营养素的含量值及其占营养素参考值(NRV)的百分比。当标示其他成分时，应采取适当形式使能量和核心营养素的标示更加醒目。

4.2 对除能量和核心营养素外的其他营养成分进行营养声称或营养成分功能声称时，在营养成分表中还应标示出该营养成分的含量及其占营养素参考值(NRV)的百分比。

4.3 使用了营养强化剂的预包装食品，除4.1的要求外，在营养成分表中还应标示强化后食品中该营养成分的含量值及其占营养素参考值(NRV)的百分比。

4.4 食品配料含有或生产过程中使用了氢化和(或)部分氢化油脂时，在营养成分表中还应标示出反式脂肪(酸)的含量。

4.5 上述未规定营养素参考值(NRV)的营养成分仅需标示含量。

5 可选择标示内容

5.1 除上述强制标示内容外，营养成分表中还可选择标示表1中的其他成分。

5.2 当某营养成分含量标示值符合表C.1的含量要求和限制性条件时，可对该成分进行含量声称，声称方式见表C.1。当某营养成分含量满足表C.3的要求和条件时，可对该成分进行比较声称，声称方式见表C.3。当某营养成分同时符合含量声称和比较声称的要求时，可以同时使用两种声称方式，或仅使用含量声称。含量声称和比较声称的同义语见表 C.2 和表 C.4。

5.3 当某营养成分的含量标示值符合含量声称或比较声称的要求和条件时，可使用附录 D 中相应的一条或多条营养成分功能声称标准用语。不应对功能声称用语进行任何形式的删改、添加和合并。

6 营养成分的表达方式

6.1 预包装食品中能量和营养成分的含量应以每 100 克(g)和(或)每 100 毫升(mL)和(或)每份食品可食部中的具体数值来标示。当用份标示时，应标明每份食品的量。份的大小可根据食品的特点或推荐量规定。

6.2 营养成分表中强制标示和可选择性标示的营养成分的名称和顺序、标示单位、修约间隔、“0”界限值应符合表 1 的规定。当不标示某一营养成分时，依序上移。

6.3 当标示 GB 14880 和卫生部公告中允许强化的除表 1 外的其他营养成分时，其排列顺序应位于表 1 所列营养素之后。

表 1 能量和营养成分名称、顺序、表达单位、修约间隔和“0”界限值

能量和营养成分的名称和顺序	表达单位[a]	修约间隔	“0”界限值(每 100 g 或 100 mL)[b]
能量	千焦(kJ)	1	≤17 kJ
蛋白质	克(g)	0.1	≤0.5 g
脂肪	克(g)	0.1	≤0.5 g
饱和脂肪(酸)	克(g)	0.1	≤0.1 g
反式脂肪(酸)	克(g)	0.1	≤0.3 g
单不饱和脂肪(酸)	克(g)	0.1	≤0.1 g
多不饱和脂肪(酸)	克(g)	0.1	≤0.1 g
胆固醇	毫克(mg)	1	≤5 mg
碳水化合物	克(g)	0.1	≤0.5 g
糖(乳糖[c])	克(g)	0.1	≤0.5 g
膳食纤维(或单体成分，或可溶性、不可溶性膳食纤维)	克(g)	0.1	≤0.5 g
钠	毫克(mg)	1	≤5 mg
维生素 A	微克视黄醇当量(μg RE)	1	≤8 μg RE
维生素 D	微克(μg)	0.1	≤0.1 μg
维生素 E	毫克 α-生育酚当量(mg α-TE)	0.01	≤0.28 mg α-TE
维生素 K	微克(μg)	0.1	≤1.6 μg
维生素 B_1(硫胺素)	毫克(mg)	0.01	≤0.03 mg
维生素 B_2(核黄素)	毫克(mg)	0.01	≤0.03 mg
维生素 B_6	毫克(mg)	0.01	≤0.03 mg
维生素 B_{12}	微克(μg)	0.01	≤0.05 μg
维生素 C(抗坏血酸)	毫克(mg)	0.1	≤2.0 mg
烟酸(烟酰胺)	毫克(mg)	0.01	≤0.28 mg

表 1（续）

能量和营养成分的名称和顺序	表达单位[a]	修约间隔	“0”界限值(每 100 g 或 100 mL)[b]
叶酸	微克(μg)或微克叶酸当量(μg DFE)	1	≤8 μg
泛酸	毫克(mg)	0.01	≤0.10 mg
生物素	微克(μg)	0.1	≤0.6 μg
胆碱	毫克(mg)	0.1	≤9.0 mg
磷	毫克(mg)	1	≤14 mg
钾	毫克(mg)	1	≤20 mg
镁	毫克(mg)	1	≤6 mg
钙	毫克(mg)	1	≤8 mg
铁	毫克(mg)	0.1	≤0.3 mg
锌	毫克(mg)	0.01	≤0.30 mg
碘	微克(μg)	0.1	≤3.0 μg
硒	微克(μg)	0.1	≤1.0 μg
铜	毫克(mg)	0.01	≤0.03 mg
氟	毫克(mg)	0.01	≤0.02 mg
锰	毫克(mg)	0.01	≤0.06 mg

[a] 营养成分的表达单位可选择表格中的中文或英文，也可以两者都使用。

[b] 当某营养成分含量数值≤“0”界限值时，其含量应标示为“0”；使用“份”的计量单位时，也要同时符合每 100 g 或 100 mL 的“0”界限值的规定。

[c] 在乳及乳制品的营养标签中可直接标示乳糖。

6.4 在产品保质期内，能量和营养成分含量的允许误差范围应符合表 2 的规定。

表 2 能量和营养成分含量的允许误差范围

能量和营养成分	允许误差范围
食品的蛋白质，多不饱和及单不饱和脂肪(酸)，碳水化合物、糖(仅限乳糖)，总的、可溶性或不溶性膳食纤维及其单体，维生素(不包括维生素 D、维生素 A)，矿物质(不包括钠)，强化的其他营养成分	≥80%标示值
食品中的能量以及脂肪、饱和脂肪(酸)、反式脂肪(酸)，胆固醇，钠，糖(除外乳糖)	≤120%标示值
食品中的维生素 A 和维生素 D	80%～180%标示值

7 豁免强制标示营养标签的预包装食品

下列预包装食品豁免强制标示营养标签：

——生鲜食品，如包装的生肉、生鱼、生蔬菜和水果、禽蛋等；

——乙醇含量≥0.5%的饮料酒类；

——包装总表面积≤100 cm^2 或最大表面面积≤20 cm^2 的食品；
——现制现售的食品；
——包装的饮用水；
——每日食用量≤10 g或10 mL的预包装食品；
——其他法律法规标准规定可以不标示营养标签的预包装食品。
豁免强制标示营养标签的预包装食品，如果在其包装上出现任何营养信息时，应按照本标准执行。

附 录 A
食品标签营养素参考值(NRV)及其使用方法

A.1 食品标签营养素参考值(NRV)

规定的能量和32种营养成分参考数值如表A.1所示。

表A.1 营养素参考值(NRV)

营养成分	NRV	营养成分	NRV
能量[a]	8 400 kJ	叶酸	400 μgDFE
蛋白质	60 g	泛酸	5 mg
脂肪	≤60 g	生物素	30 μg
饱和脂肪酸	≤20 g	胆碱	450 mg
胆固醇	≤300 mg	钙	800 mg
碳水化合物	300 g	磷	700 mg
膳食纤维	25 g	钾	2 000 mg
维生素A	800 μg RE	钠	2 000 mg
维生素D	5 μg	镁	300 mg
维生素E	14 mg α-TE	铁	15 mg
维生素K	80 μg	锌	15 mg
维生素B_1	1.4 mg	碘	150 μg
维生素B_2	1.4 mg	硒	50 μg
维生素B_6	1.4 mg	铜	1.5 mg
维生素B_{12}	2.4 μg	氟	1 mg
维生素C	100 mg	锰	3 mg
烟酸	14 mg		

[a] 能量相当于2 000 kcal;蛋白质、脂肪、碳水化合物供能分别占总能量的13%、27%与60%。

A.2 使用目的和方式

用于比较和描述能量或营养成分含量的多少,使用营养声称和零数值的标示时,用作标准参考值。

使用方式为营养成分含量占营养素参考值(NRV)的百分数;指定NRV%的修约间隔为1,如1%、5%、16%等。

A.3 计算

营养成分含量占营养素参考值(NRV)的百分数计算公式见式(A.1):

$$NRV(\%) = \frac{X}{NRV} \times 100\% \quad \cdots\cdots\cdots\cdots (A.1)$$

式中：

X ——食品中某营养素的含量；

NRV ——该营养素的营养素参考值。

附　录　B
营养标签格式

B.1　本附录规定了预包装食品营养标签的格式。

B.2　应选择以下6种格式中的一种进行营养标签的标示。

B.2.1　仅标示能量和核心营养素的格式

仅标示能量和核心营养素的营养标签见示例1。

示例1：

营养成分表

项　　目	每100克(g)或100毫升(mL)或每份	营养素参考值%或NRV%
能量	千焦(kJ)	%
蛋白质	克(g)	%
脂肪	克(g)	%
碳水化合物	克(g)	%
钠	毫克(mg)	%

B.2.2　标注更多营养成分

标注更多营养成分的营养标签见示例2。

示例2：

营养成分表

项　　目	每100克(g)或100毫升(mL)或每份	营养素参考值%或NRV%
能量	千焦(kJ)	%
蛋白质	克(g)	%
脂肪	克(g)	%
——饱和脂肪	克(g)	
胆固醇	毫克(mg)	%
碳水化合物	克(g)	%
——糖	克(g)	
膳食纤维	克(g)	%
钠	毫克(mg)	%
维生素A	微克视黄醇当量(μg RE)	%
钙	毫克(mg)	%

注：核心营养素应采取适当形式使其醒目。

B.2.3　附有外文的格式

附有外文的营养标签见示例3。

示例3：

营养成分表　nutrition information

项目/Items	每100克(g)或100毫升(mL)或每份 per 100 g/100 mL or per serving	营养素参考值%/NRV%
能量/energy	千焦(kJ)	%
蛋白质/protein	克(g)	%
脂肪/fat	克(g)	%
碳水化合物/carbohydrate	克(g)	%
钠/sodium	毫克(mg)	%

B.2.4 横排格式

横排格式的营养标签见示例 4。

示例 4：

营养成分表

项目	每 100 克(g)/毫升(mL)或每份	营养素参考值%或 NRV%	项目	每 100 克(g)/毫升(mL)或每份	营养素参考值%或 NRV%
能量	千焦(kJ)	%	蛋白质	克(g)	%
碳水化合物	克(g)	%	脂　肪	克(g)	%
钠	毫克(g)	%	—	—	%

注：根据包装特点，可将营养成分从左到右横向排开，分为两列或两列以上进行标示。

B.2.5 文字格式

包装的总面积小于 100 cm^2 的食品，如进行营养成分标示，允许用非表格的形式，并可省略营养素参考值(NRV)的标示。根据包装特点，营养成分从左到右横向排开，或者自上而下排开，如示例 5。

示例 5：

营养成分/100 g：能量××kJ，蛋白质××g，脂肪××g，碳水化合物××g，钠××mg。

B.2.6 附有营养声称和(或)营养成分功能声称的格式

附有营养声称和(或)营养成分功能声称的营养标签见示例 6。

示例 6：

营养成分表

项　目	每 100 克(g)或 100 毫升(mL)或每份	营养素参考值%或 NRV%
能量	千焦(kJ)	%
蛋白质	克(g)	%
脂肪	克(g)	%
碳水化合物	克(g)	%
钠	毫克(mg)	%

营养声称如：低脂肪××。

营养成分功能声称如：每日膳食中脂肪提供的能量比例不宜超过总能量的 30%。

营养声称、营养成分功能声称可以在标签的任意位置。但其字号不得大于食品名称和商标。

附 录 C
能量和营养成分含量声称和比较声称的要求、条件和同义语

C.1 表 C.1 规定了预包装食品能量和营养成分含量声称的要求和条件。

C.2 表 C.2 规定了预包装食品能量和营养成分含量声称的同义语。

C.3 表 C.3 规定了预包装食品能量和营养成分比较声称的要求和条件。

C.4 表 C.4 规定了预包装食品能量和营养成分比较声称的同义语。

表 C.1 能量和营养成分含量声称的要求和条件

项 目	含量声称方式	含量要求[a]	限制性条件
能量	无能量	≤17 kJ/100 g(固体)或 100 mL(液体)	其中脂肪提供的能量≤总能量的 50%。
	低能量	≤170 kJ/100 g 固体 ≤80 kJ/100 mL 液体	
蛋白质	低蛋白质	来自蛋白质的能量≤总能量的 5%	总能量指每 100 g/mL 或每份
	蛋白质来源,或含有蛋白质	每 100 g 的含量≥10%NRV 每 100 mL 的含量≥5%NRV 或者 每 420 kJ 的含量≥5%NRV	
	高,或富含蛋白质	每 100 g 的含量≥20%NRV 每 100 mL 的含量≥10%NRV 或者 每 420 kJ 的含量≥10%NRV	
脂肪	无或不含脂肪	≤0.5 g/100 g(固体)或 100 mL(液体)	
	低脂肪	≤3 g/100 g 固体;≤1.5 g/100 mL 液体	
	瘦	脂肪含量≤10%	仅指畜肉类和禽肉类
	脱脂	液态奶和酸奶:脂肪含量≤0.5% 乳粉:脂肪含量≤1.5%	仅指乳品类
	无或不含饱和脂肪	≤0.1 g/100 g(固体)或 100 mL(液体)	指饱和脂肪及反式脂肪的总和
	低饱和脂肪	≤1.5 g/100 g 固体 ≤0.75 g/100 mL 液体	1. 指饱和脂肪及反式脂肪的总和 2. 其提供的能量占食品总能量的 10%以下
	无或不含反式脂肪酸	≤0.3 g/100 g(固体)或 100 mL(液体)	
胆固醇	无或不含胆固醇	≤5 mg/100 g(固体)或 100 mL(液体)	应同时符合低饱和脂肪的声称含量要求和限制性条件
	低胆固醇	≤20 mg/100 g 固体 ≤10 mg/100 mL 液体	

表 C.1（续）

项　目[a]	含量声称方式	含量要求[a]	限制性条件
碳水化合物(糖)	无或不含糖	≤0.5 g/100 g(固体)或100 mL(液体)	
	低糖	≤5 g/100 g(固体)或100 mL(液体)	
	低乳糖	乳糖含量≤2 g/100 g(mL)	仅指乳品类
	无乳糖	乳糖含量≤0.5 g/100 g(mL)	
膳食纤维	膳食纤维来源或含有膳食纤维	≥3 g/100 g(固体) ≥1.5 g/100 mL(液体)或 ≥1.5 g/420 kJ	膳食纤维总量符合其含量要求；或者可溶性膳食纤维、不溶性膳食纤维或单体成分任一项符合含量要求
	高或富含膳食纤维或良好来源	≥6 g/100 g(固体) ≥3 g/100 mL(液体)或 ≥3 g/420 kJ	
钠	无或不含钠	≤5 mg/100 g或100 mL	符合“钠”声称的声称时，也可用“盐”字代替“钠”字，如“低盐”、“减少盐”等
	极低钠	≤40 mg/100 g或100 mL	
	低钠	≤120 mg/100 g或100 mL	
维生素	维生素×来源或含有维生素×	每100 g中≥15%NRV 每100 mL中≥7.5%NRV或 每420 kJ中≥5%NRV	含有“多种维生素”指3种和(或)3种以上维生素含量符合“含有”的声称要求
	高或富含维生素×	每100 g中≥30%NRV 每100 mL中≥15%NRV或 每420 kJ中≥10%NRV	富含“多种维生素”指3种和(或)3种以上维生素含量符合“富含”的声称要求
矿物质(不包括钠)	×来源，或含有×	每100 g中≥15%NRV 每100 mL中≥7.5%NRV或 每420 kJ中≥5%NRV	含有“多种矿物质”指3种和(或)3种以上矿物质含量符合“含有”的声称要求
	高，或富含×	每100 g中≥30%NRV 每100 mL中≥15%NRV或 每420 kJ中≥10%NRV	富含“多种矿物质”指3种和(或)3种以上矿物质含量符合“富含”的声称要求

[a] 用“份”作为食品计量单位时，也应符合100 g(mL)的含量要求才可以进行声称。

表 C.2　含量声称的同义语

标准语	同义语	标准语	同义语
不含，无	零(0)，没有，100%不含，无，0%	含有，来源	提供，含，有
极低	极少	富含，高	良好来源，含丰富××、丰富(的)××，提供高(含量)××
低	少、少油[a]		

[a] “少油”仅用于低脂肪的声称。

表 C.3　能量和营养成分比较声称的要求和条件

比较声称方式	要　求	条　件
减少能量	与参考食品比较，能量值减少 25%以上	参考食品（基准食品）应为消费者熟知、容易理解的同类或同一属类食品
增加或减少蛋白质	与参考食品比较，蛋白质含量增加或减少 25%以上	
减少脂肪	与参考食品比较，脂肪含量减少 25%以上	
减少胆固醇	与参考食品比较，胆固醇含量减少 25%以上	
增加或减少碳水化合物	与参考食品比较，碳水化合物含量增加或减少 25%以上	
减少糖	与参考食品比较，糖含量减少 25%以上	
增加或减少膳食纤维	与参考食品比较，膳食纤维含量增加或减少 25%以上	
减少钠	与参考食品比较，钠含量减少 25%以上	
增加或减少矿物质（不包括钠）	与参考食品比较，矿物质含量增加或减少 25%以上	
增加或减少维生素	与参考食品比较，维生素含量增加或减少 25%以上	

表 C.4　比较声称的同义语

标准语	同义语	标准语	同义语
增加	增加×%（×倍）	减少	减少×%（×倍）
	增、增×%（×倍）		减、减×%（×倍）
	加、加×%（×倍）		少、少×%（×倍）
	增高、增高（了）×%（×倍）		减低、减低×%（×倍）
	添加（了）×%（×倍）		降×%（×倍）
	多×%，提高×倍等		降低×%（×倍）等

附　录　D
能量和营养成分功能声称标准用语

D.1　本附录规定了能量和营养成分功能声称标准用语。

D.2　能量

人体需要能量来维持生命活动。

机体的生长发育和一切活动都需要能量。

适当的能量可以保持良好的健康状况。

能量摄入过高、缺少运动与超重和肥胖有关。

D.3　蛋白质

蛋白质是人体的主要构成物质并提供多种氨基酸。

蛋白质是人体生命活动中必需的重要物质，有助于组织的形成和生长。

蛋白质有助于构成或修复人体组织。

蛋白质有助于组织的形成和生长。

蛋白质是组织形成和生长的主要营养素。

D.4　脂肪

脂肪提供高能量。

每日膳食中脂肪提供的能量比例不宜超过总能量的30%。

脂肪是人体的重要组成成分。

脂肪可辅助脂溶性维生素的吸收。

脂肪提供人体必需脂肪酸。

D.4.1　饱和脂肪

饱和脂肪可促进食品中胆固醇的吸收。

饱和脂肪摄入过多有害健康。

过多摄入饱和脂肪可使胆固醇增高，摄入量应少于每日总能量的10%。

D.4.2　反式脂肪酸

每天摄入反式脂肪酸不应超过2.2 g，过多摄入有害健康。

反式脂肪酸摄入量应少于每日总能量的1%，过多摄入有害健康。

过多摄入反式脂肪酸可使血液胆固醇增高，从而增加心血管疾病发生的风险。

D.5　胆固醇

成人一日膳食中胆固醇摄入总量不宜超过300 mg。

D.6　碳水化合物

碳水化合物是人类生存的基本物质和能量主要来源。

碳水化合物是人类能量的主要来源。

碳水化合物是血糖生成的主要来源。

膳食中碳水化合物应占能量的60%左右。

D.7　膳食纤维

膳食纤维有助于维持正常的肠道功能。

膳食纤维是低能量物质。

D.8　钠

钠能调节机体水分，维持酸碱平衡。

成人每日食盐的摄入量不超过6 g。

钠摄入过高有害健康。

D.9 维生素 A

维生素 A 有助于维持暗视力。

维生素 A 有助于维持皮肤和黏膜健康。

D.10 维生素 D

维生素 D 可促进钙的吸收。

维生素 D 有助于骨骼和牙齿的健康。

维生素 D 有助于骨骼形成。

D.11 维生素 E

维生素 E 有抗氧化作用。

D.12 维生素 B_1

维生素 B_1 是能量代谢中不可缺少的成分。

维生素 B_1 有助于维持神经系统的正常生理功能。

D.13 维生素 B_2

维生素 B_2 有助于维持皮肤和黏膜健康。

维生素 B_2 是能量代谢中不可缺少的成分。

D.14 维生素 B_6

维生素 B_6 有助于蛋白质的代谢和利用。

D.15 维生素 B_{12}

维生素 B_{12} 有助于红细胞形成。

D.16 维生素 C

维生素 C 有助于维持皮肤和黏膜健康。

维生素 C 有助于维持骨骼、牙龈的健康。

维生素 C 可以促进铁的吸收。

维生素 C 有抗氧化作用。

D.17 烟酸

烟酸有助于维持皮肤和黏膜健康。

烟酸是能量代谢中不可缺少的成分。

烟酸有助于维持神经系统的健康。

D.18 叶酸

叶酸有助于胎儿大脑和神经系统的正常发育。

叶酸有助于红细胞形成。

叶酸有助于胎儿正常发育。

D.19 泛酸

泛酸是能量代谢和组织形成的重要成分。

D.20 钙

钙是人体骨骼和牙齿的主要组成成分,许多生理功能也需要钙的参与。

钙是骨骼和牙齿的主要成分,并维持骨密度。

钙有助于骨骼和牙齿的发育。

钙有助于骨骼和牙齿更坚固。

D.21 镁

镁是能量代谢、组织形成和骨骼发育的重要成分。

D.22 铁

铁是血红细胞形成的重要成分。

铁是血红细胞形成的必需元素。

铁对血红蛋白的产生是必需的。

D.23 锌

锌是儿童生长发育的必需元素。

锌有助于改善食欲。

锌有助于皮肤健康。

D.24 碘

碘是甲状腺发挥正常功能的元素。

ICS 71.100.20
J 74

中华人民共和国国家标准

GB 28051—2011

焊接绝热气瓶充装规定

Regulation for filling of welded insulated cylinder

2011-12-30 发布　　2012-12-01 实施

中华人民共和国国家质量监督检验检疫总局
中国国家标准化管理委员会　发布

前　言

本标准的全部技术内容为强制性。

本标准按照GB/T 1.1—2009《标准化工作导则　第1部分:标准的结构和编写》给出的规则起草。

本标准由全国气瓶标准化技术委员会(SAC/TC 31)提出并归口。

本标准起草单位:北京普莱克斯实用气体有限公司、北京天海工业有限公司、杭州新世纪混合气体有限公司、亚洲气体协会中国分会。

本标准主要起草人:宋琦、姚欣、吴粤燊、宋连生、沈建林、赵俊秀。

焊接绝热气瓶充装规定

1 范围

本标准规定了 GB 24159 设计制造的“焊接绝热气瓶”(又称低温绝热气瓶,以下简称气瓶)的充装基本原则和安全技术要求。

本标准适用于在正常环境温度(-40 ℃～60 ℃)下使用,贮存介质为液氧、液氮、液氩、二氧化碳和氧化亚氮低温液体,设计温度不低于-196 ℃,公称容积为 10 L～450 L,工作压力为 0.2 MPa～3.5 MPa 可重复充装的立式气瓶。

2 规范性引用文件

下列文件对于本文件的应用是必不可少的。凡是注日期的引用文件,仅注日期的版本适用于本文件。凡是不注日期的引用文件,其最新版本(包括所有的修改单)适用于本文件。

GB 24159 焊接绝热气瓶

JB 6898 低温液体贮运设备 使用安全规则

3 充装前的检查

3.1 气瓶应具有下列标记:

a) 气瓶须由具有“制造许可证”的单位生产,并有制造商名称和监督检验标记;

b) 气瓶的工作压力;

c) 气瓶的瓶号和气瓶净重;

d) 气瓶制造日期;

e) 气瓶自有产权编号。

3.2 气瓶应逐只进行外观检查,外观检查包括:

a) 充装介质名称和安全警示标签清晰、完整;

b) 气瓶表面无油污;

c) 气瓶表面无严重凹陷,无过烧现象或其他严重损伤;

d) 气瓶阀门无损伤、松动和零件丢失现象,可正常操作;气相口、液相口和放空口的接头尺寸符合充装介质要求;

e) 气瓶安全阀压力等级正确、完好无损,排放口无异物堵塞;

f) 气瓶顶部的连接导管、液位计、压力表、调压器等无损坏、松动和零件丢失。

3.3 属于下列情况之一的气瓶,应先进行处理,否则严禁充装:

a) 原始标记和外观检查不符合 3.1 和 3.2 规定要求的气瓶;

b) 瓶内原始介质不明的气瓶。

3.4 严禁充装已报废气瓶。

4 充装

4.1 应使用称重法进行充装。计量衡器应按规定定期检定,每天使用前应校正一次,保证其示值准确、可靠。衡器的最大称量值应为常用称量的(1.5～3.0)倍。

4.2 气瓶充装单位应参照气瓶制造厂的使用说明及相关规定制定本单位的充瓶操作规程。

4.3 首次充装和返回时无剩余压力的气瓶，应以洁净的气体吹扫，以保证产品质量。

4.4 连接管路时注意保持接头密封面洁净，不要有水或冰。

4.5 对于二氧化碳气瓶，应使用二氧化碳气体吹扫。充液前应用二氧化碳气体加压至0.8 MPa以上，并在充装过程中持续保持气瓶内压力不低于0.8 MPa。

4.6 应保证气瓶直立充装，严禁卧放或斜放充装。

4.7 充装量不能超过气瓶铭牌规定的最大充装量，杜绝过量充装。

5 充装后的检查

5.1 阀门应关闭，管路及各附件无漏气现象。

5.2 气瓶外观无结霜、结露现象。

6 充装管路

6.1 充装管路的设计应充分考虑系统的最大工作压力和低温液体的要求，液体管路上两个阀门之间要安装相适应的安全阀，其开启压力应与系统压力相匹配。

6.2 连接放空管路，残液排放、充装过程中放空均要排放到室外。

7 充装记录

7.1 充装单位应有专人负责填写气瓶充装记录。记录的内容应至少包括：

a) 充装日期；

b) 气瓶瓶号；

c) 气瓶皮重；

d) 气瓶有效容积；

e) 气瓶实际充装量；

f) 充装者姓名；

g) 充装介质名称。

7.2 充装单位应妥善保管充装记录，保存记录时间不应少于两年。

8 附加要求

8.1 应使用安全、可靠的搬运工具移动气瓶。禁止将气瓶卧放搬运和储存。

8.2 使用密闭运输工具时应考虑到周围环境出现富氧或缺氧的可能性。

8.3 操作者应充分考虑到气瓶的固定方式，瓶体、阀门、管路和安全泄放装置等保护完好。

8.4 充装单位宜采用防错装装置，防止产品混装。

8.5 安全防护须参照JB 6898的有关章条执行。

ICS 71.100.20
J 74

GB

中华人民共和国国家标准

GB 28052—2011

非重复充装焊接钢瓶充装规定

Regulation for filling of non-refillable steel welded cylinder

2011-12-30 发布　　2012-12-01 实施

中华人民共和国国家质量监督检验检疫总局
中国国家标准化管理委员会　发布

前　言

本标准的全部技术内容为强制性。

本标准按照 GB/T 1.1—2009《标准化工作导则　第1部分：标准的结构和编写》给出的规则起草。

本标准由全国气瓶标准化技术委员会(SAC/TC 31)提出并归口。

本标准主要起草单位：金华市永汇精密机械有限公司、巨化集团公司工程有限公司、北京普莱克斯实用气体有限公司、杭州新世纪混合气体有限公司。

本标准主要起草人：吴粤燊、邵咏青、叶晓茹、宋连生、沈建林。

非重复充装焊接钢瓶充装规定

1 范围

本标准规定了工业用非重复充装焊接钢瓶充装的基本原则和安全技术要求。

本标准适用于在环境温度－40 ℃～60 ℃下使用的，储存介质被 GB/T 7778 划为 A 类制冷剂(限低压液化气体)，试验压力 $p_T \leqslant 6.2$ MPa(表压)、容积 $V \leqslant 25$ L(当 $p_T > 3.5$ MPa 时，$V \leqslant 5$ L)的符合 GB 17268 标准的工业用非重复充装焊接钢瓶(以下简称钢瓶)。

2 规范性引用文件

下列文件对于本文件的应用是必不可少的。凡是注日期的引用文件，仅注日期的版本适用于本文件。凡是不注日期的引用文件，其最新版本(包括所有的修改单)适用于本文件。

GB/T 7778　制冷剂编号方法和安全性分类

GB/T 13005　气瓶术语

GB 17268　工业用非重复充装焊接钢瓶

GB 17878　工业用非重复充装焊接钢瓶用瓶阀

3 术语和定义

GB/T 13005 确立的以及下列术语和定义适用于本文件。

3.1

低压液化气体　low pressure liquefied gases

临界温度大于 65 ℃的气体。

3.2

充装系数　filling ratio

气瓶单位容积内允许充装液化气体的质量。

4 充装前的检查与处理

4.1　钢瓶在充装前应由专人负责进行检查，检查内容包括：

a)　钢瓶是否为合格产品；

b)　钢瓶是否为非重复充装性；

c)　盛装介质品种；

d)　钢瓶外观质量。

4.1.1　通过下列检查，确认钢瓶是否是合格产品：

a)　钢瓶由具有“气瓶制造许可证”的单位生产的；

b)　钢瓶是否具有产品合格证和批量质量证明书。

4.1.2　通过下列检查，确认待充瓶是否是非重复充装钢瓶：

a)　钢瓶是否符合 GB 17268 的要求，包括钢瓶标记是否有“严禁重复充装”的警示标记；

b) 钢瓶有无曾经充气使用过的迹象；

c) 钢瓶所装的瓶阀是否是“非重复充装瓶阀”，包括：瓶阀是否是不能重复充装的结构型式；瓶阀与瓶体是否是非可拆连接结构；充装前的瓶阀是否处于开启状态。

4.1.3 通过下列检查，确认钢瓶规定充装的介质是否与所装气体相符：

a) 钢瓶标记上的“盛装介质”的名称是否与所装气体相符；

b) 钢瓶标明的试验压力是否不小于所装气体在 60 ℃时的饱和蒸气压力。

4.1.4 钢瓶的外观检查包括以下内容：

a) 钢瓶表面有无严重腐蚀、鼓包、凹陷或其他明显变形等损伤；

b) 安全泄压装置的装设是否符合要求，有无焊口开脱、爆破片变形等缺陷；

c) 瓶阀的装设是否稳妥可靠，阀出气口是否有密封保护；

d) 钢瓶表面油漆是否完整无损，有无脱落、起皮或磨损等现象。

4.2 具有下列情况之一的钢瓶禁止充装。属于其中 a)、b)条款的，充装单位应及时报告当地技术监督部门和主管部门：

a) 钢瓶由不具有“气瓶制造许可证”的单位生产的；

b) 所装设的瓶阀不符合 GB 17878 要求，或钢瓶有可能用其他方法进行重复充装的；

c) 钢瓶无产品合格证和批量质量证明书；

d) 钢瓶标记的盛装介质与所装气体不符的；

e) 钢瓶标记不符合规定，或污损脱落难以辨认的；

f) 钢瓶瓶体、瓶阀、安全泄压装置存在缺陷，不能保证安全使用的。

5 充装

5.1 钢瓶严禁重复充装。待充装的钢瓶应是未曾充装使用过的新瓶。

5.2 充装单位应制定气瓶充装操作规程。钢瓶的充装应严格遵守充装操作规程的规定。操作人员应按规定配戴防护器具。

5.3 钢瓶的充装应精确计量。充装计量用的衡器应符合下列要求：

a) 计量衡器的最大称量值不得大于钢瓶实重(包括钢瓶皮重与装液重量)的 3 倍，不小于 1.5 倍；

b) 计量衡器的精度为中准确度级；

c) 计量衡器应按规定由具有资质的单位进行定期检定。计量衡器在每天使用前应进行校验。

5.4 钢瓶的充装量应同时满足下列要求：

a) 充装量不大于钢瓶标记上的“最大充装量”；

b) 实际充装量不大于钢瓶的实际容积与充装系数的乘积。

5.5 低压液化气体的充装系数按公式(1)计算确定：

$$F_r = 0.97\rho\left(1-\frac{C}{100}\right) \qquad \cdots\cdots(1)$$

式中：

F_r ——低压液化气体充装系数，单位为千克每升(kg/L)；

ρ ——液体介质在 60 ℃下的密度，单位为千克每升(kg/L)；

C ——液体密度的最大负偏差，%。

5.6 钢瓶的充装量应严格控制，充装计量系统应设置有防止充装超量的自动切断装置。发现有过量充装的钢瓶，应及时将超装的液量妥善排出。

5.7 禁止使用以下的计量方法确定充装量：

a) 多瓶充装，统一称重，平均计算充装量；

b) 按估计重量或钢瓶制造批次的平均重量代替实测空瓶重量来计算充装量。

6 产品合格证

充装产品检验合格证内容包括：产品名称、产品重量、产品批号、生产日期和生产企业名称。

7 充装后的检查

7.1 充装后的钢瓶应进行如下项目的检查：

a) 钢瓶抽样复秤，数量1%，不得超装；
b) 钢瓶瓶阀出口、阀杆与阀体的间隙应严密不漏；
c) 钢瓶安全泄压装置应保持完好无损状态、无渗漏或其他不正常的现象；
d) 钢瓶瓶体应无凸起、整体变形的迹象；
e) 充装介质应无错装；
f) 产品应有合格证书。

7.2 对不符合要求的钢瓶应按规定妥善处理。

8 充装记录

8.1 充装站应按日如实填写充装记录。充装记录至少包括：充装日期、充装介质、日充装钢瓶数量、钢瓶制造厂产品批号及充装操作人员等。

8.2 充装单位应妥善保管充装记录，保存记录时间不应少于两年。

ICS 23.020.30
J 74

中华人民共和国国家标准

GB 28053—2011

呼吸器用复合气瓶

Composite cylinders for breathing apparatus

2011-12-30 发布　　2012-12-01 实施

中华人民共和国国家质量监督检验检疫总局
中国国家标准化管理委员会　发布

前　言

本标准的全部技术内容为强制性。

本标准按照 GB/T 1.1—2009《标准化工作导则　第 1 部分：标准的结构和编写》给出的规则起草。

本标准参照采用 DOT-CFFC《铝内胆碳纤维全缠绕复合气瓶的基本要求》。

本标准与 DOT-CFFC 相比，主要技术性差异如下：

——标准的适用范围：

a） 公称工作压力由 DOT-CFFC 规定的不大于 34 474 KPa 改为不大于 30 MPa；

b） 公称容积由 DOT-CFFC 规定的不大于 90.7 L 改为不大于 12 L；

c） 增加了使用环境温度 −40 ℃～60 ℃的要求。

——增加了瓶颈厚度应满足瓶阀装配所需扭矩的要求。

——针对玻璃纤维只用于外保护层的特点，其抗拉强度由气瓶制造单位确定。

——根据我国缠绕气瓶实际生产的质量控制要求，对内胆增加了硬度试验和金相试验要求，对缠绕气瓶增加了气密性试验要求。

本标准由全国气瓶标准化技术委员会(SAC/TC 31)提出并归口。

本标准起草单位：沈阳斯林达安科新技术有限公司、北京科泰克科技有限责任公司、北京天海工业有限公司、上海康巴赛特科技发展有限公司、中材科技（苏州）有限公司。

本标准主要起草人：姜将、孙冬生、张增营、刘守正、吴庆锋、陆国安、姚瑜、邓红。

呼吸器用复合气瓶

1 范围

本标准规定了呼吸器用铝内胆碳纤维全缠绕复合气瓶(以下简称气瓶)的型式和参数、技术要求、试验方法和合格标准、检验规则及标志、包装、运输和储存等要求。

本标准适用于设计、制造公称工作压力不大于 30 MPa,公称容积不大于 12 L,使用环境温度 −40 ℃～60 ℃,可重复充装呼吸气体的气瓶。

2 规范性引用文件

下列文件对于本文件的应用是必不可少的。凡是注日期的引用文件,仅注日期的版本适用于本文件。凡是不注日期的引用文件,其最新版本(包括所有的修改单)适用于本文件。

GB 191 包装储运图示标志

GB/T 192 普通螺纹 基本牙型

GB/T 196 普通螺纹 基本尺寸

GB/T 197 普通螺纹 公差

GB/T 228.1 金属材料 拉伸试验 第1部分:室温试验方法

GB/T 230.1 金属材料 洛氏硬度试验 第1部分:试验方法(A、B、C、D、E、F、G、H、K、N、T标尺)

GB/T 231.1 金属材料 布氏硬度试验 第1部分:试验方法

GB/T 1458 纤维缠绕增强塑料环形试样力学性能试验方法

GB/T 3191 铝及铝合金挤压棒材

GB/T 3246.1 变形铝及铝合金制品显微组织检验方法

GB/T 3246.2 变形铝及铝合金制品低倍组织检验方法

GB/T 3362 碳纤维复丝拉伸性能试验方法

GB/T 3880.1～3880.3 一般工业用铝及铝合金板、带材

GB/T 3934 普通螺纹量规 技术条件

GB/T 4437.1 铝及铝合金热挤压管 第1部分:无缝圆管

GB/T 4612 塑料 环氧化合物 环氧当量的测定

GB/T 6519 变形铝合金产品超声波检验方法

GB/T 7690.3 增强材料 纱线试验方法 第3部分:玻璃纤维断裂强力和断裂伸长的测定

GB/T 9251 气瓶水压试验方法

GB/T 9252 气瓶疲劳试验方法

GB/T 12137 气瓶气密性试验方法

GB/T 13005 气瓶术语

GB/T 15385 气瓶水压爆破试验方法

GB/T 20975(所有部分) 铝及铝合金化学分析方法

YS/T 67 变形铝及铝合金圆铸锭

TSG R7002 气瓶型式试验规则

3 术语和定义、符号

3.1 术语和定义

GB/T 13005 确立的以及下列术语和定义适用于本文件。

3.1.1

铝内胆碳纤维全缠绕复合气瓶 fully wrapped carbon-fiber reinforced aluminium liner composite cylinders

以无缝铝合金容器为内胆，在其外表面全缠绕浸渍树脂基体的碳纤维增强层，经加温固化制成的气瓶。

3.1.2

内胆 liner

能进行外表面纤维缠绕增强且能承受部分压力载荷的无缝密闭容器。

3.1.3

全缠绕 fully wrapped

用浸渍树脂基体的纤维连续在内胆上螺旋和环向缠绕，使其在气瓶的纵向和环向都得到增强的缠绕方式。

3.1.4

批量(内胆) batch (liner)

按同一设计，同一炉罐号材料，同一制造工艺和按同一热处理规范连续生产的内胆所限定的数量。

3.1.5

批量(气瓶) batch (gas cylinders)

按同一设计，用同一规格内胆、纤维和树脂材料，按同一制造工艺连续生产的气瓶所限定的数量。

3.1.6

自紧 auto-frettage

通过对气瓶施加内压力，使内胆产生塑性变形，使得气瓶在零压力下，内胆承受压应力，纤维承受拉应力。

3.1.7

极限弹性膨胀量 rejection elastic expansion (REE)

在每种规格型号气瓶设计定型阶段，由制造单位规定的气瓶弹性膨胀量的合格上限值，单位为毫升。该数值不超过若干批相同规格型号气瓶在水压试验压力下弹性膨胀量平均值的 1.1 倍。

3.1.8

最小爆破压力 minimum burst pressure

气瓶设计时规定的水压爆破试验应满足的最低爆破压力值。

3.1.9

剩余爆破压力 residual burst pressure

气瓶在经过疲劳、热循环、跌落等试验后所测得的实际爆破压力值。

3.2 符号

下列符号适用于本文件。

R_m 实测抗拉强度，MPa；

$R_{P0.2}$ 规定非比例延伸强度，MPa；

A 断后伸长率，%。

4 型式和参数

4.1 型式

气瓶结构一般应符合图 1 所示的型式。

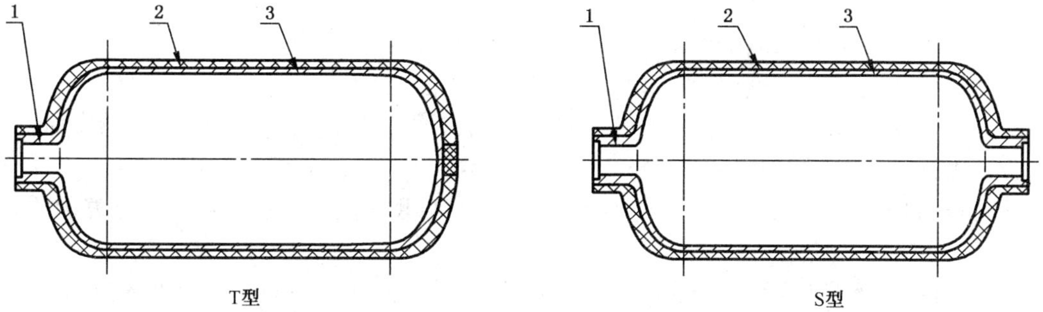

说明：

1——瓶口螺纹；

2——纤维缠绕层；

3——内胆。

沿气瓶轴线设计一个或两个瓶口。

图 1 气瓶结构型式

4.2 型号标记

气瓶型号标记表示如下：

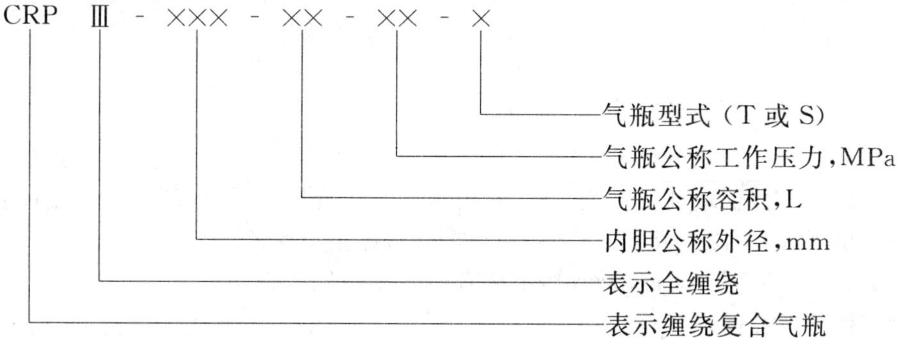

示例： 内胆公称外径 145 mm，气瓶公称容积 6.8 L，气瓶公称工作压力 30 MPa，两头口，其型号标记为：

CRPⅢ-145-6.8-30-S

5 技术要求

5.1 内胆要求

5.1.1 内胆材料

5.1.1.1 应采用 6061 铝合金材料，材料的化学成分应符合表 1 的规定。

表 1　铝合金化学成分

元素		Si	Fe	Cu	Mn	Mg	Cr	Zn	Ti	Pb	Bi	其他		Al
												单项	总体	
含量%	最小值	0.40	—	0.15	—	0.80	0.04	—	—	—	—	—	—	余量
	最大值	0.80	0.70	0.40	0.15	1.20	0.35	0.25	0.15	0.003	0.003	0.05	0.15	

检验方法应符合 GB/T 20975 的规定。

5.1.1.2　内胆材料应满足相应标准的规定，铸锭按 YS/T 67 的规定，挤压棒材按 GB/T 3191 的规定，板材按 GB/T 3880.1～3880.3 的规定，管材按 GB/T 4437.1 的规定。铸锭的晶粒度不应低于二级，晶粒度的检验方法符合 GB/T 3246.2 的规定。

5.1.1.3　内胆材料应有材料制造单位的产品质量合格证明书，并经气瓶制造单位复验合格后方可使用。

5.1.1.4　应按材料炉罐号进行化学成分复验。Pb、Bi 含量可依据产品质量证明书的数据进行确认。

5.1.1.5　铸锭应进行超声波探伤，超声波检测按 ϕ2 mm 当量平底孔进行，检验方法应符合 GB/T 6519 的规定。

5.1.2　内胆设计

5.1.2.1　肩部和底部应采用凸形结构。

5.1.2.2　肩部和底部的厚度应满足气瓶水压爆破试验和疲劳试验的要求。

5.1.2.3　为获得合理的应力分布，肩部和底部应采用渐变厚度设计，筒体与肩部、筒体与底部均应圆滑过渡。

5.1.2.4　应通过应力分析验证内胆设计壁厚。

5.1.2.5　瓶颈厚度应保证在承受装阀的附加外力时不产生变形，其装阀扭矩应符合附录 A 的规定。

5.1.2.6　瓶口螺纹应采用直螺纹并贯穿口部，螺纹长度不少于 6 个螺距，且在水压试验压力下的剪切应力安全系数至少为 10，螺纹剪切应力安全系数计算方法参见附录 B。

5.1.3　内胆制造

5.1.3.1　应符合设计图样及相关技术文件的要求。

5.1.3.2　制造过程应分批管理，以不大于 200 只内胆为一个批量(不含破坏性试验用内胆)。

5.1.3.3　应采用挤压、冲压拉伸或旋压成形的制造方法，经收口制成。

5.1.3.4　颈部与肩部过渡部分表面应光滑，不应有突变或明显皱折。

5.1.3.5　不应进行焊接处理。

5.1.3.6　热处理

内胆应进行固溶时效热处理，并进行热处理工艺评定。热处理后的力学性能应满足表 2 的规定。

表 2　内胆热处理后的力学性能

试验项目	试验结果
实测抗拉强度 Rm/MPa	≥262
规定非比例延伸强度 $R_{p0.2}$/MPa	≥242
断后伸长率 A/%	≥10

5.1.3.7 瓶口螺纹应满足设计要求，螺纹牙型、尺寸及制造公差应符合 GB/T 192、GB/T 196 和 GB/T 197 等相关标准的规定。

5.2 气瓶要求

5.2.1 气瓶缠绕层材料

5.2.1.1 碳纤维

应采用聚丙烯腈(PAN)碳纤维，纤维材料应符合相应标准的规定，并有质量合格证明书，其力学性能应满足气瓶制造单位性能要求的最小值，且材料的抗拉强度不大于 5 360 MPa。气瓶制造单位应进行纤维抗拉强度复验。

检验方法应符合 GB/T 3362 的规定。

5.2.1.2 玻璃纤维

应采用 S 型或 E 型玻璃纤维，纤维材料应符合相应标准的规定，并有质量合格证明书，材料的强度应满足气瓶制造单位性能要求的最小值。

检验方法应符合 GB/T 7690.3 的规定。

5.2.1.3 树脂基体

应采用环氧树脂或改性环氧树脂，材料应符合相应标准的规定，并有质量合格证明书，材料应适宜纤维缠绕工艺，并满足气瓶制造单位的性能要求。环氧当量的测定方法应符合 GB/T 4612 的规定。

5.2.2 气瓶设计

5.2.2.1 水压试验压力应为公称工作压力的 5/3 倍。

5.2.2.2 最小爆破压力应为公称工作压力的 3.4 倍。

5.2.2.3 气瓶的设计使用寿命为 15 年。

5.2.2.4 应力分析应采用有限元技术，并建立适当模型，计算自紧后在零压力、工作压力、试验压力及最小爆破压力下，内胆和缠绕层中的最大应力及各点的应力分布，应考虑内胆的材料非线性、缠绕层材料各向异性和结构的几何非线性特性。

5.2.2.5 应力分布要求

a) 零压力下内胆筒体部分的压应力应在内胆实测屈服强度的 60%～95%之间；

b) 工作压力下内胆的最大拉应力应不超过内胆实测屈服强度的 60%；

c) 在设计爆破压力下，玻璃纤维承担的载荷应不超过总压力载荷的 15%；

d) 工作压力下碳纤维最大应力应不超过设计爆破压力下碳纤维应力的 30%；

e) 最大应力应位于筒体部分。

5.2.3 气瓶制造

5.2.3.1 应符合设计图样及相关技术文件的要求。

5.2.3.2 制造过程应分批管理，以不大于 200 只气瓶为一个批量(不含破坏性试验用气瓶)。

5.2.3.3 为避免内胆与碳纤维复合层之间的电腐蚀，内胆外表面应有聚合物涂层或浸渍树脂基体的玻璃纤维层。

5.2.3.4 缠绕时不可将不同种类的纤维混合在一起，每层应采用一种纤维，玻璃纤维只作为保护层。

5.2.3.5 缠绕和固化应进行工艺评定。

5.2.3.6 水压试验前应按规定的自紧压力进行自紧处理。

5.2.3.7 气瓶外表面打磨不可损伤到碳纤维。

5.3 附件

5.3.1 根据充装气体要求装配阀门，瓶阀装配扭矩应满足附录 A 的规定。

5.3.2 瓶阀上应有爆破片式安全泄放装置，爆破片的爆破压力应为水压试验压力的 83%～100%。

6 试验方法和合格标准

6.1 内胆

6.1.1 壁厚和制造公差

壁厚应采用超声波测厚仪或专用测量工具进行检测，制造公差应采用标准或专用量具进行检测。

合格标准：

a) 壁厚应不小于设计壁厚；

b) 筒体平均外径应不超过公称外径的±1%；

c) 筒体圆度在同一截面上测量其最大与最小外径之差，应不超过该截面平均均径的 2%；

d) 筒体直线度应不超过筒体长度的 0.3%。

6.1.2 内、外表面

目测检查，内表面可采用内窥镜或内窥灯进行检查。

合格标准：

a) 内、外表面不应有肉眼可见的尖锐表面压痕、明显突起、重叠、裂纹和夹杂，颈部与肩部过渡部分不应有突变或明显皱折，可采用机加工或修磨的方法去除表面缺陷，缺陷去除后其部位应圆滑过渡，且壁厚不应小于设计壁厚。

b) 筒体与肩部、筒体与底部应圆滑过渡。

6.1.3 瓶口螺纹

应采用符合 GB/T 3934 规定的螺纹量规进行检测。

合格标准：

a) 瓶口螺纹应满足设计要求，螺纹牙型、尺寸及制造公差应符合 GB/T 192、GB/T 196 和 GB/T 197 等相关标准的规定。

b) 螺纹的螺距、牙型角、牙顶、牙底及表面粗糙度应符合标准的规定。

c) 螺纹的有效螺距数应符合标准的规定。

6.1.4 硬度试验

试验方法应符合 GB/T 230.1 或 GB/T 231.1 的规定。

合格标准：硬度值不应超出气瓶制造单位规定的范围。

6.1.5 拉伸试验

在内胆筒体部位沿轴向对称截取两个试样。试样标距长度不小于 24 倍内胆设计壁厚，试样宽度不大于 6 倍内胆设计壁厚。若内胆的尺寸不够制作笔直试样，可将试样夹持端拉直或压直，不应加热或敲击，也可用同样工艺制造的长试件做试样，且在试验报告中注明试样制备的方法，试验方法应符合

GB/T 228 的规定。

合格标准:符合表 2 的规定。

6.1.6 金相试验

在内胆的肩部取样。试验方法应符合 GB/T 3246.1 的规定。

合格标准:无过烧组织。

6.2 气瓶

6.2.1 内、外表面

目测检查,内表面可用内窥镜或内窥灯进行检查。

合格标准:

a) 内表面、瓶口螺纹及密封面应清洁,不应有残留物;

b) 外表面应光滑、平整、不应有纤维裸露、纤维断裂、树脂积瘤及纤维分层等影响性能的缺陷。

6.2.2 层间剪切试验

试验方法应符合 GB/T 1458 的规定,制作具有代表性的缠绕层试样,有效试样数不应少于 3 个。

合格标准:在沸水中煮 24 h 后,剪切强度≥34.5 MPa。

6.2.3 水压试验

应采用外测法进行水压试验,试验前应实测气瓶水容积和重量,其数值应以三位有效数字表示,第四位数值,对于容积一律舍去,对于瓶重一律进位。试验方法应符合 GB/T 9251 的规定。

合格标准:在水压试验压力下,保压 1 min,瓶体不应有泄漏或明显变形,且水压试验压力下弹性膨胀量不应超过气瓶极限弹性膨胀量(REE)。

6.2.4 气密性试验

应在水压试验后进行气密性试验,试验压力为公称工作压力,试验方法应符合 GB/T 12137 的规定。

合格标准:在试验压力下,保压 1 min,不应有泄漏。

气密性试验仅限带瓶阀出厂的气瓶。

6.2.5 水压爆破试验

匀速加压至最小爆破压力,保压至少 5 s,然后加压直到爆破。加压速率每秒不超过 1.37 MPa,试验方法应符合 GB/T 15385 的规定。

合格标准:实测爆破压力不低于最小爆破压力,爆破起始位置应在气瓶筒体部位。

6.2.6 疲劳试验

在常温条件下,按 GB/T 9252 进行疲劳试验,压力循环频率不应超过 10 次每分钟,在最大压力的 90%～100%期间保压不少于 1.2 s。

试验步骤如下:

a) 气瓶从小于 10%公称工作压力到公称工作压力进行压力循环至少 10 000 次;

b) 然后,从接近零压力到水压试验压力进行压力循环至少 30 次;

c) 完成上述试验后,按 6.2.5 进行水压爆破试验。

合格标准：在疲劳试验过程中，气瓶不应出现任何可见损伤、变形和泄漏。剩余爆破压力应不低于最小爆破压力的90%。

6.2.7 高低温疲劳试验

疲劳试验方法应符合GB/T 9252的规定，压力循环频率不应超过10次每分钟，在最大压力的90%～100%期间保压不少于1.2 s。

试验步骤如下：

a) 气瓶在零压下，温度不低于60 ℃，相对湿度95%以上的环境中放置48 h；

b) 在上述环境中从接近零压力到公称工作压力进行压力循环至少5 000次；

c) 气瓶泄压至零压力在常温下稳定后，在温度不高于－51.6 ℃环境中，从接近零压力到公称工作压力进行压力循环至少5 000次；

d) 气瓶泄压至零压力在常温下稳定后，在常温下从接近零压力到水压试验压力进行压力循环至少30次；

e) 完成上述试验后，按6.2.5进行水压爆破试验。

合格标准：在疲劳试验过程中气瓶不应出现任何可见损伤、变形和泄漏。剩余爆破压力应不低于最小爆破压力的90%。

6.2.8 热循环试验

压力循环试验方法应符合GB/T 9252的规定，循环频率不应超过10次每分钟，在最大压力的90%～100%期间保压不少于1.2 s。

试验步骤如下：

a) 气瓶在常温下从接近零压力到公称工作压力进行压力循环10 000次；

b) 将气瓶充压并保持在公称工作压力下，在93.3 ℃和－51.6 ℃温度下进行热循环试验至少20次，在每个温度下至少保持10 min；

c) 完成上述试验后，按6.2.5进行水压爆破试验。

合格标准：在压力循环的试验过程中气瓶不应出现任何可见损伤、变形和泄漏。剩余爆破压力应不低于最小爆破压力的90%。

6.2.9 跌落试验

将未充气的装有阀门的气瓶按下列要求从3 m高处自由坠落到混凝土地面上。

试验步骤如下：

a) 气瓶垂直坠落，瓶底着地；

b) 气瓶水平坠落，瓶体侧壁着地；

c) 气瓶水平坠落到38 mm×4.8 mm角钢的棱边上，角钢两侧边与地面成45°夹角放置，撞击点在气瓶侧壁的中部附近；

d) 跌落试验后的气瓶，从小于10%公称工作压力到公称工作压力进行压力循环至少1 000次，循环频率不应超过10次每分钟，在最大循环压力的90%～100%期间保压不少于1.2 s。压力循环试验方法应符合GB/T 9252的规定；

e) 完成上述试验后，按6.2.5进行水压爆破试验。

合格标准：在压力循环试验过程中气瓶不应出现任何可见泄漏。剩余爆破压力应不低于最小爆破压力的90%。

6.2.10 枪击试验

试验步骤如下：

a) 气瓶充空气或氮气至公称工作压力;

b) 气瓶直径 ϕ120 mm 以上用 7.62 mm 的穿甲弹(小于或等于 ϕ120 mm 可用 5.6 mm 或 7.62 mm 普通弹),射击距离不大于 45 m;

c) 气瓶放置的位置应使弹头撞击点在筒体侧壁,入射方向与瓶体轴线成 45°,并保证子弹击中并穿透气瓶。

合格标准:试验后的气瓶不应爆破。

6.2.11 火烧试验

试验步骤如下:

a) 将装配有满足设计要求爆破片瓶阀的气瓶,充装空气或氮气至公称工作压力;

b) 气瓶垂直放置(另一只水平放置),在火源上方约 100 mm 处,应采用金属挡板防止火焰直接接触安全泄放装置,但金属挡板不应直接接触安全泄放装置,火源宜采用浇有煤油的干燥木柴,至少沿气瓶轴线设置 3 只热电偶,以监控气瓶表面温度。同时,还应配置测定和监控瓶内压力的压力表和泄压阀门,并用管线将其从瓶口引到安全区域;

c) 点火后火源产生的火焰应能包覆住气瓶的全部表面,试验过程应每间隔不超过 30 s 记录一次热电偶的显示温度和气瓶压力,点火后 2 min 内至少应有 1 只热电偶的显示温度达到 590 ℃,并在随后的试验过程中不得低于这一温度。气瓶应暴露在火焰中直到全部气体排空为止。

合格标准:在点火开始试验后 2 min 内气瓶不应发生爆炸,瓶内气体可通过瓶阀安全泄放装置泄放。当火烧时间超过 2 min 时,可通过旁路泄放瓶内气体。气瓶应保持完整。

7 检验规则

7.1 出厂检验

7.1.1 逐只检验

气瓶应按表 3 规定的项目进行逐只检验。

7.1.2 批量检验

7.1.2.1 气瓶应按表 3 规定的项目进行批量检验。

7.1.2.2 抽样

7.1.2.2.1 内胆

从每批内胆中随机抽取 1 只,进行拉伸试验、金相试验。

如果批量检验时某项不合格,按下列规定进行处理:

a) 如果不合格是由于试验操作异常或测量失误所造成,应重做同样数量试样的试验。如重新试验结果合格,则首次试验无效;

b) 如果确认不合格是由于热处理造成的,该批内胆可重新热处理,但热处理次数不应多于两次(不包括单纯的人工时效处理次数),经重新热处理的该批内胆应作为新批进行批量检验;

c) 如果确认不合格是由于其他原因造成的,则整批内胆判废。

7.1.2.2.2 气瓶

a) 从每批气瓶中随机抽取 1 只,进行疲劳试验;

b) 从每批气瓶中随机抽取 1 只,进行水压爆破试验,用于疲劳试验的气瓶可用来进行爆破试验。

如果批量检验时某项不合格,可再随机抽取 5 只气瓶进行该项试验,5 只气瓶全部通过试验,则本批气瓶合格,如果其中有一只未通过试验,则整批气瓶判废。

7.2 型式试验

7.2.1 新设计的气瓶应按表3规定的项目进行型式试验。若型式试验不合格，则不应投入批量生产，不应投入使用。

7.2.2 用于型式试验气瓶的抽样按TSG R7002的规定，各项试验的抽样数量见表3。

7.3 设计变更

7.3.1 在原设计基础上设计变更的气瓶，应按表4规定的试验项目做相应的型式试验。

7.3.2 设计的气瓶与原设计有下列不同时则不作为设计变更，不必补充型式试验项目：

a) 直径和工作压力变化小于等于10%；

b) 容积变化小于等于30%。

表3 气瓶出厂检验及型式试验

序号	检验项目		出厂检验			型式试验		试验
			逐只检验	批量检验		试验	抽样数量	试验方法和合格标准
				检验	抽样数量			
1	内胆	壁厚和制造公差	√	—		—		6.1.1
2		内、外表面	√	—		—		6.1.2
3		瓶口螺纹	√	—		—		6.1.3
4		硬度试验	√	—		—		6.1.4
5		拉伸试验	—	√	1	√		6.1.5
6		金相试验	—	√		√		6.1.6
7	气瓶	内、外表面	√	—		—		6.2.1
8		层间剪切试验	—	—		√		6.2.2
9		水压试验	√	—		√		6.2.3
10		气密性试验	√	—		√		6.2.4
11		水压爆破试验	—	√	1	√	3	6.2.5
12		疲劳试验	—	√	1	√	2	6.2.6
13		高低温疲劳试验	—	—		√	2	6.2.7
14		热循环试验	—	—		√	2	6.2.8
15		跌落试验	—	—		√	1	6.2.9
16		枪击试验	—	—		√	1	6.2.10
17		火烧试验	—	—		√	2	6.2.11

注："√"为做，"—"为不做。

表 4　设计变更

试验项目	材料变化	外径和工作压力变化		容积变化		制造设备变化	内胆变化
		10～20％	＞20％	30％～50％	＞50％	不满足原工艺	端部或厚度减小
层间剪切试验	√	—	—	—	—	—	—
水压爆破试验	√	√	√	√	√	√	√
疲劳试验	√	√	√	√	√	√	√
高低温疲劳试验	√	—	√	—	√	√	—
热循环试验	√	—	√	—	√	√	—
跌落试验	√	√	√	√	√	√	√
枪击试验	√	√	√	√	√	√	—
火烧试验	√	√	√	√	√	√	—
应力分析	√	√	√	—	√	—	√
注："√"为做，"—"为不做。							

8　标志、包装、运输和储存

8.1　标志

8.1.1　应对每只气瓶作清晰的永久性的标记，标记应植入树脂层内。

8.1.2　标记项目应包含以下内容：

a)　气瓶编号；
b)　气瓶公称容积，L；
c)　气瓶公称重量，kg；
d)　气瓶充装介质名称或代号；
e)　气瓶公称工作压力，MPa；
f)　气瓶水压试验压力，MPa；
g)　制造单位名称或代号；
h)　气瓶制造年月；
i)　气瓶设计使用寿命；
j)　监督检验标志；
k)　制造单位许可证编号；
l)　产品标准；
m)　水压试验极限弹性膨胀量(REE)。

8.2　包装

8.2.1　气瓶出厂时，若不带阀，其瓶口应采取可靠措施加以密封，以防止沾污。

8.2.2　气瓶应妥善包装，防止运输时损伤。

8.2.3　包装运输标志应符合 GB 191 的有关规定。

8.3 运输

8.3.1 气瓶的运输应符合运输部门的有关规定。

8.3.2 在运输和装卸过程中，应防止碰撞、受潮和损坏附件，尤其要防止缠绕层的划伤。

8.4 储存

气瓶不应储存在日光曝晒和高温、潮湿及含有腐蚀介质的环境中。

9 产品合格证和批量检验质量证明书

9.1 产品合格证

9.1.1 经检验合格的每只气瓶均应附有产品合格证及使用说明书。

9.1.2 产品合格证应包含以下内容：

a) 气瓶型号；
b) 气瓶编号；
c) 气瓶实测水容积；
d) 气瓶实测重量；
e) 气瓶充装介质或代号；
f) 气瓶公称工作压力；
g) 气瓶水压试验压力；
h) 制造单位名称或代号；
i) 气瓶制造年月；
j) 气瓶设计使用寿命；
k) 监督检验标记；
l) 气瓶制造单位许可证编号；
m) 产品标准；
n) 水压试验极限弹性膨胀量(REE)；
o) 内胆材料牌号；
p) 纤维材料牌号；
q) 树脂材料牌号；
r) 定期检验周期。

9.2 批量检验质量证明书

9.2.1 经检验合格的每批气瓶，均应附有批量检验质量证明书，气瓶使用方均应有批量检验质量证明书的复印件。

9.2.2 批量检验质量证明书的内容，应包括本标准规定的批量检验项目，参见附录C。

9.2.3 制造单位应妥善保存气瓶的检验记录和批量检验质量证明书的复印件(或正本)，保存时间不少于15年。

附 录 A
（规范性附录）
气瓶阀装配扭矩

A.1 概述

本附录规定了气瓶阀装配扭矩，适用于由常规材料如铜、不锈钢和碳素钢制造的气瓶阀。

A.2 气瓶阀装配扭矩（见表 A.1）

表 A.1 气瓶阀装配扭矩

螺纹规格	扭矩/(N·m)	
	min	max
M18	85	100
M25	95	130
M30	95	130

附 录 B
（资料性附录）
螺纹剪切应力安全系数计算方法

B.1 概述

本附录规定了气瓶瓶口螺纹的剪切应力安全系数计算方法。

B.2 螺纹剪切应力安全系数计算方法

B.2.1 计算公式

螺纹剪切应力安全系数即材料剪切强度(τ_m)与螺纹剪切应力的比值。铝合金材料剪切强度(τ_m)取0.6倍的材料抗拉强度。内、外螺纹剪切应力按公式(B.1)、(B.2)分别计算：

$$\tau_n = \frac{F_w}{zA_n} \qquad \cdots\cdots\text{(B.1)}$$

$$\tau_w = \frac{F_w}{zA_w} \qquad \cdots\cdots\text{(B.2)}$$

式中：

τ_n ——内螺纹的剪切应力，单位为兆帕(MPa)；

F_w ——最大轴向外载荷，单位为牛(N)；

z ——啮合的螺纹牙数；

A_n ——内螺纹牙的受剪面积，单位为平方毫米(mm^2)；

τ_w ——外螺纹的剪切应力，单位为兆帕(MPa)；

A_w——外螺纹牙的受剪面积，单位为平方毫米(mm^2)。

最大轴向外载荷按式(B.3)计算：

$$F_w = p_{内} A \qquad \cdots\cdots\text{(B.3)}$$

式中：

$p_{内}$——气瓶内压力，单位为兆帕(MPa)；

A ——瓶口内螺纹开孔受压面积(取内螺纹的大径)，单位为平方毫米(mm^2)。

内、外螺纹牙的受剪面积按公式(B.4)、(B.5)分别计算：

$$A_n = \pi d_{min}\left[\frac{P}{2} + \tan\frac{\alpha}{2}(d_{min} - D_{2max})\right] \qquad \cdots\cdots\text{(B.4)}$$

$$A_w = \pi D_{1max}\left[\frac{P}{2} + \tan\frac{\alpha}{2}(d_{2min} - D_{1max})\right] \qquad \cdots\cdots\text{(B.5)}$$

式中：

d_{min} ——外螺纹最小大径，单位为毫米(mm)；

P ——螺纹的螺距，单位为毫米(mm)；

α ——螺纹的牙形角，单位为度(°)；

D_{2max} ——瓶口内螺纹最大中径，单位为毫米(mm)；

D_{1max} ——瓶口内螺纹最大小径，单位为毫米(mm)；

d_{2min} ——外螺纹最小中径，单位为毫米(mm)。

瓶口内螺纹和外螺纹的啮合情况和计算取值见图 B.1，且有以下关系式成立：

$$b=\frac{P}{2}+2x=\frac{P}{2}+\tan\frac{\alpha}{2}(d_{\min}-D_{2\max}),b_1=\frac{P}{2}+2y=\frac{P}{2}+\tan\frac{\alpha}{2}(d_{2\min}-D_{1\max})。$$

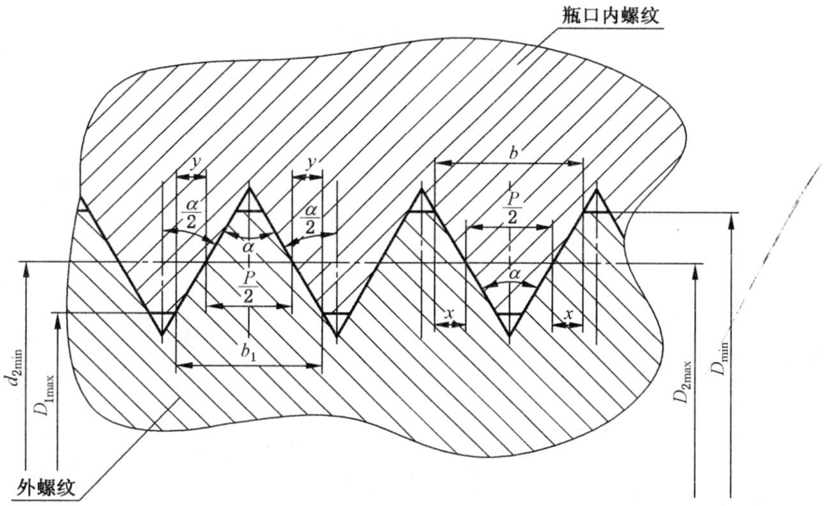

图 B.1 瓶口内螺纹和外螺纹啮合尺寸及受力部位示意图

B.2.2 计算示例

气瓶采用铝合金内胆，材料抗拉强度保证值为 290 MPa，气瓶公称工作压力 30 MPa，水压试验压力 50 MPa，瓶口螺纹为 M18×1.5-6H，有效螺纹 13 牙，计算气瓶水压试验压力下螺纹剪切应力安全系数。

解：根据螺纹标准，M18×1.5 螺纹的牙型角为 60°，其 6H 内螺纹的极限尺寸如下：

公称直径 D	螺距 P	大径	中径		小径	
		$D_{\min}$	$D_{2\max}$	$D_{2\min}$	$D_{1\max}$	$D_{1\min}$
18.0	1.50	18.000	17.216	17.026	16.676	16.376

相应的 6 g 外螺纹的极限尺寸如下：

公称直径 d	螺距 P	大径		中径		小径
		$d_{\max}$	$d_{\min}$	$d_{2\max}$	$d_{2\min}$	$d_{1\max}$
18.0	1.50	17.968	17.732	16.994	16.854	16.344

内螺纹牙的受剪面积 A_n：

$$A_n=\pi d_{\min}\left[\frac{P}{2}+\tan\frac{\alpha}{2}(d_{\min}-D_{2\max})\right]=3.14\times17.732\left[\frac{1.50}{2}+\tan\frac{60^\circ}{2}\times(17.732-17.216)\right]$$
$$=58.336(\mathrm{mm}^2)$$

最大轴向外载荷 F_w：

$$F_w=P_{内}A=50\times3.14\times18.0^2/4=12\ 717(\mathrm{N})$$

内螺纹的剪切应力 τ_n：

$$\tau_n=\frac{F_w}{zA_n}=\frac{12\ 717}{13\times58.336}=16.769(\mathrm{MPa})$$

螺纹剪切应力安全系数：

$$\frac{\tau_m}{\tau_n}=\frac{0.6\times290}{16.769}=10.38$$

计算值满足气瓶瓶口螺纹的设计要求。

附　录　C
（资料性附录）
呼吸器用复合气瓶批量检验质量证明书

气瓶型号＿＿＿＿＿＿＿＿产品图号＿＿＿＿＿＿＿＿盛装介质＿＿＿＿＿＿＿＿
生产组批号＿＿＿＿＿＿＿＿制造许可证编号＿＿＿＿＿＿＿＿
本批气瓶共＿＿＿＿＿＿＿＿只　编号从＿＿＿＿号到＿＿＿＿号　其中不包括下列瓶号：
＿＿＿＿＿＿＿＿＿＿＿＿＿＿＿＿＿＿＿＿＿＿＿＿＿＿＿＿＿＿＿＿

C.1　主要技术数据

公称容积/L		公称工作压力/MPa	
内胆公称外径/mm		水压试验压力/MPa	
内胆设计壁厚/mm		气密性试验压力/MPa	

C.2　内胆材料化学成分

元素(质量分数)/%	Si	Fe	Cu	Mn	Mg	Cr	Zn	Ti	P	Bi	其他		Al
											单项	总体	
标准值	0.40～0.80	≤0.70	0.15～0.40	≤0.15	0.80～1.20	0.04～0.35	≤0.25	≤0.15	≤0.003	≤0.003	≤0.05	≤0.15	余量
实测值													

C.3　内胆材料力学性能及金相组织

试验胆号＿＿＿＿＿＿＿＿

检验项目	抗拉强度 R_m/MPa	规定非比例延伸强度 $R_{p0.2}$/MPa	断后伸长率 A/%	金相组织
规定值	≥262	≥242	≥10	无过烧
实测值				

C.4　水压爆破试验

气瓶编号＿＿＿＿＿＿＿＿爆破压力＿＿＿＿＿＿＿＿MPa　爆破起始位置＿＿＿＿＿＿＿＿

C.5　疲劳试验

气瓶编号＿＿＿＿＿＿＿＿疲劳试验后剩余爆破压力＿＿＿＿＿＿＿＿MPa。

经检查和试验符合 GB 28053－2011 的要求，该批气瓶是合格产品。

监督检验单位：(盖章)　　　　　　　　　　气瓶制造单位：(检验专用章)

监督检验员：(签字或盖章)　　　　　　　　检验负责人：(签字或盖章)

年　　月　　日　　　　　　　　　　　　　　年　　月　　日

ICS 23.020.30
J 74

中华人民共和国国家标准

GB/T 28054—2011

钢质无缝气瓶集束装置

The bundles of seamless steel gas cylinders

(ISO 10961:2010, Gas cylinders—Cylinder bundles—Design, manufacture, testing and inspection, NEQ)

2011-12-30 发布　　2012-07-01 实施

中华人民共和国国家质量监督检验检疫总局
中国国家标准化管理委员会　发布

前　言

本标准按照 GB/T 1.1—2009《标准化工作导则　第1部分：标准的结构和编写》给出的规则起草。

本标准使用重新起草法参考 ISO 10961：2010《气瓶　瓶组　设计、制造、试验及检验》编制，与 ISO 10961：2010 的一致性程度为非等效。

本标准由全国气瓶标准化技术委员会(SAC/TC 31)提出并归口。

本标准起草单位：北京天海工业有限公司。

本标准主要起草人：解越美、胡生才、石凤文。

钢质无缝气瓶集束装置

1 范围

本标准规定了钢质无缝气瓶集束装置(以下简称集束装置)的型式和型号、技术要求、试验方法及要求、检验规则、标志要求、涂敷要求、储运和安全使用规定等。

本标准适用于充装压缩气体和高压液化气体的集束装置。集束装置内的气瓶应符合 GB 5099 的规定,且具有相同的公称工作压力、直径和容积,公称工作压力范围为 8 MPa～30 MPa,单只气瓶的公称水容积应不大于 150 L,集束装置气瓶的总水容积小于或等于 3 000 L。集束装置的使用环境温度为 −40 ℃～60 ℃。用于充装氧气的集束装置,其公称工作压力应不大于 20 MPa。

本标准不适用于充装毒性程度为有毒或剧毒气体的集束装置,也不适用于充装消防用气体以及固定在车上使用的集束装置。

2 规范性引用文件

下列文件对于本文件的应用是必不可少的。凡是注日期的引用文件,仅注日期的版本适用于本文件。凡是不注日期的引用文件,其最新版本(包括所有的修改单)适用于本文件。

GB 150.1—2011 压力容器 第 1 部分:通用要求

GB/T 1527 铜及铜合金拉制管

GB 5099 钢质无缝气瓶

GB/T 5130 高压锅炉用无缝钢管

GB 6479 高压化肥设备用无缝钢管

GB 13004 钢质无缝气瓶定期检验与评定

GB/T 13005 气瓶术语

GB/T 14976 流体输送用不锈钢无缝钢管

GB 15383 气瓶阀出气口连接型式和尺寸

GB/T 19866 焊接工艺规程及评定的一般原则(ISO 15607:2003,IDT)

GB 50028—2006 城镇燃气设计规范

GB 50235 工业金属管道工程施工及验收规范

CB/T 3832 铜管钎焊技术要求

JB/T 4730.5 承压设备无损检测 第 5 部分:渗透探伤

3 术语和定义、符号

3.1 术语和定义

GB/T 13005 确立的以及下列术语和定义适用于本文件。

3.1.1

集束装置 cylinder bundle

由金属结构框架组合两个或两个以上的气瓶,通过汇流排连接气瓶构成的集中供气装置。

3.1.2

气瓶连接件　cylinder fitting

当气瓶不适用瓶阀连接时，用没有关闭气体功能的部件作为连接气瓶与汇流排的连接件。

3.1.3

汇流排　manifold

由主管道、支管、阀门与管件相连，但不包括气瓶上的阀门或气瓶连接件而组成的管路系统。

3.1.4

管件　pipe fitting

用于管路连接的弯通、三通、四通和异径管件(变径接头)等，根据联接方法可分为承插式管件、螺纹管件、法兰管件和焊接管件四类。

3.1.5

公称工作压力　nominal working pressure

对于盛装压缩气体的集束装置，在基准温度时(一般为 20 ℃)所盛装气体的限定充装压力；对于盛装高压液化气体的集束装置，温度为 60 ℃时气体压力的上限值。

3.1.6

集束装置总质量　gross weight

集束装置净重与介质的最大允许充装质量之和。

3.2　符号

下列符号适用于本文件。

C　金属管的厚度附加量，mm；

C_1　管材的负偏差，mm；

C_2　腐蚀裕量，mm；

C_3　金属管螺纹或槽的深度，mm；

D_i　金属管的内径，mm；

D_o　金属管的外径，mm；

d_o　气瓶瓶阀的通径，mm；

n　气瓶数量；

P_h　汇流排管道水压试验压力，MPa；

S　金属管的设计壁厚，mm；

S_n　金属管的名义壁厚，mm；

S_0　金属管的计算壁厚，mm；

T　钢质无缝气瓶集束装置的净重(不包括气体的充装重量)，kg；

Y　温度影响系数；

ϕ　焊接接头系数；

$[\sigma]^t$　设计温度下材料的许用应力，MPa。

4　型式和型号

4.1　集束装置的结构型式

a)　卧式集束装置(一般符合图 1 所示的型式)；

b)　立式集束装置(一般符合图 2 所示的型式)。

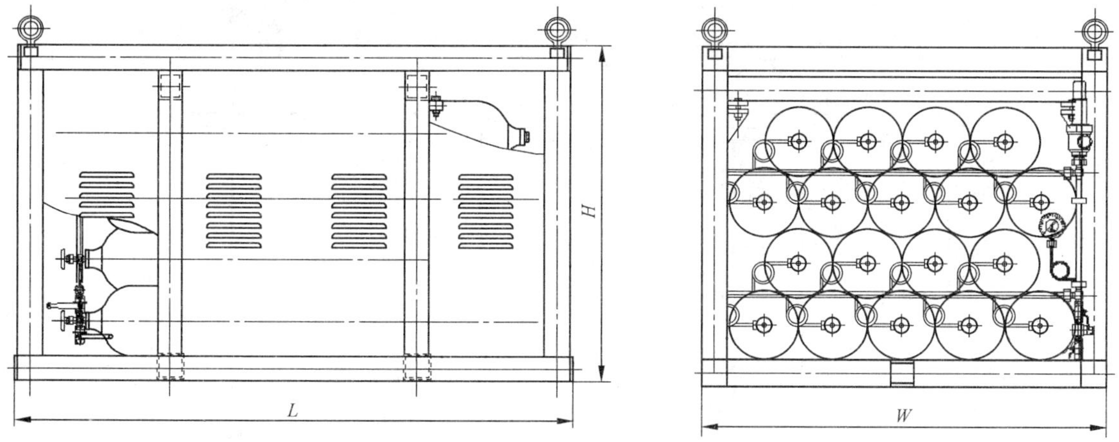

a)

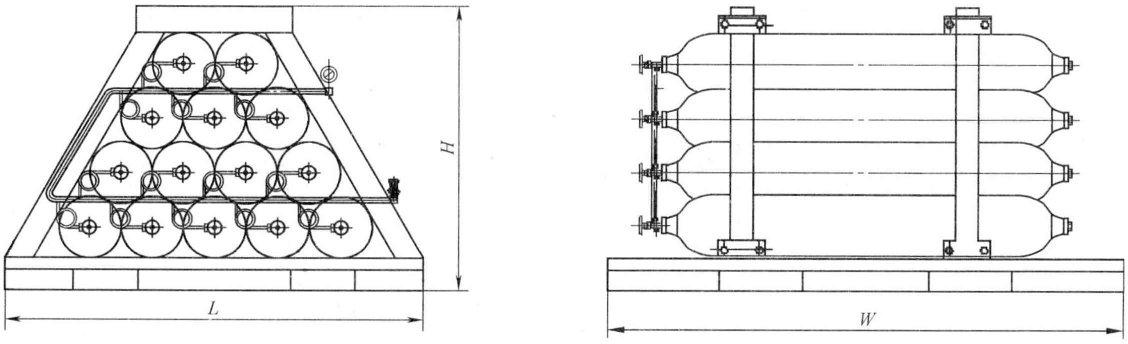

b)

图 1 卧式集束装置

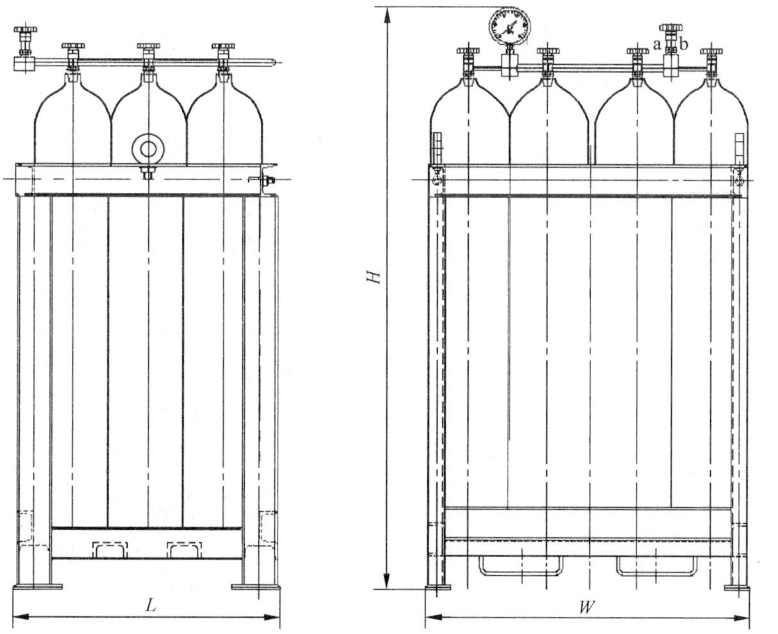

a)

图 2 立式集束装置

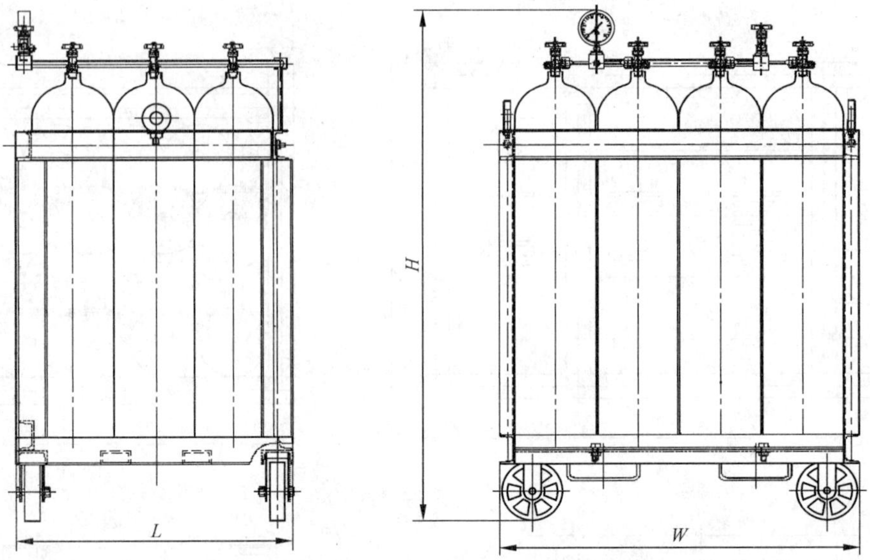

b)

图 2（续）

4.2 集束装置型号的表示方法如下：

□ △ △-△-△/△

- 单只气瓶公称水容积(L)
- 公称工作压力(MPa)
- 气瓶数量(只)
- 气瓶型式(A、T 或 S)
- 气瓶外径(mm)
- 集束装置代号

4.2.1 集束装置代号用汉语拼音字母 JW 表示卧式集束装置，用字母 JL 表示立式集束装置。字母 A、T 和 S 分别表示凹底、凸底和两端收口型气瓶。

4.2.2 集束装置型号应用举例如下：

JW 279 S-18-20/80

- 气瓶公称水容积(80 L)
- 公称工作压力(20 MPa)
- 气瓶数量(18 只)
- 两端收口气瓶
- 气瓶外径(ϕ279 mm)
- 卧式集束装置

JL 267 A-12-15/58

- 气瓶公称水容积(80 L)
- 公称工作压力(15 MPa)
- 气瓶数量(12 只)
- 凹底气瓶
- 气瓶外径(ϕ267 mm)
- 立式集束装置

5 技术要求

5.1 材料

气瓶、阀门以及所有与气体介质接触的零部件的材料应与充装的气体介质相容。

5.1.1 汇流排

5.1.1.1 汇流排的主管与支管应采用无缝钢管或铜管制成。所用无缝钢管及铜管应符合相应的国家标准或行业标准的规定。推荐使用的汇流排的管路材料牌号及其标准见表1。

表1 钢管及铜管的材料推荐使用的牌号

金属管名称	钢(铜)管标准	推荐使用的牌号
不锈钢无缝钢管[a]	GB/T 14976	0Cr18Ni9、0Cr23Ni13、0Cr18Ni11Nb、0Cr18Ni10Ti、1Cr18Ni9Ti
铜管[b]	GB/T 1527	TP1、TP2、H62、H68
高压无缝钢管[c]	GB 6479	20G、15MnV、16Mn
高压锅炉用无缝钢管[c]	GB 5130	20G、20MnG

[a] 含钛的不锈钢管不适用于氧气；
[b] 对于牌号为TP1、TP2、H62和H68的铜管应选用软状态(M)的；
[c] 高压无缝钢管和高压锅炉用无缝钢管不适用于氧气。

5.1.1.2 焊接汇流排用的焊丝应符合其相应国家标准或行业标准的规定。焊接材料应有质量证明书和清晰、牢固的标志。制造单位应建立并严格执行焊接材料验收、复验、保管、烘干、发放和回收制度。

5.1.1.3 用于制造管件的钢材或铜材的材质应为与管材一致或与管材性能相近的锻件。

5.1.1.4 集束装置制造厂应对制造汇流排用的无缝钢管、铜管、管件以及气瓶连接件按材料的炉罐号进行化学成分分析，结果应符合相应国家标准或行业标准的规定。

5.1.2 框架

5.1.2.1 用于制造集束装置框架的型材应符合相应国家标准和行业标准的规定。

5.1.2.2 框架主体结构由型材焊接而成，应具备足够的强度和刚度及良好的可焊性，框架材料一般采用20、Q235或Q345。

5.2 设计

5.2.1 一般要求

5.2.1.1 集束装置的结构设计应易于组装、方便检验以及操作简单。

5.2.1.2 所有承压部件及密封件的材料应当与工作温度范围相适应，环境温度低于−20 ℃时，宜选用不锈钢或铜质管材和管件。

5.2.1.3 充装高压液化气体的集束装置，其瓶口上禁止装设瓶阀，气瓶与汇流排的连接应采用气瓶连接件，使整个集束装置内的气瓶构成一个相互联通的整体。

5.2.1.4 以重量充装的集束装置不应显示不用工具就可拆卸的零部件，除了汇流排上阀门出口的保护塞堵例外。

5.2.2 汇流排

5.2.2.1 汇流排管径及阀门应有足够的流通面积，汇流排支管的内径应大于或等于瓶阀的通径 d_0，汇流排主管的内径应满足公式(1)。

$$D_i \geqslant 0.8\sqrt{n}d_0 \qquad (1)$$

5.2.2.2 汇流排的金属管按照5.2.2.1及5.2.2.2.1～5.2.2.2.3的内容进行计算。

5.2.2.2.1 计算壁厚应不小于公式(2)和公式(3)计算的较大值。

$$S_0 = \frac{p_h D_o}{2([\sigma]^t + P_h Y)} \qquad (2)$$

$$S_0 = \frac{p_h[D_i + 2(C_2 + C_3)]}{2[[\sigma]^t - P_h(1-Y)]} \qquad (3)$$

式中：温度影响系数 Y 值取0.4。

5.2.2.2.2 厚度附加量应按公式(4)计算。

$$C = C_1 + C_2 + C_3 \qquad (4)$$

式中：金属管壁厚的负偏差 C_1 按管材标准的规定。

5.2.2.2.3 汇流排的金属管所要求的设计壁厚按公式(5)确定。

$$S = S_0 + C \qquad (5)$$

5.2.2.2.4 金属管的名义壁厚 S_n（图纸标注的壁厚）应取设计壁厚向上圆整至金属管标准规格的壁厚。

5.2.2.3 用于汇流排上的阀门，其公称工作压力应大于或等于集束装置的公称工作压力。

5.2.2.4 汇流排管件的最小壁厚应不小于与其连接的金属管的设计壁厚。

5.2.3 框架

5.2.3.1 集束装置的框架应能安全有效地保护集束装置的所有部件，防止在正常操作中由于振动、冲击载荷或者装卸载荷等导致集束装置破坏而引起泄露。

5.2.3.2 集束装置的框架设计应能保证通过叉车、升降机或者天车等方便升降及运输集束装置。如果是以天车吊运方式设计的集束装置，其框架应设置角件、吊耳、吊环或链环等起重零件，为方便运输，集束装置框架也可装设叉车专用叉口。

5.2.3.3 框架设置有吊耳等起重零件时，该起重零件应设计成能承受2倍集束装置总质量的载荷。在起吊过程中对于装设多个吊耳等起重零件的集束装置，该起重零件相对水平的最小悬吊角度 α 应达到45°，见图3。框架设置有叉车专用叉口时，同一侧的叉车叉口位置应关于集束装置的重心对称。

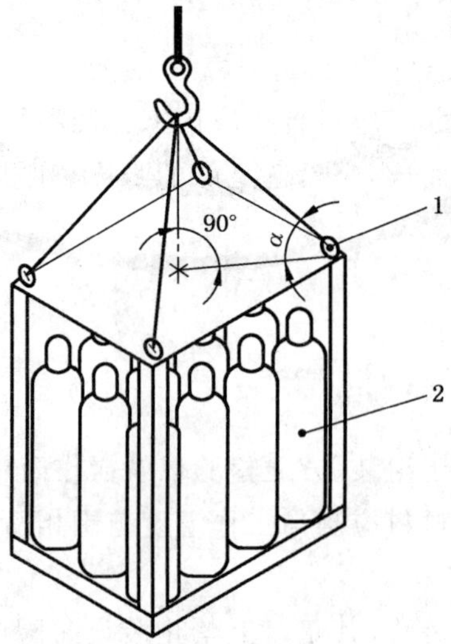

1——吊耳等起重零件；
2——集束装置。

图3 最小悬吊角度

5.2.3.4 框架的结构组件应能承受竖直方向2倍集束装置总质量的载荷。设计时的许用应力应不超过0.9倍的材料屈服应力。

5.2.3.5 框架的结构设计应能在正常操作下或意外碰撞时保护汇流排不受意外撞击。

5.3 制造

5.3.1 集束装置制造除应符合本标准的要求外，还应符合产品图样及相关规定。

5.3.2 集束装置中的气瓶应符合GB 5099的规定，同一集束装置内气瓶的公称工作压力、公称容积、公称直径应相同。

5.3.3 汇流排

5.3.3.1 汇流排的管路制造与施工应符合GB 50235规定的要求。

5.3.3.2 汇流排中管路、管件、阀门连接可采用焊接或螺纹连接方式。

5.3.3.3 汇流排的设计、制造及安装应避免由于膨胀、收缩或机械撞击及震动而造成的损坏，金属管应有一定的弯度或盘管来增加柔韧性。

5.3.3.4 汇流排与框架的固定应避免应力集中，应采用螺栓栓固等方式进行连接。

5.3.3.5 氧气和强氧化性气体阀门及管件密封材料，应采用无油脂的阻燃材料（氧指数≥95）且与所充装的气体相容。

5.3.3.6 氧气汇流排的材质应采用铜管或者不含钛的不锈钢无缝钢管。

5.3.3.7 组焊后的汇流排应无油。

5.3.3.8 应对汇流排的管路焊缝进行100％无损检测。

5.3.3.9 汇流排的水压试验压力为公称工作压力的1.5倍。

5.3.3.10 汇流排的气密性试验压力为公称工作压力。

5.3.3.11 汇流排布局合理，阀门应装设在启闭自如的部位。

5.3.3.12 汇流排中的金属管应选用材料牌号一致的无缝钢管或铜管。

5.3.4 框架

5.3.4.1 集束装置框架形式分固定式和移动式，可用型钢、钢棒、钢板或角件等焊接而成。移动式框架不适用于集束装置总质量大于1 500 kg的集束装置，移动式框架底部装配有相应的定向脚轮和转向脚轮，脚轮应有足够的强度支撑集束装置。

5.3.4.2 框架四周和顶部可装设通风式面板或门扇，应使门扇开启自如，无阻滞现象。

5.3.4.3 采用适当的方式使气瓶与框架固定。例如气瓶与立式集束装置框架的固定可采用侧向螺栓紧固压板的压紧方式，气瓶与卧式集束装置框架的固定可采用顶部螺栓紧固压梁板的压紧方式，在吊装及运输过程中集束装置内的气瓶之间以及气瓶与集束装置框架之间均不得产生相对位移。

5.3.4.4 集束装置框架结构应便于气瓶及管路的安装和拆卸。

5.3.4.5 固定集束装置中气瓶用的紧固梁或紧固压板，应采用型钢。

5.3.5 焊接要求

5.3.5.1 焊接程序应符合GB/T 19866的要求。

5.3.5.2 铜管钎焊应符合CB/T 3832的要求。

5.3.5.3 框架和汇流排的焊接应由持有相应有效证书的焊工承担。

5.3.5.4 汇流排主管、支管和管件之间的焊接，应严格遵守评定合格的焊接工艺。

5.3.5.5 汇流排无缝钢管、不锈钢无缝钢管采用非熔化极氩弧焊焊接方式连接，铜管及管件的焊接应采用银钎焊，且应使用含银量大于45％的银基焊丝。

5.3.5.6 采用银钎焊焊接汇流排的管路及管件焊接接头型式一般采用插接或对接的方式。焊后焊件表面应光洁,不应有气孔、接头焊瘤及钎焊零件被熔化等缺陷。

5.3.5.7 汇流排的管路之间、管路与管件之间的焊接方式,应采用全焊透形式。

5.3.6 附件

5.3.6.1 集束装置上应设有防止气瓶发生相对位移的紧固防护结构。

5.3.6.2 卧式集束装置内气瓶之间采用硫化橡胶板等防护板减震以及防滑。

5.3.6.3 汇流排应牢牢固定在框架上,并应有防止碰撞的保护装置。

5.3.6.4 汇流排上的充放气阀门选型应与所充装的介质具有相容性,用于可燃性气体的集束装置的阀门出气口宜采用左旋螺纹连接。

5.3.6.5 集束装置中的气瓶瓶阀或气瓶连接件的选择应与所充装的介质相适应,其出气口连接型式和尺寸应符合 GB 15383 的要求。

5.3.6.6 安全阀

汇流排主管路上一般不装设安全阀,但充装介质为压缩天然气或有特殊要求时,汇流排的主管路需增设安全泄放阀,安全阀开启压力为气瓶公称工作压力的(1.45±0.05)倍。安全泄放量和安全阀的排放面积按 GB 150.1—2011 附录 B 计算。

5.3.6.7 汇流排一般设有压力表。压力表精度不低于 1.6 级,压力表的最大量程应当为集束装置公称工作压力的(1.5～3)倍。

6 试验方法及要求

6.1 外观及结构检查

6.1.1 目测集束装置框架以及管路系统,无明显变形、结构件脱离和焊瘤等现象。

6.1.2 集束装置框架尺寸应符合设计图纸要求,框架制造公差应用标准或专用的量具进行检查。

6.2 无损检测按 JB/T 4730.5 渗透检测规定的方法,合格标准为 I 级。

6.3 汇流排水压试验

6.3.1 汇流排的主管路和支管应进行水压试验。试验时应缓慢升压,达到水压试验压力后,保压时间不少于 10 min,压力表不得降压,对焊缝和连接部位进行检查,不得有渗漏。允许对焊接处渗漏部位修补,修补后应重新试验。如泄漏出现在非焊接和连接部位,应对汇流排予以报废。

6.3.2 水压试验完毕后,应将水排尽并用氮气或无油空气将内部吹干。

6.3.3 对于不锈钢无缝钢管水压试验用水的氯离子含量不应超过 25 mg/L。

6.4 汇流排气密性试验

集束装置组装后进行气密性试验,试验前先将所有气瓶的阀门关闭,试验介质为氮气或无油空气。试验时应缓慢升压,达到公称工作压力后,保压时间不少于 10 min。对焊缝和连接部位用肥皂水或其他适用检漏液检查管路是否漏气,不泄漏为合格。

6.5 框架检验

制造厂应保证,框架在承受自重和施加载荷之和等于 2 T 并且在储运和装卸的情况下,不应出现影响正常使用的永久变形和异状。

7 检验规则

7.1 气瓶应按 GB 5099 的要求进行检验。

7.2 逐台检验:凡出厂的集束装置除气瓶外,应按 6.1～6.5 进行逐台检验。

7.3 定期检验

7.3.1 集束装置中的气瓶按 GB 13004 进行定期检验。同一集束装置内气瓶的定期检验日期应相同，并规定以最早生产的气瓶为定期检验的基准日期。

7.3.2 汇流排的管路定期检验周期和集束装置的气瓶定期检验周期一致；汇流排上的压力表应每半年校验一次；若汇流排的管路装有安全阀，应对安全阀每年校验一次。

7.3.3 框架不需要进行强制定期检验。

8 标志、涂敷

8.1 标志

8.1.1 集束装置上应设有铭牌标识。

8.1.2 铭牌应包括以下内容：

a) 产品名称；

b) 产品标准

c) 产品型号；

c) 产品编号；

d) 充装介质；

e) 公称工作压力；

f) 气瓶公称水容积；

g) 集束装置总水容积；

h) 汇流排水压试验压力；

i) 汇流排气密性试验压力；

j) 外形尺寸；

k) 集束装置净重(不包括气体重量)；

l) 制造日期；

m) 出厂检验标记；

n) 制造单位名称。

8.1.3 产品铭牌型式如下：

（产品名称）	
产品标准：__________	充装介质：__________
产品型号：__________	产品编号：__________
气瓶公称水容积：__________ L	集束装置气瓶总水容积：__________ L
公称工作压力：__________ MPa	汇流排水压试验压力：__________ MPa
汇流排气密性试验压力：__________ MPa	集束装置净重：__________ kg
外形尺寸：__________ mm	出厂检验标记：__________
制造许可证号：__________	制造日期：______年______月
（制造单位名称）	

8.1.4 铭牌应明显、完整、清晰。

8.1.5 **铭牌的字体**

产品名称和制造单位名称的字体高 8 mm，宽为 5.5 mm；其余字体高为 5 mm～6 mm，宽 3.4 mm；

字体深度为0.3 mm～0.5 mm;字体为宋体或仿宋体。

8.1.6 铭牌的制作采用1.5 mm～2.0 mm的铝板或不锈钢板,铝板颜色要求黑底白字;不锈钢板要求本色黑字。

8.1.7 铭牌应固定在集束装置框架端面的上侧。

8.2 涂敷

8.2.1 集束装置经6.1检验合格后在清除了表面的油污、铁锈、焊接飞溅物和其他影响油漆质量的杂物并保持干燥的情况下,方可油漆。

8.2.2 涂漆应均匀、牢固、清晰,不应有气泡、流痕、龟裂和剥落等缺陷。

8.2.3 集束装置制造完毕后,应在整个箱体框架喷漆,用户无特殊要求,一般框架漆色与所组装气瓶的颜色一致。

9 储运

9.1 集束装置的运输应严格遵守交通和公安部门颁布的危险品运输条例等有关规定,并制定事故应急处理措施。

9.2 集束装置在运输前应对装置中气瓶阀门及管道阀门进行检查,并关闭所有阀门。发现泄漏应及时修理或更换。

9.3 集束装置在运输、装卸过程中,要轻吊轻卸,严禁对管路进行吊装,发现泄漏要停止作业,并按事故应急处理措施进行处理。装在车上应妥善加以固定,防止碰撞、受潮和损坏附件。

9.4 集束装置应贮存在通风、干燥、没有腐蚀性气体、不受日光曝晒的地方。

10 充装可燃气体集束装置的安全使用规定

10.1 充装可燃气体的集束装置应设置固定的使用地点。其使用地点与相邻的建筑物或构筑物的防火间距应符合GB 50028—2006中表7.4.3的规定,并应通过公安消防部门的验收。

10.2 在集束装置使用地点的顶部应有遮阳设施,四周应设置围栏,无关人员不得进入。

10.3 集束装置的出气口应设置减压装置,无臭燃气应按照规定进行加臭。

10.4 与集束装置连接的用气管路应当由具有相应资质的单位进行设计、施工,并应符合GB 50235的规定。用气管路上应装设压力表、安全阀等安全附件,安全阀的排放口应采用管路引至安全地带。用气管路的两端在非连接状态下应具有自闭功能,确保用气管路内留有余压,防止外部空气进入。

10.5 与集束装置连接的用气管路在使用前,必须进行气密试验和置换,确保管道无泄漏。

10.6 用气管路在维修、改建以及动火作业前,必须制定严密、有效的安全防范措施,并由主管安全的负责人进行审批。对作业点周围要进行隔离和防护。

10.7 用气单位应制定燃气安全使用规定,并对有关人员进行贯彻落实,确保燃气的使用安全。

11 产品合格证和产品质量证明书

11.1 出厂的集束装置中每只钢瓶均应附有产品合格证,合格证的要求应符合GB 5099要求。

11.2 出厂的集束装置,均应附有钢瓶的批量检验质量证明书,批量检验质量证明书应符合GB 5099的要求。

11.3 出厂的集束装置,均应附有产品合格证,产品合格证所记入的内容应和制造单位保存的生产检验记录相符,产品合格证包括以下内容:

a) 制造许可证编号；

b) 制造单位名称；

c) 产品名称；

d) 产品型号；

e) 产品编号；

f) 充装介质；

g) 公称工作压力(MPa)；

h) 使用环境温度(℃)；

i) 汇流排水压试验压力(MPa)；

j) 汇流排气密性试验压力(MPa)；

k) 气瓶水容积(L)；

l) 集束装置气瓶总水容积(L)；

m) 产品执行标准。

11.4 出厂的集束装置，均应附有产品质量证明书，产品质量证明书的格式和内容见附录A(资料性附录)。

11.5 出厂的集束装置，均应附有使用说明书，该说明书内容应包括产品结构图、吊装运输说明、技术参数、适用范围、安装与使用要求以及维护保养等。

11.6 制造厂应妥善保存集束装置的检验记录和产品质量证明书的复印件(或正本)，保存时间应不少于7年。

附 录 A
（资料性附录）
钢质无缝气瓶集束装置产品质量证明书

产品型号________________ 产品编号________________

产品图号________________ 充装介质________________

制造单位名称________________ 制造许可证号________________

1.主要技术数据

公称工作压力____________ MPa 气瓶公称水容积____________ L

外形尺寸____________ mm 集束装置气瓶总水容积____________ L

汇流排水压试验压力____________ MPa 汇流排气密性试验压力____________ MPa

2.汇流排材料

主管材料牌号____________________

支管材料牌号____________________

3.焊接

汇流排采用____________焊接方式，焊材____________

框架采用____________焊接方式，焊材____________

4.外观及结构检查

集束装置框架以及管路系统无明显变形、结构件脱离和焊瘤等现象，结构尺寸符合图纸要求。检查结果________________

5.汇流排无损检测

依据标准	JB/T 4730.5—2005
检查比例	100％
合格级别	Ⅰ级
检查结果	

6.汇流排水压试验结果________________

7.汇流排气密性试验结果________________

8.气瓶符合 GB 5099 标准的要求，见钢质无缝气瓶批量检验质量证明书。

经检查和试验本钢质无缝气瓶集束装置符合 GB/T 28054—2011《钢质无缝气瓶集束装置》的要求，是合格产品。

监督检验单位（盖章） 制造单位（检验专用章）

监督检验员________ 检验负责人________

年 月 日 年 月 日

ICS 75.200
E 98

中华人民共和国国家标准

GB/T 28055—2011

钢质管道带压封堵技术规范

Technical standard for hot tapping and plugging on steel pipeline

2011-12-30 发布　　2012-07-01 实施

中华人民共和国国家质量监督检验检疫总局
中国国家标准化管理委员会　发布

前　言

本标准按照 GB/T 1.1—2009 给出的规则起草。

本标准由全国锅炉压力容器标准化技术委员会(SAC/TC 262)提出。

本标准由全国锅炉压力容器标准化技术委员会压力管道分技术委员会(SAC/TC 262/SC 3)归口。

本标准起草单位:中国石油天然气管道局、中国石油天然气管道局维抢修分公司、国家质量监督检验检疫总局特种设备安全监察局。

本标准主要起草人:曹崇珍、刘格非、贾志方、李文东、续理、修长征、郝新伟、王鑫、时春城、肖兴江、徐海波、季峰、陶伟莉、武英杰、张艺新、那晶、赵燕、董浩。

钢质管道带压封堵技术规范

1 范围

本标准规定了管道带压开孔、封堵作业的技术要求。

本标准适用于钢质油气输送管道带压开孔作业及塞式、折叠式、筒式、囊式等封堵作业(其他介质参照执行)。

2 规范性引用文件

下列文件对于本文件的应用是必不可少的。凡是注日期的引用文件,仅注日期的版本适用于本文件。凡是不注日期的引用文件,其最新版本(包括所有的修改单)适用于本文件。

JB/T 4736 补强圈

SY/T 4103 钢质管道焊接及验收

SY 6444 石油工程建设施工安全规定

SY 6516 石油工业电焊焊接作业安全规程

API 2201 石油及石化行业开孔操作规范

3 术语和定义

下列术语和定义适用于本文件。

3.1

带压开孔 hot-tapping

在管道密闭状态下,以机械切削方式在管道上加工出圆形孔的一种作业。

3.2

开孔机 tapping machine

在管道密闭状态下,以机械切削方式在管道上加工出圆形孔的一种设备。

3.3

封堵头 plugging head

由机械转动部分和密封部件组成、用于阻止管道内介质流动的装置。

3.4

封堵器 plugging machine

在密闭状态下,能够将封堵头送入管道中的设备。

3.5

封堵 plugging

从开孔处将封堵头送入管道并密封管道,从而阻止管道内介质流动的一种作业。

3.6

对开三通 L-O-R split fitting

用于管道开孔、封堵作业,法兰部位带有塞堵和卡环机构的全包围式特制三通。分为封堵三通和旁通三通。

3.7

对开四通 L-O-R split 4-way fitting

用于管道筒式封堵作业，法兰部位带有塞堵和卡环机构、下护板带有突出密封腔体的全包围式特制四通。

3.8

塞堵 plug

置于对开三通(对开四通)的法兰孔内，带有O型密封圈、单向阀和卡环槽的圆柱形的装置。

3.9

卡环机构 ring segment

置于对开三通(对开四通)的法兰内，用于固定、限制塞堵的可伸缩机构。

3.10

夹板阀 sandwich valve

在开孔、封堵作业中，用于对开三通(对开四通)连接开孔及封堵装置的专用阀门。

3.11

开孔结合器 T.M. adapter

容纳开孔刀、塞堵，用于夹板阀和开孔机之间密封联接的装置。

3.12

封堵结合器 plugging head housing

容纳封堵头，用于夹板阀和封堵器之间密封联接的装置。

3.13

筒刀 cutter

一端带有多个刀齿、另一端与开孔机相联的圆筒形铣刀。

3.14

鞍形板 coupon

用筒刀切下的管壁。

3.15

中心钻 pilot drill

用于定位、导向和取出鞍形切板，辅助筒刀开孔的钻头。

3.16

刀具结合器 cutter holder

将开孔机和刀具联接起来的部件。

3.17

塞堵结合器 plug holder

将开孔机和塞堵联接起来的部件。

3.18

防胀圈 restraining device

预先焊接在开孔部位管道上，防止鞍形板变形的部件。

3.19

内旁通 internal bypass

置于夹板阀内，用于连接阀板上下连通的可控通道。

3.20

隔离囊(墙) isolating bag (wall)

在常压状态下，用于隔离油气，保证安全作业的皮囊(墙)。

4 一般规定

4.1 从事钢质管道带压封堵作业的单位应获得特种设备安全监督管理部门颁发的作业许可证。

4.2 参与封堵设备操作的人员应经过专业培训,并持证上岗。

4.3 封堵管件应具有材质单、质量保证书、检验报告、产品合格证、标识。

4.4 作业前,应编制施工组织设计或技术方案及质量、安全、健康和环境作业指导书,并报业主审批。

4.5 开孔封堵设备满足管道开孔、封堵作业要求。

5 封堵工艺

5.1 不停输封堵工艺

在管道上带压焊接旁通三通并开旁通孔,建立旁通管路,达到不停输封堵的目的。一般不停输封堵施工宜采用此种工艺,参见附录A。

5.2 停输封堵工艺

对于允许停输的管道,若能够在规定停输时间内完成维修改造工作,宜采用停输封堵工艺,否则应采用不停输工艺。囊式封堵是停输封堵工艺的一个特例,参见附录B。

6 封堵压力分类

6.1 按封堵头可承受的压力分为低压封堵、中压封堵、高压封堵和超高压封堵。

6.2 低压封堵指管道压力小于等于0.5 MPa的封堵作业。

6.3 中压封堵指管道压力大于0.5 MPa小于等于2.5 MPa的封堵作业。

6.4 高压封堵指管道压力大于2.5 MPa小于等于5.0 MPa的封堵作业。

6.5 超高压封堵指管道压力大于5.0 MPa的封堵作业。

7 封堵头分类及选用原则

7.1 封堵头分为塞式封堵头、折叠封堵头、筒式封堵头和囊式封堵头。

7.2 根据封堵压力的分类,选择适用的设备和封堵头。

8 管道施焊压力要求

管道允许带压施焊的压力计算如下:

$$p=\frac{2\sigma_s(t-c)}{D}F$$

式中:

p ——管道允许带压施焊的压力,单位为兆帕(MPa);

σ_s ——管材的最小屈服极限,单位为兆帕(MPa);

t ——焊接处管道实际壁厚,单位为毫米(mm);

c ——因焊接引起的壁厚修正量,参见表1,单位为毫米(mm);

D ——管道外径,单位为毫米(mm);

F ——安全系数,参见表2。

表 1 推荐修正量

焊条直径/mm	<2.0	2.5	3.2	4.0
c	1.4	1.6	2.0	2.8

表 2 推荐安全系数

t/mm	$t \geqslant 12.7$	$8.7 \leqslant t < 12.7$	$6.4 \leqslant t < 8.7$	$t < 6.4$
F	0.72	0.68	0.55	0.4

9 封堵作业准备

9.1 管道调查与现场踏勘

对封堵作业管段的走向、埋深、高差、作业距离、土壤情况等进行现场调查。了解管道技术规格、输送介质参数、管道运行参数、防腐方式、清管情况、最低允许输送压力及管道允许的最长停输时间等。并填写管道调查表，参见附录C。

9.2 材料的复核

9.2.1 对提供的管件进行复核。

9.2.2 钢管及对开三通(对开四通)不应有磨损、裂纹、气孔、褶皱、重皮、夹渣等缺陷，无超过壁厚负偏差的锈蚀和凹陷。

9.2.3 应检查对开三通(对开四通)卡环的伸出圈数，以保证安装塞堵位置准确。

9.2.4 密封材料不应有气孔、杂质、飞边、毛刺、裂纹等缺陷，塞堵和封堵头用密封材料应满足管道介质和运行温度的要求。

9.2.5 检查筒刀的筒体尺寸，并检查筒刀和中心钻的刀齿是否完好。

9.3 量具、仪表应经过检定或校准，并在有效期限内。

9.4 施工前所有机械设备应调试运转正常。

9.5 模拟试验

根据管道参数、介质参数、运行参数，作业单位无类似作业经验时，作业开始前应先进行模拟试验。

9.6 焊接工艺及评定

9.6.1 根据管道材料、运行参数以及焊件材料编制焊接工艺指导书。

9.6.2 按焊接工艺指导书施焊后进行工艺评定，按合格的焊接工艺评定编制焊接工艺规程。

9.6.3 按照焊接工艺规程进行带压管道焊接。

9.7 施工现场确定原则

施工现场应有足够的作业场地和操作空间，道路畅通。

9.8 作业坑的要求

9.8.1 作业坑分为封堵作业坑和动火作业坑，封堵作业坑和动火作业坑之间宜设隔墙，作业坑形式见图1。

9.8.2 作业坑两侧应设有方便上下的安全通道；作业坑土质不稳定时，应有预防作业坑塌方的措施；地下水位较高的地段，应采取降水措施。

9.8.3 设备应摆放在距离作业坑1 m范围外。

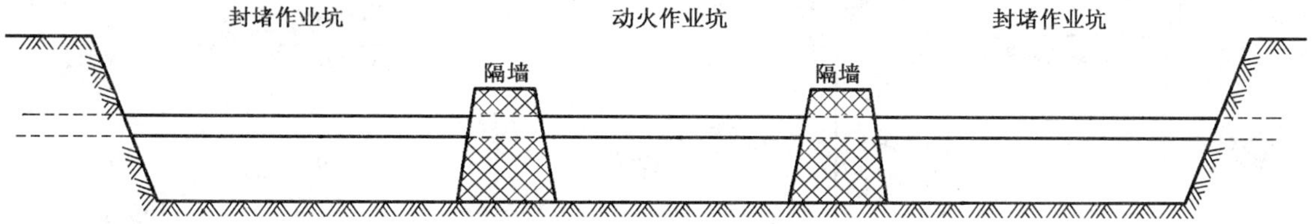

图 1 封堵作业坑示意图

9.9 作业平台的搭建

9.9.1 在地上管道施工，对开三通（对开四通）的法兰端面高于地面 1.3 m 时，应搭建作业平台。

9.9.2 在埋地管道施工，对开三通（对开四通）的法兰端面高于作业坑底 1.3 m 时，应搭建作业平台。

9.9.3 作业平台应搭建牢固，有足够的操作空间，有护栏和上下行梯。

10 封堵作业

10.1 开孔、封堵作业点的选取

10.1.1 开孔、封堵作业点应选择在直管段上。开孔部位尽量避开管道焊缝，无法避开时，对开孔刀切削部位的焊道宜适量打磨。中心钻不应落在焊缝上。

10.1.2 开孔封堵部位的管道圆度误差不得超过管外径的 1%。

10.1.3 测量施焊部位管道壁厚，满足施焊最小壁厚要求。

10.2 封堵管件的组对与焊接

10.2.1 管道介质流速要求

封堵管件焊接时，管道内液体流速不应大于 5 m/s，气体流速不应大于 10 m/s。

10.2.2 管件组对

对开三通（对开四通）法兰沿管道轴线方向的两端到管顶的距离差小于 1 mm，对开三通（对开四通）法兰轴线与其所在位置管道轴线间距不应大于 1.5 mm。

10.2.3 焊接要求

按焊接工艺规程施焊。

10.2.4 管道螺旋焊缝和对接焊缝的处理

宜对焊接三通部位的管道螺旋焊缝和对接焊缝进行适量打磨。

10.2.5 焊工数量

10.2.5.1 对护板长度大于或等于 750 mm 的对开三通（对开四通）进行纵向对接焊缝的焊接时，每道焊缝应至少由两名焊工同时施焊。

10.2.5.2 在管道外径大于或等于 ϕ325 mm 的管道上进行对开三通（对开四通）环向填角焊缝的焊接时，每道焊缝应至少两名焊工同时施焊，且两电弧间应相距至少 50 mm。

10.2.6 对开三通（对开四通）焊接顺序

10.2.6.1 应先同时焊接两侧对接焊缝，再焊接环焊缝。

10.2.6.2 由一名焊工焊接每道纵向对接焊缝时，应按图 2a）所示焊接顺序同时焊接。

10.2.6.3 由两名焊工焊接每道纵向对接焊缝时，应按图 2b）所示焊接顺序同时焊接。

10.2.6.4 对开三通（对开四通）的两道环向填角焊缝的焊接，应先焊接完成一侧环向填角焊缝后，再焊接另一侧环向填角焊缝。当两名焊工同时焊接一道环向填角焊缝时，应按图 3 所示焊接顺序同时焊接。

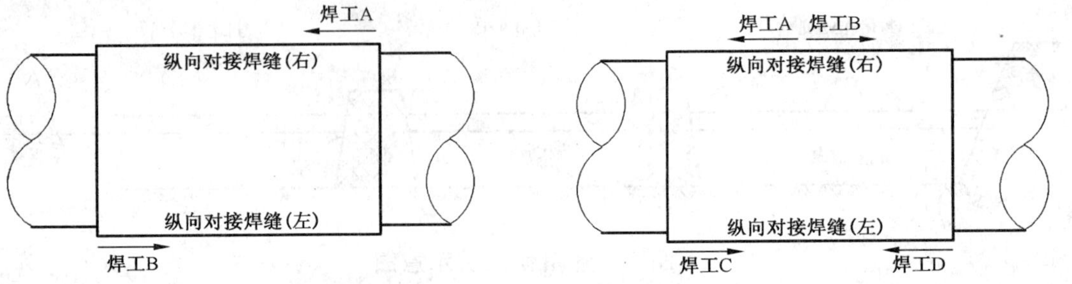

a) 两名焊工同时焊接　　　　b) 四名焊工同时焊接

图 2 纵向对接焊缝焊接顺序

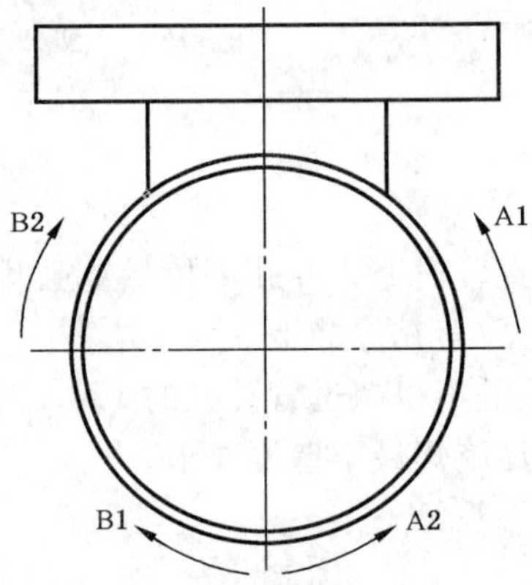

图 3 环向填角焊缝焊接顺序

10.2.7 纵向对接焊缝的焊接

对开三通(对开四通)纵向对接焊缝宜加垫板,垫板长度等于护板长度,宽度为对接焊缝宽度的 2～3 倍,垫板布置见图 4。

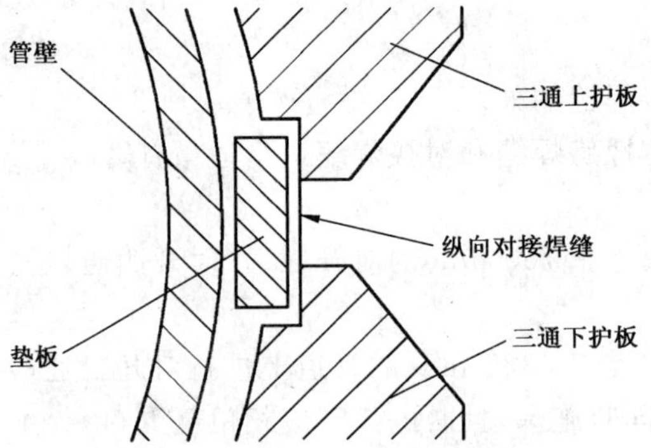

图 4 垫板布置示意图

10.2.8 环向填角焊缝的焊接

10.2.8.1 对开三通(对开四通)护板与管道的环向填角焊缝的焊接宜采用多道堆焊形式,见图 5。

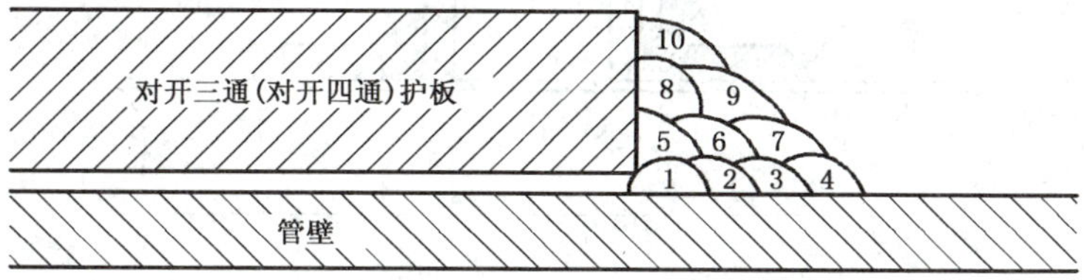

图 5　环向填角焊缝堆焊焊接形式示意图

10.2.8.2　对开三通(对开四通)护板厚度小于或等于 1.4 倍管壁厚度时,填角焊缝的焊脚高度和宽度应与护板厚度一致,见图 6。

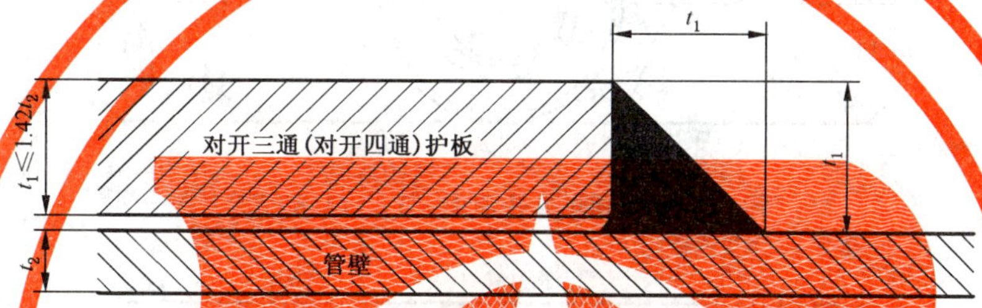

图 6　环向填角焊缝焊角尺寸(护板厚度小于或等于 1.4 倍管壁厚度)

10.2.8.3　对开三通(对开四通)护板厚度大于 1.4 倍管壁厚度时,填角焊缝的焊脚高度和宽度应等于 1.4 倍管壁厚度,见图 7。

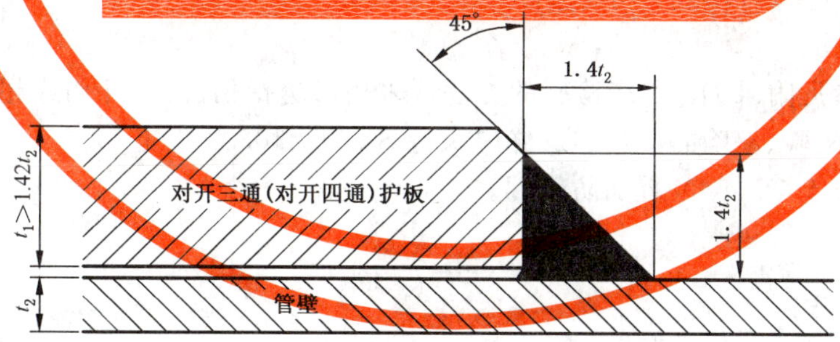

图 7　环向填角焊缝焊角尺寸(护板厚度大于 1.4 倍管壁厚度)

10.2.9　开孔短节焊接

10.2.9.1　应按焊接工艺规程施焊。

10.2.9.2　补强圈的尺寸应执行 JB/T 4736 规定,并进行计算和校核。

10.2.9.3　带补强圈开孔短节的焊道顺序见图 8,焊接顺序见图 9。

10.2.9.4　不带补强圈的开孔短节焊接顺序见图 10。

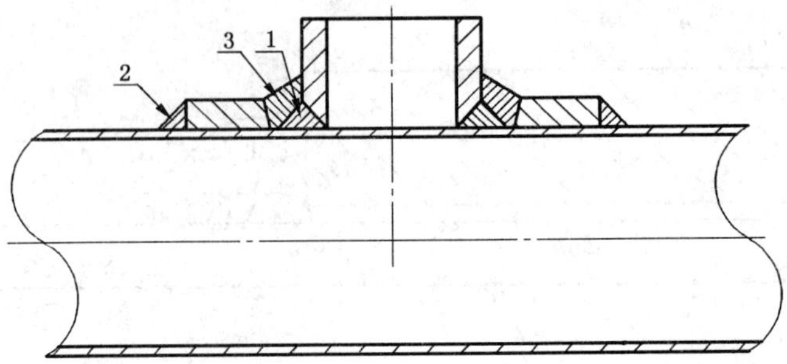

图 8　带补强圈开孔短节的焊道顺序

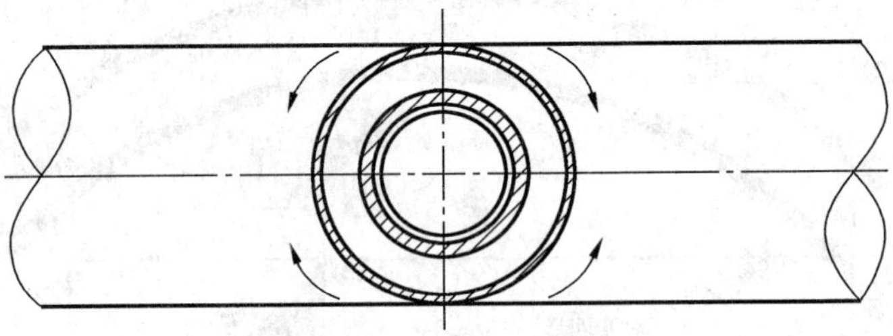

图 9　带补强圈开孔短节的焊接顺序

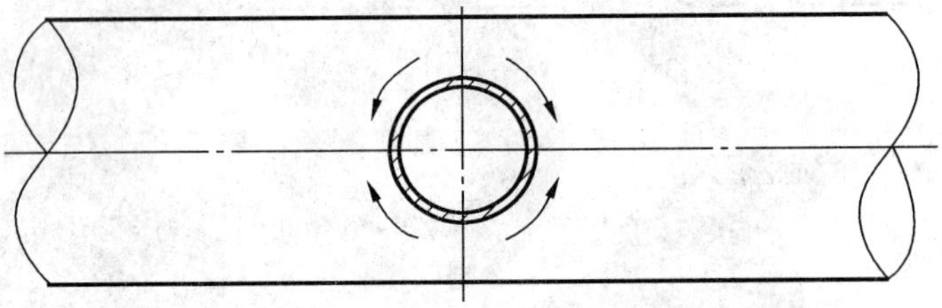

图 10　不带补强圈开孔短节的焊接顺序

10.2.10　焊接质量检验

宜有焊接记录，参见附录 D。焊缝检验的方法可采用渗透探伤、磁粉探伤或超声波探伤或两种方法的组合。焊接接头的检验、缺陷的清除和返修应执行 SY/T 4103 的规定。

10.2.11　开孔孔径大于 DN 500，宜加防胀圈。

10.3　安装要求

10.3.1　刀具的安装

中心钻提取鞍形板装置应工作可靠。刀具结合器与开孔机主轴之间的锥度联接不应有任何松动。测量筒刀与开孔结合器内孔的同轴度，控制在 1 mm 以内。

10.3.2　封堵头的安装

10.3.2.1　塞式封堵头的安装：压板螺栓应均匀紧固，封堵皮碗不应重复使用。

10.3.2.2　筒式封堵头的安装：橡胶密封件应粘接牢固，调整杆应转动灵活，橡胶密封件不应重复使用。

10.3.2.3　折叠式封堵头的安装：应对折叠板拉杆进行调节，封堵皮碗压板螺栓应均匀紧固，封堵皮碗不应重复使用。

10.3.2.4　囊式封堵头的安装：检查挡板的灵活性，密封囊应完好并不应重复使用。

10.3.3　夹板阀的安装

10.3.3.1　夹板阀应在关闭状态下吊装。

10.3.3.2　内旁通应关闭。

10.3.3.3　应测量夹板阀内孔与对开三通(对开四通)法兰内孔的同轴度,同轴度误差不应超过 1 mm。

10.3.4　开孔机与开孔结合器、封堵器与封堵结合器应竖直安装和拆卸。

10.3.5　旁通管路的要求

10.3.5.1　根据管道工艺条件要求,确定旁通管路的材质及管径。

10.3.5.2　旁通管路的焊接应有焊接工艺规程,应对焊缝进行无损检测。

10.3.5.3　应在旁通管路高点安装排气阀,低点安装排污阀,并在适当位置安装压力表。

10.3.5.4　旁通管路应支撑固定,保障管线平稳运行。

10.3.6　塞堵的安装

10.3.6.1　调整塞堵结合器内中心顶杆的伸出长度。

10.3.6.2　应检查塞堵的方向,确保鞍形板的方向与管道方向一致。塞堵安装完成后,开孔机主轴应全部收回。

10.3.6.3　开孔时切下的鞍形板应随塞堵装回管道。鞍形板装回管道前应清边,清边后鞍形板外径宜比开孔孔径小 15 mm～30 mm。

10.3.7　尺寸测量

相关设备组装完成后,应测量并记录设备的安装尺寸,计算开孔、封堵、下塞堵的操作尺寸,采用塞式封堵头方法的尺寸测量见附录 E。

10.4　开孔作业

10.4.1　试验压力

10.4.1.1　开孔前应对焊接到管道上的管件和组装到管道上的阀门、开孔机等部件进行整体试压,试验压力宜等于管道运行压力,最高不应超过管道运行压力的 1.1 倍,并填写开孔作业检查表,见附录 F。

10.4.1.2　关闭夹板阀,卸去开孔结合器的压力,验证夹板阀的密封性,若密封良好,进行下道作业;若泄漏,应进行检修更换。

10.4.2　开孔

10.4.2.1　开孔前,应打开开孔结合器上的排气阀,当排气完毕后关闭排气阀,然后开孔。

10.4.2.2　开孔时,当开孔机切削到预定尺寸后,停机,然后以手动操作开孔机使开孔刀前进 5 mm～10 mm,确认孔完全被开透,方可上提刀具。

10.4.2.3　开孔完成后将刀退出,关闭夹板阀,卸放压力。然后排出开孔结合器内的介质,拆卸开孔机。具体内容执行 API 2201 规定。

10.5　旁通管路投用

旁通管路安装完成后,用运行管道内介质导通旁通管路。

10.6　封堵作业

10.6.1　封堵作业期间不应清管、调整管道运行参数。

10.6.2　液体管道带压封堵时的介质流速不应大于 2.5 m/s,气体管道带压封堵时的介质流速不应大于 5 m/s。

10.6.3　封堵设备吊装到夹板阀上之前,确认封堵头的封堵方向为被封堵管段。

10.6.4　下封堵时应先下下游封堵头,后下上游封堵头。

10.6.5　封堵效果的验证

打开平衡孔降压,压力降为零,观察 5 min,若封堵隔离段管道压力没有回升,则封堵成功,并填写封堵作业检查表,见附录 G。

10.7 介质排放

10.7.1 应采用防爆设备排放管道介质。

10.7.2 应对封堵隔离段进行惰性气体的置换。

10.8 断管作业

10.8.1 应采用机械方法断管。

10.8.2 断管期间,宜采用水冷却,并采取预防管道轴向膨胀的措施。

10.9 管道改造作业

10.9.1 按焊接工艺规程进行焊接。

10.9.2 焊缝应进行无损检测。

10.10 封堵隔离段投用

10.10.1 封堵隔离段投用前应进行惰性气体置换。

10.10.2 应通过管道介质导入置换掉惰性气体。

10.11 解除封堵

10.11.1 对塞式、折叠和筒式封堵头,应首先确认封堵头前后的压力平衡,并应先提上游封堵头,后提下游封堵头。

10.11.2 囊式封堵头应先提封堵囊,后提挡板。

10.12 拆除旁通管路

10.12.1 对管道输送介质为液体的旁通管路,宜将旁通管路内的介质注入到运行管道或油罐车中。

10.12.2 对管道输送介质为可燃气体的旁通管路,宜将旁通管路内的介质放燃并进行氮气置换。

10.12.3 对长距离的旁通管路的拆除,宜采用机械方法断管。如采用氧-乙炔切割时,应采取安全保护措施。

10.13 下塞堵作业

10.13.1 下塞堵作业期间管道运行参数应保持稳定。

10.13.2 应在开孔机和夹板阀的上阀板上安装压力表,并进行压力监控。

10.13.3 操作过程中,应先用夹板阀的内旁通平衡压力,再打开外平衡管路阀门。

10.13.4 塞堵到位后,伸出卡环并确认卡环圈数。

10.13.5 确认塞堵安装完毕后,应先脱离主轴,并将主轴上提 25 mm,之后验证塞堵密封效果。

10.14 取塞堵作业

10.14.1 首先应取压力平衡孔的塞堵,然后安装压力表,确认管道运行参数。

10.14.2 取塞堵时开孔机上宜安装助力器。

10.15 安装盲板

10.15.1 安装前,应对盲板的密封面、密封垫片进行外观检查,不应有缺陷。

10.15.2 螺栓应对称紧固。

10.16 防腐及地貌恢复

10.16.1 三通等管件应按原管道防腐等级进行防腐。

10.16.2 对于埋地管道，待防腐层固化后按规定再进行土方回填，并做好地貌的恢复。地貌恢复后，应在地面上埋设标志桩。

11 健康、安全、环境

11.1 作业前应进行风险识别、评价，制定风险削减措施和必要的应急预案。

11.2 健康监护

11.2.1 所有施工人员应建立健康档案。

11.2.2 直接从事有毒、有害施工作业人员应定期进行职业病检查。

11.2.3 施工人员的心理、生理条件应满足工作性质要求。

11.2.4 施工人员食宿应安全、卫生，并应做好地方病的防治工作。

11.3 安全防护

11.3.1 施工人员的安全

11.3.1.1 施工人员应按规定正确使用劳动防护用品，主要包括：

a) 所有施工人员应配戴防静电劳动防护用品；

b) 在对人呼吸器官有害的作业环境里，施工人员应配戴防毒面具等劳动防护用品；

c) 在对人眼睛、皮肤有害的作业环境里，施工人员应配戴防护眼镜、面罩、防护服等劳动防护用品。

11.3.1.2 施工现场应配备应急药箱和应急药品。

11.3.1.3 夏季施工，应有防暑降温措施；冬季施工，应有防寒保暖措施。

11.3.1.4 其他未提及的内容执行 SY 6444 规定。

11.3.2 施工现场的安全

11.3.2.1 开挖作业坑时，应根据土质情况决定边坡坡度，必要时，采取防塌方措施。

11.3.2.2 施工现场应根据消防要求配置消防设施和消防器具，保持消防通道畅通。

11.3.2.3 施工现场应设置安全警戒区，并在明显位置设置安全标识。

11.3.2.4 施工现场用电应执行 SY 6444 规定。

11.3.3 施工作业的安全

11.3.3.1 雷雨天不应进行露天封堵作业。

11.3.3.2 每个流程切换前，应先进行置换。置换设备应具有防爆功能。

11.3.3.3 动火和断管作业不应同时进行。

11.3.3.4 断管前应将断管位置两侧管道作好接地。

11.3.3.5 现场动火作业前应进行可燃气体检测，动火全过程应有专人监护。

11.3.3.6 现场吊装作业、焊接作业、高空作业应执行 SY 6516 规定。

11.3.3.7 对接焊缝、环焊缝可燃气体管道的封堵作业宜安装隔离囊，隔离囊距离焊接部位应至少 1 m 以上。

11.4 环境保护

11.4.1 封堵作业过程中产生的管道介质应按业主的要求进行处理。

11.4.2 对液体输送管道，在施工作业中宜在断管底部安放集液箱。

11.4.3 对可燃气体输送管道，在施工作业中宜对旁通管路内介质进行放燃。

11.4.4　施工作业完成后，应清理施工作业现场，将废弃物进行分类处理。

12　竣工技术资料

竣工后，提供以下竣工技术资料：

a）　开工报告；

b）　主要材料证书；

c）　施工记录表；

d）　管件焊接记录；

e）　焊接探伤报告；

f）　隐蔽工程验收记录；

g）　竣工图；

h）　施工总结；

i）　竣工验收证书。

附 录 A
（资料性附录）
管道不停输机械封堵作业工艺

A.1 工艺流程见图 A.1。

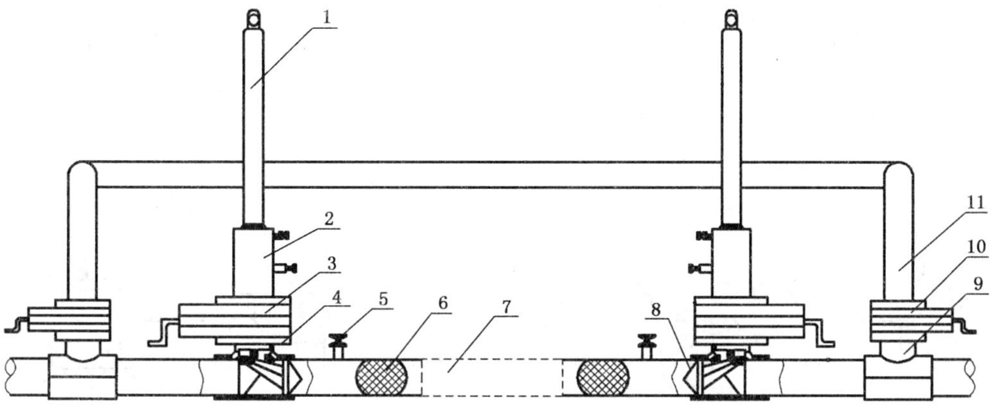

说明：

1——封堵器；
2——封堵结合器；
3——封堵夹板阀；
4——封堵三通；
5——压力平衡短节；
6——隔离囊(墙)；
7——维修改造管段；
8——封堵头；
9——旁通三通；
10——旁通夹板阀；
11——旁通管路。

图 A.1 管道不停输机械封堵工艺示意图

A.2 部件参考图见图 A.2。

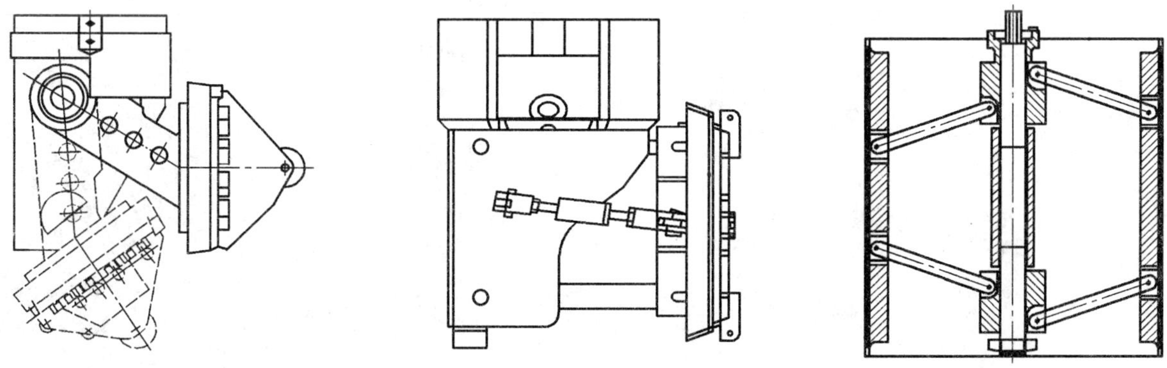

a) 塞式封堵头　　b) 折叠封堵头　　c) 筒式封堵头

图 A.2 主要封堵部件示意图

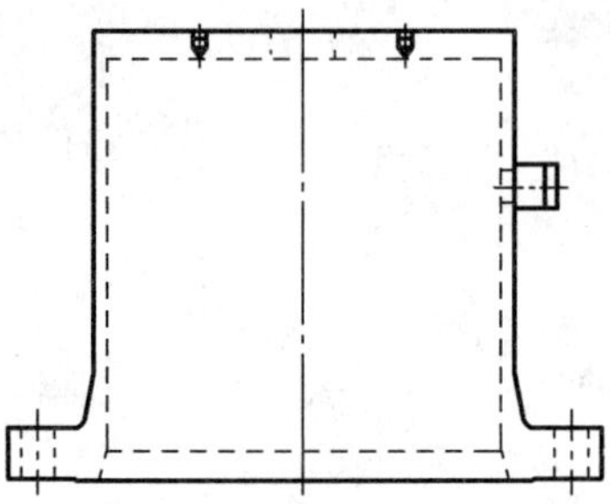

d） 开孔结合器（封堵结合器）

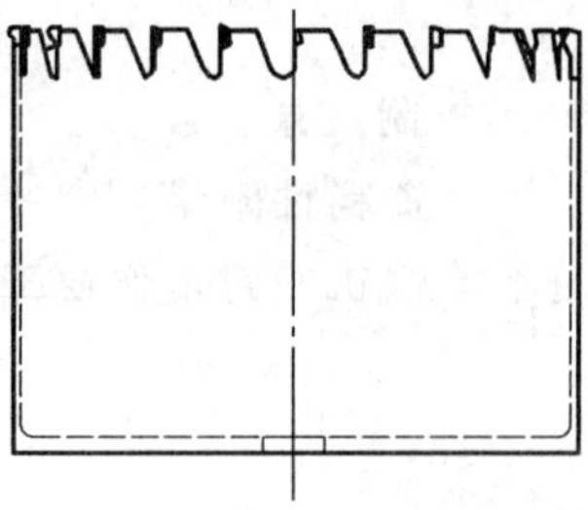

e） 筒刀

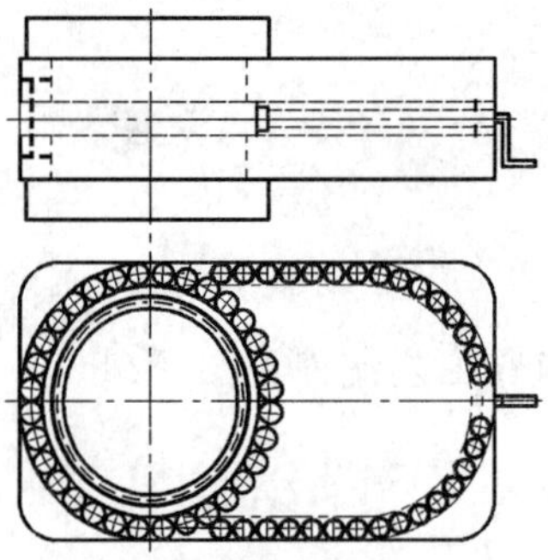

f） 夹板阀

图 A.2（续）

A.3 竣工图见图 A.3。

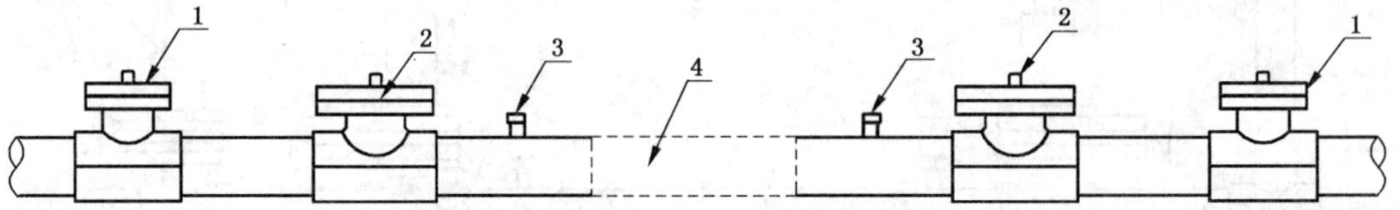

说明：

1——旁通三通；

2——封堵三通；

3——压力平衡短节；

4——抢修、维修、改造管段。

图 A.3 抢修、维修、改造竣工图

附　录　B
（资料性附录）
管道囊式封堵作业工艺

B.1　工艺流程见图 B.1。

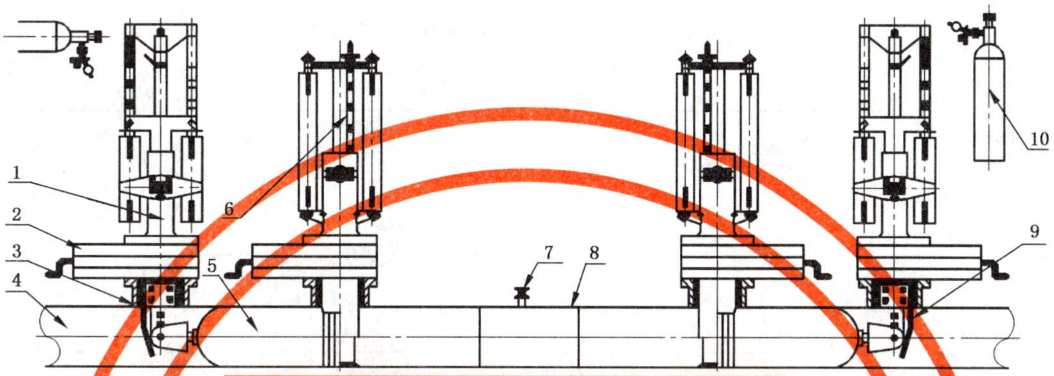

说明：

1——送取囊装置；
2——夹板阀；
3——法兰短节总成；
4——介质；
5——密封囊；
6——挡板装置；
7——排油短节；
8——维修改造管段；
9——压力管道；
10——氮气瓶。

图 B.1　囊式封堵状态示意图

B.2　竣工图见图 B.2。

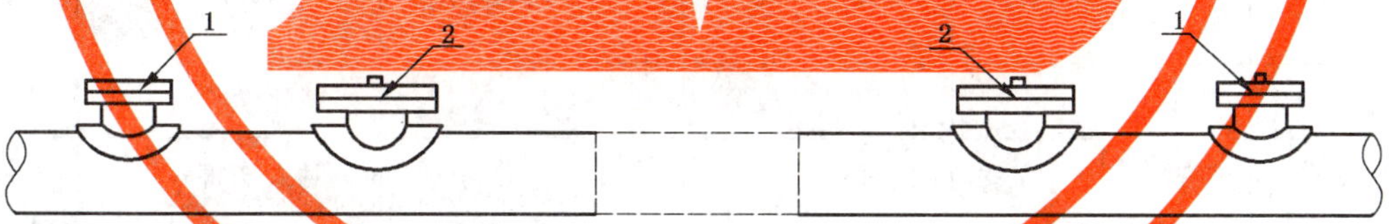

说明：

1——送取囊装置用法兰短节；
2——挡板装置用法兰短节。

图 B.2　抢修、维修、改造竣工图

附 录 C
（资料性附录）
管道调查表

表 C.1 给出了管线调查阶段应填写参数。

表 C.1 管道调查表

建设单位名称： 年 月 日

施工要求、目的：							
作业地点描述(作业点位置、地形地貌、水文、道路及周边环境)：							
管道参数							
管道外径		管道壁厚		管道类型(螺旋 直缝 无缝)			
管道材质		设计压力		管道建设日期			
管道运行参数							
输送介质		运行压力		运行温度		流 量	
介质流速稳定性				施工季节允许停输时间			
介质参数							
凝固点		黏度		沸点			
露点		介质组成成分		化学特性			
爆炸下限		爆炸上限		对人伤害程度			
管道清管情况							
是否定期清管		清管器形式		清管周期			
管道开孔、封堵作业情况							
是否进行过管道开孔、封堵作业				施工时间			
开孔、封堵作业有无异常：							
联系方式							
联系人				联系电话			
传真				E-mail			
通讯地址：				邮政编号：			
填写人(签字)：				单位盖章：			

附 录 D
（资料性附录）
管件焊接记录

表 D.1 给出了管件焊接时应记录的各种参数。

表 D.1 管件焊接记录表

<table>
<tr><td>项目名称</td><td colspan="3"></td><td>施工地点</td><td colspan="3"></td></tr>
<tr><td>建设单位</td><td colspan="3"></td><td>施工单位</td><td colspan="3"></td></tr>
<tr><td>产品编号</td><td colspan="3"></td><td>位置说明</td><td colspan="3"></td></tr>
<tr><td colspan="4">管道</td><td colspan="4">管件</td></tr>
<tr><td>管径</td><td colspan="2">壁厚</td><td>材质</td><td>规格</td><td colspan="2">壁厚</td><td>材质</td></tr>
<tr><td></td><td colspan="2"></td><td></td><td></td><td colspan="2"></td><td></td></tr>
<tr><td></td><td colspan="2"></td><td></td><td></td><td colspan="2"></td><td></td></tr>
<tr><td colspan="2">焊缝号</td><td colspan="2">焊工</td><td colspan="2">焊接工艺编号</td><td colspan="2">连接形式</td></tr>
<tr><td colspan="2"></td><td colspan="2"></td><td colspan="2"></td><td colspan="2"></td></tr>
<tr><td colspan="2"></td><td colspan="2"></td><td colspan="2"></td><td colspan="2"></td></tr>
<tr><td colspan="2"></td><td colspan="2"></td><td colspan="2"></td><td colspan="2"></td></tr>
<tr><td colspan="2"></td><td colspan="2"></td><td colspan="2"></td><td colspan="2"></td></tr>
<tr><td colspan="8">附图</td></tr>
<tr><td>记录人</td><td colspan="3"></td><td>日期</td><td colspan="3"></td></tr>
</table>

附　录　E
（规范性附录）
开孔、封堵、下塞堵、取塞堵尺寸记录和计算要求

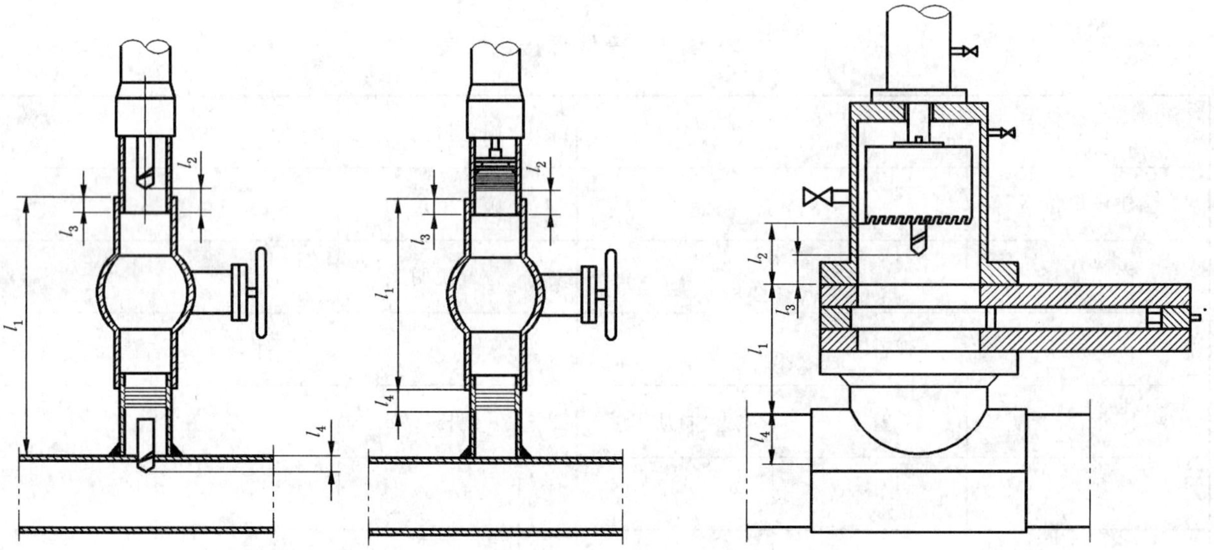

开孔（压力平衡）____游

名称代号	尺寸/mm
l_1	
l_2	
l_3	
l_4	
总尺寸	
总尺寸 $=l_1+l_2-l_3+l_4$	

下塞堵（压力平衡）____游

名称代号	尺寸/mm
l_1	
l_2	
l_3	
l_4	
第一尺寸	
总尺寸	
第一尺寸 $=l_1+l_2-l_3$	
总尺寸 = 第一尺寸 $+l_4$	

开　孔　____游

名称代号	尺寸/mm	
	封堵孔	旁通孔
l_1		
l_2		
l_3		
l_4		
第一尺寸		
总尺寸		
第一尺寸 $=l_1+l_3$		
总尺寸＝第一尺寸 $+l_2-l_3+l_4$（l_4 为鞍形板切割尺寸）		

图 E.1　开孔、下塞堵（压力平衡孔）尺寸记录和计算要求

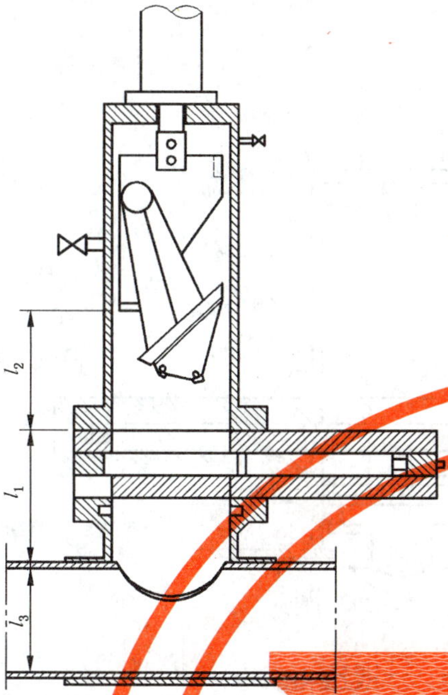

下封堵头　　____游

名称代号	尺寸/mm
l_1	
l_2	
l_3	
总尺寸	
总尺寸 $=l_1+l_2+l_3$	

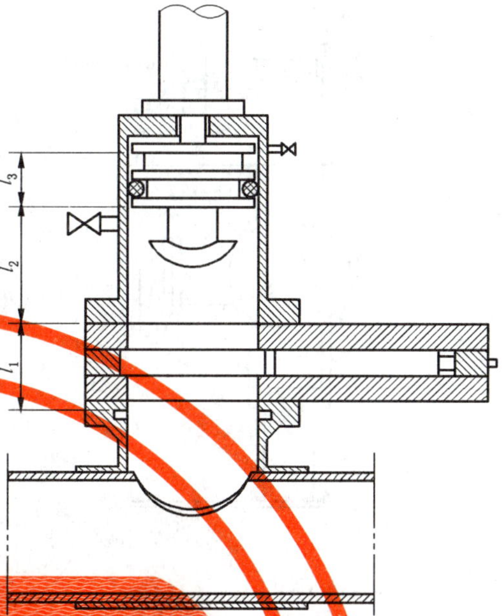

下塞堵　　____游

名称代号	尺寸/mm	
	封堵孔	旁通孔
l_1		
l_2		
l_3		
总尺寸		
总尺寸 $=l_1+l_2+l_3$		

图 E.2　封堵、下塞堵尺寸记录和计算要求

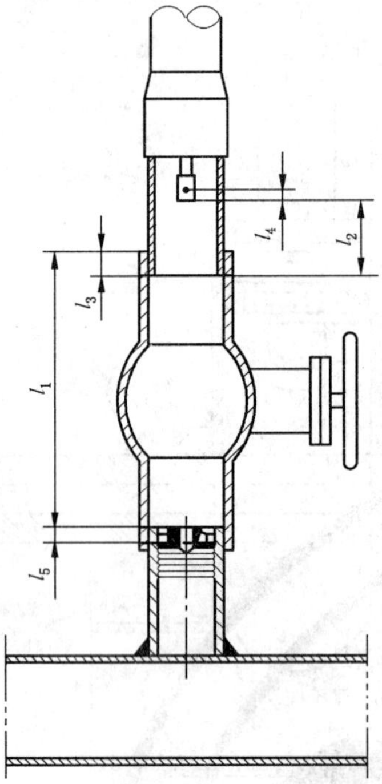

取塞堵(压力平衡)　　____游

名称 代号	尺寸/mm
l_1	
l_2	
l_3	
l_4	
l_5	
第一尺寸	
总尺寸	
第一尺寸$=l_1+l_2-l_3$	
总尺寸=第一尺寸$+l_4+l_5$	

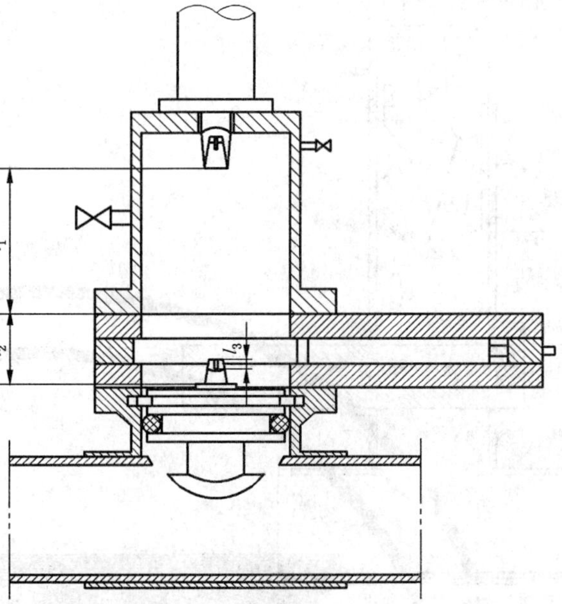

取塞堵　　____游

名称 代号	尺寸/mm	
	封堵孔	旁通孔
l_1		
l_2		
l_3		
第一尺寸		
总尺寸		
第一尺寸$=l_1+l_2-l_3$		
总尺寸$=l_1+l_2$		

图 E.3　取塞堵尺寸记录和计算要求

附 录 F
（资料性附录）
开孔作业检验

表 F.1 给出了开孔作业时应检查的各种参数。

表 F.1 开孔作业检验表

<table>
<tr><td colspan="2">项目名称</td><td colspan="2"></td><td colspan="2">施工地点</td><td></td></tr>
<tr><td colspan="2">建设单位</td><td colspan="2"></td><td colspan="2">施工单位</td><td></td></tr>
<tr><td colspan="2">开孔位置说明</td><td colspan="2"></td><td colspan="2">开孔机型号/设备编号</td><td></td></tr>
<tr><td colspan="4">管道规格</td><td colspan="3">运行参数</td></tr>
<tr><td colspan="2">管径</td><td>材质</td><td>壁厚</td><td>介质</td><td>压力</td><td>温度</td></tr>
<tr><td colspan="2"></td><td></td><td></td><td></td><td></td><td></td></tr>
<tr><td colspan="7">开孔参数</td></tr>
<tr><td>刀具规格</td><td colspan="3">第一尺寸</td><td colspan="2">开透尺寸</td><td>开孔机转速</td></tr>
<tr><td></td><td colspan="3"></td><td colspan="2"></td><td></td></tr>
<tr><td>开始时间</td><td colspan="3"></td><td colspan="2">终止时间</td><td></td></tr>
<tr><td colspan="7">有无异常情况及原因分析和处理办法</td></tr>
<tr><td>记录人</td><td colspan="3"></td><td colspan="2">日 期</td><td></td></tr>
</table>

附　录　G
（资料性附录）
封堵作业检验表

表 G.1 给出了封堵作业时应检查的各种参数。

表 G.1　封堵作业检验表

<table>
<tr><td colspan="2">项目名称</td><td></td><td colspan="2">施工地点</td><td></td></tr>
<tr><td colspan="2">建设单位</td><td></td><td colspan="2">施工单位</td><td></td></tr>
<tr><td colspan="2">封堵位置说明</td><td></td><td colspan="2">封堵器型号/设备编号</td><td></td></tr>
<tr><td colspan="3">管道规格</td><td colspan="3">运行参数</td></tr>
<tr><td>管径</td><td>材质</td><td>壁厚</td><td>介质</td><td>压力</td><td>温度</td></tr>
<tr><td></td><td></td><td></td><td></td><td></td><td></td></tr>
<tr><td colspan="6">封堵参数</td></tr>
<tr><td colspan="2">封堵头规格</td><td>到位尺寸</td><td colspan="2">开始时间</td><td>终止时间</td></tr>
<tr><td colspan="2"></td><td></td><td colspan="2"></td><td></td></tr>
<tr><td colspan="6">封堵效果说明</td></tr>
<tr><td colspan="6">有无异常情况及原因分析和处理办法</td></tr>
<tr><td colspan="2">记录人</td><td></td><td colspan="2">日期</td><td></td></tr>
</table>

ICS 27.060.30
J 98

中华人民共和国国家标准

GB/T 28056—2011

烟道式余热锅炉通用技术条件

General specification for gas pass heat recovery boiler

2011-12-30 发布 2012-07-01 实施

中华人民共和国国家质量监督检验检疫总局
中国国家标准化管理委员会 发布

前　言

本标准按照 GB/T 1.1—2009 给出的规则起草。

本标准由全国锅炉压力容器标准化技术委员会(SAC/TC 262)提出并归口。

本标准负责起草单位:杭州锅炉集团股份有限公司。

本标准参加起草单位:南通万达锅炉股份有限公司、鞍山锅炉厂有限公司、上海发电设备成套设计研究院、济南锅炉集团有限公司、安阳钢铁集团有限责任公司。

本标准主要起草人:胡军、吕丽华、叶苏、徐荻萍、田立久、向泽浚、张瑞、王正博、马忠民。

烟道式余热锅炉通用技术条件

1 范围

本标准规定了烟道式余热锅炉的术语和定义、产品型号、技术要求、检验和试验、测试方法、油漆、包装、标志和随机文件、安装及使用、验收及质量责任等通用要求。

本标准适用于以水为工质的各类烟道式余热锅炉。

本标准不适用于管壳式余热锅炉。

2 规范性引用文件

下列文件对于本文件的应用是必不可少的。凡是注日期的引用文件，仅注日期的版本适用于本文件。凡是不注日期的引用文件，其最新版本(包括所有的修改单)适用于本文件。

GB/T 1576 工业锅炉水质

GB/T 2900.48 电工名词术语 锅炉

GB/T 9222 水管锅炉受压元件强度计算

GB/T 10863 烟道式余热锅炉热工试验方法

GB/T 12145 火力发电机组及蒸汽动力设备水汽质量

GB/T 12348 工业企业厂界环境噪声排放标准

GB 13223 火电厂大气污染物排放标准

GB 13271 锅炉大气污染物排放标准

GB/T 14623 城市区域环境噪声测量方法

GB/T 16508 壳锅炉受压元件强度计算

GB 50041 锅炉房设计规范

GB 50242 建筑给水排水及采暖工程施工质量验收规范

GB 50273 工业锅炉安装工程施工及验收规范

DL/T 5047 电力建设施工及验收技术规范 锅炉机组篇

JB/T 1612 锅炉水压试验技术条件

JB/T 1613 锅炉受压元件焊接技术条件

JB/T 1615 锅炉油漆和包装技术条件

JB/T 3375 锅炉用材料入厂验收规则

3 术语和定义

GB/T 2900.48 界定的以及下列术语和定义适用于本文件。

3.1

烟道式余热锅炉 gas pass heat recovery boiler

利用余热介质(各种工业过程中的废气、废料或废液)中含有的显热或(和)可燃物质燃烧后产生的热量(必要时可加补燃)，与烟道(布置在烟道中)的受热面进行热交换，产生蒸汽或热水的锅炉，其结构类似于水管式或锅壳式锅炉。

3.2

输入热量　heat input

单位时间内输入余热锅炉的余热资源的总热量。

3.3

有效输出热量　available heat output

单位时间内工质在锅炉中所吸收的总热量，包括水和蒸汽吸收的热量，以及排污水和自用蒸汽所消耗的热量。

3.4

余热利用率　utilization ratio of waste heat

有效输出热量占输入热量的百分率，其表示式见式(1)：

$$余热利用率=\frac{有效输出热量}{输入热量}\times 100\% \quad \cdots\cdots(1)$$

4　产品型号

4.1　余热锅炉产品型号由两部分组成，第一部分表示余热锅炉的补燃情况、余热载体的类别、特性及参数，其代号用大写的汉语拼音字母表示；第二部分表示蒸汽锅炉的额定蒸发量或热水锅炉的额定热功率、锅炉工作工质的压力和温度参数，其书写格式和要求如图1所示。

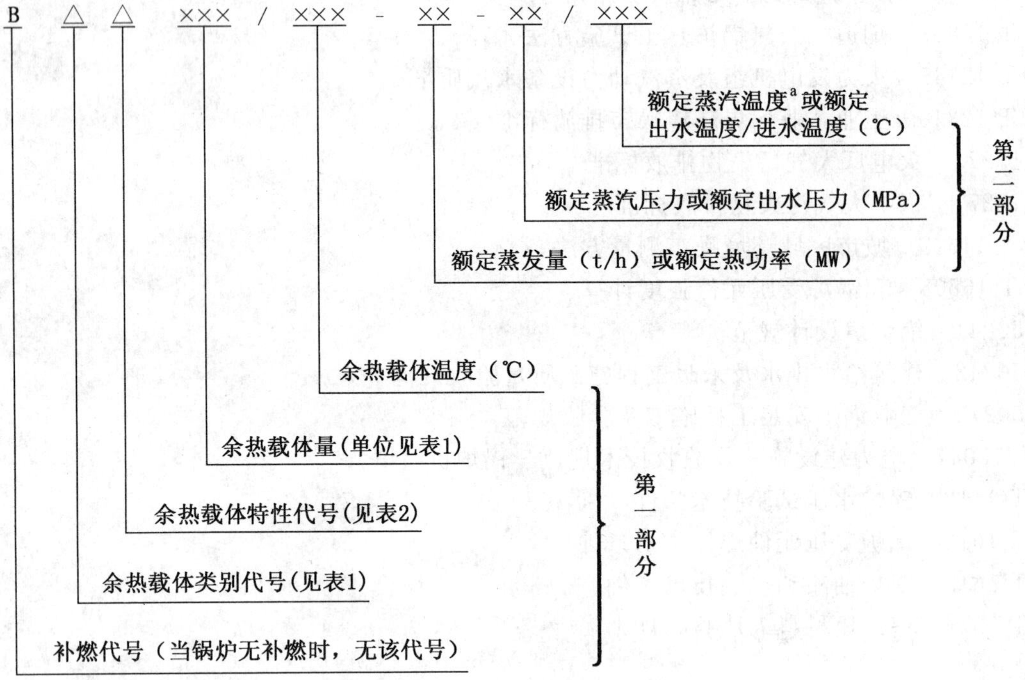

[a] 额定蒸汽温度为饱和温度时无该部分及斜线。

图1

表 1 余热载体的类别代号和单位

余热载体类别		余热载体单位	
名称	代号	单位名称	单位符号
气体	Q(气)	千立方米每小时	km^3/h [a]
液体	Y(液)	吨每小时	t/h
固体	G(固)	吨每小时	t/h
[a] 本标准中烟气单位符号“m^3”的意义为：标准状态下测得的体积，且其体积单位为立方米，简称“标准立方米”。			

表 2 烟气特性分类

烟气特性分类	洁净类	含尘类	腐蚀类	粘结类
代号	无代号	C	F	Z
烟气特性	烟气中含尘量不大于 5 g/m^3，且不含腐蚀性或(和)粘结性成分(或设计时可不予考虑)	含尘量大于 5 g/m^3，将可能对锅炉受热面产生磨损、积灰等	烟气中含有氮氧化物、硫氧化物、硫化氢、磷化物、氯气及氯气等，在一定工况条件下可能对锅炉受热面及部件产生强烈腐蚀	烟气中所夹带的烟尘、升华或气化物质，在一定工况条件下可能粘附在锅炉受热面上

4.2 特殊形式的余热锅炉的产品型号可参照本标准的规定进行编制，或在其相关产品标准中另行规定。

4.3 型号示例

a) QF35/900-20-3.82/450

表示该余热锅炉余热载体的类型为具有腐蚀性的气体，烟气量为 35 000 m^3/h，温度为 900 ℃；其锅炉的额定蒸发量为 20 t/h，额定蒸汽压力为 3.82 MPa，额定蒸汽温度为 450 ℃；

b) Q40/550-4.2-0.7/95/70

表示该余热锅炉余热载体的类型为“洁净”类气体，烟气量为 40 000 m^3/h，温度为 550 ℃；其锅炉的额定热功率为 4.2 MW、热水的设计工作压力为 0.7 MPa，额定出水温度为 95 ℃，进水温度为 70 ℃；

c) BY3-12-1.25

表示该余热锅炉余热载体的类型为液体，利用其所携带的可燃物质，液体流量为 3 t/h，有补燃装置；其锅炉的额定蒸发量为 12 t/h，额定蒸汽压力为 1.25 MPa，额定蒸汽温度为饱和温度；

d) Q1240/537[注]-198(53)-8.0(0.31)/511(180)

表示该余热锅炉余热载体的类型为“洁净”类气体，烟气量为 1 240 000 m^3/h，温度为 537 ℃；输出蒸汽为双压的余热锅炉，其高压端的额定蒸发量为 198 t/h，额定蒸汽压力为 8.0 MPa，额定蒸汽温度为 511 ℃；低压端的额定蒸发量为 53 t/h，额定蒸汽压力为 0.31 MPa，额定蒸汽温度为 180 ℃。

注：当进入锅炉的余热源有两个，且参数不同时，可对较低参数加括号后与主参数同时列出。

5 技术要求

5.1 设计工况下的性能

5.1.1 制造厂应保证烟道式余热锅炉(以下简称“锅炉”)在设计参数下的额定蒸发量或额定热功率。

5.1.2 在设计参数下运行,且锅炉给水温度偏差不大于±5 ℃时,锅炉的余热利用率不低于技术协议规定的保证值,其设计值与保证值的差值,对于发电机组或动力设备用锅炉不高于1.5%;对于一般锅炉不高于2%。

5.1.3 锅炉的蒸汽品质应符合5.1.3.1~5.1.3.5的规定。

5.1.3.1 没有过热器的锅炉,其饱和蒸汽湿度为:

a) 水管式锅炉不大于3%;

b) 锅壳式锅炉不大于4%。

5.1.3.2 有过热器的锅炉,过热器入口处的饱和蒸汽湿度应不大于1%。

5.1.3.3 工业用过热蒸汽含盐量应不超过0.5 mg/kg。

5.1.3.4 发电机组或动力设备用过热蒸汽品质应符合GB/T 12145的规定。

5.1.3.5 在额定工况下,过热蒸汽温度的偏差范围应符合表3规定。

表3 过热蒸汽温度的偏差范围

过热蒸汽温度 ℃	偏差范围 ℃
≤300	+30 −20
>300~350	+20 −20
>350~400	+10 −20
>400~450	+10 −15
>450	+5 −10

5.1.4 锅炉排烟温度应满足主工艺设备的要求,直接排放大气时排烟温度应符合表4规定。

表4 直接排放大气时的排烟温度

有无尾部受热面	无尾部受热面		有尾部受热面[a]	
锅炉类型	蒸汽锅炉	热水锅炉	蒸汽锅炉	热水锅炉
排烟温度 ℃	<250	<220	<180	<160
[a] 当烟气中含硫等腐蚀成分时,锅炉排烟温度可适当提高,但提高幅度不超过30℃。				

5.1.5 锅炉大气污染物的排放应符合GB 13223和GB 13271的要求,其他污染物的排放应符合国家、地方或行业有关法规和标准的规定。

5.2 设计基本要求

5.2.1 锅炉的设计除应符合有关锅炉专业标准外，还应符合设备所在系统所要求的设计规范和标准的规定。

5.2.2 锅炉设计应严格贯彻国家有关“节能减排”的方针政策，锅炉的余热利用率和污染物的排放应符合国家行业有关余热利用的标准的规定。

5.2.3 锅炉设计时应综合考虑锅炉制造成本、锅炉房的建造及锅炉运行维护费用等因素。

5.2.4 锅炉设计的结构和受压元件材料的选用应符合锅炉规程及锅炉专业标准的规定。

5.2.5 锅炉的受压元件的强度计算应符合 GB/T 9222 或 GB/T 16508 的规定。

5.2.6 对锅炉某些特殊结构、受压元件用材料或计算方法，与国内有关锅炉规程、标准不符或没有规定时，可采用国际上通用的锅炉技术规范或标准的规定，但应征得国家特种设备安全监察机构同意。

5.2.7 锅炉应有随主工艺设备负荷正常变化连续稳定运行的能力，以及在低负荷和超负荷工况下安全运行的能力，其随主工艺设备负荷正常变化的范围、低负荷和超负荷的范围应在合同或技术协议中明确。

5.2.8 锅炉设计时应采取防止积灰、腐蚀和磨损的有效措施。

5.2.9 燃用废气、废液或烟气余热中夹带可燃物质的锅炉，如锅炉有爆炸危险应在容易爆炸的部位装设防爆装置。

5.2.10 锅炉炉墙及烟风道应有良好的密封和保温性能。在环境温度不高于 25 ℃时，锅炉本体炉墙外表面的热流量一般应不大于 1.3×10^3 kJ/(m^2 · h)。

5.2.11 锅炉采用露天布置时，应有防冻、防水、防锈等有关措施。

5.2.12 锅炉应设置必要的热工及环保检测的测点。

5.2.13 为保证主工艺设备的正常运行，锅炉的大修间隔应不低于一年，或按合同有关规定执行。

5.3 制造

5.3.1 制造单位资格和职责

5.3.1.1 锅炉的制造单位应具备健全的质量管理体系，并持有相应级别的锅炉制造许可证。

5.3.1.2 制造单位应按经规定程序批准的设计图样和文件进行制造与验收，如需对原设计图样进行修改，应由原设计单位负责进行。

5.3.2 制造

5.3.2.1 锅炉主要零部件的制造应符合附录 A 所列各项制造技术标准的规定。

5.3.2.2 制造锅炉受压元件的材料应符合设计图样的规定，材料代用应按规定程序审批。

5.3.2.3 锅炉受压元件所用钢材和焊接材料的质量应符合材料标准的要求，且有材料质量证明书，并应按 JB/T 3375 的规定进行入厂验收，合格后方可使用。

5.3.2.4 当锅炉采用某些特殊材料或结构时，制造单位应制定相应的工艺规程和(或)产品制造技术条件，必要时应经工艺性试验。

5.4 配用辅机及附件的要求

5.4.1 锅炉配套辅机及附件的供应范围应符合订货合同的规定。

5.4.2 锅炉配用辅机及附件应满足锅炉主机及主工艺设备的性能要求，并符合各自的产品标准。

5.4.3 锅炉配用的水处理设备应能保证锅炉给水水质符合 GB/T 1576 或 GB/T 12145 的规定，对水质有特殊要求的产品，应在技术合同中注明。

5.4.4 锅炉配用风机的风量和风压应能满足锅炉在设计工况下稳定运行的需要,且具有足够的调节范围和调节灵活性。

5.4.5 风机和水泵等配用辅机的单机噪声和锅炉房总体噪声应符合 GB 50041 的规定。配用的烟气、污水及其他各种污染物的处理设备应使其污染物的排放满足有关国家、行业环保标准的规定。

5.5 检测与监控仪表及装置的配置要求

5.5.1 锅炉监控仪表及装置的供应范围应符合订货合同的规定。

5.5.2 锅炉水位计、压力表、温度计、流量计、安全阀,以及给水自动调节、各种报警和保护等检测和监控仪表及装置的配置和要求应符合有关锅炉规程、标准及合同的规定。

5.5.3 锅炉应按国家有关节能、环保监测要求设置检测与监控仪表及装置。

6 检验与试验

6.1 锅炉的制造质量应按产品图样和技术文件及附录 A 中规定的标准进行检验。

6.2 锅炉焊缝应按 JB/T 1613 的要求进行检验。

6.3 锅炉水压试验应按 JB/T 1612 的要求进行。

6.4 锅炉制造单位的质量检验部门应按本标准的各项规定进行产品质量检验,检验合格后,出具质量证明书(按 8.4 的规定)。

6.5 锅炉受压元件制造的整个过程应接受特种设备安全检测机构的监督检查,并出具监督检验证书。

6.6 新产品应进行热工性能测试、污染物排放值的测定及锅炉房总体噪声测试,其考核要求应符合本标准有关规定。

7 测试方法

7.1 锅炉热工测试应按 GB/T 10863 的规定进行。

7.2 锅炉大气污染物排放值的测定应按 GB 13223 或 GB 13271 的规定,其他污染物排放值的测定应符合有关国家、地方和行业标准的规定。

7.3 锅炉房总体的噪声测试按 GB/T 12348 或 GB/T 14623 的规定进行。

8 油漆、包装、标志和随机文件

8.1 锅炉的油漆、包装应符合 JB/T 1615 和(或)订货合同的规定。

8.2 锅炉应在其明显部位装设金属铭牌,铭牌上至少应载明下列项目:

a) 产品型号和名称;
b) 制造厂产品编号;
c) 额定蒸发量或额定热功率,单位为 t/h 或 MW;
d) 额定蒸汽压力或额定出水压力,单位为 MPa;
e) 额定蒸汽温度或额定出水温度和进水温度,单位为℃;
f) 制造厂名称;
g) 锅炉制造许可证级别和编号;
h) 监检单位名称和监检标记;
i) 制造日期。

8.3 锅炉出厂时应提供下列图样及技术文件各两份:

a) 锅炉总图、主要受压部件图、安装图、热水锅炉水流程图(自然循环的锅壳锅炉除外)、易损零件图;
b) 强度计算书或计算结果汇总表、安全阀排放量计算书(额定出水温度低于100 ℃的热水锅炉除外)、安装及使用说明书、受压元件重大设计更改资料、热力计算结果汇总表和烟风阻力计算结果汇总表、热水锅炉水阻力计算结果汇总表(自然循环的锅壳锅炉除外);
c) 锅炉总清单;
d) 装箱清单及备件清单;
e) 其他按有关规定需提供的图样和文件。

8.4 锅炉出厂质量证明文件一份,至少应包括如下要求:
a) 产品合格证;
b) 锅炉主要技术规范;
c) 主要受压元件材料及焊接材料材质证明书(或使用材料一览表);
d) 焊缝试样检验报告、焊缝无损检测报告及焊缝返修报告;
e) 热处理试验报告、材料代用报告(如锅炉受压元件有热处理和材料代用);
f) 水压试验检验报告;
g) 制造许可证的复印件;
h) 锅炉安全性能监督检验证书。

9 安装及使用要求

9.1 锅炉的安装应按制造厂提供的安装图及有关技术文件的要求进行,并严格按制造厂编制的锅炉安装说明书、主工艺设备设计规范,以及 GB 50273 或 DL/T 5047 的规定进行,其中热水锅炉还应符合 GB 50242 的规定。

9.2 锅炉安装单位应取得相应级别的特种设备安装的许可证书,方可从事许可证范围内的锅炉安装。

9.3 锅炉安装前和安装过程中,安装单位如发现受压部件存在将影响锅炉安全使用的质量问题时,应停止安装并报告当地锅炉安全监察部门。

9.4 安装锅炉的技术文件和施工质量证明资料,在安装验收合格后,应移交使用单位保管。

9.5 锅炉在投运前应进行启动、调试、试运行等工作,与主工艺设备联动运行的锅炉应在与主工艺设备联动调试合格后,方能正式投运。

9.6 使用单位应按国家特种设备使用管理的要求建立各项管理制度,并严格执行。

9.7 使用单位应做好锅炉水质管理工作,使锅炉运行时的给水和锅水的水质符合 GB/T 1576 或 GB/T 12145 的要求,对水质有特殊要求的锅炉应按产品使用说明书的要求执行。

9.8 锅炉运行应按制造厂的锅炉使用说明书的规定进行。

10 验收

10.1 锅炉产品的试验与验收应按本标准及订货合同的规定进行。必要时可按订货合同或双方商定的规定进行试验与验收。

10.2 锅炉的验收试验应在设备完好,且在设计工况下进行,一般应在锅炉正常运行半年以后进行。

10.3 经过协商可在锅炉设计技术协议中注明补充验收试验项目。

10.4 产品试验方法和标准应符合 7.1~7.3 的规定。

10.5 产品验收至少应包括产品热工性能、设计、制造质量、安全运行性能及污染物排放等方面内容。

10.6 若需对余热锅炉的节能、环保水平进行整体验收,其试验验收的要求及标准应在合同中明确。

11 质量责任

11.1 产品的设计和制造质量，在用户遵守本标准及有关技术文件和协议的条件下，在出厂期18个月内或运行期12个月内(出厂期超过18个月，运行期不足12个月，以出厂期为准；出厂期不足18个月，运行期超过12个月，以运行期为准)或在合同规定的期限内，如确因设计和制造质量不良而发生损坏或并非因安装质量、运行条件和操作水平的原因，不能按额定参数正常运行或达不到规定的性能要求时，属产品性能问题由设计单位负责，属制造质量问题由制造单位负责。

11.2 锅炉出厂期的起算日为用户收到最后一批零件之日；锅炉运行期的起算日为锅炉正式投入运行之日。

11.3 供货范围的配套辅机、安全附件、监控仪表和附件质量应符合各自的产品标准，并符合主机及主工艺设备的要求，有关产品质量问题，应根据合同由设备供应方承担其质量责任。

附 录 A
（规范性附录）
锅炉主要零部件制造和验收标准

JB/T 1609 锅炉锅筒制造技术条件
JB/T 1610 锅炉集箱制造技术条件
JB/T 1611 锅炉管子制造技术条件
JB/T 1612 锅炉水压试验技术条件
JB/T 1613 锅炉受压元件焊接技术条件
JB/T 1615 锅炉油漆和包装技术条件
JB/T 1616 管式空气预热器技术条件
JB/T 1619 锅壳锅炉本体制造技术条件
JB/T 1620 锅炉钢结构 技术条件
JB/T 1621 工业锅炉烟箱、钢制烟囱技术条件
JB/T 2190 锅炉人孔和头孔装置
JB/T 2191 锅炉手孔装置
JB/T 2192 方型铸铁省煤器技术条件
JB/T 2637 锅炉承压球墨铸铁件 技术条件
JB/T 2639 锅炉承压灰铸铁件 技术条件
JB/T 5255 焊制鳍片管(屏)技术条件
JB/T 6509 小直径弯管 技术条件
JB/T 6511 螺旋翅片管箱 组装技术条件
JB/T 6512 锅炉用高频电阻焊螺旋翅片管制造技术条件
JB/T 9619 工业锅炉胀接技术条件
JB/T 9626 锅炉锻件 技术条件

ICS 27.060.30
J 98

中华人民共和国国家标准

GB/T 28057—2011

氧气转炉余热锅炉技术条件

Specification for oxygen converter heat recovery boiler

2011-12-30 发布　　2012-07-01 实施

中华人民共和国国家质量监督检验检疫总局
中国国家标准化管理委员会　发布

前　言

本标准按照 GB/T 1.1—2009 给出的规则起草。

本标准由全国锅炉压力容器标准化技术委员会(SAC/TC 262)提出并归口。

本标准负责起草单位:杭州锅炉集团股份有限公司。

本标准参加起草单位:鞍山锅炉厂有限公司、南通万达锅炉股份有限公司、上海发电设备成套设计研究院、安阳钢铁集团有限责任公司。

本标准主要起草人:秦业固、董嵇、田立久、向泽浚、陈俊、陈秀彬、袁振锋。

氧气转炉余热锅炉技术条件

1 范围

本标准规定了氧气转炉余热锅炉的一般规定、技术要求、制造、油漆、包装和标志、安装及质量责任等要求。

本标准适用于以水为工质的额定出口蒸汽压力不大于 5.0 MPa 的氧气转炉余热锅炉。

2 规范性引用文件

下列文件对于本文件的应用是必不可少的。凡是注日期的引用文件,仅注日期的版本适用于本文件。凡是不注日期的引用文件,其最新版本(包括所有的修改单)适用于本文件。

GB/T 1576 工业锅炉水质

GB/T 28056 烟道式余热锅炉通用技术条件

GB 50273 工业锅炉安装工程施工及验收规范

DL/T 5047 电力建设施工及验收技术规范 锅炉机组篇

JB/T 1610 锅炉集箱制造技术条件

JB/T 1611 锅炉管子制造技术条件

JB/T 1612 锅炉水压试验技术条件

JB/T 1613 锅炉受压元件焊接技术条件

JB/T 1615 锅炉油漆和包装技术条件

JB/T 3375 锅炉用材料入厂验收规则

JB/T 4730 承压设备无损检测

JB/T 5255 焊接鳍片管(屏)技术条件

3 术语和定义

下列术语和定义适用于本文件。

3.1

氧气转炉余热锅炉 oxygen converter heat recovery boiler

以氧气炼钢转炉排放的炉气的显热(包括少量可燃气体燃烧产生的热量)作为热源的烟道式余热锅炉,它主要由活动烟罩、炉口段烟罩、烟道、锅筒、下料口罩、氧枪口罩、副氧枪口罩、引出管、下降管等部件组成(见图 1)。

3.2

活动烟罩(裙罩) skirt

由环形集箱或直集箱和管子组成,带有炉气的升降密封副的管式受压部件,是转炉气排放的入口通道,小部分可燃气体在罩内燃烧。烟罩随炼钢工艺操作要求做上下升降或平移,称为活动烟罩。

3.3

炉口段烟罩 inlet cooler hood

由环形集箱和管子或管子隔板结构组成,且带有炉气密封副的管式受压部件,是炉气入口通道。炼钢工艺要求在该段烟道上设置固定位置的氧枪孔及下料口。

3.4

氧枪口罩　lance hole

由环形集箱(或隔板)和管子或管子隔板结构组成的汽化冷却受压部件。为提高回收煤气质量和改善环境卫生,该件与氧枪间设有氮封或汽封装置。

3.5

下料口罩　flux chute jacket

由环形集箱(或隔板)和管子或管子隔板结构组成并采取防磨措施的汽化冷却受压部件。为防止煤气窜入料仓,该件与下料口间设有氮封装置。

3.6

烟道　cooler stack

由环形集箱(或集箱)和膜式水冷壁管、密排管或管子隔板结构组成的管式受压部件,是炉气的通道,包括斜烟道、转角烟道和尾部烟道等几个部分,通称为烟道,各部分烟道可据炼钢工艺布置和安装、检修的要求,由若干分段组成。

3.7

环形集箱　ring header

连接并列管子且用来汇集或分配多根管子中工质的整体呈长圆形、椭圆形或圆形的环形管式受压元件。

3.8

吹氧期平均产汽量　average steam production of oxygen blowing time

按转炉吹氧期进入锅炉的平均炉气量,以及炉气通过锅炉的温度降进行计算得出的饱和蒸汽的理论计算值,单位为 t/h。

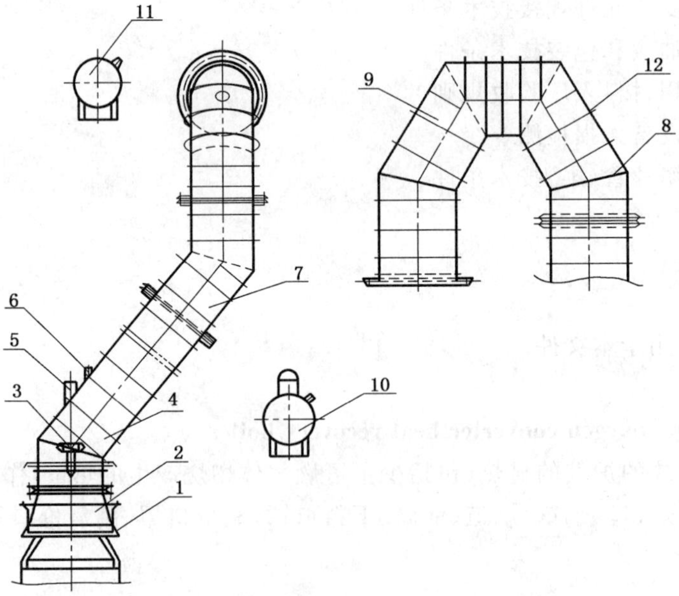

说明:

1——活动烟罩;
2——炉口段烟罩;
3——下料口罩;
4——下部烟道;
5——氧枪罩;
6——副氧枪罩;
7——斜烟道;
8——转角烟道;
9——尾部烟道;
10——除氧水箱(低压锅筒);
11——中压锅筒;
12——加强圈。

图 1　氧气转炉余热锅炉结构示意图

4 一般规定

4.1 氧气转炉余热锅炉(以下简称“锅炉”)的设计、制造、检验与验收除应符合产品图样及本标准规定外,还应符合 GB/T 28056 的规定。

4.2 锅炉的设计、调试、启动、运行等应符合冶金行业有关转炉余热设备的设计规范和标准的要求。

5 技术要求

5.1 设计工况下的性能

5.1.1 设计或(和)制造单位应保证锅炉在设计参数下的吹氧期平均产汽量。

5.1.2 在设计参数下运行,且锅炉入口给水温度偏差不大于±5 ℃时,锅炉的余热利用率,以及设计值与保证值的差值不得低于技术协议的规定。

5.2 设计基本要求

5.2.1 对容量 20 t 以上的氧气炼钢转炉(以下简称“转炉”),其锅炉应结合炼钢工艺布置、操作方式等因素合理选择参数及结构型式,并应考虑有随转炉负荷变化的适应能力。

5.2.2 锅炉的设计应严格贯彻国家有关“节能减排”的法规和标准。在满足转炉设备安全、可靠运行的条件下,锅炉的余热利用率、煤气回收率、除尘等要求应符合国家、行业有关规范和标准的规定。

5.2.3 锅炉的水循环系统设计

5.2.3.1 锅炉各段受热面与锅筒之间应自成独立的水循环系统。

5.2.3.2 水循环系统的选择应综合考虑节能、设备的安全性和维修等因素。

5.2.4 活动烟罩的结构设计

5.2.4.1 罩口直径应为 1.5 倍~2.5 倍转炉炉口内径,与转炉的距离应考虑冶炼过程中炉口结渣等因素而需提升的高度。

5.2.4.2 烟罩结构通常采用圆台形、管子隔板式结构,烟罩倾角及与转炉之间的喉缝的设计制造尺寸偏差应满足烟罩运行及炼钢工艺的要求。

5.2.4.3 烟罩与炉口段烟道接口之间应有一定的水平间隙,以满足烟罩可由升降机构沿炉口段烟罩垂直上下移动的要求。

5.2.4.4 烟罩与炉口段烟道接口处应采用水密封,或设置喷嘴,吹氧时用氮气或蒸汽密封。

5.2.4.5 烟罩与引出管、下降管等的连接宜采用金属软管或球形活接头,以适应烟罩上升、下降及平移的要求。

5.2.5 炉口段烟罩的结构设计

5.2.5.1 炉口段烟罩通常分上、下两个独立部分,一般采用膜式壁结构,水冷管竖直排列与上下环形进出口集箱连接。

5.2.5.2 下炉口段烟罩呈微锥形,可随检修平移台车水平移动。

5.2.5.3 上炉口段烟罩为倾斜上升结构,并布置有氧枪孔(副)和下料口,其与下部烟道的连接采用法兰连接。

5.2.5.4 烟罩处于高温受热区的不绝热集箱最大允许壁厚,对额定压力大于或等于 2.5 MPa 的锅炉为 30 mm;额定压力小于 2.5 MPa 的锅炉为 15 mm。

5.2.6 烟道的结构设计

5.2.6.1 烟道通常分为斜烟道、转角烟道和尾部烟道等几个部分,一般应采用膜式壁圆筒形结构,并设置加强圈及支撑点。各部分之间采用管子对接,或集箱与集箱用法兰连接。

5.2.6.2 斜烟道倾角不应小于55°。

5.2.6.3 尾部烟道的结构设计

a) 一般为独立循环系统，若与前一段作为一个系统考虑，应保证水循环的安全性；

b) 烟道出口与除尘蒸发器之间的连接应采用水封；

c) 烟道排出炉气的温度应控制在600 ℃～900 ℃，必要时可在尾部烟道内砌筑耐火材料；

d) 若烟道排出炉气的温度低于600 ℃时，应设置防爆门，数量不少于2个，且有足够的防爆面积，总面积不少于0.2 m^2。

5.2.6.4 烟道上应按有关设计规范要求设置门孔、烟温测点、喷水减温孔等，开孔应采取可靠的密封措施。

5.2.7 氧枪口罩、副氧枪口罩和下料口罩的结构设计

5.2.7.1 小型锅炉应设1个氧枪口，中、大型锅炉应增设1个副氧枪口，氧枪口应正对转炉中心。

5.2.7.2 下料口一般为2个，两侧对称布置，应保证散状料自由地抛落在炉池中心区。

5.2.7.3 氧枪口罩、下料口罩由环形集箱和管子或管子隔板结构组成。

5.2.7.4 氧枪口与氧枪口罩之间应设水（汽）封（回收煤气时一般用氮气），间隙为5 mm～10 mm，以免影响煤气质量并防止氧枪与气封塞卡住。

5.2.7.5 加料仓下部料斗与溜槽结合区应设置气封，回收煤气时一般用氮气，其他情况时用压缩空气。

5.2.7.6 氧枪口罩和下料口罩应设计成能够拆换的独立部件。下料口罩与物料接触的水套表面应增设防磨措施或护板。

5.2.8 下降管和引出管的设计

由于各段的热负荷不同，系统中的下降管和引出管的流通截面与相应的受热面管总流通截面百分比推荐按表1选取。

表 1

烟 道 段	流通截面比 %	
	下降管/受热面管	引出管/受热面管
炉口段烟道	20～30	35～45
斜烟道、转角烟道	18～27	25～35
尾部烟道	15～25	20～30

5.2.9 烟道上的加强圈、各类门孔、密封罩等钢结构件应在厂内组装，以便于工地安装，保证质量。

5.2.10 锅炉的热膨胀系统设计及结构

5.2.10.1 锅炉各烟道（各段）之间的连接方式应保证各部分能自由膨胀，如设置波形膨胀节、或通过在刚性梁和加强圈设计中采用活箍结构等措施，以吸收轴向和径向的热膨胀量。

5.2.10.2 合理布置烟道上的支点、铰支点、悬吊点，并考虑采用恒力弹簧等支吊架装置，以降低烟道的热应力。

5.2.11 活动烟罩和炉口段烟罩下集箱的定期排污，宜采用虹吸上排方式，并设带闷头的放水盲肠短管，内径可取40 mm～50 mm，长度不宜超过70 mm。

5.2.12 锅炉个别部件的寿命较短，为保证转炉的正常运行，设计时应能便于拆换。

5.2.13 锅炉设计时应采取防止积灰、腐蚀和磨损的有效措施，寒冷地区还应考虑防冻措施。

5.2.14 锅炉蒸汽系统若设置蒸汽蓄热器，其锅筒蒸汽引出管道上应设置压力自动调节阀，以保证锅筒内压力的稳定。

5.2.15 锅炉给水的水质应符合 GB/T 1576 规定,凡有特殊要求的产品,应在技术协议中注明。

5.3 制造

5.3.1 制造与验收标准

5.3.1.1 锅炉的制造与验收除应符合本标准有关规定外,还应符合 GB/T 28056 的有关规定。

5.3.1.2 各类烟罩、烟道及环形集箱的制造应符合附录 A 的规定。

5.3.2 产品检查试件

5.3.2.1 每台锅筒的纵、环缝应各做一块检查试板,当环缝的母材和焊接工艺方法与纵缝相同时,可只做纵缝检查试板,免做环缝检查试板。

5.3.2.2 集箱、管道对接接头应在每台锅炉产品中制作 1%的检查试件,但不得少于一个。

5.3.2.3 受热面管子对接接头应在每台锅炉产品上切取 0.5%的做检查试板,但不少于一套试样所需接头数。

不宜在产品上切取试件的焊接接头,可焊接模拟的检查试件。

5.3.2.4 锅炉的检查试件应由焊接该锅炉的每个焊工分别制作,但每人应不少于一套试样所需的接头数。试件焊成后应打上焊工代号钢印。

5.3.3 无损检测

5.3.3.1 烟道管屏

a) 管(包括管屏与集箱接管)的对接焊缝应经 100%射线或超声检测;

b) 加强圈、支吊件与管屏或管子的焊缝应经 100%渗透检测;

c) 弯管表面和其他零件与管屏的焊缝应经 10%的渗透检测或磁粉检测。

5.3.3.2 集箱

a) 集箱筒体与筒体、端盖,以及管道的对接焊缝应经 100%射线或超声检测;

b) 集箱上的下降管和引出管的角接接头应经 100%的射线检测或超声检测;

c) 集箱上其他管接头的角焊缝应经 100%的渗透检测或磁粉检测。

5.3.3.3 无损检测应符合 JB/T 4730 的规定,合格级别按 JB/T 1613 有关规定。

5.3.4 水压试验

5.3.4.1 锅炉水压试验应在无损探伤及有关检查项目合格后进行,对需要进行热处理的锅炉受压部(组)件,则应在热处理后进行。

5.3.4.2 水压试验按 JB/T 1612 的规定。其中烟罩、烟道、汽化冷却件的水压试验压力按工作压力的 1.5 倍进行,并应在试验压力下保压至少 10 min。

6 油漆、包装和标志

6.1 锅炉油漆应按 JB/T 1615 及 6.1.1~6.1.3 的规定。

6.1.1 为防止水垢直接贴在金属表面,以及便于清洗,对锅筒内表面及锅筒内部装置应刷沥青锅炉漆两遍(在制造单位进行)。

6.1.2 需工地焊接的零件应在离焊接坡口边缘 50 mm 范围内涂可焊性底漆。

6.1.3 所有管端、集箱开口的端部应用塑料盖封好,并用胶带密封。

6.2 锅炉应在其明显部位装设金属铭牌,铭牌上至少应载明下列项目:

a) 产品型号和名称；

b) 制造厂产品编号；

c) 吹氧期平均产汽量、额定蒸汽压力、额定蒸汽温度；

d) 制造厂名称；

e) 锅炉制造许可证级别和编号；

f) 监检单位名称和监检标记；

g) 制造日期。

7 安装要求

锅炉安装要求见附录B规定。

8 质量责任

8.1 产品的设计和制造质量，在用户遵守本标准及有关技术文件和协议的条件下，在出厂期12个月内或运行期6个月内(出厂期超过12个月，运行期不足6个月，以出厂期为准；出厂期不足12个月，运行期超过6个月，以运行期为准)，如确因设计和制造质量不良而发生损坏，或并非因安装质量、运行条件和操作水平的原因，不能按额定参数正常运行或达不到规定的性能要求时，属产品性能问题，由设计单位负责；属制造质量问题，由制造单位负责。

8.2 设计工况下的锅炉产品及部件的使用寿命应按合同或技术协议的规定。

附 录 A
（规范性附录）
烟道零部件的制造

A.1 总则

本附录规定了氧气转炉余热锅炉的烟道膜式壁管屏、环形集箱等零部件的制造技术要求，对本附录未涉及处，应符合 GB/T 28056 等锅炉专业标准的规定。

A.2 制造

A.2.1 材料

A.2.1.1 烟道管屏用管应按材料标准要求逐根进行水压试验或无损检测，并应按 JB/T 3375 的规定进行入厂验收，制造前应逐根进行表面质量检查。

A.2.1.2 管子和集箱在制造过程中应按 JB/T 4308 的规定进行材料标记和移植，合金钢管子在制造前应逐根进行光谱分析。

A.2.2 烟道管屏

A.2.2.1 弯管

A.2.2.1.1 管子弯曲后的弯头内侧外表面的面轮廓度应符合表 A.1 规定，测量按图 A.1 要求。

表 A.1

单位为毫米

管子外径 D_W	≤38	$38<D_W\leq60$	$60<D_W\leq76$	$76<D_W\leq133$
面轮廓度 δ	≤1	≤1.5	≤2	≤3

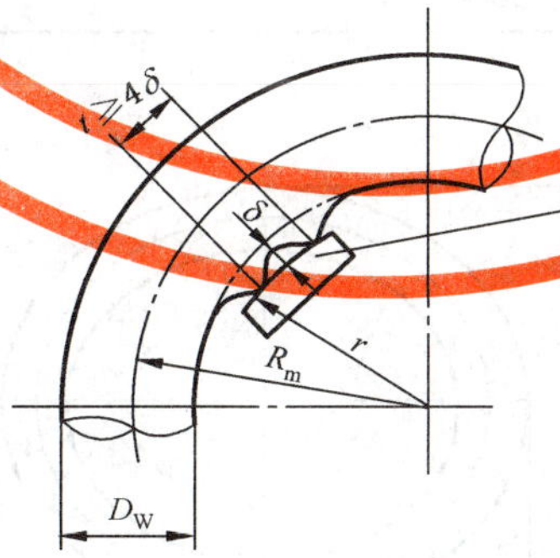

说明：

1 ——测量样板；

R_m ——弯管半径，mm；

r ——样板半径，$r=R_m-\frac{D_W}{2}$；

δ ——二轮廓峰之间距离，mm。

图 A.1

A.2.2.1.2 管子弯头处壁厚变化可按式(A.1)和(A.2)计算,并应符合表A.2规定。

外侧壁厚减薄量:

$$b_1=\frac{S-S_a}{S}\times 100\% \qquad \cdots\cdots(A.1)$$

内侧壁厚增厚量:

$$b_2=\frac{S_i-S}{S}\times 100\% \qquad \cdots\cdots(A.2)$$

式中:

S ——管子的实际壁厚,单位为毫米(mm);

S_a——弯头外侧壁厚,单位为毫米(mm);

S_i—— 弯头内侧壁厚,单位为毫米(mm)。

A.2.2.1.3 管子弯制处弯头的圆度 a(见图A.2)按式(A.3)计算,并应符合表A.2规定。

$$a=\frac{D_{max}-D_{min}}{D_W}\times 100\% \qquad \cdots\cdots(A.3)$$

式中:

D_{min} ——弯头同一断面的最小外径,单位为毫米(mm);

D_{max} ——弯头同一断面的最大外径,单位为毫米(mm);

D_W ——管子公称外径。

表 A.2

项目	比值				
	$\frac{R_m}{D_W}\leqslant 1.2$	$1.2<\frac{R_m}{D_W}\leqslant 2$	$2<\frac{R_m}{D_W}\leqslant 3$	$3<\frac{R_m}{D_W}\leqslant 5$	$\frac{R_m}{D_W}>5$
	允许偏差/%				
壁厚减薄量 b_1	≤15	≤10	≤8.5	≤6	≤5
壁厚增厚量 b_2	≤25	≤20	≤13.5	≤8	≤6
圆度 a	≤10	≤10	≤5.5	≤5.5	≤4
注:b_1、b_2、a 值系根据 R_m/D_W 比值的平均值确定。					

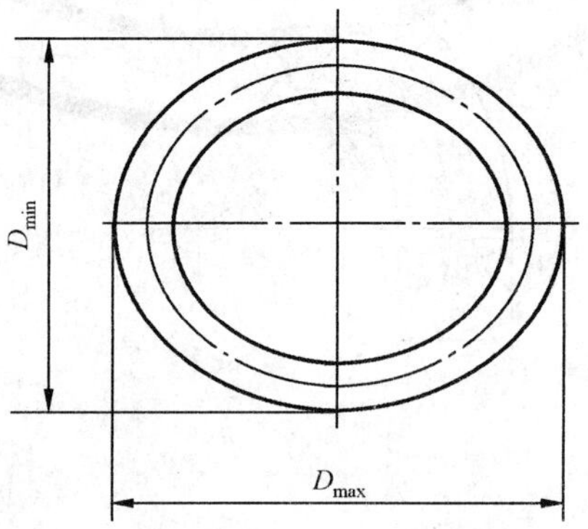

图 A.2

A.2.2.1.4 经热弯弯制的弯头应彻底清除氧化皮、铁锈、砂子等杂物。

A.2.2.1.5 弯管的热处理

a） 小弯曲半径（$R_m \leqslant 1.3\ D_W$）的冷弯弯头应做热处理；

b） 冷弯管子做二次弯管或弯头需作调整时，应在加热条件下进行，并根据工艺要求决定是否做最终热处理。

A.2.2.2 膜式壁管子和管屏

A.2.2.2.1 鳍片管的扁钢与管子的焊接及焊接试样的制取应符合图样及 JB/T 5255 的规定。

A.2.2.2.2 膜式壁的焊缝成形应光滑、平整，焊缝与母材应圆滑过渡，焊缝表面不允许有裂纹、夹渣、弧坑等缺陷，扁钢与管子的焊接不得烧穿管子，若有烧穿，应更换整根管子。

A.2.2.2.3 膜式管屏的制造与装配尺寸公差按表 A.3 规定。

表 A.3

单位为毫米

项　　目	图　　示	允许偏差
烟道单片 管屏节距公差	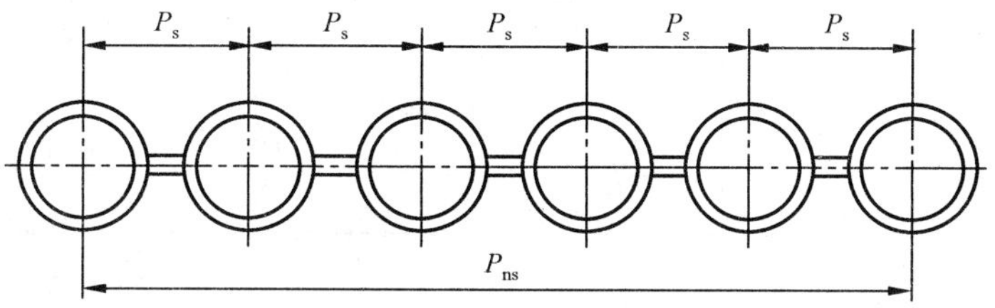 P_s——管屏管子的单个节距； P_{ns}——组成烟道的单片管屏的几个节距。	$P_s \pm 0.5$ $P_{ns} \pm 1$
管屏管端 不齐度 C	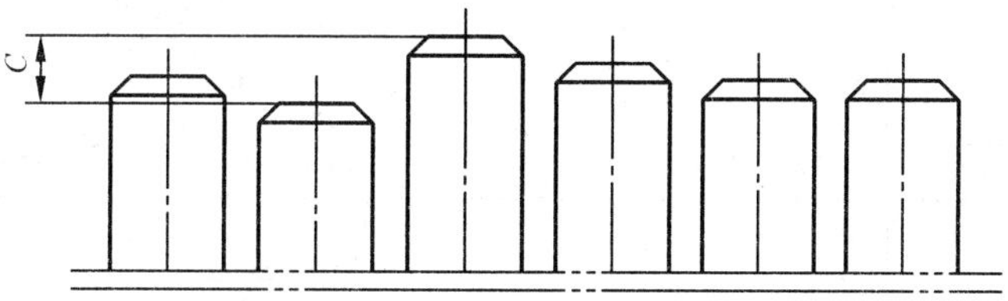	$C \leqslant 1.5$
管子直线度 A	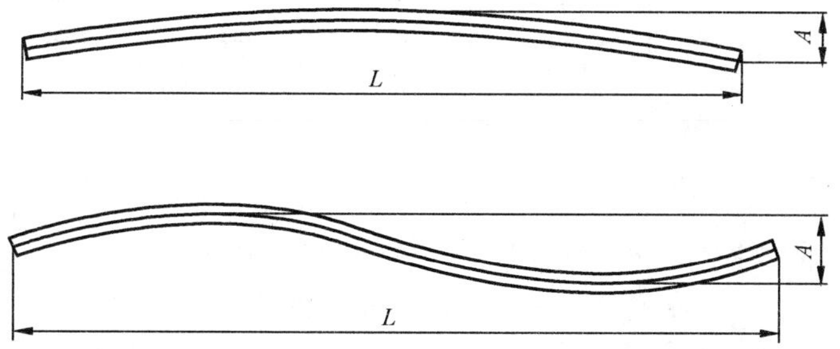	$A \leqslant 2.5\ L/1\ 000$ 且最大不超过 5 （L——管子长度）
管屏旁弯度 C （单片管屏）	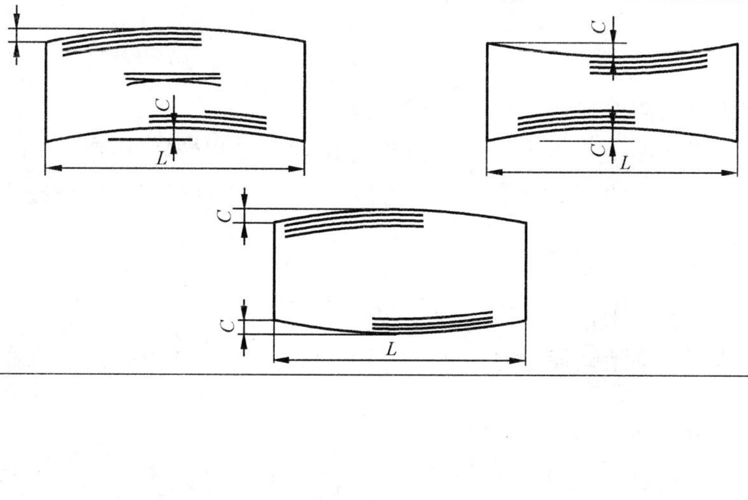	$C \leqslant L/1\ 000$ 且最大不超过 5 （L——管屏长度）

表 A.3（续） 单位为毫米

项 目	图 示	允许偏差
管屏组装后周向波浪度 δ	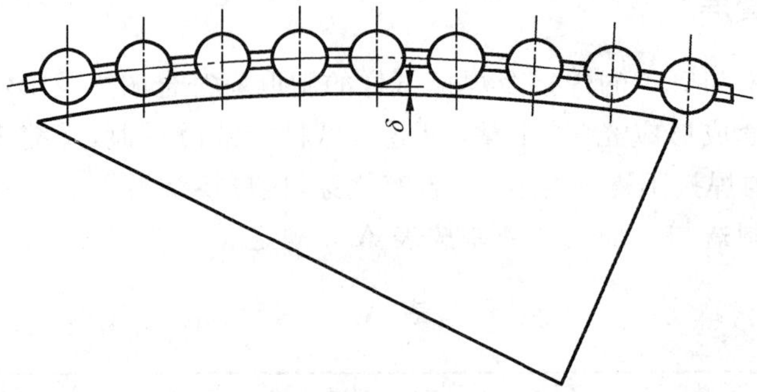 注：用弦长不小于单片管排宽度的样板检查圆形管屏周向波浪度。	$\delta \leqslant 5$
开孔位置	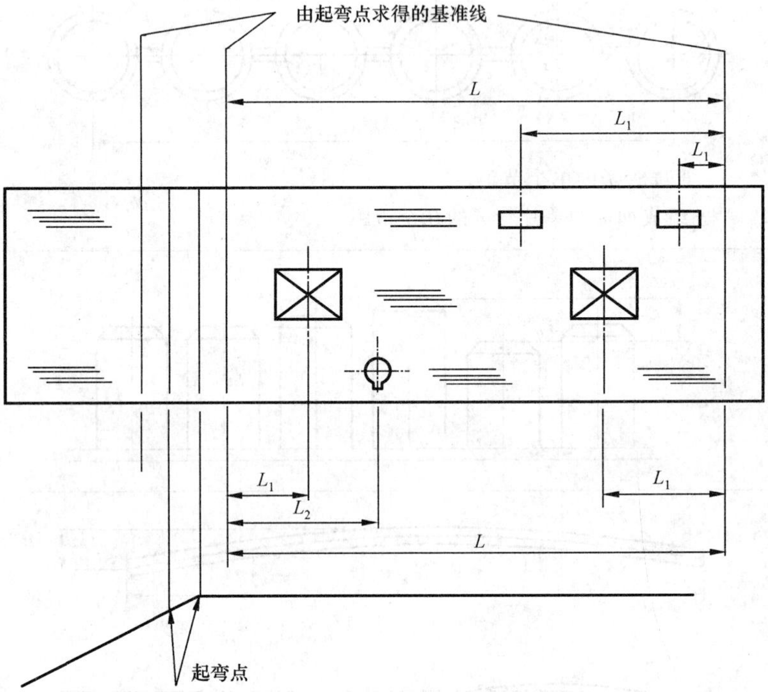 注：起弯点L_1：基准线与弯管组成的各类孔中心间距离。 L_2：鳍片上开孔中心离基准线距离。	$L_1 \pm 10$ $L_2 \pm 5$

A.2.2.3 管子的对接

A.2.2.3.1 管子对接应采用全焊透结构，并用氩弧焊打底。

A.2.2.3.2 管子对接焊缝的余高不大于 2 mm（横焊位置对接焊缝不大于 3 mm），否则应打磨。

A.2.2.3.3 具有对接接头或弯头的管子应进行通球试验，通球直径和要求应按 JB/T 1611 规定。

A.2.3 环形集箱

A.2.3.1 集箱的制造应符合 JB/T 1610 及以下规定。

A.2.3.2 弯制成形的环形集箱截面壁厚的变化及圆度按公式（A.1）～公式（A.3）计算，其值不得超过表 A.4 规定。

A.2.3.3　集箱弯制后应清除管子外表面的氧化皮、铁锈、砂子等杂质。

表 A.4

项　　目	壁厚减薄量 b_1	壁厚增厚量 b_2	椭圆度 a
数值 %	4	5	2

A.2.3.4　拼接

A.2.3.4.1　环形集箱需要拼接时，单个集箱中的拼接的环缝数不宜超过 4 条，且最短一节内弧弦长不小于 500 mm。

A.2.3.4.2　环形集箱的对接焊缝应采用全焊透结构，并按图样规定加工坡口，焊缝应采用氩弧焊打底。

A.2.3.5　集箱对接焊缝边缘偏差：

a)　管子内径边缘偏差 $\Delta\delta$ 应不大于 10% 公称壁厚与 0.5 mm 之和，且不大于 1 mm；

b)　管子外径边缘偏差 $\Delta\delta$ 应不大于 10% 公称壁厚与 1 mm 之和，且不大于 2 mm；

c)　钢管公称外径相同而实际外径不同的钢管对接时，应尽量对准中心和焊缝坡口，要求($a-b$)的差值不大于 2 mm(见图 A.3)；

d)　边缘偏差超出上述规定时应进行削薄，削薄长度应不小于削薄厚度的 4 倍(见图 A.4)。

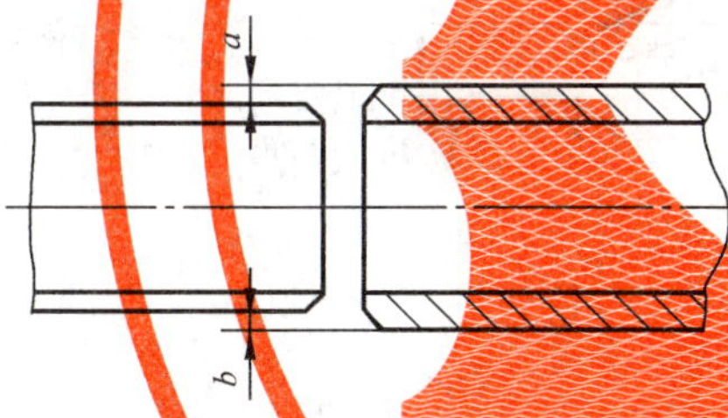

图 A.3

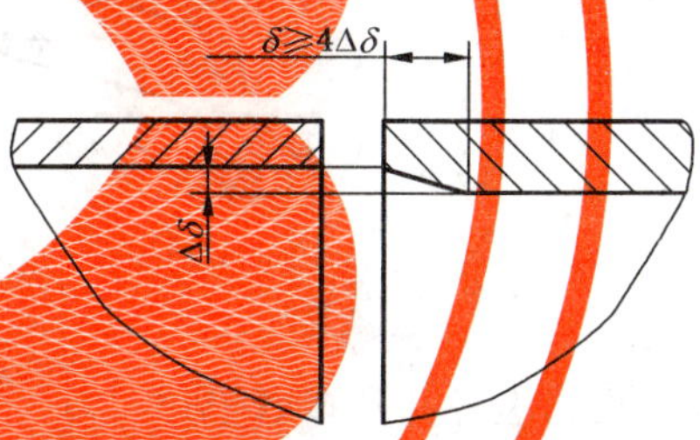

图 A.4

A.2.3.6　制造或装配公差

A.2.3.6.1　环形集箱的尺寸偏差和最大最小直径差按表 A.5 规定(见图 A.5、图 A.6)。

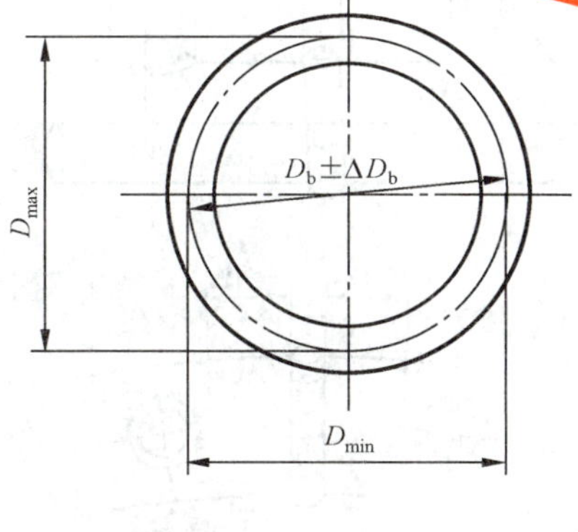

图 A.5　圆形环形集箱

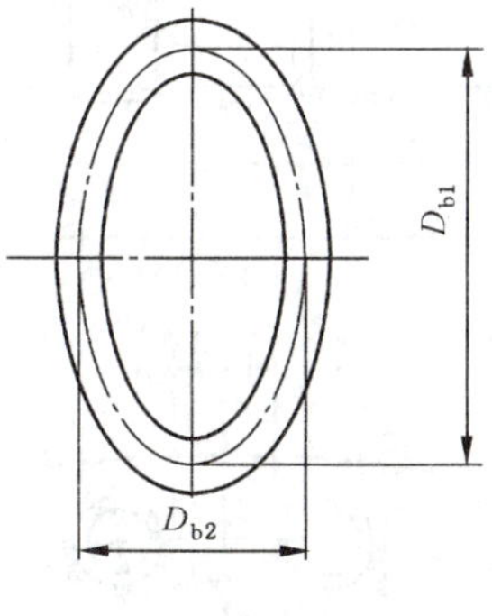

图 A.6　椭圆形、长圆形环形集箱

表 A.5 单位为毫米

节圆直径 D_b	直径允差 ΔD_b	最大最小直径差
≤800	±3	4
801～1 200	±4	5
1 201～1 600	±5	7
1 601～2 400	±6	9
2 401～3 000	±7	11
3 001～4 000	±8	12
≥4 000	±9	14
注 1：对长圆形、椭圆形集箱应按长轴、短轴分别检测，满足表中的允差。 注 2：ΔD_b 按节圆直径 D_b 换算成环形集箱的外径或内径值检测。		

A.2.3.6.2 集箱平面度应符合如下规定(见图 A.7)：

a) 对于 D_W 大于或等于 159 mm 的环形集箱，ΔC 不大于 3/1 000 D_b，且不大于 8 mm；

b) 对于 D_W 小于 159 mm 的环形集箱，ΔC 不大于 2/1 000 D_b，且不大于 5 mm。

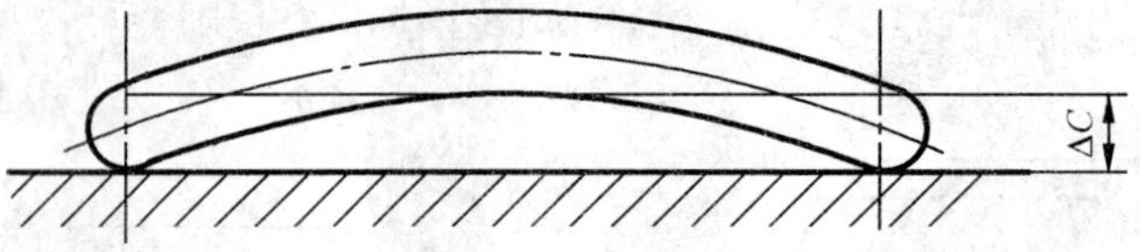

图 A.7

A.2.3.7 集箱上开孔及接管

A.2.3.7.1 集箱上开孔的坡口形状、尺寸及偏差应符合图样及有关标准的要求，管孔表面应光滑。对管孔直径小于或等于 108 mm 的应采用机加工。

A.2.3.7.2 集箱上成排孔的相邻两个管孔中心节距偏差为±1.5 mm。

A.2.3.7.3 集箱上并列管孔的开设应避免相邻焊缝的热影响区重合。两相邻接管焊缝边缘的距离应大于或等于 12 mm(图 A.8)。

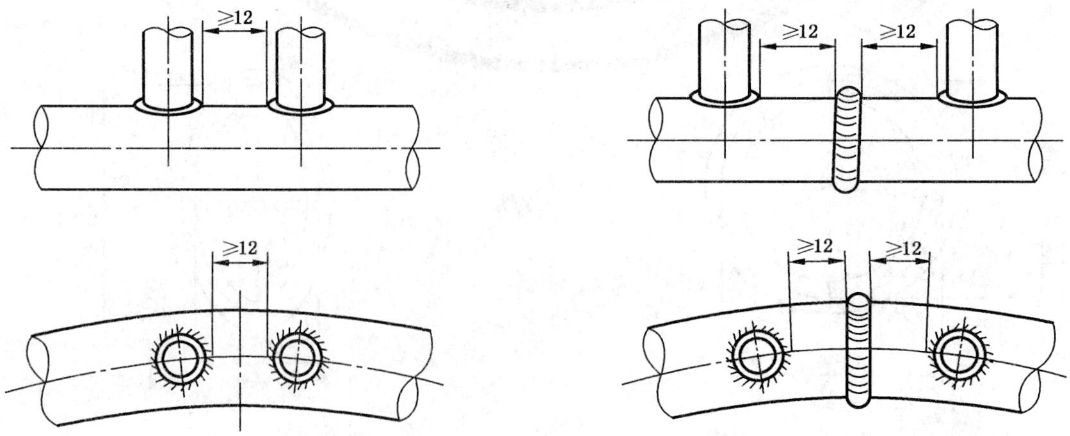

图 A.8

A.2.3.7.4 集箱上管孔一般不应开在焊缝上，并应避免管孔焊缝与集箱上环焊缝热影响区重合(见图A.8)，如不能避免，应同时满足以下条件时，方可在焊缝上及其热影响区开孔：

a) 管孔中心四周1.5倍管孔直径(若管子公称外径 d_W 小于60 mm，则取0.5 d_W+60 mm)范围内的焊缝经射线探伤合格，且孔边不应有缺陷，能被孔开掉的缺陷可不返修；

b) 对集箱环缝在开孔前进行局部热处理，焊缝两侧加热宽度各不小于壁厚的4倍。

A.2.3.7.5 集箱上接管角焊缝的焊接应采用氩弧焊打底焊接。

A.2.3.8 热处理

A.2.3.8.1 合金钢或厚度大于30 mm的碳钢材料的集箱焊后应作热处理。

A.2.3.8.2 集箱热处理按JB/T 1613和焊接工艺规程的规定进行。

A.2.4 加强圈

A.2.4.1 烟道上加强圈允许拼接，拼接焊缝应采用全焊透结构，并经渗透检测。

A.2.4.2 加强圈与烟道管子的焊接应严格按工艺规程进行。

A.2.5 密封焊

A.2.5.1 各种门孔的密封焊施焊应严格按工艺规定的步骤和要求执行。

A.2.5.2 密封焊缝应整齐光滑，不得有连续的咬边、气孔、夹渣或熔穿管子的现象发生。

A.2.6 组装

各类烟道制造完毕后，其高度及水平中心偏移，尺寸误差不得超过1.5/1 000，全部烟道总高度、水平中心总偏移的累计尺寸误差不超过1/1 000。

附 录 B
（规范性附录）
安 装

B.1 总则

B.1.1 本附录规定了氧气转炉余热锅炉的安装施工技术要求，对本附录未涉及处，应符合 GB 50273、DL/T 5047 及冶金行业有关转炉设备安装施工及验收规范的规定。

B.1.2 安装锅炉的施工单位，应持有经省级以上特种设备安全检测机构批准的相应级别的许可证。

B.1.3 锅炉安装应按制造单位（或设计单位）提供的安装图样及有关技术文件的要求进行。并保证施工质量。

B.1.4 在锅炉安装的施工中，锅筒及其他部件、组件的吊装，应与土建施工密切配合，防止碰撞，避免造成设备损伤及变形。

B.2 烟道的安装

B.2.1 烟道的安装应与其他有关设备配合安装，并满足图样尺寸要求和其他技术要求。

B.2.2 炉口段烟道就位时，应保证氧枪孔与吹氧管中心线相重合，其误差不大于±5 mm。

B.2.3 弹簧支吊架安装时应根据安装图的规定，将弹簧预压缩至图中所要求的尺寸，并做临时固定。在弹簧预压缩后，才能将弹簧支座与烟道焊牢。弹簧的临时固定直到试车前才能松开。

B.2.4 全部烟道安装完毕后的误差，在水平方向上的累计误差不大于±10 mm，在高度方向上的累计误差不大于±15 mm～±20 mm（配 30 t 及以下转炉的锅炉选下限）。

B.2.5 在烟道安装调整完毕后才能进行固定支座与烟道的焊接，以及固定支座与钢架（或平台）的固定。

B.2.6 分片制作出厂的烟道，工地组装时应满足制造图的要求。

B.3 锅筒的安装

B.3.1 锅筒在安装找正后，锅筒中心线标高误差不大于±5 mm；水平方向上误差不大于±2 mm。

B.3.2 锅筒就位后，经检查中心位置、方向及标高无误后，支座应与锅筒固定。

B.3.3 滚动支座就位时应考虑好支座和滚子的预位移，支座的预位移量为热胀位移量的 1/2，滚子的预位移量为热胀位移量的 1/4，方向应与支座热位移方向相反。滚动支座的滚动面应光滑无毛刺，滚动支座及固定支座的底板与基础固定。

B.3.4 锅筒安装完毕，应在清除锅筒内脏物并检查锅筒内部装置安装无误后，封好人孔装置。

B.3.5 锅筒的一次仪表和附件的安装要便于操作人员检查和观察。

B.4 管道的安装

B.4.1 管道的安装应满足图中所注尺寸和技术要求。

B.4.2 各类管道安装前应查明钢号、外径及壁厚是否符合设计规定，并作外观检查，有重皮、裂缝等缺陷的管子不得使用。

B.4.3 对接管口端面倾斜度 Δf 按 JB/T 1611 的规定。

B.4.4 组装前应将焊口表面及内外壁的油、漆、垢、锈等清理干净，直至发出金属光泽并检查有无裂纹、夹层等缺陷，清理的范围每侧各为 10 mm 以上。

B.4.5 除设计规定的冷拉口外，其余焊口应避免用强力对口，以防引起附加应力。

B.4.6 弯制管道弯头时，弯曲半径应符合设计要求。设计无明确规定时，弯曲半径可取不小于管子外径的 3.5 倍。

B.4.7 管道弯制后，管壁表面不允许有裂纹、分层、过烧等缺陷，且应满足下列要求：

a) 弯曲部分圆度不应大于 10%；

b) 弯曲部分面轮廓度的允许值见表 B.1(图 A.1)。

表 B.1

单位为毫米

管道外径 D_w	≤108	133	159	219	273	325	377	426
面轮廓度 δ	≤4	≤5	≤6		≤7		≤8	

B.5 水压试验

B.5.1 锅炉全部安装完毕后，应按设计文件或 JB/T 1612 规定进行总体水压试验。

B.5.2 当水压试验合格后，应按照设计文件要求进行保温、涂漆等。

ICS 07.060
A 45

中华人民共和国国家标准

GB/T 28058—2011

海洋生态资本评估技术导则

Technical directives for marine ecological capital assessment

2011-12-30 发布　　　　2012-06-01 实施

中华人民共和国国家质量监督检验检疫总局
中国国家标准化管理委员会　发布

前 言

本标准按照GB/T 1.1—2009给出的规则起草。

本标准由国家海洋局提出。

本标准由全国海洋标准化技术委员会(SAC/TC 283)归口。

本标准起草单位:国家海洋局第一海洋研究所。

本标准主要起草人:陈尚、任大川、李京梅、夏涛、王栋、王其翔、杜国英、王敏、王丽、张涛。

引　言

海洋生态资本是沿海地区社会经济活动的重要生产要素之一。然而，长期高强度的人类用海活动已经威胁到海洋生态系统的健康与安全，削弱海洋生态资本的贡献，导致海洋生态系统对人类社会的服务能力大大降低。

为科学评估全国的海洋生态资本，在国家908专项成果的基础上制定了本标准，为海洋生态损害补偿与赔偿、海洋开发环境影响评价提供技术支撑，并为国家制定海洋经济发展规划、开展海洋生态资源的资本化管理、实施环境整治和生态修复提供依据，促进海洋生态资源的可持续利用。

海洋生态资本评估技术导则

1 范围

本标准规定了海洋生态资本评估的程序、内容、方法和要求。

本标准适用于中华人民共和国管辖海域的海洋生态资本评估。其他海域和特殊生态类型可以参照使用。

2 术语和定义

下列术语和定义适用于本文件。

2.1

海洋生态系统 marine ecosystem

海洋生物群落与周围环境相互作用的统一体和具有相对稳定功能并能自我调控的生态单元。

2.2

海洋生态资源 marine ecological resource

在一定的时间、地点条件下,能够产生经济价值,以提高人类当前和未来福利的海洋生态环境因素和条件。包括海洋生物及其生境(海水、表层海底),以及它们组成的海洋生态系统整体。

2.3

海洋生态系统服务 marine ecosystem service

人类从海洋生态系统获得的效益。包括海洋供给服务、海洋调节服务、海洋文化服务和海洋支持服务。

2.4

海洋生态资本 marine ecological capital

能够直接或间接作用于人类社会经济生产,提供有用的产品流或服务流的海洋生态资源。

2.5

海洋生态资本价值 marine ecological capital value

海洋生态资本的存量价值及其产生的收益流价值。包括各类海洋生态资源的现存量价值及其组成海洋生态系统整体而产生的生态系统服务价值。

2.6

海洋生态资本存量价值 marine ecological capital stock value

某一时刻所有能够为人类提供效益的海洋生态资源的现存量价值。

2.7

海洋生态系统服务价值 marine ecosystem service value

一定时期内海洋生态系统服务的货币化价值。包括海洋供给服务价值、海洋调节服务价值、海洋文化服务价值和海洋支持服务价值。

2.8

海洋供给服务 provisioning service

一定时期内海洋生态系统提供的物质性产品和产出。包括食品生产、原料生产、氧气生产和基因资源提供。

2.9

海洋调节服务 regulating service

一定时期内海洋生态系统提供的调节人类生存环境质量的服务。包括气候调节、废弃物处理、干扰调节和生物控制。

2.10

海洋文化服务 cultural service

一定时期内海洋生态系统提供文化性产品的场所和材料。包括休闲娱乐、科研服务和文化用途。

2.11

海洋支持服务 supporting service

保证海洋生态系统提供供给、调节和文化三项服务所必需的基础服务。包括初级生产、营养物质循环和生物多样性维持。其中,生物多样性维持包括物种多样性维持和生态系统多样性维持。

2.12

海洋生态资本评估 marine ecological capital assessment

评估一定海域的海洋生态资源存量和生态系统服务,包括物质量和价值量评估。

3 总则

3.1 评估目的

通过海洋生态资本评估,掌握海洋生态资本的现状及其变化趋势,深入认识海洋生态资源对于社会经济发展的重要价值,为实施海洋生态资源的有偿使用与资本化管理、生态损害补偿赔偿政策提供科学的技术手段,并为政府部门制定海洋管理政策、海洋产业和海洋经济发展规划提供基础信息。

3.2 评估程序

海洋生态资本评估程序分4步:

a) 接受委托后,进行现场调访、样品采集和社会经济活动调查,搜集整理海洋生态数据、功能区划、社会经济等有关资料,初步筛选出评估的范围和对象;
b) 编制评估大纲,明确评估工作的主要内容和报告书的主体内容。明确要评估的海域范围、时间期限,确定要评估的生态类型、生态资本要素和评估指标,确定计算公式、所需参数和数据;
c) 依据评估大纲,开展各项工作,评估海域的各项生态资本;
d) 编制海洋生态资本评估报告,进行评审验收。评估报告具体格式与内容要求见附录A。

3.3 评估指标体系

3.3.1 总体评估框架

海洋生态资本价值的结构要素包括海洋生态资源存量价值和海洋生态系统服务价值。海洋生态资源存量价值由海洋生物资源存量价值与海洋生境资源存量价值构成。海洋生态系统服务价值由海洋供给服务价值、海洋调节服务价值、海洋文化服务价值和海洋支持服务价值构成。海洋生态资本价值的结构要素与评估指标体系见图1。应根据评估海域的实际情况筛选评估要素和具体的评估指标。

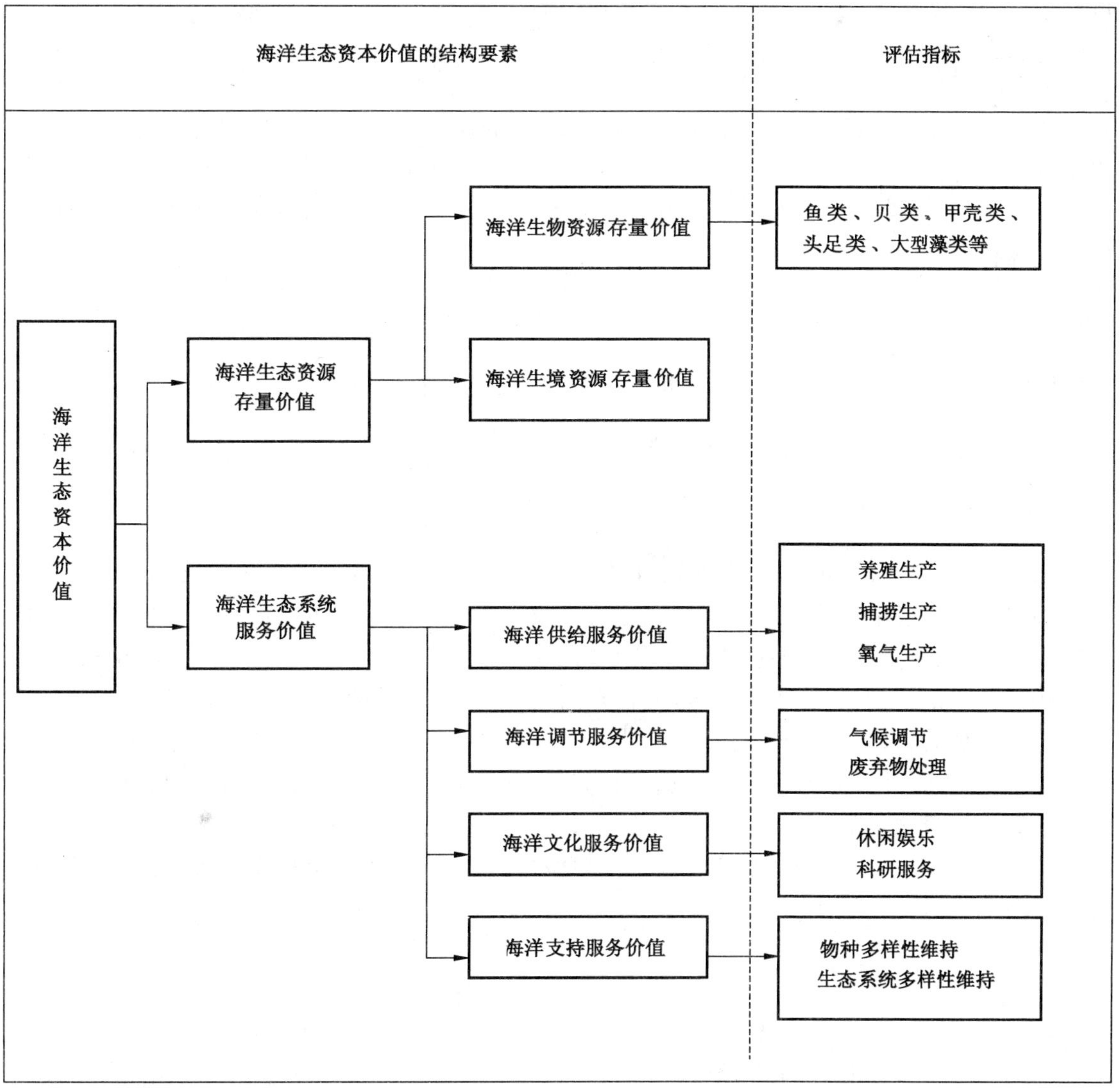

图1 海洋生态资本价值的结构要素与评估指标体系

海洋生态资本评估包括海洋生态资源存量评估和海洋生态系统服务评估，并分别评估其物质量和价值量。

海洋生态资源存量价值和海洋生态系统服务价值的性质不同、计量单位也不同（存量价值单位为元，服务价值单位为元每年），应分别评估汇总，不应进行简单加总。

3.3.2 海洋生态资源存量评估指标

海洋生态资源存量评估目前主要考虑海洋生物资源的现存量。海洋生物资源评估主要包括鱼类、贝类、甲壳类、头足类、大型藻类等生物。海洋生境资源（海水、表层海底）现存量的生态价值目前难以定量化、货币化，暂不评估。

3.3.3 海洋生态系统服务评估指标

海洋生态系统服务的评估指标主要考虑那些可计量、可货币化的服务要素。海洋供给服务评估指标考虑养殖生产、捕捞生产和氧气生产；海洋调节服务评估指标考虑气候调节和废弃物处理；海洋文化服务评估指标考虑休闲娱乐和科研服务；海洋支持服务评估指标考虑物种多样性维持和生态系统多样性维持。

3.4 评估空间范围

具体评估海域空间范围的确定，不应完全按照自然界限确定，宜根据统计资料所覆盖的最小区域进行适当调整。

评估海域内，若存在多个生态类型或者评估要素的空间分布差异显著，应将评估海域划分为多个单元进行分区评估。

3.5 评估时间步长

评估的时间步长以一年为单位，如果数据跨年度，应换算为一年。

3.6 单位价格、单位成本与评估价值修正

3.6.1 单位价格和单位成本修正

评估某年的海洋生态资本时，如果部分生态资本要素不能获得同年的单位价格或单位成本，宜采用相邻年份的单位价格或单位成本进行代替。但应根据消费价格指数或生产价格指数进行修正，按式(1)或式(2)进行计算。此时，公式中的"需修正年份"即为评估年份。

如果相邻年份的单位价格(单位成本)无法获得，则应查询与评估年份相距最近的已知单位价格(单位成本)的年份，然后将已知单位价格(单位成本)从该年份向评估年份进行逐年递推修正，每次修正应控制在相临两年之间，并按式(1)或式(2)进行计算。此时，公式中的"需修正年份"代表每次递推修正过程中需要计算价格或成本的年份。

对于海洋生物资源、养殖生产和捕捞生产的单位价格，应采用消费价格指数进行修正。相邻年份的单位价格修正的计算公式见式(1)：

$$PP_1 = PP_2 \times \frac{CPI_1}{CPI_2} \quad \cdots\cdots(1)$$

式中：

PP_1 ——需修正年份的单位价格；

PP_2 ——相邻年份的单位价格；

CPI_1——需修正年份消费价格指数；

CPI_2——相邻年份的消费价格指数。

其中，CPI_1和CPI_2来自公式涉及的相邻两年中后一年份的统计年鉴。

注：统计年鉴通常将前一年份的消费价格指数设为100，以此为基准计算出后一年份的消费价格指数。

对于氧气生产、气候调节和废弃物处理的单位价格或单位成本，应采用生产价格指数进行修正。计算公式见式(2)：

$$PC_1 = PC_2 \times \frac{PPI_1}{PPI_2} \quad \cdots\cdots(2)$$

式中：

PC_1 ——需修正年份的单位价格或单位成本；

PC_2 ——相邻年份的单位价格或单位成本；

PPI_1——需修正年份生产价格指数；

PPI_2——相邻年份的生产价格指数。

其中，PPI_1和PPI_2来自公式涉及的相邻两年中后一年份的统计年鉴。

注：统计年鉴中通常将前一年份的生产价格指数设为100，以此为基准计算出后一年份的生产价格指数。

3.6.2 评估价值修正

评估多个年份的海洋生态资本价值并进行比较时，应确定其中某一年为基准年，将其他年份的价值按照基准年的价格水平修正。基准年宜选用最末一年或最初一年。

将某年的海洋生态资本价值修正为基准年的价格水平时，应利用消费价格指数和生产价格指数，将该年的价值向基准年进行逐年递推修正。计算公式见式(3)：

$$V_1 = V_{2C} \times \frac{CPI_1}{CPI_2} + V_{2P} \times \frac{PPI_1}{PPI_2} \qquad \cdots\cdots\cdots\cdots (3)$$

式中：

V_1 ——修正到相邻年份的价值；

V_{2C} ——需修正年份的价值中用于消费的部分；

CPI_1 ——相邻年份的消费价格指数；

CPI_2 ——需修正年份的消费价格指数；

V_{2P} ——需修正年份的价值中用于生产的部分；

PPI_1 ——相邻年份的生产价格指数；

PPI_2 ——需修正年份的生产价格指数。

其中，CPI_1、CPI_2、PPI_1、PPI_2 来自公式涉及的相邻两年中后一年份的统计年鉴。

注：统计年鉴中通常将前一年份的消费价格指数(或生产价格指数)设为100，以此为基准计算出后一年份的消费价格指数(或生产价格指数)。

4 数据来源

4.1 海洋生物资源存量评估数据

海洋生物资源存量评估所需的海洋生物资源现存量数据应采用近5年的相关渔业资源调查报告，也可通过渔业资源调查与评估获得。海洋生物的平均市场价格应采用评估海域临近的海产品批发市场的同类海产品批发价格进行计算获得。

4.2 养殖生产数据

养殖产量宜根据评估海域毗邻行政区(省、市、县)"渔业统计年鉴(报表)"确定，也可通过现场调访获得。养殖水产品平均市场价格应采用评估海域临近的海产品批发市场的同类海产品批发价格进行计算获得。

4.3 捕捞生产数据

捕捞量宜根据评估海域毗邻行政区(省、市、县)"渔业统计年鉴(报表)"确定，也可通过现场调访获得。"渔业统计年鉴(报表)"所统计的水产品捕捞量不一定全部来自评估海域，应剥离剔除。捕捞水产品的平均市场价格应采用评估海域临近海产品批发市场的同类海产品批发价格进行计算获得。

4.4 氧气生产数据

浮游植物的氧气产量应根据初级生产力实测值，运用光合作用方程计算获得。大型藻类的氧气产量应根据大型藻类干重实测值，基于光合作用方程计算获得。浮游植物的初级生产力应采用实测数据或推算数据，应取自相关海洋调查报告。大型藻类的干重应采用其资源量调查数据，应取自相关资源调查报告。氧气价格宜采用钢铁业液化空气法制造氧气的平均成本，主要包括设备折旧费用、动力费用、人工费用等。也可根据评估海域实际情况进行调整。

4.5 气候调节数据

浮游植物吸收二氧化碳的量应根据初级生产力实测值，基于光合作用方程计算获得。大型藻类吸收二氧化碳的量应根据大型藻类干重实测值，基于光合作用方程计算获得。浮游植物的初级生产力应采用实测数据或推算数据，应取自相关海洋调查报告。大型藻类的干重应采用其资源量调查数据，应取自相关资源调查报告。二氧化碳的单位价格应采用我国环境交易所或类似机构二氧化碳排放权的平均交易价格。

4.6 废弃物处理数据

评估海域废弃物处理量应采用相关研究报告(论文)确定的环境容量值，或实际接纳的废弃物数量。排海废弃物数量数据应来自相关环境统计年鉴(报告)。废弃物处理单位成本应根据相关环境统计年鉴(报告)提供的污染治理设施的运行费用和废弃物处理量计算得到。

4.7 休闲娱乐评估数据

休闲娱乐评估需要数据应包括：海洋旅游景区的位置、面积、海岸线长度、景观类型、年游客数、年旅游收入等资料，游客的性别、年龄、受教育程度、年收入及其所支付的交通、食宿、门票、纪念品费用和旅行时间等有关资料。这些数据应通过收集统计资料、实地调访和问卷调查等方式获得，其中，年游客数可由省、市、县“统计年鉴”或“国民经济发展统计公报”中直接获取，也可通过现场调访获得。问卷调查方法见附录B，需调查游客数量的计算方法见附录C。

4.8 科研服务评估数据

科研论文数量宜通过科技文献检索引擎，如“维普《中文科技期刊数据库》(全文版)”，“CNKI中国知网”，“万方数据知识服务平台”，对主题和关键词进行检索再逐一筛选后获得。主题及关键词的选择一般应包括：海域名称、主要海洋生态系统名称以及沿海省(市、县)名称与关键词“海”、“湾”、“河口”、“岛”等的组合。科技论文的单位成本应根据国家海洋局发布的海洋科技统计公报提供的海洋科技经费与海洋类科技论文总数计算获得。

4.9 物种多样性维持和生态系统多样性维持评估数据

物种多样性维持和生态系统多样性维持评估需要数据应包括：海洋保护物种的名称及其分布区，海洋保护区的名称、空间范围、面积、主要保护对象等资料，被访居民的性别、年龄、受教育程度、年收入、家庭人口数、认捐数额，以及调访地区人口总数、平均家庭人口数、人均年收入等资料。具体数据应通过收集统计资料、实地调访和问卷调查等方式获得。问卷调查方法见附录D，需调查居民数量的计算方法见附录C。

5 海洋生物资源存量评估

5.1 物质量评估

海洋生物资源存量的物质量应采用自然生长、具有经济价值的海洋生物资源量进行评估，包括鱼类、甲壳类、贝类、藻类、头足类和其他等6类海洋生物。按照表1分类统计。

表1 X海区X年海洋生物资源存量的物质量、价值量计算表

类别	分　　类	物质量/ 吨	平均价格/ 元每千克	价值量/ 万元
1	鱼类			
2	甲壳类(虾、蟹)			
3	贝类			
4	藻类			
5	头足类			
6	其他			

5.2 价值量评估

海洋生物资源存量的价值量应采用市场价格法进行评估。按式(4)计算：

$$V_L = \sum(Q_{Li} \times P_{Li}) \times 10^{-1} \qquad \cdots\cdots(4)$$

式中：

V_L ——海洋生物资源存量的价值，单位为万元；

Q_{Li} ——第 i 类海洋生物的资源量，单位为吨(t)；$i=1,2,3,4,5,6$ 分别代表鱼类、甲壳类、贝类、藻类、头足类和其他；

P_{Li} ——第 i 类海洋生物的平均市场价格，单位为元每千克。

海洋生物的平均市场价格应采用评估海域临近的海产品批发市场的同类海产品批发价格进行计算，计算方法见附录E。应根据评估海域实际情况进行调整。

6 海洋生态系统服务评估

6.1 海洋供给服务评估

6.1.1 养殖生产

6.1.1.1 物质量评估

养殖生产的物质量应采用评估海域的主要类别养殖水产品的年产量进行评估，分鱼类、甲壳类、贝类、藻类、其他等5类。按照表2分类统计。

表2 X海域X年养殖生产物质量、价值量计算表

序　号	分　　类	物质量/ 吨	平均价格/ 元每千克	价值量/ 万元
1	鱼类			
2	甲壳类(虾、蟹)			
3	贝类			
4	藻类			
5	其他(如海参、鲍)			

6.1.1.2 价值量评估

养殖生产的价值量应采用市场价格法进行评估。计算公式见式(5)：

$$V_{SM}=\sum(Q_{SMi}\times P_{Mi})\times 10^{-1} \quad \cdots\cdots(5)$$

式中：

V_{SM}——养殖生产价值，单位为万元每年；

Q_{SMi}——第 i 类养殖水产品的产量，单位为吨每年(t/a)，$i=1,2,3,4,5$ 分别代表鱼类、甲壳类、贝类、藻类和其他；

P_{Mi}——第 i 类养殖水产品的平均市场价格，单位为元每千克。

养殖水产品平均市场价格应采用评估海域临近的海产品批发市场的同类海产品批发价格进行计算，计算方法见附录 E。应根据评估海域实际情况进行调整。

6.1.2 捕捞生产

6.1.2.1 物质量评估

如评估海域存在商业捕捞，则捕捞生产的物质量应采用捕捞年产量进行评估。按照表 3 分类统计。

表 3 X 海域 X 年捕捞生产物质量、价值量计算表

类 别	分 类	物质量/吨	平均价格/元每千克	价值量/万元
1	鱼类			
2	甲壳类(虾、蟹)			
3	贝类			
4	藻类			
5	头足类			
6	其他			

如评估海域存在商业捕捞或者非商业捕捞活动，但是没有捕捞产量统计数据，捕捞生产的物质量应根据邻近海域同类功能区主要品种的捕捞量与资源量的比例推算。

如缺少评估海域渔业资源现存量数据，可采用临近海域同类功能区单位面积海域渔业资源现存量数据推算。

6.1.2.2 价值量评估

捕捞生产的价值量应采用市场价格法进行评估。计算公式见式(6)：

$$V_{SC}=\sum(Q_{SCi}\times P_{Ci})\times 10^{-1} \quad \cdots\cdots(6)$$

式中：

V_{SC}——捕捞生产价值，单位为万元每年；

Q_{SCi}——第 i 类捕捞水产品的产量，单位为吨每年(t/a)，$i=1,2,3,4,5,6$ 分别代表鱼类、甲壳类、贝类、藻类、头足类和其他；

P_{Ci}——第 i 类捕捞水产品的平均市场价格，单位为元每千克。

捕捞水产品的平均市场价格应采用评估海域临近海产品批发市场的同类海产品批发价格进行计算，计算方法见附录 E。应根据评估海域实际情况进行调整。

6.1.3 氧气生产

6.1.3.1 物质量评估

氧气生产的物质量应采用海洋植物通过光合作用过程生产氧气的数量进行评估。包括 2 个部分，分别是浮游植物初级生产提供的氧气和大型藻类初级生产提供的氧气。

氧气生产的物质量计算公式见式(7)：

$$Q_{O_2}=Q'_{O_2}\times S\times 365\times 10^{-3}+Q''_{O_2} \qquad\cdots\cdots\cdots\cdots(7)$$

式中：

Q_{O_2}——氧气生产的物质量，单位为吨每年(t/a)；

Q'_{O_2}——单位时间单位面积水域浮游植物产生的氧气量，单位为毫克每平方米天(mg/m² · d)；

S ——评估海域的水域面积，单位为平方千米(km²)；

Q''_{O_2}——大型藻类产生的氧气量，单位为吨每年(t/a)；

浮游植物初级生产提供氧气的计算公式见式(8)：

$$Q'_{O_2}=2.67\times Q_{PP} \qquad\cdots\cdots\cdots\cdots(8)$$

式中：

Q'_{O_2}——单位时间单位面积水域浮游植物产生的氧气量，单位为毫克每平方米天(mg/m² · d)；

Q_{PP}——浮游植物的初级生产力，单位为毫克每平方米天(mg/m² · d)。

浮游植物的初级生产力数据宜采用评估海域实测初级生产力数据的平均值。若评估海域内初级生产力空间变化较大，宜采用按克里金插值后获得的分区域初级生产力平均值进行分区计算，再进行加总。

大型藻类初级生产提供氧气的计算公式见式(9)：

$$Q''_{O_2}=1.19\times Q_A \qquad\cdots\cdots\cdots\cdots(9)$$

式中：

Q''_{O_2}——大型藻类提供的氧气量，单位为吨每年(t/a)；

Q_A ——大型藻类的干重，单位为吨每年(t/a)。

6.1.3.2 价值量评估

氧气生产的价值量应采用替代成本法进行评估。计算公式见式(10)：

$$V_{O_2}=Q_{O_2}\times P_{O_2}\times 10^{-4} \qquad\cdots\cdots\cdots\cdots(10)$$

式中：

V_{O_2}——氧气生产价值，单位为万元每年；

Q_{O_2}——氧气生产的物质量，单位为吨每年(t/a)；

P_{O_2}——人工生产氧气的单位成本，单位为元每吨。

人工生产氧气的单位成本宜采用评估年份钢铁业液化空气法制造氧气的平均生产成本，主要包括设备折旧费用、动力费用、人工费用等。也可根据评估海域实际情况进行调整。

6.2 海洋调节服务评估

6.2.1 气候调节

6.2.1.1 物质量评估

气候调节的物质量评估有两个方法可以选用：

a) 基于海洋吸收大气二氧化碳的原理计算，适用于有海气界面二氧化碳通量监测数据的大面积海域评估。气候调节的物质量等于评价海域的水域面积乘以单位面积水域吸收二氧化碳的量。我国各海域每年吸收二氧化碳的量分别是：渤海 36.88 t/km²，北黄海 35.21 t/km²，南黄海 20.94 t/km²，东海 2.50 t/km²，南海 4.76 t/km²。

b) 基于海洋植物（浮游植物和大型藻类）固定二氧化碳的原理计算，适用于小面积海域评估，也可用于大面积海域评估。气候调节的物质量等于评价海域的水域面积乘以单位面积水域浮游植物和大型藻类固定二氧化碳的量。

如果评估海域两种方法都适用，以第一种方法作为仲裁方法。

气候调节的物质量计算公式见式(11)：

$$Q_{CO_2} = Q'_{CO_2} \times S \times 365 \times 10^{-3} + Q''_{CO_2} \quad \cdots\cdots(11)$$

式中：

Q_{CO_2}——气候调节的物质量，单位为吨每年(t/a)；

Q'_{CO_2}——单位时间单位面积水域浮游植物固定的二氧化碳量，单位为毫克每平方米天(mg/m²·d)；

S ——评估海域的水域面积，单位为平方千米(km²)；

Q''_{CO_2}——大型藻类固定的二氧化碳量，单位为吨每年(t/a)。

浮游植物固定二氧化碳量的计算公式见式(12)：

$$Q'_{CO_2} = 3.67 \times Q_{PP} \quad \cdots\cdots(12)$$

式中：

Q'_{CO_2}——单位时间单位面积水域浮游植物固定的二氧化碳量，单位为毫克每平方米天(mg/m²·d)；

Q_{PP} ——浮游植物的初级生产力，单位为毫克每平方米天(mg/m²·d)。

大型藻类固定二氧化碳量的计算公式见式(13)：

$$Q''_{CO_2} = 1.63 \times Q_A \quad \cdots\cdots(13)$$

式中：

Q''_{CO_2}——大型藻类固定的二氧化碳量，单位为吨每年(t/a)；

Q_A ——大型藻类的干重，单位为吨每年(t/a)。

6.2.1.2 价值量评估

气候调节的价值量应采用替代市场价格法进行评估。计算公式见式(14)：

$$V_{CO_2} = Q_{CO_2} \times P_{CO_2} \times 10^{-4} \quad \cdots\cdots(14)$$

式中：

V_{CO_2}——气候调节价值，单位为万元每年；

Q_{CO_2}——气候调节的物质量，单位为吨每年(t/a)；

P_{CO_2}——二氧化碳排放权的市场交易价格，单位为元每吨。

二氧化碳排放权的市场交易价格宜采用评估年份我国环境交易所或类似机构二氧化碳排放权的平均交易价格。也可根据评估海域实际情况进行调整。

6.2.2 废弃物处理

6.2.2.1 物质量评估

废弃物处理的物质量评估有两个方法可以选用：

a) 对于已知环境容量的海域，宜采用环境容量值进行评估，废弃物处理的物质量按 COD、氮、磷等的容纳量计算。也可按排海废弃物的数量进行评估。

b) 对于未知环境容量的海域，宜采用排海废弃物的数量进行评估。排海废弃物主要考虑废水、COD、氮、磷等。

如果全部评估海域已知环境容量，基于环境容量值的计算方法作为仲裁方法。

废弃物处理(考虑排海废水)的物质量计算公式见式(15)：

$$Q_{SWT}=Q_{WW}-Q_{WW}\times w\times 20\% \tag{15}$$

式中：

Q_{SWT}——废弃物处理(考虑排海废水)的物质量，单位为吨每年(t/a)；

Q_{WW}——工业和生活废水产生量，单位为吨每年(t/a)；

w——工业和生活废水所含污染物的质量分数，%；

$Q_{WW}\times w$ 表示工业和生活废水所含的污染物总量，单位为吨每年(t/a)；

$Q_{WW}\times w\times 20\%$表示废水通过河流、沟渠入海过程中滞留在途中的污染物量，单位为吨每年(t/a)，按20%的滞留率计算。

废弃物处理(考虑排海COD、氮、磷等污染物)的物质量计算公式见式(16)：

$$Q_{SWT}=Q_{WW}\times w\times(1-20\%) \tag{16}$$

式中：

Q_{SWT}——废弃物处理(考虑排海COD、氮、磷等污染物)的物质量，单位为吨每年(t/a)；

Q_{WW}——工业和生活废水产生量，单位为吨每年(t/a)；

w——工业和生活废水所含污染物的质量分数，%；

(1－20%)表示污染物的入海率。

6.2.2.2 价值量评估

废弃物处理的价值量应采用替代成本法进行评估。计算公式见式(17)：

$$V_{SW}=Q_{SWT}\times P_{W}\times 10^{-4} \tag{17}$$

式中：

V_{SW}——废弃物处理的价值量，单位为万元每年；

Q_{SWT}——废弃物处理的物质量，单位为吨每年(t/a)；

P_{W}——人工处理废水(COD、氮、磷等)的单位价格，单位为元每吨。

人工处理废水(COD、氮、磷等)的单位价格宜采用评估海域毗邻行政区评估年份废水(COD、氮、磷等)处理设施的运行费用除以当年的废水(COD、氮、磷等)处理量得到。计算公式见式(18)：

$$P_{W}=\frac{Q_{WC}}{Q_{WT}\times\eta} \tag{18}$$

式中：

P_{W}——人工处理废水(COD、氮、磷等)的单位价格，单位为元每吨；

Q_{WC}——评估海域毗邻行政区(省、市、县)评估年份废水(COD、氮、磷等)处理设施的运行费用，单位为万元每年；

Q_{WT}——评估海域毗邻行政区(省、市、县)评估年份废水(COD、氮、磷等)产生量，单位为万吨每年(10^4 t/a)；

η——评估海域毗邻行政区(省、市、县)的废水(COD、氮、磷等)处理率。

6.3 海洋文化服务评估

6.3.1 休闲娱乐

6.3.1.1 物质量评估

休闲娱乐服务评估主要考虑评估海域以自然海洋景观为主体的海洋旅游景区。休闲娱乐的物质量应采用海洋旅游景区的年旅游人数评估。若旅游人数很少，可不进行该项评估。

6.3.1.2 **价值量评估**

休闲娱乐服务价值量评估有两个方法可以选用：

a) 若评估海域旅游景区较少(少于8个)，则休闲娱乐服务的价值量宜采用分区旅行费用法或个人旅行费用法进行评估。休闲娱乐服务价值等于总旅行费用加上总消费者剩余。

b) 若评估海域旅游景区较多(多于8个)，难以针对每个景区开展问卷调查，则休闲娱乐服务的价值量宜使用收入替代法进行评估。

基于分区旅行费用法的休闲娱乐服务价值量计算公式见式(19)：

$$V_{\mathrm{ST}}=\sum\int_0^Q F(Q) \qquad \cdots\cdots(19)$$

式中：

V_{ST} ——休闲娱乐服务的价值量，单位为万元每年；

$F(Q)$——通过问卷调查数据回归拟合得到的旅游需求函数。

$F(Q)$通过旅行费用问卷调查法获得。调查问卷应包括旅行者出发地、旅游次数、旅行费用、家庭收入等调查项目。

基于个人旅行费用法的休闲娱乐服务价值量计算公式见式(20)：

$$V_{\mathrm{ST}}=(\overline{TC}+CS)\times P \qquad \cdots\cdots(20)$$

式中：

V_{ST}——休闲娱乐服务的价值量，单位为万元每年；

$\overline{TC}$——单个游客旅行费用的平均值，单位为元每人；

CS——单个游客的消费者剩余，单位为元每人；

P——旅游景区接待的旅游总人数，单位为万人每年。

$\overline{TC}$通过旅行费用问卷调查法获得，CS通过对游客旅行次数和旅行费用等参数回归分析后得到。

分区旅行费用法和个人旅行费用法的调查问卷示例参见附录F。分区旅行费用法和个人旅行费用法的计算方法见附录G。

收入替代法的计算公式见式(21)：

$$V_{\mathrm{ST}}=\sum_j^m\sum_i^n(V_{\mathrm{T}j}\times F_{ji}) \qquad \cdots\cdots(21)$$

式中：

V_{ST}——休闲娱乐服务的价值量，单位为万元每年；

$V_{\mathrm{T}j}$——评估海域毗邻的第j个沿海市(县)某年的旅游收入，单位为万元每年；

F_{ji}——评估海域内第i个海洋旅游景区对其所在市(县)j的旅游收入的调整系数；

m——评估海域毗邻沿海市(县)个数；

n——评估海域某个沿海市(县)的海洋旅游景区数。

F_{ji}由景区海岸线长度系数P_{ji}和景区级别系数Q_{ji}组成，计算公式见式(22)：

$$F_{ji}=\frac{P_{ji}+Q_{ji}}{2} \qquad \cdots\cdots(22)$$

式中：

F_{ji}——评估海域内第i个海洋旅游景区对其所在市(县)j的旅游收入的调整系数；

P_{ji}——景区海岸线长度系数；

Q_{ji}——景区级别系数。

景区海岸线长度系数计算公式见式(23)：

$$P_{ji}=\frac{L_i}{\sum_i L_{ji}} \qquad \cdots\cdots(23)$$

式中：

P_{ji} ——景区海岸线长度系数；

L_i ——评估海域内第 i 个海洋旅游景区的海岸线长度，单位为千米(km)；

$\sum_i L_{ji}$——第 i 个海洋旅游景区所在市(县) j 的主要海洋旅游景区海岸线长度总和，单位为千米(km)。

景区级别系数计算公式见式(24)：

$$Q_{ji}=\frac{D_i}{\sum_i D_{ji}} \qquad \cdots\cdots(24)$$

式中：

Q_{ji} ——景区级别系数；

D_i ——评估海域内第 i 个海洋旅游景区的景区级别分值；

$\sum_i D_{ji}$——第 i 个海洋旅游景区所在市(县) j 的主要海洋旅游景区景区级别分值总和。

D_i 指根据国家旅游局评定的景区级别，赋以其一定分值。5A 级景区赋值 6 分，4A 级景区赋值 5 分，依次类推，直到 1A 级景区赋值 2 分，未定景区级别但是在评估海域又相对重要的景区赋值 1 分，其他赋值 0 分。

6.3.2 科研服务

6.3.2.1 物质量评估

科研服务采用科研成本法评估。科研服务的物质量宜采用公开发表的以评估海域为调查研究区域或实验场所的海洋类科技论文数量进行评估。评估海域的科研论文数量应通过科技文献检索引擎查询筛选获得。

6.3.2.2 价值量评估

科研服务的价值量应采用直接成本法进行评估。计算公式见式(25)：

$$V_{SR}=Q_{SR}\times P_R \qquad \cdots\cdots(25)$$

式中：

V_{SR}——科研服务的价值量，单位为万元每年；

Q_{SR}——科研服务的物质量，单位为篇每年；

P_R ——每篇海洋类科技论文的科研经费投入，单位为万元每篇。

每篇海洋类科技论文的科研经费投入数据宜采用国家海洋局海洋科技投入经费总数与同年发表海洋类科技论文总数之比。

6.4 海洋支持服务评估

6.4.1 物种多样性维持

6.4.1.1 物质量评估

物种多样性维持的物质量应采用评估海域内分布的海洋保护物种数(国家级、省级)以及在当地有重要价值(科学的、文化的、宗教的、经济的)的海洋物种数来进行评估。

6.4.1.2 价值量评估

物种多样性维持的价值量应采用条件价值法进行评估。

宜采用评估海域毗邻行政区(省、市、县)的城镇人口对该海域内的海洋保护物种以及当地有重要价值的海洋物种的支付意愿来评估物种多样性维持的价值。

计算公式见式(26):

$$V_{SSD}=\sum WTP_j\times\frac{P_j}{H_j}\times\eta \qquad \cdots\cdots(26)$$

式中:

V_{SSD} ——物种多样性维持的价值量,单位为万元每年;

WTP_j——物种多样性维持支付意愿,即评估海域内第 j 个沿海行政区(省、市、县)以家庭为单位的物种保护支付意愿的平均值,单位为元每户年;

P_j ——评估海域内第 j 个沿海行政区(省、市、县)的城镇人口数,单位为万人;

H_j ——评估海域内第 j 个沿海行政区(省、市、县)的城镇平均家庭人口数,单位为人每户;

η ——被调查群体的支付率。

物种多样性维持支付意愿调查问卷示例参见附录 H,物种多样性维持支付意愿 WTP_j 的计算方法见附录 I。应根据评估海域实际情况进行调整。

6.4.2 生态系统多样性维持

6.4.2.1 物质量评估

生态系统多样性维持的物质量应采用具体评估海域内分布的国家、省级的海洋自然保护区、海洋特别保护区和水产种质资源保护区数量进行评估。

6.4.2.2 价值量评估

生态系统多样性维持的价值量应采用条件价值法进行评估。

宜采用评估海域毗邻行政区(省、市、县)城镇人口对该海域内的海洋自然保护区、海洋特别保护区和水产种质资源保护区的支付意愿来评估生态系统多样性维持的价值。计算公式见式(27):

$$V_{SED}=\sum WTP_j\times\frac{P_j}{H_j}\times\eta \qquad \cdots\cdots(27)$$

式中:

V_{SED} ——生态系统多样性维持的价值量,单位为万元每年;

WTP_j——生态系统多样性维持支付意愿,即评估海域内第 j 个沿海行政区(省、市、县)以家庭为单位的保护区支付意愿的平均值,单位为元每户年;

P_j ——评估海域内第 j 个沿海行政区(省、市、县)的城镇人口数,单位为万人;

H_j ——评估海域内第 j 个沿海行政区(省、市、县)的城镇平均家庭人口数,单位为人每户;

η ——被调查群体的支付率。

生态系统多样性维持支付意愿调查问卷示例参见附录 J,生态系统多样性维持支付意愿 WTP_j 的计算方法见附录 K。应根据评估海域实际情况进行调整。

7 编写评估报告

7.1 评估报告内容

海洋生态资本评估报告应包括以下全部或部分章节:

a） 前言；

b） 评估海域生态系统的自然特征与开发利用概况；

c） 评估依据；

d） 评估内容：包括评估时空范围、评估要素、评估指标等；

e） 数据来源和计算方法；

f） 海洋生物资源存量评估；

g） 海洋生态系统服务评估；

h） 海洋生态资本综合评估；

i） 评估结论。

如有需要，其中的有关章节内容可另行编制成册。

7.2 评估报告格式

海洋生态资本评估报告的编写格式要求见附录A。

附 录 A
（规范性附录）
海洋生态资本评估报告的格式与内容

A.1 文本格式

A.1.1 文本格式

报告文本外形尺寸为 A4(210 mm×297mm)

A.1.2 封面格式

报告封面格式如下：

——第一行书写报告名称：(海域名称)生态资本评估报告(居中)

——第二行落款书写：编制单位全称(居中)

——第三行书写：××××年××月(居中)

以上内容字体字号应适宜，各行间距应适中，保持封面美观。

A.1.3 封里1内容

封里1上半部分为复印的计量认证证书，下半部分写明证书持有单位的全称、通讯地址、邮政编码、联系电话、传真电话、电子信箱等。

A.1.4 封里2内容

应写明委托单位全称、单位法人代表名称；评估单位全称、单位法人代表名称、项目负责人(姓名、职务、职称)、技术负责人(姓名、职务、职称)、审核人(姓名、职务、职称)、主要参加人员(姓名、职务、职称)等，并签名。

A.2 报告书章节内容

海洋生态资本评估报告包括以下全部或部分章节：

a) 前言；

b) 评估海域生态系统的自然特征与开发利用概况；

c) 评估依据；

d) 评估内容：包括评估时空范围、评估要素、评估指标等；

e) 数据来源和计算方法；

f) 海洋生物资源存量评估；

g) 海洋生态系统服务评估；

h) 海洋生态资本综合评估；

i) 评估结论。

如有需要，其中的有关章节内容可另行编制成册。

附　录　B
（规范性附录）
休闲娱乐服务评估问卷调查方法——基于分区旅行费用法和个人旅行费用法

B.1　调查问卷的设计

休闲娱乐调查问卷由两部分组成：

——第一部分：简单介绍旅游景区的概况和调查目的；

——第二部分：调查问题。

调查问卷的模板参见附录F，适用于分区和个人旅行费用法。

附录F仅提供了一般性的问卷模板，开展具体评估时应根据评估海域的实际情况进行调整。

B.2　调查地点的选取

应选取评估海域临近海洋旅游景区中的至少一个景点作为调查地点。

景点的选取应考虑如下因素：

——评估海域临近各景点的类型、特点及相互差异程度等；

——评估海域临近各景点的级别、知名程度及年旅游人次数等；

——在景点内开展调查的可操作性；

——评估海域面积、岸线长度等实际情况；

——开展问卷调查的人力、物力约束等。

B.3　问卷调查的现场实施

问卷调查开始前应培训调查人员，进行模拟调查，并对模拟调查中出现的问题进行纠正。

调查人员在现场开展问卷调查时，应选择游客随机调查，按一男一女的顺序。选择的游客年龄应尽量有所差异。对每个旅游团最多进行两份问卷调查，对每个家庭只进行一份。调查对象应包括外地游客和本地游客，不调查少年儿童和外国人，不应对未到景点的人进行调查。

游客答卷时，调查人员应在旁边解释。游客犹豫时应及时引导，解除其顾虑。游客答完后应仔细检查问卷，补充必要的信息，确保回答所有问题，并保证问卷的有效性。每份问卷调查结束后，应逐项记录调查人员姓名、问卷调查地点、日期、时间、问卷序号等内容，以便事后整理。

每个调查员每天有效问卷数控制在35份～45份之间。平均每份问卷的调查时间控制在10 min左右，1 h内问卷数不超过8份。

所有问题都是询问调查对象本人，如有团体支出费用，应除以总人数，分摊到个人。如遇到单位组织旅游，游客不能回答团费支出时，应停止该份问卷填写，按无效问卷处理。

询问游客是否愿意接受调查时，若游客拒绝2次，不应再继续要求进行调查。

B.4 调查问卷的回收、筛选及整理

每天开展问卷调查之后，当晚应进行问卷回收，对当天所有问卷进行检查。如果问卷存在漏填、错填、前后矛盾、填写模糊不清的项目，则视其为无效问卷进行剔除。

整个问卷调查过程结束后，将所有问卷进行整理、数据录入和汇总，并填写调查员、录入人、校对人及审核人姓名，并打印后签字存档。调查问卷存档备查。

附 录 C
（规范性附录）
需要调查的问卷数量确定方法

本附录适用于计算休闲娱乐服务评估中需调查的游客数量，以及计算物种多样性维持和生态系统多样性维持评估中需调查的居民数量。

问卷调查的抽样方法宜采用简单随机抽样方法。

第一步：应确定抽样样本容量，即评估所需有效问卷数量。

有效问卷数量的计算推荐两种计算方法，应根据实际情况选用：

第一种方法：有效问卷数量采用 Scheaffer 抽样公式确定。计算公式见式(C.1)：

$$n_1 = \frac{N}{(N-1) \times \delta^2 + 1} \qquad \cdots\cdots(C.1)$$

式中：

n_1——有效问卷数量；

N——被调查群体的母本数量；

δ ——抽样相对误差。

公式(C.1)适用于样本容量下限的计算，即计算出的 n_1 代表母本数量为 N 且选取抽样误差为 δ 的情况下应至少抽取的样本数。若进行休闲娱乐服务评估，则母本数量 N 为评估年份评估海域海洋景区接纳的年旅游人次总数；若进行物种多样性维持和生态系统多样性维持评估，则母本数量 N 为评估年份评估海域毗邻行政区城镇人口总数。δ 为抽样相对误差值，根据评估所允许的误差程度选取，一般选取 0.05，最高不超过 0.1。不同的 δ 对应的 n_1 值不同，进而抽样调查所需的人力、物力、时间及相关成本将有所差异。

第二种方法：有效问卷数量采用统计学最大样本容量公式确定，计算公式见式(C.2)：

$$n_2 = \frac{z^2}{p^2} \qquad \cdots\cdots(C.2)$$

式中：

n_2——有效问卷数量；

z ——一定置信水平对应的 z 统计量；

p ——抽样相对误差。

公式(C.2)适用于有效问卷数量的保守值计算，即计算出的 n_2 代表完全可以保证置信水平为 z 且完全可以控制抽样误差为 p 所需抽取的样本数。置信水平一般选为 0.95，对应的 z 值为 1.96。抽样相对误差值 p 一般在 0.05～0.1 之间取值。若取为 0.05，则要达到 0.95 的置信水平，所需有效问卷数量为1 537 份；若取为 0.1，则要达到 0.95 的置信水平，所需有效问卷数量为 384 份。不同的 z 和 p 对应的 n_2 值不同，进而抽样调查所需的人力、物力、时间及相关成本将有所差异。

如果评估海域两种方法都适用，以第一种方法作为仲裁方法。

第二步：有效问卷数量确定以后，根据调查问卷的回收率和有效率确定所需发放的调查问卷数。

根据以往经验，休闲娱乐、物种多样性维持与生态系统多样性维持评估回收问卷的有效率一般在80％以上。同时考虑到问卷的回收率，发放的调查问卷数应适当多于第一步计算获得的有效问卷数。

附 录 D
（规范性附录）
物种多样性维持与生态系统多样性维持评估问卷调查方法——基于条件价值法

D.1 调查问卷的设计

物种多样性维持与生态系统多样性维持调查问卷由三部分组成：

——第一部分为“致答卷人的一封信”，主要介绍问卷调查的目的、内容、方式和相关的背景介绍；

——第二部分为“物种（保护区）详细介绍”，以图文结合的形式将调查所涉及的物种（保护区）向被调访者做详细的展示和介绍；

——第三部分为“调查问卷表”，以封闭式与开放式选项结合的方式对被调访者的相关信息及其对各个物种（保护区）的支付意愿进行调查。

调查问卷的模板参见附录H和附录J。

附录H和附录J仅提供了一般性的问卷模板，开展具体评估时应根据评估海域的实际情况进行调整。

D.2 调查地点选取

第一步：确定调查地区

选取评估海域毗邻县城或市区等行政区作为调查地区。

调查地区的选取宜考虑如下因素：

——评估海域各毗邻行政区的社会经济差异程度；

——在行政区内开展调查的可操作性；

——开展问卷调查的人力、物力约束等。

第二步：选取具体调查地点

宜选取调查地区中城镇居民密集分布或活动频繁的公共场所作为调查地点，比如广场、居民区、公园、商业区、海洋景区等。评估时应根据实际情况选取一定数量、具有一定分布特征的公共场所。

D.3 问卷调查的现场实施

问卷调查开始前应培训调查人员，进行模拟调查，并对模拟调查中出现的问题进行纠正。

调查人员在现场开展问卷调查时，应选择居民随机调查，按一男一女的顺序。选择的居民年龄应尽量有所差异。只调查本地城镇居民，不调查少年儿童，对每个家庭只进行一份问卷调查。

居民答卷时，调查人员应在旁边解释。居民犹豫时应及时引导，解除其顾虑。居民答完后应仔细检查问卷，补充必要的信息，确保回答所有问题，并保证问卷的有效性。每份问卷调查结束后，应逐项记录调查人员姓名、问卷调查地点、日期、时间、问卷序号等内容，以便事后整理和查兑。

每天有效问卷数控制在35份～45份之间。平均每份问卷的调查时间控制在10 min左右，1 h内问卷数不超过8份。

询问居民是否愿意接受调查时，若居民拒绝2次，不应再继续要求进行调查。

D.4　调查问卷的回收、筛选及整理

每天开展问卷调查之后，当晚应进行问卷回收，对当天所有问卷进行检查。如果问卷存在漏填、错填、前后矛盾、填写模糊不清的项目，则视其为无效问卷进行剔除。

整个问卷调查过程结束后，将所有问卷进行整理、数据录入和汇总，并填写调查员、录入人、校对人及审核人姓名，并打印后签字存档。调查问卷存档备查。

附 录 E
（规范性附录）
水产品的平均市场价格计算方法

水产品共分为6类：鱼类、甲壳类、贝类、头足类、藻类和其他，分别计算每类的平均价格。某类水产品平均价格计算方法如下：

a) 应确定评估海域水产品的主要品种。以鱼类为例，若评估海域鱼类水产品共 n 种，先将这 n 种鱼的产量从高到低排序，并依次累加。假如前 m 种鱼的累计产量达到鱼类总产量的70%，则这 m 种鱼即确定为鱼类的主要品种。其他5类水产品的主要品种依此法确定。

b) 将该类水产品各主要品种的市场价格乘以各自的产量占所有主要品种总产量的比例得出该类水产品的平均价格。具体计算公式见式(E.1)：

$$P = \sum p_i \times k_i \quad \cdots\cdots(E.1)$$

式中：

P ——某类水产品的平均市场价格，单位为元每千克；

p_i ——第 i 个主要品种的年平均单价，单位为元每千克；

k_i ——第 i 个主要品种产量占所有主要品种总产量的比例。

c) 年平均单价的计算方法推荐2个，应根据实际情况选用：

——第一方法：以十二个月的月平均单价计算年平均单价；

——第二方法：每季度选取一个代表月，求4个代表月的月平均单价的平均值。宜选取2、5、8、11月为代表月。

d) 月平均单价的计算方法推荐2个：

——第一方法：采用评估海域临近行政区的统计部门、海洋渔业主管部门或者水产品批发市场提供的月平均单价；

——第二方法：从每月的上、中、下旬各选取一个代表日，计算三个代表日的平均单价作为月平均单价。宜选取第5、15、25日作为代表日。

附　录　F
（资料性附录）
旅游景区休闲娱乐服务调查问卷

本附录适用于分区旅行费用法和个人旅行费用法。

旅游景区休闲娱乐服务调查问卷由两部分组成：

——第一部分：简单介绍旅游景区的概况和调查目的。

——第二部分：调查问题。下述问题为必需的，具体表述方式应根据评估海域实际情况进行调整。

1.您和朋友总共________人，从________省（自治区）________（地级）市________县（区）来。（如果您是顺访，请填写顺访的出发地点________）。

2.您以前　是　（否）　来过此地旅游；今年您一共来过________次；最近三年一共来过________次。

3.您这次出游行程往返共________天，住宿________晚；大约停留________小时。

（如果您是顺访，请填写从顺访后旅游所花费的时间）。

4.您从出发地到这里的主要交通工具（多选）：A.飞机　B.火车　C.自驾车　D.轮船　E.公交车　F.摩托车　G.自行车　H.步行。

5.您这次出游属于：A.自助旅游　B.参团旅游，每人团费________元，共________天。

6.您从出发地到这里支付的交通费估计（一个人、单程，单位：元）

机票	火车	汽车	租车费	汽油费	过路费	停车费	公交车	轮船

7.您此次出游预计门票支出：________元（每人合计），能接受的最高门票预算________元

8.您这次出游预计（实际）花费（平均单人花费，单位：元）

一人住宿费×天数	一人饮食费×天数	胶卷电池冲洗照片	旅游纪念品	其他消费	合　计

9.您此次旅行中的各景点重要性排序：最重要：__________相当重要的__________重要__________一般__________可看可不看__________。

10.附近与此地相似的景点您还去过__________比这里好的景点：__________。差不多的景点：__________不如这里的景点：__________。

11.您的年龄：A. 19 岁以下　B. 20 岁～29 岁　C. 30 岁～39 岁；D. 40 岁～49 岁　E. 50 岁～59 岁　F. 60 岁以上。

12.您的文化程度：A.初中　B.高中及中专　C.大专及高职　D.本科及以上。

13.您的家庭人均月收入水平估计：（如有工作，但一个人独立生活，请填您个人的月收入）（匿名调查，不需填写准确数字，不会给您带来任何不便）

A. 500 元以下　B. 501 元～999 元　C. 1 000 元～1 999 元　D. 2 000 元～2 999 元　E. 3 000 元～3 999 元　F. 4 000 元～4 999 元　G. 5 000 元～5 999 元　H. 6 000 元～7 999 元　I. 8 000 元～9 999 元　J. 10 000 元及以上。

14.您每年用于旅游的支出大约占您全年收入的________%。

附 录 G
（规范性附录）
休闲娱乐服务价值计算方法——基于分区旅行费用法和个人旅行费用法

G.1 基于分区旅行费用法计算休闲娱乐服务价值

通过在旅游景区现场问卷调查的方法，获得游客的来源地、旅行费用，游客的收入情况、受教育情况等参数，而后建立式(G.1)的回归函数：

$$V=f(TC,X_1,X_2,\cdots X_n) \quad\cdots\cdots\cdots(\text{G.1})$$

式中：

V ——从某一出游地区人口到调查景区旅游的出游率，等于从该地区到调查景区旅游的游客数 Q 与该地区总人口数 N 的比值；Q 等于问卷调查中来自该地区的游客比例乘以被调查景区的年游客总数；

TC ——从某一出游地区到调查景区旅游游客的旅行费用，包括交通费、住宿费、饮食费、门票费、纪念品花费和胶卷、电池、冲洗照片花费及其他花费等；

X_n ——游客的收入、受教育程度等社会经济参数，应根据实际情况调整。

在进行方程拟合和参数估计后，就可以得到 V 与 TC 及 X_n 的函数关系：$V=f(TC,X_1,X_2,\cdots X_n)$。另外，$V=Q/N$。通过公式变换，可得 $f(TC,X_1,X_2,\cdots X_n)=Q/N$。然后将某一出游地区已知的 N，$X_1,X_2\cdots X_n$ 带入到方程中，即可得到该地区到景区的游客数 Q 与旅行费用 TC 的关系，即 $TC=F(Q)$。该方程对 Q 求积分，下限为 0，上限为该地区 TC 平均值对应的 Q 值，积分值表示该地区旅游者对景区的总支付意愿，包括总旅行费用和总消费者剩余。对每个出游地区都进行上述计算，并将各出游地区的总支付意愿加总，即为该景区的休闲娱乐价值。

G.2 基于个人旅行费用法计算休闲娱乐服务价值

通过在旅游景区现场问卷调查的方法，获得一定时期内游客到景区旅游的次数、旅行过程中的花费情况，游客的收入情况、受教育情况等参数，而后建立式(G.2)的回归函数：

$$Q=f(TC,X_1,X_2,\cdots X_n) \quad\cdots\cdots\cdots(\text{G.2})$$

式中：

Q ——某一游客一定时间内到调查景区旅游的次数；

TC ——该游客到调查景区旅游的旅行费用，包括交通费、住宿费、饮食费、门票费、纪念品花费和胶卷、电池、冲洗照片花费及其他花费等；

X_n ——游客的收入、受教育程度等社会经济参数，应根据实际情况调整。

在进行方程拟合和参数估计后，得到函数中 TC 变量的系数为 β。每个游客每次旅游的平均消费者剩余 $CS=\left|\frac{\overline{Q}}{2\beta}\right|$，其中 $\overline{Q}$ 为调查游客的平均旅游次数。

将调查游客的平均旅行费用 $\overline{TC}$ 与 CS 相加再乘以调查景区游客总数即得到该景区的休闲娱乐价值。

附　录　H
（资料性附录）
物种多样性维持支付意愿调查问卷

物种多样性维持支付意愿调查问卷由三部分组成：

——第一部分为“致答卷人的一封信”，主要介绍问卷调查的目的、内容、方式和相关的背景；

——第二部分为“物种介绍”，图文结合简要介绍调查所涉及的物种；

——第三部分为“调查问卷表”，设计封闭式与开放式选项结合的问题，以获取被调访者的相关信息及其对各个物种的支付意愿。调查问卷表包括如下必需问题，具体表述方式和选项应根据实际情况调整。

1. 您的性别：① 男　② 女　（请在序号上划√，下同）

2. 您的年龄：① 19 岁及以下　② 20 岁～29 岁　③ 30 岁～39 岁
④ 40 岁～49 岁　⑤ 50 岁～59 岁　⑥ 60 岁及以上

3. 您的文化程度：① 初中及以下　② 高中(包括中专、技校、职高)
③ 大专　④ 本科　⑤ 研究生及以上

4. 您家庭的成员数：________人

5. 您的家庭平均年收入(单位为元)：

A. 1 万以下	B. 1 万～2 万	C. 2 万～3 万	D. 3 万～4 万	E. 4 万～5 万	F. 5 万～6 万	G. 6 万～7 万
H. 7 万～8 万	I. 8 万～9 万	J. 9 万～10 万	K. 10 万～12 万	L. 12 万～14 万	M. 14 万～16 万	N. 16 万～18 万
O. 18 万～20 万	P. 20 万～30 万	Q. 30 万～40 万	R. 40 万～50 万	S. 50 万以上		

6. 请说出您以前知道的××海域的海洋濒危珍稀生物：____________

7. 您过去参加过保护海洋珍稀生物的募捐吗？

8. 您愿意为维持××海域海洋濒危珍稀生物的长久存在而进行力所能及的捐款吗？
① 愿意　② 不愿意

9. 为保护××海域的海洋濒危珍稀生物，您愿意每年一共对其捐献多少钱？(请在数额上划○，这里并不要求您真正支付，保证资金完全用于保护目的，根据您的收入选择您愿意捐献的最大数额)(单位为元)

0	5	10	15	20	25	30	35	40
45	50	60	70	80	90	100	150	200
250	300	350	400	450	500	600	700	800
900	1 000	1 000 以上						

10.请您将认捐的钱数分配到下表的××种生物。(完全根据您个人的意愿,不一定分配给全部生物,但是合计数要等于第9题认捐的钱数)

序号	类别	物种名	物种图片	认捐钱数
1	哺乳动物	中华白海豚		
2	……	……	……	……

附　录　I
（规范性附录）
物种多样性维持支付意愿计算方法

物种多样性维持支付意愿采用条件价值法进行计算。选取评估海域毗邻行政区的县城或市区作为调查地区，对城镇居民进行抽样问卷调查。通过分析问卷、建立物种多样性维持支付意愿(注：这里调查的是以家庭为单位的支付意愿)与其他变量(如年龄、收入、教育程度等)之间的函数关系。根据所得出的函数关系，结合相应年份该行政区的统计年鉴数据，进行线性外推，从而得到该行政区居民的平均物种多样性维持支付意愿 WTP。具体的操作可以参照如下步骤，也可根据评估海域实际情况进行调整。

a) 对选定城镇居民进行问卷调查，并将问卷信息整理录入计算机中。调查问卷中的家庭年收入指居民拥有的可支配的收入，包括工资、奖金、津贴、股息、利息、劳务报酬、稿酬等现金收入，不包括保险、住房公积金、年金等在短期内不能自由使用的收入，也不包括缴纳的税收。调查问卷中的家庭年均可支配收入分为 21 组，但社会经济统计年鉴中一般分为 7 组。

b) 对物种多样性维持支付意愿与其他变量(如年龄、收入、教育程度等)进行相关性及回归分析，得到其相互之间的函数关系。假设物种多样性维持支付意愿与家庭年平均可支配收入有明显的影响关系，设函数关系见式(I.1)：

$$WTP = \alpha + \beta \times INC \qquad \cdots\cdots\cdots\cdots(\text{I.1})$$

式中：

WTP ——某个家庭的物种多样性维持支付意愿，单位为元每户年；

INC ——某个家庭的年平均可支配收入，单位为元每户年，每个家庭的年平均可支配收入取所在收入区间的中值；

α 及 β ——系数。

c) 根据上述公式，推算所在行政区的各分组家庭的平均支付意愿(WTP_i)。

d) 用各分组的人口比例对各分组家庭的平均支付意愿(WTP_i)加权求和，得到该行政区全部家庭的平均支付意愿 WTP_t，见式(I.2)：

$$WTP_t = \sum WTP_i \times P(INC_i) \qquad \cdots\cdots\cdots\cdots(\text{I.2})$$

其中，

WTP_t ——该行政区全部家庭的物种多样性维持平均支付意愿，单位为元每户年；

WTP_i ——各分组家庭的平均支付意愿，单位为元每户年；

INC_i ——各分组家庭的年平均可支配收入，单位为元每户年；

$P(INC_i)$——该行政区各分组家庭的人口比例。

e) 将 WTP_t 与所在行政区城镇居民家庭总数相乘，即可得到所在行政区城镇居民物种多样性维持总支付意愿。

附　录　J
（资料性附录）
生态系统多样性维持支付意愿调查问卷

生态系统多样性维持支付意愿调查问卷由三部分组成：

——第一部分为“致答卷人的一封信”，主要介绍问卷调查的目的、内容、方式和相关的背景；

——第二部分为“保护区介绍”，图文结合简要介绍调查所涉及的保护区；

——第三部分为“调查问卷表”，设计封闭式与开放式选项结合的问题，以获取被调访者的相关信息及其对每一个保护区的支付意愿。调查问卷表包括如下必需问题，具体表述方式和选项应根据实际情况调整。另外，如果同时评估物种多样性和生态系统多样性维持支付意愿，可以将附录 H 与附录 J 的问卷合并设计，同时调查。

1. 您的性别：① 男　② 女　（请在序号上划√，下同）

2. 您的年龄：① 19 岁及以下　② 20 岁～29 岁　③ 30 岁～39 岁
　④ 40 岁～49 岁　⑤ 50 岁～59 岁　⑥ 60 岁及以上

3. 您的文化程度：① 初中及以下　② 高中（包括中专、技校、职高）
　③ 大专　④ 本科　⑤ 研究生及以上

4. 您家庭的成员数：________人

5. 您的家庭平均年收入（单位为元）：

A. 1 万以下	B. 1 万～2 万	C. 2 万～3 万	D. 3 万～4 万	E. 4 万～5 万	F. 5 万～6 万	G. 6 万～7 万
H. 7 万～8 万	I. 8 万～9 万	J. 9 万～10 万	K. 10 万～12 万	L. 12 万～14 万	M. 14 万～16 万	N. 16 万～18 万
O. 18 万～20 万	P. 20 万～30 万	Q. 30 万～40 万	R. 40 万～50 万	S. 50 万以上		

6. 请说出您以前知道的××海域的保护区：____________________

7. 您以前去过哪些××海域的保护区：____________________

8. 您过去参加过关于保护区的募捐吗？

9. 您愿意为维持××海域保护区的存在与运行而进行力所能及的捐款吗？

① 愿意　② 不愿意

10. 为维持××海域的保护区的存在与运行，您愿意每年一共对其捐献多少钱？（请在数额上划○，这里并不要求您真正支付，保证资金完全用于保护目的，根据您的收入选择您愿意捐献的最大数额）（单位为元）

0	5	10	15	20	25	30	35	40
45	50	60	70	80	90	100	150	200
250	300	350	400	450	500	600	700	800
900	1 000	1 000 以上						

11. 请您将认捐的钱数分配到下表的××个保护区。（完全根据您个人的意愿，不一定分配给全部保护区，但是合计数要等于第 9 题认捐的钱数）

序号	类别	保护区名	保护对象图片	认捐钱数
1	自然保护区	黄河三角洲		
2	……	……	……	……

附 录 K
（规范性附录）
生态系统多样性维持支付意愿计算方法

生态系统多样性维持支付意愿采用条件价值法进行计算。选取评估海域毗邻行政区的县城或市区作为调查地区，对城镇居民进行抽样问卷调查。通过分析问卷、建立生态系统多样性维持支付意愿（注：这里调查的是以家庭为单位的支付意愿）与其他变量（如年龄、收入、教育程度等）之间的函数关系。根据所得出的函数关系，结合相应年份该行政区的统计年鉴数据，进行线性外推，从而得到该行政区居民的平均生态系统多样性维持支付意愿 WTP。具体的操作可以参照如下步骤，也可根据评估海域实际情况进行调整。

a） 对选定城镇居民进行问卷调查，并将问卷信息整理录入计算机中。调查问卷中的家庭年收入指居民拥有的可支配的收入，包括工资、奖金、津贴、股息、利息、劳务报酬、稿酬等现金收入，不包括保险、住房公积金、年金等在短期内不能自由使用的收入，也不包括缴纳的税收。调查问卷中的家庭年均可支配收入分为 21 组，但社会经济统计年鉴中一般分为 7 组。

b） 对生态系统多样性维持支付意愿与其他变量（如年龄、收入、教育程度等）进行相关性及回归分析，得到其相互之间的函数关系。假设生态系统多样性维持支付意愿与家庭年平均可支配收入有明显的影响关系，设函数关系见式（K.1）：

$$WTP = \alpha + \beta \times INC \qquad \text{（K.1）}$$

式中：

WTP ——某个家庭的生态系统多样性维持支付意愿，单位为元每户年；

INC ——某个家庭的年平均可支配收入，单位为元每户年，每个家庭的年平均可支配收入取所在收入区间的中值；

α 及 β ——系数。

c） 根据式（K.1），推算所在行政区的各分组家庭的平均支付意愿（WTP_i）。

d） 用各分组的人口比例对各分组家庭的平均支付意愿（WTP_i）加权求和，得到该行政区全部家庭的平均支付意愿 WTP_t，见式（K.2）：

$$WTP_t = \sum WTP_i \times P(INC_i) \qquad \text{（K.2）}$$

其中，

WTP_t ——该行政区全部家庭的生态系统多样性维持平均支付意愿，单位为元每户年；

WTP_i ——各分组家庭的平均支付意愿，单位为元每户年；

INC_i ——各分组家庭的年平均可支配收入，单位为元每户年；

$P(INC_i)$——该行政区各分组家庭的人口比例。

e） 将 WTP_t 与所在行政区城镇居民家庭总数相乘，即可得到所在行政区城镇居民生态系统多样性维持总支付意愿。

参 考 文 献

［1］ COSTANZA. R, D'ARGE. R, DE GROOT. R, et al. The value of the world's ecosystem services and natural capital(J). Nature,1997(387):253-260.

［2］ DALY. H. E. Beyond growth the economics of sustainable development(M). Boston:Beacon Press,1996:25-76.

［3］ HAWKEN. P, LOVINS. A, LOVIN. L. H 著，王乃粒，诸大建，龚义台译. 自然资本论：关于下一次工业革命(M). 上海：上海科学普及出版社，2000.

［4］ Millennium Ecosystem Assessment (MA). Ecosystems and human well-being: Synthesis[R]. Washington DC.: Island Press, 2005.

［5］ SERAGELDIN I. Sustainability and the wealth of nations—first steps in an ongoing journey(R). Washington, D. C: World Bank. 1996.

［6］ 陈尚，张朝晖等. 我国海洋生态系统服务功能及其价值评估研究计划(J). 地球科学进展，2006,21(11):1127-1133.

［7］ 陈尚，任大川等. 海洋生态资本概念与属性界定(J). 生态学报，2010,30(24).

［8］ 陈尚，任大川等. 海洋生态资本价值结构要素与评估指标体系(J). 生态学报，2010,30(24).

［9］ 李文华等. 生态系统服务功能价值评估的理论、方法与应用(M). 北京：中国人民大学出版社，2008:276-277.

［10］ 沈国英，施并章. 海洋生态学(第三版)(M). 北京：科学出版社，2010,p360.

［11］ 张朝晖，叶属峰，朱明远. 典型海洋生态系统服务及价值评估(M). 北京：海洋出版社，2007.

ICS 35.240.60;03.220.20
R 07

GB

中华人民共和国国家标准

GB/T 28059.1—2011

公路网图像信息管理系统 平台互联技术规范 第1部分:总则

Image information management system for highway network—Platform networking and sharing—Part 1: General specification

2011-12-30 发布 2012-07-01 实施

中华人民共和国国家质量监督检验检疫总局
中国国家标准化管理委员会 发布

前　言

GB/T 28059《公路网图像信息管理系统　平台互联技术规范》分为4部分：

——第1部分：总则；

——第2部分：视频格式与编码；

——第3部分：接口与通信控制协议；

——第4部分：用户及设备管理。

本部分为GB/T 28059的第1部分。

本部分按照GB/T 1.1—2009给出的规则起草。

本部分由全国智能运输系统标准化技术委员会(SAC/TC 268)提出并归口。

本部分起草单位：交通运输部公路科学研究院、安徽博微广成信息科技有限公司。

本部分主要起草人：张可、李建华、刘浩、李静、秦德斌、李宏海、吴鉴、钱越、孙宇星、孙玲、张晓亮、杨琪、朱丽丽。

公路网图像信息管理系统
平台互联技术规范
第1部分:总则

1 范围

GB/T 28059的本部分规定了公路网图像信息管理系统部省间联网的设计原则、总体架构、功能要求、主要技术指标要求等通用性技术规范。

本部分适用于公路网图像信息管理系统的部省间互联共享建设及相关软硬件产品的开发,省内联网也可参照使用。

2 规范性引用文件

下列文件对于本文件的应用是必不可少的。凡是注日期的引用文件,仅注日期的版本适用于本文件。凡是不注日期的引用文件,其最新版本(包括所有的修改单)适用于本文件。

GB 50198 民用闭路监视电视系统工程技术规范

GB/T 28059.2 公路网图像信息管理系统 平台互联技术规范 第2部分:视频格式与编码

GB/T 28059.3 公路网图像信息管理系统 平台互联技术规范 第3部分:接口与通信控制协议

GB/T 28059.4 公路网图像信息管理系统 平台互联技术规范 第4部分:用户及设备管理

YD/T 1171 IP网络技术要求 网络性能参数与指标

RFC 3261 会话初始协议(Session Initiation Protocol)

RFC 3265 SIP-特别事件通知(Session Initiation Protocol (SIP)-Specific Event Notification)

3 术语、定义和缩略语

3.1 术语和定义

下列术语和定义适用于本文件。

3.1.1

公路网 public traffic network

由一定区域范围内主要公路运输线路和公路交通枢纽组成的交通网络。

3.1.2

国家级公路网 national public traffic network

涵盖全国范围内主要公路运输线路和公路交通枢纽的交通网络。

3.1.3

公路运输线路 highway transport routes

由高速公路、干线普通公路组成。干线普通公路包括国道、省道。

3.1.4

公路交通枢纽 highway traffic hub

连接主要公路运输线路的节点。在本部分中,为位于公路主枢纽城市内的交通基础设施及过境主枢纽城市的公路运输线路。

3.1.5

公路网图像信息管理系统　image information management system for public traffic network

用于帮助实现对国家各级公路网进行动态监测、管理调度的图像信息管理系统。

3.1.6

管理平台　management platform

为各级公路网管理部门提供对所辖范围内公路网、交通枢纽的相关视频及信息进行汇聚、调度、监视等管理应用功能的应用系统。

3.1.7

平台接入单元　platform accessing unit

为实现各级管理平台之间互联及信息共享而组成的具有统一格式协议通信能力，具有设备注册与发现、用户认证与管理、监控图像获取与控制、联网设备状态查询等功能的逻辑实体。

3.1.8

监控资源　surveillance resources

为联网系统提供监控信息的各种设备和系统。监控信息的表现形式为图像、声音、事件数据、业务数据等。

3.2　缩略语

下列缩略语适用于本文件。

AVS　——视音频编码标准(Advanced Audio-Video Coding/Decoding Standard)
CA　——认证机构(Certification Authority)
IP　——因特网协议(Internet Protocol)
MPEG——运动图像专家小组(Moving Picture Experts Group)
RFC　——请求评论的规范(Request for Comments IETF)
RTCP——实时传输控制协议(Real-time Transport Control Protocol)
RTP　——实时传输协议(Real-time Transport Protocol)
RTSP——实时流化协议(Real-time Streaming Protocol)
SIP　——会话初始协议(Session Initiation Protocol)
TCP　——传输控制协议(Transmission Control Protocol)
UDP　——用户数据报协议(User Datagram Protocol)

4　总体架构

4.1　公路网图像信息管理系统跨区域互联架构概述

公路网图像信息管理系统跨区域互联的主体是国家级公路网图像信息管理平台与省(自治区、直辖市)级(以下简称省级)公路网图像信息管理平台。国家级公路网图像信息管理平台作为跨区域联网的上级平台，各省级公路网图像信息管理平台作为跨区域联网的下级平台，它们之间通过各自的平台接入单元进行通信，完成视频图像信息调用和共享。联网系统的监控资源调用遵从单向分级调用的原则，上级平台可以连接并调用下级平台所辖的监控资源。

省级平台之间不应进行连接和数据共享。

省级平台与所辖的高速公路、干线普通公路及公路客(货)运交通枢纽图像信息管理平台之间的互联和共享也可参照本文件建设。

4.2 应用架构

4.2.1 应用架构示意图

互联系统的应用架构可分为监控资源、传输网络和管理平台3个组成部分。互联系统应用结构示意图如图1所示。

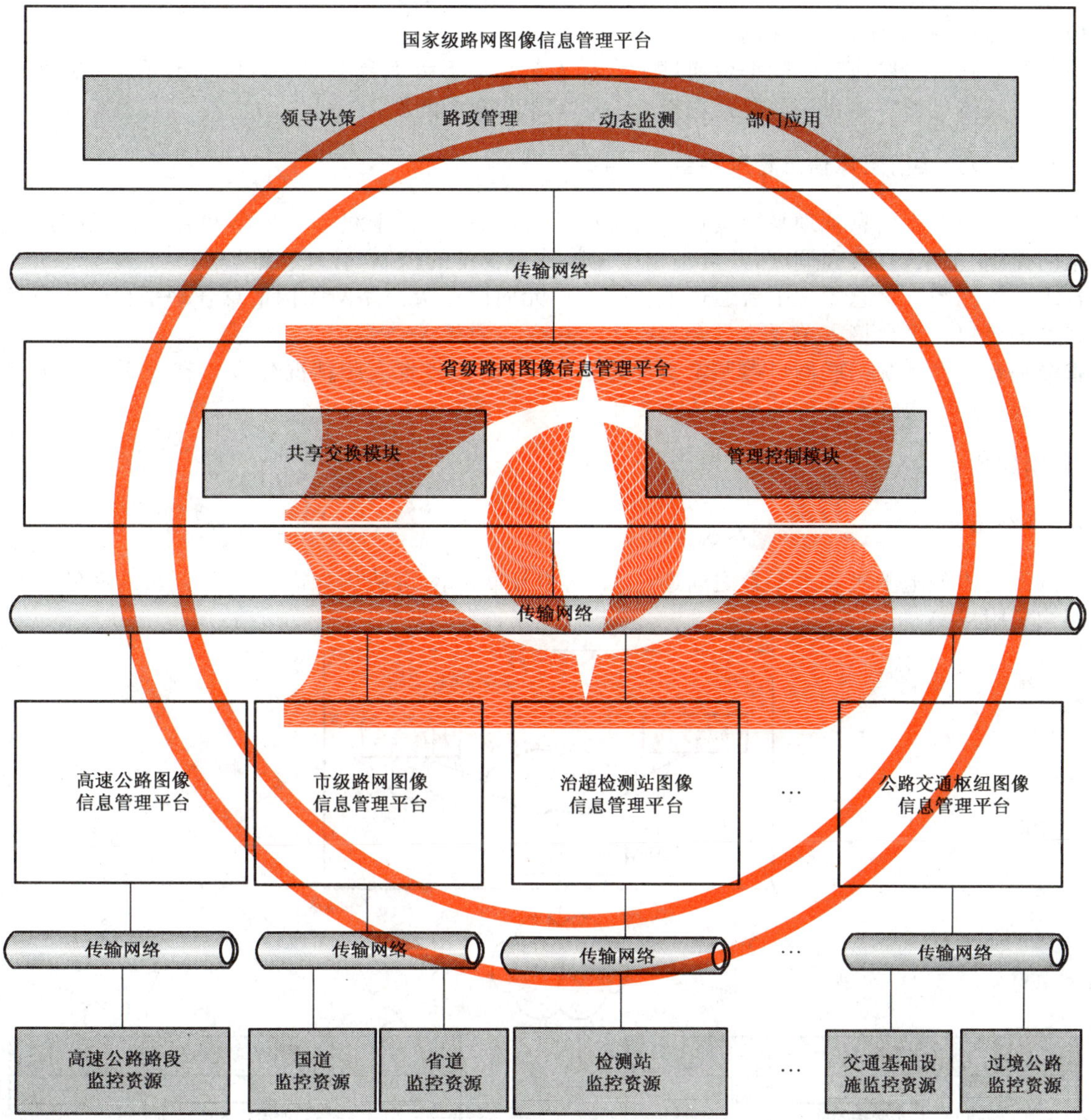

图1 联网系统应用架构示意图

4.2.2 监控资源

监控资源分布在各级平台管理主体的图像信息管理系统中,为所在的图像信息管理系统提供各种监控信息,包括图像、声音、业务信息等。监控资源中的视频图像信息格式与编码要求应符合GB/T 28059.2的要求。

4.2.3 传输网络

传输网络可分为专网和公共通信网络，其网络结构分为 IP 网络、非 IP 网络。非 IP 网络中的图像信息应通过具有平台接入功能的管理平台转接至 IP 网络才能与上级平台互联。

4.2.4 管理平台

4.2.4.1 国家级公路网图像信息管理平台

国家级公路网图像信息管理平台是全国公路网图像信息管理系统联网的顶级平台，负责全国公路网图像数据的控制、汇聚、管理和调度。

国家级公路网图像信息管理平台通过平台接入单元与下级平台中的平台接入单元连接并协商监控资源调用的具体过程。平台接入单元应符合 GB/T 28059.3 的要求。

4.2.4.2 省级公路网图像信息管理平台

省级公路网图像信息管理平台负责全省范围所有高速公路、干线普通公路和客(货)运交通枢纽图像数据的控制、汇聚、管理和调度，并负责相应视频采集设备的控制、管理和维护。

省级公路网图像信息管理平台通过平台接入单元向国家级公路网图像信息管理平台开放监控资源调用和管理接口。平台接入单元应符合 GB/T 28059.3 的要求。

省级平台内部系统的联网可参照本文件建设，也可根据各省实际情况建设。省级平台与国家级平台的联网和应用应遵守本文件的相关技术要求。

4.3 联网结构

4.3.1 网络结构

联网系统内的上下级管理平台之间通过 IP 网络互联的网络结构如图 2 所示。联网系统三级参考业务架构见附录 A。

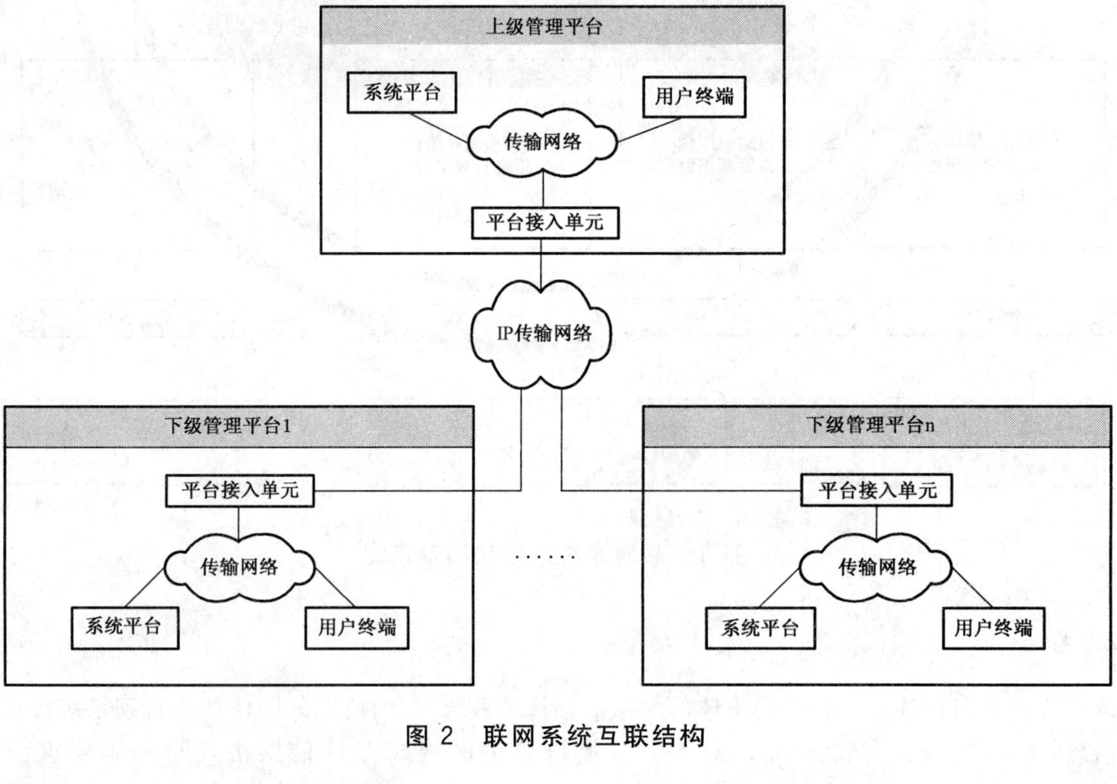

图 2 联网系统互联结构

上下级平台间的互联是基于IP网络在应用层上实现的，包括对基于SIP的图像信息管理平台和非SIP图像信息管理平台的互联。基于SIP的图像信息管理平台可以直接连接到联网系统，非SIP图像信息管理平台通过平台接入单元进行SIP协议转换连接到联网系统。

基于SIP的图像信息管理平台是指具有SIP服务器且其中的监控资源、用户终端、管理平台等支持GB/T 28059.3的图像信息管理平台；非SIP图像信息管理平台是指其中的监控资源、用户终端、管理平台等不支持GB/T 28059.3的图像信息管理平台。

4.3.2 平台接入单元

平台接入单元是实现公路网图像信息管理平台跨区域互联共享接口的逻辑实体，可独立的设备形式存在，或内置于已有的管理服务器中。

平台接入单元负责实现联网过程中的控制命令和视音频数据的传输和转换，联网接口采用RFC 3261和RFC 3265协议，具体应符合GB/T 28059.3的要求。本文件对平台接入单元的内部接口和各级管理平台内部联网所需的功能不做规定。

4.3.3 联网协议

4.3.3.1 视音频编码要求

公路网图像信息管理平台跨区域互联共享采用的视音频编码标准见GB/T 28059.2。

4.3.3.2 传输与控制协议要求

公路网图像信息管理平台跨区域联网进行视频/音频/数据等信息传输时，其中接口部分的传输过程应遵循统一的通信协议，通信协议的结构如图3所示。

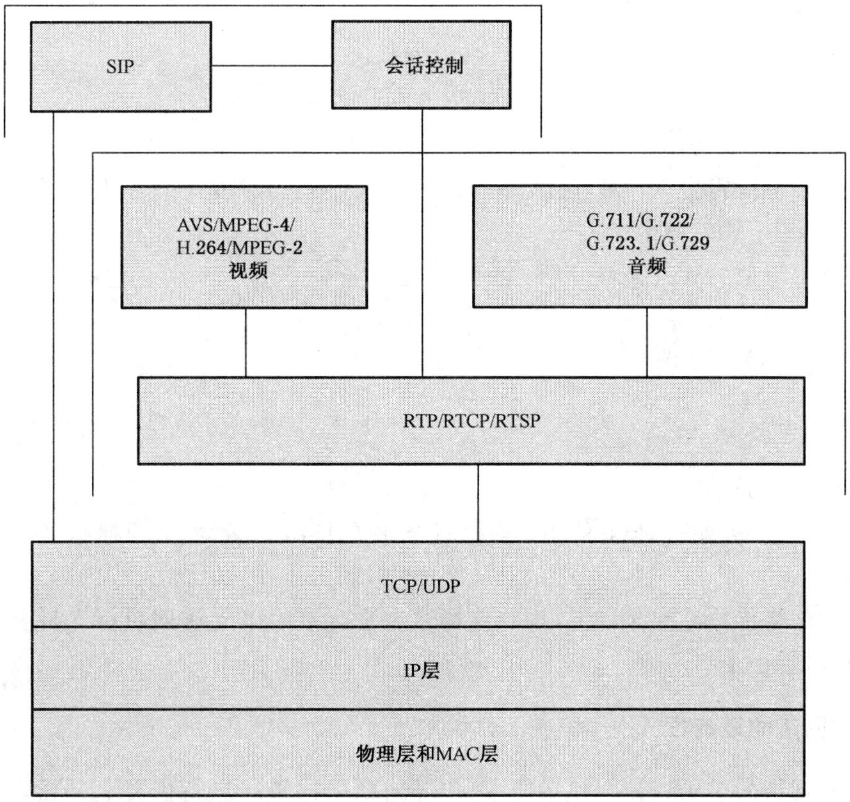

图3 通信协议结构

接口部分在进行视音频传输及控制时应建立两个传输通道:信令/控制通道和视音频流通道。信令和控制通道用于在平台接入单元之间建立会话并传输控制命令,采用 RFC 3261 SIP 会话初始协议;视音频流通道用于传输视音频数据,经过压缩编码的视音频流采用 RTP/RTCP/RTSP 协议传输。

联网协议要求的详细规定见 GB/T 28059.3。

5 功能要求

5.1 平台接入单元

平台接入单元的基本功能要求包括设备注册与发现、实时监控图像获取、历史监控图像的获取和回放、监控设备的查询和控制等,详细规定见 GB/T 28059.3。

5.2 管理平台

5.2.1 对象编码

公路网图像信息管理系统中的各级管理平台应对设备、用户进行统一的对象编码。编码规则见 GB/T 28059.4。

5.2.2 用户管理

各级公路网图像信息管理系统联网共享应按角色对用户进行权限管理,角色可分为系统管理员、子系统管理员、高级用户、普通用户、浏览用户、权限组用户,权限管理应包括用户功能权限的添加、保存、查询和删除等常用功能。用户管理的详细规定见 GB/T 28059.4。

6 主要技术指标要求

6.1 传输网络性能

传输网络性能指标应符合 YD/T 1171 中规定的 1 级(交互式)或 1 级以上服务质量等级。具体指标如下:

——网络时延上限值为 400 ms;

——时延抖动上限值为 50 ms;

——丢包率上限值为 1×10^{-2}。

6.2 最大响应时间

响应时间具体要求如下:

——在 6.1 的网络传输性能条件下,任意两个平台接入单元之间的通信协议传输,时延小于 500 ms;

——在 6.1 的网络传输性能条件下,用户终端通过平台接入单元访问目标区域视频监控系统的监控资源,时延小于 2 s。

6.3 平台对传输网络的适应性

系统应能够对网络的时延、抖动、包错序、丢包等问题采取策略进行恢复和补偿,可调整数据流量,以适应网络带宽的变化。

系统应能够支持网络穿透,包括 NAT 共享、Socket 代理等方式;应实现防火墙穿越的功能。

6.4 设备地址编码

应能在跨区域视频监控系统范围内，按照 GB/T 28059.4 的设备资源编码方式进行惟一性编码。

6.5 图像性能指标

6.5.1 图像质量

应按 GB 50198 的要求，按 5 级损伤制评定，监视图像质量主观评价应不低于 4 级。

6.5.2 图像要求

实时模拟监视彩色图像分辨率不小于 270 线，黑白分辨率不小于 400 线，灰度等级不小于 8 级。

数字图像还应满足以下要求：

——实时监视数字解压图像应达到每路 25 帧/s 的帧率(PAL)；

——国家级平台跨区域调用省级平台的数字图像分辨率应不低于每路 CIF 格式(352×288)，以每路 D1 格式(720×576)为宜；

——回放图像分辨率不小于 220 线，帧率应达到每路 25 帧/s，图像分辨率应不低于每路 CIF 格式(352×288)，以每路 D1 格式(720×576)为宜；

——图像显示方式由用户确定。

附 录 A
（资料性附录）
联网系统参考业务架构

A.1 联网系统参考业务架构

公路网图像信息管理系统互连的逻辑架构如图 A.1 所示。

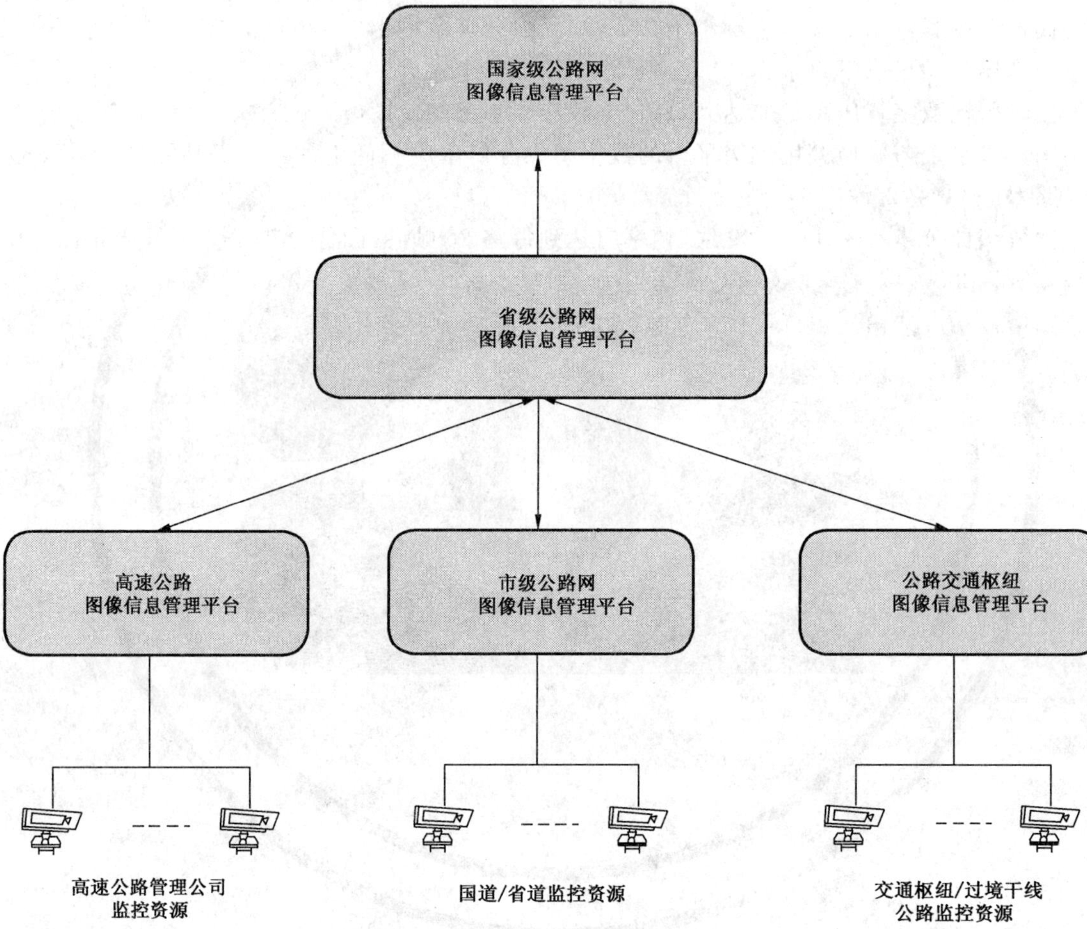

图 A.1 联网系统参考业务架构

A.2 联网系统参考业务架构的说明

A.2.1 概述

联网系统参考业务架构中包含三级平台：一级公路网图像信息管理平台、二级公路网图像信息管理平台、三级公路网图像信息管理平台，分别对应于图 A.1 中的国家级公路网图像信息管理平台，省级公路网图像信息管理平台，市级公路网、高速公路、公路交通枢纽图像信息管理平台。它们通过 IP 传输网络连接在一起。

A.2.2 一级图像信息管理平台

一级图像信息管理平台逻辑上只有一个实体，是联网系统的顶级管理平台，也是全国公路网图像信息管理系统的顶级管理平台。通过IP网络调用联网系统内下级管理平台中的任意监控视频图像；可对联网系统内的所有监控资源进行统一编码和管理；拥有最高控制权限和优先级。

A.2.3 二级图像信息管理平台

二级图像信息管理平台通过平台接入单元与一级图像信息管理平台进行互联。二级图像信息管理平台中的流媒体服务器与三级图像信息管理平台的流媒体服务器进行对接；二级图像信息管理平台中的CA认证服务器与三级图像信息管理平台中的认证服务器进行对接。二级图像信息管理平台需要调阅三级图像信息管理平台的视频数据时，通过控制指令进行调取。在二级图像信息管理平台中配备存储设备，存储重要地点的图像数据。

二级图像信息管理平台通过IP网络向一级图像信息管理平台上传辖区内的图像数据。

A.2.4 三级图像信息管理平台

监控外场图像传回三级图像信息管理平台存在两种方式：模拟图像传输、数字图像传输。

模拟图像传输采用同轴电缆或视频光端机将摄像机输出的模拟图像通过电缆或光纤传向三级图像信息管理平台。

数字图像传输采用是监控外场现场编码的方式。摄像机输出的模拟图像信号接入监控现场的网络视频编码器进行图像压缩编码。压缩编码后的数字图像信号采用IP网络传输。IP网络的接入应支持ADSL、光纤CDMA/GPRS/EDGE、3G等网络接入方式。

图像数据的存储宜采用磁盘阵列的方式，由三级图像信息管理平台中的录像管理服务进行管理。三级图像信息管理平台与二级图像信息管理平台通过专网级联，为二级图像信息管理平台提供所需要的图像数据，并接受二级图像信息管理平台的设备控制指令。

ICS 35.240.60;03.220.20
R 07

中华人民共和国国家标准

GB/T 28059.2—2011

公路网图像信息管理系统 平台互联技术规范 第2部分：视频格式与编码

Image information management system for public traffic network—Platform networking and sharing—Part 2: Video format and coding

2011-12-30 发布　　2012-07-01 实施

中华人民共和国国家质量监督检验检疫总局
中国国家标准化管理委员会　发布

前　言

GB/T 28059《公路网图像信息管理系统　平台互联技术规范》分为4部分：

——第1部分：总则；

——第2部分：视频格式与编码；

——第3部分：接口与通信控制协议；

——第4部分：用户及设备管理。

本部分为GB/T 28059的第2部分。

本部分按照GB/T 1.1—2009给出的规则起草。

本部分由全国智能运输系统标准化技术委员会(SAC/TC 268)提出并归口。

本部分起草单位：交通运输部公路科学研究院、安徽博微广成信息科技有限公司。

本部分主要起草人：杨琪、郑向宏、刘伟、周正兵、马超、欧岩峰、秦德斌、李喆、沈鸿飞、吴鉴、刘兵、张晓亮、袁媛、李静、贺瑞华、陈希、牛树云。

公路网图像信息管理系统
平台互联技术规范
第2部分：视频格式与编码

1 范围

GB/T 28059的本部分规定了公路网图像信息管理系统部省间联网的视频格式、视频编码和视频接口的技术要求。

本部分适用于公路网图像信息管理系统的部省间联网共享建设，及相关软硬件产品的开发。

2 规范性引用文件

下列文件对于本文件的应用是必不可少的。凡是注日期的引用文件，仅注日期的版本适用于本文件。凡是不注日期的引用文件，其最新版本（包括所有的修改单）适用于本文件。

GB/T 17191.3 信息技术 具有1.5 Mbit/s数据传输率的数字存储媒体运动图像及其伴音的编码 第3部分：音频

GB/T 17975.1 信息技术 运动图像及其伴音信息的通用编码 第1部分：系统

GB/T 17975.2 信息技术 运动图像及其伴音信号的通用编码 第2部分：视频

GB/T 25724 信息技术 视音频编码 第5部分：视频部分，第6部分：音频部分

ISO/IEC 14496.2 信息技术 音频-视频对象编码 第2部分：视频（Information technology—Coding of audio-visual objects—Part 2：Visual）

ISO/IEC 14496.10 信息技术 音频-视频对象编码 第10部分：先进视频编码（Information technology—Coding of audio-visual objects—Part 10：Advanced Video Coding）

ITU-T G.711 话音频率的脉冲编码调制（Pulse code modulation of voice frequencies）

ITU-T G.722 64 kbit/s之内的7 kHz音频编码（7 kHz audio-coding within 64 kbit/s）

ITU-T G.723.1 以5.3和6.3 kbit/s为速率的多媒体通信的双速语音编码器（Dual rate speech coder for multimedia communications transmitting at 5.3 and 6.3 kbit/s）

ITU-T G.729 运用共轭结构代码激励线性预测（CS-ACELP）的8 kbit/s语音编码（Coding of Speech at 8 kbit/s Using Conjugate-Structure-Algebraic-Code-Excited Linear-Prediction）

3 术语、定义和缩略语

3.1 术语和定义

下列术语和定义适用于本文件。

3.1.1 B帧

图像编码中的一种帧格式。B帧图像采用帧间编码方式，利用了空间和时间上的相关性，采用双向时间预测，去除冗余信息。

3.2 缩略语

下列缩略语适用于本文件。

SVAC——安全防范监控数字视音频编解码技术要求(Technical specification of surveillance video and audio coding)

CBR——恒定比特率(Constant Bit Rate)

GMC——全局运动补偿(Global Motion Compensation)

IGMP——因特网组管理协议(Internet Group Management Protocol)

MPEG——运动图像专家组(Moving Picture Experts Group)

TS——传送流(Transport Stream)

TCP/IP——传输控制协议/互联网络协议(Transmission Control Protocol/Internet Protocol)

UDP——用户数据报协议(User Datagram Protocol)

4 数字视频格式

4.1 概述

各级公路网图像信息管理平台之间的视频图像传输采用数字视频格式。

4.2 视频编解码

4.2.1 概述

视频图像编解码一般可采用 MPEG-2、SVAC、MPEG-4、H.264 等。系统建设中可根据实际应用需求选择符合国际标准的其他编解码技术和格式,如 VC-1 等。

4.2.2 MPEG-2

4.2.2.1 系统码流

符合 GB/T 17975.1 的规定。节目流方式采用 TS 流的格式;当分辨率为 720×576 时(25 帧/s),系统输出码流率小于等于 8 Mbps;系统输出码流应采用 CBR 模式。

4.2.2.2 视频

符合 GB/T 17975.2 MPML 标准的规定,支持逐行/隔行扫描,图像格式为 4∶2∶0。视频流不能包括 B 帧;当分辨率为 720×576 时(25 帧/s),视频输出码流率小于等于 7.5 Mbps。

4.2.3 SVAC

4.2.3.1 系统码流

符合 GB/T 17975.1 的规定。节目流方式采用 TS 流的格式;视频流不能包括 B 帧;当分辨率为 720×576 时(25 帧/s),系统输出码流率小于等于 4 Mbps;系统输出码流应采用 CBR 模式。

4.2.3.2 视频

符合 GB/T 25724 基准档次@2.0/4.0 级别的规定。支持逐行/隔行扫描,图像格式 4∶2∶0。当分辨率为 720×576 时(25 帧/s),视频输出码流率小于等于 3.2 Mbps。

4.2.4 MPEG-4

4.2.4.1 系统码流

符合 GB/T 17975.1 的规定。节目流方式采用 TS 流的格式；视频流不能包括 B 帧；当分辨率为 720×576 时(25 帧/s)，系统输出码流率小于等于 4 Mbps；系统输出码流应采用 CBR 模式。

4.2.4.2 视频

符合 ISO/IEC 14496.2-2004 MPEG-4 ASP@L5 标准的规定。支持逐行/隔行扫描，图像格式 4∶2∶0。视频流不能包括 B 帧；不包括 GMC；当分辨率为 720×576 时(25 帧/s)，系统输出码流率小于等于 3.5 Mbps。

4.2.5 H.264

4.2.5.1 系统码流

符合 GB/T 17975.1 的规定。节目流方式采用 TS 流的格式；视频流不能包括 B 帧；当分辨率为 720×576 时(25 帧/s)，系统输出码流率小于等于 4 Mbps；系统输出码流应采用 CBR 模式。

4.2.5.2 视频

符合 ISO/IEC 14496.10(MPEG-4 AVC part 10；H.264)标准的规定。支持逐行/隔行扫描，图像格式 4∶2∶0。视频流不能包括 B 帧；不包括 GMC；当分辨率为 720×576 时(25 帧/s)，系统输出码流率小于等于 3.5 Mbps。

4.3 音频编解码

联网系统需要音频信号时，应按照 GB/T 17191.3 音频第二层的规定执行。音频编解码标准为 G.711、G.722、G.723.1 和 G.729。音频的码流率应选择以下三种之一：16 kbps、32 kbps、64 kbps。

4.4 平台适配协议

4.4.1 网络适配方式

通信协议：TCP、UDP。

组播成员管理协议：IGMP V2。

4.4.2 视频流适配方式

视频码流封装在 RTP 中，通过管理配置协议可设置协议方式及端口。

使用 TCP 方式时，client/server 方式可设置。

最大数据包小于等于 16 K。

UDP 端口号：20000～20999。

TCP 端口号：20000～20999。

4.5 物理接口

传输接口：以太网接口。

5 视频接口

各级公路网图像信息管理平台之间的图像传输采用数字方式接口。

传输接口:以太网接口。

通信协议:TCP/IP。

ICS 35.240.60;03.220.20
R 07

中华人民共和国国家标准

GB/T 28059.3—2011

公路网图像信息管理系统 平台互联技术规范 第3部分:接口与通信控制协议

Image information management system for highway network—
Platform networking and sharing—
Part 3:Interface and communication protocol

2011-12-30 发布　　2012-07-01 实施

中华人民共和国国家质量监督检验检疫总局
中国国家标准化管理委员会　发布

前　言

GB/T 28059《公路网图像信息管理系统　平台互联技术规范》分为4部分：

——第1部分：总则；

——第2部分：视频格式与编码；

——第3部分：接口与通信控制协议；

——第4部分：用户及设备管理。

本部分为GB/T 28059的第3部分。

本部分按照GB/T 1.1—2009给出的规则起草。

本部分由全国智能运输系统标准化技术委员会(SAC/TC 268)提出并归口。

本部分起草单位：交通运输部公路科学研究院、安徽博微广成信息科技有限公司。

本部分主要起草人：张可、刘伟、郑向宏、周正兵、马超、欧岩峰、秦德斌、孙宇星、吴鉴、刘兵、孙玲、张海林、杨琪、朱丽丽、贺瑞华、袁媛。

公路网图像信息管理系统 平台互联技术规范 第3部分:接口与通信控制协议

1 范围

GB/T 28059的本部分规定了公路网图像管理系统部省间联网中SIP协议扩展平台接入单元通信协议。

本部分适用于公路网图像信息管理系统的部省间联网建设,及相关软硬件产品的开发,省内联网也可参照使用。

2 规范性引用文件

下列文件对于本文件的应用是必不可少的。凡是注日期的引用文件,仅注日期的版本适用于本文件。凡是不注日期的引用文件,其最新版本(包括所有的修改单)适用于本文件。

GB/T 28059.2 公路网图像信息管理系统 平台互联技术规范 第2部分:视频格式与编码

GB/T 28059.4 公路网图像信息管理系统 平台互联技术规范 第4部分:用户及设备管理

RFC 2326 实时流协议(Real-time Streaming Protocol)

RFC 3261 会话初始协议(Session Initiation Protocol)

RFC 3265 会话初始协议 特殊事件通知(Session Initiation Protocol (SIP)-Specific Event Notification)

3 术语、定义和缩略语

3.1 术语和定义

下列术语和定义适用于本文件。

3.1.1

心跳信息 heartbeat information

由设备定时发送的关于平台接入单元、前端设备等运行状态的信息。

3.1.2

设备描述与控制协议 Device description and control protocol (DDCP)

一种基于XML规范的SIP消息体文档。使用XSDL语言对DDCP文档结构进行定义。

3.2 缩略语

下列缩略语适用于本文件。

DDCP——设备描述与控制协议(Device description and control protocol)

RTSP——实时流化协议(Real-Time Streaming Protocol)

SIP——会话初始协议(Session Initiation Protocol)

XSDL——模式定义语言(XML Schema)

4 SIP 协议扩展

4.1 方法 DO

在 RFC 3261 基础上定义了一个新方法 DO，用于各级管理平台之间互联时监控信息的交换。

4.1.1 方法描述

方法 DO 的功能包括：控制对方动作、更新对方信息、查询对方状态、历史监控资料查询和回放等。发送方法 DO 的请求报文时，不会创建一个新的 SIP 会话，也不需要存在一个 SIP 会话作为前提。方法 DO 与 SIP 会话无关，可在 SIP 会话内存在，也可在 SIP 会话之外存在，当 DO 是在一个 SIP 会话内发送时，方法 DO 中包含的 Call-ID 应与 SIP 会话的 Call-ID 一致。

4.1.2 方法 DO 支持的头域

表 1 是对 RFC 3261 SIP 协议的扩展，规定了方法 DO 支持的头域。表中符号含义见 RFC 3261。

表 1 方法 DO 头域表

头部	地方	enc.	e-e	DO
Accept	R		e	o
Accept	415		e	o
Accept-Encoding	R		e	o
Accept-Encoding	415		e	o
Accept-Language	R		e	o
Accept-Language	415		e	o
Allow	200		e	o
Allow	405		e	m
Authorization	R		e	o
Authorization	r		e	o
Call-ID	gc	n	e	m
Contact	R		e	m
Contact	2xx		e	o
Contact	3xx		e	o
Contact	486		e	o
Content-Encoding	e		e	o
Content-Length	e		e	m
Content-Type	e		e	*
Cseq	gc	n	e	m
Date	g		e	o
Encryption	g	n	e	o
Expires	g		e	o

表 1（续）

头部	地方	enc.	e-e	DO
From	gc	n	e	m
Hide	R	n	h	o
Max-Forwards	R	n	e	o
Organization	g	c	h	o
Priority	R	c	e	o
Proxy-Authenticate	407	n	h	o
Proxy-Authorization	R	n	h	o
Proxy-Require	R	n	h	o
Record-Route	R		h	o
Record-Route	2xx,401,484		h	o
Require	R		e	o
Retry-After	R	c	e	-
Retry-After	404,413,480, 486	c	e	o
	500,503	c	e	o
	600,603	c	e	o
Response-Key	R	c	e	o
Route	R		o	o
Server	r	c	e	o
Subject	R	c	e	o
Timestamp	g		e	o
To	gc	n	e	m
Unsupported	420		e	o
User-Agent	g	c	e	o
Via	gc	n	e	m
Warning	r		e	o
WWW-Authenticate	R	c	e	o
WWW-Authenticate	401	c	e	o

4.1.3 DO 请求响应

当 DO 请求得到成功执行时，一般应回送一个“200 OK”响应消息，消息体中可包含结果信息，如当前设备状态等。当 DO 请求失败时，可回送请求失败（Request Failure，4xx）、服务器失败（Server failure，5xx）和全局失败（Global Failure，6xx）响应消息。对于监控中的部分控制请求，DO 请求可无响应消息。

4.1.4 DO的消息实体

方法DO的消息实体应采用DDCP来描述相应的消息内容。详细内容见附录A。

4.2 消息体类型

采用RFC 3261、RFC 3265和方法DO实现公路网图像信息管理系统跨区域互联时，方法的消息体MIME类型应采用DDCP，Content-Type字段应设为“application/DDCP”。详细内容见附录A。

4.3 SIP地址编码

SIP地址编码格式应采用RFC 3261中规定的SIP：user@host形式。其中user部分应符合GB/T 28059.4定义的对象编码规则，host按RFC 3261规定执行。

5 平台接入单元通信协议

5.1 设备注册

5.1.1 下级平台接入单元应主动向上级平台接入单元进行注册、通报平台内视频监控设备（如摄像机和其他前端设备等）的设备地址和状态等，并接收其控制消息。

5.1.2 平台接入单元应支持注册登记、目录发送、心跳信息传递等消息。

5.1.2.1 注册登记

平台接入单元应使用RFC 3261中定义的方法REGISTER进行注册登记。

注册登记流程如下（见图1）：

a） 下级平台接入单元向上级平台接入单元发送REGISTER消息。如果下级平台接入单元要求从上级平台接入单元中注销，把Expires设置为0。如果下级平台接入单元修改了IP地址和监听端口，应先注销，再重新进行注册登记；

b） 上级平台接入单元收到注册登记消息后应对注册登记信息进行验证、核准，对符合接入条件的下级平台接入单元进行注册登记；

c） 上级平台接入单元应将注册成功或失败的消息返回给该下级平台接入单元。

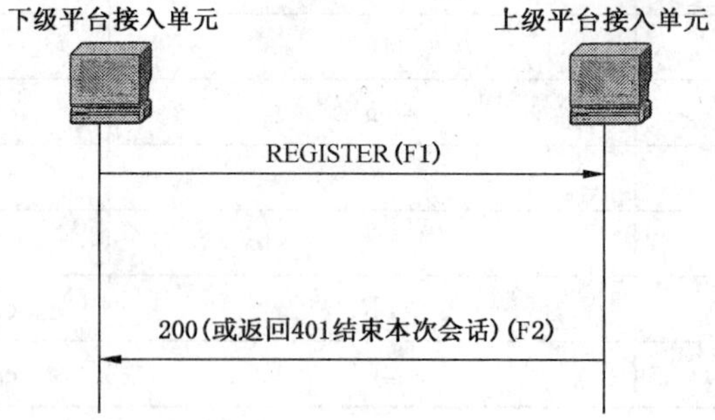

图1 注册登记

示例：

F1：REGISTER sip：上级平台接入单元域名或IP地址 SIP/2.0

Via：SIP/2.0/UDP 下级平台接入单元IP地址

Max-Forwards：70

From：显示名＜sip：下级平台接入单元地址编码@下级平台接入单元域名或IP地址＞；tag=BK32B1U8DKDrB

To：显示名＜sip：下级平台接入单元地址编码@下级平台接入单元域名或IP地址＞

Call-ID：17250

CSeq：1 REGISTER

Contact：＜sip:下级平台接入单元 IP 地址:5060＞

Expires：3600

F2:200

Via：SIP/2.0/UDP 下级平台接入单元 IP 地址

From：显示名＜sip:下级平台接入单元地址编码@下级平台接入单元域名或 IP 地址＞;tag=BK32B1U8DKDrB

To：显示名＜sip:下级平台接入单元地址编码@下级平台接入单元域名或 IP 地址＞

Call-ID：17250

CSeq：1 REGISTER

Expires：3600

或:401

Via：SIP/2.0/UDP 下级平台接入单元 IP 地址

From：显示名＜sip:下级平台接入单元地址编码@下级平台接入单元域名或 IP 地址＞;tag=BK32B1U8DKDrB

To：显示名＜sip:下级平台接入单元地址编码@下级平台接入单元域名或 IP 地址＞

Call-ID：17250

CSeq：1 REGISTER

5.1.2.2 目录发送

平台接入单元应使用 RFC 3265 中定义的方法 NOTIFY 发送目录信息。

下级平台接入单元在以下情况下应向与之联网的上级平台接入单元发送目录信息：

a) 下级平台接入单元注册成功后，应发送整个允许共享的设备目录信息；

b) 下级平台接入单元的目录信息发生变化(包括新增、修改和取消共享)后，应发送变化部分目录信息。

目录发送流程如下(见图 2)：

a) 需发送共享设备目录信息的下级平台接入单元向与之联网的上级平台接入单元发送 NOTIFY 消息。NOTIFY 消息的消息体包含整个允许共享的设备目录信息，每个设备对应的目录信息应包含以下内容：显示名(Name)、惟一性编码(Coding)、权限功能码(Privilege)、父节点惟一性编码(Parent)、活动状态(Status)、经度(Longitude)、纬度(Latitude)、路段名称(Roadway)、位置桩号(PileNo)、子节点个数(SubNum)、子节点列表(SubList)等。

b) 上级平台接入单元收到正确目录消息后更新本地目录数据库。

c) 上级平台接入单元应将目录接收成功或失败的消息返回给该下级平台接入单元。

d) 目录信息以三级结构(平台接入单元、编码设备、摄像机)来发送，一次可发送一个或多个摄像机信息。

e) 使用 Status 字段来标识设备的工作状态。

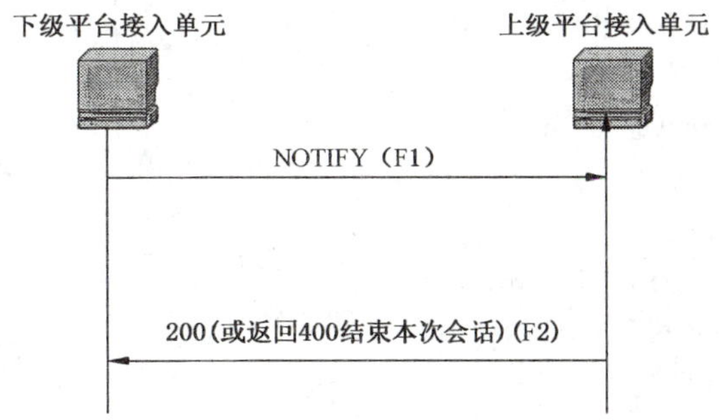

图 2 发送目录信息

示例：

```
F1:NOTIFY sip:上级平台接入单元地址编码@上级平台接入单元域名或 IP 地址 SIP/2.0
    Via: SIP/2.0/UDP 下级平台接入单元 IP 地址
    Max-Forwards: 70
    From: 显示名<sip:下级平台接入单元地址编码@下级平台接入单元域名或 IP 地址>;tag=BK32B1U8DKDrB
    To: 显示名<sip: 上级平台接入单元地址编码@上级平台接入单元域名或 IP 地址>
    Call-ID: 17250
    CSeq:1 NOTIFY
    Content-type: Application/DDCP
    Content-Length: 消息实体的字节长度
    <?xml version="1.0"?>
    <Action>
    <Variable>Catalog</Variable>
    <Name>显示名</Name>
    <Coding>惟一性编码</Coding>
    <Parent>惟一性编码</Parent>
    <Status>活动状态</Status>
    <Subnum>2</Subnum>
    <Sublist>
    <Item>
            <Name>显示名</Name>
            <Coding>惟一性编码</Coding>
            <Privilege>权限功能码</Privilege>
            <Parent>惟一性编码</Parent>
            <Status>活动状态</Status>
            <Longitude>经度</Longitude>
            <Latitude>纬度</Latitude>
            <Roadway>道路名称<Roadway>
            <PileNo>位置桩号<PileNo>
            <Subnum>2</Subnum>
            <Sublist>...</Sublist>
    </Item>
    <Item>
            <Name>显示名</Name>
            <Coding>惟一性编码</Coding>
            <Privilege>权限功能码</Privilege>
            <Parent>惟一性编码</Parent>
            <Status>活动状态</Status>
            <Longitude>经度</Longitude>
            <Latitude>纬度</Latitude>
            <Roadway>道路名称<Roadway>
            <PileNo>位置桩号<PileNo>
            <Subnum>2</Subnum>
        <Sublist>...</Sublist>
    </Item>
    </Sublist>
    </Action>
```

F2：200

Via：SIP/2.0/UDP 下级平台接入单元 IP 地址

From：显示名<sip：下级平台接入单元地址编码@下级平台接入单元域名或 IP 地址>；tag=BK32B1U8DKDrB

To：显示名<sip:上级平台接入单元地址编码@上级平台接入单元域名或 IP 地址>

Call-ID：17250

CSeq:1 NOTIFY

Content-type：Application/DDCP

Content-Length：消息实体的字节长度

<? xml version="1.0"?>

<Response>

<Variable>Catalog</Variable>

<Result>0</Result>

</Response>

或:400

Via：SIP/2.0/UDP 下级平台接入单元 IP 地址

From：显示名<sip：下级平台接入单元地址编码@下级平台接入单元域名或 IP 地址>;tag=BK32B1U8DKDrB

To：显示名<sip：上级平台接入单元地址编码@上级平台接入单元域名或 IP 地址>

Call-ID：17250

CSeq:1 NOTIFY

5.1.2.3 心跳信息传递

平台接入单元应定时向与之联网的上级平台接入单元发送心跳报文消息。应使用 4.1 条规定的方法 DO 传递心跳信息，心跳消息的消息体包含保持活动信息(Keepalive)。心跳报文不要求应答确认报文。

上级平台接入单元和下级平台接入单元通过注册登记过程中 REGISTER 消息的 Expires 字段来协商保活周期。如果上级平台接入单元在协商好的时间内未收到对端的 Keepalive 报文，则认为对端离线(宜在保活周期内发送 2 至 3 个 Keepalive 报文)，不再响应后续发送过来的 Keepalive 报文，以触发对端重新发起注册流程。

心跳信息传递流程见图 3。

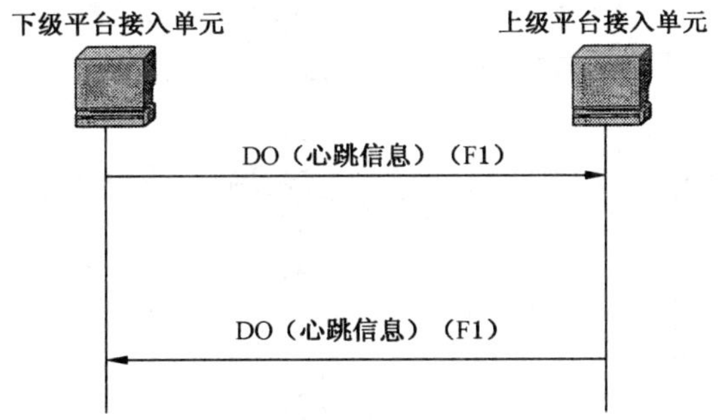

图 3 心跳信息传递

示例：

F1:DO sip:上级平台接入单元地址编码@上级平台接入单元域名或 IP 地址 SIP/2.0

Via：SIP/2.0/UDP 下级平台接入单元 IP 地址

Max-Forwards：70

From：显示名<sip：下级平台接入单元地址编码@下级平台接入单元域名或 IP 地址>;tag=BK32B1U8DKDrB

To：显示名<sip：上级平台接入单元地址编码@上级平台接入单元域名或 IP 地址>

Call-ID：17250
CSeq：1 DO
Content-type：Application/DDCP
Content-Length：消息实体的字节长度
<?xml version="1.0"?>
<Action>
<Notify>
<Variable>Keepalive</Variable>
</Notify>
</Action>

5.2 监控图像获取

5.2.1 实时监控图像的获取

实时监控图像的获取过程应包括获取实时流、释放实时流。应使用 RFC 3261 中定义的方法 INVITE 获取一个摄像机的实时监控视频流。取消没有完成的连接应采用 CANCEL 方法。使用 RFC 3261 中定义的方法 BYE 停止接收一个摄像机的实时视频流，并释放相关资源。

实时监控图像的获取过程的主要流程如下(见图 4)：

a) 上级平台接入单元向下级平台接入单元发送 INVITE 请求。INVITE 请求的消息体应指明是实时监控图像获取(RealMedia)。同时应包含请求用户的权限功能码(Privilege)，上级平台接入单元支持的码流格式(Format)、视频编码类型(Video)、音频编码类型(Audio)、最高码率(MaxBitrate)、接收视频的用户或视频转发代理的 IP 地址/传输协议/端口号(ReceiveSocket)。

b) 下级平台接入单元收到 INVITE 请求后，在回送成功或失败的应答消息前如需一定的处理时间，可发送临时响应消息 100 Trying。

c) 下级平台接入单元应将同意或拒绝的消息返回给该上级平台接入单元；在同意的确认响应消息的消息体中应包含确定的码流格式(Format)、视频编码类型(Video)、音频编码类型(Audio)、传输码率(MaxBitrate)。码流格式(Format)、视频编码类型(Video)和音频编码类型(Audio)根据 INVITE 请求消息体相应列表中下级平台接入单元能支持的排在最前的类型来确定。

d) 上级平台接入单元发送 ACK 消息前如欲取消本操作，可向下级平台接入单元发送 CANCEL 请求消息。

e) 上级平台接入单元收到下级平台接入单元同意确认消息 200 OK，应向下级平台接入单元发送 ACK 消息。

f) 下级平台接入单元收到上级平台接入单元发送 ACK 消息后，可向上级平台接入单元发送实时监控视频流。

g) 上级平台接入单元欲释放实时流时，向下级平台接入单元发送 BYE 请求消息。

h) 下级平台接入单元收到 BYE 请求消息后，回送 200 OK 同意释放消息。

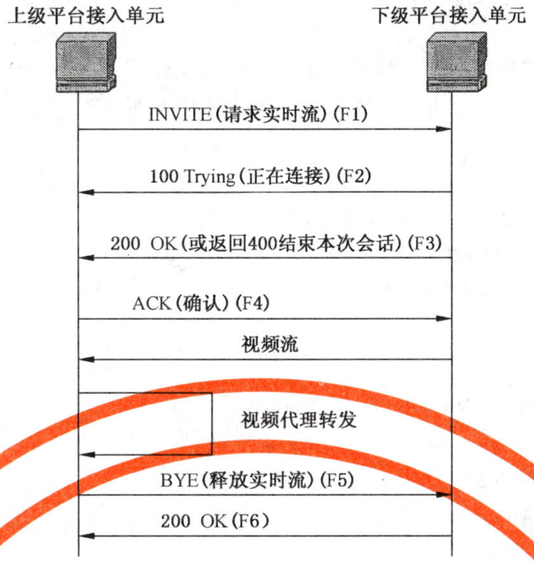

图 4　实时监控图像获取

示例：

F1:INVITE sip:摄像机编码@下级平台接入单元域名或 IP 地址 SIP/2.0

　Via：SIP/2.0/UDP 上级平台接入单元域名或 IP 地址

　Max-Forwards：70

　From：显示名＜sip：用户编码@上级平台接入单元域名或 IP 地址＞;tag=BK32B1U8DKDrB

　To：显示名＜sip:摄像机编码@下级平台接入单元域名或 IP 地址＞

　Call-ID：17250

　CSeq:1 INVITE

　Contact:＜sip：上级平台接入单元 IP 地址:端口＞

　Content-type：Application/DDCP

　Content-Length：消息实体的字节长度

　＜?xml version="1.0"?＞

　＜Action＞

　　＜Variable＞RealMedia＜/Variable＞

　　＜Privilege＞权限功能码＜/Privilege＞

　　＜Format＞4CIF CIF QCIF＜/Format＞

　　＜Video＞H.264 MPEG-4＜/Video＞

　　＜Audio＞G.722＜/Audio＞

　　＜MaxBitrate＞800＜/MaxBitrate＞

　　＜ReceiveSocket＞ 210.98.45.234 UDP 2350＜/ReceiveSocket＞

　＜/Action＞

F2:100

　Via：SIP/2.0/UDP 上级平台接入单元域名或 IP 地址

　Max-Forwards：70

　From：显示名＜sip：摄像机编码@下级平台接入单元域名或 IP 地址＞;tag=BK32B1U8DKDrB

　To：显示名＜sip:用户编码@上级平台接入单元域名或 IP 地址＞

　Call-ID：17250

　CSeq:1 INVITE

F3:200

Via：SIP/2.0/UDP 上级平台接入单元域名或 IP 地址
Max-Forwards：70
From：显示名<sip:摄像机编码@下级平台接入单元域名或 IP 地址>；tag=BK32B1U8DKDrB
To：显示名<sip:用户编码@上级平台接入单元域名或 IP 地址>
Call-ID：17250
CSeq:1 INVITE
Contact:<sip：下级平台接入单元 IP 地址:端口>
Content-type：Application/DDCP
Content-Length：消息实体的字节长度
<?xml version="1.0"?>
<Response>
<Variable>RealMedia</Variable>
<Format>CIF</Format>
<Video>H.264</Video>
<Audio>G.722</Audio>
<Bitrate>300</Bitrate>
</Response>

或者:400
Via：SIP/2.0/UDP 上级平台接入单元域名或 IP 地址
Max-Forwards：70
From：显示名<sip:摄像机编码@下级平台接入单元域名或 IP 地址>；tag=BK32B1U8DKDrB
To：显示名<sip:用户编码@上级平台接入单元域名或 IP 地址>
Call-ID：17250
CSeq:1 INVITE

F4:ACK sip：摄像机的编码@下级平台接入单元域名或 IP 地址 SIP/2.0
Via：SIP/2.0/UDP 上级平台接入单元域名或 IP 地址
Max-Forwards：70
From：显示名<sip:用户编码@上级平台接入单元域名或 IP 地址>；tag=BK32B1U8DKDrB
To：显示名<sip:摄像机编码@下级平台接入单元域名或 IP 地址>
Call-ID：17250
CSeq:1 ACK

F5:BYE sip:摄像机的编码@下级平台接入单元域名或 IP 地址 SIP/2.0
Via：SIP/2.0/UDP 上级平台接入单元域名或 IP 地址
Max-Forwards：70
From：显示名<sip:用户编码@上级平台接入单元域名或 IP 地址>；tag=BK32B1U8DKDrB
To：显示名<sip:摄像机编码@下级平台接入单元域名或 IP 地址>
Call-ID：17250
CSeq:1 BYE
Content-Length：0

F6:200
Via：SIP/2.0/UDP 上级平台接入单元域名或 IP 地址
Max-Forwards：70
From：显示名<sip:摄像机编码@下级平台接入单元域名或 IP 地址>；tag=BK32B1U8DKDrB
To：显示名<sip:用户编码@上级平台接入单元域名或 IP 地址>
Call-ID：17250
CSeq:1 BYE
Content-Length：0

5.2.2 历史图像的获取

5.2.2.1 概述

历史图像的传输过程包括枚举文件列表、文件名点播、时间段点播、点播释放、点播控制等。通过网络浏览历史图像和通过网络备份历史图像使用相同的报文。应使用 4.1 规定的方法 DO 协商历史图像获取。具体如下：

a) 枚举文件列表

使用方法 DO 枚举一个指定编码监控设备的历史图像文件列表。

b) 获取 URL

在开始点播回放之前，应使用方法 DO 获取媒体数据的 URL（含 RTSP Server 的地址和端口）。

URL 的格式定义如下：

URL = "rtsp://"host[":"port]/path

其中 host 为 RTSP Server 的 IP 地址；port 为 RTSP Server 的端口号，可选参数，不带该参数时默认为 554；path 为媒体的存放路径，长度不超过 256 字节。

c) 点播控制

应使用 RTSP 协议播放控制一个指定编码监控设备的历史图像，包括开始、正常速度播放、暂停、继续、快放、慢放、改变进度、停止等。

5.2.2.2 RTSP 接口补充定义

在遵循 RFC 2326 的前提下，对 RTSP 接口补充定义如下：

a) 支持的方法

下级平台接入单元应支持 OPTIONS、DESCRIBE、SETUP、PLAY、PAUSE、TEARDOWN 方法，其他方法可选支持。

b) OPTIONS 方法规则

上级平台接入单元==》下级平台接入单元：

OPTIONS * RTSP/1.0

CSeq：RTSP 报文序列号

下级平台接入单元==》上级平台接入单元：

RTSP/1.0 200 OK

CSeq：请求报文序列号

Public：DESCRIBE，SETUP，TEARDOWN，PLAY，PAUSE，OPTIONS

上级平台接入单元可使用 OPTIONS 方法查询 Server 端支持的方法。请求消息中不带 Session 字段。

c) DESCRIBE 方法规则

上级平台接入单元==》下级平台接入单元：

DESCRIBE rtsp://媒体数据 URL RTSP/1.0

User-Agent：xxx

Accept：application/sdp

CSeq：RTSP 报文序列号

下级平台接入单元==》上级平台接入单元：
RTSP/1.0 200 OK
CSeq：请求报文序列号
Date：
Content-Type：application/sdp
Content-Length：

s= xxx
[o =]
[m =]

下级平台接入单元应支持 DESCRIBE 方法。上级平台接入单元向下级平台接入单元发送 DESCRIBE 请求，获取下级平台接入单元的媒体描述，并用以初始化解码插件。其中的 User-Agent 字段可选实现。

下级平台接入单元返回的响应中，应包含一个 s 字段，用以描述下级平台内监控设备的厂商信息，目前已定义的取值见表 2：

表 2 取值

s 字段的扩充	含 义
s=Skyvision Streaming Media	天视媒体服务器
s=H3C Streaming Media	H3C 媒体服务器

下级平台接入单元应使用响应消息中的 SDP 字段去初始化解码插件。下级平台接入单元定义的解码插件应符合 GB/T 28059.2 的有关规定。

d) SETUP 方法规则
上级平台接入单元==》下级平台接入单元
SETUP rtsp://媒体数据 URL RTSP/1.0
CSeq：RTSP 报文序列号
Transport：RTP/AVP;unicast;destination=媒体接收方 IP;client_port=媒体接收方端口

F10:RTSP/1.0 200 OK
CSeq：请求报文序列号
Session：会话 ID
Transport：RTP/AVP;unicast;destination=媒体接收方 IP;client_port=媒体接收方端口；source=媒体发送方 IP；server_port=媒体发送方端口

SETUP 请求中应用 Transport 字段携带上级平台接入单元的接收地址（destination）和端口（client_port），端口包括 RTP 和 RTCP 端口，中间用“-”连接。
下级平台接入单元端在响应消息中返回 Transport 字段，并添加媒体流发送地址（source）和端口（server_port），端口包括 RTP 和 RTCP 端口，中间用“-”连接。

e) PLAY 方法规则
上级平台接入单元==》下级平台接入单元：

PLAY rtsp://媒体数据 URL RTSP/1.0
CSeq：RTSP 报文序列号
Session：会话 ID
Scale：1.0
[Range：clock=19961108T142300Z-]

下级平台接入单元==》上级平台接入单元：
RTSP/1.0 200 OK
CSeq：请求报文序列号
Session：会话 ID
Scale：1.0

Scale 字段来控制播放速率，取值为有符号的浮点数。典型的取值包括 0.25(1/4 慢速播放)、0.5(1/2 慢速播放)、1.0(正常速度播放)、2.0(2 倍速播放)、4.0(4 倍速播放)等。

下级平台接入单元根据上级平台接入单元请求的速率和本端的能力来自动做速率适配，并在响应消息中返回给上级平台接入单元。比如上级平台接入单元请求 scale 为 8.0，下级平台接入单元可自适应速率为 4.0，并在 OK 中返回给上级平台接入单元。

Range 字段修改播放时间点，以实现进度拖动，时间格式为绝对时间。

f) PAUSE 方法规则

上级平台接入单元==》下级平台接入单元：
PAUSE rtsp://媒体数据 URL RTSP/1.0
CSeq：RTSP 报文序列号
Session：会话 ID

下级平台接入单元==》上级平台接入单元：
RTSP/1.0 200 OK
CSeq：请求报文序列号
Session：会话 ID

PAUSE 方法用于通知下级平台接入单元暂停制定会话的媒体流发送。

g) TEARDOWN 方法规则

上级平台接入单元==》下级平台接入单元：
TEARDOWN rtsp://媒体数据 URL RTSP/1.0
Session：会话 ID
CSeq：RTSP 报文序列号

下级平台接入单元==》上级平台接入单元：
RTSP/1.0 200 OK
CSeq：请求报文序列号
Session：会话 ID
Connection：Close

TEARDOWN 方法用于通知下级平台接入单元拆除指定的 RTSP 会话。

5.2.2.3 回放流程

历史图像的获取回放过程的主要流程如下(见图 5):

a) 当上级平台接入单元欲以文件名方式获取历史图像时,应先获取指定编码监控设备的历史图像文件列表。上级平台接入单元可向下级平台接入单元发送 DO 消息,在 DO 消息的消息体中应含权限功能码(Privilege)、文件类型(FileType)、最多支持接收的文件的个数(MaxFileNum)、开始时间(BeginTime)、结束时间(EndTime)等。

b) 下级平台接入单元收到 DO 消息后应回送是否同意发送文件列表的响应消息。在同意发送文件列表的 200 OK 响应消息中应包含枚举后获取的文件个数(RealFileNum)、文件信息列表(FileInfoList),每项文件信息列表应包含文件的显示名(Name)、文件的创建时间(Creationtim)、文件的最后访问时间(LastAccessTime)、文件的最后修改时间(LastWriteTime)、文件长度(FileSize)。

c) 上级平台接入单元向下级平台接入单元发送 DO 请求,获取录像文件的 RTSP URL。

d) 下级平台接入单元应将上级平台接入单元请求的录像文件 URL 返回,其中包含 RTSP Server 地址。

e) 上级平台接入单元向下级平台接入单元发送符合 RFC2326 的 RTSP 控制命令,对历史图像的回放过程进行控制(包括开始、停止、暂停、快速和慢速播放、拖动等)。

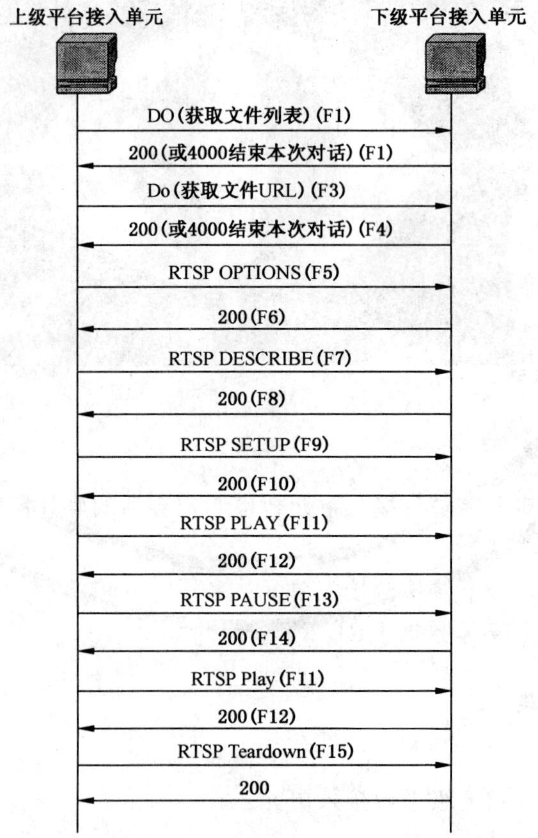

图 5 历史图像获取消息流程示意

示例:

F1:DO sip:摄像机的编码@下级平台接入单元域名或 IP 地址 SIP/2.0

Via: SIP/2.0/UDP 上级平台接入单元域名或 IP 地址

Max-Forwards: 70

From：显示名<sip:用户编码@上级平台接入单元域名或 IP 地址>;tag=BK32B1U8DKDrB
To：显示名<sip:摄像机的编码@下级平台接入单元域名或 IP 地址>
Call-ID：17250
CSeq:1 DO
Content-type：Application/DDCP
Content-Length：消息实体的字节长度
<?xml version="1.0"?>
<Action>
<Query>
<Variable>FileList</Variable>
<Privilege>权限功能码</Privilege>
<FileType>1</FileType>
<MaxFileNum>10</MaxFileNum>
<BeginTime>20051110T132050Z </BeginTime>
<EndTime>20051111T135050Z </EndTime>
</Query>
</Action>

F2:200

Via：SIP/2.0/UDP 上级平台接入单元域名或 IP 地址
From：显示名<sip:摄像机编码@下级平台接入单元域名或 IP 地址>;tag=BK32B1U8DKDrB
To：显示名<sip:用户编码@上级平台接入单元域名或 IP 地址>
Call-ID：17250
CSeq:1 DO
Content-type：Application/DDCP
Content-Length：消息实体的字节长度
<?xml version="1.0"?>
<Response>
<QueryResponse>
<Variable>FileList</Variable>
<Result>0</Result>
<RealFileNum>50</RealFileNum>
<SendFileNum>50</SendFileNum>
<FileInfoList>
<Item>
<Name>xiaoshan_20051101001.mp4</Name>
<CreationTime>20051110T132050Z </CreationTime>
<LastWriteTime>20051110T135050Z </LastWriteTime>
<FileSize>500000</FileSize>
</Item>
<Item>
<Name>xiaoshan_20051101002.mp4</Name>
<CreationTime>20051110T132050Z </CreationTime>
<LastWriteTime>20051110T135050Z </LastWriteTime>
<FileSize>500000</FileSize>
</Item>
……
</FileInfoList>

</QueryResponse>

</Response>

或:400

Via: SIP/2.0/UDP 上级平台接入单元域名或 IP 地址

From: 显示名<sip:摄像机编码@下级平台接入单元域名或 IP 地址>;tag=BK32B1U8DKDrB

To: 显示名<sip:用户编码@上级平台接入单元域名或 IP 地址>

Call-ID: 17250

CSeq:1 DO

F3:DO sip:摄像机的编码@下级平台接入单元域名或 IP 地址 SIP/2.0

Via: SIP/2.0/UDP 上级平台接入单元域名或 IP 地址

Max-Forwards: 70

From: 显示名<sip:用户编码@上级平台接入单元域名或 IP 地址>;tag=BK32B1U8DKDrB

To: 显示名<sip:摄像机的编码@下级平台接入单元域名或 IP 地址>

Call-ID: 17250

CSeq:1 DO

Content-type: Application/DDCP

Content-Length: 消息实体的字节长度

<?xml version="1.0"?>

<Action>

<Query>

<Variable>VODByRTSP</Variable>

<Privilege>权限功能码</Privilege>

<FileType>2</FileType>

<Name>xiaoshan_20051101001.mp4</Name>

<BeginTime>20051110T132050Z </BeginTime>

<EndTime>20051110T135050Z </EndTime>

<MaxBitrate>100</MaxBitrate>

</Query>

</Action>

F4:200

Via: SIP/2.0/UDP 上级平台接入单元域名或 IP 地址

From: 显示名<sip:摄像机编码@下级平台接入单元域名或 IP 地址>;tag=BK32B1U8DKDrB

To: 显示名<sip:用户编码@上级平台接入单元域名或 IP 地址>

Call-ID: 17250

CSeq:1 DO

Content-type: Application/DDCP

Content-Length: 消息实体的字节长度

<?xml version="1.0"?>

<Response>

<QueryResponse>

<Variable>VODByRTSP</Variable>

<Result>0</Result>

<Bitrate>100</Bitrate>

<Playurl> rtsp://10.116.172.8:554/path</Playurl>

</QueryResponse>

</Response>

或:400

Via: SIP/2.0/UDP 上级平台接入单元域名或 IP 地址

From: 显示名＜sip:摄像机编码@下级平台接入单元域名或 IP 地址＞;tag=BK32B1U8DKDrB

To: 显示名＜sip:用户编码@上级平台接入单元域名或 IP 地址＞

Call-ID: 17250

CSeq:1 DO

F5:OPTIONS * RTSP/1.0

CSeq: 1

F6:RTSP/1.0 200 OK

CSeq: 1

Public: DESCRIBE,SETUP, TEARDOWN, PLAY, PAUSE, OPTIONS

F7:DESCRIBE rtsp://172.18.79.122:554/xiaoshan_20051101001.mp4 RTSP/1.0

User-Agent: zj_db33

Accept: application/sdp

CSeq: 2

F8:RTSP/1.0 200 OK

CSeq: 2

Date: 23 Jan 1997 15:35:06 GMT

Content-Type: application/sdp

Content-Length: 25

s= H3C Streaming Media

F9:SETUP rtsp://172.18.79.122:554/xiaoshan_20051101001.mp4 RTSP/1.0

CSeq:3

Transport: RTP/AVP;unicast;destination=172.18.79.120;client_port=4588-4589

F10:RTSP/1.0 200 OK

CSeq: 3

Session: 719885386

Transport:RTP/AVP;unicast;destination=172.18.79.120;client_port=4588-4589;source=172.18.79.122;server_port=7000-7001

F11:PLAY rtsp://172.18.79.122:554/xiaoshan_20051101001.mp4 RTSP/1.0

CSeq: 4

Session: 719885386

Scale: 1.0

F12:RTSP/1.0 200 OK

CSeq: 4

Session: 719885386

Scale: 1.0

F13:PAUSE rtsp://172.18.79.122:554/xiaoshan_20051101001.mp4 RTSP/1.0

CSeq: 5

Session: 719885386

F14:RTSP/1.0 200 OK

CSeq: 5

Session: 719885386

F13:TEARDOWN rtsp://172.18.79.122:554/xiaoshan_20051101001.mp4 RTSP/1.0

Session: 719885386

CSeq: 6

F14:RTSP/1.0 200 OK

CSeq: 6

Session: 719885386

Connection: Close

5.3 控制

上级平台接入单元应能通过下级平台接入单元对下级平台所辖的联网设备进行动作控制，主要包括云台控制、防尘罩(雨刮、除湿等)控制、互联监控图像并发数控制等。

应使用4.1规定的方法DO实现控制命令传输。对于云台镜头控制控制命令，宜无响应确认信号，且只有在实时监控获取会话建立成功后才有效。但对于互联监控图像并发数控制，则应有响应确认信号。

控制流程如下(见图6)：

a) 上级平台接入单元向下级平台接入单元发送DO请求，DO请求的消息体应包括权限功能码(Privilege)、控制命令码(Command)等；

b) 下级平台接入单元应将控制动作执行成功与否的响应消息返回给该上级平台接入单元；在执行成功的确认响应消息的消息体中应包含控制命令执行结果(Result)、所执行的控制命令码(Command)；在执行失败返回失败原因等。

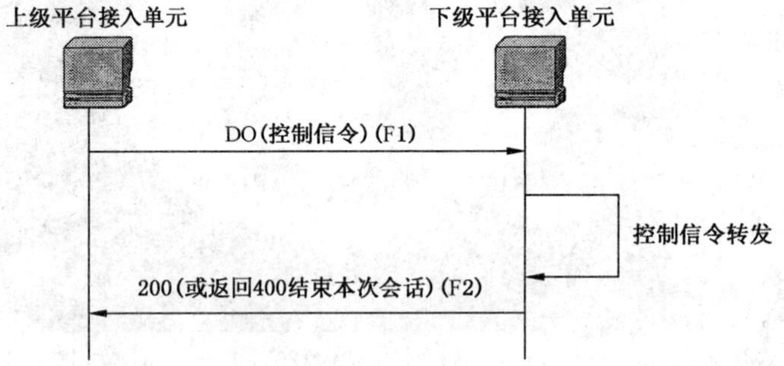

图6 控制命令传输

示例：

F1:DO sip:摄像机的编码@下级平台接入单元域名或IP地址 SIP/2.0

Via: SIP/2.0/UDP 上级平台接入单元域名或IP地址

Max-Forwards: 70

From: 显示名<sip:用户的编码@上级平台接入单元域名或IP地址>;tag=BK32B1U8DKDrB

To: 显示名<sip:摄像机的编码@下级平台接入单元域名或IP地址>

Call-ID: 17250

CSeq:1 DO

Content-type: Application/DDCP

Content-Length: 消息实体的字节长度

<?xml version="1.0"?>

<Action>

<Control>

<Variable>PTZCommand</Variable>

<Privilege>权限功能码</Privilege>

<Command>1</Command>

</Control>
</Action>
F2:200
Via: SIP/2.0/UDP 上级平台接入单元域名或 IP 地址
From: 显示名<sip:摄像机的编码@下级平台接入单元域名或 IP 地址>;tag=BK32B1U8DKDrB
To: 显示名<sip:用户的编码@上级平台接入单元域名或 IP 地址>
Call-ID: 17250
CSeq:1 DO
Content-type: Application/DDCP
Content-Length: 消息实体的字节长度
<?xml version="1.0"?>
<Response>
<ControlResponse>
<Variable>PTZCommand</Variable>
<Result>0</Result>
<Command>41</Command>
</ControlResponse>
</Response>
或:400
Via: SIP/2.0/UDP 上级平台接入单元域名或 IP 地址
From: 显示名<sip:摄像机的编码@下级平台接入单元域名或 IP 地址>;tag=BK32B1U8DKDrB
To: 显示名<sip:用户的编码@上级平台接入单元域名或 IP 地址>
Call-ID: 17250
CSeq:1 DO

5.4 查询

5.4.1 概述

上级平台接入单元应能通过下级平台接入单元实现对联网设备的状态信息查询。平台接入单元应支持目录信息查询、前端设备信息查询、前端设备状态查询、平台接入单元流量查询等消息。

5.4.2 目录信息查询

应使用 4.1 规定的方法 DO 查询指定平台接入单元的目录信息。

目录信息查询流程如下(见图 7):

a) 上级平台接入单元向下级平台接入单元发送 DO 请求,DO 请求的消息体应包括表示是查询目录的协议的功能类型(Variable)、权限功能码(Privilege)等;
b) 下级平台接入单元应将查询成功与否的响应消息返回给该上级平台接入单元;在查询成功的确认响应消息的消息体中应包含查询结果标志(Result)、显示名(Name)、惟一性编码(Coding)、权限功能码(Privilege)、父节点惟一性编码(Parent)、活动状态(Status)、经度(Longitude)、纬度(Latitude)、路段名称(Roadway)、位置桩号(PileNo)、子节点个数(SubNum)、子节点列表(Sublist)等。

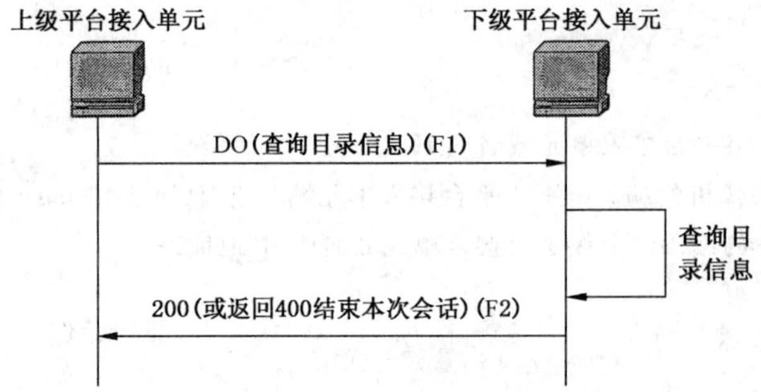

图7 目录信息查询

示例:

F1:DO sip:下级平台接入单元地址编码@下级平台接入单元域名或IP地址 SIP/2.0

Via:SIP/2.0/UDP 上级平台接入单元域名或IP地址

Max-Forwards:70

From:显示名＜sip:上级平台接入单元地址编码@上级平台接入单元域名或IP地址＞;tag=BK32B1U8DKDrB

To:显示名＜sip:下级平台接入单元地址编码@下级平台接入单元域名或IP地址＞

Call-ID:17250

CSeq:1 DO

Content-type:Application/DDCP

Content-Length:消息实体的字节长度

＜?xml version="1.0"?＞

＜Action＞

＜Query＞

＜Variable＞Catalog＜/Variable＞

＜Privilege＞权限功能码＜/Privilege＞

＜/Query＞

＜/Action＞

F2:200

Via:SIP/2.0/UDP 上级平台接入单元域名或IP地址

From:显示名＜sip:下级平台接入单元地址编码@下级平台接入单元域名或IP地址＞;tag=BK32B1U8DKDrB

To:显示名＜sip:上级平台接入单元地址编码@上级平台接入单元域名或IP地址＞

Call-ID:17250

CSeq:1 DO

Content-type:Application/DDCP

Content-Length:消息实体的字节长度

＜?xml version="1.0"?＞

＜Response＞

＜QueryResponse＞

＜Variable＞Catalog＜/Variable＞

＜Result＞0＜/Result＞

＜Name＞显示名＜/Name＞

＜Coding＞惟一性编码＜/Coding＞

＜Parent＞惟一性编码＜/Parent＞

＜Status＞活动状态＜/Status＞

＜Subnum＞2＜/Subnum＞

```
    <Sublist>
      <Item>
          <Name>显示名</Name>
          <Coding>惟一性编码</Coding>
          <Privilege>权限功能码</Privilege>
          <Parent>惟一性编码</Parent>
          <Status>活动状态</Status>
          <Longitude>经度</Longitude>
          <Latitude>纬度</Latitude>
          <Roadway>道路名称<Roadway>
          <PileNo>位置桩号<PileNo>
          <Subnum>2</Subnum>
      <Sublist>...</Sublist>
      </Item>
      <Item>
          <Name>显示名</Name>
          <Coding>惟一性编码</Coding>
          <Privilege>权限功能码</Privilege>
          <Parent>惟一性编码</Parent>
          <Status>活动状态</Status>
          <Longitude>经度</Longitude>
          <Latitude>纬度</Latitude>
          <Roadway>道路名称<Roadway>
          <PileNo>位置桩号<PileNo>
          <Subnum>2</Subnum>
      <Sublist>...</Sublist>
  </Item>
  </Sublist>
  </QueryResponse>
  </Response>
或:400
  Via: SIP/2.0/UDP 上级平台接入单元域名或 IP 地址
  From:显示名<sip:下级平台接入单元地址编码@下级平台接入单元域名或 IP 地址>;tag=BK32B1U8DKDrB
  To: 显示名<sip:上级平台接入单元地址编码@上级平台接入单元域名或 IP 地址>
  Call-ID: 17250
  CSeq:1 DO
```

5.4.3 前端设备信息查询

应使用 4.1 规定的方法 DO 查询指定编码的前端设备信息,包含厂商信息、设备型号、固件版本、最大支持摄像机个数等。

前端设备信息查询流程如下(见图 8):

a) 上级平台接入单元向下级平台接入单元发送 DO 请求,DO 请求的消息体应包括表示是查询前端设备信息的协议功能类型(Variable)、权限功能码(Privilege)等;

b) 下级平台接入单元应将查询成功与否的响应消息返回给该上级平台接入单元;在查询成功的确认响应消息的消息体中应包含查询结果标志(Result)、厂商信息(Manufacturer)、设备型号(Model)、固件版本(Firmware)、最大支持摄像机个数(MaxCamera)等。

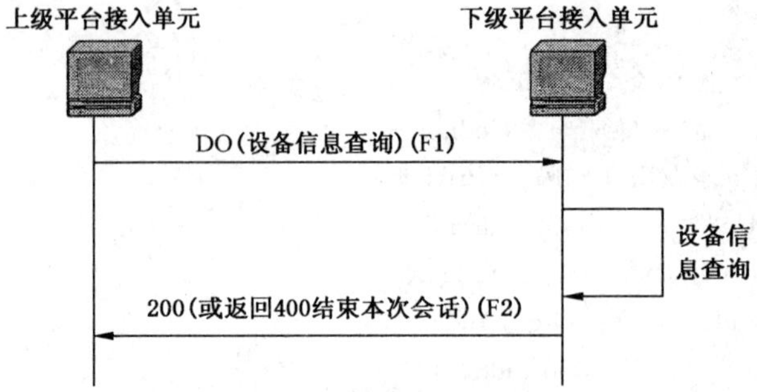

图 8 设备信息查询

示例：

F1:DO sip:设备单元的编码@下级平台接入单元域名或 IP 地址 SIP/2.0

Via：SIP/2.0/UDP 上级平台接入单元域名或 IP 地址

Max-Forwards：70

From：显示名＜sip:上级平台接入单元地址编码@上级平台接入单元域名或 IP 地址＞;tag＝BK32B1U8DKDrB

To：显示名＜sip:设备的编码@下级平台接入单元域名或 IP 地址＞

Call-ID：17250

CSeq:1 DO

Content-type：Application/DDCP

Content-Length：消息实体的字节长度

＜?xml version＝"1.0"?＞

＜Action＞

＜Query＞

＜Variable＞DeviceInfo＜/Variable＞

＜Privilege＞权限功能码＜/Privilege＞

＜/Query＞

＜/Action＞

F2:200

Via：SIP/2.0/UDP 上级平台接入单元域名或 IP 地址

From：显示名＜sip:设备的编码@下级平台接入单元域名或 IP 地址＞;tag＝BK32B1U8DKDrB

To：显示名＜sip：上级平台接入单元地址编码@上级平台接入单元域名或 IP 地址＞

Call-ID：17250

CSeq:1 DO

Content-type：Application/DDCP

Content-Length：消息实体的字节长度

＜?xml version＝"1.0"?＞

＜Response＞

＜QueryResponse＞

＜Variable＞DeviceInfo＜/Variable＞

＜Result＞0＜/Result＞

＜Manufacturer＞Hikvision＜/Manufacturer＞

＜Model＞DS6000HCW＜/Model＞

＜Firmware＞1.5.11.15＜/Firmware＞

＜MaxCamera＞4＜/MaxCamera＞

＜/QueryResponse＞

＜/Response＞

或:400

Via: SIP/2.0/UDP 上级平台接入单元域名或 IP 地址

From: 显示名<sip:设备的编码@下级平台接入单元域名或 IP 地址>;tag=BK32B1U8DKDrB

To: 显示名<sip:上级平台接入单元地址编码@上级平台接入单元域名或 IP 地址>

Call-ID: 17250

CSeq:1 DO

5.4.4 前端设备状态查询

应使用 4.1 规定的方法 DO 查询指定编码的前端设备当前状态信息,包含是否在线、是否正常工作、固件版本、编码无法正常工作的摄像机个数、编码异常的摄像机列表等。

前端设备状态查询流程如下(见图 9):

a) 上级平台接入单元向下级平台接入单元发送 DO 请求,DO 请求的消息体应包括表示是查询前端设备状态的协议功能类型(Variable)、权限功能码(Privilege)等;

b) 下级平台接入单元应将查询成功与否的响应消息返回给该上级平台接入单元;在查询成功的确认响应消息的消息体中应包含查询结果标志(Result)、是否在线(Online)、是否正常工作(Status)、编码无法正常工作的摄像头个数(ErrEncodeNum)、摄像机列表数(CameraNum)、是否可正常录像(Record)、设备启动后的工作时间(SinceStartup)等,每项摄像机列表(CameraList)应包括摄像机序号(Camera)、不正常原因(Reason)。

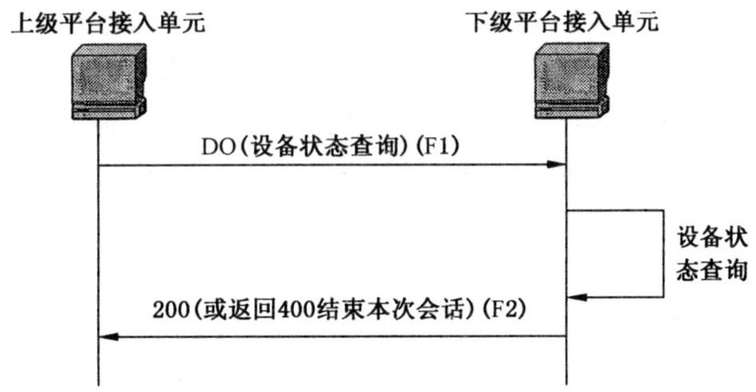

图 9 设备状态查询

示例:

F1:DO sip:设备的编码@下级平台接入单元域名或 IP 地址 SIP/2.0

Via: SIP/2.0/UDP 上级平台接入单元域名或 IP 地址

Max-Forwards: 70

From: 显示名<sip:上级平台接入单元地址编码@上级平台接入单元域名或 IP 地址>;tag=BK32B1U8DKDrB

To: 显示名<sip:设备的编码@下级平台接入单元域名或 IP 地址>

Call-ID: 17250

CSeq:1 DO

Content-type: Application/DDCP

Content-Length: 消息实体的字节长度

```
<?xml version="1.0"?>
<Action>
  <Query>
    <Variable>DeviceStatus</Variable>
    <Privilege>权限功能码</Privilege>
  </Query>
</Action>
```

```
F2:200
  Via: SIP/2.0/UDP 上级平台接入单元域名或 IP 地址
  From: 显示名＜sip:设备的编码@下级平台接入单元域名或 IP 地址＞;tag=BK32B1U8DKDrB
  To: 显示名＜sip:上级平台接入单元地址编码@上级平台接入单元域名或 IP 地址＞
  Call-ID: 17250
  CSeq:1 DO
  Content-type: Application/DDCP
  Content-Length: 消息实体的字节长度
  ＜? xml version="1.0"?＞
  ＜Response＞
    ＜QueryResponse＞
      ＜Variable＞ DeviceStatus ＜/Variable＞
      ＜Result＞0＜/Result＞
      ＜Online＞在线/不在线＜/Online＞
      ＜ErrEncodeNum＞无法工作摄像头数＜/ErrEncodeNum＞
      ＜Record＞录像状态＜/Record＞
      ＜SinceStartup＞运行时间＜/SinceStartup＞
      ＜Status＞运行状态＜/Status＞
      ＜Cameranum＞1＜/Cameranum＞
      ＜CameraList＞
        ＜Item＞
          ＜Name＞显示名＜/Name＞
          ＜Coding＞惟一性编码＜/Coding＞
          ＜Privilege＞权限功能码＜/Privilege＞
          ＜Parent＞惟一性编码＜/Parent＞
          ＜Status＞活动状态＜/Status＞
          ＜Longitude＞经度＜/Longitude＞
          ＜Latitude＞纬度＜/Latitude＞
          ＜Roadway＞道路名称＜Roadway＞
          ＜PileNo＞位置桩号＜PileNo＞
       ＜/Item＞
      ＜/CameraList＞
    ＜/QueryResponse＞
  ＜/Response＞
或:400
  Via: SIP/2.0/UDP 上级平台接入单元域名或 IP 地址
  From: 显示名＜sip:设备的编码@下级平台接入单元域名或 IP 地址＞;tag=BK32B1U8DKDrB
  To: 显示名＜sip:上级平台接入单元地址编码@上级平台接入单元域名或 IP 地址＞
  Call-ID: 17250
CSeq:1 DO
```

5.4.5 平台接入单元流量查询

应使用 4.1 条规定的方法 DO 查询指定的平台接入单元带宽占用情况。

接入单元带宽占用查询流程如下(见图 10):

a) 上级平台接入单元向下级平台接入单元发送 DO 请求,DO 请求的消息体应包括表示是平台接入单元流量查询的协议功能类型(Variable)、权限功能码(Privilege)等;

b) 下级平台接入单元应将查询成功与否的响应消息返回给上级平台接入单元;在查询成功的确

认响应消息的消息体中应包含查询结果标志(Result)、平台接入单元总共可提供的带宽(All)(Free)、平台接入单元目前正在进行流媒体转发的路数(MediaLink)等。

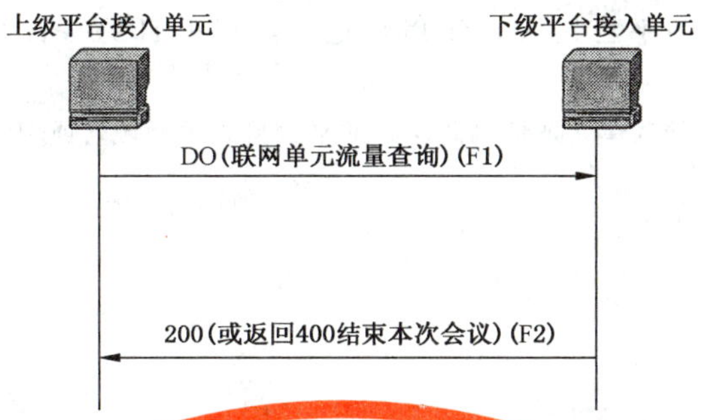

图 10 平台接入单元流量查询

示例：

```
F1：DO sip:下级平台接入单元地址编码@下级平台接入单元域名或 IP 地址 SIP/2.0
    Via：SIP/2.0/UDP 上级平台接入单元域名或 IP 地址
    Max-Forwards：70
    From：显示名<sip:上级平台接入单元地址编码@上级平台接入单元域名或 IP 地址>;tag=BK32B1U8DKDrB
    To：显示名<sip:下级平台接入单元地址编码@下级平台接入单元域名或 IP 地址>
    Call-ID：17250
    CSeq:1 DO
    Content-type：Application/DDCP
    Content-Length：消息实体的字节长度
    <?xml version="1.0"?>
    <Action>
      <Query>
        <Variable>BandWidth</Variable>
        <Privilege>权限功能码</Privilege>
      </Query>
    </Action>
F2：200
    Via：SIP/2.0/UDP 上级平台接入单元域名或 IP 地址
    From：显示名<sip:下级平台接入单元地址编码@下级平台接入单元域名或 IP 地址>;tag=BK32B1U8DKDrB
    To：显示名<sip:上级平台接入单元地址编码@上级平台接入单元域名或 IP 地址>
    Call-ID：17250
    CSeq:1 DO
    Content-type：Application/DDCP
    Content-Length：消息实体的字节长度
    <?xml version="1.0"?>
    <Response>
      <QueryResponse>
        <Variable>BandWidth</Variable>
        <Result>0</Result>
        <All>500</All>
        <Free>300</Free>
        <MediaLink>5</MediaLink>
      </QueryResponse>
```

</Response>

或:400

Via: SIP/2.0/UDP 源平台接入单元域名或 IP 地址

From: 显示名<sip: 目的平台接入单元用户地址编码@目的平台接入单元域名或 IP 地址>; tag =BK32B1U8DKDrB

To: 显示名<sip:源平台接入单元地址编码@目的平台接入单元域名或 IP 地址>

Call-ID: 17250

CSeq:1 DO

附　录　A
（规范性附录）
DDCP 说明

A.1　DDCP 文档语法

A.1.1　消息体类型

采用 RFC3261、RFC3265 和方法 DO 实现视频监控系统跨区域联网时，方法的消息体 MIME 类型应符合本附录定义的 DDCP 文档规范，Content-Type 字段应设为'application/DDCP'。

A.1.2　特殊符号

DDCP 结构文档中特殊符号含义的约定如表 A.1 所示。

表 A.1　DDCP 文档中特殊符号含义的约定

表示法	说　明
+	应出现 0 到多次
*	应出现 1 到多次
?	应出现 0 或者 1 次
{n}	应出现 n 次
{n,}	应出现 n 到多次
{n,m}	应出现 n 到 m 次
\d	任何十进制数字(0 到 9)
\.	.
()	一组标签
<! -- -->	一条注解

A.2　DDCP 结构

A.2.1　元素名称

声明的元素名称及其含义如表 A.2 所示，元素引用说明参见附录 B。

表 A.2 元素名称及其说明

元素名称	说　明
Action	表示一个请求的动作
Control	表示一个控制的动作
ControlResponse	表示一个 Control 动作的响应
Notify	表示一个通知的动作
Query	表示一个查询的动作
QueryResponse	表示一个 Query 动作的响应
Response	表示一个响应的动作

A.2.2 元素声明

A.2.2.1 元素间层次关系

声明的元素层次如图 A.1 所示。其中 Action 与 Response 是全局的,其余是局部的。

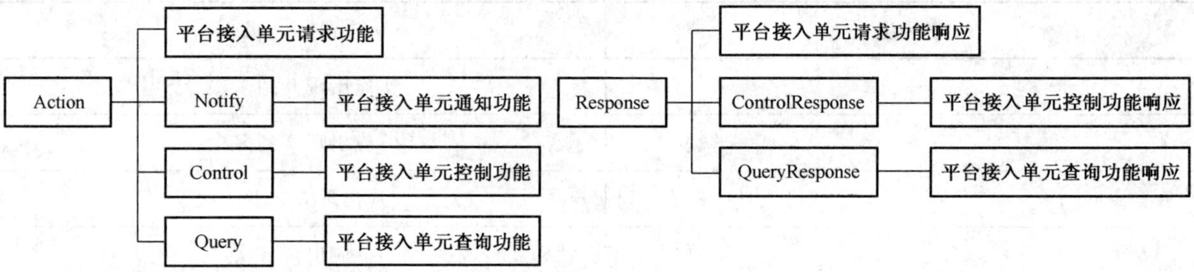

图 A.1 元素间层次关系

A.2.2.2 全局类型声明

A.2.2.2.1 概述

全局类型如表 A.3 所示,均位于命名空间'http://www.w3.org/namespace/'的顶层。

表 A.3 全局类型名称及其说明

名　称	说　明
deviceCodingType	设备编码类型
privilegeType	用户权限类型
ipv4AddressType	IPv4 地址类型
Ipv6AddressType	IPv6 地址类型
catalogType	目录结构类型
videoType	视频编码类型
audioType	音频编码类型
formatType	码流格式类型
controlType	云台控制码类型

A.2.2.2.2 设备编码类型

```
<simpleType name='deviceCodingType'>
  <restriction base='ID'>
    <pattern value='\d{18}'/>
  </restriction>
</simpleType>
```

A.2.2.2.3 用户权限类型

```
<simpleType name='privilegeType'>
  <restriction base = 'string'>
    <pattern value='((\d|[a-f]|[A-F]){1 ,2 }){1 ,}'/>
  </restriction>
</simpleType>
```

A.2.2.2.4 IPv4 地址类型

```
<simpleType name='ipv4AddressType'>
  <restriction base = 'string'>
    <pattern value='(\d{1 ,3}\. ){3}\d{1 ,3}'/>
  </restriction>
</simpleType>
```

A.2.2.2.5 IPv6 地址类型

```
<simpleType name='ipv6AddressType'>
  <restriction base = 'string'>
    <pattern value='(\d{1 ,4}\. ){8}\d{1 ,4}'/>
  </restriction>
</simpleType>
```

A.2.2.2.6 目录结构类型

```
<complexType name='catalogType'>
  <sequence>
    <element name='Name'  type='string'/>
    <element name='Coding'  type=' tg:deviceCodingType'/>
    <element name='Privilege'  type='tg:privilegeType'/>
    <element name='Parent'  type='tg:deviceCodingType'/>
    <element name='Status'  type='boolean'/>
   <element name='Roadway'  type='string'/>
    <element name='PileNo'  type='string'/>
    <choice mixOccurs='0' maxOccurs='2'>
      <element name='Longitude'  type='decimal'/>
      <element name='Latitude'  type='decimal'/>
    </choice>
```

```
<element name='Subnum'  type='short'  minInclusive  Value ='0'/>
<element name=' Sublist '>
  <complexType content='elementOnly'>
    <element name='Item' maxOccurs='unbounded'>
      <!--约定重复的次数为元素 Subnum 所定义的值-->
      <simpleType content='elementOnly'>
        <sequence>
          <element name='Name'  type='string'/>
          <element name='Coding'  type=' tg:deviceCodingType'/>
          <element name=' Privilege'  type='tg:privilegeType'/>
          <element name=' Parent'  type='tg:deviceCodingType'/>
          <element name=' Status'  type='boolean'/>
        <element name='Roadway'  type='string'/>
        <element name='PileNo'  type='string'/>
          <choice mixOccurs='0'>
            <element name=' Longitude'  type='decimal'/>
            <element name=' Latitude'  type='decimal'/>
          </choice>
          <element name='Subnum'  type='short' minInclusive=" Value ='0'/>
          <element name=' Sublist '/> …<element name=' Sublist '/>
        </sequence>
      </simpleType>
    </element>
  </complexType>
</element>
</sequence>
</complexType>
```

A.2.2.2.7 视频编码类型

```
<simpleType name='videoType'>
  <restriction base='string'>
   <enumberation value='MPEG-2'/>
    <enumberation value='MPEG-4'/>
   <enumberation value='H. 264'/>
    <enumberation value=' SVAC '/>
  </restriction>
</simpleType>
```

A.2.2.2.8 音频编码类型

```
<simpleType name='audioType'>
  <restriction base='string'>
    <enumberation value='G. 711'/>
    <enumberation value='G. 722'/>
```

```
    <enumeration value='G.723.1'/>
    <enumeration value='G.729'/>
  </restriction>
</simpleType>
```

A.2.2.2.9 码流格式类型

```
<simpleType name='formatType'>
  <restriction base='string'>
    <enumeration value='QCIF'/>
    <enumeration value='CIF'/>
    <enumeration value='2CIF'/>
    <enumeration value='DCIF'/>
   <enumeration value='4CIF'/>
   <enumeration value='16CIF'/>
    <enumeration value='D1'/>
  </restriction>
</simpleType>
```

A.2.2.2.10 控制码属性

```
<simpleType name='controlType'>
  <restriction  base=' string'>
    <pattern value='((\d|[a-f]|[A-F]){2}){1,3}'>
</restriction>
</simpleType>
```

A.2.3 Action 元素声明

A.2.3.1 Action 元素基本语法

```
<schema
    xmlns='http://www.w3.org/2001/XMLSchema'
    targetNamespace='http://www.w3.org/namespace/'
    xmlns:tg='http://www.w3.org/namespace/'>
    <element name='Action'>
    <complexType content='elementOnly'>
          <choice maxOccurs='unbounded'>
             <element ref='tg:Notify'/>
              <element ref='tg:Control'/>
              <element ref='tg:Query'/>
              <sequence>
                <!--平台接入单元请求功能的命令见 A.2.3.2～A.2.3.5 条-->
              </sequence>
         </choice>
    </complexType>
```

```
    </element>
</schema>
```

A.2.3.2 平台接入单元请求功能声明

A.2.3.2.1 目录发送请求

```
<element name='Variable'  fixed ='Catalog'/>
<element name='Catalogcontent'  type='tg:catalogType'/>
```

A.2.3.2.2 获取实时视频流请求

```
<element name='Variable'  fixed ='RealMedia'/>
<element name='Privilege'  type='tg:privilegeType'/>
<element name='Format'  type='tg:formatType'/>
<element name='Video'>
  <simpleType>
    <list itemType='tg:videoType'>
    </simpleType>
</element>
<element name='Audio'>
  <simpleType>
    <list itemType='tg:audioType'>
  </simpleType>
</element>
<element name ='MaxBitrate' type='integer' minInclusive value ='32'/>
<element name ='ReceiveSocket'>
  <union>
    <restriction base='string'>
      <enumberation value='TCP'/>
      <enumberation value='UDP'/>
    </restriction>
    <restriction base='string'>
  <enumberation value='tg:ipv4AddressType'/>
      <enumberation value='tg:ipv6AddressType'/>
    </restriction>
    <restriction base='integer' minInclusive value ='2000'/>
   </union>
  </element>
```

A.2.3.3 Notify 元素声明

A.2.3.3.1 心跳信息传递

```
<element name='Notify'>
  <complexType content='elementOnly'>
    <sequence>
```

```
            <element name='Variable' fixed ='Keepalive'/>
        </sequence>
    </complexType>
</element>
```

A.2.3.4 Control 元素声明

A.2.3.4.1 控制

```
<element name='Control'>
    <complexType content='elementOnly'>
        <sequence>
            <element name='Variable'  fixed ='PTZCommand'/>
            <element name='Privilege'  type='tg:privilegeType'/>
            <element  name='Command' type='tg:controlType'/>
            <element name='Para'  minInclusive value='0'  maxInclusive value='99'/>
        </sequence>
    </complexType>
</element>
```

A.2.3.5 Query 元素声明

A.2.3.5.1 目录信息查询

```
<element name='Query'>
    <complexType content='elementOnly'>
        <sequence>
            <element name='Variable' fixed ='Catalog'/>
            <element name='Privilege'  type='tg:privilegeType'/>
        </sequence>
    </complexType>
</element>
```

A.2.3.5.2 前端设备信息查询

```
<element name='Query'>
    <complexType content='elementOnly'>
        <sequence>
            <element name='Variable'  fixed ='DeviceInfo'/>
            <element name='Privilege'  type='tg:privilegeType'/>
        </sequence>
    </complexType>
</element>
```

A.2.3.5.3 前端设备状态查询

```
<element name='Query'>
    <complexType content='elementOnly'>
```

```
    <sequence>
      <element name='Variable'   fixed ='DeviceStatus'/>
      <element name='Privilege'   type='tg:privilegeType'/>
    </sequence>
  </complexType>
</element>
```

A.2.3.5.4 获取历史文件列表

```
<element name='Query'>
  <complexType content='elementOnly'>
    <sequence>
        <element name='Variable'   fixed =' FileList '/>
        <element name='Privilege' type=' tg:privilegeType '/>
        <element name ='FileType' type=' integer '>
        <minInclusive value= '0' maxInclusive value='9'/>
        <element name ='BeginTime'   type= 'datetime'/>
        <element name ='EndTime'   type= 'datetime'/>
        <element name ='MaxBitrate'   type= 'integer'   minInclusive value='32'/>
    </sequence>
  </complexType>
</element>
```

A.2.3.5.5 获取媒体数据 URL

```
<element name='Query'>
  <complexType content='elementOnly'>
    <sequence>
      <element name='Variable'   fixed ='VODByRTSP'/>
      <element name='Privilege'   type='tg:privilegeType'/>
      <element name ='FileType'   type='integer'>
      <element name='name' type='String'>
      <element name =' BeginTime'   type=' datetime'/>
      <element name =' EndTime'   type=' datetime'/>
      <element name =' MaxBitrate'   type=' integer'   minInclusive value='32'/>
    </sequence>
  </complexType>
</element>
```

A.2.3.5.6 平台接入单元流量查询

```
<element name='Query'>
  <complexType content='elementOnly'>
    <sequence>
      <element name=' Variable'   fixed ='BandWidth'/>
      <element name=' Privilege'   type=' tg:privilegeType'/>
```

```
      </sequence>
    </complexType>
  </element>
```

A.2.4 **Response 元素声明**

A.2.4.1 **Response 元素基本语法**

```
<schema
  xmlns='http://www.w3.org/2001/XMLSchema'
  targetNamespace='http://www.w3.org/namespace/'
  xmlns:t='http://www.w3.org/namespace/'>
  <element name='Response'>
    <complexType content='elementOnly'>
      <choice mixOccurs='0' maxOccurs='unbounded'>
        <element ref='tg:ControlResponse'/>
        <element ref='tg:QueryResponse'/>
     <sequence>
          <!-- 平台接入单元请求功能的响应命令见 A.2.4.2～A.2.4.3 条 -->
        </sequence>
      </choice>
    </complexType>
  </element>
</schema>
```

A.2.4.2 **平台接入单元请求功能响应声明**

A.2.4.2.1 **心跳信息传递响应**

```
<element  name='Variable'  fixed ='Keepalive'/>
<element  name='Status'  type='boolean'/>
```

A.2.4.2.2 **获取实时视频流响应**

```
<element name='Variable'  fixed =' RealMedia'/>
<element name='Result'  type='boolean'/>
<element  name ='Video'  type='tg:videoType'>
<element  name ='Audio'  type='tg:audioType'>
<element name ='Bitrate'  type='nonNegativeInteger'  minInclusive value ='32'/>
```

A.2.4.2.3 **释放视频实时流响应**

```
<element name='Variable'  fixed ='RealMedia'/>
<element name='Result'  type='boolean'/>
```

A.2.4.3 **ControlResponse 元素声明**

A.2.4.3.1 **控制响应**

```
<element name='ControlResponse'>
```

```
    <complexType content='elementOnly'>
      <sequence>
        <element name='Variable'  fixed ='PTZCommand'/>
        <element name='Result'  type='boolean'/>
        <element name ='Command'  type='controlType'/>
      </sequence>
    </complexType>
  </element>
```

A.2.4.4 QueryResponse 元素声明

A.2.4.4.1 目录信息查询响应

```
  <element name='QueryResponse'>
    <complexType content='elementOnly'>
      <sequence>
        <element name='Variable'  fixed ='Catalog'/>
        <element name='Result'  type='boolean'/>
        <element name='Catalogcontent'  type='tg:catalogType'/>
      </sequence>
    </complexType>
  </element>
```

A.2.4.4.2 前端设备信息查询响应

```
  <element name='QueryResponse'>
    <complexType content='elementOnly'>
      <sequence>
        <element name='Variable'  fixed ='tg:DeviceInfo'/>
        <element name=' Result'  type='boolean'/>
        <element name ='Manufacturer'  type='normalizedString'/>
        <element name ='Model'  type='string'/>
        <element name ='Firmware'  type='string'/>
        <element name ='MaxCamera'  type='integer'  minInclusive value ='1'/>
      </sequence>
    </complexType>
  </element>
```

A.2.4.4.3 前端设备状态查询响应

```
  <element name='QueryResponse'>
    <complexType content='elementOnly'>
      <sequence>
        <element name='Variable'  fixed ='tg:DeviceStatus'/>
        <element name='Result'  type='boolean'/>
        <element name='Online'  type='boolean'/>
```

```
<element name='Status'  type='boolean'/>
<element name ='ErrEncodeNum'  type='integer'  minInclusive=" Value ='1'/>
<element name='CameraList'>
  <complexType content='elementOnly'>
    <sequence maxOccurs='unbounded'>
      <!--约定重复的次数为设备信息查询响应中元素 MaxCamera 所返回的值 -
->
      <element name='Item'>
        <simpleType content='elementOnly'>
          <sequence>
            <element name='Camera' type='integer'  minInclusive=" Value ='1'/>
            <element  name='Reason'  type='String'/>
          </sequence>
        </simpleType>
      </element>
    </sequence>
  </complexType>
</element>
<element name='Record'  type='boolean'/>
<element name ='SinceStartup'  type='integer'  minInclusive=" Value ='1'/>
</sequence>
</complexType>
</element>
```

A.2.4.4.4 **获取历史文件列表响应**

```
<element name='QueryResponse'>
  <complexType content='elementOnly'>
    <sequence>
      <element name='Variable'  fixed ='FileList'/>
      <element name='Result'  type='boolean'/>
      <element name='RealFileNum'  type='integer'/>
      <element name='SendFileNum'  type='integer'/>
      <element name='FileInfoList'>
      <complexType content='elementOnly'  maxOccurs='unbounded'>
      <!--约定重复的次数为元素 SendFileNum 所定义的值-->
      <element name='Item'>
      <simpleType content='elementOnly'>
      <sequence>
        <element name='name'  type='String'>
        <element name='CreationTime'  type='datetime'>
        <element name='LastAccessTime'  type='datetime'>
        <element name='LastWriteTime'  type='datetime'>
        <element name='FileSize'  type='integer'>
```

```
        </sequence>
        </simpleType>
        </element>
        </complexType>
        </element>
      </sequence>
    </complexType>
  </element>
```

A.2.4.4.5 **获取媒体数据 URL 响应**

```
<element name='QueryResponse'>
  <complexType content='elementOnly'>
    <sequence>
      <element name='Variable' fixed ='VODByRTSP'/>
      <element name='Result' type='boolean'/>
      <element name='Bitrate' type='integer'   minInclusive value='32'/>
      <element name='Playurl' type='String'>
    </sequence>
  </complexType>
</element>
```

A.2.4.4.6 **平台接入单元流量查询响应**

```
<element name='QueryResponse'>
  <complexType content='elementOnly'>
    <sequence>
      <element name='Variable'   fixed ='BandWidth'/>
      <element name=' Result'   type='boolean'/>
      <element name =' All'   type='integer'   minInclusive value =32/>
      <element name =' Free'   type='integer'   minInclusive value =32/>
      <element name =' Medialink'   type='integer'   minInclusive value =0/>
    </sequence>
  </complexType>
</element>
```

附　录　B
（资料性附录）
DDCP 协议引用的元素说明

DDCP 协议引用的元素说明见表 B.1。

表 B.1　DDCP 协议引用的元素说明

元素名称	说　　明
Coding	节点（对象）的惟一性编码
All	联网单元总共可提供的带宽，单位为千字节每秒（kbps）
Audio	请求方希望接收的音频格式（响应协议中，如果为空表示不提供，或表示无法支持请求方的音频格式）
BeginTime	枚举时间段的开始时间
Bitrate	被叫方实际占用的带宽，单位为千字节每秒（kbps）
Camera	摄像头序号（从 1 开始的整型）
CameraList	摄像头列表
Command	控制命令码，可包含参数
CreationTime	文件的创建时间
EndTime	枚举时间段的结束时间
ErrEncodeNum	编码无法正常工作的摄像头个数（从 1 开始的整型）
FileInfoList	文件信息列表
FileName	点播的文件名
FileSize	文件长度，单位为字节（byte）
FileType	文件类型（0：全部类型，1：定时录像，2：移动侦测录像，3：报警录像，4：手动录像，5～9 备用）
Firmware	固件版本
Format	该摄像头的码流格式（包括 QCIF、CIF、2CIF、DCIF、4CIF、D1 等）
Free	联网单元目前可提供的带宽，即没有被占用的带宽，单位为千字节每秒（kbps）
Item	显示的信息（这是一个递归结构）
LastAccessTime	文件的最后访问时间
LastWriteTime	文件的最后修改时间
Latitude	监控点纬度
Level	报警级别
Longitude	监控点经度
Manufacturer	设备厂商信息
MaxBitrate	方允许占用的最大带宽，单位为千字节每秒（kbps）
MaxCamera	支持摄像头个数
MaxFileNum	请求方最多支持接收的文件信息的个数

表 B.1（续）

元素名称	说　明
MediaLink	联网单元目前正在进行流媒体转发的个数
Model	设备型号
Name	节点的显示名
Online	是否在线(0:在线,1:不在线)
Parent	父节点的惟一性编码
PileNo	监控点桩号
PlayURL	媒体数据的 URL
Privilege	用户权限功能码
RealFileNum	枚举后获取的文件个数
ReceiveSocket	接收视频的用户或转发代理的传输协议、IP 地址、端口号
Reason	表示原因(自定义)
Record	是否可正常录像(0:可,1:不可)
Roadway	监控点道路名称
SendFileNum	在应答报文中列出文件信息的文件个数(取决于请求报文中 MaxFileNum,小于等于 RealFileNum)
SinceStartup	设备启动后的工作时间,单位为秒(s)
Status	是否正常工作(0:正常,1:工作异常)
Sublist	子节点的列表
SubNum	子节点的个数
Value	表示码率,单位为千字节每秒(kbps)
Variable	协议的功能类型
Video	请求方希望接收的视频编码类型(响应协议中,如果为空表示不提供,或者表示无法支持请求方的视频格式)

ICS 35.240.60;03.220.20
R 07

中华人民共和国国家标准

GB/T 28059.4—2011

公路网图像信息管理系统 平台互联技术规范 第4部分:用户及设备管理

Image information management system for highway network—Platform networking and sharing—Part 4:User and equipment management

2011-12-30 发布

2012-07-01 实施

中华人民共和国国家质量监督检验检疫总局
中国国家标准化管理委员会
发布

前　言

GB/T 28059《公路网图像信息管理系统　平台互联技术规范》分为4部分：

——第1部分：总则；

——第2部分：视频格式与编码；

——第3部分：接口与通信控制协议；

——第4部分：用户及设备管理。

本部分为GB/T 28059的第4部分。

本部分按照GB/T 1.1—2009给出的规则起草。

本部分由全国智能运输系统标准化技术委员会(SAC/TC 268)提出并归口。

本部分起草单位：交通运输部公路科学研究院、安徽博微广成信息科技有限公司。

本部分主要起草人：张可、刘伟、李宏海、秦德斌、李静、刘兵、刘浩、吴鉴、牛树云、李喆、杨琪、孙玲、张海林。

公路网图像信息管理系统
平台互联技术规范
第4部分:用户及设备管理

1 范围

GB/T 28059的本部分规定了公路网图像信息管理系统部省间联网中图像资源及系统设备编码与管理规则,及其相关对象的编码要求。

本部分适用于公路网图像信息管理系统的部省间联网建设,及相关软硬件产品的开发,省内联网也可参照使用。

2 规范性引用文件

下列文件对于本文件的应用是必不可少的。凡是注日期的引用文件,仅注日期的版本适用于本文件。凡是不注日期的引用文件,其最新版本(包括所有的修改单)适用于本文件。

GB/T 2260 中华人民共和国行政区划代码

3 术语和定义

下列术语和定义适用于本文件。

3.1

系统设备 system equipment

公路网图像信息管理系统中的前端设备及后台管理设备。

3.2

管理主体 management subject

掌握公路网图像信息管理系统中各级联网管理平台管理权力,承担管理责任,决定管理方向和进程的有关组织。

4 管理模型

用户根据所拥有的角色来实现对设备的功能访问,管理模型如图1所示。

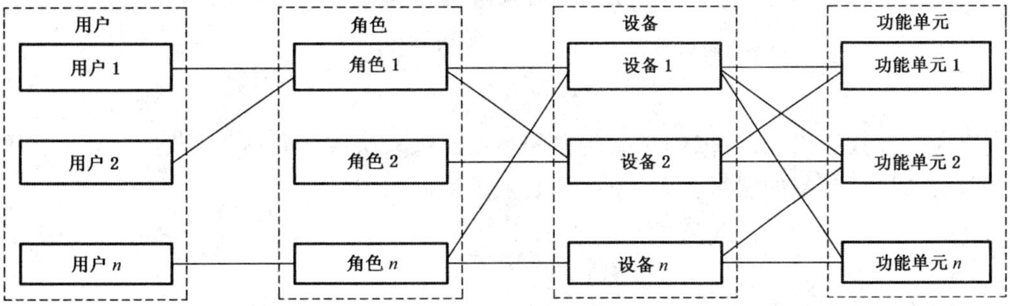

图1 管理模型

5 编码对象

5.1 系统设备

联网系统内各级平台中的系统设备应进行统一编码。

5.2 用户

联网系统的各级用户应进行统一编码。用户权限根据用户角色类型分配。

5.3 功能单元

功能单元是组成用户权限集合的最小元素。

6 编码规则

6.1 对象编码结构

6.1.1 对象层级

对象编码采用分级分域的编码方法，将对象划分为两个层级。具体如下：

a） 第一层级为国家级平台内的对象；

b） 第二层级为省级平台内的对象。

6.1.2 结构组成

具体由十八位十进制阿拉伯数字码组成。排列顺序从左至右依次：一位数字码为层级代码，六位数字码为三级域代码，二位数字码为四级域代码，一位数字码为接入类型码，二位数字码为对象类型码，六位数字码为对象流水号编码。对象编码结构如图 2 所示。

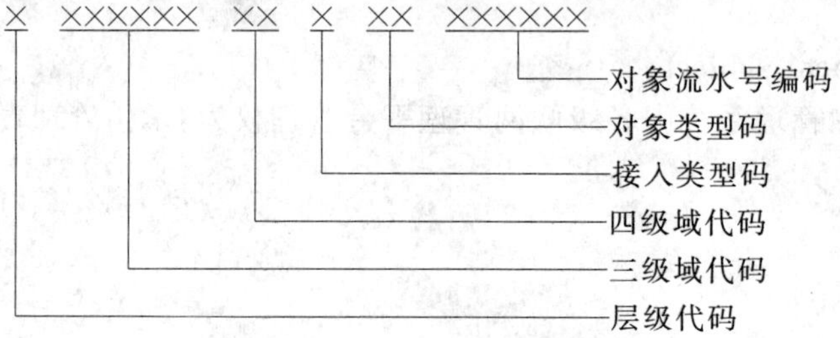

图 2 对象编码结构

6.2 层级代码

层级代码为一位数字码，表示编码对象所在的系统层级。层级代码按下列划分：第一层级对象的层级代码为“1”，第二层级对象的层级代码为“2”。其余数字码预留。

6.3 三级域代码

三级域代码为六位数字码。

层级代码为“1”的对象管理主体为省部级交通运输主管单位，其三级域代码表示对象所在司、局、委（办）的部门机构代码，按机构序列顺序编定。顺序码“000000”预留，各单位编码从“000001”开始。

层级代码不为“1”的对象管理主体为省级及以下机构，其三级域代码表示编码对象所在省、市、区(县)的域代码，按照 GB/T 2260 的规定执行。

6.4 四级域代码

四级域代码为两位数字码。

对于层级代码为“1”的对象，四级域代码表示在某一个三级域代码所标识的部门机构内，对下设子机构编定的顺序码。顺序码“00”预留，各单位编码从“01”开始。

对于层级代码不为“1”的对象，四级域代码表示在某一个三级域代码所标识的区域范围内，对高速公路路段/乡镇普通公路路段/大型公路交通枢纽编定的顺序码。顺序码“00”预留，各单位编码从“01”开始。

6.5 接入类型码

接入类型码为一位数字码。

对于层级代码为“1”的对象，接入类型码固定为“0”。

对于层级代码不为“1”的对象，表示对象的管理主体类型。对象管理主体分为高速公路、干线普通公路、公路交通枢纽三类。高速公路对象的接入类型码为“1”，干线普通公路对象的接入类型码为“2”，公路交通枢纽对象的接入类型码为“3”，其他类型管理主体接入类型码预留为“4”～“9”。

6.6 对象类型码

对象类型代码为两位数字码，表示设备、用户类型。设备类型码为“00”～“89”，用户类型码为“90”～“98”。平台接入单元类型码为“99”。

6.7 对象流水号编码

对象流水号编码为六位数字码，表示在某一个四级域代码所标识的范围内，对各主要对象编定的流水顺序码。对象流水号编码范围从“000000”～“999999”，“000000”代表未被使用。

7 设备编码规则

公路网图像信息管理系统联网平台内的设备分为数字和模拟两类。数字设备包括数字图像编码设备、数字图像录像设备、网络摄像机、数字图像解码设备、嵌入式视频服务器、网络数字矩阵等；模拟设备包括模拟摄像机、模拟矩阵等、视频光端机等。

设备编码结构按 6.1 规定的编码形式执行，由十八位数字码组成。排列顺序从左至右依次：一位数字码为层级代码，六位数字码为三级域代码，二位数字码为四级域代码，一位数字码为接入类型码，二位数字码为设备类型码，六位数字码为设备流水号编码。

设备类型码为二位数字码，数字视音频设备类型码表详细内容见附录 A。

8 用户编码规则

用户编码结构按 6.1 规定的编码形式执行，由十八位数字码组成。排列顺序从左至右依次：一位数字码为层级代码，六位数字码为三级域代码，二位数字码为四级域代码，一位数字码为接入类型码，二位数字码为用户角色类型码，六位数字码为用户流水号编码。

角色类型码为“90”～“98”的两位数字码。用户角色可划分为系统管理员、子系统管理员、高级用户、普通用户、浏览用户、权限组用户等。同时，可根据管理需要自定义新的角色。角色类型码表详细内容见附录 B。

9 功能单元编码规则

功能单元码采用十六进制变长字符串，长度小于等于255字节，如表1所示：

表1 功能单元码表达方式表

%	功能单元1 高字节	功能单元1 低字节	%	功能单元2 高字节	功能单元2 低字节	……	%	功能单元N 高字节	功能单元N 低字节

功能单元码字符串中每一个字符的取值在“0”～“9”、“a”～“f”、“A”～“F”范围中，可转化为0x0和0xf的一个十六进制数。十六进制数的每一个比特位表示一个功能码，对应一个功能单元。“%e1%80%00”包含了五个功能，分别为%01、%20、%40、%80、%00%80功能单元。具体功能单元码详细定义见附录C。

附 录 A
（规范性附录）
设备类型码

设备类型码见表 A.1。

表 A.1 设备类型码表

设备类型码	名称
00	数字视频编码设备(不带本地存储)
01	数字视频编码设备(带本地存储)
02	数字视频解码设备
03	网络摄像机
04～19	预留 1(数字视音频设备)
20	监控联网管理服务器
21	视频代理服务器
22	Web 接入服务器
23	录像管理服务器
24～39	预留 2(服务器设备)
40	网络数字矩阵
41	网络控制器
42	网络报警主机
43～59	预留 3(其他数字设备)
60	模拟摄像机
61	视频模拟矩阵
62～74	预留 4(模拟视音频设备)
75	模拟控制器
76～89	预留 4(其他模拟设备)
99	平台接入单元

附 录 B
（规范性附录）
角色类型码

角色类型码见表B.1。

表 B.1 角色类型码表

角色类型码	角色名称	职责与权限
90	系统管理员	属于预定义角色，对系统全面负责
		拥有本域内所有服务器的查询、配置、管理权限
		添加、删除其他角色和用户
		给其他角色的用户分配角色权限和监控图像权限
		拥有本域内所有监控图像和其他域级联监控图像功能权限
91	子系统管理员	拥有本域内部分服务器的管理、配置权限，可根据工作范围细分为数据库管理员、网络管理员、设备管理员、用户管理员、级联管理员等
		在系统管理员指定的工作范围给高级用户、普通用户、权限组用户和级联用户分配角色权限和监控图像权限
		拥有本域内部分监控图像和其他域级联监控图像功能权限；权限范围由系统管理员指定
92	高级用户	在系统管理员或子系统管理员指定的工作范围给权限组用户分配监控图像权限
		拥有本域内部分监控图像和其他域级联监控图像功能权限；权限范围由系统管理员或子系统管理员指定
93	普通用户	拥有本域内部分监控图像和其他域级联监控图像功能权限；权限范围由系统管理员或子系统管理员指定
94	浏览用户	只拥有本域内监控图像和其他域级联监控图像的浏览权限；权限范围由系统管理员或子系统管理员指定
95	权限组用户	应隶属于某一个高级用户
		拥有本域内部分监控图像和其他域级联监控图像功能权限；权限范围由高级用户指定
96～98	预留	

附 录 C
（规范性附录）
功能单元码

功能单元码见表C.1。

表C.1 功能单元码表

功能单元码	功能单元说明
%01	监控图像实时视频连接功能
%02	监控摄像机控制功能(上、下、左、右、拉近、拉远、聚焦、变焦、光圈、预置位的呼叫)
%04	监控摄像机预置位操作的功能(添加、删除)
%08	控图像视频切换的功能
%10	监控图像参数调节的功能(亮度、色度、对比度和饱和度)
%20	视频源锁定
%40	视频源解锁
%80	预留
%00%01	监控图像录像检索的功能
%00%02	监控图像录像回放的功能
%00%04	监控图像录像下载的功能
%00%08	监控图像录像删除的功能
%00%10	监控图像录像时间配置的功能
%00%20%00%40%00%80	预留
%00%00%01	监控区域事件实时通知的功能
%00%00%02	监控区域事件查询的功能
%00%00%04	监控区域事件联动的功能
%00%00%08	监控区域事件消除的功能
%00%00%10	监控区域事件开启的功能
%00%00%20%00%00%40%00%00%80	预留

ICS 65.020.01
B 16

中华人民共和国国家标准

GB/T 28060—2011

进出境货物木质包装材料检疫管理准则

Guidelines for phytosanitary regulating wood packaging material

2011-12-30 发布　　2012-06-01 实施

中华人民共和国国家质量监督检验检疫总局
中国国家标准化管理委员会　发布

前　言

本标准按照 GB/T 1.1—2009 给出的规则起草。

本标准由全国植物检疫标准化技术委员会(SAC/TC 271)提出并归口。

本标准起草单位:中华人民共和国天津出入境检验检疫局、中国检验检疫科学研究院、中华人民共和国云南出入境检验检疫局。

本标准主要起草人:黄庆林、杜宇、楼旭日、刘永胜、魏亚东、刘波、詹国平、葛建军、程瑜。

进出境货物木质包装材料检疫管理准则

1 范围

本标准规定了进出境货物木质包装材料的检疫处理、标识的加施和检疫监督管理的方法和要求。

本标准适用于进出境货物木质包装材料的检疫管理。

2 规范性引用文件

下列文件对于本文件的应用是必不可少的。凡是注日期的引用文件，仅注日期的版本适用于本文件。凡是不注日期的引用文件，其最新版本(包括所有的修改单)适用于本文件。

SN/T 2371 木质包装热处理操作规程

3 术语、定义和缩略语

3.1 术语和定义

下列术语和定义适用于本文件。

3.1.1

木质包装材料 wood packaging material

用于承载、包装、铺垫、支撑、加固货物的木质材料，如木板箱、木条箱、木托盘、木框、木桶、木轴、木楔、垫木、枕木、衬木等。

3.1.2

垫木 dunnage

用于固定或支撑货物，但与货物无关的木质包装材料。

3.1.3

去皮 debarking

将原木上的树皮除去，用 DB 表示。

3.1.4

熏蒸 fumigation

用以完全或主要呈气态的化学药剂对商品进行处理的过程。

3.1.5

热处理 heat treatment

对木质包装材料加热直到该材料在最短时间内达到最低处理温度为止的过程。

3.1.6

化学加压浸透 chemical pressure impregnation

用化学防腐剂通过加压过程对木材进行处理。

3.1.7

库内烘干 kiln-drying

为达到要求的湿度而在封闭环境中通过加热和(或)湿度控制对木料进行干燥处理的过程。

3.1.8

标识 mark

适用于木质包装材料证明其植物检疫状况的、国际上认可的官方戳记或印记。

3.1.9

实时监测 regular monitoring by internet

利用网络技术等手段对木质包装材料检疫除害处理过程中的温度和浓度数据进行远程监督检测的过程。

3.1.10

熏蒸库 fumigation chamber

用于木质包装材料检疫熏蒸处理的固定密闭设施。

3.1.11

热处理库 heat treatment chamber

利用热处理技术杀灭木质包装材料中有害生物的固定密闭设施。

3.1.12

紧急措施 emergency measure

在新的或意料之外的植物检疫情况下紧急确立的一个植物检疫条例或程序。一项紧急措施可以是或不是临时措施。

3.2 缩略语

下列缩略语适用于本文件。

MB:标识中溴甲烷熏蒸处理

HT:标识中热处理

IPPC:《国际植物保护公约》(International Plant Protection Convention)

4 基本要求

对进出境货物木质包装材料的检疫处理和监督管理应满足以下基本要求:

——各地主管部门对进出境货物的木质包装材料实施检疫监督管理;

——本标准中所称的木质包装材料不包括经人工合成或者经加热、加压等深度加工的包装用木质材料(如:胶合板、纤维板等)以及薄板旋切芯、锯屑、木丝、刨花等以及厚度等于或者小于6 mm的木质材料;

——进境货物使用木质包装材料的,应在输出国家或者地区政府主管部门监督下按照IPPC的要求进行检疫处理,并加施IPPC标识。检疫处理方法和标识应符合本标准的规定;

——出境货物木质包装材料应按照本标准中列明的检疫处理方法实施处理,并按照要求加施IPPC标识;

——从事进出境货物木质包装材料除害处理的组织应经过国家主管部门的考核认可并获得资格证书;

——经过认可的进出境木质包装材料的检疫处理方法有溴甲烷熏蒸和热处理。其他检疫处理方法应经过国家主管部门的认可;

——对木质包装材料实施除害处理并加施标识的单位(以下简称标识加施单位),应向所在地主管部门提出资格申请,经考核合格颁发除害处理标识加施资格证书,并应接受该主管部门的日常监督管理;

——为加强对木质包装检疫除害处理监管的有效性,应进行实时监测,有条件的可参见附录A进行视频监控。

5 热处理

5.1 热处理库的技术要求

热处理库的技术要求参见附录B。

5.2 技术指标

5.2.1 应保证木材中心温度至少达到56 ℃，持续30 min以上。

5.2.2 中心温度测定的方法和加热时间的确定应符合SN/T 2371的规定。

5.2.3 库内烘干、化学加压浸透或其他处理方法只要达到热处理要求，可视为热处理。

6 溴甲烷熏蒸库熏蒸

6.1 熏蒸库的技术要求

熏蒸库的技术要求参见附录C。

6.2 技术指标

常压下，对进出境木质包装材料的溴甲烷熏蒸处理指标见表1。

表1 溴甲烷常压熏蒸处理指标

温度 ℃	剂量 g/m^3	密闭时间 h	最低浓度要求 g/m^3			
			2 h	4 h	12 h	24 h
≥21	48	24	36	31	28	24
≥16	56		42	36	32	28
≥11	64		48	42	36	32

7 进境货物木质包装材料的标识管理与合格评定

应按照下述要求对进境货物的木质包装材料进行检疫处理、IPPC标识管理以及合格评定：

——对已按本标准加施IPPC标识的木质包装材料，未发现活的有害生物的，准予入境；

——对已按本标准加施IPPC标识的木质包装材料但截获活的有害生物的，可以采取除害处理措施；

——对未按本标准加施IPPC标识的木质包装材料，可以采取除害处理和销毁处理措施。违规情况严重的作退运处理；

——过境货物带有未达到本标准要求的木质包装材料的，按照本标准的规定实施检疫处理，以确保木质包装材料不会产生不可接受的风险；

——进境船舶、飞机使用的垫舱木料卸离运输工具的按照本标准执行。不卸离运输工具的应接受进境地主管部门的检疫监管；

——旅客携带物的木质包装材料未加施IPPC标识的，且未发现活的有害生物准予入境；截获活的有害生物应按照本标准对木质包装材料进行检疫处理；

——对进出口商和输出国家或地区木质包装材料标识加施单位应建立诚信档案，实施动态的诚信管理。

——进境货物木质包装材料检疫处理标识要求见附录D。

8 出境货物木质包装材料的标识管理与合格评定

应按照下述要求对出境货物的木质包装材料进行检疫处理、IPPC标识管理以及合格评定。

——木质包装材料检疫处理过程和IPPC标识加施应符合国家主管部门的相关要求；

——对于再利用、再加工或者经修理的木质包装材料应重新处理并重新加施标识；

——出境货物木质包装材料检疫处理结束后，经所在地主管部门确认处理合格的，标识加施单位按照规定加施标识，出具处理结果报告；

——标识加施单位对加施标识的木质包装材料应单独存放，采取必要的防疫措施以防止有害生物再次侵染，同时建立木质包装材料销售、使用记录及核销制度；

——货主或其代理人需要使用木质包装材料的，可以从主管部门公布的合格标识加施单位购买木质包装材料，并要求标识加施单位提供处理合格证明文件；

——输入国家或者地区对木质包装材料有其他特殊检疫要求的，按照输入国家或者地区的规定执行；

——主管部门对相关出口组织和木质包装材料标识加施单位建立诚信档案，实施动态的诚信管理；

——出境货物木质包装材料检疫处理标识要求见附录E；

——每件经除害处理合格的木质包装上应加施防伪溯源码，防伪溯源要求参见附录F。

附　录　A
（资料性附录）
处理过程的实时监测与视频监控

A.1　概述

通过网络、传感器和计算机组成的系统可以实现对木质包装材料检疫处理(包括热处理、熏蒸处理)的实时监测功能,达到更加直接的实时监管的目的,并可以实现全过程的视频监控。

A.2　熏蒸处理过程中熏蒸剂浓度和温度实时监测

通过安装在熏蒸处理库中的温度和熏蒸剂浓度传感器,采集熏蒸库内温度和熏蒸剂气体浓度,通过网络将实时温度和浓度数据传输并记录。

在循环熏蒸的条件下,投药结束后要连续循环 30 min,溴甲烷熏蒸浓度只检测熏蒸空间内的一个点。

A.3　热处理过程中温度实时监测

通过安装在热处理库中的温度传感器,采集热处理库内干球温度、湿球温度或木材材心温度,通过网络将实时温度数据传输并记录。

A.4　视频监控

通过安装在木质包装材料生产、除害处理以及标识加施工作现场和成品库的视频系统,实现对木质包装材料的生产、处理和存放等多个关键控制点的全程监控。

附　录　B
（资料性附录）
热处理库的技术要求

B.1　一般要求

热处理库应具备良好的密闭和保温性能，配备供热设备、调湿设备、水分检测仪器及气体循环系统、气体排放系统、温湿度自动检测系统、恒温恒湿自动控制系统，并符合消防和环保的要求。

B.2　热处理库的附属供热装置

热处理库的附属供热装置（包括蒸汽锅炉、导热油炉和干热风燃烧炉等）的选址与建造应符合环保、劳动、消防等部门的要求。配置压力蒸汽锅炉的，应取得技术监督部门颁发的锅炉使用许可证；供应热源的燃烧炉应配备除尘除火星设备。

B.3　木材含水率检测仪表

为了解热处理过程中木质包装材料含水率的变化以及满足对木质包装材料进行干燥的需要，应配置备木材水分检测仪或便携式木材测湿仪（精度±0.5%，测量范围0%～60%）。

B.4　热处理库的容积

根据处理量的需要确定热处理库的容积，最小应不小于50 m^3。

B.5　温度检测设备

热处理库应配备温度自动检测系统，用于监测和记录热处理过程中库内干、湿球或木材材心温度变化情况。温度检测系统应具有巡回多点检测、定点定时监测和检测数据网络传输功能。温度传感器检测精度在±0.5 ℃，并经国家标准计量检定合格。

干、湿球温度传感器应置于库内气流循环良好的地方。安装于库内一侧墙壁的中部，距地面1.3 m的地方，干、湿球温度感温头相距8 cm～10 cm，湿球感温探头距水面3 cm～5 cm。

热处理库投入使用前需对库内空间温度是否分布均匀进行定点检测。若各检测点之间温度相差≥2 ℃的，应及时调整库内相关设备以使库内各点的温度一致。

B.6　热处理库的升温性能要求

根据木质包装材料热处理时对温度和湿度的实际需要，评定木质包装材料热处理库升温性能是否符合要求、设备功率是否匹配，参见如下指标：

a）　在冬季气温低于10 ℃时，是否能使热处理库升温达到干球温度65 ℃以上和湿球温度60 ℃以上，或者干球温度75 ℃以上；

b）　在夏季时，热处理库升温可否达到干球温度70 ℃以上和湿球温度65 ℃以上，或干球温度80 ℃以上。

B.7 热处理库的建筑要求

B.7.1 一般要求

建筑热处理库需按照国家建设部门的相关要求勘查设计，同时还需满足密闭、保温与防腐蚀的要求。

B.7.2 基础

一般用块石浇混凝土造成。基础深度应当低于冻结线 10 cm。

B.7.3 地面

地面应结实，防止陷落。地面一般由四层组成：最下一层为素土夯实，第二层为 10 cm 厚的碎石垫层（或石灰、碎石、炉渣三合土垫层），第三层为 12 cm 厚的混凝土层，最上一层为 2 cm 厚的水泥砂浆抹面层。地面坡度宜为 2%，以便排水。

B.7.4 墙壁

热处理库的墙壁，一般宜采用双墙壁结构、用砖砌成，中间填充珍珠岩等保温材料，墙厚 0.5 m～0.8 m；也可采用单墙结构、再使用玻璃纤维等保温材料和不锈钢板或铝板在内壁加上保温层。

B.7.5 库顶

一般为预制的钢筋混凝土板，厚度 10 cm 即可。上面使用炉渣、珍珠岩等保温材料做保温层。

B.7.6 库门

库门应不透水汽，热传导小，经久耐用，开启方便。目前广泛采用金属双扇门，门扇用角铁和槽钢做成骨架，两面包上厚 1.5 mm～2.0 mm 的铝板，两扇铝板之间填以玻璃棉或珍珠岩，作为保温层；门边四周和门框贴上耐热橡胶压条，以关门时能压紧密闭为准。观察用小门的建造与此相似。

B.7.7 热处理库的防腐处理

热处理库的内墙应涂防腐蚀涂料层，既能起到抗腐蚀作用，又可防止水汽向墙壁渗透。

B.8 库内循环设备

为确保热处理室内的温度、湿度均匀分布，以保证热处理效果和木材干燥质量，应根据热处理库容积的大小，安装匹配的正反向风机，风机的装机容量每 30 m^3 不小于 1 000 W。

B.9 热处理自动控制系统

热处理库应安装自动控制系统，通过该系统，可对热处理过程的加热升温、排气降温和调节湿度等过程进行自动控制，使整个热处理过程中室内干球温度、湿球温度一直维持在所设定的热处理技术指标要求之内，以保证木质包装材料的热处理质量，防止温度低于热处理技术指标，或防止温度过高引起木材扭曲变形或开裂，实现对木质包装材料的有效检疫处理，维持木质包装材料的正常使用功能。

B.10 热处理库的验收

热处理库建成后应运行所有设备,使其达到本标准中规定的热处理技术指标,经现场验收并做好验收记录后,方可投入使用。

附 录 C
（资料性附录）
溴甲烷熏蒸库的技术要求

C.1 一般要求

熏蒸处理库应具备良好的气密和保温性能，配备温度、熏蒸气体浓度实时检测和网络传输系统、自动投药、自动循环、自动排放和回收系统，并符合消防和环保的要求。熏蒸库与生活和工作区的距离不少于 200 m。

C.2 熏蒸库的附属供热装置

附属供热装置的选址与建造应符合环保、劳动、消防等部门的要求。附属供热装置应能保证熏蒸期间的温度不低于 11 ℃。

C.3 熏蒸库的容积

根据处理量的需要确定熏蒸库的容积，最小应不小于 50 m^3。

C.4 浓度和温度检测设备

配备温度、熏蒸气体浓度实时检测和网络传输系统。温度检测传感器的检测精度 ±1 ℃ 并有经国家标准计量检定的合格标志。熏蒸气体浓度检测系统应经主管部门定期校准。

C.5 熏蒸库的气密性能要求

熏蒸库的气密性要求从 200 Pa 降至 100 Pa 的时间不低于 10 s。

C.6 库内循环设备

为保证熏蒸库内的温度、药剂均匀分布，应根据熏蒸库容积的大小，安装匹配的强制循环风机。风机的风量应保证每 3 min 循环一次。

C.7 熏蒸库的建筑要求

建筑熏蒸库需按照国家建设部门的相关要求勘查设计，同时还应满足气密、保温与防腐蚀的要求。

C.8 排放设备

溴甲烷的排放应满足环保要求。

C.9 熏蒸处理自动控制系统

熏蒸库应实现自动投药、循环和检测等功能。

C.10 熏蒸库的验收

熏蒸库建成后应运行所有设备，使其达到本标准中规定的熏蒸处理技术指标要求，经现场验收并做好验收记录后，方可投入使用。

附　录　D
（规范性附录）
进境货物木质包装材料检疫处理标识要求

D.1　标识式样

标识式样见图 D.1。

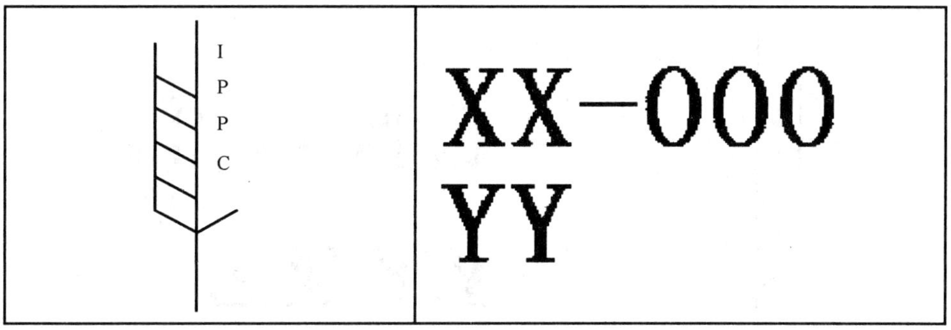

IPPC ——《国际植物保护公约》的英文缩写；
XX ——国际标准化组织(ISO)规定的 2 个字母国家编号；
000 ——输出国家或地区官方植物检疫机构批准的木质包装材料生产企业编号；
YY ——确认的检疫处理方法，如溴甲烷熏蒸为 MB，热处理为 HT。

图 D.1　标识式样

D.2　标识要求

输出国家或地区官方植物检疫机构或木质包装材料生产单位可以根据需要增加其他信息，如去除树皮以 DB 表示。

标识应加施于木质包装材料显著位置，至少应在相对的两面，标识应清晰易辨、永久且不能移动。

标识应避免使用红色或橙色。

附 录 E
（规范性附录）
出境货物木质包装材料检疫处理标识要求

E.1 标识式样

标识式样见图 E.1。

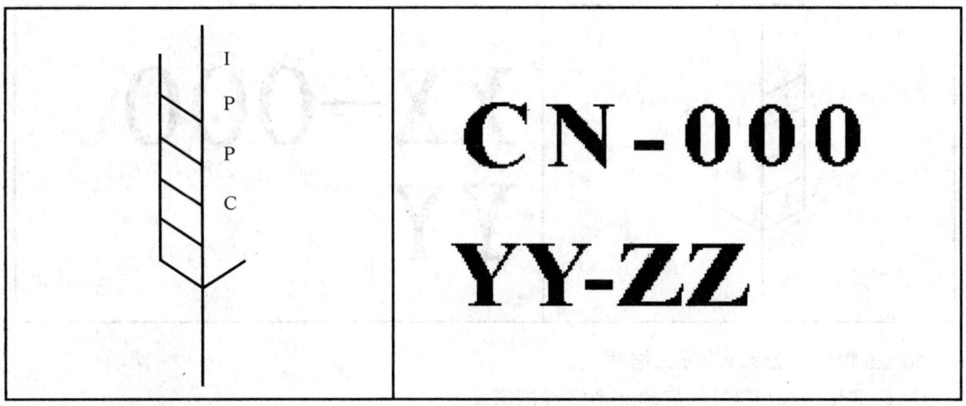

IPPC ——《国际植物保护公约》的英文缩写；

CN ——国际标准化组织(ISO)规定的中国 2 个字母国家编号；

000 ——主管部门批准的木质包装生产企业编号；

YY ——确认的检疫处理方法，如溴甲烷熏蒸为 MB，热处理为 HT。

ZZ ——主管部门或木质包装材料生产单位可以根据需要增加其他信息，如去除树皮以 DB 表示。

图 E.1 标识式样

E.2 标识要求

标识应加施于木质包装材料显著位置，至少应在相对的两面，标识应清晰易辨、永久且不能移动。

标识应避免使用红色或橙色。

附　录　F
（资料性附录）
木质包装防伪溯源要求

F.1　一般要求

在每件经除害处理合格的木质包装上均应加施从主管部门网站下载的防伪溯源码，防伪溯源码利用计算机技术生成，可以通过物理或电子方式读取，防伪溯源码加施后应自动回传至主管部门，从而实现对木质包装的防伪溯源。

F.2　读取内容要求

F.2.1　木质包装来源信息：包括木质包装输出国别、标识加施单位信息。

F.2.2　检疫除害处理信息：包括实施检疫处理时间、处理方式、处理技术指标。

F.2.3　使用信息：使用单位信息，使用包装种类及数量。

F.3　信息码加施要求

F.3.1　每件处理合格的木质包装上均应加施有唯一的防伪溯源码。

F.3.2　防伪溯源码应由主管部门计算机随机生成，不能重复，不易伪造，成本低廉。

F.3.3　防伪溯源码加施应牢固，清晰易辨。

F.3.4　加施过程应简便快捷。

F.3.5　防伪溯源码加施完成后，应能通过互联网回传至主管部门。

参 考 文 献

［1］ ISPM 第 1 号标准　与国际贸易有关的植物检疫原则

［2］ ISPM 第 5 号标准　植物检疫术语表

［3］ ISPM 第 13 号标准　违规和紧急行动通知准则

［4］ ISPM 第 15 号标准　国际贸易中木质包装材料管理准则

［5］ 3166-1-ALPHA-2　CODE ELEMENTS 国际标准化组织

［6］ SN/T 1143—2002　植物检疫　简易熏蒸库熏蒸操作规程

［7］ SN/T 2371—2009　木质包装热处理操作规程

ICS 65.020.01
B 16

中华人民共和国国家标准

GB/T 28061—2011

鳞球茎花卉检疫规程

Phytosanitary rule of floral bulbs and tubers

2011-12-30 发布 2012-06-01 实施

中华人民共和国国家质量监督检验检疫总局
中国国家标准化管理委员会 发布

前 言

本标准按照 GB/T 1.1—2009 给出的规则起草。

本标准由全国植物检疫标准化技术委员会(SAC/TC 271)提出并归口。

本标准负责起草单位:中华人民共和国云南出入境检验检疫局。

本标准参加起草单位:中国检验检疫科学研究院、中华人民共和国天津出入境检验检疫局。

本标准主要起草人:蒋小龙、杜宇、李明福、陈云勇、白松、黄国明。

鳞球茎花卉检疫规程

1 范围

本标准规定了鳞球茎花卉的风险分析、检疫审批、基地备案、进境要求、报检、现场检疫、实验室检验、隔离检疫、检疫监督管理、检疫结果评定和处理等程序。

本标准适用于鳞球茎花卉。

2 术语和定义

下列术语和定义适用于本文件。

2.1

鳞球茎花卉　floral bulbs and tubers

种植用花卉植物，其地下休眠体部分为：

a) 鳞茎类：在缩短茎盘上，着生的肉质叶鞘膨大而成的变态器官(如：百合、郁金香、水仙、宫人草等)；

b) 球茎类：地下茎末端肥大成球状的部分，为储藏养料越冬的变态茎(如：剑兰)；

c) 块茎类：地下茎末端肥大成块状，适应储藏养料和越冬的变态茎(如：美人蕉)。

2.2

栽培介质　cultural media

用于栽种植物、保持水分、维持其生长的有机或无机物质，包括泥碳土、椰糠、苔藓、木屑、珍珠岩、蛭石、火山灰等单类物质或混合物。

2.3

检疫批　lots

由国家和地区、运输工具、发货人和收货人、品名、目的地同一的一定数量的进境鳞球茎花卉所构成的检疫单位。

2.4

检疫性有害生物　quarantine pests

对受威胁的地区具有潜在经济重要意义，但尚未在该地区发生、或虽已发生但分布未广并进行官方防治的有害生物。

2.5

非检疫性有害生物　non-quarantine pests

就一个地区而言，不属于检疫性有害生物的其他有害生物。

2.6

限定的非检疫性有害生物　regulated non-quarantine pests

存在于种用植物中，对这些植物的预期用途产生不可接受的经济影响，因而在进口成员国的领土内受到限制的非检疫性有害物。

2.7

限定的有害生物　regulated pests

检疫性有害生物或限定的非检疫有害生物。

3 检疫依据

对鳞球茎花卉实施检疫的依据为：

a) 中国法定的植物检疫要求；

b) 中国政府与输出国家或地区签订的双边植物检疫协议、议定书和备忘录等；

c) 检疫审批和进口许可证规定的植物检疫要求；

d) 风险预警报告；

e) 贸易双方约定的检疫要求。

4 风险分析

首次从某个地区或国家进口某种鳞球茎花卉，审批单位应按风险管理要求组织进行风险分析。

5 检疫审批

5.1 进口鳞球茎花卉的栽培介质

5.1.1 进境单位或其代理人应提前向当地出入境检验检疫部门（以下称检验检疫部门）提交书面申请，填写《进境动植物检疫许可证》申请表，说明其数量、用途、进境方式、进境后的防疫措施等。

5.1.2 当地检验检疫部门在规定的工作日完成材料审查和种植基地的考核，合格的签署初审意见，并提交国家质量监督检验检疫总局审批。

5.1.3 符合进境要求的由检验检疫部门签发《进境动植物检疫许可征》；不符合要求的签发《检疫许可证申请未获批准通知单》。

5.2 进口不带栽培介质的鳞球茎花卉

引种单位、个人或其代理人应按照有关规定向国务院农业或林业行政主管部门申请办理国外引种检疫审批手续。

6 进境要求

进境鳞球茎花卉应满足如下要求：

a) 不得带有土壤；

b) 不得带有检疫性有害生物；

c) 不得用旧麻袋、稻草、谷壳等作为包装和铺垫材料。

7 报检

货主或其代理人报检时应提供以下单证资料：

a) 入境货物报检单、《进境动植物检疫许可证》（仅限于带栽培介质的鳞球茎花卉）；

b)《引进种子、苗木检疫审批单》；

c)《引进林木种子苗木及其他繁殖材料检疫审批单》；

d) 输出国家或地区官方植物检疫证书；

e) 贸易合同或信用证；

f) 引进植物繁殖材料备案表等有关材料。

异地种植的，还应当提供种植地检验检疫部门出具的种球种苗“准调入函”。

8 现场检疫

8.1 检疫工具

放大镜、剪刀、镊子、白瓷盘、指形管、毛刷、手电筒、样品袋、标签以及采样凭证和检疫记录单等。

8.2 检疫要求和内容

8.2.1 待检货物应在检验检疫部门指定的地点存放。需要卸离运输工具和容器的货物应在检验检疫部门认可的仓库或冷库隔离存放。

8.2.2 核对品名、品种、产地、批号、数量、唛头等是否与申报相符。

8.2.3 检查运输工具、包装、铺垫材料、集装箱有无粘附土壤、害虫及杂草籽等；如有木包装要按木包装检疫操作规程进行。

8.2.4 检查鳞球茎花卉是否带有土壤、腐烂、开裂、疱斑、肿块、芽肿、畸形、害虫、虫蚀洞和杂草籽等，检查根部有无病根、烂根及线虫根结。

8.2.5 核实栽培介质是否与申报的种类相符，检查栽培介质是否带有土壤、害虫、植物病残体等。

8.3 抽检与取样

8.3.1 抽检比例

鳞球茎花卉按批号或品种以 5%～20% 的比例随机抽检，最低抽检数量不少于 10 件，每件不少于 50 粒。

栽培介质按总件数的 1%～10% 的比例随机抽检。最低抽检数量不少于 10 件，每件不少于 1 000 g。

8.3.2 取样

现场检疫中发现的病、虫、杂草和怀疑带有疫情的鳞球茎以及抽取的样品，加贴扦样标识（包括报检号、输出国、品名、数量、扦样人和日期等）后，一并送实验室检疫。具体取样数量见表 1。

表 1 取样数量

进境数量 粒	取样数量 份[a]	进境数量 粒	取样数量 份[a]
<500	1	2 001～5 000	3
501～2 000	2	5 001～10 000	4
[a] 1 份样为 20 粒。			

大于 10 000 粒，每增加 10 000 粒增取 1 份。

不足 10 000 粒的余量，计取 1 份，每份样品 20 粒。

带栽培介质的，每批介质抽取一份复合样品，每份样品 2 kg。

8.3.3 填写现场检疫记录

现场检疫结束后，应做好现场检疫记录。

9 实验室检验

9.1 检验项目

对鳞球茎花卉及其他植物及其产品、生态环境造成危害的所有昆虫、病原物(包括真菌、细菌、病毒和线虫等)、植原体和杂草等。

9.2 检验方法

凡有国家标准或行业标准的,执行相应规定的方法。

尚无国家标准或行业标准的,依据所涉及专业公开发表的文献资料或书刊等提供的方法和技术进行检验和鉴定。

10 隔离检疫

10.1 隔离检疫要求

对鳞球茎花卉的风险分级、国家隔离苗圃和专业隔离苗圃的考核要求等参照有关风险分析报告和相关法律法规的要求执行:

a) 属于高风险的鳞球茎花卉应在国家隔离检疫圃隔离检疫;

b) 属于中、低风险的鳞球茎可在专业隔离检疫圃或在所在地直属出入境检验检疫部门指定的隔离检疫场所(圃)或经注册登记备案的基地进行种植,并接受检疫监督管理。

10.2 隔离检疫期限

隔离种植期限按检疫审批要求执行。检疫审批不明确的,按以下要求执行:

a) 一年生鳞球茎花卉应隔离种植一个生长周期;

b) 多年生的隔离种植 2 年~3 年;

c) 因特殊原因,在规定时间内未得出检疫结果的,可适当延长隔离种植期限。

11 检疫监督管理

11.1 检验检疫部门对进境鳞球茎花卉的全过程实施检疫监督管理:

a) 货主或其代理人属入境口岸检验检疫部门管辖区的,由入境口岸检验检疫部门负责监督管理,并做好监督管理记录;

b) 运往入境口岸检验检疫部门管辖区外的,由种植地口岸检验检疫部门负责对其进行监督管理,入境口岸检验检疫部门应凭种植地检验检疫部门的种球种苗“准调入函”放行。

11.2 检验检疫部门根据相关法律法规和管理办法的要求制定相应的监督管理方案,应监督货主或其代理人,对每批进境鳞球茎花卉建立隔离登记制度,花卉采收结束应出具隔离种植报告,并作为下次进境的依据。

12 检疫结果评定及处理

12.1 现场检疫、实验室检验、隔离检疫和检疫监督管理结果评定和处理

12.1.1 未发现有害生物的,评定为合格,准许入境。

12.1.2 发现限定的有害生物,或政府间双边植物检疫协议、议定书和备忘录中禁止传带的有害生物的,判定为不合格,作如下处理:

a) 有有效处理方法的,经检疫除害处理合格后,准予进境;

b) 无有效除害处理方法,作禁止进境、退货或销毁处理。

12.2 疫情报告

在进境鳞球茎花卉检疫或隔离检疫中发现限定的有害生物或其他具有重要经济意义的有害生物,应及时以书面形式向国家质量监督检验检疫总局报告。

12.3 样品和标本保存

未发现疫情的,不保存样品。

发现疫情的,对样品和有害生物可制成标本或影像资料保存。

13 文件和记录

在一批鳞球茎花卉采收结束后,负责进境检验检疫的检验检疫部门应及时将整个检验检疫过程中形成的文档资料按类别整理归档,并妥善保存有害生物标本及有关的图片、影像等资料。